U0180061

Abaqus用户手册大系

Abaqus分析用户手册
——单元卷

王鹰宇　编著

机　械　工　业　出　版　社

本书是"Abaqus 用户手册大系"中的一本，介绍了 Abaqus 平台中使用的所有单元的详细内容。书中对每一类单元的使用场合、典型应用、选取、截面属性、可赋予的材料、节点上的自由度定义、可以施加的各种载荷、可使用的输入和输出等进行了详细的讲解和归纳。

本书对单元的选取、连续单元（通用连续单元/流体连续单元/无限单元/翘曲单元）、结构单元（膜单元/杆单元/梁单元/桁架单元/弯头单元/壳单元）、惯性单元（点质量单元/转动惯量单元）、刚性单元、容量单元、连接器单元、弹簧单元、阻尼器单元、柔性连接单元、分布耦合单元、胶粘单元、垫片单元、面单元、管座单元、线弹簧单元、弹塑性连接单元、拖链单元、管-土壤相互作用单元、声学界面单元、欧拉单元、流管单元、流管连接器单元、用户定义的单元、粒子单元（离散粒子单元/连续粒子单元）分别进行了详细的解释及总结，包括这些单元的使用场合和使用时的注意事项等。

在本书后附录中分别列出了 Abaqus/Standard、Abaqus/Explicit、Abaqus/CFD 中可以使用的单元名称。

本书可以作为航空航天、机械设计制造、石油化工、精密仪器、汽车交通、国防军工、土木工程、水利水电、生物医药、电子工程、能源、造船，以及日用家电等领域的工程技术人员的参考用书，也可以作为高等院校相关专业高年级本科生和研究生的参考用书。对于使用 Abaqus 的工程技术人员，本书是重要的工具书；对于使用其他工程分析软件的人员，本书也具有积极的参考作用。

图书在版编目（CIP）数据

Abaqus 分析用户手册 . 单元卷/王鹰宇编著 . —北京：机械工业出版社，2020.12（2023.5 重印）

（Abaqus 用户手册大系）

ISBN 978-7-111-66365-2

Ⅰ.①A… Ⅱ.①王… Ⅲ.①有限元分析-应用软件-手册 Ⅳ.①O241.82-39

中国版本图书馆 CIP 数据核字（2020）第 155630 号

机械工业出版社（北京市百万庄大街 22 号　邮政编码 100037）
策划编辑：孔 劲　责任编辑：孔 劲　王海霞
责任校对：李 杉　封面设计：张 静
责任印制：单爱军
北京虎彩文化传播有限公司印刷
2023 年 5 月第 1 版第 2 次印刷
184mm×260mm · 52 印张 · 2 插页 · 1287 千字
标准书号：ISBN 978-7-111-66365-2
定价：199.00 元

电话服务　　　　　　　　网络服务
客服电话：010-88361066　机 工 官 网：www.cmpbook.com
　　　　　010-88379833　机 工 官 博：weibo.com/cmp1952
　　　　　010-68326294　金 书 网：www.golden-book.com
封底无防伪标均为盗版　　机工教育服务网：www.cmpedu.com

作者简介

　　王鹰宇，男，江苏南通人。毕业于四川大学机械制造学院机械设计及理论方向，硕士研究生学历。毕业后进入上海飞机设计研究所，从事飞机结构设计与优化计算工作，参加了 ARJ21 新支线喷气客机的研制。后在 3M 中国有限责任公司从事固体力学、计算流体动力学、NVH 仿真、设计优化和自动化设备设计工作至今。期间有一年时间（2016—2017）在中国航发商用航空发动机有限责任公司从事航空发动机短舱结构研制工作。

前　言

本书是"Abaqus 用户手册大系"中的一本，介绍了 Abaqus 平台中使用的所有单元的详细内容。本书对每一类单元的使用场合、典型应用、如何选取单元、单元截面属性、可赋予的材料、单元节点上的自由度定义、可以施加在单元上的各种载荷、可使用的输入和输出等进行了详细的讲解和归纳。

Abaqus 是功能强大的有限元系统。以此为平台，可以解决异常庞大、复杂的理论问题和工程问题，并且精度能够满足实际需要，随着版本的更新，求解精度和速度还在不断地提高。称其为平台，是因为 Abaqus 可以采用各种求解方法来解决各领域的问题，包括多体柔性动力学问题，这些都在《Abaqus 分析用户手册——分析卷》中得到了详尽的叙述。Abaqus 拥有丰富的材料模型库，在《Abaqus 分析用户手册——材料卷》中体现了此特点。而单元是将材料与三维模型连接到一起的必备环节，也是形成运动机构的必备要素。求解各种问题的能力以及丰富的材料模型，决定了 Abaqus 拥有丰富的单元类型库，这些在本书中进行了详细的讲解。

本书对单元的选取、连续单元（通用连续单元/流体连续单元/无限单元/翘曲单元）、结构单元（膜单元/杆单元/梁单元/桁架单元/弯头单元/壳单元）、惯量单元（点质量单元/转动惯量单元）、刚性单元、容量单元、连接器单元、弹簧单元、阻尼器单元、柔性连接单元、分布耦合单元、胶粘单元、垫片单元、面单元、管座单元、线弹簧单元、弹塑性连接单元、拖链单元、管-土壤相互作用单元、声学界面单元、欧拉单元、流管单元、流管连接器单元、用户定义的单元、粒子单元（离散粒子单元/连续粒子单元）分别进行了详细的解释及总结，包括这些单元的使用场合和使用时的注意事项等。

本书后附录中分别列出了 Abaqus/Standard、Abaqus/Explicit、Abaqus/CFD 中可以使用的单元名称。

用户在使用 Abaqus 求解问题时，可以参考本书的相关内容，针对要解决问题的构型本质，明确单元选择依据，获取单元使用要求并正确地定义单元，以得到输出结果。本书与"Abaqus 用户手册大系"的其他分册构成了有机的整体，各分册对于全面地阐述问题、分析问题、进行模型构建、对结果进行判断和解释都是密不可分的。

本书篇幅较大，仅次于《Abaqus 分析用户手册——分析卷》。笔者出于对自己所从事的仿真分析工作的热爱，在编写过程中付出了艰辛的劳动，牺牲了大量的业余时间。没有家人的支持和鼓励，是无法完成此项工作的。在此特向我的夫人陈菊女士及爱子王翰表达由衷的谢意。

此书得以和广大从事仿真工作的同仁见面，离不开 SIMULIA 中国区的白锐先生、高祎临女士和高邵武博士的鼎力支持和帮助，在此表示感谢。

感谢 3M 中国有限公司的熊海锟总经理、金舟博士、孙鑫鑫博士、周杰博士、王丹博士、袁斯华先生给予的大力帮助和支持。

感谢 3M 美国总部的 Fay Salmon（田正非）博士、乔刘博士的支持和鼓励。

感谢 3M 亚太区的朱笛先生在工作中给予我的指导和大量帮助。

另外，非常感谢各分册的读者给我的热情洋溢的来信，对我工作的褒奖和鼓励，让我有继续努力的动力。同时，我也注意到电商购买评价中对我的工作给出的中肯建议，我将认真对待，一并采纳并在后续工作中积极实施。

虽然笔者尽最大努力力求行文流畅准确，但囿于技术能力和语言能力，书中难免出现不当之处，甚至错误，请广大同仁不吝赐教。建议和意见请发送至邮箱 wayiyu110@ sohu. com。

王鹰宇

目 录

1 单元介绍

1.1 单元库：概览

Abaqus 具有全面的单元库，为解决许多不同的问题提供了一套强大的工具。

单元的特征

通过五方面来表征单元行为：
- 族。
- 自由度（与单元族直接相关）。
- 节点数量。
- 公式。
- 积分。

Abaqus 中的每个单元都具有唯一的名称，如 T2D2、S4R、C3D8I 或者 C3D8R。单元的名称确定了单元的五个方面。定义单元的详细内容见"单元定义"（《Abaqus 分析用户手册——介绍、空间建模、执行与输出卷》的 2.2.1 节）。

族

图 1-1 所示为应力分析中最常用的单元族，以及流体分析中使用的连续（流体）单元。不同单元族之间的一个主要区别是每个单元族假定的几何类型。

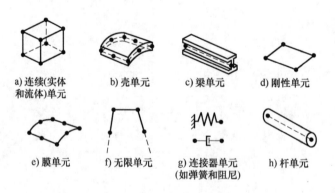

a) 连续(实体和流体)单元　　b) 壳单元　　c) 梁单元　　d) 刚性单元

e) 膜单元　　f) 无限单元　　g) 连接器单元(如弹簧和阻尼)　　h) 杆单元

图 1-1　常用单元族

单元名称的第一个字母或者单词说明了单元所属的族。例如，S4R 是一个壳单元，CINPE4 是一个无限单元，C3D81 是一个连续单元。

自由度

自由度是分析过程中计算的基本变量。对于应力/位移仿真,自由度是平动;对于壳、管和梁单元,自由度是每个节点处的转动。对于热传导仿真,自由度是每个节点处的温度;对于耦合的热-应力分析,每个节点处的位移自由度上还附加有温度自由度。因此,热传导分析和耦合的热-应力分析需要使用不同的单元,因为它们的自由度是不同的。Abaqus 中不同单元和分析类型的自由度汇总见"约定"(《Abaqus 分析用户手册——介绍、空间建模、执行与输出卷》的 1.2.2 节)。

节点的数量和内插的阶数

在单元的节点处计算位移或者其他自由度。通过从节点位移插值来得到单元其他点上的位移。通常根据单元中使用的节点数量确定插值的阶数。

- 仅在单元的拐角处具有节点的单元,例如图 1-2a 所示的 8 节点六面体单元,在每个方向上使用线性插值,因此通常称为线性单元或者一阶单元。
- 在具有中间节点的 Abaqus/Standard 单元中,例如图 1-2b 所示的 20 节点六面体单元,使用二次插值,因此通常称为二次单元或者二阶单元。
- 具有中节点的改进三角形或者四面体单元,例如图 1-2c 所示的 10 节点四面体,使用改进的二阶插值,因此通常称为改进的二阶单元。

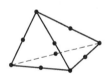

a) 线性单元
(8节点六面体,C3D8)

b) 二次单元
(20节点六面体,C3D20)

c) 改进的二阶单元
(10节点四面体,C3D10M)

图 1-2　线性六面体、二次六面体和改进的四面体单元

通常在单元的名称中清楚地定义了单元的节点数量。8 节点的六面体单元称为 C3D8,而 4 节点的壳单元称为 S4R。

梁单元族使用稍微不同的约定:在名称中确定插值的阶数。因此,一阶三维梁单元称为 B31,而二阶三维梁单元称为 B32。轴对称的壳和膜单元使用类似的约定。

公式

将定义单元行为的数学理论称为单元的公式。在拉格朗日型或者材料型中,公式描述单元随着材料变形的行为。在欧拉型或者空间型中,公式描述材料流过空间中固定的单元时的行为。在流体力学仿真中通常使用欧拉方法。Abaqus/Standard 使用欧拉单元模拟对流热传导。Abaqus/Explicit 也在应力/位移分析中提供使用多种材料的欧拉单元。Abaqus/Explicit 中的自适应网格划分将拉格朗日分析和欧拉分析功能组合起来,允许单元独立于材料而运动(见"ALE 自适应网格划分:概览",《Abaqus 分析用户手册——分析卷》的 7.2.1 节)。

Abaqus 中的所有其他应力/位移单元是以拉格朗日公式为基础的。在 Abaqus/Explicit 中，欧拉单元可以通过通用接触与拉格朗日单元相接触（见"欧拉分析：概览"，《Abaqus 分析用户手册——分析卷》的 9.1 节）。

为适应不同类型的行为，Abaqus 中的一些单元族包含使用不同公式的单元。例如，传统的壳单元族有三类：一类适用于通用目的的壳分析，一类适用于薄壳，另一类适用于厚壳。此外，Abaqus 也提供连续壳单元，这种壳单元具有类似于连续单元的连接性，用来模拟在壳厚度上只有一层单元的壳行为。

一些 Abaqus/Standard 单元族具有标准的公式，以及一些其他公式。通过单元名称末尾的一个附加字符来识别具有其他公式的单元。例如，连续单元、梁和杆单元族包含使用组合公式的单元（用于处理不可压缩或者不可伸长的行为）；通过名称末尾的字母"H"来识别这些单元（C3D8H 或者 B31H）。

Abaqus/Standard 为低阶单元使用集总质量公式；Abaqus/Explicit 为所有单元使用集总质量公式。因此，可以从理论值推导出第二惯性矩，尤其是对于粗糙的网格。

在稳态动力学和频率提取过程中（见"动态分析过程：概览"，《Abaqus 分析用户手册——分析卷》的 1.3.1 节），对于 S3、S3R、S4、S4R、SC6R、SC8R 和 S4R5 壳单元，Abaqus 使用特殊的空间投影质量矩阵算法。因此，与稳态动力学和频率提取过程的结果相比较，隐式动态分析中使用上述单元的结果会稍有不同。

Abaqus/CFD 使用组合单元来避免广为人知的不可压缩流的不稳定问题。Abaqus/CFD 还允许根据程序设置（如可选的能量方程和湍流模型）添加其他自由度。

积分

Abaqus 使用数值技术在每个单元的体积上积分不同的量，从而允许材料行为上的完全通用性。对绝大部分单元使用高斯积分，Abaqus 评估每个单元中每个积分点处的材料响应。Abaqus 中的一些连续单元可以使用完全积分或者简化积分，对于给定的问题，其选择在单元精度上具有显著影响。

在单元名称末尾，使用字母"R"将单元标识成简化积分型。例如，CAX4R 是 4 节点、简化积分、轴对称的实体单元。

可以将壳、管和梁单元属性定义成通用截面行为：或者对单元的每个横截面进行数值积分，以便在需要时准确地跟踪与非线性材料行为相关的非线性响应。此外，可以为壳单元指定复合分层截面，以及为 Abaqus/Standard 中的三维六面体单元横截面的每一层指定不同的材料。

组合单元

单元库旨在为所有几何形体提供完全的建模功能。因此，可以使用任何单元的组合来建立模型；在形成模型的必要运动关系中，多点约束有时候是有用的（例如，使用实体单元模拟壳面的一部分，而使用壳单元模拟壳的另一部分，或者使用梁单元模拟壳的加强筋）。

热传导和热-应力分析

在热传导分析之后进行热-应力分析的情况中，Abaqus/Standard 提供相应的热传导和应力单元。详细内容见"顺序耦合的热-应力分析"（《Abaqus 分析用户手册——分析卷》的11.2 节）。

适用于单元库的信息

Abaqus 中的完整单元库由许多更小的单元库组成。在本书中，每一章介绍一个单元库。在每章中，在适用的情况下提供以下方面的信息：

- 约定。
- 单元类型。
- 自由度。
- 所需节点坐标。
- 单元属性定义。
- 单元面。
- 单元输出。
- 载荷（通用载荷、分布载荷、基础、分布热通量、膜条件、辐射类型、分布流量、分布阻抗、电通量、分布电流密度和分布浓度通量）。
- 与单元相关的节点。
- 单元面和单元节点的次序。
- 用于输出的积分点数量。

对于在 Abaqus/Standard 和 Abaqus/Explicit 中都可以使用的单元库，仅在 Abaqus/Standard 中可以使用的单元或者载荷类型使用[S]进行标识；类似地，仅在 Abaqus/Explicit 中可以使用的单元或者载荷类型使用[E]进行标识。在 Abaqus/Aqua 中可以使用的单元或者载荷类型使用[A]进行标识。

对适用于大部分单元的输出变量进行了讨论。其他变量的使用取决于所使用的材料模型或者分析过程。一些单元所具有的解变量不适用于相同类型的其他单元，对这些变量进行了明确的指定。

1.2　选择单元的维度

产品：Abaqus/Standard　　Abaqus/Explicit　　Abaqus/CFD　　Abaqus/CAE

参考

- "单元库：概览"，1.1 节
- "零件建模空间"，《Abaqus/CAE 用户手册》的 11.4.1 节
- "赋予 Abaqus 单元类型"，《Abaqus/CAE 用户手册》的 17.5 节

概览

Abaqus 单元库包含用于模拟广泛空间维度的以下单元：
- 一维单元。
- 二维单元。
- 三维单元。
- 圆柱单元。
- 轴对称单元。
- 非线性、非对称变形的轴对称单元。

一维（链接）单元

　　一维热传导、耦合的热-电和声学单元仅用于 Abaqus/Standard。此外，结构链接（杆）单元可用于 Abaqus/Standard 和 Abaqus/Explicit。这些单元可以在二维或者三维空间中沿着单元的长度传递载荷或者通量。

二维单元

　　Abaqus 提供几种不同类型的二维单元。对于结构应用，包括平面应力单元和平面应变单元。Abaqus 也为结构应用提供广义的平面应变单元。

平面应力单元

当体或者区域的厚度与其横向（平面内）尺寸相比较小时，可以使用平面应力单元。

应力仅是平面坐标的函数，并且面外法向和切应力等于零。

必须在 $X-Y$ 平面中定义平面应力单元，并将所有载荷和变形限制在此平面内。通常对薄的、平的物体应用此模拟方法。对于各向异性材料，Z 轴必须是主材料方向。

平面应变单元

当可以假设受载荷的体或者区域中的应变仅是平面坐标的函数，并且面外法向和切应变等于零时，可以使用平面应变单元。

必须在 $X-Y$ 平面中定义平面应变单元，并将所有载荷和变形限制在此平面内。当与横向尺寸相比物体非常厚时，通常使用此模拟方法，如轴、混凝土水坝或者墙。沿着 Z 轴方向的地下隧道的典型剖面也可以应用此平面应变理论。对于各向异性材料，Z 轴必须是主材料方向。

由于平面应变理论假定厚度方向上的应变为零，因此各向热膨胀可能会在厚度方向上造成大的应力。

广义平面应变单元

在 Abaqus/Standard 中，为模拟关于一个材料方向（模型的"轴"向）具有不变曲率（因而没有解变量的梯度）的结构，提供了广义平面应变单元。因此，公式涉及位于两个相互运动平面之间的模型，从而导致模型轴向方向上的应变关于平面中的位置产生线性变化，其变化是由曲率变化引起的。在初始构型中，边界平面可以是相互平行的，也可以彼此成一个角度。彼此成一个角度时可以模拟轴向上模型的初始曲率，如图 1-3 所示。通常使用广义平面应变单元来模拟轴向自由膨胀的，或者承受轴向载荷的细长结构的一部分。

每个广义平面应变单元具有三个、四个、六个或者八个节点，对每个节点的 x 坐标、y 坐标和位移等进行存储。这些节点确定了在两个边界平面中的单元位置和运动。每个单元还有一个参考节点，模型中所有广义平面应变单元通常具有相同的参考节点。广义平面应变单元的参考节点不应作为模型中任何单元中的传统节点。参考节点具有 3、4 和 5 自由度（Δu_z，$\Delta \phi_x$ 和 $\Delta \phi_y$）。第一个自由度（Δu_z）是连接此节点与它在其他边界平面中的影像的轴向材料纤维的长度变化。当平面彼此远离时，此位移是正的；因此，在轴向纤维中存在拉伸应变。第二和第三个自由度（$\Delta \phi_x$，$\Delta \phi_y$）是一

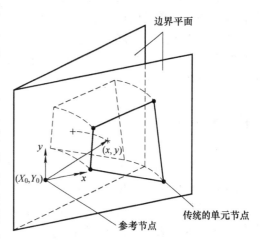

图 1-3 广义平面应变模型

注：在 (x, y) 处穿过厚度的线长度是
$$t = t_0 + \Delta u_z + (y - Y_0)\Delta \phi_x - (x - X_0)\Delta \phi_y$$
（各量的含义见文中）。

个边界平面相对于另外一个边界平面的相对转动。所存储的值是边界平面中（即模型的横截面中）关于 X 轴和 Y 轴的两个转动分量。关于 X 轴的正转动导致横截面中关于 y 坐标的轴向应变增加；关于 Y 轴的正转动导致横截面中关于 x 坐标的轴向应变增加。广义平面应变

单元参考节点的 x 坐标和 y 坐标（下面讨论中的 X_0 和 Y_0）在分析的所有步中保持不变。采用参考节点的自由度，通过边界平面中当前坐标为 (x,y) 的点的轴向材料纤维的长度是

$$t = t_0 + \Delta u_z + (y - Y_0)\Delta\phi_x - (x - X_0)\Delta\phi_y$$

式中，t 是纤维的当前长度；t_0 是通过参考节点的纤维初始长度（作为单元截面定义的一部分给出）；Δu_z 是参考节点处的位移（存储成参考节点处的自由度3）；$\Delta\phi_x$ 和 $\Delta\phi_y$ 是边界平面之间角度分量的总值（$\Delta\phi_x$ 和 $\Delta\phi_y$ 的原始值是作为单元截面定义的一部分给出的，见"实体（连续）单元"中的"定义单元的截面属性"，2.1.1 节：这些值的变化是参考节点的自由度 4 和 5）；X_0 和 Y_0 是边界平面中参考节点的坐标。

三维单元

三维单元是在整体 (X,Y,Z) 坐标系中定义的。当几何形体和（或者）施加的载荷相对任何其他空间自由度更少的单元类型而言过于复杂时，使用三维单元。

圆柱单元

圆柱单元是在整体 (X,Y,Z) 坐标系中定义的三维单元。使用这种单元来模拟承受一般非轴对称载荷的，具有圆形或者轴对称几何形状的物体。圆柱单元仅用于 Abaqus/Standard。

在相对大的角度上的预期解近乎为轴对称的情况下，圆柱单元是有用的。在此情况中，非常粗糙的圆柱单元网格通常是足够的。轮胎的印迹和稳态滚动分析是圆柱单元相比于传统连续单元具有显著优势的好例子（见"轮胎的稳态转动例子"，《Abaqus 实例手册》的3.1.2 节）。如果预期解具有显著的非轴对称分量，则需要进一步细化圆柱单元网格，此时使用传统的连续单元可能更为经济。

轴对称单元

轴对称单元用于模拟承受轴对称载荷的回转体。回转体是关于一根轴（对称轴）转动平的横截面而生成的，用圆柱极坐标 $(r,z$ 和 $\theta)$ 来描述。图 1-4 所示为 $\theta=0$ 处的典型参考横截面。此横截面上点的径向和轴向坐标分别用 r 和 z 表示。在 $\theta=0$ 处，径向和轴向坐标与整体笛卡儿 X 坐标和 Y 坐标重合。

在轴对称模型中，Abaqus 不为位于对称轴上的节点自动施加边界条件。如有需要施加，用户可直接施加。位于 z 轴上节点处的径向边界条件对于大部分问题而言是适用的，因为如果没有这些载荷，节点可能会穿过对称轴移动，这违反了相容性原则。然而，对于某些分析，如穿透分析，节点应沿着对称轴自由移动；在这些情况中应省略边界条件。

如果载荷和材料属性独立于 θ，则任何 $r-z$ 平面中的解可完全定义体中的解。因此，可以通过离散化 $\theta=0$ 处的参考横截面，来使用轴对称单元进行分析。图 1-4 所示为轴对称体单元。节点 i、j、k 和 l 是实际的节点"环"，并且与单元关联的材料体积是回转体的体积，如图中所示。指定节点载荷的值或者反作用力是环上的总值，即圆周上的积分值。

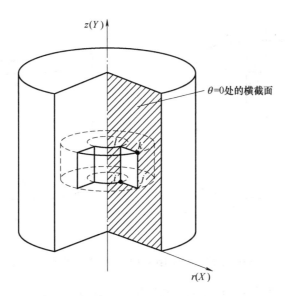

图 1-4　轴对称实体中的参考横截面和单元

规则的轴对称单元

结构应用中的规则轴对称单元仅能承受径向和轴向载荷，并使用各向同性或者正交异性的材料属性，θ 是主方向。这种单元中的任何径向位移将在圆周方向上产生应变（"箍"应变）；并且因为位移必须也是纯轴对称的，所以仅有四个可能的非零应变分量（$\varepsilon_{rr}, \varepsilon_{zz}, \varepsilon_{\theta\theta}$ 和 γ_{rz}）。

具有扭曲的广义轴对称应力/位移单元

在 Abaqus/Standard 中，具有扭曲的轴对称实体单元仅用于关于其对称轴产生扭曲的轴对称结构的分析。此单元族类似于上面讨论的轴对称单元，除了可以承受圆周的载荷分量（此载荷分量取决于 θ），还允许一般的材料各向异性。在这些情况下，有可能存在 θ 方向上随着 r 和 z 变化，但不随着 θ 变化的位移。由于解不作为 θ 的函数而变化，因此任何 $r-z$ 的变形表征了整个体的变形，所以问题仍然是轴对称的。单元最初定义一个在 $\theta=0$ 处关于 $r-z$ 平面的轴对称参考几何形体，其中 r 方向对应于整体 X 方向，z 方向对应于整体 Y 方向。图 1-5 所示为由两个单元构成的轴对称模型。图中也显示了节点 100 处的局部圆柱坐标系。

具有扭曲的轴对称单元节点处的运动是通过径向位移 u_r、轴向位移 u_z 和关于 z 轴的扭曲 ϕ（径向）来描述的，每一项在圆周方向上都保持不变，这样变形后的几何形体仍保持轴对称。图 1-5b 所示为图 1-5a 中参考模型几何形体变形后的情况，以及变形后节点 100 处在局部圆柱坐标系中的 ϕ_{100}。

这些单元的公式见"轴对称单元"（《Abaqus 理论手册》的 3.2.8 节）。

在围线积分计算和动态分析中，不能使用广义轴对称单元。弹性基础仅适用于自由度 u_r 和 u_z。

这些单元不应当与三维单元组合使用。

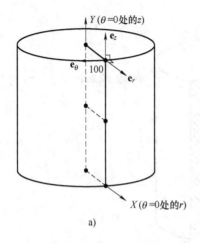

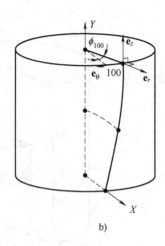

图1-5 具有扭曲的轴对称实体中的参考横截面和变形横截面

在刚体中，应谨慎使用具有扭曲的轴对称单元及其节点。如果刚体承受大转动，则可能得到不正确的结果。推荐使用运动耦合来模拟轴对称单元上的刚性约束（见"运动耦合约束"，《Abaqus分析用户手册——指定条件、约束与相互作用卷》的2.2.3节）。

如果变形主要是扭曲，则这些单元不能与稳态一起使用，因为稳态仅用于平面变形。

非线性、非对称变形的轴对称单元

这种单元适用于承受非线性、非轴对称变形的初始轴对称结构的线性或者非线性分析。仅在Abaqus/Standard中可以使用这些单元。

这种单元在 $r-z$ 平面上使用标准的等参插值，与关于 θ 的傅里叶插值组合。假定变形关于 $\theta=0$ 和 π 处的 $r-z$ 平面对称。

至多允许四个傅里叶模式。对于更一般的情况，完全的三维模拟或者圆柱单元模拟通常更为经济，因为所有变形模式之间完全耦合。

这些单元使用每个 $r-z$ 平面上的节点集：这类平面的个数取决于关于 θ 的傅里叶插值的阶数 N，即

傅里叶模块的数量 N	节点平面的数量	关于 θ 的节点平面的位置
1	2	0，π
2	3	0，$\pi/2$，π
3	4	0，$\pi/3$，$2\pi/3$，π
4	5	0，$\pi/4$，$\pi/2$，$3\pi/4$，π

每种单元类型是通过名称定义的，如CAXARN（连续单元）或者SAXA1N（壳单元）。应将数量 N 给定成用于单元的傅里叶模块的数量（$N=1$，2，3或者4）。例如，单元类型CAXA8R2是在 $r-z$ 平面中进行四次插值的四边形单元，并且关于 θ 的插值使用两个傅里叶模块。图1-6所示为与不同傅里叶模块关联的节点平面。

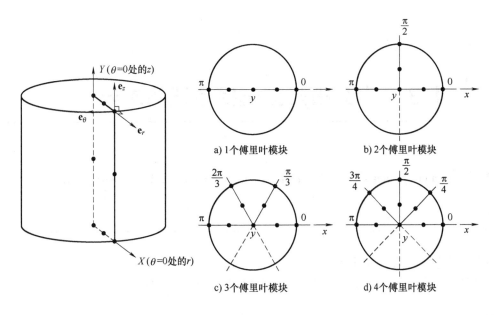

a) 1个傅里叶模块

b) 2个傅里叶模块

c) 3个傅里叶模块

d) 4个傅里叶模块

图1-6 具有非线性、不对称变形以及1~4个傅里叶模块的二阶轴对称单元的节点平面

1.3 为分析类型选择合适的单元

产品：Abaqus/Standard　　Abaqus/Explicit　　Abaqus/CFD　　Abaqus/CAE

参考

- "单元库：概览"，1.1 节
- "单元类型赋予"，《Abaqus/CAE 用户手册》的 17.5.3 节

概览

Abaqus 单元库包含以下单元：

- 应力/位移单元，包括接触单元、连接器单元（如弹簧）和欧拉单元等特殊用途单元，以及面单元。
  - 孔隙压力单元。
  - 耦合的温度-位移单元。
  - 耦合的热-电-结构单元。
  - 耦合的温度-孔隙压力位移单元。
  - 热传导单元和质量扩散单元。
  - 强制对流热传导单元。
  - 不可压缩流体单元。
  - 流管和流管连接器单元。
  - 耦合的热-电单元。
  - 压电单元。
  - 电磁单元。
  - 声学单元。
  - 用户定义的单元。

下面分别对每种单元类型进行介绍。

在 Abaqus/Standard 或者 Abaqus/Explicit 中，一个模型可能包含不适用于所选具体分析类型的单元，将忽略这样的单元。然而，Abaqus/Standard 模型不能包含不适用于 Abaqus/Standard 的单元；同样，Abaqus/Explicit 模型不能包含不适用于 Abaqus/Explicit 的单元；Abaqus/CFD 模型不能包含不适用于 Abaqus/CFD 的单元。

应力/位移单元

应力/位移单元用于可能包含接触、塑性和（或者）大变形的线性模拟或者复杂的非线性力学分析。热-应力分析也可以使用应力/位移单元，可以从使用扩散单元的热传导分析中得到温度的历史。

分析类型

应力/位移单元可用于以下分析类型中：

- 静态和准静态分析（"静应力分析过程：概览"，《Abaqus 分析用户手册——分析卷》的 1.2.1 节）。
- 隐式瞬态动力学、显式瞬态动力学、模态动力学和稳态动力学分析（"动态分析过程：概览"，《Abaqus 分析用户手册——分析卷》的 1.3.1 节）。
- "声学、冲击和耦合的声学-结构分析"（《Abaqus 分析用户手册——分析卷》的 1.10 节）。
- "断裂力学：概览"（《Abaqus 分析用户手册——分析卷》的 6.4.1 节）。

有效的自由度

应力/位移单元仅具有位移自由度（见"约定"，《Abaqus 分析用户手册——介绍、空间建模、执行与输出卷》的 1.2.2 节）。

选择应力/位移单元

应力/位移单元可用于几种不同的单元族。

连续单元

- "实体（连续）单元"（2.1.1 节）。
- "无限单元"（2.3.1 节）。

结构单元

- "膜单元"（3.1.1 节）。
- "杆单元"（3.2.1 节）。
- "梁模拟：概览"（3.3.1 节）。
- "桁架单元"（3.4.1 节）。
- "具有变形横截面的管和管弯：弯头单元"（3.5.1 节）。
- "壳单元：概览"（3.6.1 节）。

惯量、刚性和电容单元

- "点质量"（4.1.1 节）。
- "转动惯量"（4.2.1 节）。
- "刚性单元"（4.3.1 节）。

- "连接器单元"（5.1.2 节）。
- "弹簧"（6.1.1 节）。
- "阻尼器"（6.2.1 节）。
- "柔性连接单元"（6.3.1 节）。
- "管座单元"（6.8.1 节）。
- "拖链"（6.11.1 节）。

特殊用途单元
- "胶粘单元：概览"（6.5.1 节）。
- "垫片单元：概览"（6.6.1 节）。
- "面单元"（6.7.1 节）。
- "模拟壳中部分穿过裂纹的线弹簧单元"（6.9.1 节）。
- "弹塑性连接单元"（6.10.1 节）。
- "欧拉单元"（6.14.1 节）。
- "流管连接器单元"（6.16.1 节）。
- "流管单元"（6.15.1 节）。

接触单元
- "间隙接触单元"（《Abaqus 分析用户手册——指定条件、约束与相互作用卷》的 7.2 节）。
- "管-管接触单元"（《Abaqus 分析用户手册——指定条件、约束与相互作用卷》的 7.3 节）。
- "滑动线接触单元"（《Abaqus 分析用户手册——指定条件、约束与相互作用卷》的 7.4 节）。
- "刚性面接触单元"（《Abaqus 分析用户手册——指定条件、约束与相互作用卷》的 7.5 节）。

孔隙压力单元

在 Abaqus/Standard 中，孔隙压力单元用于模拟通过变形多孔介质的完全饱和或者部分饱和的流体流动。所有孔隙压力单元的名称中都包含字母"P"（孔隙压力）。这类单元不能与流体静力学单元一起使用。

分析类型

可以在下面的分析类型中使用孔隙压力单元：
- 土壤分析（"耦合的孔隙流体扩散和应力分析"，《Abaqus 分析用户手册——分析卷》的 1.8.1 节）。
- 地压分析（"地压应力状态"，《Abaqus 分析用户手册——分析卷》的 1.8.2 节）。

有效的自由度

孔隙压力单元既具有位移自由度，也具有孔隙压力自由度。在二阶单元中，仅在角节点上具有有效的孔隙压力自由度（见"约定"，《Abaqus 分析用户手册——介绍、空间建模、执行与输出卷》的 1.2.2 节）。

插值

这些单元在两个或者三个方向上为几何形体和位移使用线性插值或者二阶（二次）插值。从角节点处线性插值孔隙压力。应避免出现弯曲的单元边，因为弯曲的边不能得到刚好线性的空间孔隙压力变量。

出于输出的目的，二阶单元中节点处的孔隙压力是通过角节点的线性插值得到的。

选择孔隙压力单元

孔隙压力单元仅用于以下单元族：
●"实体（连续）单元"（2.1.1 节）。

耦合的温度-位移单元

在应力分析取决于温度解，并且热分析取决于位移解的情况下，使用耦合的温度-位移单元。一个例子是由于塑性耗散或者摩擦使得物体受热，而物体的属性是随温度变化的。所有耦合的温度-位移单元的名称中均包含字母"T"。

分析类型

耦合的温度-位移单元用于完全耦合的温度-位移分析（见"完全耦合的热-应力分析"，《Abaqus 分析用户手册——分析卷》的 1.5.3 节）。

有效的自由度

耦合的温度-位移单元既有位移自由度，也有温度自由度，在二阶单元中，角节点上具有温度自由度。在改进的三角形和四面体单元中，所有节点上均具有温度自由度。对自由度的讨论见"约定"（《Abaqus 分析用户手册——介绍、空间建模、执行与输出卷》的 1.2.2 节）。

插值

耦合的温度-位移单元对几何形体和位移使用线性插值或者二次插值；而温度则总是使用线性插值。在二阶单元中，应当避免出现弯曲的边，否则将无法得到这些单元的恰好线性的温度变量。

出于输出的目的，二阶单元中节点处的温度是通过从角节点处线性插值来确定的。

选择耦合的温度-位移单元

耦合的温度-位移单元可用于以下单元族：
- "实体（连续）单元"（2.1.1 节）。
- "杆单元"（3.2.1 节）。
- "壳单元：概览"（3.6.1 节）。
- "间隙接触单元"（《Abaqus 分析用户手册——指定条件、约束与相互作用卷》的 7.2.1 节）。
- "滑动线接触单元"（《Abaqus 分析用户手册——指定条件、约束与相互作用卷》的 7.4.1 节）。

耦合的热-电-结构单元

当必须同时得到位移、电势和温度自由度时，可以使用耦合的热-电-结构单元。在这些类型的问题中，温度相关的材料属性、热膨胀和内热生成导致了温度和位移自由度之间的耦合，而这是材料非弹性变形的函数。温度相关的电导性和内热生成导致了温度和电自由度之间的耦合，而它是电流密度的函数。耦合的热-电-结构单元的名称由字母 "Q" 开始。

分析类型

在完全耦合的热-电-结构分析中，使用耦合的热-电-结构单元（见 "完全耦合的热-电-结构分析"，《Abaqus 分析用户手册——分析卷》的 1.7.4 节）。

有效的自由度

耦合的热-电-结构单元具有位移、电势和温度自由度。在二阶单元中，角节点上具有电势和温度自由度。在改进的三角形和四面体单元中，所有节点上均具有电势和温度自由度。对自由度的讨论见 "约定"（《Abaqus 分析用户手册——介绍、空间建模、执行与输出卷》的 1.2.2 节）。

插值

耦合的热-电-结构单元对几何形体和位移使用线性插值或者二次插值。电势和温度总是使用线性插值。在二阶单元中，应当避免出现弯曲的边，否则将无法得到这些单元的恰好线性的电势和温度变量。

出于输出的目的，二阶单元中节点处的电势和温度是通过从角节点处线性插值来确定的。

选择耦合的热-电-结构单元

耦合的热-电-结构单元仅用于以下单元族：
- "实体（连续）单元"（2.1.1 节）。

耦合的温度-孔隙压力单元

在 Abaqus/Standard 中，为了模拟通过变形多孔介质的完全饱和或者部分饱和的流体流动，使用耦合的温度-孔隙压力单元，在此变形多孔介质中，应力、流体孔隙压力和温度场是彼此完全耦合的。所有耦合的温度-孔隙压力单元的名称均包含字母"T"和"P"。这类单元不能与流体静力学单元一起使用。

分析类型

在完全耦合的温度-孔隙压力分析中，使用耦合的温度-孔隙压力单元（见"耦合的孔隙流体扩散和应力分析"，《Abaqus 分析用户手册——分析卷》的 1.8.1 节）。

有效的自由度

耦合的温度-孔隙压力单元具有位移、孔隙压力和温度自由度。关于 Abaqus 中自由度的更多内容见"约定"（《Abaqus 分析用户手册——介绍、空间建模、执行与输出卷》的 1.2.2 节）。

插值

这类单元对几何形体和位移使用线性插值或者二阶（二次）插值。温度和孔隙压力总是使用线性插值。

选择耦合的温度-孔隙压力单元

耦合的温度-孔隙压力单元可用于以下单元族：
- "实体（连续）单元"（2.1.1 节）。

扩散（热传导）单元

在 Abaqus/Standard 的热传导分析中，使用扩散单元（"非耦合的热传导分析"，《Abaqus 分析用户手册——分析卷》的 1.5.2 节），这类分析中允许热存储（比热容和潜热效应）和热传导。这些单元的温度输出可用作等效应力单元的输入。所有扩散热传导单元的名称均由字母"D"开始。

分析类型

扩散单元可用于质量扩散分析和热传导分析（见"质量扩散分析"，《Abaqus 分析用户手册——分析卷》的 1.9 节）。

有效的自由度

在用于热传导分析中时，扩散单元仅具有温度自由度。在用于质量扩散分析中时，扩散单元具有归一化的浓度自由度，而不是温度自由度。有关 Abaqus 中自由度的更多内容见

"约定"（《Abaqus 分析用户手册——介绍、空间建模、执行与输出卷》的 1.2.2 节）。

插值

扩散单元在一维、二维或者三维中使用一阶（线性）插值或者二阶（二次）插值。

选择扩散单元

扩散单元可用于以下单元族：
- "实体（连续）单元"（2.1.1 节）。
- "壳单元：概览"（3.6.1 节）（这些单元不能用于质量扩散分析）。
- "间隙接触单元"（《Abaqus 分析用户手册——指定条件、约束与相互作用卷》的 7.2.1 节）。

强制对流热传导单元

Abaqus/Standard 中的强制对流热传导单元允许热存储（比热容）和热传导，以及流体流过网格所产生的热对流（强制对流）。所有强制热传导单元的温度输出，可以直接用作等效应力单元的输入。所有强制对流热传导单元的名称均以字母"DCC"开始。

分析类型

强制对流热传导单元可用于热传导分析（"耦合的热传导分析"，《Abaqus 分析用户手册——分析卷》的 1.5.2 节），包括腔辐射模拟（"在 Abaqus/Standard 中定义腔辐射"，《Abaqus 分析用户手册——指定条件、约束与相互作用卷》的第 8 章）。

有效的自由度

强制对流热传导单元具有温度自由度。关于自由度的讨论见"约定"（《Abaqus 分析用户手册——介绍、空间建模、执行与输出卷》的 1.2.2 节）。

插值

强制对流热传导单元在一维、二维或者三维中仅使用一阶（线性）插值。

选择强制对流热传导单元

强制对流热传导单元仅用于以下单元族：
- "实体（连续）单元"（2.1.1 节）。

不可压缩流体单元

不可压缩流体杂交单元可用于 Abaqus/CFD。这些单元允许自动添加可选的能量方程和湍流模式的自由度。所有流体单元的名称均以字母"FC"开始。

分析类型

可以在不同的流体分析中（"不可压缩流体的动力学分析"，《Abaqus 分析用户手册——分析卷》的 1.6.2 节）使用不可压缩流体单元，包括层流或者湍流、热传导和流-固相互作用。

有效的自由度

不可压缩流体单元主要具有压力和速度自由度。关于 Abaqus/CFD 中自由度的更多内容见"流体单元库"（2.2.2 节）。

插值

不可压缩流体单元在一维、二维或者三维中仅使用一阶（线性）插值。

选择不可压缩流体单元

不可压缩流体单元仅用于以下单元族：
- "流体（连续）单元"（2.2.1 节）。

流管单元和流管连接器单元

在 Abaqus/Standard 中，流管单元适合模拟不可压缩管流体，流管连接器单元适合模拟两根管之间的连接。这些单元仅具有孔隙压力自由度。所有流管单元的名称均以字母"FP"开头；所有流管连接器单元的名称均以字母"FPC"开头。

分析类型

流管单元和流管连接器单元可用于以下分析：
- 土壤分析（"耦合的孔隙流体扩散和应力分析"，《Abaqus 分析用户手册——分析卷》的 1.8.1 节）。
- 地压应力分析（"地压应力状态"，《Abaqus 分析用户手册——分析卷》的 1.8.2 节）。

有效的自由度

流管单元和流管连接器单元主要具有孔隙压力自由度。关于自由度的讨论见"约定"（《Abaqus 分析用户手册——介绍、空间建模、执行与输出卷》的 1.2.2 节）。

选择流管单元

流管单元仅用于以下单元族：
- "流管单元"（6.15.1 节）。

选择流管连接器单元

流管连接器单元仅用于以下单元族：

- "流管连接器单元"（6.16.1 节）。

耦合的热-电单元

在 Abaqus/Standard 中，使用耦合的热-电单元模拟电流流过导体所产生的热（焦耳热）。

分析类型

焦耳热效应需要热和电问题的完全耦合（见"耦合的热-电分析"，《Abaqus 分析用户手册——分析卷》的 1.7.3 节）。由两个原因导致了耦合：温度相关的电导率和热问题中由电导率产生的热。

这些单元也可以用在整个或者部分模型中进行非耦合的电导率分析。在这些分析中，只有电势自由度是有效的，并且忽略所有热传导效应。通过在材料定义中省略热导率来使用此功能。

在热传导分析中，也可以使用耦合的热-电单元（"非耦合的热传导分析"，《Abaqus 分析用户手册——分析卷》的 1.5.2 节），在此情况下，忽略所有的电导率作用。如果在耦合的热-电分析后是纯粹的热传导分析（如焊接仿真后是冷却分析），则此功能是非常有用的。

在任何的热/位移分析过程中，均不能使用此单元。

有效的自由度

耦合的热-电单元同时具有温度和电势自由度。关于自由度的讨论见"约定"（《Abaqus 分析用户手册——介绍、空间建模、执行与输出卷》的 1.2.2 节）。

插值

耦合的热-电单元中的温度和电势使用一阶插值或者二阶插值。

选择耦合的热-电单元

耦合的热-电单元仅用于以下单元族：
- "实体（连续）单元"（2.1.1 节）。

压电单元

在 Abaqus/Standard 中，使用压电单元模拟应力和电势之间的耦合（压电效应）。

分析类型

在压电分析中，使用压电单元（"压电分析"，《Abaqus 分析用户手册——分析卷》的 1.7.2 节）。

有效的自由度

压电单元同时具有位移和电势自由度。关于自由度的讨论见"约定"（《Abaqus 分析用户手册——介绍、空间建模、执行与输出卷》的 1.2.2 节）。在"压电分析"（《Abaqus 分析用户手册——分析卷》的 1.7.2 节）中，对压电效压进行了进一步的讨论。

插值

压电单元可使用位移和电势的一阶或者二阶插值。

选择压电单元

压电单元用于以下单元族：
- "实体（连续）单元"（2.1.1 节）。
- "杆单元"（3.2.1 节）。

电磁单元

在 Abaqus 中，对于需要进行磁场计算的问题（如静磁分析）或者必须模拟电场与磁场之间耦合的问题（如涡流分析），可使用电磁单元。

分析类型

电磁单元用于静磁分析和涡流分析（见"静磁分析"，《Abaqus 分析用户手册——分析卷》的 1.7.6 节；以及"涡流分析"，《Abaqus 分析用户手册——分析卷》的 1.7.5 节）。

有效的自由度

电磁单元具有磁矢势自由度。关于自由度的讨论见"约定"（《Abaqus 分析用户手册——介绍、空间建模、执行与输出卷》的 1.2.2 节）。在"静磁分析"（《Abaqus 分析用户手册——分析卷》的 1.7.6 节）中，对静磁分析进行了进一步的讨论；在"涡流分析"（《Abaqus 分析用户手册——分析卷》的 1.7.5 节）中，对涡流分析中的电磁耦合进行了进一步的讨论。

插值

电磁单元可以使用磁矢势零阶单元基于边的插值。

选择电磁单元

电磁单元可用于以下单元族：
- "实体（连续）单元"（2.1.1 节）。

声学单元

声学单元用来模拟承受小压力变化的声学介质。声学介质中的解是通过单个压力变量来定义的。在这些声学单元的面上，可以获得代表吸收面或者无限外部辐射的阻抗边界条件。

此外，还提供了提高外部区域分析精度的声学无限单元，以及将声学介质与结构模型耦合的声学-结构界面单元。

分析类型

声学单元用于声学分析和耦合的声学-结构分析（"声学、冲击和耦合的声学-结构分析"，《Abaqus 分析用户手册——分析卷》的 1.10.1 节）。

有效的自由度

声学单元具有声压自由度。耦合的声学-结构单元还具有位移自由度（见《Abaqus 分析用户手册——介绍、空间建模、执行与输出卷》的 1.2.2 节）。

选择声学单元

声学单元可用于以下单元族：
- "实体（连续）单元"（2.1.1 节）。
- "无限单元"（2.3.1 节）。
- "声学界面单元"（6.13.1 节）。

可以单独使用声学单元，但在耦合分析中通常与结构模型一起使用。"声学界面单元"（6.13.1 节）描述了允许将声学压力场与结构面的位移耦合到一起的界面单元。通过使用基于面的绑缚约束，可以使声学单元与实体单元发生相互作用（见"声学、冲击与耦合的声学-结构分析"，《Abaqus 分析用户手册——分析卷》的 1.10.1 节）。

不同分析类型或者单元类型使用相同的网格

用户可能希望不同的分析类型或者单元类型使用相同的网格。例如，如果应力和热传导分析都是针对特定的几何结构，或者对使用缩减积分或者完全积分的效果进行研究，则可能出现此情况。此时应谨慎处理，因为如果网格扭曲，则两种类型单元中的一种可能会出现无法预期的错误信息。例如，涉及 C3D10 单元类型的应力分析可以顺利运行，但是使用相同网格，DC3D10 单元类型的热传导分析却在分析的 datacheck 部分终止，错误信息指出单元极度扭曲或者具有负的体积。所表现出的不一致是由于不同单元类型的不同积分位置造成的。可以通过确保网格没有极度扭曲来避免这样的问题。

1.4 截面控制

产品：Abaqus/Standard　　Abaqus/Explicit　　Abaqus/CAE

参考

- * SECTION CONTROLS
- * HOURGLASS STIFFNESS
- "赋予单元类型"，《Abaqus/CAE 用户手册》的 17.5.3 节。

概览

Abaqus/Standard 中的截面控制：
- 为大部分使用缩减积分的一阶单元选择沙漏控制方程。
- 为 C3D10HS 单元定义变形控制。
- 为所有使用缩减积分的单元选择沙漏控制比例因子。
- 为包含损伤演化本构行为的胶粘剂单元、连接器单元、使用平面应力方程的单元（平面应力单元、壳单元、连续壳单元和膜单元），以及可以与韧性金属的损伤演化模型一起使用的任何单元，在低周疲劳分析中与损伤演化规律一起使用的任何单元，选择单元删除选项和最大退化的值。

Abaqus/Explicit 中的截面控制：
- 为所有使用缩减积分的单元选择沙漏控制方程或者比例因子。
- 为实体单元定义变形控制。
- 为壳单元的钻刚度选择比例因子，或者使得小应变壳单元 S3RS 和 S4RS 的钻刚度失效。
- 为膜单元中任何初始应力的斜度变化选择幅值。
- 为六面体实体单元选择运动方程。
- 为实体单元和壳单元的方程选择精确的阶数。
- 为线性和二次块黏度参数选择比例因子。
- 为离散单元法（DEM）分析和光滑粒子法（SPH）分析指定粒子追踪盒的大小。
- 为 SPH 分析指定方程和附加的控制参数。
- 为包含损伤扩展本构行为的单元选择单元删除选项和最大退化值。

在 Abaqus/CAE 中，当用户对特定网格区域赋予一种单元类型时就指定了截面控制，并且称之为单元控制。

使用截面控制

在 Abaqus/Standard 中，使用截面控制为实体、壳和膜单元选择增强的沙漏控制方程。与默认的总刚度方程相比，此方程的计算成本稍高，但具有改进的粗网格精度，并且在应变水平较高时，对于非线性材料响应表现得更好。也可以使用截面控制来选择一些与后续的 Abaqus/Explicit 分析相关的单元方程。

在 Abaqus/Explicit 中，选择实体、壳和膜单元的默认方程来执行多种类型的准静态和显式动力学仿真。然而，对于一些方程，需要在精度与性能之间进行权衡。Abaqus/Explicit 提供截面控制来更改这些单元方程，以便使用户可以为具体的应用优化这些目标。在 Abaqus/Explicit 中，还可以使用截面控制为线性和二次体黏度参数指定比例因子。用户也可以为碰撞仿真中气囊应用中的膜进行初始应力控制，并引入基于幅值定义的初始应力梯度。

此外，还可以使用截面控制指定最大刚度退化，以及在材料刚度完全退化时，选择单元完全失效的行为，包括从网格中删除失效单元。此功能仅用于具有包含渐进损伤的材料定义的单元（见"渐进损伤和失效：概览"，《Abaqus 分析用户手册——材料卷》的 4.1 节；"连接器损伤行为"，5.2.7 节；"使用拉伸-分离描述定义胶粘单元的本构响应"，6.5.6 节）。在 Abaqus/Standard 中，此功能仅用于：

- 使用包含损伤演化的拉伸-分离本构响应的胶粘剂单元。
- 可以与纤维增强复合材料的损伤演化模型一起使用的具有平面应力方程的任何单元。
- 可以与韧性金属的损伤演化模型一起使用的任何单元。
- 在低周疲劳分析中可以与损伤演化一起使用的任何单元。
- 使用包含损伤演化本构响应的连接器单元。

输入文件用法：　　　使用下面的选项指定截面控制定义：

＊SECTION CONTROLS, NAME = 名称

此选项与以下一个或者多个选项结合，可对单元截面定义和截面控制定义进行关联：

＊COHESIVE SECTION, CONTROLS = 名称

＊CONNECTOR SECTION, CONTROLS = 名称

＊DISCRETE SECTION, CONTROLS = 名称

＊EULERIAN SECTION, CONTROLS = 名称

＊MEMBRANE SECTION, CONTROLS = 名称

＊SHELL GENERAL SECTION, CONTROLS = 名称

＊SHELL SECTION, CONTROLS = 名称

＊SOLID SECTION, CONTROLS = 名称

可以将单个截面控制定义应用于多个单元截面定义。

Abaqus/CAE 用法：Mesh module：Mesh→Element Type：Element Controls

抑制沙漏模式的方法

对于物理应变增量的计算，缩减积分单元的方程仅考虑单元中增量位移场的线性变换部分。节点增量位移场的保留部分是沙漏场，并且可以采用沙漏模式来表达。

这些模式的激发可以导致严重的网格扭曲，而没有阻抗变形的应力。类似地，单元类型 C3D4H 的方程在约束等式中只考虑增量压力拉格朗日乘子场的常数部分。节点增量压力拉格朗日乘子插值的保留部分由沙漏模式组成。

沙漏控制试图最小化这些问题，而不对单元的物理响应产生过多的约束。

在 Abaqus 中，可以采用以下几种方法抑制沙漏模式。

Abaqus/Explicit 中的积分黏弹性方法

Abaqus/Explicit 中可用的积分黏弹性方法，在有可能存在突发动力载荷的分析步开始时生成更大的沙漏阻力。

用 q 表示沙漏模量级，Q 是与 q 共轭的力（或力矩）。积分黏弹性方法定义为

$$Q = \int_0^t sK(t - t')\frac{\mathrm{d}q}{\mathrm{d}t'}\mathrm{d}t'$$

式中，K 是由 Abaqus/Explicit 选取的沙漏刚度；s 是用户定义的比例因子 s^s、s^r 和 s^w 之一（默认 $s^s = s^r = s^w = 1.0$）。比例因子是无量纲的，并且与特定的位移自由度相关。对于实体和膜单元，s^s 缩放所有的沙漏刚度。对于壳单元，s^s 缩放与平面内位移自由度相关的沙漏刚度，s^r 缩放与转动自由度相关的沙漏刚度。此外，s^w 缩放与小应变壳单元的横向位移相关的沙漏刚度。

沙漏控制的积分黏弹性形式可用于所有缩减积分单元，并且是 Abaqus/Explicit 中的默认形式，除了使用超弹性、超泡沫和低密度泡沫材料模拟的单元。这是计算量最大的沙漏控制方法。沙漏控制的积分黏弹性形式不支持欧拉 EC3D8R 单元。

输入文件用法：　　* SECTION CONTROLS, NAME = 名称, HOURGLASS = RELAX STIFFNESS s^s, s^r, s^w

Abaqus/CAE 用法：Mesh module：Mesh→Element Type：Hourglass control：Relax stiffness, Displacement hourglass scaling factor：s^s, Rotational hourglass scaling factor：s^r, Out-of-plane displacement hourglass scaling factor：s^w

Abaqus/Explicit 中的开尔文黏弹性方法

将 Abaqus/Explicit 中的开尔文黏弹性方法定义成

$$Q = s\left[(1 - \alpha)Kq + \alpha C\frac{\mathrm{d}q}{\mathrm{d}t} \right]$$

式中，K 是线性刚度；C 是线性黏度系数。此一般形式的极限情况是具有纯刚度和纯黏性沙漏控制。当使用两者的组合时，在整个仿真期间，在动态载荷条件下，刚度项保持沙漏的法向阻抗，黏性项生成沙漏的附加阻抗。

在 Abaqus/Explicit 中，有三种指定开尔文黏弹性沙漏控制的方法。

指定纯刚度方法

所有缩减积分单元均可以使用沙漏控制的纯刚度形式，并且对准静态和瞬态动力学仿真都推荐此形式。

输入文件用法：　　＊SECTION CONTROLS，NAME＝名称，HOURGLASS＝STIFFNESS
s^s，s^r，s^w

Abaqus/CAE 用法：Mesh module：Mesh→Element Type：Hourglass control：Stiffness，Displacement hourglass scaling factor：s^s，Rotational hourglass scaling factor：s^r，Out-of-plane displacement hourglass scaling factor：s^w

指定纯黏性方法

只有使用缩减积分的实体和膜单元可以使用沙漏控制的纯黏性形式，并且在 Abaqus/Explicit 中对于欧拉 EC3D8R 单元是默认形式。此形式是计算效率最高的沙漏控制形式，在高速动态仿真中具有很好的效果。然而，对于低频动态或者准静态问题，不推荐采用纯黏性方法，因为沙漏模式中的连续（静态）载荷会由于缺乏法向刚度而导致过度的沙漏变形。

输入文件用法：　　＊SECTION CONTROLS，NAME＝名称，HOURGLASS＝VISCOUS
s^s，s^r，s^w

Abaqus/CAE 用法：Mesh module：Mesh→Element Type：Hourglass control：Viscous，Displacement hourglass scaling factor：s^s，Rotational hourglass scaling factor：s^r，Out-of-plane displacement hourglass scaling factor：s^w

指定刚度和黏性沙漏控制的组合

刚度和黏性沙漏控制的线性组合仅用于使用缩减积分的实体单元和膜单元。用户可以指定混合权重因子 α（$0 \leqslant \alpha \leqslant 1$）来调整刚度和黏性的贡献。指定等于 0.0 或者 1.0 的权重因子将分别产生纯刚度和纯黏性沙漏控制两种极限情况。默认的权重因子是 0.5。

输入文件用法：　　＊SECTION CONTROLS，NAME＝名称，HOURGLASS＝COMBINED，WEIGHT FACTOR＝α
s^s，s^r，s^w

Abaqus/CAE 用法：Mesh module：Mesh→Element Type：Hourglass control：Viscous，Displacement hourglass scaling factor：s^s，Rotational hourglass scaling factor：s^r，Out-of-plane displacement hourglass scaling factor：s^w

Abaqus/Standard 中的总刚度方法

在 Abaqus/Standard 中，对于所有一阶缩减积分单元，总刚度方法是默认的沙漏控制方法，不包括使用超弹性、超泡沫或者磁滞材料模拟的单元。在 Abaqus/Standard 中，对于 S8R5、S9R5 和 M3D9R 单元，总刚度方法是唯一可以使用的沙漏控制方法；对于 C3D4H 单元的压力拉格朗日乘子插值，也是唯一可以使用的沙漏控制方法。一阶缩减积分单元的沙漏刚度因子取决于剪切模量，而 C3D4H 单元的沙漏刚度因子取决于体积模量。可以对这些刚度因子施加一个比例因子来增加或者减小沙漏刚度。

用 q 表示沙漏模量级，Q 是 q 的共轭力（力矩、压力或者体积通量）。将膜单元或实体单元中沙漏控制的总刚度方法或壳单元中的膜沙漏控制定义成

$$Q = s^s ((r_F G) B_\alpha^P B_\alpha^P V) q$$

式中，s^s 是无因次的比例因子（默认 $s^s = 1.0$）；$r_F G$ 是以应力为单位的沙漏刚度因子；B_α^P 是用来定义单元中常数梯度的梯度插值器（$\partial u / \partial S_\alpha = B_\alpha^P u^P$，其中上角标 P 表示单元节点，下角标 α 表示方向，S_α 表示材料坐标系）；V 表示单元体积。类似地，将 C3D4H 单元的压力拉格朗日乘子插值的沙漏控制定义成

$$Q = s^p ((r_F K) B^P B^P V) q$$

式中，s^p 无因次的比例因子（默认 $s^p = 1.0$）；B^P 是体积梯度运算因子；$r_F K$ 是以应力为单位的可压缩超弹性材料和超泡沫材料的沙漏刚度因子，以及其他材料的以应力柔度为单位的沙漏刚度因子。壳单元中弯曲沙漏控制的总刚度方法定义成

$$Q = s^r ((r_\theta G) B_\alpha^P B_\alpha^P t^3 A) q$$

式中，s^r 是比例因子（默认 $s^r = 1.0$）；$r_\theta G$ 是沙漏刚度因子；t 是壳单元的厚度；A 是壳单元的面积。

输入文件用法： * SECTION CONTROLS，NAME = 名称，HOURGLASS = STIFFNESS
s^s，s^r，，，，s^p

Abaqus/CAE 用法：Mesh module：Mesh → Element Type：Hourglass control：Stiffness，
Displacement hourglass scaling factor：s^s，Rotational hourglass scaling
factor：s^r

默认的沙漏刚度值

通常根据与材料相关的弹性来定义沙漏控制刚度。大部分情况下，一阶缩减积分单元的控制刚度是以材料初始剪切刚度的典型值为基础的，例如，可以作为弹性材料定义的一部分（"线弹性行为"，《Abaqus 分析用户手册——材料卷》的 2.2.1 节）。类似地，缩减积分压力的沙漏控制刚度和 C3D4H 单元的体积拉格朗日乘子插值是以初始体积模量的典型值为基础的。对于各向同性的弹性或者超弹性材料，G 是剪切模量。对于非各向同性的弹性材料，使用平均模量计算沙漏刚度。对于通过在弹性刚度矩阵中指定项来定义的正交异性弹性或者各向异性弹性

$$G = \frac{1}{3} (D_{1212} + D_{1313} + D_{2323})$$

对于通过指定工程常数来定义的正交异性弹性或者平面应力中的正交异性弹性

$$G = \frac{1}{3} (G_{12} + G_{13} + G_{23})$$

如果弹性模量取决于温度或者场变量，则仅使用表中的第一个值。刚度因子的默认值定义如下：

对于膜单元或者实体单元

$$r_F G = 0.005 G$$

对于壳单元中的膜沙漏控制

$$r_F G = 0.005 \frac{\int_{-t/2}^{t/2} G \mathrm{d}t}{t}$$

对于壳单元中的弯曲刚度模式控制

$$r_F G = 0.00375 \frac{\int_{-t/2}^{t/2} G t^2 \mathrm{d}t}{t^3}$$

对于通过直接指定等效截面属性来定义的一般壳截面，将 t 定义成

$$t = \sqrt{12 \frac{D_{44} + D_{55} + D_{66}}{D_{11} + D_{22} + D_{33}}}$$

并且使用截面的有效剪切模量来计算沙漏刚度，即

$$G = \frac{1}{6t}(D_{11} + D_{22}) + \frac{1}{3t} D_{33}$$

式中，D_{ij} 是截面刚度矩阵。

用户定义的沙漏刚度

当没有定义初始剪切模量时，用户必须定义沙漏刚度参数，例如，当使用用户子程序 UMAT 来描述采用刚度模式的单元的材料行为时。在某些情况下，为沙漏控制刚度提供的默认值可能不合适，因此用户必须定义其值。

在一些耦合的孔隙流体扩散和应力分析中，介质中的主导孔隙压力可能接近材料骨架刚度的大小，大小就像弹性模量那样的本构参数度量的值。在织物或者衣物等相对柔顺材料润湿性的部分饱和评估中可能会出现这些情况。当在这样的分析中使用缩减积分或者改进的四面体或三角形单元时，以部分骨架材料本构参数为基础的默认沙漏控制刚度参数，对于存在大孔隙压力场的沙漏控制可能是不够的。这些情况中的合适沙漏控制刚度应当随着单元中孔隙压力的变化幅度进行缩放。

输入文件用法：　　使用下面的选项指定沙漏刚度因子的非默认值：

*HOURGLASS STIFFNESS

$r_F G$, $r_F K$, $r_\theta G$, 壳的钻沙漏缩放因子

此选项必须紧接在下面的一个选项之后：

*MEMBRANE SECTION

*SHELL GENERAL SECTION

*SHELL SECTION

*SOLID SECTION

Abaqus/CAE 用法：Mesh module：Mesh→Element Type：Hourglass stiffness：Specify $r_F G$ 或者 Membrane hourglass stiffness（对壳）：Specify $r_F G$，Bending hourglass stiffness：Specify $r_\theta G$，以及 Drilling hourglass scaling factor：Specify 壳的钻沙漏缩放因子

Abaqus/Standard 和 Abaqus/Explicit 中的增强沙漏控制方法

Abaqus/Standard 和 Abaqus/Explicit 中都可以使用的增强沙漏控制方法可以细化纯刚度

方法，在此增强沙漏控制方法中，刚度系数是以增强的假定应变方法为基础的，不需要比例因子。在 Abaqus/Explicit 中，此方法是超弹性、超泡沫和低密度泡沫材料的默认沙漏控制方法；在 Abaqus/Standard 中，此方法是超弹性、超泡沫和磁滞材料的默认沙漏控制方法。与其他沙漏控制方法相比，此方法为使用线弹性材料的粗糙网格给出了更加精确的位移解。此方法也为非线性材料提供对沙漏的阻抗。虽然总体上是有利的，但是，此方法会为弯曲时存在塑性屈服的问题给出过于刚硬的响应。在 Abaqus/Explicit 中，增强沙漏控制方法通常能够更好地预测去除载荷的超弹性或者超泡沫材料的原形恢复。

增强沙漏控制方法在 Abaqus/Standard 与 Abaqus/Explicit 之间是兼容的。建议对所有 Abaqus/Standard 与 Abaqus/Explicit 的重要分析使用增强沙漏控制方法（见"在 Abaqus/Standard 与 Abaqus/Explicit 之间转换结果"，《Abaqus 分析用户手册——介绍、空间建模、执行与输出卷》的 4.2.2 节）。

增强沙漏控制方法不支持扩展单元（见"使用扩展有限元方法来将不连续性模拟成扩展特征"，《Abaqus 分析用户手册——介绍、空间建模、执行与输出卷》的 5.7.1 节）。

指定增强沙漏控制方法

增强沙漏控制方法可用于一阶实体、膜和使用缩减积分的有限应变壳单元。在 Abaqus/Explicit 中，在使用自适应网格划分的区域中，超弹性或者超泡沫材料不能使用增强沙漏控制方法。

输入文件用法：　　* SECTION CONTROLS, NAME = 名称，HOURGLASS = ENHANCED
　　　　　　　　　　忽略数据行中此选项后面的任何缩放因子。

Abaqus/CAE 用法：Mesh module：Mesh→Element Type：Hourglass control：Enhanced

Abaqus/CAE 中采用自适应网格的超弹性和超泡沫材料的特殊考虑

包含在自适应网格区域中使用超弹性或者超泡沫材料模拟的单元，不能使用增强沙漏控制方法。因此，如果需要在自适应网格区域中使用超弹性或者超泡沫材料，则必须指定截面控制来选择一种不同的沙漏控制方法。不建议在用有限应变弹性材料模拟的区域中使用自适应网格划分，因为使用增强的沙漏控制方法，以及对于实体单元、单元扭曲控制（在下面进行讨论），通常可预测出更好的结果。因此，对于这些材料，建议不使用自适应网格划分，而使用增强沙漏控制方法来运行。

耦合的孔隙压力分析中的使用

当在采用增强沙漏控制方法的耦合孔隙流体扩散分析和应力分析，或者耦合的温度-孔隙压力分析中使用一阶缩减积分或者改进的四面体或三角形单元时，基于骨架材料本构参数的沙漏控制刚度不足以控制存在大孔隙压力场的沙漏。由于增强沙漏控制不允许用户改变沙漏控制刚度，建议在这些情况中使用总刚度沙漏控制方法，所使用的合适的沙漏控制刚度在整个单元上随期望的孔隙压力变化大小而缩放。

控制 Abaqus/Explicit 中可压缩材料的单元扭曲

许多涉及体积压缩材料，如可压缩泡沫的分析，存在大的压缩和剪切变形，尤其是在硬的或者重的构件之间将可压缩材料用作吸能元件的场合。可压缩材料的材料行为通常在高压缩下变得非常硬。当使用细化的网格时，材料模型的硬化行为足以防止在高的压缩载荷下发生的极度负单元体积或者其他极度扭曲。然而，当网格相对于应变梯度及压缩量而言过于粗糙时，分析会过早地失败。

Abaqus/Explicit 为这些情况提供扭曲控制来防止实体单元反转或者过度扭曲。Abaqus/Explicit 中的这些约束方法可防止单元中的每个节点朝着单元的中心内移通过使单元变成非凸的点。使用罚方法施加约束，并且用户可以控制相关的扭曲长度比。

扭曲控制仅用于实体单元，并且不能用于自适应网格划分区域包含的单元。对于使用超弹性、超泡沫或者低密度泡沫材料模拟的单元，默认激活扭曲控制。不建议在用超弹性或者超泡沫材料模拟的区域中使用自适应网格划分，因为使用增强沙漏控制方法和单元扭曲控制可以得到更好的结果。然而，如果需要在自适应网格划分区域使用超弹性或者超泡沫材料，则必须指定截面控制来抑制扭曲控制。

当单元扭曲控制与增强沙漏控制方法一起使用时（超弹性和超泡沫材料的默认行为），对单元的方程添加少量的黏性阻尼，并且在人工应变能（ALLAE）的输出中包括相关的黏性能量耗散。

如果使用了扭曲控制，可以按照要求输出扭曲控制所耗散的能量（详细内容见"Abaqus/Explicit 输出变量标识符"，《Abaqus 分析用户手册——介绍、空间建模、执行与输出卷》的 4.2.2 节）。虽然是为吸收能量的体积压实材料分析开发的，但是扭曲控制可以与任何材料模型一起使用。然而，在说明结果时必须谨慎，因为扭曲控制约束可能会抑制合理的变形模型并锁住网格。扭曲控制不能防止单元由于时间不稳定、沙漏不稳定或者物理上不真实的变形产生的扭曲。

输入文件用法：　使用下面的选项激活扭曲控制：

　　　　　　　　　* SECTION CONTROLS, NAME = 名称, DISTORTION CONTROL = YES

　　　　　　　　使用下面的选项抑制扭曲控制：

　　　　　　　　　* SECTION CONTROLS, NAME = 名称, DISTORTION CONTROL = NO

Abaqus/CAE 用法：Mesh module：Mesh→Element Type：Distortion control：Yes 或者 No

控制扭曲长度比

当节点移动到偏离实际约束平面较小距离的点时，默认施加约束罚力。这似乎提高了该方法的鲁棒性，并且限制了由于单元特征长度严重缩短而导致的时间增量减小。此偏移距离等于扭曲长度比乘以初始单元特征长度。扭曲长度比 r 的默认值是 0.1。用户可以通过指定 $0 < r \leqslant 1$ 的值来改变扭曲长度比。

输入文件用法：　* SECTION CONTROLS, NAME = 名称, DISTORTION CONTROL = YES, LENGTH RATIO = r

Abaqus/CAE 用法：Mesh module：Mesh→Element Type：Distortion control：Yes, Length ratio：r

选择 Abaqus/Explicit 中钻刚度的比例因子

钻约束的作用是使单元节点沿壳法向的转动与单元平均面内的转动一致。缺少这样的约束将导致这些单元节点上的大转动。可以使用截面控制为单个单元集的默认钻刚度选择比例因子。

输入文件用法：　　使用下面的选项为钻刚度指定比例因子：

　　　　　　　　　＊SECTION CONTROLS, NAME = 名称

　　　　　　　　　,,,,,,,, 钻刚度的比例因子

Abaqus/Explicit 中小应变壳单元 S3RS 和 S4RS 中的钻约束

小应变壳单元 S3RS 和 S4RS 的方程包含钻约束并且是默认的。另外，用户也可以抑制这些单元的钻约束。S4R 等有限应变常规壳单元的钻约束总是有效的，但是可以像上面描述的那样缩放钻刚度的默认值。

输入文件用法：　　使用下面的选项激活钻约束（默认的）：

　　　　　　　　　＊SECTION CONTROLS, DRILL STIFFNESS = ON

　　　　　　　　　使用下面的选项抑制钻约束：

　　　　　　　　　＊SECTION CONTROLS, DRILL STIFFNESS = OFF

Abaqus/Explicit 中膜单元初始应力的线性变化

对于碰撞仿真中气囊之类的应用，通过一个与初始构型不同的参考构型来将初始应变（从而产生初始应力）引入模型中。通常，在分析开始时，在初始应力造成气囊运动的数值模型中不包括在初始构型中约束气囊的部件。Abaqus/Explicit 提供一种在膜单元中逐渐引入基于幅值定义的初始应力技术。此幅值必须定义成从零开始，并且最终达到 1。在幅值为零时不施加初始应力。

输入文件用法：　　同时使用以下两个选项：

　　　　　　　　　＊AMPLITUDE, NAME = 名称

　　　　　　　　　＊SECTION CONTROLS, RAMP INITIAL STRESS = 名称

定义六面体实体单元的运动方程

Abaqus 中缩减积分实体单元的默认运动方程是建立在均匀应变算子和沙漏形状向量基础上的，并且是 Abaqus/Standard 中唯一可以使用的运动方程（详细内容见"等参实体四边形和六面体"，《Abaqus 理论手册》的 3.2.4 节）。这些运动学假定产生的单元能够通过大刚体转动下一般构型的恒应变样片试验，并且应变为零。但是，此方程相对昂贵，尤其是在三维中。

Abaqus/Explicit 为 C3D8R 实体单元提供两种其他运动方程，它们可以降低计算成本。表 1-1 中总结了样片试验中每种运动方程以及不同单元构型的大刚体转动下的性能。表 1-2 中总结了每种运动方程的合适应用。

表1-1　不同单元构型的样片试验和大刚体转动的单元性能

项　目	单元构型	运动方程类型		
		平均应变	正交	质心
是否满足三维样件测试	平行六面体	是	是	是
	通用	是	否	否
在大刚体转动下是否为零应变	平行六面体	是	是	是
	通用	是	是	否

表1-2　不同单元方程及其合适的应用

运动方程	精度阶数	合适的应用
平均应变	二阶	所有（建议用于涉及大量转动的问题）（>5）
平均应变①	一阶	所有（涉及大量转动的问题除外）（>5）
正交	—	所有（涉及高约束、非常粗糙的网格或者高度扭曲的单元除外）
质心	—	涉及小刚体转动和合理网格细化的问题

① 默认方程。

用户可以为8节点的块单元指定运动方程。

默认的方程

均匀应变和沙漏形状向量的默认平均应变方程是 Abaqus/Standard 中唯一可以使用的方程。对于所有问题，均建议使用此方程，并且特别适用于高度受限的应用，如闭模成形和衬套分析。

输入文件用法：　　* SECTION CONTROLS，KINEMATIC SPLIT = AVERAGE STRAIN

Abaqus/CAE 用法：Mesh module：Mesh→Element Type：Kinematic split：Average strain

Abaqus/Explicit 中的正交方程

使用 Abaqus/Standard 中可用的正交方程可以显著降低计算成本。此方程是以质心应变算子和轻微改变的沙漏形状向量为基础的。质心应变算子比均匀应变算子需要的浮点运算少三倍。用正交运动分裂表示的单元仅通过了矩形或者平行六面体单元构型的样片测试。然而，数值试验显示随着网格的细化，单元将收敛到通用单元构型的真实解。该方程对于大刚体运动也表现良好。

此方程在计算速度与精度之间提供了良好的平衡。对所有分析均建议使用此方程，除了涉及高度扭曲的单元、非常粗糙的网格或者高度受限的分析。该方程的合适应用也包括弹性跌落试验。

输入文件用法：　　* SECTION CONTROLS，NAME = 名称，

　　　　　　　　　　KINEMATIC SPLIT = ORTHOGONAL

Abaqus/CAE 用法：Mesh module：Mesh→Element Type：Kinematic split：Orthogonal

Abaqus/Explicit 中的质心方程

通过选择质心方程来指定的方程是 Abaqus/Explicit 中最快的。质心方程是以质心应变算

子和沙漏基本向量为基础的。使用沙漏基本向量替代沙漏形状向量可使沙漏模式的计算量减少 1/3。然而，对于通用单元构型，沙漏基本向量不与刚体转动正交，因此，使用此方程的大刚体转动可能会产生沙漏应变。

仅可以使用此方程来改善合理网格细化和无显著刚体转动问题的计算性能（如瞬态平辊仿真）。

输入文件用法： *SECTION CONTROLS, NAME = 名称, KINEMATIC SPLIT = CENTROID

Abaqus/CAE 用法：Mesh module：Mesh→Element Type：Kinematic split：Centroid

选择实体和壳单元方程的精度阶数

Abaqus/Standard 对所有单元仅提供二阶精度方程。

Abaqus/Explicit 对实体和壳单元提供一阶和二阶精度方程。一阶精度是默认的并且可以为几乎所有的 Abaqus/Explicit 问题产生足够的精度，因为小时间增量是固有的。部件经历大量转动（>5）的分析通常需要二阶精度。对于三维实体，二阶精度方程仅用于默认的平均应变运动方程。

一阶精度

在 Abaqus/Explicit 中，实体单元和壳单元的方程默认为一阶精度。Abaqus/Standard 中不能使用此方程。

输入文件用法： *SECTION CONTROLS, NAME = 名称,
SECOND ORDER ACCURACY = NO

Abaqus/CAE 用法：Mesh module：Mesh→Element Type：Second-order accuracy：No

二阶精度

对于具有大量转动（>5）的问题，应采用二阶精度单元方程。Abaqus/Standard 中只能使用此方程。"螺旋桨转动仿真"（《Abaqus 基准手册》的 2.3.15 节）说明了在 Abaqus/Explicit 中，二阶精度的壳单元和实体单元经过大约 100 次转动的性能。

输入文件用法： *SECTION CONTROLS, NAME = 名称,
SECOND ORDER ACCURACY = YES

Abaqus/CAE 用法：Mesh module：Mesh→Element Type：Second-order accuracy：Yes

选择 Abaqus/Explicit 中体积黏度的比例因子

体积黏度引入与体积应变相关联的阻尼，目的是改善高速动力学事件的模拟效果。Abaqus/Explicit 包含两种形式的体积黏度，即线性的和二次的，可以像"显式动力学分析"中的"体积黏度"（《Abaqus 分析用户手册——分析卷》的 1.3.3 节）所讨论的那样，在分析的每一步对整个模型进行定义。可以使用截面控制为单个单元集的线性和二次体积黏度选择比例因子。

体积黏度生成的压力项可能会在高度可压缩材料的体积响应中产生非预期的结果；因此，建议将比例因子指定为零，以抑制这些材料的体积黏度。

输入文件用法：　　使用下面的选项为线性和二次黏度指定比例因子：

　　　　　　　　　*SECTION CONTROLS, NAME=名称

　　　　　　　　　,,,线性体积黏度的比例因子,二次体积黏度的比例因子

Abaqus/CAE 用法：Mesh module：Mesh→Element Type：Linear bulk viscosity scaling factor
　　　　　　　　　或 Quadratic bulk viscosity scaling factor

控制具有损伤演化材料的单元删除和最大退化

Abaqus 具有模拟材料的渐进性损伤和失效的通用功能方程（"渐进性损伤和失效：概览"，《Abaqus 分析用户手册——材料卷》的 4.1 节）。在 Abaqus/Standard 中，此功能仅用于胶粘剂单元、连接器单元、使用平面应力方程的单元（平面应力、壳、连续壳和膜单元）、可以与韧性材料的损伤演化一起使用的单元，以及在低周疲劳分析中可以与损伤演化规律一起使用的任何单元。在 Abaqus/Explicit 中，这些功能可以应用于除连接器单元之外的所有具有渐进性损伤行为的单元。通过截面控制来指定最大刚度退化值 $D_{\max}$，以及当退化达到此水平时是否发生单元删除。默认情况下，当单元完全损伤（即 $D=D_{\max}$）时，删除该单元。单元删除的选择也影响如何施加破坏，详细内容见下文：

- "韧性金属的损伤演化和单元删除"中的"最大退化和单元删除的选择"（《Abaqus 分析用户手册——材料卷》的 4.2.3 节）。
- "连接器损伤行为"中的"Abaqus/Standard 中的最大退化和单元删除选择"（5.2.7 节）。
- "使用拉伸-分离描述定义胶粘单元的本构响应"中的"最大退化和单元删除的选择"（6.5.6 节）。
- "纤维增强复合材料的损伤演化和单元删除"中的"最大退化和单元删除的选择"（《Abaqus 分析用户手册——材料卷》的 4.3.3 节）。
- "低周疲劳分析中韧性材料的损伤演化"（《Abaqus 分析用户手册——材料卷》的 4.4.3 节）。

输入文件用法：　　使用下面的选项从网格中删除单元：

　　　　　　　　　*SECTION CONTROLS, ELEMENT DELETION=YES

　　　　　　　　　使用下面的选项在计算中保留单元：

　　　　　　　　　*SECTION CONTROLS, ELEMENT DELETION=NO

　　　　　　　　　使用下面的选项指定 $D_{\max}$：

　　　　　　　　　*SECTION CONTROLS, MAX DEGRADATION=$D_{\max}$

Abaqus/CAE 用法：使用下面的选项控制在计算中是否保留完全损伤的单元：

　　　　　　　　　Mesh module：Mesh→Element Type：Element deletion

　　　　　　　　　使用下面的选项确定何时将单元视为完全损伤的：

　　　　　　　　　Mesh module：Mesh→Element Type：Max degradation

在 Abaqus/Standard 中，胶粘单元、连接器单元，以及用于韧性金属和纤维增强复合材料的损伤演化模型的单元黏性正则化

在 Abaqus 等隐式分析程序中，表现出软化行为和刚度退化的材料模型往往会导致严重的收敛困难。克服部分这种收敛困难的常用技术是使用本构方程的黏性正则化，此技术使得软化材料的正切刚度矩阵在足够小的时间增量下是正的。

在 Abaqus 中，通过允许应力超出由拉伸-分离法则定义的范围可以使用黏度将用于描述胶粘剂单元本构行为的拉伸-分离法则正则化，正则化过程的详细内容见"使用拉伸-分离描述定义胶粘单元的本构响应"中的"Abaqus/Standard 中的黏度正则化"（6.5.6 节）。使用相同的技术正则化以下内容：

- 受损（软化）的连接器响应（见"连接器损伤行为"，5.2.7 节）。
- 当与纤维增强复合材料的损伤模型一起使用时，具有平面应力方程的单元损伤响应（见"纤维增强复合材料的损伤演化和单元删除"中的"黏度正则化"，《Abaqus 分析用户手册——材料卷》的 4.3.3 节）。
- 与韧性金属的损伤模型一起使用的单元损伤响应（见"韧性金属的损伤演化和单元删除"，《Abaqus 分析用户手册——材料卷》的 4.2.3 节）。

用户指定用于正则化程序的黏度大小。如果不包含黏度，则默认不执行黏度正则化。

输入文件用法：　　∗SECTION CONTROLS，VISCOSITY $=\mu$

Abaqus/CAE 用法：Mesh module：Mesh→Element Type：Viscosity

在 Abaqus/Standard 中对连接器单元使用黏性阻尼

连接器中的材料失效通常会造成 Abaqus/Standard 的收敛问题。要避免这种收敛问题，可以在连接器部件中，通过指定阻尼系数的值来引入黏性阻尼（见"连接器失效行为"，5.2.9 节）。默认不包含阻尼。

输入文件用法：　　∗SECTION CONTROLS，VISCOSITY $=\mu$

Abaqus/CAE 用法：Mesh module：Mesh→Element Type：Viscosity

在导入分析中使用截面控制

执行导入分析时，建议在原始分析中指定增强沙漏控制方程。一旦在原始分析中指定了截面控制，则在后续的导入分析中不能进行更改，以确保在导入分析中也使用增强沙漏控制方程。其他截面控制的默认值通常是合适的，不应改变。关于在导入分析中使用截面控制的详细内容，见"在 Abaqus/Explicit 与 Abaqus/Standard 之间传递结果"（《Abaqus 分析用户手册——分析卷》的 4.2.2 节）。

对弯曲-扭转型连接器使用截面控制

当弯曲-扭转型连接器的两个局部坐标系的第三根轴成一条直线时，可能会发生数值奇

异而导致收敛困难。要避免这种情况，可以在第二个连接器节点处的局部坐标系中施加一个小的扰动。

输入文件用法： ∗ SECTION CONTROLS, PERTURBATION = 小角度

Abaqus/CAE 用法：在 Abaqus/CAE 中不允许为弯曲-扭转型连接器指定扰动。

使用截面控制定义 DEM 和 SPH 粒子的粒子追踪框

对于离散单元法（DEM）分析，在分析开始时建立一个粒子追踪框来定义矩形区域，在此区域中进行粒子搜索（为所有粒子寻找所有邻近粒子）。此区域在所有方向上都比整个模型的初始尺寸大 10%，并且其中心位于模型的几何中心处。

对于光滑粒子法（SPH）分析，默认随着分析的进行对所有粒子进行追踪。对于 DEM 分析，默认粒子分析是基于最初建立的追踪框。另外，用户可以定义一个粒子追踪框来定义执行粒子搜索的区域。

通过指定两个对角的坐标（左下角和右上角）来定义粒子追踪框的固定大小。随着分析的进行，如果一个粒子超出了此追踪框，则此粒子就像一个自由飞行的质点，对 DEM 或者 SPH 计算没有贡献。如果在之后的阶段，该粒子重新进入追踪框，则计算会再次包括此粒子。如果想要在分析过程中追踪所有粒子，则必须确认粒子追踪框完全包围模型运动区域，否则将无法追踪粒子。

输入文件用法： 使用下面的选项在 DEM 分析中指定粒子追踪框的固定大小：

∗ SECTION CONTROLS

空白行

空白行

X、Y 和 Z 坐标（下角）以及 X、Y 和 Z 坐标（上角）

使用下面的选项在 SPH 分析中指定粒子追踪框的固定大小：

∗ SECTION CONTROLS

第一个数据行

第二个数据行

X、Y 和 Z 坐标（下角）以及 X、Y 和 Z 坐标（上角），0

Abaqus/CAE 用法：在 Abaqus/CAE 中，仅可以在将连续单元转换为 SPH 粒子的 Abaqus/Explicit 分析中指定 SPH 参数的截面控制。

对光滑粒子流体动力学法（SPH）使用截面控制

除了可以控制粒子追踪框的大小，用户还可以控制 Abaqus/Explicit 中执行的光滑粒子流体动力学法（SPH）方程的其他方面。

使用截面控制指定 SPH 内核

对于光滑粒子流体动力学分析，用户可以选择用于插值的内核阶数。可以使用的不同内核的参考列表见"光滑粒子流体动力学"，《Abaqus 分析用户手册——分析卷》的

10.2.1 节。

输入文件用法：　　　使用以下选项中的一个：

　　　　　　　　　　＊SECTION CONTROLS，KERNEL = CUBIC

　　　　　　　　　　＊SECTION CONTROLS，KERNEL = QUADRATIC

　　　　　　　　　　＊SECTION CONTROLS，KERNEL = QUINTIC

Abaqus/CAE 用法：在 Abaqus/CAE 中，仅可以在将连续单元转换为 SPH 粒子的 Abaqus/Explicit 分析中选择插值的内核阶数。

　　　　　　　　　　Mesh module：Mesh→Element Type：Conversion to particles：Kernel：Cubic，Quadratic 或者 Quintic

使用截面控制指定 SPH 方程

默认情况下，SPH 内核满足零阶完整性要求。也可以使用一阶完全修正（归一化）内核，在学术界中有时称其为归一化的 SPH（NSPH）方法。在大变形固体力学分析中，使用 NSPH 方法可以得到更加精确的结果。

在 SPH 方法中，平均速度过滤系数可用于粒子的修正坐标更新。过滤系数为零时称为 XSPH 方法，见"光滑粒子流体动力学"（《Abaqus 分析用户手册——分析卷》的 10.2.1 节）。

输入文件用法：　　　使用以下选项中的一个指定 SPH 方程：

　　　　　　　　　　＊SECTION CONTROLS，SPH FORMULATION = CLASSICAL（默认的）

　　　　　　　　　　＊SECTION CONTROLS，SPH FORMULATION = NSPH

　　　　　　　　　　＊SECTION CONTROLS，SPH FORMULATION = XSPH

Abaqus/CAE 用法：在 Abaqus/CAE 中，仅可以在将连续单元转换为 SPH 粒子的 Abaqus/Explicit 分析中指定截面控制。

使用截面控制指定 SPH 参数

用户可以控制计算光滑长度的方法（见"光滑粒子流体动力学"，《Abaqus 分析用户手册——分析卷》的 10.2.1 节），也可以指定与给定粒子影响半径的精度控制相关的光滑长度（长度单位）。另外，还可以通过指定一个无因次的光滑长度因子来缩放默认的光滑长度。默认情况下，光滑长度在整个分析中保持不变。用户可以指定在分析过程中根据速度场的发散而增加或者减小的可变光滑长度，速度场是压缩或者膨胀行为的一个度量。

用户也可以指定给定粒子影响球范围内的最小粒子数量。如果给定粒子影响球区域中的总粒子数量小于指定的最小粒子数量，则冻结此给定粒子的变形梯度，即之前和当前时间增量之间的粒子数量保持不变。在固体力学中，这意味着与此单元相关联的应变将在当前时间增量上保持不变。

对于使用 XSPH 方法的粒子的修正更新坐标，用户可以指定其平均速度过滤系数。

输入文件用法：　　　使用下面的选项指定 SPH 参数：

　　　　　　　　　　＊SECTION CONTROLS

　　　　　　　　　　第一个数据行

　　　　　　　　　　光滑长度，光滑长度因子，

邻近粒子的最小数量，平均速度过滤系数

使用以下选项中的一个来定义光滑长度：

　　* SECTION CONTROLS, SPH SMOOTHING

　　LENGTH = CONSTANT（默认的）

　　* SECTION CONTROLS, SPH SMOOTHING LENGTH = VARIABLE

Abaqus/CAE 用法：在 Abaqus/CAE 中，仅可以在将连续单元转换为 SPH 粒子的 Abaqus/Explicit 分析中指定 SPH 参数的截面控制。

使用截面控制将连续单元转换为粒子

如果满足特定的准则，则可以将缩减积分连续单元转换为粒子，如"有限元转换为 SPH 粒子"（《Abaqus 分析用户手册——分析卷》的 10.2.2 节）讨论的那样。用户可以指定每个父单元生成的粒子数量。可以使用几个准则来触发该转换。

输入文件用法：　　使用下面的选项防止将有限元转换为粒子：

　　　　　　　　　* SECTION CONTROLS, ELEMENT CONVERSION = NO（默认的）

　　　　　　　　　使用下面的选项触发有限元转换为粒子：

　　　　　　　　　* SECTION CONTROLS, ELEMENT CONVERSION = YES

　　　　　　　　　使用下面的选项以均匀的背景网格为基础，触发有限元向粒子的转换：

　　　　　　　　　* SECTION CONTROLS, ELEMENT CONVERSION = BACKGROUND GRID

Abaqus/CAE 用法：Mesh module：Mesh→Element Type：Conversion to particles：No 或者 Yes

　　　　　　　　Abaqus/CAE 中不支持以均匀的背景网格为基础生成粒子。

指定生成的粒子数量

用户指定每个等参方向上生成的粒子数量（1~7）。

输入文件用法：　　* SECTION CONTROLS, ELEMENT CONVERSION = YES

　　　　　　　　第一个数据行

　　　　　　　　第二个数据行

　　　　　　　　第三个数据行

　　　　　　　　每个等参方向上生成的粒子数量

Abaqus/CAE 用法：Mesh module：Mesh→Element Type：Conversion to particles：Yes，PPD：每个等参方向上生成的粒子数量

指定背景网格

用户指定背景网格的间距和方向定义的名称，来定义背景网格的局部坐标系。

输入文件用法：　　* SECTION CONTROLS, ELEMENT CONVERSION = BACKGROUND GRID

　　　　　　　　第一个数据行

第二个数据行

第三个数据行

背景网格的间距，方向定义的名称

Abaqus/CAE 用法：Abaqus/CAE 中不支持以均匀的背景网格为基础生成粒子。

指定生成粒子的厚度

粒子的厚度主要用来解决通用接触中粒子与面之间的初始过闭合。当基于均匀背景方法生成粒子时，用户可以指定生成粒子的厚度是可变的还是不变的。

输入文件用法：　　使用下面的选项定义生成粒子的厚度：

* SECTION CONTROLS，PARTICLE THICKNESS = VARIABLE（默认的）

* SECTION CONTROLS，PARTICLE THICKNESS = UNIFORM

Abaqus/CAE 用法：Abaqus/CAE 中不支持以均匀的背景网格为基础生成粒子。

指定基于时间的准则

基于时间的准则主要用作一种建模工具，允许所有粒子同时从定义的有限元网格发生转换。

输入文件用法：　　* SECTION CONTROLS，ELEMENT CONVERSION = YES，

CONVERSION CRITERION = TIME（默认的）

第一个数据行

第二个数据行

第三个数据行

，转换时间

Abaqus/CAE 用法：Mesh module：Mesh → Element Type：Conversion to particles：Yes，

Criterion：Time

指定基于应变的准则

基于应变的准则主要用于需要使用渐进性转换方法的场合。用户指定连续单元转换为 SPH 粒子时的最大主应变。

输入文件用法：　　* SECTION CONTROLS，ELEMENT CONVERSION = YES，

CONVERSION CRITERION = STRAIN

第一个数据行

第二个数据行

第三个数据行

，最大主应变（绝对值）

Abaqus/CAE 用法：Mesh module：Mesh → Element Type：Conversion to particles：Yes，

Criterion：Strain

指定基于应力的准则

类似于基于应变的准则，基于应力的准则主要用于需要使用渐进性转换方法的场合。用

户指定连续单元转换为 SPH 粒子时的最大主应力（绝对值）。

　　输入文件用法：　　∗ SECTION CONTROLS，ELEMENT CONVERSION = YES，

　　　　　　　　　　CONVERSION CRITERION = STRESS

　　　　　　　　　　第一个数据行

　　　　　　　　　　第二个数据行

　　　　　　　　　　第三个数据行

　　　　　　　　　　，最大主应力（绝对值）

　　Abaqus/CAE 用法：Mesh module：Mesh → Element Type：Conversion to particles：Yes，
Criterion：Stress

指定基于用户子程序的准则

　　基于用户子程序的准则允许用户使用用户定义的转换准则。用户可以在 Abaqus/Explicit 分析过程中，通过任何用户子程序来控制单元转换。此用户子程序可以主动更改与材料点相关联的状态变量，如 VUSDFLD 和 VUMAT。

　　输入文件用法：　　使用下面的选项触发基于用户子程序的转换准则：

　　　　　　　　　　∗ SECTION CONTROLS，ELEMENT CONVERSION = YES，

　　　　　　　　　　CONVERSION CRITERION = USER

　　　　　　　　　　（无数据行）

　　Abaqus/CAE 用法：Abaqus/CAE 中不支持基于用户子程序准则的单元转换。

2 连续单元

2.1 通用连续单元

2.1.1 实体（连续）单元

产品：Abaqus/Standard   Abaqus/Explicit   Abaqus/CAE

参考

- "选择单元的维度"，1.2 节
- "一维实体（链接）单元库"，2.1.2 节
- "二维实体单元库"，2.1.3 节
- "三维实体单元库"，2.1.4 节
- "圆柱实体单元库"，2.1.5 节
- "轴对称实体单元库"，2.1.6 节
- "非线性、非对称变形的轴对称实体单元"，2.1.7 节
- ∗ SOLID SECTION
- ∗ HOURGLASS STIFFNESS
- "创建均质实体截面"，《Abaqus/CAE 用户手册》的 12.13.1 节
- "创建复合实体截面"，《Abaqus/CAE 用户手册》的 12.13.4 节
- "创建电磁实体截面"，《Abaqus/CAE 用户手册》的 12.13.5 节
- "赋予材料方向或者梁参考方向"中的"赋予材料方向"，《Abaqus/CAE 用户手册》的 12.15.4 节
- "复合材料铺层"，《Abaqus/CAE 用户手册》的第 23 章

概览

实体（连续）单元：
- 是 Abaqus 的标准体积单元。
- 不包括梁、壳、膜和杆等结构单元，间隙单元等特殊作用单元，或者连接器、弹簧和阻尼器等连接器单元。
- 可以由某种均质材料组成，在 Abaqus/Standard 中，也可以包括层合复合实体分析的

几种不同材料层。

- 如果没有扭曲则更加精确，尤其是对于四边形和六面体。三角形及四面体单元对扭曲不太敏感。

典型应用

Abaqus 中的实体（或者连续）单元可以用于线性分析以及包含接触、塑性和大变形的复杂非线性分析。它们可用于应力、热传导、声学、耦合的热-应力、耦合的孔隙流体-应力、压电、静磁、电磁和耦合的热-电分析（见"为分析类型选择合适的单元"，1.3 节）。

选择合适的单元

Abaqus/Standard 和 Abaqus/Explicit 中可用的实体单元库存在一些差异。

Abaqus/Standard 实体单元库

Abaqus/Standard 实体单元库包括一维、二维和三维的一阶（线性）插值单元和二阶（二次）插值单元。二维可以使用三角形和四边形单元；三维中提供四面体、三棱柱和六面体（"块"）单元。也提供改进的二阶三角形和四面体单元。

二次单元可以使用弯曲的（抛物线状的）边，但是不建议用于孔隙压力或者耦合的温度-位移单元。圆柱单元用于边最初是圆形的结构。

此外，Abaqus/Standard 中还提供缩减积分单元、混合单元和不兼容模式单元。

在二维和三维中，均提供以基于边的磁矢势插值为基础的电磁单元。

Abaqus/Explicit 实体单元库

Abaqus/Explicit 实体单元库包括二维和三维的一阶（线性）插值单元和改进的二阶插值单元。二维中可以使用三角形和四边形一阶单元；三维中可以使用四面体、三棱柱和六面体（"块"）一阶单元。改进的二阶单元仅有三角形和四面体单元。Abaqus/Explicit 中的声学单元仅限于一阶（线性）插值。不兼容模式单元仅可以是三维单元。

Abaqus/Standard 和 Abaqus/Explicit 中都可以使用不同的二维模型（平面应力、平面应变和轴对称）（详细内容见"选择单元的维度"，1.2 节）。

鉴于可用的单元类型繁多，为具体应用选择正确的单元是非常重要的。通过考虑特定的单元特征，来简化为单元的选择：一阶还是二阶；完全积分还是缩减积分；六面体/四边形还是四面体/三角形；普通、混合还是不兼容模式的方程。通过谨慎地考虑以上方面，为给定分析选择最合适的单元。

在一阶单元和二阶单元之间进行选择

在一阶平面应变、广义平面应变、轴对称四边形、六面体实体单元以及圆柱单元中，应变算子对整个单元提供不变的体积应变。当材料响应近乎不可压缩时，此不变的应变可防止网格"锁定"（更多内容见"实体等参四边形和六面体"，《Abaqus 理论手册》的 3.2.4 节）。

在 Abaqus/Standard 中不涉及严重单元扭曲变形的"光顺"问题中，二阶单元比一阶单元具有更高的精度。二阶单元可以更有效地捕捉应力集中并且更加适合模拟几何特征：可以使用更少的单元模拟弯曲的表面。最后，二阶单元在以弯曲为主的问题中非常有效。

在应力分析问题中，应尽量避免使用一阶三角形和四面体单元。因为这些单元过于刚硬，并且随着网格的细化，将表现出较慢的收敛性，尤其是对于一阶四面体单元。如果使用它们，则需要非常细化的网格，以得到足够精确的结果。

在完全积分单元和缩减积分单元之间进行选择

缩减积分使用低阶积分形成单元刚度。质量矩阵和分布载荷使用完全积分。缩减积分减少了运行时间，尤其是在三维问题中。例如，C3D20 单元具有 27 个积分点，而 C3D20R 仅具有 8 个积分点；因此，C3D20 单元的装配成本大约是 C3D20R 单元的 3.5 倍。

在 Abaqus/Standard 中，对于四边形单元和六面体单元，可以使用完全或者缩减积分。在 Abaqus/Explicit 中，对于六面体单元，可以使用完全或者缩减积分。在 Abaqus/Explicit 中，四边形单元只能使用缩减积分一阶单元，缩减积分单元也称为均匀应变单元或者采用沙漏控制的质心应变单元。

Abaqus/Standard 中的二阶缩减积分单元通常能够生成比相应的完全积分单元更加精确的结果。然而，对于一阶单元，完全积分和缩减积分可达到的精度在极大程度上取决于问题的本质。

沙漏

在应力/位移分析中，沙漏可能是一阶缩减积分单元（CPS4R、CAX4R、C3D8R 等）的问题。因为这些单元仅具有一个积分点，所以可以扭曲成在所有积分点上计算得到的应变均为零，进而导致网格的非受控扭曲。Abaqus 中的一阶缩减积分单元包含沙漏控制，但也应该对这些单元进行合理的细化。也可以通过在多个相邻节点上分布点载荷和边界条件来最小化沙漏。

在 Abaqus/Standard 中，除了具有 27 节点的 C3D27R 和 C3D27RH 单元，其他二阶缩减积分单元没有类似的困难，并且当预期解是光顺的时，建议用于所有情况。当存在 27 个节点时，C3D27R 和 C3D27RH 单元具有三个无约束的扩展沙漏模式。这些单元不能使用所有27 个节点，除非通过边界条件对它们进行了足够的约束。当预期会出现大应变或者非常高的应变梯度时，建议使用一阶单元。

剪切和体积锁定

Abaqus/Standard 和 Abaqus/Explicit 中的完全积分单元没有沙漏，但是可能会受到"锁定"行为的影响：剪切和体积锁定。剪切锁定发生在承受弯曲的一阶完全积分单元（CPS4、CPE4、C3D8 等）中。这些单元的数值方程会产生实际上并不存在的剪切应变，称其为寄生剪切。因此，这些单元在弯曲时过于刚硬，尤其是当单元的长度与壁厚具有相同的数量级，或者比壁厚还要大时。关于实体单元弯曲行为的进一步讨论见"弯曲问题分析中连续单元和壳单元的性能"（《Abaqus 基准手册》的 2.3.5 节）。

当材料行为完全不可（或者近乎不可）压缩时，完全积分单元会发生体积锁定。积分点处产生的伪压应力会造成单元行为由于变形过于刚硬而不产生体积变化。如果材料是近乎不可压缩的（塑性应变不可压缩的弹塑性材料），当塑性应变与弹性应变具有相同的数量级时，二阶完全积分单元开始产生体积锁定。由于一阶完全积分四边形和六面体单元不常使用缩减积分（体积项上的缩减积分），因此，这些单元在使用近乎不可压缩的材料时不会发生自锁。缩减积分二阶单元仅在近乎不可压缩的材料产生显著应变之后才发生体积锁定。在此情况中，体积锁定通常伴随着类似于沙漏的模式。通常，可以通过在大塑性应变区域细化网格来避免此问题。

如果怀疑发生了体积锁定，应检查打印输出中积分点处的压应力。如果压力值显示出棋盘格形式，从一个积分点到下一个积分点处变化显著，则说明发生了体积锁定。在 Abaqus/CAE 的 Visualization 模块中选择被子式等高线图来显示效果。

指定非默认的截面控制

用户可以为缩减积分一阶单元（具有一个积分点的 4 节点四边形和 8 节点块单元）指定一个非默认的沙漏控制方程或者比例因子。关于截面控制的更多内容见"截面控制"（1.4 节）。

在 Abaqus/Explicit 中，也可以使用截面控制为 8 节点块单元指定非默认的运动方程、单元方程的精度阶数，以及 4 节点四边形或者 8 节点块单元的扭曲控制。在 Abaqus/Explicit 中，还可以同时使用截面控制与耦合的温度-位移单元来改变机械响应分析的默认值。

在 Abaqus/Standard 中，用户可以基于默认的总刚度方法，为缩减积分一阶单元（具有一个积分点的 4 节点四边形和 8 节点块）和改进的四面体和三角形单元指定非默认的沙漏刚度因子。

非默认的改进的沙漏控制方程没有沙漏刚度因子或者比例因子。关于沙漏控制的更多内容见"截面控制"（1.4 节）。

输入文件用法：　　使用下面的两个选项将截面控制定义与单元截面定义相关联：
　　　　　　　　　 *SECTION CONTROLS, NAME = 名称
　　　　　　　　　 *SOLID SECTION, CONTROLS = 名称
　　　　　　　　　 在 Abaqus/Standard 中，使用下面的两个选项为总刚度方法指定非默认的沙漏刚度因子：
　　　　　　　　　 *SOLID SECTION
　　　　　　　　　 *HOURGLASS STIFFNESS

Abaqus/CAE 用法：Mesh module：
　　　　　　　　　 Element Type：Element Controls
　　　　　　　　　 Element Type：Hourglass stiffness：Specify

在块/四边形与四面体/三角形之间进行选择

三角形和四面体单元的适应性良好，可用于多种自动网格划分算法中。使用三角形或者四面体可以非常方便地划分一个复杂的形状，并且 Abaqus 中的二阶和改进的三角形和四面体单元（CPE6、CPE6M、C3D10、C3D10M 等）适用于一般的用法。然而，良好的六面体单元网格通常能以更低的成本得到具有等效精度的解。四边形和六面体比三角形和四面体具

有更快的收敛速度，并且在常规网格划分中，不存在网格方向敏感性的问题。然而，三角形和四面体对初始单元形状具有较低的敏感性，如果网格形状近似为矩形，则一阶四边形和六面体将表现得更好。当单元初始扭曲时，会强烈降低单元的精度（见"弯曲问题分析中连续单元和壳单元的性能"，《Abaqus 基准手册》的 2.3.5 节）。

一阶三角形和四面体单元通常过于刚硬，因此需要极其细化的网格来得到精确的结果。如前文所述，Abaqus/Standard 中的完全积分一阶三角形和四面体在不可压缩问题中也表现出体积锁定，因而不可以使用这些单元来填充关键区域。因此，在感兴趣的区域应使用形状良好的单元。

四面体和楔形单元

对于应力/位移分析，一阶四面体单元 C3D4 是应力不变四面体，应当尽量避免使用；此单元随着网格的细化将表现出缓慢的收敛性。只有在使用非常细化网格的一般情况中，此单元才能得到精确的结果。因此，当几何结构不允许在整个模型中使用 C3D8 和 C3D8R 单元时，建议仅在 C3D8 和 C3D8R 单元网格的低应力梯度区域中，使用 C3D4 进行填充。对于四面体单元网格划分，应当使用二阶或者改进的四面体单元，即 C3D10 或者 C3D10M。

类似地，只应在有必要时使用线性楔形单元 C3D6 完成区域的网格划分，并且该单元应远离需要得到精确结果的任何区域。此单元仅在使用非常细化的网格时，才能得到精确的结果。

改进的三角形和四面体单元

使用改进的 6 节点三角形和 10 节点四面体单元族，可以得到比一阶三角形和四面体单元更好的性能，有时甚至可以超过规则的二阶三角形和四面体单元的性能。在 Abaqus/Explicit 中，这些改进的三角形和四面体单元是唯一可以使用的 6 节点三角形和 10 节点四面体单元。在 Abaqus/Standard 中，通常优先使用规则的二阶三角形和四面体单元；然而，当近乎不可压缩的时候，规则的二阶三角形和四面体单元可能会出现"体积锁定"，例如在存在大量塑性变形的问题中。如在"Abaqus/Standard 中与接触模拟相关的常见困难"中的"使用二阶面和节点-面方程的三维面"（《Abaqus 分析用户手册——指定条件、约束与相互作用卷》的 6.1.2 节）中讨论的那样，对于严格施加"硬"接触关系的节点-面接触方程，规则的二阶四面体单元不能用作从面的基础。因为通常建议使用面-面接触方程和阀接触，所以此限制通常不显著。

接触中改进的三角形和四面体单元工作良好，表现出最小的剪切和体积锁定，并且在有限变形中是可靠的（见"Hertz 接触问题"，《Abaqus 基准手册》的 1.1.11 节；以及"圆柱形坯料的镦粗：耦合的温度-位移和绝热分析"，《Abaqus 例题手册》的 1.3.16 节）。在动态分析中，这些单元使用集总矩阵方程。平面和轴对称分析应使用改进的三角形单元，而三维分析则使用改进的四面体单元。此外，在 Abaqus/Standard 中，对于不可压缩和近乎不可压缩的本构模型，可使用这些单元的混合单元。

当选择总刚度方法时，改进的四面体和三角形单元（C3D10M、CPS6M、CAX6M 等）使用与其自由度相关的沙漏控制。这些单元中的沙漏模型通常不扩展；因此，沙漏刚度通常不如一阶单元显著。

对于大部分 Abaqus/Standard 分析模型，可以将规则的二阶三角形单元和四面体单元的相同网格密度与改进的单元一起使用来达到类似的精度。比较结果如下：

- "悬臂梁的几何非线性分析"（《Abaqus 基准手册》的 2.1.2 节）。
- "弯曲问题线性分析中连续单元和壳单元的性能"（《Abaqus 基准手册》的 2.3.5 节）。
- "LE1：平面应力单元——椭圆膜"（《Abaqus 基准手册》的 4.2.1 节）。
- "LE10：承压厚板"（《Abaqus 基准手册》的 4.2.10 节）。
- "FV32：悬臂渐缩膜"（《Abaqus 基准手册》的 4.4.7 节）。
- "FV52：简支"实体"正方形板"（《Abaqus 基准手册》的 4.4.10 节）。

然而，在涉及有限变形的小弯曲情况中（见"受压橡胶盘"，《Abaqus 基准手册》的 1.1.7 节）以及需要精确捕捉高弯曲模式的频响分析中（见"FV41：自由圆柱体：轴对称振动"，《Abaqus 基准手册》的 4.4.8 节），改进的三角形和四面体单元需要使用更加细化的网格（至少 1.5 倍），以达到与规则的二阶单元相似的精度。

在存在大孔隙压力场的耦合的孔隙流体扩散和应力分析中，如果使用了增强沙漏控制，则使用改进的三角形和四面体单元可能并不足够。

改进的单元比低阶四边形和六面体单元的计算成本高，并且有时为了得到相同水平的精度需要更加细化的网格。然而，在 Abaqus/Explicit 中，它们是利用自动三角形和四面体网格生成器生成的低阶三角形和四面体单元的有吸引力的替代品。

与其他单元的兼容性

在 Abaqus/Standard 中，改进的三角形和四面体单元与规则的二阶实体单元不兼容。因此，在网格中它们不能相互连接。

表面应力输出

在高应力梯度区域，对于 Abaqus/Standard 中的改进单元，从积分点外推到节点的应力不如类似的二阶三角形和四面体单元那样精确。在要求表面应力更精确的情况中，可以使用比基底材料软得多的膜单元涂布表面。这些膜单元中的应力将更加精确地反映表面应力，并且可以用于输出。

完全约束的位移

在 Abaqus/Standard 中，如果使用边界条件将改进单元的所有节点位移自由度约束住，则相当于对单元的内部节点施加了类似的边界条件。如果后续对此单元施加了分布载荷，则在用户定义的节点处报告的反作用力不与施加的载荷相加，因为内部节点承担了一部分载荷，但并未报告此部分载荷。

在规则与杂交单元之间进行选择

杂交单元主要适用于不可压缩以及近乎不可压缩的材料行为，这些单元只用于 Abaqus/Standard。当材料响应是不可压缩的时候，由于可以在没有位移变化的情况下增加一个纯静水压力，因此不能仅根据位移历史获得问题的解。

近乎不可压缩的材料行为

当体积模量远大于剪切模量时，将出现近乎不可压缩的行为，材料表现出近乎不可压缩（如泊松比大于 0.48 的线弹性材料）：位移上的极小变化导致极大的压力变化。因此，完全基于位移的解过于敏感，不适用于数值模拟（例如，计算圆整可能造成方法失效）。

将压应力处理成独立的插值基本解变量，通过本构理论和相容性条件将其与位移耦合起来，可以从系统中去除此奇异行为。此压应力的独立插值是杂交单元的基础。杂交单元比它们的非杂交原型具有更多的内部变量，故成本稍高。更多内容见"杂交不可压缩实体单元的方程"（《Abaqus 理论手册》的 3.2.3 节）。

完全不可压缩的材料行为

如果材料是完全不可压缩的，则必须使用杂交单元（平面应力情况除外，因为可以通过调整厚度来满足不可压缩的约束）。如果材料是近乎不可压缩的并且是超弹性的，则仍建议使用杂交单元。对于近乎不可压缩的弹塑性材料和可压缩材料，杂交单元的优势并不明显，因此不建议使用。

对于 Mises 和 Hill 塑性，塑性变形是完全不可压缩的；因此，当塑性变形开始成为主导响应时，总变形速率变得不可压缩。Abaqus/Standard 中的所有四边形和块单元都可以处理此速率不可压缩情况，除了没有杂交方程的完全积分四边形和块单元：CPE8、CPEG8、CAX8、CGAX8 和 C3D20。因为材料将变得更加不可压缩，这些单元将"锁定"（变成过约束的）。

杂交单元中的弹性应变

杂交单元对静水压力使用独立的插值，并根据压力计算弹性体积应变。因此，弹性应变与应力完全一致，但是仅与单元平均总应变一致，而不是在每个点上都一致，即使不存在非弹性应变。对于各向同性材料，此行为仅在二阶完全积分的杂交单元中是显著的。在这些单元中，静水压力（造成体积应变）在整个单元上呈线性变化，而总应变可能呈二次变化。

对于各向异性材料，一阶完全积分杂交单元中也存在这种行为。在这样的材料中，体积行为和偏量行为之间通常存在强烈的耦合：体积应变将产生偏应力；反之，偏应变将产生静水压力。因此，在完全积分的一阶杂交单元中施加的不变静水压力通常不产生恒定的弹性应变；然而对于这些单元，总体积应变总是不变的，正如此部分前面所讨论的那样。因此，不建议同时使用混合单元与各向异性材料，除非材料是近乎不可压缩的，此时偏量行为与体积行为之间的耦合通常相对较弱。

对表现出体积塑性的材料模型使用杂交单元

如果材料模型表现出体积塑性，如（盖型）Drucker-Prager 模型，如果使用二阶杂交单元，则会发生缓慢的收敛或者不收敛。在那样的情况中，使用规则（非杂交的）的二阶单元通常可以得到更好的结果。

确定使用杂交单元的情况

对于近乎不可压缩的材料，如果变形后的形状图像显示或多或少是均匀的，但是为非物理变形模式，则意味发生了网格锁定。如前文所述，在这种情况下，应用缩减积分单元代替完全积分单元。如果已经使用了缩减积分单元，则应当增加网格密度。如果问题依然存在，则应当使用杂交单元。

杂交三角形单元和四面体单元

下面的杂交二维和轴对称三角形单元仅用于细化网格，或者填充四边形单元的网格区域：CPE3H、CPEG3H、CAX3H 和 CGAX3H。杂交三维四面体单元 C3D4H 和楔形单元 C3D6H 仅用于细化网格或者填充块类型单元的网格区域。因为每个 C3D6H 单元在完全不可压缩问题中都会引入一个约束方程，所以仅包含这些单元的网格将发生过约束。具有不同材料属性的 C3D4H 单元的邻近区域应相互绑定，而不是节点共享，以允许压力和体积场的不连续跳变。

此外，杂交二阶三维单元 C3D10H、C3D10MH、C3D15H 和 C3D15VH 比它们的非杂交原型的成本高得多。

多用途、改进的面应力可视化四面体

C3D10HS 四面体是为了改善粗糙网格中的弯曲结果，同时避免金属塑性以及准不可压缩和不可压缩橡胶弹性中的压力锁定而开发的。只能在 Abaqus/Standard 中使用这些单元。一旦材料表现出接近不可压缩极限的行为（即有效泊松比大于 0.45），将自动激活给定单元内部的压力自由度。C3D10HS 单元的这种独特特征特别适合模拟金属材料，因为它仅在材料不可压缩的模型区域中激活压力自由度。一旦激活了内部自由度，C3D10HS 单元将比杂交或者非杂交单元具有更多的内部变量，因此更加昂贵。此单元也使用独特的 11 点积分策略，在粗糙网格中提供了极好的应力可视化策略，因为它避免了因应力分量从积分点外推到节点而产生的误差。

改进的面应力可视化块

开发 C3D8S 和 C3D8HS 线性块单元的目的，是通过避免因应力分量从积分点外推到节点而产生的误差，来获得单元面上的极好应力可视化效果。这些单元仅用于 Abaqus/Standard。C3D8S 和 C3D8HS 单元具有相同的自由度，并且分别使用与 C3D8 和 C3D8H 类似的单元线性插值。这些单元使用 27 点的插值策略，包括单元节点中的 8 个积分点、单元边上的 12 个积分点、单元面上的 6 个积分点，以及单元内部的一个积分点。要降低输出数据库的大小，用户可以请求节点处的单元输出。因为这些单元在节点处具有积分点，所以没有与节点的外插积分点输出变量相关的错误。

非协调模式单元

非协调模式单元（CPS4I、CPE4I、CAX4I、CPEG4I 和 C3D8I 以及相应的杂交单元）是通过非协调模式增强的一阶单元，以改善它们的弯曲行为。在 Abaqus/Standard 中可以使用所有这类单元，而在 Abaqus/Explicit 中仅能使用 C3D8I。

除了标准的位移自由度，对单元内部添加了非协调变形模式。这些模式的主要作用是去除造成规则的一阶单元的响应在弯曲中过于刚硬的切应力。此外，这些模式去除了由于泊松

比对弯曲的影响而产生的人为刚度（这已经在规则的位移单元中，通过与弯曲方向垂直的应力线性变化进行了验证）。在非杂交单元（除了平面应力单元 CPS4I）中，还添加了非协调模式来防止具有近乎不可压缩材料行为的单元发生锁定。对于完全不可压缩的材料行为，必须使用相应的杂交单元。

由于非协调模式而增加的内部自由度（CPS4I 的自由度 5，CPE4I、CAX4I 和 CPEG4I 的自由度 5，C3D8I 的自由度 13），这些单元比规则的一阶位移单元更加昂贵；但是它们比二阶单元的成本要低。非协调模式单元使用完全积分，因此没有沙漏模式。

非协调模式单元的更多内容见"具有非协调模式的连续单元，"（《Abaqus 理论手册》的 3.2.5 节）。

形状注意事项

在许多情况下，如果具有近似于矩形的形状，则非协调模式单元的性能和二阶单元一样好。如果单元具有平行四边形的形状，则其性能将大为下降。梯形非协调模式单元的性能与矩形完全积分一阶插值单元的性能相近。"弯曲问题线性分析中连续单元和壳单元的性能"（《Abaqus 基准手册》的 2.3.5 节）中说明了与扭曲单元相关的精度损失。

大应变应用中非协调模式单元的使用

在涉及大应变的应用中使用非协调模式单元时应当谨慎。有时收敛速度缓慢，并且在超弹性应用中可能存在累积误差。因此，在经历复杂变形历史后卸载的超弹性单元中，有时会存在错误的残余应力。

与规则单元一起使用非协调模式单元

非协调模式单元可以与规则实体单元在同一网格中使用。通常，在必须精确模拟弯曲响应的区域中，应使用非协调模式单元，并且这些单元的形状必须是矩形，以得到最精确的结果。虽然在这种情况下，这些单元具有精确的响应，但一般优先使用结构单元（壳或者梁）模拟结构构件。

可变节点单元

可变节点单元（如 C3D27 和 C3D15V）允许在任意单元面（对于三棱柱单元 C3D15V 为任意矩形面）上引入中面节点。由单元定义中指定的节点对此做出选择。这些单元仅用于 Abaqus/Standard，并且在三维模型中使用普遍。C3D27 单元族经常用作裂纹线周围的单元环。

圆柱单元

圆柱单元（CCL9、CCL9H、CCL12、CCL12H、CCL18、CCL18H、CCL24、CCL24H 和 CL24RH）仅在 Abaqus/Standard 中用于精确地模拟圆形几何结构的区域，如轮胎。圆柱单元利用三角函数在周向上插值位移，并在单元的径向或者横截面上使用规则的等参插值。所有单元使用周向上的三个节点，角度在 0°～180°之间。可以使用横截面上同时具有一阶和二阶插值的单元。

可以通过在全局笛卡儿坐标系中指定节点坐标来定义单元的几何形状，并在全局笛卡儿坐标系中提供默认的节点输出。默认在 1 方向是径向、2 方向是轴向、3 方向是周向的固定局部圆柱坐标系中输出应力、应变和其他材料点输出量。此默认坐标系是根据单元的参考构型计算得到的。也可以定义其他局部坐标系（见"方向"，《Abaqus 分析用户手册——介绍、空间建模、执行与输出卷》的 2.2.5 节）。在此情况中，应力、应变和其他材料点量是在定向坐标系中输出的。

可以在同一个网格中使用圆柱单元与矩形单元。特别地，规则实体单元可以直接与圆柱单元横截面上的节点相连接。例如，C3D8 单元的任何面均可以与 CCL12 单元的横截面（面 1 和 2；有关单元面的内容见"圆柱实体单元库"，2.1.5 节）共享节点。通过使用基于面的绑缚约束，规则单元之间也可以沿着圆柱单元的圆边进行连接（"网格绑缚约束"，《Abaqus 分析用户手册——指定条件、约束与相互作用卷》的 2.3.1 节），前提条件是圆柱单元没有大的跨越。然而，这种用法可能使绑缚面附近的解出现假性振荡，因此如果需要在此区域得到精确解，则应避免这种情况。

协调的膜单元（"膜单元"，3.1.1 节）和具有增强杆的面单元（"面单元"，6.7.1 节）可以与圆柱实体单元一起使用。

在横截面上使用一阶插值的所有单元，偏量项使用完全积分，体积项使用缩减积分，因此没有沙漏模式，与大部分不可压缩材料一起使用时不会发生锁定。在横截面上使用一阶插值和二阶插值的杂交单元使用静水压力的独立插值。

单元使用建议总结

以下建议适用于 Abaqus/Standard 和 Abaqus/Explicit：

● 尽可能使所有单元具有"良好形状"，以改善收敛速度和精度。

● 如果使用四面体网格自动生成器，应使用二阶单元 C3D10（Abaqus/Standard 中）或者 C3D10M（Abaqus/Explicit 中）。在具有大量塑性变形的 Abaqus/Standard 分析中，应使用改进的四面体单元 C3D10M。

● 如果可能的话，在三维分析中应使用六面体单元，因为它们能以最低的成本得到最好的结果。

Abaqus/Standard 用户也应当考虑以下建议：

● 对于线性和"平顺的"非线性问题，如果可能的话，应使用缩减积分二阶单元。

● 在应力集中区域附近，应使用二阶完全积分单元，以捕捉这些区域的较大梯度。然而，如果材料响应近乎是不可压缩的，则在有限应变区域中应避免使用这些单元。

● 对于包含大扭曲的问题，使用一阶四边形或者六面体单元，或者改进的三角形和四面体单元。如果网格扭曲严重，则应使用缩减积分一阶单元。

● 如果问题中包含弯曲和大扭曲，则应使用网格划分良好的一阶缩减积分单元。

● 如果材料是完全不可压缩的（使用平面应力单元的情况除外），则必须使用杂交单元。在某些材料近乎不可压缩的情况中，也应使用杂交单元。

● 在弯曲占主导的问题中，非协调模式单元可以给出非常精确的结果。

命名约定

实体单元的命名约定取决于单元维度。

一维、二维、三维和轴对称单元

Abaqus 中一维、二维、三维和轴对称实体单元的命名方法如下。例如，CAX4R 是轴对称的 4 节点缩减积分连续应力/位移单元；CPS8RE 是 8 节点缩减积分平面应力压电单元。此命名约定的例外是 Abaqus/Explicit 中的 C3D6 和 C3D6T，它们是 6 节点线性三角楔缩减积分单元。

孔隙压力单元的命名方法与此约定稍有不同：混合单元在字母 P 后面加字母 H。例如，CPE8PH 是 8 节点杂交平面应变孔隙压力单元。

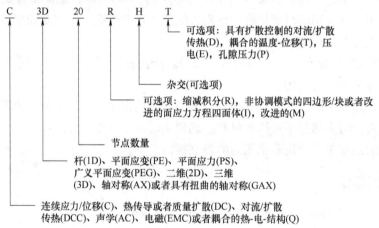

非线性、非对称变形的轴对称单元

Abaqus/Standard 中非线性、非对称变形的轴对称实体单元的命名约定如下。例如，CAXA4RH1 是具有非线性、非对称变形和傅里叶模式的 4 节点缩减积分杂交轴对称单元（见 "选择单元的维度"，1.2 节）。

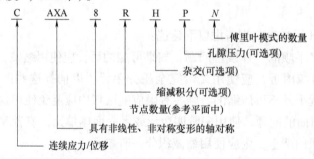

圆柱单元

Abaqus/Standard 中圆柱单元的命名约定如下。例如，CCL24RH 是 24 节点的缩减积分杂交圆柱单元。

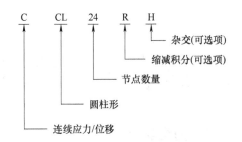

杂交(可选项)

缩减积分(可选项)

节点数量

圆柱形

连续应力/位移

定义单元的截面属性

使用实体截面定义来定义实体单元的截面属性。

在 Abaqus/Standard 中，实体单元可以由一种均质材料构成，也可以包含层合复合实体分析的几层不同材料。在 Abaqus/Explicit 中，实体单元仅可以由一种均质材料组成。

定义均质实体单元

用户必须将材料定义（"材料数据定义"，《Abaqus 分析用户手册——材料卷》的 1.1.2 节）与实体截面定义相关联。在 Abaqus/Standard 分析中，可以对实体截面定义赋予一个或者多个分布（"分布定义"，《Abaqus 分析用户手册——介绍、空间建模、执行与输出卷》的 2.8 节）来定义空间变化的材料行为。此外，用户必须对截面定义与用户模型区域进行关联。

在 Abaqus/Standard 中，如果任何赋予实体截面定义（通过材料定义）的材料行为是使用分布定义的，则空间变化的材料属性施加在与实体截面相关联的所有单元上。对空间上与分布不相关的任何单元施加默认的材料行为（由分布定义）。

输入文件用法：　　* SOLID SECTION，MATERIAL = 名称，ELSET = 名称
其中 ELSET 参数表示实体单元集。

Abaqus/CAE 用法：Property module：
Create Section：选择 Solid 作为截面 Category 并选择 Homogeneous 或者 Electromagnetic，Solid 作为截面 Type：Material：名称
Assign→Section：选择区域

赋予方向定义

用户可以将材料方向与实体单元相关联（见"方向"，《Abaqus 分析用户手册——介绍、空间建模、执行与输出卷》的 2.2.5 节）。可以将使用分布（"分布定义"，《Abaqus 分析用户手册——介绍、空间建模、执行与输出卷》的 2.8 节）定义的空间变化的局部坐标系赋予实体截面定义。

如果赋予实体截面定义的方向定义是使用分布定义的，则对所有与实体截面相关联的单元施加空间变化的局部坐标系。对任何未明确包含在关联分布中的单元施加默认的局部坐标系（由分布定义）。

输入文件用法：　　* SOLID SECTION，ORIENTATION = 名称

Abaqus/CAE 用法：Property module：Assign→Material Orientation

定义几何属性（如果需要）

一些单元类型需要具有附加的几何属性，如一维单元的横截面或者二维平面单元的厚度。特殊单元类型的所需属性在实体单元库中进行了定义。这些属性作为实体截面定义的一部分给出。

定义 Abaqus/Standard 中的复合实体单元

复合实体仅用于只具有位移自由度（耦合的温度-位移单元、压电单元、孔隙压力单元和连续圆柱单元不能使用复合实体）的三维块单元。复合实体单元的主要优势是便于模拟。复合实体单元通常无法提供比复合壳单元精确的解。

将厚度、每层数值积分所需的截面点数量（如下所述），以及与每层相关联的材料名称和方向，指定成复合实体截面定义的一部分。在 Abaqus/Standard 中，可以在使用分布的层上指定空间变化的方向角（"分布定义"，《Abaqus 分析用户手册——介绍、空间建模、执行与输出卷》的2.8节）。

如图 2-1 所示，材料层可以堆叠在三个等参坐标中的任意一个中，与等参主单元的相对面平行。任何给定截面点处层中的积分点数量取决于单元类型。图 2-1 所示为完全积分单元的积分点。单元面是在定义单元时通过指定节点顺序来定义的。

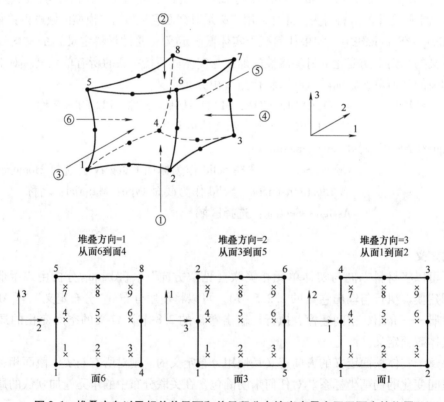

图 2-1　堆叠方向以及相关单元面和单元积分点输出变量在层平面中的位置

通过数值积分来得到单元矩阵。在层压平面中使用高斯积分，在堆叠方向上使用辛普森法则。如果使用层上的截面点，则该点位于层厚中心。层压面中截面点的位置与积分点的位置重合。每层厚度上积分所需的截面点数量是作为实体截面定义的一部分来指定的；此数量必须是一个奇数。完全积分二阶复合单元的积分点如图2-1所示，与复合实体单元中任意积分点相关联的截面点数量如图2-2所示。

每一层的厚度在一个单元的不同积分点上可能不是恒定的，因为堆叠方向上的单元尺寸可能不同。因此，在实体截面定义中，通过指定堆叠方向上的厚度与单元长度之比来间接进行定义，如图2-3所示。使用为所有层定义的比率，确定每个积分点处的实际厚度，使其总和等于堆叠方向上的单元长度。层厚比率不需要反映实际单元或者模型的尺寸。

除非模型相对简单，否则随着层数的增加，以及将不同的层赋予不同的截面，使用复合实体截面定义模型将变得越来越困难。在用户添加新层或者移除、重新布置现有层时，重新定义截面将很麻烦。要处理典型复合模型中的大量层时，可以使用Abaqus/CAE中的复合叠层功能（更多内容见"复合叠层"，《Abaqus/CAE用户手册》的23章）。

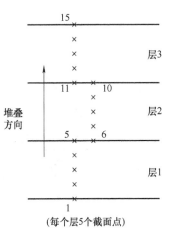

（每个层5个截面点）

图 2-2　三层复合单元中截面点的数量

对于后处理，复合实体单元出现在输出数据库（.odb）文件中，单元类型后附有C1、C2或者C3，分别代表堆叠方向1、2和3。

输入文件用法：　　*SOLID SECTION, COMPOSITE, STACK DIRECTION = 1, 2 或者 3, ELSET = 名称

厚度，积分点数量，材料名称，方向名称

Abaqus/CAE用法：Abaqus/CAE 使用复合接头或复合实体截面定义复合实体的层。

对于复合接头，使用下面的选项：

Property module：Create Composite Layup：选择 Solid 作为 Element Type：指定堆叠方向、区域、厚度、积分点数量、材料和方向

对于复合实体截面，使用下面的选项：

Property module：

Create Section：选择 Solid 作为截面 Category 并选择 Composite 作为截面 Type

Assign→Material Orientation：选择区域：Use Default Orientation or Other Method：Stacking Direction：Element direction 1, Element direction 2, Element direction 3, 或者 From orientation Assign→Section：选择区域

复合实体单元的输出位置

在请求单元变量输出时，用户应指定输出变量在层合（层）平面中的输出位置。例如，用户可以请求每一层质心处的值。此外，用户应通过提供"截面点"列表来指定层厚上输出点的数量。输出的默认截面点是第一个截面点和最后一个截面点，分别对应于底面和顶面

（图2-2）。更多内容见"数据文件和结果文件的输出"中的"单元输出"（《Abaqus 分析用户手册——介绍、空间建模、执行与输出卷》的4.1.2节），以及"输出到输出数据库"中的"单元输出"（《Abaqus 分析用户手册——介绍、空间建模、执行与输出卷》的4.1.3节）。

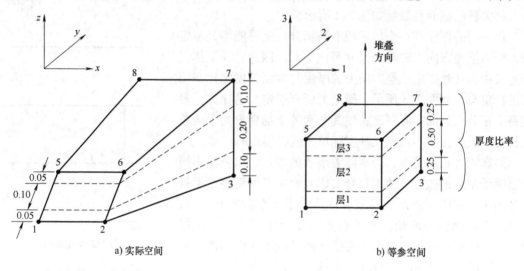

a) 实际空间　　　　　　　　　　　b) 等参空间

图 2-3　实际空间和等参空间中的层合

使用 Abaqus/Standard 中的实体单元模拟厚的复合材料

虽然通常使用壳单元来模拟层合复合实体，但以下情况需要使每个层有一个或者多个块单元的三维块单元：以横向剪切的影响为主时；不能忽略法向应力时；需求精确的内部层合应力时，如复杂载荷或者几何形体的局部区域附近。

在模拟厚度上的横向切应力时，壳单元比实体单元的效果更好。实体单元中的横向切应力通常不会在结构的自由面上消失，在层间界面处通常是不连续的。即使在截面厚度上进行离散化时使用了几个单元，也可能存在此缺陷。因为厚壳单元中的横向切应力是由 Abaqus 基于线弹性理论计算得到的，所以使用厚壳单元评估这种应力比实体单元效果要好（见"圆柱弯曲中的复合壳"，《Abaqus 基准手册》的1.1.3节）。

定义连续单元中的压力载荷

连续单元上压力载荷的约定是正压力指向单元，即压在单元上。在大应变分析中，应特别考虑边上加载压力的平面应力单元；在"分布载荷"（《Abaqus 分析用户手册——指定条件、约束与相互作用卷》的1.4.3节）中对该问题进行了讨论。

在刚体中使用实体单元

可以在刚体定义中包含所有实体单元。将实体单元赋予刚体时，它们不再是可变形的，通过刚体参考节点的运动来控制它们的运动（见"刚体定义"，《Abaqus 分析用户手册——

介绍、空间建模、执行与输出卷》的 2.4.1 节）。

必须正确定义作为刚体一部分的实体单元的截面属性，以正确考虑刚体质量和转动惯量。忽略除密度外的所有相关材料属性。对于赋予刚体的实体单元，单元输出不可用。

Abaqus/Standard 中特定单元类型的自动转换

如果单元类型 C3D20 和 C3D15 中的部分面是节点-面接触对中的部分从面，则单元类型 C3D20 和 C3D15 分别自动转换成相应的可变节点单元类型 C3D27 和 C3D15V（见"在 Abaqus/Standard 中调整接触控制"，《Abaqus 分析用户手册——指定条件、约束与相互作用卷》的 3.3.6 节）。

Abaqus/Standard 中可变单元类型的特殊考虑

对于 Abaqus/Standard 中的应力/位移、耦合的温度-位移和热传导单元，应考虑以下方面。

应力/位移单元中温度和场变量的插值

用来计算热应力的积分点温度值取决于所使用的是一阶单元还是二阶单元。在（协调）线性单元中，积分点处使用平均温度，因此整个单元上的热应变是相同的；在使用非协调模式的单元中，温度是线性插值的。在完全积分高阶单元中，使用近似线性变化的温度分布。缩减积分高阶单元不存在特殊问题，因为温度是线性插值的。给定应力/位移单元中的场变量，使用与温度插值相同的方式进行插值。

耦合的温度-位移单元中的插值

耦合的温度-位移单元使用几何形状和位移的线性或者二次插值。温度是线性插值的，但是高斯点处的温度和场变量计算可以使用某些规则，如下文所述。

使用位移和温度线性插值的单元在所有节点上均有温度。热应变在整个单元上是不变的，因为热应变的插值与总应变相同，以避免伪静水压力。对于一阶单元的内能存储、热传导和塑性耗散项（耦合贡献），使用分离的积分策略。内能存储项在节点处积分，从而产生了一个集总的内能矩阵，并因此改善了涉及潜热效应问题的求解精度。在完全积分单元中，热传导和塑性耗散项都是在高斯点处积分的。虽然塑性耗散项是在每个高斯点处积分的，但积分点处由机械变形生成的热也施加给附近的节点。假定高斯点处的温度为其最近节点的温度，与方程处理得到的温度一致。在缩减积分单元中，在质心处得到塑性耗散项，由机械变形生成的热在每个节点处以加权平均的形式施加。缩减积分单元质心处的温度是节点温度的加权平均，与方程处理得到的温度一致。

使用位移抛物线插值和温度线性插值的单元在所有节点上具有位移自由度，但是仅在角节点处存在温度自由度。线性地插值温度，以使热应变具有与总应变相同的插值。出于输出的目的，通过对角节点进行线性插值来计算中节点处的温度。与线性耦合单元相比，控制方程中的所有项均使用传统的高斯方法进行积分。对于这些单元，可以使用完全积分（每个参数方向上的 3 个高斯点）或者缩减积分（每个参数方向上的 2 个高斯点）来生成刚度矩阵。生成比热容和热导率矩阵的积分策略与生成刚度矩阵的相同；然而，由于温度为低阶插值，这意味着对于热传导矩阵，总是使用完全积分策略，即使是缩减刚度积分的时候。缩减积分使用低阶积分形成单元刚度；仍然对质量矩阵和分布载荷进行精确的积分。缩减积分通常能得到更加精确的结果（前提是单元没有扭曲）且运行时间显著减少，特别是在三维的情况下。在所有情况下，均建议使用二次位移单元的缩减积分，除非预期存在非常大的应变梯度（如有限应变金属成形应用中）；这些单元是此类单元中最便宜的单元。

积分点处场变量的值取决于所使用的是一阶还是二阶耦合的温度-位移单元。在线性单元的积分点处使用平均场变量。对于完全积分高阶单元，使用近似呈线性变化的场变量分布。因为场变量是线性插值的，所以缩减积分高阶单元不存在特殊问题。

改进的三角形单元和四面体单元对位移和温度使用相同的特殊插值方法。在所有用户定义的节点上激活位移和温度自由度。

扩散热传导单元中的积分

对于所有一阶单元（2 节点链接单元、3 节点三角形单元、4 节点四边形单元、4 节点四面体单元、6 节点三角楔形单元和 8 节点六面体单元），在节点上积分内能存储项（与比热容和潜热存储相关联）。此积分策略可得到一个对角内能矩阵，从而提高了涉及潜热效应问题的求解精度。这些单元中的传导贡献与二阶单元中的贡献使用传统的高斯方法。不涉及潜热效应的平顺问题优先使用二阶单元。

在质量扩散分析中不能使用一阶单元。

强制对流热传导单元

这些单元只能使用线性插值。它们使用一种"上风"（Petrov-Galerkin）法来得到以对流为主的问题的精确解（见"对流/扩散"，《Abaqus 理论手册》的 2.11.3 节）。因此，不在节点上对内能（与比热容存储相关联）进行积分，从而生成了不变的内能矩阵，并且如果在与流动方向平行的边界上具有大的温度梯度，则会导致振荡的温度。

电磁单元

这些单元只能使用基于边的线性插值。用户定义的节点定义单元的几何形状，不直接参与电磁场的插值（在静磁分析中，不参与磁场的分析）。然而，在用户定义的节点上定义温度和预定义场变量，并且将定义的温度和预定义场变量插值到积分点，以计算与温度和预定义义场变量相关的材料属性。

在 Abaqus/Explicit 分析中使用单元类型 C3D6 和 C3D6T

在 Abaqus/Explicit 分析中使用 C3D6 和 C3D6T 单元时，它们在输出数据库（.odb）中分别显示为 C3D6R 和 C3D6RT。在数据（.dat）文件中，C3D6 写作 C3D6R。用户不能将 C3D6R 或者 C3D6RT 指定成单元类型输入。

2.1.2　一维实体（链接）单元库

产品：Abaqus/Standard　　　　Abaqus/CAE

参考

- "实体（连续）单元"，2.1.1 节
- ＊SOLID SECTION

概览

本部分提供 Abaqus/Standard 中可用的一维实体（链接）单元的参考。对于结构链接（杆）单元，参考"杆单元"（3.2.1 节）。

单元类型

扩散热传导单元

DC1D2　　　2 节点链接
DC1D3　　　3 节点链接

有效自由度
11。

附加解变量
无。

强制对流热传导单元

DCC1D2　　　2 节点链接
DCC1D2D　　具有扩散控制的 2 节点链接

有效自由度
11。

附加解变量
无。

耦合的热- 电单元

DC1D2E　　　2 节点链接
DC1D3E　　　3 节点链接

有效自由度

9、11。

附加解变量

无。

声学单元

AC1D2　　　2 节点链接
AC1D3　　　3 节点链接

有效自由度

8。

附加解变量

无。

所需节点坐标

X, Y, Z。

单元属性定义

用户必须提供单元的横截面；默认为单位面积的横截面。
输入文件用法：　　＊SOLID SECTION
Abaqus/CAE 用法：Property module：Create Section：选择 Beam 作为截面 Category，选择 Truss 作为截面 Type

基于单元的载荷

分布热通量（表 2-1）

具有温度自由度的单元可以使用分布热通量。如"热载荷"（《Abaqus 分析用户手册——指定条件、约束与相互作用卷》的 1.4.4 节）中描述的那样进行指定。

表 2-1　分布热通量

载荷 ID （＊DFLUX）	Abaqus/CAE Load/Interaction	量　纲　式	说　　明
BF	Body heat flux	$JL^{-3}T^{-1}$	单位体积的热体通量大小
BFNU	Body heat flux	$JL^{-3}T^{-1}$	由用户子程序 DELUX 提供的单位体积的非均匀热量通量大小
S1	Surface heat flux	$JL^{-2}T^{-1}$	流入链接始端（节点 1）的单位面积上的热面通量大小
S2	Surface heat flux	$JL^{-2}T^{-1}$	流入链接末端（节点 2 或者节点 3）的单位面积上的热面通量大小
S1NU	不支持	$JL^{-2}T^{-1}$	通过用户子程序 DFLUX 提供大小的，链接起始端（节点 1）处的单位面积上的非均匀热通量
S2NU	不支持	$JL^{-2}T^{-1}$	通过用户子程序 DFLUX 提供大小的，链接末端（节点 2 或者节点 3）处的单位面积上的非均匀热通量

膜条件（表 2-2）

具有温度自由度的单元可以使用膜条件。如"热载荷"（《Abaqus 分析用户手册——指定条件、约束与相互作用卷》的 1.4.4 节）中描述的那样进行指定。

表 2-2　膜条件

载荷 ID （＊FILM）	Abaqus/CAE Load/Interaction	量　纲　式	说　　明
F1	不支持	$JL^{-2}T^{-1}\theta^{-1}$	链接第一端点（节点 1）处的膜系数和热沉温度（θ 的单位）
F2	不支持	$JL^{-2}T^{-1}\theta^{-1}$	链接第二端点（节点 2 或者节点 3）处的膜系数和热沉温度（θ 的单位）
F1NU	不支持	$JL^{-2}T^{-1}\theta^{-1}$	通过用户子程序 FILM 提供大小的，链接起始端（节点 1）处的非均匀膜系数和热沉温度（θ 的单位）
F2NU	不支持	$JL^{-2}T^{-1}\theta^{-1}$	通过用户子程序 FILM 提供大小的，链接的第二端点（节点 2 或者节点 3）处的非均匀膜系数和热沉温度（θ 的单位）

辐射类型（表 2-3）

具有温度自由度的单元可以使用辐射条件。如"热载荷"（《Abaqus 分析用户手册——指定条件、约束与相互作用卷》的 1.4.4 节）中描述的那样进行指定。

表2-3　辐射类型

载荷 ID （＊RADIATE）	Abaqus/CAE Load/Interaction	量 纲 式	说　明
R1	Surface radiation	无量纲	链接第一端点（节点1）的辐射率和热沉温度（θ 的单位）
R2	Surface radiation	无量纲	链接第二端点（节点2或者节点3）的辐射率和热沉温度（θ 的单位）

分布阻抗（表2-4）

使用声压自由度的单元可以使用分布阻抗。如"声学和冲击载荷"（《Abaqus 分析用户手册——指定条件、约束与相互作用卷》的 1.4.6 节）中描述的那样进行指定。

表2-4　分布阻抗

载荷 ID （＊IMPEDANCE）	Abaqus/CAE Load/Interaction	量 纲 式	说　明
I1	不支持	无	链接第一端点（节点1）定义阻抗的阻抗属性名称
I2	不支持	无	链接第二端点（节点2或者节点3）定义阻抗的阻抗属性名称

分布电流密度（表2-5）

耦合的热-电单元可以使用分布的电流密度。如"耦合的热-电分析"（《Abaqus 分析用户手册——分析卷》的 1.7.3 节）中描述的那样进行指定。

表2-5　分布电流密度

载荷 ID （＊DECURRENT）	Abaqus/CAE Load/Interaction	量 纲 式	说　明
CBF	Body current	$CL^{-3}T^{-1}$	体积电流密度
CS1	Surface current	$CL^{-2}T^{-1}$	链接第一端点（节点1）的电流密度
CS2	Surface current	$CL^{-2}T^{-1}$	链接第二端点（节点2和节点3）的电流密度

单元输出

热通量分量

可用于具有温度自由度的单元。

HFL1　　单元轴上的热通量。

电势梯度

可用于耦合的热-电单元。

EPG1　　单元轴上的电势梯度。

电流密度分量

可用于耦合的热-电单元。

ECD1　　单元轴上的电流密度。

单元中的节点顺序和面编号（图2-4）

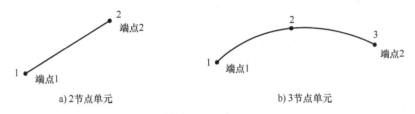

a) 2节点单元　　　　　　　　　　　　b) 3节点单元

图2-4　单元中的节点顺序和面编号

输出积分点编号（图2-5）

a) 2节点单元　　　　　　　　　　　　b) 3节点单元

图2-5　输出积分点编号

2.1.3　二维实体单元库

产品：Abaqus/Standard　　　Abaqus/Explicit　　　Abaqus/CAE

参考

- "实体（连续）单元"，2.1.1节
- *SOLID SECTION

概览

本部分提供 Abaqus/Standard 和 Abaqus/Explicit 中可用的二维实体单元。

单元类型

平面应变单元（表2-6）

表2-6 平面应变单元

标 识	说 明
CPE3	3 节点线性单元
CPE3H[(S)]	3 节点线性、具有恒定压力的杂交单元
CPE4[(S)]	4 节点双线性单元
CPE4H[(S)]	4 节点双线性、具有恒定压力的杂交单元
CPE4I[(S)]	4 节点双线性、非协调模式单元
CPE4IH[(S)]	4 节点双线性、非协调模式、具有线性压力的杂交单元
CPE4R	4 节点双线性、具有沙漏控制的缩减积分单元
CPE4RH[(S)]	4 节点双线性、具有沙漏控制、缩减积分、压力恒定的杂交单元
CPE6[(S)]	6 节点二次单元
CPE6H[(S)]	6 节点二次、具有恒定压力的杂交单元
CPE6M	6 节点改进的、具有沙漏控制的单元
CPE6MH[(S)]	6 节点改进的、具有沙漏控制和线性压力的杂交单元
CPE8[(S)]	8 节点双二次单元
CPE8H[(S)]	8 节点双二次、具有线性压力的杂交单元
CPE8R[(S)]	8 节点双二次的缩减积分单元
CPE8RH[(S)]	8 节点双二次、缩减积分、具有线性压力的杂交单元

注：上角标（S）代表 Abaqus/Standard 中使用的单元。

有效自由度

1、2。

附加解变量

压力恒定的杂交单元有一个与压力相关的附加变量，线性压力杂交单元有 3 个与压力相关的附加变量。

单元类型 CPE4I 和 CPE4IH 有 5 个与非协调模式相关联的附加变量。

单元类型 CPE6M 和 CPE6MH 有 2 个附加位移变量。

平面应力单元（表2-7）

表2-7　平面应力单元

标　识	说　明
CPS3	3节点线性单元
CPS4[(S)]	4节点双线性单元
CPS4I[(S)]	4节点双线性非协调模式单元
CPE4R	4节点双线性、具有沙漏控制的缩减积分单元
CPS6[(S)]	6节点二次单元
CPS6M	6节点改进的、具有沙漏控制的单元
CPS8[(S)]	8节点双二次单元
CPS8R[(S)]	8节点双二次缩减积分单元

有效自由度

1、2。

附加解变量

单元类型CPS4I有4个与非协调模式相关的附加变量。

单元类型CPS6M有2个附加位移变量。

广义平面应变单元（表2-8）

表2-8　广义平面应变单元

标　识	说　明
CPEG3[(S)]	3节点线性三角形单元
CPEG3H[(S)]	3节点线性三角形、具有恒定压力的杂交单元
CPEG4[(S)]	4节点双线性四边形单元
CPEG4H[(S)]	4节点双线性四边形、具有恒定压力的杂交单元
CPEG4I[(S)]	4节点双线性四边形、非协调模式单元
CPEG4IH[(S)]	4节点双线性四边形、非协调模式、具有线性压力的杂交单元
CPEG4R[(S)]	4节点双线性四边形、具有沙漏控制的缩减积分单元
CPEG4RH[(S)]	4节点双线性四边形、具有沙漏控制、缩减积分、恒定压力的杂交单元
CPEG6[(S)]	6节点二次三角形单元
CPEG6H[(S)]	6节点二次三角形、具有线性压力的杂交单元
CPEG6M[(S)]	6节点改进的、具有沙漏控制的单元
CPEG6MH[(S)]	6节点改进的、具有沙漏控制和线性压力的杂交单元
CPEG8[(S)]	8节点双二次四边形单元
CPEG8H[(S)]	8节点双二次、具有线性压力的混合四边形单元
CPEG8R[(S)]	8节点双二次、缩减积分四边形单元
CPEG8RH[(S)]	8节点双二次、缩减积分、具有线性压力的混合四边形单元

有效自由度

除参考节点以外的所有节点处的 1、2。

参考节点处的 3、4、5。

附加解变量

具有恒定压力的杂交单元有一个与压力相关的附加变量，线性压力杂交单元有 3 个与压力相关的附加变量。

单元类型 CPEG4I 和 CPEG4IH 有 5 个与非协调模式相关的附加变量。

单元类型 CPEG6M 和 CPEG6MH 有 2 个附加位移变量。

耦合的温度-位移平面应变单元（表2-9）

表 2-9　耦合的温度-位移平面应变单元

标　识	说　明
CPE3T	3 节点线性位移和温度单元
CPE4T[(S)]	4 节点双线性位移和温度单元
CPE4HT[(S)]	4 节点双线性位移和温度、具有恒定压力的杂交单元
CPE4RT	4 节点双线性位移和温度、具有沙漏控制的缩减积分单元
CPE4RHT[(S)]	4 节点双线性位移和温度、具有沙漏控制和恒定压力的缩减积分杂交单元
CPE6MT	6 节点改进的位移和温度、具有沙漏控制的单元
CPE6MHT[(S)]	6 节点改进的位移和温度、具有沙漏控制和恒定压力的杂交单元
CPE8T[(S)]	8 节点双二次位移、双线性温度单元
CPE8HT[(S)]	8 节点双二次位移、双线性温度、具有线性压力的杂交单元
CPE8RT[(S)]	8 节点双二次位移、双线性温度的缩减积分单元
CPE8RHT[(S)]	8 节点双二次位移、双线性温度，具有线性压力的缩减积分杂交单元

有效自由度

角节点处的 1、2、11。

Abaqus/Standard 二阶单元中节点处的 1、2。

Abaqus/Standard 改进的位移和温度的单元中节点处的 1、2、11。

附加解变量

具有恒定压力的杂交单元，有一个与压力相关的附加变量，线性压力杂交单元有 3 个与压力相关的附加变量。

单元类型 CPE6MT 和 CPE6MHT 有两个附加位移变量和一个附加温度变量。

耦合的温度-位移广义平面应变单元（表2-10）

表2-10　耦合的温度-位移广义平面应变单元

标　识	说　明
CPEG3T[(S)]	3节点线性位移和温度单元
CPEG3HT[(S)]	3节点线性位移和温度、具有恒定压力的杂交单元
CPEG4T[(S)]	4节点双线性位移和温度单元
CPEG4HT[(S)]	4节点双线性位移和温度、具有恒定压力的杂交单元
CPEG4RT[(S)]	4节点双线性位移和温度、具有沙漏控制的缩减积分单元
CPEG4RHT[(S)]	4节点双线性位移和温度、具有沙漏控制和恒定压力的缩减积分杂交单元
CPE6MT[(S)]	6节点改进的位移和温度、具有沙漏控制的单元
CPE6MHT[(S)]	6节点改进的位移和温度、具有沙漏控制和恒定压力的杂交单元
CPEG8T[(S)]	8节点双二次位移、双线性温度单元
CPEG8HT[(S)]	8节点双二次位移、双线性温度、具有线性压力的杂交单元
CPEG8RHT[(S)]	8节点双二次位移、双线性温度、具有线性压力的缩减积分杂交单元

有效自由度

角节点处的1、2、11。

二阶单元中节点处的1、2。

改进的位移和温度单元中节点处的1、2、11。

参考节点处的3、4、5。

附加解变量

具有恒定压力的杂交单元有一个与压力相关的附加变量，线性压力杂交单元有3个与压力相关的附加变量。

单元类型CPEG6MT和CPEG6MHT有一个附加位移变量和一个附加温度变量。

扩散热传导或者质量扩散单元（表2-11）

表2-11　扩散热传导或者质量扩散单元

标　识	说　明
DC2D3[(S)]	3节点线性单元
DC2D4[(S)]	4节点线性单元
DC2D6[(S)]	6节点二次单元
DC2D8[(S)]	8节点双二次单元

有效自由度

11。

附加解变量

无。

强制对流/扩散单元（表2-12）

表2-12　强制对流/扩散单元

标　识	说　　明
DCC2D4[(S)]	4节点单元
DCC2D4D[(S)]	具有扩散控制的4节点单元

有效自由度

11。

附加解变量

无。

耦合的热-电单元（表2-13）

表2-13　耦合的热-电单元

标　识	说　　明
DC2D3E[(S)]	3节点线性单元
DC2D4E[(S)]	4节点线性单元
DC2D6E[(S)]	6节点二次单元
DC2D8E[(S)]	8节点双二次单元

有效自由度

9、11。

附加解变量

无。

孔隙压力平面应变单元（表2-14）

表2-14　孔隙压力平面应变单元

标　识	说　　明
CPE4P[(S)]	4节点双线性位移和孔隙压力单元
CPE4PH[(S)]	4节点双线性位移和孔隙压力、具有恒定压应力的杂交单元
CPE4RP[(S)]	4节点双线性位移和孔隙压力、具有沙漏控制的缩减积分单元
CPE4RPH[(S)]	4节点双线性位移和孔隙压力、具有沙漏控制和恒定压力的缩减积分杂交单元
CPE6MP[(S)]	6节点改进的位移和孔隙压力、具有沙漏控制的单元
CPE6MPH[(S)]	6节点改进的位移和孔隙压力、具有沙漏控制和线性压力的杂交单元
CPE8P[(S)]	8节点双二次位移、双线性孔隙压力单元
CPE8PH[(S)]	8节点双二次位移、双线性孔隙压力、具有线性压应力的杂交单元
CPE8RP[(S)]	8节点双二次位移、双线性孔隙压力的缩减积分单元
CPE8RPH[(S)]	8节点双二次位移、双线性孔隙压力、具有线性压应力的缩减积分杂交单元

有效自由度

角节点处的 1、2、8。

除 CPE6MP 和 CPE6MPH 以外的所有单元，都具有中节点处的自由度 8。

附加解变量

具有恒定压力的杂交单元有一个与有效压应力相关的附加变量，线性压力杂交单元有 3 个与有效压应力相关的附加变量来模拟完全不可压缩的材料。

单元类型 CPE6MP 和 CPE6MPH 有两个附加位移变量和一个附加孔隙压力变量。

耦合的温度-孔隙压力平面应变单元（表 2-15）

表 2-15　耦合的温度-孔隙压力平面应变单元

标　　识	说　　　　明
CPE4PT(S)	4 节点双线性位移、孔隙压力和温度单元
CPE4PHT(S)	4 节点双线性位移、孔隙压力和温度，具有恒定压应力的杂交单元
CPE4RPT(S)	4 节点双线性位移、孔隙压力和温度的缩减积分单元
CPE4RPHT(S)	4 节点双线性位移、孔隙压力和温度，具有恒定压应力的缩减积分杂交单元

有效自由度

角节点处的 1、2、8、11。

附加解变量

具有恒定压应力的杂交单元有一个与有效压应力相关的附加变量，以模拟完全不可压缩的材料。

声学单元（表 2-16）

表 2-16　声学单元

标　　识	说　　　　明
AC2D3	3 节点线性单元
AC2D4(S)	4 节点双线性单元
AC2D4R(E)	4 节点双线性位移、具有沙漏控制的缩减积分单元
AC2D6(S)	6 节点二次单元
AC2D8(S)	8 节点双二次单元

有效自由度

8。

附加解变量

无。

压电平面应变单元（表2-17）

表 2-17　压电平面应变单元

标　　识	说　　明
CPE3E[(S)]	3 节点线性单元
CPE4E[(S)]	4 节点双线性单元
CPE6E[(S)]	6 节点二次单元
CPE8E[(S)]	8 节点双二次单元
CPE8RE[(S)]	8 节点双二次缩减积分单元

有效自由度

　　1、2、9。

附加解变量

　　无。

压电平面应力单元（表2-18）

表 2-18　压电平面应力单元

标　　识	说　　明
CPS3E[(S)]	3 节点线性单元
CPS4E[(S)]	4 节点双线性单元
CPS6E[(S)]	6 节点二次单元
CPS8E[(S)]	8 节点双二次单元
CPS8RE[(S)]	8 节点双二次缩减积分单元

有效自由度

　　1、2、9。

附加解变量

　　无。

电磁单元（表2-19）

表 2-19　电磁单元

标　　识	说　　明
EMC2D3[(S)]	3 节点零阶单元
EMC2D4[(S)]	4 节点零阶单元

有效自由度

　　磁矢势（更多内容见"涡流分析"中的"边界条件"，《Abaqus 分析用户手册——分析卷》1.7.5 节；以及"静磁分析"中的"边界条件"，《Abaqus 分析用户手册——分析卷》

的 1.7.6 节）。

附加解变量

　　无。

所需节点坐标

　　X，Y。

单元属性定义

　　对于除广义平面应变单元之外的所有单元，用户必须提供单元厚度（默认为单位厚度）。

　　对于广义平面应变单元，用户必须提供以下三个值：通过参考节点的轴材料纤维的初始长度，$\Delta\phi_x$ 的初始值（单位为弧度），$\Delta\phi_y$ 的初始值（单位为弧度）。如果用户不提供这些值，Abaqus 将假设初始长度的默认值为一个单位长度，且 $\Delta\phi_x$ 和 $\Delta\phi_y$ 为零。此外，用户必须定义广义平面应变单元的参考点。

　　　　输入文件用法：　　使用下面的选项来定义除广义平面应变单元之外的所有单元的单元属性：

　　　　　　　　　　　∗SOLID SECTION

　　　　　　　　　　使用下面的选项定义广义平面应变单元的单元属性：

　　　　　　　　　　　∗SOLID SECTION，REF NODE = 节点编号或者节点集名称

　　　　Abaqus/CAE 用法：Property module：Create Section：选择 Solid 作为截面 Category，选择 Homogeneous，Generalized plane strain 或者 Electromagnetic，Solid 作为截面 Type

　　　　　　　　　　必须将广义平面应变赋予与参考点相关联的零件区域。定义参考节点：

　　　　　　　　　　Part module：Tools→Reference Point：选择参考点

基于单元的载荷

分布载荷（表 2-20）

　　分布载荷可用于所有具有位移自由度的单元（见"分布载荷"，（《Abaqus 分析用户手册——指定条件、约束与相互作用卷》的 1.4.3 节）。

表 2-20　基于单元的分布载荷

载荷标识 （∗DLOAD）	Abaqus/CAE Load/Interaction	量 纲 式	说　　　明
BX	Body force	FL^{-3}	整体 X 方向上的体力
BY	Body force	FL^{-3}	整体 Y 方向上的体力

（续）

载荷标识 （＊DLOAD）	Abaqus/CAE Load/Interaction	量 纲 式	说 明
BXNU	Body force	FL^{-3}	整体 X 方向上的非均匀体力（在 Abaqus/Standard 中，通过用户子程序 DLOAD 提供力的大小；在 Abaqus/Explicit 中，通过用户子程序 VDLOAD 提供力的大小）
BYNU	Body force	FL^{-3}	整体 Y 方向上的非均匀体力（在 Abaqus/Standard 中，通过用户子程序 DLOAD 提供力的大小；在 Abaqus/Explicit 中，通过用户子程序 VDLOAD 提供力的大小）
CENT[S]	不支持	FL^{-4}（$ML^{-3}T^{-2}$）	离心载荷（大小输入为 $\rho\omega^2$，其中 ρ 是单位体积的质量，ω 是角速度）。不能用于孔隙压力单元
CENTRIF[S]	Rotational body force	T^{-2}	离心载荷（大小输入为 ω^2，其中 ω 是角速度）
CORIO[S]	Coriolis force	$FL^{-4}T$（$ML^{-3}T^{-1}$）	科氏力（大小输入为 $\rho\omega$，其中 ρ 是单位体积的质量，ω 是角速度）。不能用于孔隙压力单元
GRAV	Gravity	LT^{-2}	在指定方向上加载的重力加速度（大小输入为加速度）
HPn[S]	不支持	FL^{-2}	面 n 上的静水压力，在整体 Y 方向上是线性的
Pn	Pressure	FL^{-2}	面 n 上的压力
PnNU	不支持	FL^{-2}	面 n 上的非均匀压力（在 Abaqus/Standard 中，通过用户子程序 DLOAD 提供力的大小；在 Abaqus/Explicit 中，通过用户子程序 VDLOAD 提供力的大小）
ROTA[S]	Rotational body force	T^{-2}	转动加速度载荷（输入大小为 α，α 是转动加速度）
SBF[E]	不支持	$FL^{-5}T^2$	整体 X 方向和整体 Y 方向上的滞止体力
SPn[E]	不支持	$FL^{-4}T^2$	面 n 上的滞止压力
TRSHRn	Surface traction	FL^{-2}	面 n 上的剪切牵引力
TRSHRnNU[S]	不支持	FL^{-2}	面 n 上的非均匀剪切牵引力，通过用户子程序 UTRACLOAD 提供方向
TRVECn	Surface traction	FL^{-2}	面 n 上的一般牵引力
TRVECnNU[S]	不支持	FL^{-2}	面 n 上的非均匀一般牵引力，通过用户子程序 UTRACLOAD 提供方向
VBF[E]	不支持	$FL^{-4}T$	整体 X 方向和整体 Y 方向上的黏性体力
VPn[E]	不支持	$FL^{-3}T$	面 n 上的黏性压力，在面法向上施加与速度成正比、且与运动方向相反的力

注：上角标（E）代表 Abaqus/Explicit 中使用的单元。

基础（表2-21）

基础可用于具有位移自由度的 Abaqus/Standard 单元。如"单元基础"（《Abaqus 分析用户手册——介绍、空间建模、执行与输出卷》的2.2.2节）中描述的那样进行指定。

表2-21　基础

载荷标识 （*FOUNDATION）	Abaqus/CAE Load/Interaction	量　纲　式	说　　明
$Fn^{(S)}$	Elastic foundation	FL^{-3}	面 n 上的弹性基础

分布热通量（表2-22）

分布热通量可用于所有具有温度自由度的单元。如"热载荷"（《Abaqus 分析用户手册——指定条件、约束与相互作用卷》的1.4.4节）中描述的那样指定分布热通量。

表2-22　基于单元的分布热通量

载荷标识 （*DFLUX）	Abaqus/CAE Load/Interaction	量　纲　式	说　　明
BF	Body heat flux	$JL^{-3}T^{-1}$	单位体积的热通量（体）
BFNU	Body heat flux	$JL^{-3}T^{-1}$	单位体积的非均匀热通量（体）（在 Abaqus/Standard 中，通过用户子程序 DFLUX 提供大小；在 Abaqus/Explicit 中，通过用户子程序 VDFLUX 提供大小）
Sn	Surface heat flux	$JL^{-2}T^{-1}$	流入面 n 的单位面积上的热通量（面）
SnNU	不支持	$JL^{-2}T^{-1}$	单位面积上的非均匀热通量（体）（在 Abaqus/Standard 中，通过用户子程序 DFLUX 提供大小；在 Abaqus/Explicit 中，通过用户子程序 VDFLUX 提供大小）

膜条件（表2-23）

膜条件可用于所有具有温度自由度的单元。如"热载荷"（《Abaqus 分析用户手册——指定条件、约束与相互作用卷》的1.4.4节）中描述的那样进行指定。

表2-23　基于单元的膜条件

载荷标识 （*FILM）	Abaqus/CAE Load/Interaction	量　纲　式	说　　明
Fn	Surface film condition	$JL^{-2}T^{-1}\theta^{-1}$	面 n 上的膜系数和热沉温度（θ 的单位）
$FnNU^{(S)}$	不支持	$JL^{-2}T^{-1}\theta^{-1}$	面 n 上的非均匀膜系数和热沉温度（θ 的单位），大小通过用户子程序 FILM 提供

辐射类型（表 2-24）

辐射条件可用于所有具有温度自由度的单元。如"热载荷"（《Abaqus 分析用户手册——指定条件、约束与相互作用卷》的 1.4.4 节）中描述的那样指定辐射条件。

表 2-24 基于单元的辐射条件

载荷标识 （∗RADIATE）	Abaqus/CAE Load/Interaction	量 纲 式	说 明
Rn	Surface radiation	无量纲	面 n 上的辐射系数和热沉温度（θ 的单位）

分布流量（表 2-25 和表 2-26）

分布流量可用于所有具有孔隙压力自由度的单元。如"孔隙流体流动"（《Abaqus 分析用户手册——指定条件、约束与相互作用卷》的 1.4.7 节）中描述的那样指定分布流量。

表 2-25 基于单元的分布流量（一）

载荷标识 （∗FLOW）	Abaqus/CAE Load/Interaction	量 纲 式	说 明
Qn(S)	不支持	$F^{-1}L^3T^{-1}$	面 n 上的渗透系数和参考沉降孔隙压力（单位 FL^{-2}）
QnD(S)	不支持	$F^{-1}L^3T^{-1}$	面 n 上的仅排水渗透系数
QnNU(S)	不支持	$F^{-1}L^3T^{-1}$	面 n 上的非均匀渗透系数和参考沉降孔隙压力（单位 FL^{-2}），通过用户子程序 FLOW 提供大小

表 2-26 基于单元的分布流量（二）

载荷标识 （∗DFLOW）	Abaqus/CAE Load/Interaction	量 纲 式	说 明
Sn(S)	Surface pore fluid	LT^{-1}	面 n 上的孔隙流体有效速度（远离面）
SnNU(S)	不支持	LT^{-1}	面 n 上的非均匀孔隙流体有效速度（远离面），通过用户子程序 DFLOW 提供大小

分布阻抗（表 2-27）

分布阻抗可用于所有具有声学压力自由度的单元。如"声学和冲击载荷"（《Abaqus 分析用户手册——指定条件、约束与相互作用卷》的 1.4.6 节）中描述的那样进行指定。

表 2-27 基于单元的分布阻抗

载荷标识 （∗IMPEDANCE）	Abaqus/CAE Load/Interaction	量 纲 式	说 明
In	不支持	无	定义面 n 上阻抗的阻抗属性名称

电通量（表2-28）

电通量可用于压电单元。如"压电分析"（《Abaqus 分析用户手册——分析卷》的1.7.2 节）中描述的那样进行指定。

表2-28　基于单元的电通量

载荷标识 （＊DECHARGE）	Abaqus/CAE Load/Interaction	量　纲　式	说　　明
EBF[(S)]	Body charge	CL^{-3}	单位体积的体通量
ESn[(S)]	Surface charge	CL^{-2}	面 n 上的规定面电荷

分布电流密度（表2-29）

耦合的热-电单元、耦合的热-电-结构单元和电磁单元可以使用分布电流密度。如"耦合的热-电分析"（《Abaqus 分析用户手册——分析卷》的 1.7.3 节）、"完全耦合的热-电-结构分析"（《Abaqus 分析用户手册——分析卷》的 1.7.4 节）、"涡流分析"（《Abaqus 分析用户手册——分析卷》的 1.7.5 节）中描述的那样进行指定。

表2-29　基于单元的分布电流密度

载荷标识 （＊DECURRENT）	Abaqus/CAE Load/Interaction	量　纲　式	说　　明
CBF[(S)]	Body current	$CL^{-3}T^{-1}$	体积电流源密度
CSn[(S)]	Surface current	$CL^{-2}T^{-1}$	面 n 上的电流密度
CJ[(S)]	Body current density	$CL^{-2}T^{-1}$	涡流分析中的体积电流密度矢量

分布浓度通量（表2-30）

质量扩散单元可以使用分布浓度通量。如"质量扩散分析"（《Abaqus 分析用户手册——分析卷》的 1.9 节）中描述的那样进行指定。

表2-30　基于单元的分布浓度通量

载荷标识 （＊DFLUX）	Abaqus/CAE Load/Interaction	量　纲　式	说　　明
BF[(S)]	Body concentration flux	PT^{-1}	单位体积的浓度通量（体）
BFNU[(S)]	Body concentration flux	PT^{-1}	单位体积的非均匀浓度通量（体），通过用户子程序 DFLUX 提供大小
Sn[(S)]	Surface concentration flux	PLT^{-1}	面 n 上单位面积的浓度通量（面）
SnNU[(S)]	Surface concentration flux	PLT^{-1}	面 n 上单位面积的非均匀浓度通量（面），通过用户子程序 DFLUX 提供大小

基于面的载荷

分布载荷（表2-31）

所有具有位移自由度的单元均可以使用基于面的分布载荷。如"分布载荷"（《Abaqus 分析用户手册——指定条件、约束与相互作用卷》的1.4.3节）中描述的那样进行指定。

表2-31　基于面的分布载荷

载荷标识 （＊DSLOAD）	Abaqus/CAE Load/Interaction	量　纲　式	说　　明
HP(S)	Pressure	FL^{-2}	单元面上的静水压力，在整体 Y 方向上是线性的
P	Pressure	FL^{-2}	单元面上的压力
PNU	Pressure	FL^{-2}	单元面上的非均匀压力（在 Abaqus/Standard 中，通过用户子程序 DLOAD 提供大小；在 Abaqus/Explicit 中，通过用户子程序 VDLOAD 提供大小）
SP(S)	Pressure	$FL^{-4}T^2$	单元面上的滞止压力
TRSHR	Surface traction	FL^{-2}	单元面上的剪切牵引力
TRSHRNU(S)	Surface traction	FL^{-2}	单元面上的非均匀剪切牵引力，通过用户子程序 UTRACLOAD 提供大小和方向
TRVEC	Surface traction	FL^{-2}	单元面上的一般牵引力
TRVECNU(S)	Surface traction	FL^{-2}	单元面上的非均匀一般牵引力，通过用户子程序 UTRACLOAD 提供大小和方向
VP(E)	Pressure	$FL^{-3}T$	单元面上的黏性压力，与单元面上的法向速度成正比，方向与运动方向相反

分布热通量（表2-32）

所有具有温度自由度的单元可以使用基于面的热通量。如"热载荷"（《Abaqus 分析用户手册——指定条件、约束与相互作用卷》的1.4.4节）中描述的那样进行指定。

表2-32　基于面的分布热通量

载荷标识 （＊DSFLUX）	Abaqus/CAE Load/Interaction	量　纲　式	说　　明
S	Surface heat flux	$JL^{-2}T^{-1}$	流入单元面的单位面积上的热通量（面）
SNU	Surface heat flux	$JL^{-2}T^{-1}$	施加在单元面的单位面积上的非均匀热通量（面）（在 Abaqus/Standard 中，通过用户子程序 DFLUX 提供大小；在 Abqaqus/Explicit 中，通过用户子程序 VDFLUX 提供大小）

膜条件（表2-33）

所有具有温度自由度的单元可以使用基于面的膜条件。如"热载荷"（《Abaqus 分析用户手册——指定条件、约束与相互作用卷》的 1.4.4 节）中描述的那样进行指定。

表 2-33　基于面的膜条件

载荷标识 （＊SFILM）	Abaqus/CAE Load/Interaction	量　纲　式	说　　明
F	Surface film condition	$JL^{-2}T^{-1}\theta^{-1}$	单元面上的膜系数和热沉温度（单位 θ）
FNU(S)	Surface film condition	$JL^{-2}T^{-1}\theta^{-1}$	单元面上的非均匀膜系数和热沉温度（单位 θ），通过用户子程序 FILM 提供大小

辐射类型（表2-34）

所有具有温度自由度的单元可以使用基于面的辐射条件。如"热载荷"（《Abaqus 分析用户手册——指定条件、约束与相互作用卷》的 1.4.4 节）中描述的那样指定辐射条件。

表 2-34　基于面的辐射条件

载荷标识 （＊SRADIATE）	Abaqus/CAE Load/Interaction	量　纲　式	说　　明
R	Surface radiation	无量纲	单元面上的辐射系数和热沉温度（单位 θ）

分布流量（表2-35 和表2-36）

所有具有孔隙压力自由度的单元可以使用基于面的流量。如"孔隙流体流动"（《Abaqus 分析用户手册——指定条件、约束与相互作用卷》的 1.4.7 节）中描述的那样指定基于面的流量。

表 2-35　基于面的分布流量（一）

载荷标识 （＊SFLOW）	Abaqus/CAE Load/Interaction	量　纲　式	说　　明
Q(S)	不支持	$F^{-1}L^{3}T^{-1}$	单元面上的渗透系数和参考沉降孔隙压力（量纲式 FL^{-2}）
QD(S)	不支持	$F^{-1}L^{3}T^{-1}$	单元面上的仅排水渗透系数
QNU(S)	不支持	$F^{-1}L^{3}T^{-1}$	单元面上的非均匀渗透系数和参考沉降孔隙压力（量纲式 FL^{-2}），通过用户子程序 FLOW 提供大小

表 2-36 基于面的分布流量（二）

载荷标识 （∗DSFLOW）	Abaqus/CAE Load/Interaction	量　纲　式	说　　　明
S(S)	Surface pore fluid	LT^{-1}	远离单元面的指定孔隙流体有效速度
SNU(S)	Surface pore fluid	LT^{-1}	远离单元面的指定非均匀孔隙流体有效速度，通过用户子程序 DFLOW 提供大小

分布阻抗

所有具有声学压力自由度的单元可以使用基于面的阻抗。如"声学和冲击载荷"（《Abaqus 分析用户手册——指定条件、约束与相互作用卷》的 1.4.6 节）中描述的那样指定基于面的阻抗。

入射波载荷

具有位移自由度或者声学压力自由度的所有单元均可以使用基于面的入射波载荷。"声学和冲击载荷"（《Abaqus 分析用户手册——指定条件、约束与相互作用卷》的 1.4.6 节）中对基于面的入射波载荷进行了介绍。如果入射波场包含网格边界外平面上的反射，则可以包含此效应。

电通量（表 2-37）

压电单元可以使用基于面的电通量。如"压电分析"（《Abaqus 分析用户手册——分析卷》的 1.7.2 节）中描述的那样指定基于面的电通量。

表 2-37 基于面的电通量

载荷标识 （∗DSECHARGE）	Abaqus/CAE Load/Interaction	量　纲　式	说　　　明
ES(S)	Surface charge	CL^{-2}	单元面上的指定面电荷

分布电流密度（表 2-38）

耦合的热-电单元、耦合的热-电-结构单元和电磁单元可以使用基于面的电流密度。如"耦合的热-电分析"（《Abaqus 分析用户手册——分析卷》的 1.7.3 节）、"完全耦合的热-电-结构分析"（《Abaqus 分析用户手册——分析卷》的 1.7.4 节）和"涡流分析"（《Abaqus 分析用户手册——分析卷》的 1.7.5 节）中描述的那样指定基于面的电流密度。

表 2-38 基于面的分布电流密度

载荷标识 （∗DSECURRENT）	Abaqus/CAE Load/Interaction	量　纲　式	说　　　明
CS(S)	Surface current	$CL^{-2}T^{-1}$	单元面上施加的电流密度
CK(S)	Surface current density	$CL^{-1}T^{-1}$	涡流分析中的面电流密度向量

单元输出

对于大部分单元，在整体坐标系中进行输出，除非通过截面定义（"方向"，《Abaqus 分析用户手册——介绍、空间建模、执行与输出卷》的 2.2.5 节）给单元赋予了局部坐标系，在此情况中，在局部坐标系中进行输出（在大位移分析中随着运动旋转）。详细内容见"状态存储"（《Abaqus 理论手册》的 1.5.4 节）。

应力、应变和其他张量分量（表 2-39）

具有位移自由度的单元可以使用应力和其他张量（包括应变张量）。所有张量具有相同的分量。例如，应力分量见表 2-39。

表 2-39 应力分量

标 识	说 明
S11	XX，正应力
S22	YY，正应力
S33	ZZ，正应力（不用于平面应力单元）
S12	XY，切应力

热通量分量（表 2-40）

具有温度自由度的单元可以使用热通体分量。

表 2-40 热通量分量

标 识	说 明
HFL1	X 方向上的热通量
HFL2	Y 方向上的热通量

孔隙流体速度分量（表 2-41）

具有孔隙压力自由度的单元可以使用孔隙流体速度分量

表 2-41 孔隙流体速度分量

标 识	说 明
FLVEL1	X 方向上的孔隙流体有效速度
FLVEL2	Y 方向上的孔隙流体有效速度

质量浓度通量分量（表 2-42）

具有归一化浓度自由度的单元可以使用质量浓度通量分量。

表 2-42　质量浓度通量分量

标　识	说　明
MFL1	X 方向上的浓度通量
MFL2	Y 方向上的浓度通量

电势梯度分量（表 2-43）

具有电势自由度的单元可以使用电势梯度分量。

表 2-43　电势梯度分量

标　识	说　明
EPG1	X 方向上的电势梯度
EPG2	Y 方向上的电势梯度

电通量分量（表 2-44）

压电单元可以使用电通量分量。

表 2-44　电通量分量

标　识	说　明
EFLX1	X 方向上的电通量
EFLX2	Y 方向上的电通量

电流密度分量（表 2-45）

耦合的热-电单元可以使用电流密度分量。

表 2-45　电流密度分量

标　识	说　明
ECD1	X 方向上的电流密度
ECD2	Y 方向上的电流密度

电场分量（表 2-46）

涡流分析中的电磁单元可以使用电场分量。

表 2-46　电场分量

标　识	说　明
EME1	X 方向上的电场
EME2	Y 方向上的电场

磁通密度分量（表 2-47）

电磁单元可以使用磁通密度分量。

表 2-47 磁通密度分量

标　识	说　明
EMB3	Z 方向上的磁通密度

磁场分量（表 2-48）

电磁单元可以使用磁场分量。

表 2-48 磁场分量

标　识	说　明
EMH3	Z 方向上的磁场

涡流分析中的涡流密度分量（表 2-49）

涡流分析中的电磁单元可以使用涡流密度分量。

表 2-49 涡流密度分量

标　识	说　明
EMCD1	X 方向上的涡流密度
EMCD2	Y 方向上的涡流密度

涡流分析或者静磁分析中的体积电流密度分量（表 2-50）

涡流分析或者静磁分析中的电磁单元可以使用体积电流密度分量。

表 2-50 体积电流密度分量

标　识	说　明
EMCDA1	X 方向上施加的体积电流密度
EMCDA2	Y 方向上施加的体积电流密度

单元上的节点顺序和面编号（图 2-6）

对于广义平面应变单元，不显示与每个单元相关的参考节点（存储广义平面应变自由度的位置）。在任何给定的连接区域中，所有单元的参考节点应当相同，以保证此区域的连接平面是相同的。不同区域可以具有不同的参考节点。在以增量方式生成单元时，参考节点的数量不会增加（见"单元定义"中的"通过增量地生成单元来从现有单元创建单元"，《Abaqus 分析用户手册——介绍、空间建模、执行与输出卷》的 2. 2. 1 节）。

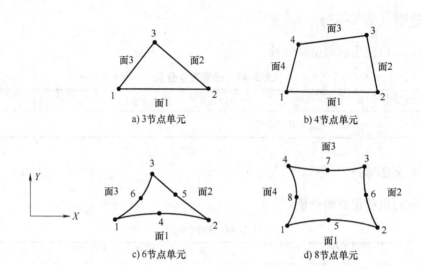

图 2-6　单元上的节点顺序和面编号

三角形单元面（表 2-51）

表 2-51　三角形单元面

标　识	说　明
Face1	1-2 平面
Face2	2-3 平面
Face3	3-1 平面

四边形单元面（表 2-52）

表 2-52　四边形单元面

标　识	说　明
Face1	1-2 平面
Face2	2-3 平面
Face3	3-4 平面
Face4	4-1 平面

输出的积分点编号（图 2-7）

对于热传导应用，为三角形单元使用不同的积分策略，如"三角形、四面体和楔形单元"（《Abaqus 理论手册》的 3.2.6 节）中描述的那样。

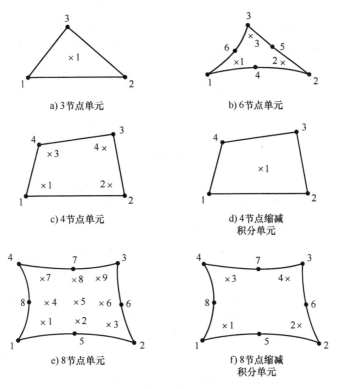

图 2-7 输出的积分点编号

2.1.4 三维实体单元库

产品：Abaqus/Standard　　　Abaqus/Explicit　　　Abaqus/CAE

参考

- "实体（连续）单元"，2.1.1 节
- ＊SOLID SECTION

概览

应力/位移单元（表 2-53）

表 2-53　应力/位移单元

标　识	说　明
C3D4	4 节点线性四面体单元
C3D4H[(S)]	4 节点线性四面体、具有线性压力的杂交单元

（续）

标　　识	说　　明
C3D5 (S)	5 节点线性金字塔单元
C3D5H (S)	5 节点线性金字塔、具有恒定压力的杂交单元
C3D6 (S)	6 节点线性三角形截面的楔形单元
C3D6 (E)	6 节点线性三角形截面楔形、具有沙漏控制的缩减积分单元
C3D6H (S)	6 节点线性三角形截面楔形、具有恒定压力的杂交单元
C3D8	8 节点线性六面体单元
C3D8H (S)	8 节点线性六面体、具有恒定压力的杂交单元
C3D8I	8 节点线性六面体、非协调模式单元
C3D8IH (S)	8 节点线性六面体、具有线性压力的非协调模式杂交单元
C3D8R	8 节点线性六面体、具有沙漏控制的缩减积分单元
C3D8RH (S)	8 节点线性六面体、具有沙漏控制的缩减积分和恒定压力的杂交单元
C3D8S (S)	8 节点线性六面体、面应力显示改善的单元
C3D8HS (S)	8 节点线性六面体、具有恒定压力、面应力显示改善的杂交单元
C3D10 (S)	10 节点二次四面体单元
C3D10H (S)	10 节点二次四面体、具有恒定压力的杂交单元
C3D10HS (S)	10 节点通用二次四面体、面应力显示改善的单元
C3D10M	10 节点改进的四面体、具有沙漏控制的单元
C3D10MH (S)	10 节点改进的四面体、具有沙漏控制和线性压力的杂交单元
C3D15 (S)	15 节点二次三角形截面的楔形单元
C3D15H (S)	15 节点二次三角形截面的楔形单元
C3D20 (S)	20 节点二次六面体单元
C3D20H (S)	20 节点二次六面体、具有线性压力的杂交单元
C3D20R (S)	20 节点二次六面体的缩减积分单元
C3D20RH (S)	20 节点二次六面体、具有线性压力的缩减积分杂交单元

有效自由度

1、2、3。

附加解变量

具有恒定压力的杂交单元有一个与压力相关的附加变量，线性压力杂交单元有 4 个与压力相关的附加变量。

单元类型 C3D8I 和 C3D8IH 有 13 个与非协调模式相关的附加变量。

单元类型 C3D10M 和 C3D10MH 有 3 个附加位移变量。

应力/位移可变节点单元（表2-54）

表2-54　应力/位移可变节点单元

标　识	说　明
C3D15V(S)	15～18节点三角形截面的楔形单元
C3D15VH(S)	15～18节点三角形截面楔形、具有线性压力的杂交单元
C3D27(S)	21～27节点六面体单元
C3D27H(S)	21～27节点六面体、具有线性压力的杂交单元
C3D27R(S)	21～27节点六面体的缩减积分单元
C3D27RH(S)	21～27节点六面体、具有线性压力的缩减积分杂交单元

有效自由度

1、2、3。

附加解变量

混合单元有4个与压力相关的附加变量。

耦合的温度-位移单元（表2-55）

表2-55　耦合的温度-位移单元

标　识	说　明
C3D4T	4节点线性位移和温度单元
C3DD6T(S)	6节点线性位移和温度单元
C3D6T(S)	6节点线性位移和温度、具有沙漏控制的缩减积分单元
C3D6HT(S)	6节点线性位移和温度、具有恒定压力的杂交单元
C3D8T	8节点三线性位移和温度单元
C3D8HT(S)	8节点三线性位移和温度、具有恒定压力的杂交单元
C3D8RT	8节点三线性位移和温度、具有沙漏控制的缩减积分单元
C3D8RHT(S)	8节点三线性位移和温度、具有沙漏控制的缩减积分和恒定压力的杂交单元
C3D10T(S)	10节点三次位移、三线性温度单元
C3D10HT(S)	10节点三次位移、三线性温度、具有恒定压力的杂交单元
C3D10MT	10节点改进位移和温度四面体、具有沙漏控制的单元
C3D10MHT(S)	10节点改进位移和温度四面体、具有沙漏控制和线性压力的杂交单元
C3D20T(S)	20节点三次位移、三线性温度单元
C3D20HT(S)	20节点三次位移、三线性温度、具有线性压力的杂交单元
C3D20RT(S)	20节点三次位移、三线性温度的缩减积分单元
C3D20RHT(S)	20节点三次位移、三线性温度、具有线性压力的缩减积分杂交单元

有效自由度

角节点处的1、2、3、11。

Abaqus/Standard中二阶单元中节点处的1、2、3。

Abaqus/Standard 中改进位移和温度单元中节点处的 1、2、3、11。

附加解变量

具有恒定压力的杂交单元有一个与压力相关的附加变量，线性压力杂交单元有 4 个与压力相关的附加变量。

单元类型 C3D10MT 和 C3D10MHT 有 3 个附加位移变量和一个附加温度变量。

耦合的热-电-结构单元（表 2-56）

表 2-56　耦合的热-电-结构单元

标　识	说　明
Q3D4[(S)]	4 节点线性位移、电势和温度单元
Q3D6[(S)]	6 节点线性位移、电势和温度单元
Q3D8[(S)]	8 节点三线性位移、电势和温度单元
Q3D8H[(S)]	8 节点三线性位移、电势和温度、具有恒定压力的杂交单元
Q3D8R[(S)]	8 节点三线性位移、电势和温度、具有沙漏控制的缩减积分单元
Q3D8RH[(S)]	8 节点三线性位移、电势和温度、具有沙漏控制的缩减积分和恒定压力的单元
Q3D10M[(S)]	10 节点改进位移、电势和温度四面体、具有沙漏控制的单元
Q3D10MH[(S)]	10 节点改进位移、电势和温度四面体、具有沙漏控制和线性压力的杂交单元
Q3D20[(S)]	20 节点三次位移、三线性电势和三线性温度单元
Q3D20H[(S)]	20 节点三次位移、三线性电势、三线性温度，具有线性压力的杂交单元
Q3D20R[(S)]	20 节点三次位移、三线性电势、三线性温度的缩减积分单元
Q3D20RH[(S)]	20 节点三次位移、三线性电势、三线性温度，具有线性压力的缩减积分单元

有效自由度

角节点处的 1、2、3、9、11。

Abaqus/Standard 中二阶单元中节点处的 1、2、3。

Abaqus/Standard 中改进的位移和温度单元中节点处的 1、2、3、9、11。

附加解变量

具有恒定压力的杂交单元有一个与压力相关的附加变量，线性压力杂交单元有 4 个与压力相关的附加变量。

单元类型 Q3D10M 和 Q3D10MH 有 3 个附加位移变量、1 个附加电势变量和 1 个附加温度变量。

扩散热传导或者质量扩散单元（表 2-57）

表 2-57　扩散热传导和质量扩散单元

标　识	说　明
DC3D4[(S)]	4 节点线性四面体单元
DC3D6[(S)]	6 节点线性三角形截面的楔形单元
DC3D8[(S)]	8 节点线性六面体单元

（续）

标　识	说　明
DC3D10[(S)]	10 节点二次四面体单元
DC3D15[(S)]	15 节点二次三角形截面的楔形单元
DC3D20[(S)]	20 节点二次六面体单元

有效自由度

11。

附加解变量

无。

强制对流/扩散单元（表 2-58）

表 2-58　强制对流/扩散单元

标　识	说　明
DCC3D8[(S)]	8 节点单元
DCC3D8D[(S)]	具有分散控制的 8 节点单元

有效自由度

11。

附加解变量

无。

耦合的热-电单元（表 2-59）

表 2-59　耦合的热-电单元

标　识	说　明
DC3D4E[(S)]	4 节点线性四面体单元
DC3D6E[(S)]	6 节点线性三角形截面的楔形单元
DC3D8E[(S)]	8 节点线性六面体单元
DC3D10E[(S)]	10 节点二次四面体单元
DC3D15E[(S)]	15 节点二次三角形截面的楔形单元
DC3D20E[(S)]	20 节点二次六面体单元

有效自由度

9、11。

附加解变量

无。

孔隙压力单元（表2-60）

表2-60　孔隙压力单元

标　　识	说　　明
C3D4P[(S)]	4节点线性位移和孔隙压力单元
C3D4PH[(S)]	4节点线性位移和孔隙压力、具有线性压力的杂交单元
C3D6P[(S)]	6节点线性位移和孔隙压力单元
C3D6PH[(S)]	6节点线性位移和孔隙压力、具有恒定压力的杂交单元
C3D8P[(S)]	8节点三线性位移和孔隙压力单元
C3D8PH[(S)]	8节点三线性位移和孔隙压力、具有恒定压力的杂交单元
C3D8RP[(S)]	8节点三线性位移和孔隙压力的缩减积分单元
C3D8RPH[(S)]	8节点三线性位移和孔隙压力、缩减积分、具有恒定压力的杂交单元
C3D10P[(S)]	10节点三次位移、三线性孔隙压力单元
C3D10PH[(S)]	10节点三次位移、三线性孔隙压力、具有恒定压力的杂交单元
C3D10MP[(S)]	10节点改进位移和孔隙压力四面体、具有沙漏控制的单元
C3D10MPH[(S)]	10节点改进位移和孔隙压力四面体、具有沙漏控制和线性压力的杂交单元
C3D20P[(S)]	20节点三次位移、三线性孔隙压力单元
C3D20PH[(S)]	20节点三次位移、三线性孔隙压力、具有线性压力的杂交单元
C3D20RP[(S)]	20节点三次位移、三线性孔隙压力的缩减积分单元
C3D20RPH[(S)]	20节点三次位移、三线性孔隙压力、缩减积分、具有线性压力的杂交单元

有效自由度

除了C3D10MP和C3D10MPH之外的其他所有单元在中节点处具有自由度1、2、3；C3D10MP和C3D10MPH在中节点处具有自由度1、2、3和8。

角节点处的自由度1、2、3、8。

附加解变量

具有恒定压力的杂交单元有一个与有效压应力相关联的附加变量；具有线性压力的杂交单元有四个与有效压力相关的附加变量，以便模拟完全不可压缩的材料。

单元类型C3D10MP和C3D10MPH有三个附加位移变量和一个附加孔隙压力变量。

耦合的温度-孔隙压力单元（表2-61）

表2-61　耦合的温度-孔隙压力单元

标　　识	说　　明
C3D4PT[(S)]	4节点三线性位移、孔隙压力和温度单元
C3D4PHT[(S)]	4节点三线性位移、孔隙压力和温度、具有线性压力的杂交单元
C3D6PT[(S)]	6节点三线性位移、孔隙压力和温度单元
C3D6PHT[(S)]	6节点三线性位移、孔隙压力和温度、具有恒定压力的杂交单元
C3D8PT[(S)]	8节点三线性位移、孔隙压力和温度单元
C3D8PHT[(S)]	8节点三线性位移、孔隙压力和温度、具有恒定压力的杂交单元

（续）

标　识	说　明
C3D8RPT[(S)]	8 节点三线性位移、孔隙压力和温度的缩减积分单元
C3D8RPHT[(S)]	8 节点三线性位移、孔隙压力和温度、缩减积分、具有恒定压力的杂交单元
C3D10MPT[(S)]	10 节点改进位移、孔隙压力和温度四面体、具有沙漏控制的单元
C3D10PT[(S)]	10 节点三次位移、三线性孔隙压力和温度单元
C3D10PHT[(S)]	10 节点三次位移、三线性孔隙压力和温度、具有恒定压力的杂交单元

有效自由度

1、2、3、8、11。

附加解变量

具有压力的杂交单元有一个与有效压应力相关的附加变量，以模拟完全不可压缩的材料。

单元类型 C3D10MPT 有三个附加位移变量，一个附加孔隙压力变量和一个附加温度变量。

声学单元（表 2-62）

表 2-62　声学单元

标　识	说　明
AC3D4	4 节点线性四面体单元
AC3D5	5 节点线性金字塔单元
AC3D6	6 节点线性三角形截面的楔形单元
AC3D8[(S)]	8 节点线性六面体单元
AC3D8R[(S)]	8 节点线性六面体、具有沙漏控制的缩减积分单元
AC3D10[(S)]	10 节点二次四面体单元
AC3D15[(S)]	15 节点二次三角形截面的楔形单元
AC3D20[(S)]	20 节点二次六面体单元

有效自由度

8。

附加解变量

无。

压电单元（表 2-63）

表 2-63　压电单元

标　识	说　明
C3D4E[(S)]	4 节点线性四面体单元
C3D6E[(S)]	6 节点线性、三角截面的楔形单元
C3D8E[(S)]	8 节点线性六面体单元
C3D10E[(S)]	10 节点的二次四面体单元

（续）

标　识	说　明
C3D15E$^{(S)}$	15 节点二次三角形截面的楔形单元
C3D20E$^{(S)}$	20 节点二次六面体单元
C3D20RE$^{(S)}$	20 节点二次六面体缩减积分单元

有效自由度

1、2、3、9。

附加解变量

无。

电磁单元（表2-64）

表 2-64　电磁单元

标　识	说　明
EMC3D4$^{(S)}$	4 节点零阶单元
EMC3D6$^{(S)}$	6 节点零阶单元
EMC3D8$^{(S)}$	8 节点零阶单元

有效自由度

磁矢势（更多内容见"涡流分析"中的"边界条件"，《Abaqus 分析用户手册——分析卷》的 1.7.5 节；"静磁分析"中的"边界条件"，《Abaqus 分析用户手册——分析卷》的 1.7.6 节）。

附加解变量

无。

所需节点坐标

X，Y，Z。

单元类型定义

输入文件用法：　　＊SOLID SECTION
Abaqus/CAE 用法：Property module：Create Section：选择 Solid 作为截面 Category，选择 Homogeneous 或 Electromagnetic、Solid 作为截面 Type

基于单元的载荷

分布载荷（表2-65）

分布载荷可用于所有具有位移自由度的单元。如"分布载荷"（《Abaqus 分析用户手册——指定条件、约束与相互作用卷》的 1.4.3 节）所描述的那样指定分布载荷。

表 2-65 基于单元的分布载荷

载荷标识 (∗DLOAD)	Abaqus/CAE Load/Interaction	量 纲 式	说　明
BX	Body force	FL^{-3}	整体 X 方向上的体力
BY	Body force	FL^{-3}	整体 Y 方向上的体力
BZ	Body force	FL^{-3}	整体 Z 方向上的体力
BXNU	Body force	FL^{-3}	整体 X 方向上的非均匀体力（在 Abaqus/Standard 中，通过用户子程序 DLOAD 提供力的大小；在 Abaqus/Explicit 中，通过用户子程序 VDLOAD 提供力的大小）
BYNU	Body force	FL^{-3}	整体 Y 方向上的非均匀体力（在 Abaqus/Standard 中，通过用户子程序 DLOAD 提供力的大小；在 Abaqus/Explicit 中，通过用户子程序 VDLOAD 提供力的大小）
BZNU	Body force	FL^{-3}	整体 Z 方向上的非均匀体力（在 Abaqus/Standard 中，通过用户子程序 DLOAD 提供力的大小；在 Abaqus/Explicit 中，通过用户子程序 VDLOAD 提供力的大小）
CENT[(S)]	不支持	FL^{-4} （$ML^{-3}T^{-2}$）	离心载荷（大小输入成 $\rho\omega^2$，其中 ρ 是密度，ω 是角速度）。不用于孔隙压力单元
CENTRIF[(S)]	Rotational body force	T^{-2}	离心载荷（大小输入成 ω^2，其中 ω 是角速度）
CORIO[(S)]	Coriolis force	$FL^{-4}T$ （$ML^{-3}T^{-1}$）	科氏力（大小输入成 $\rho\omega$，其中 ρ 是密度，ω 是角速度）。不用于孔隙压力单元
GRAV	Gravity	LT^{-2}	指定方向上的重力载荷（大小输入成加速度）
HPn[(S)]	不支持	FL^{-2}	面 n 上的静水压力，在整体 Z 方向上是线性的
Pn	Pressure	FL^{-2}	面 n 上的压力
PnNU	不支持	FL^{-2}	面 n 上的非均匀压力（在 Abaqus/Standard 中，通过用户子程序 DLOAD 提供大小；在 Abaqus/Explicit 中，通过用户子程序 VDLOAD 提供大小）
ROTA[(S)]	Rotational body force	T^{-2}	转动加速度载荷（大小输入成转动加速度 α）
ROTDYNF[(S)]	不支持	T^{-1}	转动动力学载荷（大小输入成角速度 ω）
SBF[(E)]	不支持	$FL^{-5}T^2$	整体 X、Y、Z 方向上的滞止体力
SPn[(E)]	不支持	$FL^{-4}T^2$	面 n 上的滞止压力
TRSHRn	Surface traction	FL^{-2}	面 n 上的剪切牵引力
TRSHRnNU[(S)]	不支持	FL^{-2}	面 n 上的非均匀剪切牵引力，通过用户子程序 UTRACLOAD 提供大小和方向

（续）

载荷标识 （＊DLOAD）	Abaqus/CAE Load/Interaction	量 纲 式	说 明
TRVECn	Surface traction	FL^{-2}	面 n 上的一般拉力
TRVECnNU$^{(S)}$	不支持	FL^{-2}	面 n 上的非均匀一般拉力，通过用户子程序 UTRACLOAD 提供大小和方向
VBF$^{(E)}$	不支持	$FL^{-4}T$	整体 X、Y、Z 方向上的黏性体力
VP$n^{(E)}$	不支持	$FL^{-3}T$	面 n 上的黏性压力，施加与面法向速度成比例的压力，其方向与运动方向相反

基础（表2-66）

基础可用于具有位移自由度的 Abaqus/Standard 单元。如"单元基础"（《Abaqus 分析用户手册——介绍、空间建模、执行与输出卷》的 2.2.2 节）所描述的那样指定基础。

表2-66 基于单元的基础

载荷标识 （＊FOUNDATION）	Abaqus/CAE Load/Interaction	量 纲 式	说 明
F$n^{(S)}$	Elastic foundation	FL^{-3}	面 n 上的弹性基础

分布热通量（表2-67）

分布热通量可用于具有温度自由度的所有单元。如"热载荷"（《Abaqus 分析用户手册——指定条件、约束与相互作用卷》的 1.4.4 节）介绍的那样指定分布热通量。

表2-67 基于单元的分布热通量

载荷标识 （＊DFLUX）	Abaqus/CAE Load/Interaction	量 纲 式	说 明
BF	Body heat flux	$JL^{-3}T^{-1}$	单位体积的热通量（体）
BFNU	Body heat flux	$JL^{-3}T^{-1}$	单位体积的非均匀热通量（体）（在 Abaqus/Standard 中，通过用户子程序 DFLUX 提供大小；在 Abaqus/Explicit 中，通过用户子程序 VDFLUX 提供大小）
Sn	Surface heat flux	$JL^{-2}T^{-1}$	流入面 n 的单位面积上的热通量（面）
SnNU	不支持	$JL^{-2}T^{-1}$	流入面 n 的单位面积上的非均匀热通量（面）（在 Abaqus/Standard 中，通过用户子程序 DFLUX 提供大小；在 Abaqus/Explicit 中，通过用户子程序 VDFLUX 提供大小）

膜条件（表2-68）

膜条件可用于具有温度自由度的所有单元。如"热载荷"（《Abaqus 分析用户手册——

指定条件、约束与相互作用卷》的 1.4.4 节）所描述的那样指定膜条件。

表 2-68　基于单元的膜条件

载荷标识 （＊Film）	Abaqus/CAE Load/Interaction	量 纲 式	说　　明
Fn	Surface film condition	$JL^{-2}T^{-1}\theta^{-1}$	面 n 上的膜系数和热沉温度（θ 的单位）
FnNU[(S)]	不支持	$JL^{-2}T^{-1}\theta^{-1}$	面 n 上的非均匀膜系数和热沉温度（θ 的单位），通过用户子程序 FILM 提供大小

辐射类型（表 2-69）

辐射条件可用于具有温度自由度的所有单元。如"热载荷"（《Abaqus 分析用户手册——指定条件、约束与相互作用卷》的 1.4.4 节）所描述的那样指定辐射条件。

表 2-69　基于单元的辐射条件

载荷标识 （＊RADIATE）	Abaqus/CAE Load/Interaction	量 纲 式	说　　明
Rn	Surface radiation	无量纲	面 n 上的辐射率和热沉温度（θ 的单位）

分布流量（表 2-70 和表 2-71）

分布流量可用于具有孔隙压力自由度的所有单元。如"孔隙流体流动"（《Abaqus 分析用户手册——指定条件、约束与相互作用卷》的 1.4.7 节）所描述的那样指定分布流量。

表 2-70　基于单元的分布流量（一）

载荷标识 （＊FLOW）	Abaqus/CAE Load/Interaction	量 纲 式	说　　明
Qn[(S)]	不支持	$F^{-1}L^{3}T^{-1}$	面 n 上的渗漏系数和参考沉降孔隙压力（FL^{-2} 的单位）
QnD[(S)]	不支持	$F^{-1}L^{3}T^{-1}$	面 n 上的仅排水渗漏系数
QnNU[(S)]	不支持	$F^{-1}L^{3}T^{-1}$	面 n 上的非均匀渗漏系数和参考沉降孔隙压力（FL^{-2} 的单位），大小通过用户子程序 FLOW 提供

表 2-71　基于单元的分布流量（二）

载荷标识 （＊DFLOW）	Abaqus/CAE Load/Interaction	量 纲 式	说　　明
Sn[(S)]	Surface pore fluid	LT^{-1}	面 n 上的孔隙流体有效速度（流出面）
SnNU[(S)]	不支持	LT^{-1}	面 n 上的非均匀孔隙流体有效速度（流出面），通过用户子程序 DFLOW 提供大小

分布阻抗（表2-72）

分布阻抗可用于所有具有声学压力自由度的单元。如"声学和冲击载荷"（《Abaqus分析用户手册——指定条件、约束与相互作用卷》的1.4.6节）所描述的那样指定分布阻抗。

表2-72　基于单元的分布阻抗

载荷标识 （＊IMPEDANCE）	Abaqus/CAE Load/Interaction	量 纲 式	说　明
In(S)	不支持	无	定义面 n 上阻抗的阻抗属性名称

电通量（表2-73）

压电单元可以使用电通量。如"压电分析"（《Abaqus分析用户手册——分析卷》的1.7.2节）所描述的那样指定电通量。

表2-73　基于单元的电通量

载荷标识 （＊DECHARGE）	Abaqus/CAE Load/Interaction	量 纲 式	说　明
EBF(S)	Body charge	CL^{-3}	单位体积上的体通量
ESn(S)	Surface charge	CL^{-2}	面 n 上规定的面电荷

分布电流密度（表2-74）

分布电流密度可用于耦合的热-电单元、耦合的热-电-结构单元和电磁单元。如"耦合的热-电分析""完全耦合的热-电-结构分析""涡流分析"（《Abaqus分析用户手册——分析卷》的1.7.3节、1.7.4节和1.7.5节）所描述的那样指定分布电流密度。

表2-74　基于单元的分布电流密度

载荷标识 （＊DECURRENT）	Abaqus/CAE Load/Interaction	量 纲 式	说　明
CBF(S)	Body current	$CL^{-3}T^{-1}$	体积电流源密度
CSn(S)	Surface current	$CL^{-2}T^{-1}$	面 n 上的电流密度
CJ(S)	Body current density	$CL^{-2}T^{-1}$	涡流分析中的体积电流密度矢量

分布浓度通量（表2-75）

质量扩散单元可以使用分布浓度通量。如"质量扩散分析"（《Abaqus分析用户手册——分析卷》的1.9节）所描述的那样指定分布浓度通量。

表 2-75　基于单元的分布浓度通量

载荷标识 (∗DFLUX)	Abaqus/CAE Load/Interaction	量　纲　式	说　　　明
BF(S)	Body concentration flux	PT^{-1}	单位体积的浓度体通量
BFNU(S)	Body concentration flux	PT^{-1}	单位体积的非均匀浓度体通量，通过用户子程序 DFLUX 提供大小
Sn(S)	Surface concentration flux	PLT^{-1}	流入面 n 的单位面积上的浓度面通量
SnNU(S)	Surface concentration flux	PLT^{-1}	流入面 n 的单位面积上的非均匀浓度面通量，通过用户子程序 DFLUX 提供大小

基于面的载荷

分布载荷（表 2-76）

基于面的分布载荷可用于所有具有位移自由度的单元。如"分布载荷"（《Abaqus 分析用户手册——指定条件、约束与相互作用卷》的 1.4.3 节）所描述的那样指定基于面的分布载荷。

表 2-76　基于面的分布载荷

载荷标识 (∗DSLOAD)	Abaqus/CAE Load/Interaction	量　纲　式	说　　　明
HP(S)	Pressure	FL^{-2}	单元面上的静水压力，在整体 Z 方向上是线性的
P	Pressure	FL^{-2}	单元面上的压力
PNU	Pressure	FL^{-2}	单元面上的非均匀体力（在 Abaqus/Standard 中，通过用户子程序 DLOAD 提供大小；在 Abaqus/Explicit 中，通过用户子程序 VDLOAD 提供大小）
SP(E)	Pressure	$FL^{-4}T^2$	单元面上的滞止压力
TRSHR	Surface traction	FL^{-2}	单元面上的剪切牵引力
TRSHRNU(S)	Surface traction	FL^{-2}	单元面上的非均匀剪切牵引力，通过用户子程序 UTRACLOAD 提供大小和方向
TRVEC	Surface traction	FL^{-2}	单元面上的一般牵引力
TRVECNU(S)	Surface traction	FL^{-2}	单元面上的非均匀一般牵引力，通过用户子程序 UTRACLOAD 提供大小和方向
VP(E)	Pressure	$FL^{-3}T$	施加在单元面上的黏性压力。此黏性压力与垂直于单元面的速度成正比，其方向与运动方向相反

分布热通量（表2-77）

基于面的分布热通量可用于所有具有温度自由度的单元。如"热载荷"（《Abaqus 分析用户手册——指定条件、约束与相互作用卷》的 1.4.4 节）所描述的那样指定热通量。

表 2-77　基于面的分布热通量

载荷标识 （∗DSFLUX）	Abaqus/CAE Load/Interaction	量　纲　式	说　　明
S	Surface heat flux	$JL^{-2}T^{-1}$	流入单元面的单位面积上的热通量（面）
SNU	Surface heat flux	$JL^{-2}T^{-1}$	流入单元面的单位面积上的非均匀热通量（面）（在 Abaqus/Standard 中，通过用户子程序 DFLUX 提供大小；在 Abaqus/Explicit 中，通过用户子程序 VDFLUX 提供大小）

膜条件（表2-78）

基于面的膜条件可用于所有具有温度自由度的单元。如"热载荷"（《Abaqus 分析用户手册——指定条件、约束与相互作用卷》的 1.4.4 节）所描述的那样指定它们。

表 2-78　基于面的膜条件

载荷标识 （∗SFILM）	Abaqus/CAE Load/Interaction	量　纲　式	说　　明
F	Surface film condition	$JL^{-2}T^{-1}\theta^{-1}$	单元面上的膜系数和热沉温度（θ 的单位）
FNU[S]	Surface film condition	$JL^{-2}T^{-1}\theta^{-1}$	单元面上的非均匀膜系数和热沉温度（θ 的单位），通过用户子程序 FILM 提供大小

辐射类型（表2-79）

基于面的辐射条件可用于所有具有温度自由度的单元。如"热载荷"（《Abaqus 分析用户手册——指定条件、约束与相互作用卷》的 1.4.4 节）所描述的那样进行指定。

表 2-79　基于面的辐射条件

载荷标识 （∗SRADIATE）	Abaqus/CAE Load/Interaction	量　纲　式	说　　明
R	Surface radiation	无量纲	单元面上的辐射率和热沉温度（θ 的单位）

分布流量（表2-80 和表2-81）

基于面的流量可用于所有具有孔隙压力自由度的单元。如"孔隙流体流动"（《Abaqus 分析用户手册——指定条件、约束与相互作用卷》的 1.4.7 节）所描述的那样指定分布流量。

表 2-80 基于面的分布流量（一）

载荷标识 （∗SFLOW）	Abaqus/CAE Load/Interaction	量 纲 式	说 明
$Q^{(S)}$	不支持	$F^{-1}L^3T^{-1}$	单元面上的渗漏系数和参考沉降孔隙压力 （FL^{-2}的单位）
$QD^{(S)}$	不支持	$F^{-1}L^3T^{-1}$	单元面上的仅排水渗漏系数
$QNU^{(S)}$	不支持	$F^{-1}L^3T^{-1}$	单元面上的非均匀渗漏系数和参考沉降孔隙压力 （FL^{-2}的单位），通过用户子程序 FLOW 提供大小

表 2-81 基于面的分布流量（二）

载荷标识 （∗DSFLOW）	Abaqus/CAE Load/Interaction	量 纲 式	说 明
$S^{(S)}$	Surface pore fluid	LT^{-1}	离开单元面的指定孔隙流体有效速度
$SNU^{(S)}$	Surface pore fluid	LT^{-1}	离开单元面的非均匀指定孔隙流体有效速度， 大小通过用户子程序 DFLOW 提供

分布阻抗

基于面的分布阻抗可用于所有具有声学压力自由度的单元。如"声学和冲击载荷"（《Abaqus 分析用户手册——指定条件、约束与相互作用卷》的 1.4.6 节）所描述的那样指定分布阻抗。

入射波载荷

基于面的入射波载荷可用于所有具有位移自由度或者声学压力自由度的单元。如"声学和冲击载荷"（《Abaqus 分析用户手册——指定条件、约束与相互作用卷》的 1.4.6 节）所描述的那样指定入射波载荷。如果入射波场包含网格边界外部平面的反射，则可以包含此效应。

电通量（表 2-82）

基于面的电通量可用于压电单元。如"压电分析"（《Abaqus 分析用户手册——分析卷》的 1.7.2 节）所描述的那样指定电通量。

表 2-82 基于面的电通量

载荷标识 （∗DSECHARGE）	Abaqus/CAE Load/Interaction	量 纲 式	说 明
$ES^{(S)}$	Surface charge	CL^{-2}	单元面上指定的面电荷

分布电流密度（表 2-83）

耦合的热-电单元、耦合的热-电-结构单元和电磁单元可以使用基于面的电流密度。如"耦合的热-电分析""完全耦合的热-电-结构分析"和"涡流分析"（《Abaqus 分析用户手册——分析卷》的1.7.3节、1.7.4节和1.7.5节）所描述的那样指定基于面的电流密度。

表2-83　基于面的分布电流密度

载荷标识 （ ∗ DSECURRENT）	Abaqus/CAE Load/Interaction	量 纲 式	说 明
CS(S)	Surface current	$CL^{-2}T^{-1}$	单元面上的电流密度
CK(S)	Surface current density	$CL^{-1}T^{-1}$	涡流分析中的面电流密度矢量

单元输出

对于绝大部分单元，输出是在整体方向上，除非通过截面定义为单元赋予了局部坐标系（见"方向"，《Abaqus 分析用户手册——介绍、空间建模、执行与输出卷》的2.2.5节），在此情况中，输出是在局部坐标系中（在大位移分析中随着运动转动）。详细内容见"状态存储"（《Abaqus 理论手册》的1.5.4节）。

应力、应变和其他张量分量（表2-84）

具有位移自由度的单元可以使用应力和其他张量（包括应变张量）。所有的张量具有相同的分量。例如，应力分量如下：

表2-84　应力、应变和其他张量分量

标 识	说 明
S11	XX，正应力
S22	YY，正应力
S33	ZZ，正应力
S12	XY，切应力
S13	XZ，切应力
S23	YZ，切应力

注：上述顺序不同于用户子程序 VMAT 中使用的顺序。

热通量分量（表2-85）

可用于具有温度自由度的单元。

表2-85　热通量分量

标 识	说 明
HFL1	X 方向上的热通量
HFL2	Y 方向上的热通量
HFL3	Z 方向上的热通量

孔隙流体速度分量（表2-86）

可用于具有孔隙压力自由度的单元。

表2-86　孔隙流体速度分量

标　识	说　明
FLVEL1	X方向上的孔隙流体有效速度
FLVEL2	Y方向上的孔隙流体有效速度
FLVEL3	Z方向上的孔隙流体有效速度

质量浓度通量分量（表2-87）

可用于具有归一化浓度自由度的单元。

表2-87　质量浓度通量分量

标　识	说　明
MFL1	X方向上的浓度通量
MFL2	Y方向上的浓度通量
MFL3	Z方向上的浓度通量

电势梯度（表2-88）

可用于具有电势自由度的单元。

表2-88　电势梯度

标　识	说　明
EPG1	X方向上的电势梯度
EPG2	Y方向上的电势梯度
EPG3	Z方向上的电势梯度

电通量分量（表2-89）

可用于压电单元。

表2-89　电通量分量

标　识	说　明
EFLX1	X方向上的电通量
EFLX2	Y方向上的电通量
EFLX3	Z方向上的电通量

电流密度分量（表2-90）

可用于耦合的热-电单元和耦合的热-电-结构单元。

表 2-90　电流密度分量

标　识	说　明
ECD1	X 方向上的电流密度
ECD2	Y 方向上的电流密度
ECD3	Z 方向上的电流密度

电场分量（表 2-91）

可用于涡流分析中的电磁单元。

表 2-91　电场分量

标　识	说　明
EME1	X 方向上的电场
EME2	Y 方向上的电场
EME3	Z 方向上的电场

磁通密度分量（表 2-92）

可用于电磁单元。

表 2-92　磁通密度分量

标　识	说　明
EMB1	X 方向上的磁通密度
EMB2	Y 方向上的磁通密度
EMB3	Z 方向上的磁通密度

磁场分量（表 2-93）

可用于电磁单元。

表 2-93　磁场分量

标　识	说　明
EMH1	X 方向上的磁场
EMH2	Y 方向上的磁场
EMH3	Z 方向上的磁场

涡流分析中的涡流密度分量（表 2-94）

可用于涡流分析中的电磁单元。

表 2-94　涡流密度分量

标　识	说　明
EMCD1	X 方向上的涡流密度
EMCD2	Y 方向上的涡流密度
EMCD3	Z 方向上的涡流密度

涡流分析或者静磁分析中施加的体积电流密度分量（表 2-95）

可用于涡流分析或者静磁分析中的电磁单元。

表 2-95　体积电流密度分量

标　识	说　明
EMCDA1	X 方向上施加的体积电流密度
EMCDA2	Y 方向上施加的体积电流密度
EMCDA3	Z 方向上施加的体积电流密度

单元上的节点顺序和面编号

所有单元（可变节点单元除外）（图 2-8）

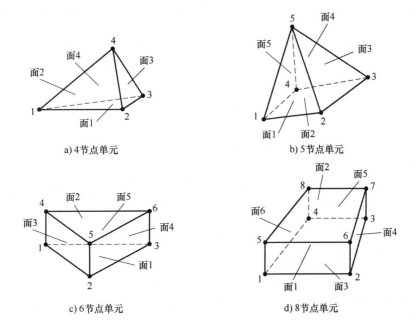

a) 4 节点单元

b) 5 节点单元

c) 6 节点单元

d) 8 节点单元

图 2-8　所有单元（可变节点单元除外）

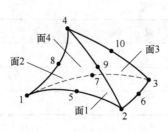

e) 10节点单元

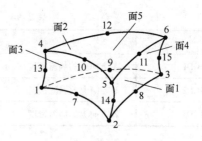

f) 15节点单元

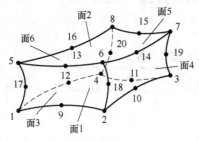

g) 20节点单元

图 2-8 所有单元（可变节点单元除外）（续）

四面体单元面（表 2-96）

表 2-96 四面体单元面

面 1	1-2-3 面
面 2	1-4-2 面
面 3	2-4-3 面
面 4	3-4-1 面

金字塔单元面（表 2-97）

表 2-97 金字塔单元面

面 1	1-2-3-4 面
面 2	1-5-2 面
面 3	2-5-3 面
面 4	3-5-4 面
面 5	4-5-1 面

楔形（三棱柱）单元面（表 2-98）

表 2-98 楔形（三棱柱）单元面

面 1	1-2-3 面
面 2	4-6-5 面
面 3	1-4-5-2 面
面 4	2-5-6-3 面
面 5	3-6-4-1 面

六面体（块）单元面（表2-99）

表2-99　六面体（块）单元面

面1	1-2-3-4 面
面2	5-8-7-6 面
面3	1-5-6-2 面
面4	2-6-7-3 面
面5	3-7-8-4 面
面6	4-8-5-1 面

可变节点单元（图2-9 和图2-10）

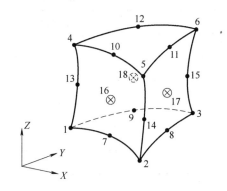

图2-9　15~18节点单元

注：⊗（节点16~18）是三个矩形面上的中面节点（面1~5见下文）。当给出单元上的节点时，可以通过在相应位置输入零或者空白，来省略单元中的⊗节点。仅可以省略节点16~18。

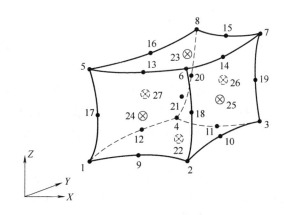

图2-10　21~27节点单元

注：1. 节点21位于单元质心处。

2. ⊗（节点22~27）是六个面上的中面节点（面1~6见下文）。当给出单元上的节点时，可以通过在相应位置输入零或空白来省略⊗节点。仅可以省略节点22~27。

节点16～18的面位置（表2-100）

表2-100　节点16～18的面位置

面节点编号	面上的角节点
16	1-4-5-2
17	2-5-6-3
18	3-6-4-1

节点22～27的面位置（表2-101）

表2-101　节点22～27的面位置

面节点编号	面上的角节点
22	1-2-3-4
23	5-8-7-6
24	1-5-6-2
25	2-6-7-3
26	3-7-8-4
27	4-8-5-1

输出积分点编号

所有单元（可变节点单元除外）（图2-11）

图中显示了最靠近1-2-3和1-2-3-4面的层中的策略。在第二层和第三层中，积分点是连续编号的。复合实体单元使用多个层。

对于热传导应用，为四面体单元和楔形单元使用不同的积分策略，如"三角形单元、四面体单元和楔形单元"（《Abaqus理论手册》的3.2.6节）所描述的那样。

对于Abaqus/Explicit中的线性三棱柱单元，使用缩减积分。因此，C3D6单元和C3D6T单元仅具有一个积分点。

对于Abaqus/Standard中的线性块单元C3D8S和C3D8HS，通过27点积分法则来得到改进的应力显示，27点由单元节点中的8个积分点、单元边上的12个积分点、单元侧面上的6个积分点和单元内部的一个积分点组成。

对于Abaqus/Standard中的通用10节点四面体单元C3D10HS，通过11点积分法则来得到改进的应力显示。11点由单元节点中的10个积分点和质心处的一个积分点组成。

对于Abaqus/Standard中的四面体、金字塔和楔形声学单元，使用完全积分。因此，AC3D4单元具有4个积分点，AC3D5单元具有5个积分点，AC3D6单元具有6个积分点，

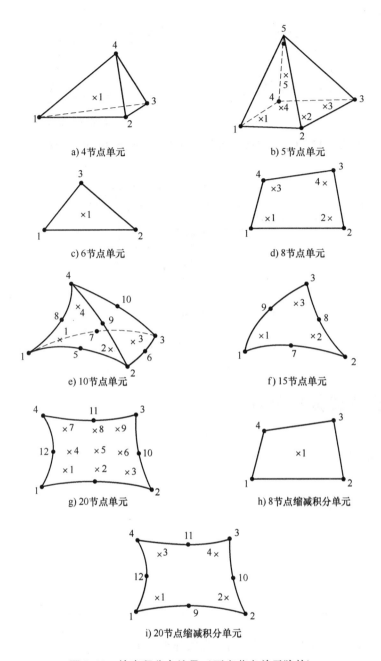

a) 4节点单元 b) 5节点单元 c) 6节点单元 d) 8节点单元 e) 10节点单元 f) 15节点单元 g) 20节点单元 h) 8节点缩减积分单元 i) 20节点缩减积分单元

图 2-11 输出积分点编号（可变节点单元除外）

AC3D10 单元具有 10 个积分点，AC3D15 单元具有 18 个积分点。

可变节点单元（图 2-12 和图 2-13）

图中显示了最靠近 1-2-3 面和 1-2-3-4 面的层的策略。在第二层和第三层中，编号是连续的。复合实体单元使用多个层。不显示面节点。

节点 21 位于单元的质心处。

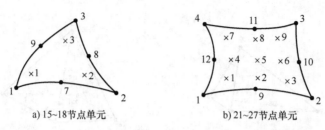

a) 15～18节点单元　　　　b) 21~27节点单元

图2-12　15～18节点单元和21～27节点单元的输出节点编号

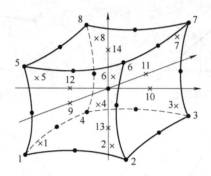

图2-13　21～27节点缩减积分单元

2.1.5　圆柱实体单元库

产品：Abaqus/Standard　　　Abaqus/CAE

参考

- "实体（连续）单元"，2.1.1节
- ＊SOLID SECTION

概览

本节提供 Abaqus/Standard 中可用的圆柱实体单元的参考。

单元类型（表2-102）

表2-102　圆柱实体单元类型

标　　识	说　　明
CCL9	9节点圆柱楔形，在径向平面中线性插值、沿圆周方向三角插值的单元
CCL9H	9节点圆柱楔形，在径向平面中线性插值、沿圆周方向三角插值，在平面内具有恒定压力、在圆周方向上具有线性压力的杂交单元

（续）

标　识	说　明
CCL12	12 节点圆柱六面体，在径向平面中线性插值、沿圆周方向三角插值的单元
CCL12H	12 节点圆柱六面体，在径向平面中线性插值、沿圆周方向三角插值，在平面内具有恒定压力、在圆周方向上具有线性压力的杂交单元
CCL18	18 节点圆柱楔形，在径向平面中二次插值、沿着圆周方向三角插值的单元
CCL18H	18 节点圆柱楔形，在径向平面中二次插值、沿圆周方向三角插值的，在平面内具有线性压力、在圆周方向上具有线性压力的杂交单元
CCL24	24 节点圆柱六面体，在径向平面中二次插值、沿圆周方向三角插值的单元
CCL24H	24 节点圆柱六面体，在径向平面中二次插值、沿圆周方向三角插值，在平面内具有线性压力、在圆周方向上具有线性压力的杂交单元
CCL24R	24 节点圆柱六面体，在径向平面中二次插值、沿圆周方向三角插值的缩减积分单元
CCL24RH	24 节点圆柱六面体，在径向平面中二次插值、沿圆周方向三角插值，在平面内具有线性压力、在圆周方向上具有线性压力的缩减积分杂交单元

有效自由度

1、2、3。

附加解变量

具有恒定压力的杂交单元有两个与压力相关的附加变量，具有线性压力的杂交单元有六个与压力相关的附加变量。

所需节点坐标

X，Y，Z。

单元属性定义

输入文件用法：　＊SOLID SECTION

Abaqus/CAE 用法：Property module：Create Section：选择 Solid 作为截面 Category，选择
　　　　　　　　　Homogeneous 作为截面 Type

基于单元的载荷

分布载荷（表 2-103）

如 "分布载荷"（《Abaqus 分析用户手册——指定条件、约束与相互作用卷》的 1.4.3
节）所描述的那样指定分布载荷。

表2-103　基于单元的分布载荷

载荷标识 （ * DLOAD）	量　纲　式	说　　明
BX	FL^{-3}	整体 X 方向上的体力
BY	FL^{-3}	整体 Y 方向上的体力
BZ	FL^{-3}	整体 Z 方向上的体力
BXNU	FL^{-3}	整体 X 方向上的非均匀体力，通过用户子程序 DLOAD 提供大小
BYNU	FL^{-3}	整体 Y 方向上的非均匀体力，通过用户子程序 DLOAD 提供大小
BZNU	FL^{-3}	整体 Z 方向上的非均匀体力，通过用户子程序 DLOAD 提供大小
CENT	FL^{-4} （$ML^{-3}T^{-2}$）	离心载荷（大小输入成 $\rho\omega^2$，其中 ρ 是密度，ω 是角速度）
CENTRIF	FL^{-4} （$ML^{-3}T^{-1}$）	离心载荷（大小输入成 ω^2，其中 ω 是角速度）
CORIO	$FL^{-4}T$ （$ML^{-3}T^{-1}$）	科氏力（大小输入成 $\rho\omega$，其中 ρ 是密度，ω 是角速度）
GRAV	LT^{-2}	指定方向上的重力载荷（大小输入成加速度）
HPn	FL^{-2}	面 n 上的静水压力，在 Z 方向上是线性的
Pn	FL^{-2}	面 n 上的压力
ROTA	T^{-2}	转动加速度载荷（大小输入成 α，α 是转动加速度）
ROTDYNF[(S)]	T^{-1}	转动动力学载荷（大小输入成 ω，ω 是角速度）
TRSHRn	FL^{-2}	面 n 上的剪切牵引力
TRSHRnNU[(S)]	FL^{-2}	面 n 上的非均匀剪切牵引力，通过用户子程序 UTRACLOAD 提供大小和方向
TRVECn	FL^{-2}	面 n 上的一般牵引力
TRVECnNU[(S)]	FL^{-2}	面 n 上的非均匀一般牵引力，通过用户子程序 UTRACLOAD 提供大小和方向

基础（表2-104）

所有圆柱单元可以使用基于单元的基础。如"单元基础"（《Abaqus 分析用户手册——介绍、空间建模、执行与输出卷》的2.2.2节）所描述的那样指定基础。

表2-104　基于单元的基础

载荷标识 （ * FOUNDATION）	量　纲　式	说　　明
Fn	FL^{-3}	面 n 上的弹性基础

基于面的载荷

分布载荷（表2-105）

具有位移自由度的单元可以使用基于面的分布载荷。如"分布载荷"（《Abaqus 分析用户手册——指定条件、约束与相互作用卷》的 1.4.3 节）所描述的那样指定分布载荷。

表 2-105　基于面的分布载荷

载荷标识 （∗DSLOAD）	量　纲　式	说　　明
HP	FL^{-2}	单元面上的静水压力，在 Z 方向上是线性的
Pn	FL^{-2}	单元面上的压力
PnNU	FL^{-2}	单元面上的非均匀压力，通过用户子程序 DLOAD 提供大小
TRSHR	FL^{-2}	单元面上的剪切牵引力
TRSHRNU[(S)]	FL^{-2}	单元面上的非均匀剪切牵引力，通过用户子程序 UTRACLOAD 提供大小和方向
TRVEC	FL^{-2}	单元面上的一般牵引力
TRVECNU[(S)]	FL^{-2}	单元面上的非均匀一般牵引力，通过用户子程序 UTRACLOAD 提供大小和方向

单元输出

在固定的圆柱坐标系中输出（1 = 径向，2 = 轴向，3 = 周向），除非通过截面定义为单元赋予了局部坐标系（见"方向"，《Abaqus 分析用户手册——介绍、空间建模、执行与输出卷》的 2.2.5 节），在此情况中，在局部坐标系中输出（此局部坐标系在大位移分析中随运动旋转）。详细内容见"状态存储"（《Abaqus 理论手册》的 1.5.4 节）。

应力、应变和其他张量分量

具有位移自由度的单元可以使用应力和其他张量（包括应变张量）。所有张量具有相同的分量。例如，应力分量见表 2-106。

表 2-106　应力分量

标　　识	说　　明
S11	局部 11 方向的正应力
S22	局部 22 方向的正应力
S33	局部 33 方向的正应力
S12	局部 12 方向上的剪切应力
S13	局部 13 方向上的剪切应力
S23	局部 23 方向上的剪切应力

单元中的节点顺序和面编号（图2-14）

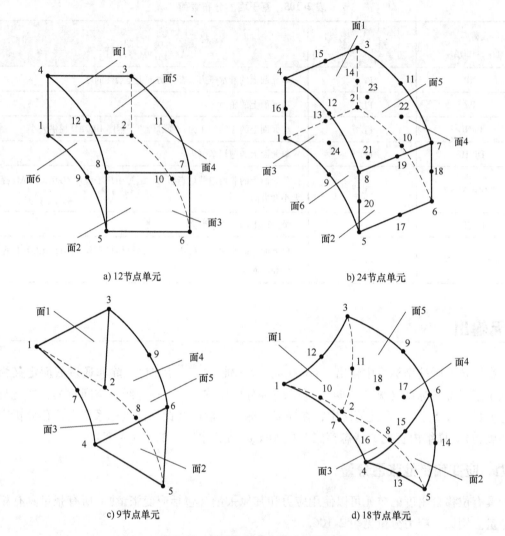

a) 12节点单元

b) 24节点单元

c) 9节点单元

d) 18节点单元

图2-14　单元中的节点顺序和面编号

12节点和24节点圆柱单元面（表2-107）

表2-107　12节点和24节点圆柱单元面

面1	1-2-3-4 面
面2	5-8-7-6 面
面3	1-5-6-2 面
面4	2-6-7-3 面
面5	3-7-8-4 面
面6	4-8-5-1 面

9 节点和 18 节点圆柱单元面（表2-108）

表 2-108　9 节点和 18 节点圆柱单元面

面1	1-2-3 面
面2	4-6-5 面
面3	1-4-5-2 面
面4	2-5-6-3 面
面5	3-6-4-1 面

输出积分点编号（图2-15）

a) 12节点单元

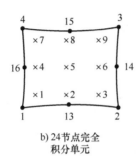

b) 24节点完全积分单元

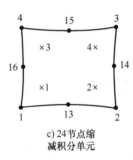

c) 24节点缩减积分单元

图 2-15　输出积分点编号

图中显示了最接近 1-2-3-4 面的层中的积分点编号方法。第二层和第三层中的积分点是连续编号的。

2.1.6　轴对称实体单元库

产品：Abaqus/Standard　　　Abaqus/Explicit　　　Abaqus/CAE

参考

- "实体（连续）单元"，2.1.1 节
- ＊SOLID SECTION

概览

本节提供 Abaqus/Standard 和 Abaqus/Explicit 中可用的轴对称实体单元的参考。

约定

坐标 1 是 r，坐标 2 是 z。在 $\theta=0$ 时，r 方向对应于整体 x 方向，z 方向对应于整体 y 方向。当必须在整体方向上给出数据时，这些约定是非常重要的。坐标 1 必须大于或者等于零。

自由度 1 是 u_r，自由度 2 是 u_z。具有扭曲的广义轴对称单元具有附加自由度 5，对应于扭曲角度 ϕ（单位为弧度）。

Abaqus 不会自动对位于对称轴上的节点施加任何边界条件。如果需要，用户必须对这些节点施加径向或者对称边界条件。

在 Abaqus/Standard 的某些情况中，对于非线性问题，有时需要对位于对称轴上的节点施加径向边界条件以实现收敛。因此，对于非线性问题，建议为对称轴上的节点施加径向边界条件。

点载荷和力矩、集中（节点）通量、电流和渗漏的值应当是沿圆周积分后的值（即环上的总值）。

单元类型

无扭曲的应力/位移单元（表 2-109）

表 2-109 无扭曲的应力/位移单元

标　识	说　明
CAX3	3 节点线性单元
CAX3H[(S)]	3 节点线性、具有恒定压力的杂交单元
CAX4[(S)]	4 节点双线性单元
CAX4H[(S)]	4 节点双线性、具有恒定压力的杂交单元
CAX4I[(S)]	4 节点双线性、非协调模式单元
CAX4IH[(S)]	4 节点双线性、非协调模式、具有线性压力的杂交单元
CAX4R	4 节点双线性、具有沙漏控制的缩减积分单元
CAX4RH[(S)]	4 节点双线性、具有沙漏控制的缩减积分的和恒定压力的杂交单元
CAX6[(S)]	6 节点二次单元
CAX6H[(S)]	6 节点二次、具有线性压力的杂交单元
CAX6M	6 节点改进、具有沙漏控制的单元
CAX6MH[(S)]	6 节点改进、具有沙漏控制和线性压力的杂交单元
CAX8[(S)]	8 节点双二次单元
CAX8H[(S)]	8 节点双二次、具有线性压力的杂交单元
CAX8R[(S)]	8 节点双二次缩减积分单元
CAX8RH[(S)]	8 节点双二次、具有线性压力的缩减积分杂交单元

有效自由度

1、2。

附加解变量

具有恒定压力的杂交单元有一个与压力相关的附加变量，具有线性压力的单元有三个与压力相关的附加变量。

单元类型 CAX4I 和 CAX4IH 有五个与非协调模式相关的附加变量。

单元类型 CAX6M 和 CAX6MH 有两个附加位移变量。

具有扭曲的应力/位移单元（表2-110）

表2-110　具有扭曲的应力/位移单元

标　识	说　明
CGAX3$^{(S)}$	3 节点线性单元
CGAX3H$^{(S)}$	3 节点线性、具有恒定压力的杂交单元
CGAX4$^{(S)}$	4 节点双线性单元
CGAX4H$^{(S)}$	4 节点双线性、具有恒定压力的杂交单元
CGAX4R$^{(S)}$	4 节点双线性、具有沙漏控制的缩减积分单元
CGAX4RH$^{(S)}$	4 节点双线性、具有沙漏控制的缩减积分和恒定压力的杂交单元
CGAX6$^{(S)}$	6 节点二次单元
CGAX6H$^{(S)}$	6 节点二次、具有线性压力的杂交单元
CGAX6M$^{(S)}$	6 节点改进、具有沙漏控制的单元
CGAX6MH$^{(S)}$	6 节点改进、具有沙漏控制和线性压力的杂交单元
CGAX8$^{(S)}$	8 节点双二次单元
CGAX8H$^{(S)}$	8 节点双二次、具有线性压力的杂交单元
CGAX8RH$^{(S)}$	8 节点双二次、具有线性压力的缩减积分杂交单元

有效自由度

1、2、5。

附加解变量

具有恒定压力的杂交单元有一个与压力相关的附加变量，具有线性压力的单元有三个与压力相关的附加变量。

单元类型 CGAX6M 和 CGAX6MH 有三个附加位移变量。

扩散热传导或者质量扩散单元（表2-111）

表2-111　扩散热传导或者质量扩散单元

标　识	说　明
DCAX3$^{(S)}$	3 节点线性单元
DCAX4$^{(S)}$	4 节点线性单元

（续）

标　识	说　明
DCAX6[(S)]	6 节点二次单元
DCAX8[(S)]	8 节点二次单元

有效自由度

11。

附加解变量

无。

强制对流/扩散单元（表 2-112）

表 2-112　强制对流/扩散单元

标　识	说　明
DCCAX2[(S)]	2 节点单元
DCCAX2D[(S)]	2 节点、具有扩散控制的单元
DCCAX4[(S)]	4 节点单元
DCCAX4D[(S)]	4 节点、具有扩散控制的单元

有效自由度

11。

附加解变量

无。

耦合的热-电单元（表 2-113）

表 2-113　耦合的热-电单元

标　识	说　明
DCAX3E[(S)]	3 节点线性单元
DCAX4E[(S)]	4 节点、具有扩散控制的单元
DCAX6E[(S)]	6 节点二次单元
DCAX8E[(S)]	8 节点二次单元

有效自由度

9、11。

附加解变量

无。

无扭曲的耦合的温度-位移单元（表2-114）

表2-114 无扭曲的耦合的温度-位移单元

标 识	说 明
CAX3T	3 节点线性位移和温度单元
CAX4T[(S)]	4 节点双线性位移和温度单元
CAX4HT[(S)]	4 节点双线性位移和温度的，具有恒定压力的杂交单元
CAX4RT[(S)]	4 节点双线性位移和温度、具有沙漏控制的缩减积分单元
CAX4RHT[(S)]	4 节点双线性位移和温度、具有沙漏控制的缩减积分和恒定压力的杂交单元
CAX6MT	6 节点改进的位移和温度、具有沙漏控制的单元
CAX6MHT[(S)]	6 节点改进的位移和温度、具有沙漏控制和线性压力的杂交单元
CAX8T[(S)]	8 节点双二次位移、双线性温度单元
CAX8HT[(S)]	8 节点双二次位移、双线性温度，具有线性压力的杂交单元
CAX8RT[(S)]	8 节点双二次位移、双线性温度的缩减积分单元
CAX8RHT[(S)]	8 节点双二次位移、双线性温度，具有线性压力的缩减积分杂交单元

有效自由度

角节点处的 1、2、11。

Abaqus/Standard 中二阶单元中节点处的 1、2。

Abaqus/Standard 中改进的位移和温度单元中节点处的 1、2、11。

附加解变量

具有恒定压力的杂交单元有一个与压力相关的附加变量，具有线性压力的单元有三个与压力相关的附加变量。

单元类型 CAX6MT 和 CAX6MHT 有两个附加位移变量和一个附加温度变量。

具有扭曲的耦合的温度-位移单元（表2-115）

表2-115 具有扭曲的耦合的温度-位移单元

标 识	说 明
CGAX3T[(S)]	3 节点线性位移和温度单元
CGAX3HT[(S)]	3 节点线性位移和温度、具有恒定压力的杂交单元
CGAX4T[(S)]	4 节点双线性位移和温度单元
CGAX4HT[(S)]	4 节点双线性位移和温度、具有恒定压力的杂交单元
CGAX4RT[(S)]	4 节点双线性位移和温度、具有沙漏控制的缩减积分单元
CGAX4RHT[(S)]	4 节点双线性位移和温度、具有沙漏控制的缩减积分和恒定压力的杂交单元
CGAX6MT	6 节点改进的位移和温度、具有沙漏控制的单元
CGAX6MHT[(S)]	6 节点改进的位移和温度、具有沙漏控制和恒定压力的杂交单元
CGAX8T[(S)]	8 节点双二次位移、双线性温度单元

(续)

标　识	说　明
CGAX8HT(S)	8节点双二次位移、双线性温度，具有线性压力的杂交单元
CGAX8RT(S)	8节点双二次位移、双线性温度的缩减积分单元
CGAX8RHT(S)	8节点双二次位移、双线性温度，具有线性压力的缩减积分杂交单元

有效自由度

角节点处的1、2、5、11。

二阶单元中节点处的1、2、5。

改进的位移和温度单元中节点处的1、2、5、11。

附加解变量

具有恒定压力的杂交单元有一个与压力相关的附加变量，具有线性压力的单元有三个与压力相关的附加变量。

单元类型 CGAX6MT 和 CGAX6MHT 有两个附加位移变量和一个附加温度变量。

孔隙压力单元（表2-116）

表2-116　孔隙压力单元

标　识	说　明
CAX4P(S)	4节点双线性位移和温度单元
CAX4PH(S)	4节点双线性位移和温度、具有恒定压力的杂交单元
CAX4RP(S)	4节点双线性位移和孔隙压力、具有沙漏控制的缩减积分单元
CAX4RPH(S)	4节点双线性位移和温度、具有沙漏控制和恒定压力的缩减积分杂交单元
CAX6MP(S)	6节点改进的位移和孔隙压力、具有沙漏控制的单元
CAX6MPH(S)	6节点改进的位移和孔隙压力、具有沙漏控制和线性位移的杂交单元
CAX8P(S)	8节点双二次位移、双线性孔隙压力单元
CAX8PH(S)	8节点双二次位移、双线性孔隙压力，具有线性压力的杂交单元
CAX8RP(S)	8节点双二次位移、双线性孔隙压力的缩减积分单元
CAX8RPH(S)	8节点双二次位移、双线性孔隙压力，具有线性压力的杂交单元

有效自由度

角节点处的1、2、8。

中节点处的1、2。

附加自由度

具有恒定压力的杂交单元有一个与有效压应力相关的附加变量，具有线性压力的杂交单元有三个与有效压应力相关的附加变量，以模拟完全不可压缩的材料。

单元类型 CAX6MP 和 CAX6MPH 有两个附加位移变量和一个附加孔隙压力变量。

耦合的温度-孔隙压力单元（表2-117）

表2-117 耦合的温度-孔隙压力单元

标　识	说　明
CAX4PT[S]	4节点双线性位移、孔隙压力和温度单元
CAX4RPT[S]	4节点双线性位移、孔隙压力和温度，具有沙漏控制的缩减积分单元
CAX4RPHT[S]	4节点双线性位移、孔隙压力和温度，具有沙漏控制和恒定压力的缩减积分杂交单元

有效自由度

1、2、8、11。

附加解变量

具有恒定压力的杂交单元有一个与有效压应力相关的附加变量，以模拟完全不可压缩的材料。

声学单元（表2-118）

表2-118 声学单元

标　识	说　明
ACAX3	3节点线性单元
ACAX4R[E]	4节点线性、具有沙漏控制的缩减积分单元
ACAX4[S]	4节点线性单元
ACAX6[S]	6节点二次单元
ACAX[S]	8节点二次单元

有效自由度

8。

附加解变量

无。

压电单元（表2-119）

表2-119 压电单元

标　识	说　明
CAX3E[S]	3节点线性单元
CAX4E[S]	4节点双线性单元
CAX6E[S]	6节点二次单元
CAX8E[S]	8节点双二次单元
CAX8RE[S]	8节点双二次缩减积分单元

有效自由度

1、2、9。

附加解变量

无。

所需节点坐标

$\theta = 0$ 时的 r、z。

单元属性定义

对于单元类型 DCCAX2 和 DCCAX2D，用户必须指定平面（$r - z$）中的单元通道厚度。如果没有给出厚度，则默认为单位厚度。

对于其他单元，用户不需要指定厚度。

输入文件用法：　　* SOLID SECTION

Abaqus/CAE 用法：Property module：Create Section：选择 Solid 作为截面 Category，选择 Homogeneous 作为截面 Type

基于单元的载荷

分布载荷（表 2-120）

所有具有位移自由度的单元可以使用分布载荷。如"分布载荷"（《Abaqus 分析用户手册——指定条件、约束与相互作用卷》的 1.4.3 节）所描述的那样指定分布载荷。分布载荷不需要乘以 2π。

表 2-120　基于单元的分布载荷

载荷标识 （* DLOAD）	Abaqus/CAE Load/Interaction	量　纲　式	说　　明
BR	Body force	FL^{-3}	径向上的体力
BZ	Body force	FL^{-3}	轴向上的体力
BRNU	Body force	FL^{-3}	径向上的非均匀体力（在 Abaqus/Standard 中，通过用户子程序 DLOAD 提供大小；在 Abaqus/Explicit 中，通过用户子程序 VDLOAD 提供大小）
BZNU	Body force	FL^{-3}	轴向上的非均匀体力（在 Abaqus/Standard 中，通过用户子程序 DLOAD 提供大小；在 Abaqus/Explicit 中，通过用户子程序 VDLOAD 提供大小）

（续）

载荷标识 （*DLOAD）	Abaqus/CAE Load/Interaction	量 纲 式	说 明
CENT[(S)]	不支持	$FL^{-4}M^{-3}T^{-2}$	离心载荷（大小输入成 $\rho\omega^2$，其中 ρ 是密度，ω 是角速度）。不用于孔隙压力单元
CENTRIF[(S)]	Rotational body force	T^{-2}	离心载荷（大小输入成 ω^2，ω 是角速度）
GRAV	Gravity	LT^{-2}	指定方向上的重力载荷（大小输入成加速度）
HPn[(S)]	不支持	FL^{-2}	面 n 上的静水压力，在整体 Y 坐标上是线性的
Pn	Pressure	FL^{-2}	面 n 上的压力
PnNU	不支持	FL^{-2}	面 n 上的非均匀压力（在 Abaqus/Standard 中，通过用户子程序 DLOAD 提供大小；在 Abaqus/Explicit 中，通过用户子程序 VDLOAD 提供大小）
SBF[(E)]	不支持	$FL^{-5}T^2$	径向和轴向上的滞止体力
SPn[(E)]	不支持	$FL^{-4}T^2$	面 n 上的滞止压力
TRSHRn	Surface traction	FL^{-2}	面 n 上的剪切牵引力
TRSHRnNU[(S)]	不支持	FL^{-2}	面 n 上的非均匀剪切牵引力，通过用户子程序 UTRACLOAD 提供大小和方向
TRVECn	Surface traction	FL^{-2}	面 n 上的一般牵引力
TRVECnNU[(S)]	不支持	FL^{-2}	面 n 上的非均匀一般牵引力，通过用户子程序 UTRACLOAD 提供大小和方向
VBF[(E)]	不支持	$FL^{-4}T$	径向和轴向上的黏性体力
VPn[(E)]	不支持	$FL^{-3}T$	面 n 上的黏性压力，该黏性压力与垂直于的速度成比例，其方向与运动相反

基础（表 2-121）

具有位移自由度的 Abaqus/Standard 单元可以使用基础。如"单元基础"（《Abaqus 分析用户手册——介绍、空间建模、执行与输出卷》的 2.2.2 节）所描述的那样指定基础。

表 2-121　基于单元的基础

载荷标识 （*FOUNDATION）	Abaqus/CAE Load/Interaction	量 纲 式	说 明
Fn[(S)]	Elastic foundation	FL^{-3}	面 n 上的弹性基础。对于 CGAX 单元，弹性基础仅用于自由度 u_r 和 u_z

分布热通量（表 2-122）

具有温度自由度的所有单元可以使用分布热通量。如"热载荷"（《Abaqus 分析用户手册——指定条件、约束与相互作用卷》的 1.4.4 节）所描述的那样指定分布热通量。分布热通量的大小是单位面积或者单位体积上的通量，不需要乘以 2π。

表 2-122　基于单元的分布热通量

载荷标识 （＊DFLUX）	Abaqus/CAE Load/Interaction	量 纲 式	说 明
BF	Body heat flux	$JL^{-3}T^{-1}$	单位体积的热通量（体）
BFNU	Body heat flux	$JL^{-3}T^{-1}$	单位体积的非均匀热通量（体）（在 Abaqus/Standard 中，通过用户子程序 DFLUX 提供大小；在 Abaqus/Explicit 中，通过用户子程序 VDFLUX 提供大小）
Sn	Surface heat flux	$JL^{-2}T^{-1}$	流入面 n 的单位面积上的热通量（面）
SnNU	不支持	$JL^{-2}T^{-1}$	流入面 n 的单位面积上的非均匀热通量（面）（在 Abaqus/Standard 中，通过用户子程序 DFLUX 提供大小；在 Abaqus/Explicit 中，通过用户子程序 VDFLUX 提供大小）

膜条件（表 2-123）

具有温度自由度的所有单元可以使用膜条件。如"热载荷"（《Abaqus 分析用户手册——指定条件、约束与相互作用卷》的 1.4.4 节）所描述的那样指定膜条件。

表 2-123　基于单元的膜条件

载荷标识 （＊FILM）	Abaqus/CAE Load/Interaction	量 纲 式	说 明
Fn	Surface film condition	$JL^{-2}T^{-1}\theta^{-1}$	面 n 上的膜系数和热沉温度（量纲式 θ）
FnNU[S]	不支持	$JL^{-2}T^{-1}\theta^{-1}$	面 n 上的非均匀膜系数和热沉温度（量纲式 θ），通过用户子程序 FILM 提供大小

辐射类型（表 2-124）

具有温度自由度的所有单元可以使用辐射条件。如"热载荷"（《Abaqus 分析用户手册——指定条件、约束与相互作用卷》的 1.4.4 节）所描述的那样指定辐射条件。

表 2-124　基于单元的辐射条件

载荷标识 （＊RADIATE）	Abaqus/CAE Load/Interaction	量 纲 式	说 明
Rn	Surface radiation	无量纲	面 n 上的辐射率和热沉温度

分布流量（表 2-125 和表 2-126）

具有孔隙压力自由度的所有单元可以使用分布流量。如"孔隙流体流动"（《Abaqus 分析用户手册——指定条件、约束与相互作用卷》的 1.4.7 节）所描述的那样指定分布流量。分布流量不需要乘以 2π。

表 2-125　基于单元的分布流量（一）

载荷标识 （*FLOW）	Abaqus/CAE Load/Interaction	量　纲　式	说　　明
$Qn^{(S)}$	不支持	$F^{-1}L^3T^{-1}$	面 n 上的渗漏系数和参考沉降孔隙压力（量纲式 FL^{-2}）
$QnD^{(S)}$	不支持	$F^{-1}L^3T^{-1}$	面 n 上的仅排水渗漏系数
$QnNU^{(S)}$	不支持	$F^{-1}L^3T^{-1}$	面 n 上的非均匀渗漏系数和参考沉降孔隙压力（量纲式 FL^{-2}），通过用户子程序 FLOW 提供大小

表 2-126　基于单元的分布流量（二）

载荷标识 （*DFLOW）	Abaqus/CAE Load/Interaction	量　纲　式	说　　明
$Sn^{(S)}$	Surface pore fluid	LT^{-1}	面 n 上指定的孔隙流体有效速度（流出面）
$SnNU^{(S)}$	不支持	LT^{-1}	面 n 上指定的非均匀孔隙流体有效速度（流出面），通过用户子程序 DFLOW 提供大小

分布阻抗（表 2-127）

具有声学压力自由度的所有单元可以使用分布阻抗。如"声学和冲击载荷"（《Abaqus 分析用户手册——指定条件、约束与相互作用卷》的 1.4.6 节）所描述的那样指定分布阻抗。

表 2-127　基于单元的分布阻抗

载荷标识 （*IMPEDANCE）	Abaqus/CAE Load/Interaction	量　纲　式	说　　明
In	不支持	无	定义面 n 上阻抗的阻抗属性名称

电通量（表 2-128）

压电单元可以使用电通量。如"压电分析"（《Abaqus 分析用户手册——分析卷》的 1.7.2 节）所描述的那样指定电通量。

表 2-128　基于单元的电通量

载荷标识 （*FLOW）	Abaqus/CAE Load/Interaction	量　纲　式	说　　明
$EBF^{(S)}$	Body charge	CL^{-3}	单位体积的体通量
$ESn^{(S)}$	Surface charge	CL^{-2}	面 n 上指定的面电荷

分布电流密度（表 2-129）

耦合的热-电单元可以使用分布电流密度。如"耦合的热-电分析"（《Abaqus 分析用户手册——分析卷》的1.7.3节）所描述的那样指定分布电流密度。

表2-129　基于单元的电流密度

载荷标识 （＊DECURRENT）	Abaqus/CAE Load/Interaction	量 纲 式	说 明
CBF(S)	Body current	$CL^{-3}T^{-1}$	体积电流密度
CSn(S)	Surface current	$CL^{-2}T^{-1}$	面 n 上的电流密度

分布浓度通量

质量扩散单元可以使用分布浓度通量（表2-130）。如"质量扩散分析"（《Abaqus 分析用户手册——分析卷》的1.9节）所描述的那样指定分布浓度通量。

表2-130　基于单元的分布浓度通量

载荷标识 （＊DFLUX）	Abaqus/CAE Load/Interaction	量 纲 式	说 明
BF(S)	Body concentration flux	PT^{-1}	单位体积的浓度体通量
BFNU(S)	Body concentration flux	PT^{-1}	单位体积的非均匀浓度体通量，通过用户子程序 DFLUX 提供大小
Sn(S)	Surface concentration flux	PLT^{-1}	流入面 n 的单位面积上浓度面通量
SnNU(S)	Surface concentration flux	PLT^{-1}	流入面 n 的单位面积上的非均匀浓度面通量，通过用户子程序 DFLUX 提供大小

基于面的载荷

分布载荷（表2-131）

具有位移自由度的所有单元可以使用基于面的分布载荷。如"分布载荷"（《Abaqus 分析用户手册——指定条件、约束与相互作用卷》的1.4.3节）所描述的那样指定基于面的分布载荷。分布载荷大小是单位面积或者单位体积上的大小，不需要乘以 2π。

表2-131　基于面的分布载荷

载荷标识 （＊DSLOAD）	Abaqus/CAE Load/Interaction	量 纲 式	说 明
HP(S)	Pressure	FL^{-2}	单元面上的静水压力，在整体 Y 坐标上是线性的
P	Pressure	FL^{-2}	单元面上的压力
PNU	Pressure	FL^{-2}	单元面上的非均匀压力（在 Abaqus/Standard 中，通过用户子程序 DLOAD 提供大小；在 Abaqus/Explicit 中，通过用户子程序 VDLOAD 提供大小）

（续）

载荷标识 （＊DSLOAD）	Abaqus/CAE Load/Interaction	量　纲　式	说　　明
SP[S]	Pressure	$FL^{-4}T^2$	单元面上的滞止压力
TRSHR	Surface traction	FL^{-2}	单元面上的剪切牵引力
TRSHRNU[S]	Surface traction	FL^{-2}	单元面上的非均匀剪切牵引力，通过用户子程序 UTRACLOAD 提供大小和方向
TRVEC	Surface traction	FL^{-2}	单元面上的一般牵引力
TRVECNU[S]	Surface traction	FL^{-2}	单元面上的非均匀一般牵引力，通过用户子程序 UTRACLOAD 提供大小和方向
VP[E]	Pressure	$FL^{-3}T$	施加在单元面上的黏性压力。此黏性压力与垂直于面的速度成比例，其方向与运动方向相反

分布热通量（表2-132）

具有温度自由度的所有单元可以使用基于面的热通量。如"热载荷"（《Abaqus 分析用户手册——指定条件、约束与相互作用卷》的 1.4.4 节）所描述的那样指定基于面的热通量。分布热通量的大小是单位面积或者单位体积上的大小，不需要乘以 2π。

表2-132　基于面的分布热通量

载荷标识 （＊DSFLUX）	Abaqus/CAE Load/Interaction	量　纲　式	说　　明
S	Surface heat flux	$JL^{-2}T^{-1}$	流入单元面的单位面积上的热通量（面）
SNU	Surface heat flux	$JL^{-2}T^{-1}$	流入单元面的单位面积上的非均匀热通量（面）（在 Abaqus/Standard 中，通过用户子程序 DFLUX 提供大小；在 Abaqus/Explicit 中，通过用户子程序 VDFLUX 提供大小）

膜条件（表2-133）

具有温度自由度的所有单元可以使用基于面的膜条件。如"热载荷"（《Abaqus 分析用户手册——指定条件、约束与相互作用卷》的 1.4.4 节）所描述的那样指定基于面的膜条件。

表2-133　基于面的膜条件

载荷标识 （＊SFILM）	Abaqus/CAE Load/Interaction	量　纲　式	说　　明
F	Surface film condition	$JL^{-2}T^{-1}\theta^{-1}$	单元面上的膜系数和热沉温度（量纲式 θ）
FNU[S]	Surface film condition	$JL^{-2}T^{-1}\theta^{-1}$	单元面上的非均匀膜系数和热沉温度（量纲式 θ），通过用户子程序 FILM 提供大小

辐射类型（表2-134）

具有温度自由度的所有单元可以使用基于面的辐射条件。如"热载荷"（《Abaqus 分析用户手册——指定条件、约束与相互作用卷》的 1.4.4 节）所描绘的那样指定基于面的辐射条件。

表 2-134　基于面的辐射条件

载荷标识 （＊SRADIATE）	Abaqus/CAE Load/Interaction	量纲式	说明
R	Surface radiation	无量纲	单元面上的辐射率和热沉温度

分布流量（表2-135 和表2-136）

具有孔隙压力自由度的所有单元可以使用基于面的分布流量。如"孔隙流体流动"（《Abaqus 分析用户手册——指定条件、约束与相互作用卷》的 1.4.7 节）所描述的那样指定基于面的分布流量。分布流量大小是单位面积或者单位体积上的大小，不需要乘以 2π。

表 2-135　基于面的分布流量（一）

载荷标识 （＊SFLOW）	Abaqus/CAE Load/Interaction	量纲式	说明
Q(S)	不支持	$F^{-1}L^3T^{-1}$	单元面上的渗漏系数和参考下沉孔隙压力（量纲式 FL^{-2}）
QD(S)	不支持	$F^{-1}L^3T^{-1}$	单元面上的仅排水渗漏系数
QNU(S)	不支持	$F^{-1}L^3T^{-1}$	单元面上的非均匀渗漏系数和参考下沉孔隙压力（量纲式 FL^{-2}），通过用户子程序 FLOW 提供大小

表 2-136　基于面的分布流量（二）

载荷标识 （＊DSFLOW）	Abaqus/CAE Load/Interaction	量纲式	说明
S(S)	Surface pore fluid	LT^{-1}	流出单元面的指定孔隙流体有效速度
SNU(S)	Surface pore fluid	LT^{-1}	流出单元面的非均匀指定孔隙流体有效速度，通过用户子程序 DFLOW 提供大小

分布阻抗

具有声学压力自由度的所有单元可以使用基于面的阻抗。如"声学和冲击载荷"（《Abaqus 分析用户手册——指定条件、约束与相互作用卷》的 1.4.6 节）所描述的那样指定基于面的阻抗。

冲击波载荷

具有位移自由度或者声压自由度的所有单元可以使用基于面的冲击波载荷。如"声学和冲击载荷"（《Abaqus 分析用户手册——指定条件、约束与相互作用卷》的 1.4.6 节）所描述的那样指定基于面的冲击波载荷。如果入射波场包含网格区域外部平面的反射，则可以包含此效应。

电通量

压电单元可以使用基于面的电通量（表 2-137）。在"压电分析"（《Abaqus 分析用户手册——分析卷》的 1.7.2 节）所描述的那样指定基于面的电通量。

表 2-137　基于面的电通量

载荷标识 （ * DSECHARGE）	Abaqus/CAE Load/Interaction	量 纲 式	说 明
ES[S]	Surface charge	CL^{-2}	单元面上指定的面电荷

分布电流密度

耦合的热-电单元可以使用基于面的电流密度（表 2-138）。如"耦合的热-电分析"（《Abaqus 分析用户手册——分析卷》的 1.7.3 节）所描述的那样指定基于面的电流密度。

表 2-138　基于面的分布电流密度

载荷标识 （ * DSECHARGE）	Abaqus/CAE Load/Interaction	量 纲 式	说 明
CS[S]	Surface current	$CL^{-2}T^{-1}$	单元面上电流密度

单元输出

在整体方向上输出，除非通过截面定义（见"方向"，《Abaqus 分析用户手册——介绍、空间建模、执行与输出卷》的 2.2.5 节）为单元赋予了局部坐标系，在此情况中，输出是在局部坐标系（在大位移分析中随着运动旋转）中进行的。详细内容见"状态存储"（《Abaqus 理论手册》的 1.5.4 节）。对于规则的轴对称单元，局部方向必须在 $r-z$ 平面中，并且主方向必须是 θ。对于具有扭曲的广义轴对称单元，局部方向是任意的。

应力、应变和其他张量分量

具有位移自由度的单元可以使用应力和其他张量（包括应变张量）。所有张量具有相同的分量。例如，应力分量见表 2-139 和表 2-140。

表 2-139　具有位移自由度的单元（无扭曲）

标 识	说 明
S11	径向或者局部 1 方向上的应力
S22	轴向或者局部 2 方向上的应力
S33	环向正应力
S12	剪切应力

表 2-140　具有位移自由度的单元（有扭曲）

标　　识	说　　明
S11	径向或者局部 1 方向上的应力
S22	轴向或者局部 2 方向上的应力
S33	环向正应力
S12	剪切应力
S13	剪切应力
S23	剪切应力

热通量分量

具有温度自由度的单元可以使用表 2-141 所列分量。

表 2-141　热通量分量

标　　识	说　　明
HFL1	径向或者局部 1 方向上的热通量
HFL2	轴向或者局部 2 方向上的热通量

孔隙流体速度分量

具有孔隙压力自由度的单元可以使用表 2-142 所列分量（不用于声学单元）。

表 2-142　孔隙流体速度分量

标　　识	说　　明
FLVEL1	径向或者局部 1 方向上的孔隙流体有效速度
FLVEL2	轴向或者局部 2 方向上的孔隙流体有效速度

质量浓度通量分量

具有浓度自由度的单元可以使用表 2-143 所列分量。

表 2-143　质量浓度通量分量

标　　识	说　　明
MFL1	径向或者局部 1 方向上的质量浓度通量
MFL2	轴向或者局部 2 方向上的质量浓度通量

电势梯度

具有电势自由度的单元可以使用表 2-144 所列分量。

表 2-144　电势梯度

标　　识	说　　明
EPG1	1 方向上的电势梯度
EPG2	2 方向上的电势梯度

电通量分量

压电分析可以使用表2-145所列分量。

表2-145 电通量分量

标　识	说　明
EFLX1	1方向上的电通量
EFLX2	2方向上的电通量

电流密度分量

耦合的热-电单元可以使用表2-146所列分量。

表2-146 电流密度分量

标　识	说　明
ECD1	1方向上的电流密度
ECD2	2方向上的电流密度

单元中的节点顺序和面编号（图2-16）

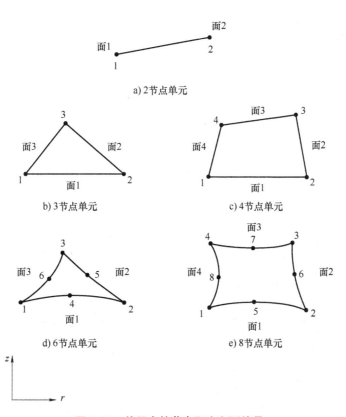

图2-16 单元中的节点顺序和面编号

2 节点单元面（表2-147）

表2-147　2 节点单元面

面1	节点1处的截面
面2	节点2处的截面

三角形单元面（表2-148）

表2-148　三角形单元面

面1	1-2 面
面2	2-3 面
面3	3-1 面

四边形单元面（表2-149）

表2-149　四边形单元面

面1	1-2 面
面2	2-3 面
面3	3-4 面
面4	4-1 面

输出积分点编号（图2-17）

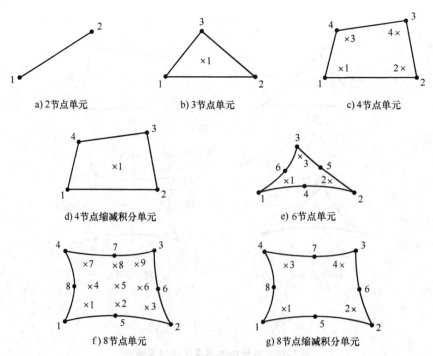

图2-17　输出积分点编号

对于热传导应用，三角形单元使用不同的积分策略。如"三角形、四面体和楔形单元"（《Abaqus 理论手册》3.2.6 节）所描述的那样。

2.1.7 非线性、非对称变形的轴对称实体单元

产品：Abaqus/Standard

参考

- "选择单元的维度"，1.2 节
- "实体（连续）单元"，2.1.1 节
- ∗ SOLID SECTION

概览

本节提供 Abaqus/Standard 中可用的轴对称实体单元的参考。这些单元适用于中空心体分析，如管子和压力容器；也可以模拟实体，但在零半径处会出现伪应力，特别是在施加了横向剪切载荷的时候。

约定

坐标 1 是 r，坐标 2 是 z。参考"选择单元的维度"（1.2 节）中的相关图，r 方向对应于 $\theta = 0°$ 平面中的整体 X 方向和 $\theta = 90°$ 平面中的整体 $-Z$ 方向，z 方向对应于整体 Y 方向。坐标 1 必须大于或者等于零。

自由度 1 是 u_r，自由度 2 是 u_z。自由度 u_θ 是用户无法控制的内部变量。

单元类型

应力/位移单元（表 2-150）

表 2-150　应力/位移单元

标　　识	说　　明
CAXA4N	双线性、每个 $r-z$ 平面具有 4 个节点的傅里叶四边形单元
CAXA4HN	双线性、每个 $r-z$ 平面具有 4 个节点的傅里叶四边形、具有恒定傅里叶压力的杂交单元
CAXA4RN	双线性、每个 $r-z$ 平面具有 4 个节点的傅里叶四边形、使用沙漏控制在 $r-z$ 平面中缩减积分的单元

（续）

标　识	说　明
CAXA4RHN	双线性每个$r-z$平面具有4个节点的傅里叶四边形、具有恒定傅里叶压力、在$r-z$平面中缩减积分的单元
CAXA8N	双二次、每个$r-z$平面具有8个节点的傅里叶四边形单元
CAXA8HN	双二次、每个$r-z$平面具有8个节点的傅里叶四边形、具有线性傅里叶压力的杂交单元
CAXA8RN	双二次、每个$r-z$平面具有8个节点的傅里叶四边形、在$r-z$平面中缩减积分的单元
CAXA8RHN	双二次、每个$r-z$平面具有8个节点的傅里叶四边形、在$r-z$平面中缩减积分、具有线性傅里叶压力的杂交单元

有效自由度

1、2。

附加解变量

双线性单元有$4N$个与u_θ相关的附加变量，双二次单元有$8N$个与u_θ相关的附加变量。

单元类型 CAXA4HN 和 CAXA4RHN 具有$1+N$个与压应力相关的附加变量。

单元类型 CAXA8HN 和 CAXA8RHN 具有$3（1+N）$个与压应力相关的附加变量。

孔隙压力单元（表2-151）

表 2-151　孔隙压力单元

标　识	说　明
CAXA8PN	双二次、每个$r-z$平面具有8个节点的傅里叶四边形、双线性傅里叶孔隙压力单元
CAXA8RPN	双二次、每个$r-z$平面具有8个节点的傅里叶四边形、双线性傅里叶孔隙压力、在$r-z$平面中缩减积分的单元

有效自由度

角节点处的1、2、8；中节点处的1、2。

附加解变量

$8N$个与u_θ相关的附加变量。

所需节点坐标

r，z。

单元属性定义

输入文件用法：　　　* SOLID SECTION

基于单元的载荷

即使在 $r-z$ 平面中 $\theta=0$ 和 $\theta=\pi$ 处的对称性允许模拟半个初始轴对称结构，仍然需要将载荷指定成施加在整个轴对称体上总载荷。例如，在圆柱壳上施加一个单位的均匀轴向力。要在具有 4 个节点的 CAXA 单元上产生单位载荷，在 $\theta=0$、$\pi/4$、$\pi/2$、$3\pi/4$ 和 π 处的节点力应分别是 1/8、1/4、1/4、1/4 和 1/8。

分布载荷（表 2-152）

如"分布载荷"（《Abaqus 分析用户手册——指定条件、约束与相互作用卷》的 1.4.3 节）所描述的那样指定分布载荷。

表 2-152　基于单元的分布载荷

载荷标识 （*DLOAD）	量 纲 式	说　　明
BX	FL^{-3}	整体 X 方向上单位体积的体力
BZ	FL^{-3}	z 方向上单位体积的体力
BXNU	FL^{-3}	整体 X 方向上的非均匀体力，通过用户子程序 DLOAD 提供大小
BZNU	FL^{-3}	z 方向上的非均匀体力，通过用户子程序 DLOAD 提供大小
Pn	FL^{-2}	面 n 上的压力
PnNU	FL^{-2}	面 n 上的非均匀压力，通过用户子程序 DLOAD 提供大小
HPn	FL^{-2}	面 n 上的静水压力，在整体 Y 方向上是线性的

基础（表 2-153）

如"单元基础"（《Abaqus 分析用户手册——介绍、空间建模、执行与输出卷》的 2.2.2 节）所描述的那样指定基础。

表 2-153　基于单元的基础

载荷标识 （*FOUNDATION）	量 纲 式	说　　明
Fn	FL^{-3}	面 n 上的弹性基础

分布流量（表 2-154）

具有孔隙压力自由度的单元可以使用分布流量。如"耦合的孔隙流体扩散和应力分析"（《Abaqus 分析用户手册——分析卷》的 1.8.1 节）所描绘的那样指定分布流量。

表 2-154　基于单元的分布流量

载荷标识 （*FLOW/DFLOW）	量 纲 式	说　　明
Qn	$F^{-1}L^3T^{-1}$	与面 n（FL^{-2} 的单位）上的面孔隙压力和参考下沉孔隙压力之差成比例的渗漏（向外正常流动）

（续）

载荷标识 （＊FLOW/DFLOW）	量 纲 式	说 明
QnD	$F^{-1}L^3T^{-1}$	仅当面孔隙压力为正时，与面 n 上的孔隙压力成比例的仅排水渗漏（向外正常流动）
QnNU	$F^{-1}L^3T^{-1}$	非均匀渗漏（向外正常流动），与面 n（FL^{-2} 的单位）上的面孔隙压力和参考下沉孔隙压力之差成比例，通过用户子程序 FLOW 提供大小
Sn	LT^{-1}	在面 n 上指定的孔隙流体速度（向外正常流动）
SnNU	LT^{-1}	面 n 上的非均匀指定孔隙流体速度（流出面），通过用户子程序 DFLOW 提供大小

单元输出

关于 θ 的数值积分采用梯形法则。在单元中有 $2(N+1)$ 个等间距的积分平面，包括 $\theta=0°$ 和 $\theta=180°$ 的平面，N 是傅里叶模数的个数。因此，对应于施加在圆周方向上的压力载荷的径向节点力，在 1 个傅里叶模数项上以 1:1 的比例分布，在 2 个傅里叶模数项上以 1:2:1 的比例分布，在 4 个傅里叶模数项上以 1:2:2:2:1 的比例分布。这些连续节点力的总和等于在 2π 上施加压力的积分值。

如下文所描述的那样进行输出，除非通过截面定义（见"方向"，《Abaqus 分析用户手册——介绍、空间建模、执行与输出卷》的 2.2.5 节）为单元赋予了 $r-z$ 平面内的局部坐标系，在此情况中，分量在局部方向（在大位移分析中随运动旋转）上。详细内容见"状态存储"（《Abaqus 理论手册》的 1.5.4 节）。

应力、应变和其他张量分量

具有位移自由度的单元可以使用应力和其他张量（包括应变张量）。所有张量具有相同的分量。例如，应力分量见表 2-155。

表 2-155 应力分量

标 识	说 明
S11	径向或者局部 1 方向上的应力
S22	轴向或者局部 2 方向上的应力
S33	圆周方向上的应力
S12	剪切应力
S13	剪切应力
S23	剪切应力

单元中的节点顺序和面编号

每个单元 $\theta=0$ 处的第一个 $r-z$ 平面中的节点顺序如图 2-18 所示。每个单元必须定义 N

个以上的节点平面，其中 N 是傅里叶模数的数量。每个平面中的节点顺序是一样的。用户可以指定每个平面中的节点。另外，用户还可以指定单元第一个 $r-z$ 平面中的节点顺序，Abaqus/Standard 将通过为单元的 N 个平面的每个节点依次添加一个固定的节点偏移量，来生成单元的所有其他节点。默认情况下，该偏移量为100000（见"单元定义"，《Abaqus 分析用户手册——介绍、空间建模、执行与输出卷》的 2.2.1 节）。

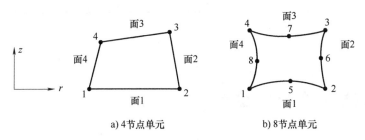

a) 4节点单元　　　　　b) 8节点单元

图 2-18　第一个 $r-z$ 平面中的节点顺序

单元面（表 2-156）

表 2-156　单元面

面 1	1-2 面
面 2	2-3 面
面 3	3-4 面
面 4	4-1 面

输出积分点编号

$\theta = 0$ 处的第一个 $r-z$ 平面中的积分点如图 2-19 所示。积分点在 $r-z$ 积分平面内按 θ 的位置升序排列。

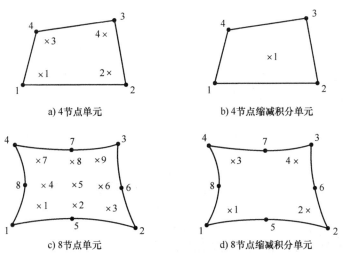

a) 4节点单元　　　　　　　　　b) 4节点缩减积分单元

c) 8节点单元　　　　　　　　　d) 8节点缩减积分单元

图 2-19　积分点编号

2.2 流体连续单元和流体单元库

2.2.1 流体（连续）单元

产品：Abaqus/CFD　　Abaqus/CAE

参考

- "流体单元库"，2.2.2 节
- "创建均质流体截面"，《Abaqus/CAE 用户手册》的 12.13.13 节

概览

提供流体单元来离散 Abaqus/CFD 中的区域。在 Abaqus/CFD 实体热传导分析中，流体截面可以参考这些单元来定义流体区域，或者实体截面可以参考这些单元来定义实体区域。

选择合适的单元

可以使用三维流体单元。

命名约定

Abaqus 中流体单元的命名如下：

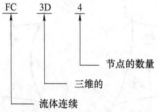

例如，FC3D8 是三维 8 节点六面体流体单元。

流体单元的有效场

流体流动分析中场的有效性不是由单元类型决定的，而是由分析过程及其选项决定的。单元类型的唯一作用是定义用来离散连续体的单元形状。

2.2.2 流体单元库

产品：Abaqus/CFD　　Abaqus/CAE

参考

- "流体（连续）单元"，2.2.1 节

概览

本节提供 Abaqus/CFD 中可用的流体单元的参考。

单元类型

流体单元（表 2-157）

表 2-157　流体单元

标　　识	说　　明
FC3D4	4 节点四面体单元
FC3D5	5 节点金字塔单元
FC3D6	6 节点楔形单元
FC3D8	8 节点六面体单元

有效自由度

分析过程及其选项决定了有效自由度，如能量方程和湍流模型。更多内容见 "Abaqus/CFD 中的边界条件" 中的 "有效自由度"（《Abaqus 分析用户手册——指定条件、约束与相互作用卷》的 1.3.2 节）。

附加解变量

无。

所需节点坐标

X, Y, Z。

单元属性定义

输入文件用法： 使用下面的选项定义流动的单元属性：

* FLUID SECTION

使用下面的选项定义无流动的热传导的单元属性：

* SOLID SECTION

Abaqus/CAE 选项：在 Abaqus/CAE 中，用户仅可以为流动定义单元属性。

Property module：Create Section：选择 Fluid 作为截面

基于单元的载荷

分布载荷（表 2-158）

所有流体单元类型可以使用分布载荷。如"分布载荷"（《Abaqus 分析用户手册——指定条件、约束与相互作用卷》的 1.4.3 节）所描述的那样指定分布载荷。

表 2-158　基于单元的分布载荷

载荷标识 （* DLOAD）	Abaqus/CAE Load/Interaction	量　纲　式	说　　　明
BX	Body force	FL^{-3}	整体 X 方向上的体力
BY	Body force	FL^{-3}	整体 Y 方向上的体力
BZ	Body force	FL^{-3}	整体 Z 方向上的体力
GRAV	Gravity	LT^{-2}	指定方向上的重力载荷（大小输入成加速度）
PDBF	Porous drag body force	无	孔隙阻力体力载荷（指定孔隙率作为输入）

分布热通量（表 2-159）

当在分析过程中激活了温度方程时，可以使用分布热通量。如"热载荷"（《Abaqus 分析用户手册——指定条件、约束与相互作用卷》的 1.4.4 节）所描述的那样指定分布热通量。

表 2-159　基于单元的分布热通量

载荷标识 （* DFLUX）	Abaqus/CAE Load/Interaction	量　纲　式	说　　　明
BF	Body heat flux	$JL^{-3}T^{-1}$	单位体积的热通量（体）

基于面的载荷

分布热通量（表2-160）

在分析过程中激活了温度方程时，所有单元可以使用基于面的热通量。如"热载荷"（《Abaqus 分析用户手册——指定条件、约束与相互作用卷》的 1.4.4 节）所描述的那样指定基于面的热通量。

表 2-160　基于面的分布热通量

载荷标识 （∗DSFLUX）	Abaqus/CAE Load/Interaction	量 纲 式	说 明
S	Body heat flux	$JL^{-2}T^{-1}$	流入单元面的单位面积上的热通量（面）

膜条件（表2-161）

当在分析过程中激活了温度方程时，所有单元可以使用基于面的膜条件。如"热载荷"（《Abaqus 分析用户手册——指定条件、约束与相互作用卷》的 1.4.4 节）所描述的那样指定基于面的膜条件。

表 2-161　基于面的膜条件

载荷标识 （∗SFILM）	Abaqus/CAE Load/Interaction	量 纲 式	说 明
F	Surface film condition	$JL^{-2}T^{-1}\theta^{-1}$	单元面上的膜系数和热沉温度（量纲式 θ）

辐射类型（表2-162）

当在分析过程中激活了温度方程时，所有单元可以使用基于面的辐射条件。如"热载荷"（《Abaqus 分析用户手册——指定条件、约束与相互作用卷》的 1.4.4 节）所描述的那样指定基于面的辐射条件。

表 2-162　基于面的辐射条件

载荷标识 （∗SRADIATE）	Abaqus/CAE Load/Interaction	量 纲 式	说 明
R	Surface radiation	无量纲	单元面上的辐射率和热沉温度（量纲式 θ）

单元输出

单元输出总是在整体方向上。

单元中的节点顺序和面编号

所有单元（图2-20）

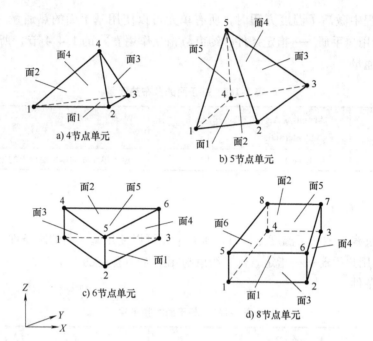

图2-20　节点顺序

四面体单元面（表2-163）

表2-163　四面体单元面

面1	1-3-2 面
面2	1-2-4 面
面3	2-3-4 面
面4	1-4-3 面

金字塔单元面（表2-164）

表2-164　金字塔单元面

面1	1-4-3-2 面
面2	1-2-5 面
面3	2-3-5 面
面4	3-4-5 面
面5	1-5-4 面

楔形（三棱柱）单元面（表2-165）

表2-165　楔形（三棱柱）单元面

面1	1-3-2 面
面2	4-5-6 面
面3	1-2-5-4 面
面4	2-3-6-5 面
面5	1-4-6-3 面

六面体（块）单元面（表2-166）

表2-166　六面体（块）单元面

面1	1-4-3-2 面
面2	5-6-7-8 面
面3	1-2-6-5 面
面4	2-3-7-6 面
面5	3-4-8-7 面
面6	1-5-8-4 面

2.3 无限单元和无限单元库

2.3.1 无限单元

产品：Abaqus/Standard　　Abaqus/Explicit　　Abaqus/CAE

参考

- "无限单元库"，2.3.2 节
- ＊SOLID SECTION
- "创建声学无限截面"，《Abaqus/CAE 用户手册》的 12.13.17 节

概览

无限单元：
- 用于在无边界区域中定义的边界值问题，或者与周围介质相比感兴趣区域较小的问题。
  - 通常与有限单元相连接。
  - 只能具有线性行为。
  - 在静态实体连续分析中提供刚度。
  - 在动态分析中提供"安静的"有限元模型边界。
  使用实体截面定义来定义无限单元的截面属性。

典型应用

分析者有时需要处理在无边界区域中定义的边界值问题，或者与周围介质相比感兴趣区域较小的问题。在这种情况下，无限单元用于与一阶或者二阶平面单元、轴对称单元和三维有限元单元相连接。应当使用标准的有限单元模拟感兴趣的区域，而使用无限单元模拟远场区域。

选择合适的单元

可以使用平面应力单元、平面应变单元、三维单元和轴对称无限元单元。在 Abaqus/

Standard 中，可以使用缩减积分单元。

在 Abaqus/Standard 中，单元类型 CIN3D18R 可与三维节点数量可变实体单元 C3D15V、C3D27 和 C3D27R 一起使用。

Abaqus 中也可以使用声学无限单元。

命名约定

Abaqus 中无限单元的命名如下：

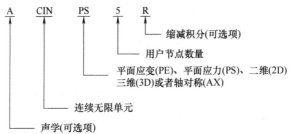

例如，CINAX4 是 4 节点轴对称无限单元。

定义单元的截面属性

用户使用实体截面定义来定义截面属性。必须将这些属性与模型的一个区域相关联。

输入文件用法：　　＊SOLID SECTION，ELSET = 名称

　　　　　　　　　其中，ELSET 参数参考一个无限单元的集合。

Abaqus/CAE 用法：Abaqus/CAE 中仅支持声学无限截面。

　　　　　　　　　Property module：

　　　　　　　　　Create Section：选择 Other 作为截面 Category，选择 Acoustic infinite 作为截面 Type

　　　　　　　　　Assign→Section：选择区域

定义平面应变和平面应力单元的厚度

由用户定义平面应变和平面应力单元的厚度，此厚度是截面定义的一部分。如果不指定厚度，则默认为单位厚度。

输入文件用法：　　＊SOLID SECTION

　　　　　　　　　厚度

Abaqus/CAE 用法：Abaqus/CAE 中不支持结构无限截面。

定义声学无限单元的参考点和厚度

对于声学无限单元，用户需要指定厚度和参考点。在三维单元和轴对称单元中忽略厚度。可以在截面定义中将一个节点指定成参考点（见下文），或者通过在厚度值后面的数据行中给出参考点的坐标来直接指定参考点。如果同时使用这两种方法，则前者优先。如果用

户根本没有定义参考点，则发出一个错误信息。

根据参考点的位置确定声学无限单元每个节点处的"半径"和"节点射线"，如图2-21所示。

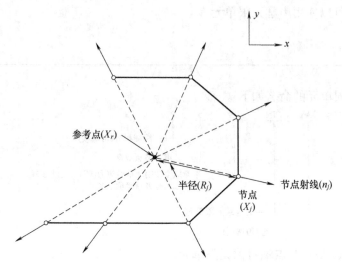

图2-21　声学无限单元的参考点和节点射线

每条节点射线是参考点与节点之间连线方向上的单位向量。在声学无限单元的方程中使用这些半径和射线。参考点的位置并不重要，只要靠近由无限单元包围的有限区域的中心即可。如果在球面上放置声学无限单元，则参考点的最佳位置是球心。

使用特定实体截面定义来定义截面属性的声学无限单元，不能与具有不同实体截面定义的声学无限单元共享任何节点，以确保每个声学无限单元节点都有唯一的参考点（从而有唯一的"半径"和"节点射线"）。

使用节点射线计算无限单元界面上每个节点处的"余弦"值。此"余弦"等于单位节点射线和节点周围所有声学无限单元面片的单位法向的最小点积（图2-22）。"余弦"为负值将发出错误信息。所有声学无限单元的节点"半径"和"余弦"作为节点（模型）数据打印到数据（.dat）文件中。有关在方程中使用这些量的详细内容见"声学无限单元"（《Abaqus理论手册》的3.3.2节）。

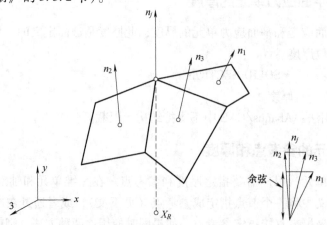

图2-22　定义声学无限单元的余弦

输入文件用法：　　　∗ SOLID SECTION，REF NODE = 节点编号或者节点集合名称
厚度

Abaqus/CAE 用法：Property module：Create Section：选择 Other 作为截面 Category，选择
Acoustic infinite 作为截面 Type；Plane stress/strain thickness：厚度
具有相关参考节点的零件区域必须赋予声学无限截面。定义参考
节点：
Part module 或者 Property module：Tools→Reference Point：
选择参考点

定义声学无限单元的插值阶数

对于声学无限单元，无限方向上的声场变化，是通过一组十项九次多项式组中的几个方程来给出的（更多内容见"声学无限单元"，《Abaqus 理论手册》的 3.3.2 节）。将此多项式中的项构建成相应球体的勒让德模式，即如果将无限单元放置在一个球体上，并且在切向上进行了足够的细化，则第 i 阶声学无限单元将吸收掉与第（$i-1$）阶勒让德模式相关的波。在 Abaqus/Explicit 中，使用多项式的 10 个项求解无限方向上的声学场变量所需的费用是巨大的。在这种情况下，用户可能希望仅包括多项式的前几项，但应当意识到由于使用缩减的多项式而产生的精度损失（即增加了声学无限单元处的反射）。在 Abaqus/Explicit 中，用户可以指定要使用的九次多项式的项数 N。默认使用所有的 10 个项；在 Abaqus/Standard 中总是使用所有的 10 个项。如果指定小于 10 的值，将使用前 N 个项来模拟无限方向上声场的变化。

输入文件用法：　　　∗ SOLID SECTION，ORDER = N

Abaqus/CAE 用法：Property module：Create Section：选择 Other 作为截面 Category，选择
Acoustic infinite 作为截面 Type：Order：N

为无限单元集合赋予材料定义

用户必须将材料定义与每个无限单元截面定义关联起来。另外，用户也可以将材料方向定义与截面关联起来（见"方向"，《Abaqus 分析用户手册——介绍、空间建模、执行与输出卷》的 2.2.5 节）。

假定远场中的解是线性的，因此，与无限单元相关联的行为只能是线性的（"线弹性行为"，《Abaqus 分析用户手册——材料卷》的 2.2.1 节）。在动力学分析中，无限单元中的材料响应也假定成各向同性的。

在 Abaqus/Explicit 中，赋予无限单元的材料属性必须与线性区域中相邻有限单元的材料属性相匹配。

对于声学无限单元，只有声学介质材料（"声学属性"，《Abaqus 分析用户手册——材料卷》的 6.3 节）是有效的。

输入文件用法：　　　∗ SOLID SECTION，MATERIAL = 名称，ORIENTATION = 名称

Abaqus/CAE 用法：Abaqus/CAE 中仅支持声学无限截面。
Create Section：选择 Other 作为截面 Category，选择 Acoustic infinite
作为截面 Type：Material：名称

Assign→Material Orientation：选择区域

Assign→Section：选择区域

定义实体介质无限单元的节点

将无限单元的节点编号定义成使得与网格的有限元部分连接的面是无限元的第一个面。

显式动力学分析中对不属于第一个面的无限元节点的处理方式不同于其他过程。这些节点在无限方向上远离有限单元网格。这些节点的位置在显式分析中并无意义，并且在显式动力学过程中不能使用这些节点指定载荷和边界条件。在其他过程中，这些外部节点在单元定义中是重要的，并且可以在载荷和边界条件定义中使用它们。

除了显式过程，实体介质单元方程的基础：沿着每个单元边延伸到无穷远的远场解以原点为中心，此原点称为"极点"。例如，施加在半空间边界上的点载荷的解，其极点是载荷的施加点。在无限方向上正确选择节点相对于极点的位置是重要的。沿每条边指向无限方向的第二个节点的位置，必须使其与极点的距离是同一边上有限元与无限元之间的第一个节点到极点距离的两倍。图2-23～图2-25所示为三个例子。除了考虑这一长度关系外，用户还必须指定无限方向上第二个节点的位置，使得单元边在无限方向上不相交，否则将无法得到唯一的映射（图2-26）。如果出现此类问题，Abaqus将停止运行并发出一个错误信息。在无限方向上定义第二个节点的简便方法是从极点处的节点投射原点处的节点（见"节点定义"中的"从极点投射旧集合中的节点"，《Abaqus分析用户手册——介绍、空间建模、执行与输出卷》的2.1.1节）。使用有限单元与无限单元之间的极点和边界上节点的位置。

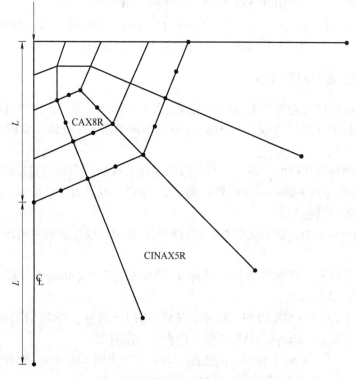

图2-23 弹性半空间中的点载荷

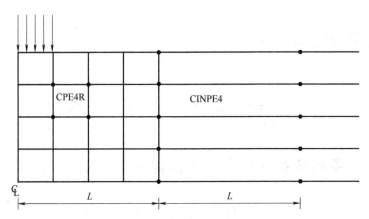

图 2-24 无限延伸土层上的条形基础

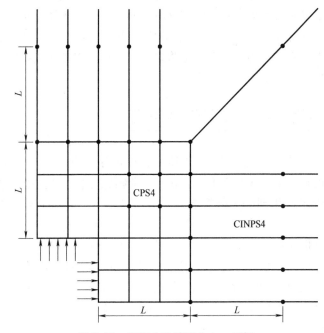

图 2-25 具有方孔的四分之一平板

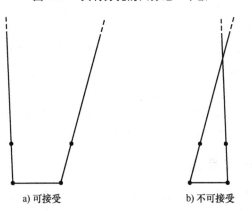

a) 可接受　　　　　　　b) 不可接受

图 2-26 可接受和不可接受的二维无限单元例子

定义声学无限单元的节点

只需为连接到网格有限单元部分的面定义声学无限单元节点。其他节点由 Abaqus 在"节点射线"（图 2-21）方向上内部生成。节点射线（见本节前面定义参考节点的部分）定义声学无限单元的边。

在平面应力和平面应变分析中使用实体介质无限单元

在平面应力和平面应变分析中，当载荷未达到自平衡时，远场位移通常具有 $u = \ln (r)$ 的形式，其中 r 是到原点的距离。此形式说明随着 r 趋向于无穷大，位移也趋向于无穷大。对于这种情况，无限单元将不提供唯一的位移解。然而，经验表明，仍然可以使用它们，前提是将位移结果视为具有任意参考值。因此，模型有限单元部分中的应变、应力和相对位移将随着模型的细化收敛成唯一的值；总位移将取决于使用有限单元模拟的区域的大小。如果载荷是自平衡的，则总位移也将收敛成唯一的解。

在动力学分析中使用实体介质无限单元

在直接积分的隐式动力学响应分析（"使用直接积分的隐式动力学分析"，《Abaqus 分析用户手册——分析卷》的 1.3.2 节）、稳态动力学频域分析（"直接求解的稳态动力学分析"，《Abaqus 分析用户手册——分析卷》的 1.3.4 节）、矩阵生成（"生成结构矩阵"，《Abaqus 分析用户手册——分析卷》的 5.3.1 节）、超单元生成（"使用子结构"，《Abaqus 分析用户手册——分析卷》的 5.1.1 节）和显式动力学分析（"显式动力学分析"，《Abaqus 分析用户手册——分析卷》的 1.3.3 节）中，无限单元通过阻尼矩阵为有限单元模型提供"安静的"边界；单元的刚度矩阵被抑制，单元对系统的特征值没有任何贡献。单元保持动力学响应分析开始时在此边界上存在的静态力；因此，无限单元中的远场节点在动力学响应过程中将不产生位移。

在动态步中，无限单元在有限单元边界上引入附加的法向牵引力和切向牵引力，它们与边界速度的法向分量和切向分量成比例。选择这些边界阻尼系数的目的是使反射回有限单元网格的膨胀波能量和剪切波能量最小化。此方程不能提供网格外能量的完美传输，除非在各向同性介质中，平面体波垂直撞击边界。然而，对于大部分实际情况，此方程通常能够提供可接受的模拟效果。

在动力学响应分析中，无限单元保持边界上的静应力不变，但不提供任何刚度。然而，通常会发生一些模拟区域的刚体运动。但此影响通常比较小。

优化有限单元网格的能量传递

对于动力学情况，无限单元从有限单元网格传输能量（不捕获或者反射能量）的能力，是通过使有限单元与无限单元之间的边界尽可能垂直于将要施加在边界上的波的传播方向来优化的。接近 Rayleigh 波很重要的自由面时，或者接近 Love 波很重要的材料界面时，如果波与面垂直，则无限单元是最有效的（Rayleigh 波和 Love 波是随着与面之间的距离增大而衰减的表面波）。

对于声学介质无限单元，这些一般准则也适用。

定义初始应力场和相应的体力场

在许多应用中，尤其是在岩土工程问题中，必须定义初始应力场和相应的体力场。对于标准单元，用户将初始应力场定义为初始条件（"定义初始应力"中的"Abaqus/Standard 和 Abaqus/Explicit 中的初始条件"，《Abaqus 分析用户手册——指定条件、约束与相互作用卷》的 1.2.1 节），并将相应的体力场定义成分布载荷（"分布载荷"，《Abaqus 分析用户手册——指定条件、约束与相互作用卷》的 1.4.3 节）。不能为无限单元定义体力，因为它们是无限延伸的。因此，Abaqus 自动在无限单元的节点处插入力，以使得在分析开始时，这些节点处于静平衡状态。在整个分析过程中，这些力保持不变。此功能允许在无限单元中定义初始岩土应力场，但不检查岩土应力场是否合理。如果应力场是由体力载荷（如重力载荷）产生的，则此载荷必须在整个步上保持不变。在多步分析中，此载荷必须在所有步上保持不变。

必须记住，当无限单元与初始应力条件结合使用时，初始应力场必须处于平衡状态。在 Abaqus/Standard 中，任何确定初始静态（稳态）平衡条件的过程都适合作为分析的第一步；例如，可以使用静态步（"静应力分析"，《Abaqus 分析用户手册——分析卷》的 1.2.2 节）、岩土应力场步（"岩土应力状态"，《Abaqus 分析用户手册——分析卷》的 1.8.2 节）、耦合的孔隙流体扩散/应力步（"耦合的孔隙流体扩散和应力分析"，《Abaqus 分析用户手册——分析卷》的 1.8.1 节）和稳态完全耦合的热-应力步（"完全耦合的热-应力分析"，《Abaqus 分析用户手册——分析卷》的 1.5.3 节）作为第一步。要在 Abaqus/Explicit 中检查平衡，可在未加载的情况下执行初始步（除了创建初始应力场的体力）并确认加速度很小。

2.3.2　无限单元库

产品：Abaqus/Standard　　Abaqus/Explicit　　Abaqus/CAE

参考

- "无限单元"，2.3.1 节
- ∗SOLID SECTION

概览

本节提供 Abaqus/Standard 和 Abaqus/Explicit 中可用的无限单元参考。

单元类型

平面应变实体连续无限单元（表 2-167）

表 2-167　平面应变实体连续无限单元

标　识	说　明
CINPE4	4 节点线性单向无限单元
CINPE5R[(S)]	5 节点二次单向无限单元

有效自由度

1、2。

附加解变量

无。

平面应力实体连续无限单元（表 2-168）

表 2-168　平面应力实体连续无限单元

标　识	说　明
CINPS4	4 节点线性单向无限单元
CINPS5R[(S)]	5 节点二次单向无限单元

有效自由度

1、2。

附加解变量

无。

三维实体连续无限单元（表 2-169）

表 2-169　三维实体连续无限单元

标　识	说　明
CIN3D8	8 节点线性单向无限单元
CIN3D12R[(S)]	12 节点二次单向无限单元
CIN3D18R[(S)]	18 节点二次单向无限单元

有效自由度

1、2、3。

附加解变量

无。

轴对称实体连续无限单元（表2-170）

表2-170 轴对称实体连续无限单元

标　识	说　明
CINAX4	4节点线性单向无限单元
CINAX5R[S]	5节点二次单向无限单元

有效自由度

1、2。

附加解变量

无。

二维声学无限单元（表2-171）

表2-171 二维声学无限单元

标　识	说　明
ACIN2D2	2节点线性声学无限单元
ACIN2D3[S]	3节点二次声学无限单元

有效自由度

8。

三维声学无限单元（表2-172）

表2-172 三维声学无限单元

标　识	说　明
ACIN3D3	3节点线性三角形声学无限单元
ACIN3D4	4节点线性四边形声学无限单元
ACIN3D6[S]	6节点二次三角形声学无限单元
ACIN3D8[S]	8节点二次四边形声学无限单元

有效自由度

8。

轴对称声学无限单元（表2-173）

表2-173 轴对称声学无限单元

标　识	说　明
ACINAX2	2节点线性声学无限单元
ACINAX3[S]	3节点二次声学无限单元

有效自由度

8。

所需节点坐标

平面应力和平面应变实体连续单元：X，Y。

二维声学单元：X，Y。

三维实体连续和声学单元：X，Y，Z。

轴对称实体连续和声学单元：r，z。

在声学无限单元的节点处不指定法向方向，Abaqus 将自动计算它们（详细内容见"无限单元"，2.3.1 节）。

单元属性定义

对于二维平面应变单元和二维平面应力单元，必须提供单元厚度，默认为单位厚度。

对于三维单元和轴对称实体单元，不需要指定厚度。

对于声学单元，在指定厚度后，还需要指定参考点。

输入文件用法：　　 * SOLID SECTION

Abaqus/CAE 用法：Abaqus/CAE 中仅支持声学无限截面。

　　　　　　　　　 Property module：Create Section：选择 Other 作为截面 Category，选择 Acoustic infinite 作为截面 Type

基于单元的载荷

无。

单元输出

应力、应变和其他张量分量

对于无限单元，不能从 Abaqus/Explicit 中得到输出。可以从 Abaqus/Standard 中得到具有位移自由度的无限单元应力和其他张量（包括应变张量）。所有张量具有相同的分量。例如，应力分量见表 2-174。

表 2-174　应力分量

标　识	说　明
S11	XX 正应力或者轴对称单元的径向应力
S22	YY 正应力或者轴对称单元的轴向应力

（续）

标　识	说　明
S33	ZZ 正应力（不用于平面应力单元）或者轴对称单元的环向应力
S12	XY 切应力或者轴对称单元的剪切应力
S13	XZ 切应力（不用于平面应力、平面应变和轴对称单元）
S23	YZ 切应力（不用于平面应力、平面应变和轴对称单元）

单元中的节点顺序和面编号

平面应力和平面应变实体连续单元（图 2-27）

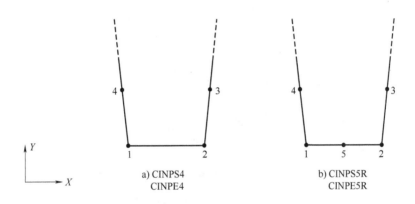

图 2-27　平面应力和平面应变实体连续单元的节点顺序

轴对称实体连续单元（图 2-28）

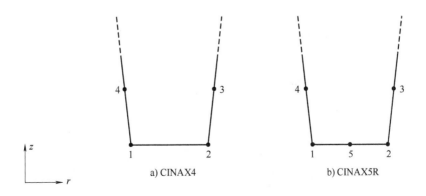

图 2-28　轴对称实体连续单元的节点顺序

三维实体连续单元（图 2-29）

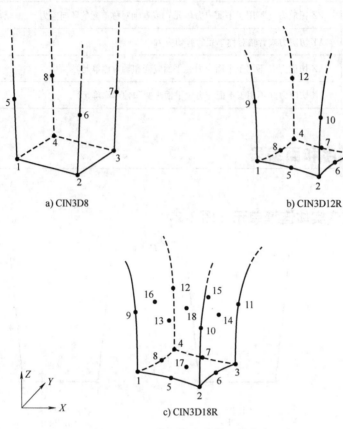

a) CIN3D8

b) CIN3D12R

c) CIN3D18R

图 2-29　三维实体连续单元的节点顺序

二维和轴对称声学无限单元（图 2-30）

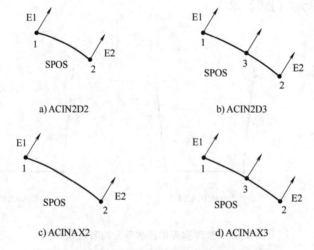

a) ACIN2D2

b) ACIN2D3

c) ACINAX2

d) ACINAX3

图 2-30　二维和轴对称声学无限单元的节点顺序

三维声学无限单元（图 2-31）

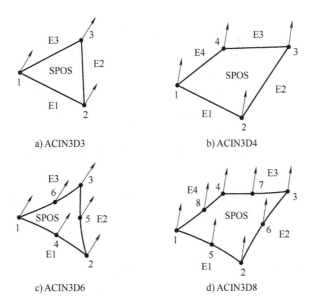

a) ACIN3D3 b) ACIN3D4

c) ACIN3D6 d) ACIN3D8

图 2-31 三维声学无限单元的节点顺序

输出积分点编号

平面应力和平面应变实体连续单元（图 2-32）

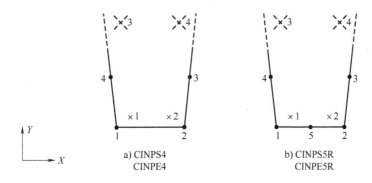

a) CINPS4　　　　b) CINPS5R
　CINPE4　　　　　CINPE5R

图 2-32 平面应力和平面应变实体连续单元积分点编号

轴对称实体连续单元（图 2-33）

三维实体连续单元（图 2-34）

图中显示了最靠近 1-2-3-4 面的层中积分点编号方法。第二层中的积分点是连续编号的。

153

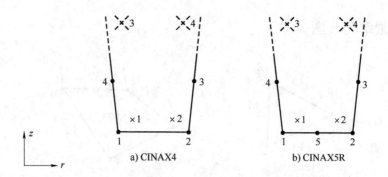

a) CINAX4   b) CINAX5R

图 2-33　轴对称实体连续单元积分点编号

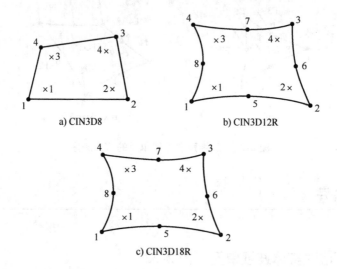

a) CIN3D8   b) CIN3D12R

c) CIN3D18R

图 2-34　三维实体连续单元积分点编号

2.4　翘曲单元和翘曲单元库

2.4.1　翘曲单元

产品：Abaqus/Standard

参考

- "网格划分的梁横截面"，《Abaqus 分析用户手册——分析卷》的 5.6 节
- ∗ SOLID SECTION

概览

翘曲单元：
- 可以与铁木辛柯梁一起使用，以模拟任意形状的梁横截面。
- 可以与"网格划分的梁横截面"（《Abaqus 分析用户手册——分析卷》的 5.6 节）中描述的梁截面生成过程一起使用。
- 仅用于模拟线弹性行为。

典型应用

翘曲单元是特殊用途单元，用来将梁横截面离散成二维模型。在 Abaqus/Standard 中，使用此二维横截面模型计算翘曲方程的面外分量，以及 Abaqus/Standard 或者 Abaqus/Explicit 中后续梁分析所需的相关截面刚度和质量属性。此应用包含任何整体行为类似于梁的结构，但横截面是非标准的或者包含多种材料。例如，进行抖动分析的船的横截面、翼型旋转叶片或者机翼的梁模型、叠层工字梁等。

选择合适的单元

Abaqus/Standard 提供两种单元对任意形状的实体梁横截面进行网格划分：3 节点线性三角形单元 WARP2D3 和 4 节点双线性四边形单元 WARP2D4。横截面网格中的相邻单元必须

共享节点；不允许使用多点约束的网格细化。

命名约定

翘曲单元命名如下：

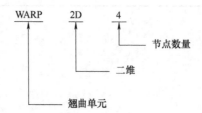

例如，WARP2D4 是二维 4 节点翘曲单元。

定义单元的截面属性

用户必须使用实体截面定义来定义截面属性，并且必须将这些属性与模型的一个区域相关。不需要其他数据。

输入文件用法：　　* SOLID SECTION，ELSET = 名称

其中，ELSET 参数表示翘曲单元集合。

为翘曲单元集合赋予材料定义

用户必须为每个翘曲单元截面定义赋予一个线弹性材料定义。另外，也可以为截面赋予材料方向定义（见"方向"，《Abaqus 分析用户手册——介绍、空间建模、执行与输出卷》的 2.2.5 节）。

翘曲单元可以使用的有效材料只有各向同性线弹性材料（"线弹性行为"中的"定义各向同性弹性"，《Abaqus 分析用户手册——材料卷》的 2.2.1 节）或者正交异性线弹性材料（"线弹性行为"中的"为翘曲单元定义正交异性弹性"，《Abaqus 分析用户手册——材料卷》的 2.2.1 节）。

输入文件用法：　　* SOLID SECTION，ELSET = 名称，MATERIAL = 名称，
ORIENTATION = 名称

2.4.2　翘曲单元库

产品：Abaqus/Standard

参考

● "网格划分的梁横截面"，《Abaqus 分析用户手册——分析卷》的 5.6 节。

- ∗SOLID SECTION

概览

本节提供 Abaqus/Standard 中可用的翘曲单元的参考。

单元类型（表 2-175）

表 2-175　单元类型

标　识	说　明
WARP2D3	3 节点线性二维翘曲单元
WARP2D4	4 节点双线性二维翘曲单元

有效自由度
3、代表翘曲方程面外的自由度。

附加解变量
无。

所需节点坐标

X，Y。

单元属性定义

输入文件用法：　∗SOLID SECTION

基于单元的载荷

没有可以施加的载荷。

单元输出

这种类型的单元没有输出。利用二维翘曲单元计算用网格划分横截面的梁的面外翘曲函数。此翘曲函数可以在 Abaqus/CAE 的 Visualization 模块中显示。使用翘曲函数的微分计算单元积分点处由扭曲产生的剪切应变和剪切应力。

单元中的节点顺序（图2-35）

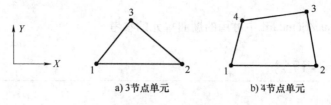

a) 3节点单元　　　　b) 4节点单元

图2-35　节点顺序

输出积分点编号（图2-36）

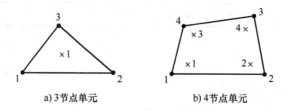

a) 3节点单元　　　　b) 4节点单元

图2-36　输出积分点编号

3　结构单元

3.1 膜单元和膜单元库

3.1.1 膜单元

产品：Abaqus/Standard　　　Abaqus/Explicit　　　Abaqus/CAE

参考

- "通用膜单元库"，3.1.2 节
- "圆柱形膜单元库"，3.1.3 节
- "轴对称膜单元库"，3.1.4 节
- ∗MEMBRANE SECTION
- ∗NODAL THICKNESS
- ∗DISTRIBUTION
- ∗HOURGLASS STIFFNESS
- "创建膜截面"，《Abaqus/CAE 用户手册》的 12.13.8 节

概览

膜单元：
- 是仅传递平面内力（无力矩）的面单元。
- 没有弯曲刚度。

典型应用

使用膜单元表示空间中的薄面，在单元的平面中提供强度，但没有弯曲刚度，如形成气球的薄橡胶膜。此外，也常使用膜单元表示实体结构中的薄加强构件，如连续结构中的加强层（如果加强层是使用线制成的，则应当使用加强筋。见"将加强筋定义成单元属性"，《Abaqus 分析用户手册——介绍、空间建模、执行与输出卷》的 2.2.4 节）。

选择合适的单元

除了 Abaqus/Standard 和 Abaqus/Explicit 中的通用膜单元之外，在 Abaqus/Standard 中还

可以使用圆柱形膜单元和轴对称膜单元。

通用膜单元

在结构变形发生在三维空间的三维模型中使用通用膜单元。

圆柱形膜单元

Abaqus 中的圆柱形膜单元用于精确模拟具有圆形几何形状结构的区域,如轮胎。该单元利用三角函数沿圆周方向插值位移,并在径向或者横截面平面内使用规则的等参插值。圆柱形单元沿圆周方向使用三个节点,分段跨度为 0°~180°。横截面上同时具有一阶和二阶插值的单元是可用的。

通过在整体笛卡儿坐标系中指定节点坐标来定义单元的几何形状。节点输出也默认在整体笛卡儿坐标系中提供。应力、应变和其他材料点量的输出是在随平均材料转动一起旋转的坐标系中完成的。

圆柱形单元可以与规则单元在同一网格中使用。特别地,规则膜单元可以直接与圆柱形单元横截面边界上的节点相连接。例如,M3D4 单元的任何边界可以与 MCL6 单元的横截面边界共享节点。

兼容的圆柱形实体单元("圆柱实体单元库",2.1.5 节)和具有加强筋的面单元("面单元",6.7.1 节)可以与圆柱形膜单元一起使用。

轴对称膜单元

Abaqus/Standard 中可用的轴对称膜单元可分为两种:不允许关于对称轴扭曲的单元和允许关于对称轴扭曲的单元,分别称为规则轴对称膜单元和广义轴对称膜单元。

广义轴对称膜单元(具有扭曲的轴对称膜单元)允许圆周方向上的载荷,或者可能造成关于对称轴扭曲的材料各向异性。圆周载荷分量和材料各向异性是独立于圆柱坐标 θ 的。因为载荷或者材料与圆周坐标没有相关性,所以变形是轴对称的。

在动力学或者特征频率提取过程中不可以使用广义轴对称膜单元。

命名约定

膜单元的命名约定取决于单元的维度。

广义膜单元

Abaqus 中广义膜单元的命名如下:

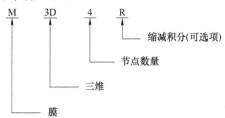

例如，M3D4R 是三维 4 节点缩减积分膜单元。

圆柱形膜单元

Abaqus/Standard 中圆柱形膜单元的命名如下：

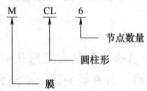

例如，MCL6 是 6 节点周向插值圆柱形膜单元。

轴对称膜单元

Abaqus/Standard 中轴对称膜单元的命名如下：

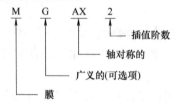

例如，MGAX2 是规则轴对称二次插值膜单元。

单元法向定义

膜单元的"顶"面是正法向方向的面（定义见下文），在接触定义中称为 SPOS 面。"底"面是与法向方向相反的面，在接触定义中称为 SNEG 面。

广义膜单元

对于广义膜定义，由围绕单元节点的右手法则定义正法向，在单元定义中指定单元节点的顺序，如图 3-1 所示。

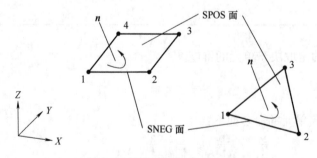

图 3-1 广义膜单元的正法向

圆柱形膜单元

对于圆柱形膜单元，由围绕单元节点的右手法则定义正法向，在单元定义中指定单元节点的顺序，如图 3-2 所示。

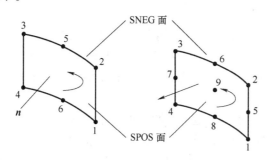

图 3-2 圆柱形膜单元的正法向

轴对称膜单元

对于轴对称膜单元，通过将节点 1 到节点 2 的方向逆时针转动 90° 来定义正法向，如图 3-3 所示。

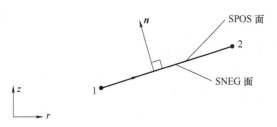

图 3-3 轴对称膜单元的正法向

定义单元的截面属性

用户使用膜截面属性来定义截面属性。必须将这些属性与模型的一个区域关联起来。

输入文件用法： ＊MEMBRANE SECTION，ELSET = 名称

其中，ELSET 参数表示膜单元集合。

Abaqus/CAE 用法：Property module：

Create Section：选择 Shell 作为截面 Category，选择 Membrane 作为截面 Type

Assign→Section：选择区域

定义不变的截面厚度

用户可以在截面定义中定义不变的截面厚度。

输入文件用法： ＊MEMBRANE SECTION，ELSET = 名称

厚度

Abaqus/CAE 用法：Property module：Create Section：选择 Shell 作为截面 Category，选择 Membrane 作为截面 Type：Membrane thickness：厚度

使用分布定义变化的厚度

在 Abaqus/Standard 中，用户可以使用分布定义空间变化的膜厚度（见"分布定义"，《Abaqus 分析用户手册——介绍、空间建模、执行与输出卷》的 2.8 节）。

定义膜厚度的分布必须使用默认值。如果在分布中没有为赋予膜截面的任何膜单元赋予一个厚度，则使用默认的厚度值。

如果为使用分布定义的膜截面定义了膜厚度，则此截面定义不能使用节点厚度。

输入文件用法：　　使用下面的选项定义空间变化的厚度：

　　　　　　　　*MEMBRANE SECTION，MEMBRANE THICKNESS = 分布名称

定义连续变化的厚度

另外，用户也可以在单元上定义连续变化的厚度。在此情况中，将忽略用户指定的任何不变的截面厚度，并从指定的节点值插值截面厚度（见"节点厚度"，《Abaqus 分析用户手册——介绍、空间建模、执行与输出卷》的 2.1.3 节）。必须在与单元连接的所有节点上定义厚度。

如果使用分布为膜截面定义了膜厚度，则此截面定义不能使用节点厚度。

输入文件用法：　　使用以下两个选项：

　　　　　　　　*MEMBRANE SECTION，NODAL THICKNESS

　　　　　　　　*NODAL THICKNESS

Abaqus/CAE 用法：Abaqus/CAE 中不支持连续变化的膜厚度。

为膜单元集合赋予材料属性

用户必须将材料定义与每个膜截面定义相关联。另外，用户也可以将材料方向定义与截面定义相关联（见"方向"，《Abaqus 分析用户手册——介绍、空间建模、执行与输出卷》的 2.2.5 节）。只有通用膜单元和具有扭曲的轴对称膜单元可以使用任意的材料方向。用户可以通过定义局部方向来定义其他方向，MAX1 单元和 MAX2 单元（"轴对称膜单元库"，3.1.4 节）除外，它们不支持方向。

在 Abaqus/Standard 中，如果使用分布定义赋予膜截面的方向，则对所有与膜截面相关联的膜单元施加了空间变化的局部坐标系。而那些没有明确包含在相关分布中的膜单元将使用默认的局部坐标系（由分布定义）。

输入文件用法：　　*MEMBRANE SECTION，MATERIAL = 名称，ORIENTATION = 名称

Abaqus/CAE 用法：Property module：

　　　　　　　　Create Section：选择 Shell 作为截面 Category，选择 Membrane 作为截面 Type：名称

　　　　　　　　Assign→Material Orientation

指定膜厚度如何随着变形改变

在几何非线性分析中，可以通过指定非零的截面泊松比来定义膜厚度如何随变形而变化，该泊松比允许膜厚度作为平面中应变的函数而变化（见"定义一个分析"，《Abaqus 分

析用户手册——分析卷》的 1.1.2 节）。

另外，在 Abaqus/Standard 中，用户可以选择基于单元材料定义和平面应力条件的厚度方向上的应变积分，来计算得到膜厚度的变化。

截面有效泊松比的值必须为 -1.0 ~ 0.5。默认情况下，Abaqus/Standard 中的截面泊松比为 0.5，以使单元不能发生压缩；在 Abaqus/Explicit 中，默认的厚度变化是以单元材料定义为基础的。

截面泊松比为 0.0 意味着厚度将不发生变化。截面泊松比为 0.0 ~ 0.5 意味着厚度在无厚度变化与不可压缩两种极限情况之间成比例地变化。负的截面泊松比表示截面厚度将随着拉伸应变而增加。

输入文件用法： 使用下面的一个选项：
        * MEMBRANE SECTION，POISSON = v_{eff}
        * MEMBRANE SECTION，POISSON = MATERIAL （仅用于 Abaqus/Explicit 中）

Abaqus/CAE 用法：Property module：Create Section：选择 Shell 作为截面 Category，选择 Membrane 作为截面 Type：Section Poisson's ratio：Use analysis default 或者 Specify value：v_{eff}

为缩减积分膜单元指定非默认的沙漏控制参数

关于沙漏控制的更多内容见"截面控制"中的"抑制沙漏模型的方法"。

指定非默认的沙漏控制方程或者比例因子

用户可以为缩减积分膜单元指定非默认的沙漏控制方程或者比例因子。只有 M3D4R 单元可以使用非默认的增强沙漏控制方程。

输入文件用法： 使用下面的选项在截面控制定义中指定非默认的沙漏控制方程：
        * SECTION CONTROLS，NAME = 名称，
      HOURGLASS = 沙漏控制方程
      使用下面的选项将截面控制定义与膜截面相关联：
        * MEMBRANE SECTION，CONTROLS = 名称

Abaqus/CAE 用法：Mesh module：Mesh→Element Type：Hourglass control：
      沙漏控制方程

指定非默认的沙漏刚度因子

在 Abaqus/Standard 中，用户可以基于缩减积分通用膜单元的默认总刚度方法来指定非默认的沙漏刚度因子。轴对称膜单元忽略这些刚度因子。非默认的增强沙漏控制方程没有沙漏刚度因子或者比例因子。

输入文件用法： 使用下面的两个选项：
        * MEMBRANE SECTION
        * HOURGLASS STIFFNESS

Abaqus/CAE 用法：Mesh module：Mesh→Element Type：Hourglass stiffness：Specify

在大位移隐式分析中使用膜单元

在大位移分析中，如果膜结构承受压缩载荷，导致面外变形，则在 Abaqus/Standard 中可能发生屈曲。因为无应力平板膜在垂直于其平面的方向上没有刚度，面外载荷将造成数值奇异和收敛困难。一旦产生了一定的面外变形，则膜将能够承担面外载荷。

在一些情况中，对膜单元进行拉力加载或者添加初始拉应力可以克服与面外载荷相关的数值奇异和收敛困难。然而，用户必须选择载荷的大小或者初始应力，以保证最终结果不受影响。

在 Abaqus/Standard 接触分析中使用膜单元

如果接触对中的从面与单元相连接，则单元类型 M3D8 和 M3D8R 将分别自动转化成单元类型 M3D9 和 M3D9R。

3.1.2　通用膜单元库

产品：Abaqus/Standard　　Abaqus/Explicit　　Abaqus/CAE

参考

- "膜单元"，3.1.1 节
- ∗ NODAL THICKNESS
- ∗ MEMBRANE SECTION

概览

本节提供 Abaqus/Standard 和 Abaqus/Explicit 中可用的通用膜单元的参考。

单元类型（表 3-1）

表 3-1　通用膜单元的类型

标　　识	说　　明
M3D3	3 节点三角形单元
M3D4	4 节点四边形单元
M3D4R	4 节点四边形缩减积分沙漏控制单元
M3D6[(S)]	6 节点三角形单元

（续）

标　识	说　明
M3D8$^{(S)}$	8 节点四边形单元
M3D8R$^{(S)}$	8 节点四边形缩减积分单元
M3D9$^{(S)}$	9 节点四边形单元
M3D9R$^{(S)}$	9 节点四边形缩减积分沙漏控制单元

有效自由度

1、2、3。

附加解变量

无。

所需节点坐标

X, Y, Z。

单元属性定义

输入文件用法：　　∗ MEMBRANE SECTION
此外，为可变厚度膜使用下面的选项：
∗ NODAL THICKNESS
Abaqus/CAE 用法：Property module：Create Section：选择 Shell 作为截面 Category，选择
Membrane 作为截面 Type
在 Abaqus/CAE 中用户不能定义可变厚度膜。

基于单元的载荷

分布载荷（表 3-2）

如"分布载荷"（《Abaqus 分析用户手册——指定条件、约束与相互作用卷》的 1.4.3 节）所描述的那样指定分布载荷。

表 3-2　基于单元的分布载荷

载荷标识 （∗DLOAD）	Abaqus/CAE Load/Interaction	量　纲　式	说　明
BX	Body force	FL^{-3}	整体 X 方向上的体力
BY	Body force	FL^{-3}	整体 Y 方向上的体力

（续）

载荷标识 （＊DLOAD）	Abaqus/CAE Load/Interaction	量 纲 式	说　明
BZ	Body force	FL^{-3}	整体 Z 方向上的体力
BXNU	Body force	FL^{-3}	整体 X 方向上的非均匀体力（在 Abaqus/Standard 中，通过用户子程序 DLOAD 提供大小；在 Abaqus/Explicit 中，通过用户子程序 VDLOAD 提供大小）
BYNU	Body force	FL^{-3}	整体 Y 方向上的非均匀体力（在 Abaqus/Standard 中，通过用户子程序 DLOAD 提供大小；在 Abaqus/Explicit 中，通过用户子程序 VDLOAD 提供大小）
BZNU	Body force	FL^{-3}	整体 Z 方向上的非均匀体力（在 Abaqus/Standard 中，通过用户子程序 DLOAD 提供大小；在 Abaqus/Explicit 中，通过用户子程序 VDLOAD 提供大小）
CENT[S]	不支持	FL^{-4} $(ML^{-3}T^{-2})$	离心载荷（大小为 $\rho\omega^2$，其中 ρ 是密度，ω 是角速度）
CENTRIF[S]	Rotational body force	T^{-2}	离心载荷（大小为 ω^2，ω 是角速度）
CORIO[S]	Coriolis force	$FL^{-4}T$ $(ML^{-3}T^{-1})$	科氏力（大小为 $\rho\omega$，其中 ρ 是密度，ω 是角速度）。在直接稳态动力学分析中，不考虑由科氏力产生的载荷刚度
GRAV	Gravity	LT^{-2}	指定方向上的重力载荷（输入大小是加速度）
HP[S]	不支持	FL^{-2}	施加在单元参考面上的静水压力，在整体 Z 方向上是线性的。在正的单元法向上压力为正
P	Pressure	FL^{-2}	施加在单元参考面上的压力。在正的单元法向上压力为正
PNU	不支持	FL^{-2}	施加在单元参考面上的非均匀压力（在 Abaqus/Standard 中，通过用户子程序 DLOAD 提供大小；在 Abaqus/Explicit 中，通过用户子程序 VDLOAD 提供大小）。在正的单元法向上压力为正
ROTA[S]	Rotational body force	T^{-2}	转动加速度载荷（大小是 α，α 是转动加速度）
ROTDYNF[S]	不支持	T^{-1}	转子动力学载荷（大小是 ω，ω 是角速度）
SBF[E]	不支持	$FL^{-5}T^2$	整体 X 方向、Y 方向和 Z 方向上的滞止体力
SP[E]	不支持	$FL^{-4}T^2$	施加在单元参考面上的滞止压力
TRSHR	Surface traction	FL^{-2}	单元参考面上剪切牵引力
TRSHRNU[S]	不支持	FL^{-2}	单元参考面上的非均匀剪切牵引力，通过用户子程序 UTRACLOAD 提供大小和方向

（续）

载荷标识 （*DLOAD）	Abaqus/CAE Load/Interaction	量 纲 式	说 明
TRVEC	Surface traction	FL^{-2}	单元参考面上的一般牵引力
TRVECNU[S]	不支持	FL^{-2}	单元参考面上的非均匀一般牵引力，通过用户子程序 UTRACLOAD 提供大小和方向
VBF[E]	不支持	$FL^{-4}T$	整体 X 方向、Y 方向和 Z 方向上的黏性体力
VP[E]	不支持	$FL^{-3}T$	施加在单元参考面上的黏性面压力。该压力与垂直于单元面的速度成比例，其方向与运动相反

基础（表3-3）

表3-3 基础

载荷标识 （*FOUNDATION）	Abaqus/CAE Load/Interaction	量 纲 式	说 明
F[S]	Elastic foundation	FL^{-3}	弹性基础

仅可以在 Abaqus/Standard 中使用基础，如"单元基础"（《Abaqus 分析用户手册——介绍、空间建模、执行与输出卷》的 2.2.2 节）所描述的那样。

基于面的载荷

分布载荷（表3-4）

如"分布载荷"（《Abaqus 分析用户手册——指定条件、约束与相互作用卷》的 1.4.3 节）所描述的那样指定基于面的分布载荷。

表3-4 基于面的分布载荷

载荷标识 （*DSLOAD）	Abaqus/CAE Load/Interaction	量 纲 式	说 明
HP[S]	Pressure	FL^{-2}	单元面上的静水压力，在 Z 方向上是线性的。在与面法向相反的方向上压力为正
P	Pressure	FL^{-2}	单元参考面上的压力。在与面法向相反的方向上压力为正
PNU	Pressure	FL^{-2}	施加在单元参考面上的非均匀压力（在 Abaqus/Standard 中，通过用户子程序 DLOAD 提供大小；在 Abaqus/Explicit 中，通过用户子程序 VDLOAD 提供大小）。在与面法向相反的方向上压力为正

(续)

载荷标识 (* DSLOAD)	Abaqus/CAE Load/Interaction	量 纲 式	说 明
SP[E]	Pressure	$FL^{-4}T^2$	施加在单元参考面上的滞止压力
TRSHR	Surface traction	FL^{-2}	单元参考面上的剪切牵引力
TRSHRNU[S]	Surface traction	FL^{-2}	单元参考面上的非均匀剪切牵引力。通过用户子程序 UTRACLOAD 提供大小和方向
TRVEC	Surface traction	FL^{-2}	单元参考面上的一般牵引力
TRVECNU[S]	Surface traction	FL^{-2}	单元参考面上的非均匀一般牵引力，通过用户子程序 UTRACLOAD 提供大小和方向
VP[E]	Pressure	$FL^{-3}T$	施加在单元参考面上的黏性面压力。该压力与垂直于单元面的速度成比例，其方向与运动方向相反

入射波载荷

可以使用基于面的入射波载荷。如"声学与冲击载荷"（《Abaqus 分析用户手册——指定条件、约束与相互作用卷》的 1.4.6 节）所描述的那样指定入射波载荷。如果入射波场包含网格边界外的平面反射，则可以包含此效应。

单元输出

如果单元没有使用局部方向（见"方向"，《Abaqus 分析用户手册——介绍、空间建模、执行与输出卷》的 2.2.5 节），则应力/应变分量在面的默认方向上，此默认方向是通过"约定"（《Abaqus 分析用户手册——介绍、空间建模、执行与输出卷》的 1.2.2 节）中的约定给出的。如果单元使用了局部方向，则应力/应变分量位于由方向定义的面方向上。在大位移问题中，参考构型中定义的局部方向随平均材料转动旋转到当前构型中（详细内容见"状态存储"，《Abaqus 理论手册》的 1.5.4 节）。

应力、应变和其他张量分量

具有位移自由度的单元可以使用应力和其他张量（包括应变张量）。所有张量具有相同的分量。例如，应力分量见表 3-5。

表 3-5 应力分量

标 识	说 明
S11	局部 11 方向上的主应力
S22	局部 22 方向上的主应力
S12	局部 12 方向上的剪切应力

截面厚度

STH：当前厚度。

单元中的节点顺序（图3-4）

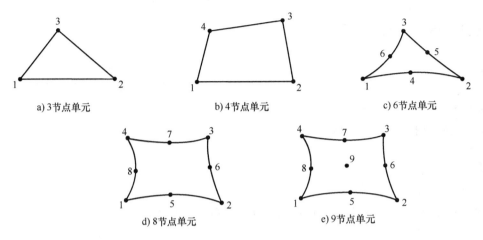

图3-4　单元中的节点顺序

输出积分点编号（图3-5）

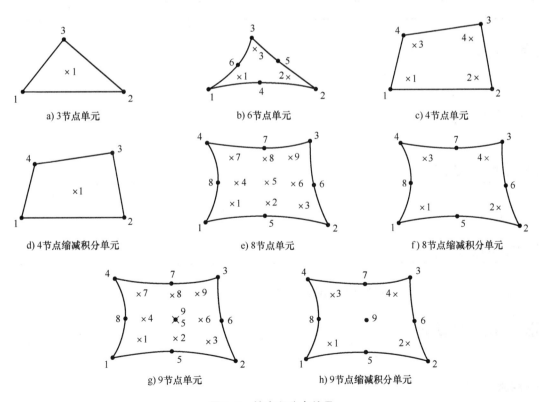

图3-5　输出积分点编号

3.1.3 圆柱形膜单元库

产品：Abaqus/Standard

参考

- "膜单元"，3.1.1 节
- ∗ MEMBRANE SECTION

概览

本节提供 Abaqus/Standard 中可用的圆柱形膜单元的参考。

单元类型（表 3-6）

表 3-6 圆柱形膜单元的类型

标 识	说 明
MCL6	6 节点圆柱形膜单元
MCL9	9 节点圆柱形膜单元

有效自由度

1、2、3。

附加解变量

无。

所需节点坐标

X, Y, Z。

单元属性定义

输入文件用法： ∗ MEMBRANE SECTION

基于单元的载荷

分布载荷（表 3-7）

如"分布载荷"（《Abaqus 分析用户手册——指定条件、约束与相互作用卷》的 1.4.3

节）所描述的那样指定分布载荷。

表 3-7 基于单元的分布载荷

载荷标识 （*DLOAD）	量 纲 式	说 明
BX	FL^{-3}	整体 X 方向上的体力
BY	FL^{-3}	整体 Y 方向上的体力
BZ	FL^{-3}	整体 Z 方向上的体力
BXNU	FL^{-3}	整体 X 方向上的非均匀体力，通过用户子程序 DLOAD 提供大小
BYNU	FL^{-3}	整体 Y 方向上的非均匀体力，通过用户子程序 DLOAD 提供大小
BZNU	FL^{-3}	整体 Z 方向上的非均匀体力，通过用户子程序 DLOAD 提供大小
CENT	FL^{-4}（$ML^{-3}T^{-2}$）	离心载荷（大小为 $\rho\omega^2$，其中 ρ 是密度，ω 是角速度）
CENTRIF	T^{-2}	离心载荷（大小为 ω^2，其中 ω 是角速度）
CORIO	$FL^{-4}T$（$ML^{-3}T^{-1}$）	科氏力（大小为 $\rho\omega$，其中 ρ 是密度，ω 是角速度）
GRAV	LT^{-2}	指定方向上的重力载荷（输入大小为加速度）
HP	FL^{-2}	施加在单元参考面上的静水压力，在 Z 方向上是线性的。在正的单元法向上压力为正
P	FL^{-2}	施加在单元参考面上的压力，在正的单元法向上为正
PNU	FL^{-2}	施加在单元参考面上的非均匀压力，通过用户子程序 DLOAD 提供大小。在正的单元法向上压力为正
ROTA	T^{-2}	转动加速度载荷（输入大小为 α，α 是转动加速度）
ROTDYNF[(S)]	T^{-1}	转子动力学载荷（输入大小为 ω，ω 是角速度）
TRSHR	FL^{-2}	单元参考面上的剪切牵引力
TRSHRNU[(S)]	FL^{-2}	单元参考面上的非均匀剪切牵引力，通过用户子程序 UTRACLOAD 提供大小和方向
TRVEC	FL^{-2}	单元参考面上的一般牵引力
TRVECNU[(S)]	FL^{-2}	单元参考面上的非均匀一般牵引力，通过用户子程序 UTRACLOAD 提供大小和方向

基础（表 3-8）

如"单元基础"（《Abaqus 分析用户手册——介绍、空间建模、执行与输出卷》的 2.2.2 节）所描述的那样指定基础。

表 3-8 基础

载荷标识 （*FOUNDATION）	量 纲 式	说 明
F	FL^{-3}	弹性基础

基于面的载荷

分布载荷（表3-9）

如"分布载荷"（《Abaqus分析用户手册——指定条件、约束与相互作用卷》的1.4.3节）所描述的那样指定基于面的分布载荷。

表3-9 基于面的分布载荷

载荷标识 （＊DSLOAD）	量 纲 式	说　　明
HP	FL^{-2}	单元参考面上的静水压力，在整体 Z 上是线性的。在单元法向的反方向上压力为正
P	FL^{-2}	单元参考面上的压力。在面法向的反方向上压力为正
PNU	FL^{-2}	单元参考面上的非均匀压力，通过用户子程序 DLOAD 提供大小。在面法向的反方向上压力为正
TRSHR	FL^{-2}	单元参考面上的剪切牵引力
TRSHRNU[(S)]	FL^{-2}	单元参考面上的非均匀剪切牵引力，通过用户子程序 UTRACLOAD 提供大小和方向
TRVEC	FL^{-2}	单元参考面上的一般牵引力
TRVECNU[(S)]	FL^{-2}	单元参考面上的非均匀一般牵引力，通过用户子程序 UTRACLOAD 提供大小和方向

单元输出

如果单元没有使用局部方向（见"方向"，《Abaqus分析用户手册——介绍、空间建模、执行与输出卷》的2.2.5节），则应力/应变分量是在面的默认方向上表达的，该默认方向是由"约定"（《Abaqus分析用户手册——介绍、空间建模、执行与输出卷》的1.2.2节）给出的。如果单元使用了局部方向，则应力/应变分量是在由方向定义的面方向上表达的。在大位移问题中，参考构型中定义的局部方向随平均材料方向转动到当前构型中（详细内容见"状态存储"，《Abaqus理论手册》的1.5.4节）。

应力、应变和其他张量分量

具有位移自由度的单元可以使用应力和其他张量（包括应变张量）。所有张量具有相同的分量。例如，应力分量见表3-10。

表 3-10　应力分量

标　识	说　明
S11	局部 11 方向上的正应力
S22	局部 22 方向上的正应力
S12	局部 12 平面上的剪切应力

截面厚度（表 3-11）

表 3-11　截面厚度

标　识	说　明
STH	当前厚度

节点顺序和面编号（图 3-6）

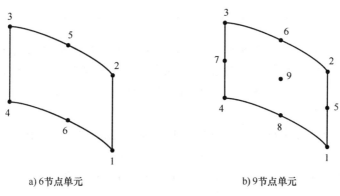

a）6 节点单元　　　b）9 节点单元

图 3-6　节点顺序和面编号

输出积分点编号（图 3-7）

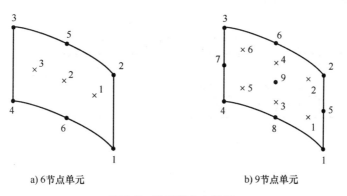

a）6 节点单元　　　b）9 节点单元

图 3-7　输出积分点编号

175

3.1.4 轴对称膜单元库

产品：Abaqus/Standard　　　Abaqus/CAE

参考

- "膜单元"，3.1.1 节
- * MEMBRANE SECTION
- * NODAL THICKNESS

概览

本节提供 Abaqus/Standard 中可用的轴对称膜单元的参考。

约定

坐标 1 是 r，坐标 2 是 z。在 $\theta = 0$ 处，r 方向对应于整体 X 方向，z 方向对应于整体 Y 方向。当在整体方向上请求数据时，这些约定是重要的。坐标 1 应当大于或者等于零。

自由度 1 是 u_r，自由度 2 是 u_z。具有扭曲的广义轴对称单元具有附加自由度 5，对应于扭转角度 ϕ（以弧度为单位）。

Abaqus/Standard 不会自动给位于对称轴上的节点施加任何边界条件。如果需要，用户必须在这些节点上施加径向或者对称边界条件。

点载荷和力矩必须以圆周上的积分值给出，即圆周上的总值。

单元类型

规则轴对称膜单元（表 3-12）

表 3-12　规则轴对称膜单元

标　　识	说　　明
MAX1	2 节点线性、没有扭曲的单元
MAX2	3 节点二次、没有扭曲的单元

有效自由度

1、2。

附加解变量

无。

广义轴对称膜单元（表3-13）

表3-13　广义轴对称膜单元

标　识	说　明
MGAX1	2节点线性、具有扭曲的单元
MGAX2	3节点二次、具有扭曲的单元

有效自由度

1、2、5。

附加解变量

无。

所需节点坐标

R，Z。

单元属性定义

输入文件用法：　＊MEMBRANE SECTION

此外，为变厚度膜使用下面的选项：

＊NODAL THICKNESS

Abaqus/CAE 用法：Property module：Create Section：选择 Shell 作为截面 Category，选择

Membrane 作为截面 Type

不允许在 Abaqus/CAE 中定义变厚度膜。

基于单元的载荷

分布载荷（表3-14）

如"分布载荷"（《Abaqus 分析用户手册——指定载荷、约束与相互作用卷》的 1.4.3 节）所描述的那样指定分布载荷。

表 3-14 基于单元的分布载荷

载荷标识 (＊DSLOAD)	Abaqus/CAE Load/Interaction	量 纲 式	说　明
BR	Body force	FL^{-3}	径向（1 或者 r）上的体力
BZ	Body force	FL^{-3}	轴向（2 或者 z）上的体力
BRNU	Body force	FL^{-3}	径向上的非均匀体力，通过用户子程序 DLOAD 提供大小
BZNU	Body force	FL^{-3}	轴向上的非均匀体力，通过用户子程序 DLOAD 提供大小
CENT	不支持	FL^{-4} $(ML^{-3}T^{-2})$	离心载荷（输入大小为 $\rho\omega^2$，其中 ρ 是密度，ω 是角速度）。因为只允许轴对称变形，所以旋转轴必须是 z 轴
CENTRIF	Rotational body force	T^{-2}	离心载荷（输入大小为 ω^2，其中 ω 是角速度）。因为只允许轴对称变形，所以旋转轴必须是 z 轴
GRAV	Gravity	LT^{-2}	指定方向上的重力载荷（输入大小是加速度）
HP	不支持	FL^{-2}	施加在单元参考面上的静水压力，在整体 Z 方向上是线性的。在正的单元法向上压力为正
P	Pressure	FL^{-2}	施加在单元参考面上的压力。在正的单元法向上压力为正
PNU	不支持	FL^{-2}	施加在单元参考面上的非均匀压力，通过用户子程序 DLOAD 提供大小。在正的单元法向上压力为正
TRSHR	Surface traction	FL^{-2}	单元参考面上的剪切牵引力
TRSHRNU[S]	不支持	FL^{-2}	单元参考面上的非均匀剪切牵引力，通过用户子程序 UTRACLOAD 提供大小和方向
TRVEC	Surface traction	FL^{-2}	单元参考面上的一般牵引力
TRVECNU[S]	不支持	FL^{-2}	单元参考面上的非均匀一般牵引力，通过用户子程序 UTRACLOAD 提供大小和方向

基础（表 3-15）

如"单元基础"（《Abaqus 分析用户手册——介绍、空间建模、执行与输出卷》的 2.2.2 节）所描述的那样指定基础。

表 3-15 基础

载荷标识 (＊FOUNDATION)	Abaqus/CAE Load/Interaction	量 纲 式	说　明
F	Elastic foundation	FL^{-3}	弹性基础。对于 MGAX 单元，弹性基础只施加在 u_r 和 u_z 自由度上

基于面的载荷

分布载荷（表3-16）

如"分布载荷"（《Abaqus 分析用户手册——指定条件、约束与相互作用卷》的 1.4.3 节）所描述的那样指定基于面的分布载荷。

表 3-16　基于面的分布载荷

载荷标识 （* DSLOAD）	Abaqus/CAE Load/Interaction	量　纲　式	说　　明
HP	Pressure	FL^{-2}	单元参考面上的静水压力，在整体 Z 方向上是线性的。在面法向的反方向上压力为正
P	Pressure	FL^{-2}	单元参考面上的压力。在面法向的反方向上压力为正
PNU	Pressure	FL^{-2}	单元参考面上的非均匀压力，通过用户子程序 DLOAD 提供大小。在面法向的反方向上压力为正
TRSHR	Surface traction	FL^{-2}	单元参考面上的剪切牵引力
TRSHRNU(S)	Surface traction	FL^{-2}	单元参考面上的非均匀剪切牵引力，通过用户子程序 UTRACLOAD 提供大小和方向
TRVEC	Surface traction	FL^{-2}	单元参考面上的一般牵引力
TRVECNU(S)	Surface traction	FL^{-2}	单元参考面上的非均匀一般牵引力，通过用户子程序 UTRACLOAD 提供大小和方向

入射波载荷

可以使用基于面的入射波载荷。如"声学和冲击载荷"（《Abaqus 分析用户手册——指定条件、约束与相互作用卷》的 1.4.6 节）所描述的那样指定入射波载荷。如果入射波场包含网格边界外部平面的反射，则可以包含此效应。

单元输出

默认的局部材料方向是局部材料方向 1 沿着单元中的线，局部材料方向 2 为圆周方向。

应力、应变和其他张量分量

具有位移自由度的单元可以使用应力和其他张量（包括应变张量）。所有张量具有相同的分量。例如，应力分量见表 3-17。

表 3-17　应力分量

标　　识	说　　明
S11	局部 11 方向上的正应力
S22	局部 22 方向上的正应力
S12	局部 12 平面上的剪切应力。仅用于广义轴对称膜单元

截面厚度（表 3-18）

表 3-18　截面厚度

标　　识	说　　明
STH	当前厚度

单元中的节点顺序（图 3-8）

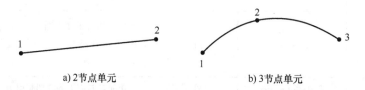

a) 2节点单元　　　　　b) 3节点单元

图 3-8　单元中的节点顺序

输出积分点编号（图 3-9）

a) 2节点单元　　　　　b) 3节点单元

图 3-9　输出积分点编号

3.2 杆单元和杆单元库

3.2.1 杆单元

产品：Abaqus/Standard   Abaqus/Explicit   Abaqus/CAE

参考

- "杆单元库"，3.2.2 节
- ∗SOLID SECTION
- "创建杆截面"，《Abaqus/CAE 用户手册》的 12.13.12 节

概览

杆单元：
- 是细长的结构单元，仅可以传递轴向力（在"一维实体（链接）单元库"，2.1.2 节中对非结构链接单元进行了介绍）。
- 不传递力矩。

典型应用

在二维和三维中模拟细长的线型结构时使用杆单元，此结构只能承受沿轴线或者单元中心线方向的载荷。不支持力矩或者垂直于中心线的力。

在轴对称模型中可以使用二维杆单元表示螺栓或者连接器等构件，此类构件的应变仅根据 $r-z$ 平面内的长度变化计算得到。在 Abaqus/Standard 中，也可以使用二维杆定义接触的主面（见"接触相互作用分析：概览"，《Abaqus 分析用户手册——指定条件、约束与相互作用卷》的 3.1.1 节）。在此情况中，主面外法线的方向是正确检测接触的关键。

Abaqus/Standard 中的 3 节点杆单元通常用于模拟结构中的弯曲增强缆，如钢筋混凝土中的预应力筋或者海洋产业中使用的细长管线。

选择合适的单元

在 Abaqus/Standard 和 Abaqus/Explicit 中都可以使用 2 节点直杆单元，该单元使用线性插值计算位置和位移并具有不变的应力。此外，在 Abaqus/Standard 中可以使用 3 节点弯曲杆单元，它使用位置和位移的二次插值，因此应变沿着单元呈线性变化。

在 Abaqus/Standard 中可以使用应力/位移杂交杆、耦合的温度-位移杆和压电杆。

应力/位移杂交杆单元

在 Abaqus/Standard 中可以使用二维和三维应力/位移杂交杆形式，视杆中的轴向力为附加未知量。用杆表示非常刚硬的链接，即杆的刚度远大于整个结构模型的刚度时，这些单元是有用的（抵消数值病态对控制方程的影响）。在这样的情况中，杂交杆提供了用多点约束建模的真实刚性连接（见"通用多点约束"，《Abaqus 分析用户手册——指定条件、约束与相互作用卷》的 2.2.2 节）或者刚性单元（见"刚性单元"，的 4.3.1 节）的替代方案。

耦合的温度-位移杆单元

在 Abaqus/Standard 中可以使用二维和三维耦合的温度-位移杆单元。这些单元有一个附加温度自由度（11）。有关 Abaqus/Standard 中完全耦合的温度-位移分析的更多内容见"完全耦合的热-应力分析"（《Abaqus 分析用户手册——分析卷》的 1.5.3 节）。

压电杆单元

在 Abaqus/Standard 中可以使用二维和三维压电杆单元。这些单元具有附加电势自由度（9）。关于压电分析的内容见"压电分析"（《Abaqus 分析用户手册——分析卷》的 1.7.2 节）。

命名约定

Abaqus 中杆单元的命名如下：

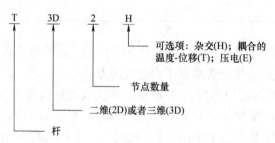

单元法向定义

对于二维杆，正的外法向 n 的定义是将单元节点 1 到节点 2 的方向，或者单元节点 1 到节点 3 的方向逆时针转动 90°，如图 3-10 所示。

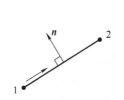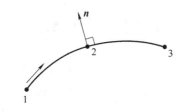

图 3-10　单元法向定义

定义单元的截面属性

用户使用实体截面定义来定义截面属性，必须将这些属性与模型的一个区域相关联。

输入文件用法：　　∗SOLID SECTION，ELSET = 名称

其中，ELSET 参数表示杆单元集合。

Abaqus/CAE 用法：Property module：

Create Section：选择 Beam 作为截面 Category，选择 Truss 作为截面 Type

Assign→Section：选择区域

定义杆单元的横截面面积

用户可以将与杆单元相关联的横截面面积定义成截面定义的一部分。如果用户没有为横截面面积指定一个值，则默认为单位面积。

在大位移分析中使用杆单元时，横截面面积的更新是通过假定杆的材料不可压缩来计算的，而忽略实际的材料定义。此假定仅影响大应变的情况。之所以采用上述假设，是因为绝大部分常见的杆应用是涉及屈服金属行为或者橡胶弹性的大应变，而在这些情况中材料是明显不可压缩的。因此，当轴向应变并非无穷小时，线弹性杆单元不像线性 SPRINGA 弹簧单元那样提供相同的力-位移响应。

输入文件用法：　　∗SOLID SECTION，ELSET = 名称

横截面面积

Abaqus/CAE 用法：Property module：Create Section：选择 Beam 作为截面 Category，选择 Truss 作为截面 Type：Cross-sectional area：横截面面积

为杆单元集合赋予材料定义

用户必须将每个实体截面定义与材料定义进行关联。杆单元允许没有材料方向。

输入文件用法：　　∗SOLID SECTION，MATERIAL = 名称

杆单元将忽略在 ∗SOLID SECTION 选项中给出的任何 ORIENTATION 参数值

Abaqus/CAE 用法：Property module：Create Section：选择 Beam 作为截面 Category，选择 Truss 作为截面 Type：Material：名称

在大位移隐式分析中使用杆单元

杆单元没有初始刚度来抵抗与其轴线垂直的载荷。在 Abaqus/Standard 中，如果杆的载荷作用线与杆的轴线垂直，则可能产生数值奇异和无法收敛。在大位移隐式分析中的第一个迭代后，建立了垂直于单元初始线的刚度，有时可使分析克服数值问题。

在某些情况中，先沿着杆单元的轴线加载，或者在开始时刻包含初始拉伸应力可以克服这种数值奇异。然而，用户必须选择载荷的大小或者初始应力，以使其不会对最终结果产生影响。

3.2.2 杆单元库

产品：Abaqus/Standard   Abaqus/Explicit   Abaqus/CAE

参考

- "杆单元"，3.2.1 节
- *SOLID SECTION

概览

本节提供 Abaqus/Standard 和 Abaqus/Explicit 中可用的杆单元的参考。

单元类型

二维应力/位移杆单元（表 3-19）

表 3-19　二维应力/位移杆单元

标　　识	说　　明
T2D2	2 节点线性位移单元
T2D2H[(S)]	2 节点线性位移杂交单元
T2D3[(S)]	3 节点二次位移单元
T2D3H[(S)]	3 节点二次位移杂交单元

有效自由度

1、2。

附加解变量

T2D2H 单元有一个附加变量，T2D3H 单元有两个与轴向力相关的附加变量。

三维应力/位移杆单元 （表3-20）

表 3-20 三维应力/位移杆单元

标　识	说　明
T3D2	2 节点线性位移单元
T3D2H[S]	2 节点线性位移杂交单元
T3D3[S]	3 节点二次位移单元
T3D3H[S]	3 节点二次位移杂交单元

有效自由度

1、2、3。

附加解变量

T3D2H 单元有一个附加变量，T3D3H 单元有两个与轴向力相关的附加变量。

二维耦合的温度-位移杆单元 （表3-21）

表 3-21 二维耦合的温度-位移杆单元

标　识	说　明
T2D2T[S]	2 节点线性位移、线性温度单元
T2D3T[S]	3 节点二次位移、线性温度单元

有效自由度

T2D3T 单元中节点上的 1、2。

所有其他节点上的 1、2、11。

附加解变量

无。

三维耦合的温度-位移杆单元 （表3-22）

表 3-22 三维耦合的温度-位移单元

标　识	说　明
T3D2T[S]	2 节点线性位移、线性温度单元
T3D3T[S]	3 节点二次位移、线性温度单元

有效自由度

T3D3T 单元中节点上的 1、2、3。

所有其他节点上的 1、2、3。

附加解变量

无。

二维压电杆单元（表 3-23）

表 3-23　二维压电杆单元

标　识	说　明
T2D2E[S]	2 节点线性位移、线性电势单元
T2D3E[S]	3 节点二次位移、二次电势单元

有效自由度

1、2、9。

附加解变量

无。

三维压电杆单元（表 3-24）

表 3-24　三维压电杆单元

标　识	说　明
T3D2E[S]	2 节点线性位移、线性电势单元
T3D3E[S]	3 节点二次位移、二次电势单元

有效自由度

1、2、3、9。

附加解变量

无。

所需节点坐标

二维：X，Y；三维：X，Y，Z。

单元属性定义

用户必须提供单元的横截面面积。如果没有给出面积，则 Abaqus 假定为单位面积。

输入文件用法： ∗SOLID SECTION

Abaqus/CAE 用法：Property module：Create Section：选择 Beam 作为截面 Category，选择
Truss 作为截面 Type

基于单元的载荷

分布载荷（表 3-25）

具有位移自由度的单元可以使用分布载荷。如"分布载荷"（《Abaqus 分析用户手册——
指定条件、约束与相互作用卷》的 1.4.3 节）所描述的那样指定分布载荷。

表 3-25 基于单元的分布载荷

载荷标识 （∗DLOAD）	Abaqus/CAE Load/Interaction	量 纲 式	说　明
BX	Body force	FL^{-3}	整体 X 方向上的体力
BY	Body force	FL^{-3}	整体 Y 方向上的体力
BZ	Body force	FL^{-3}	整体 Z 方向上的体力（仅用于三维杆）
BXNU	Body force	FL^{-3}	整体 X 方向上的非均匀体力（在 Abaqus/Standard 中，通过用户子程序 DLOAD 提供大小；在 Abaqus/Explicit 中，通过用户子程序 VDLOAD 提供大小）
BYNU	Body force	FL^{-3}	整体 Y 方向上的非均匀体力（在 Abaqus/Standard 中，通过用户子程序 DLOAD 提供大小；在 Abaqus/Explicit 中，通过用户子程序 VDLOAD 提供大小）
BZNU	Body force	FL^{-3}	整体 Z 方向上的非均匀体力（在 Abaqus/Standard 中，通过用户子程序 DLOAD 提供大小；在 Abaqus/Explicit 中，通过用户子程序 VDLOAD 提供大小）（仅用于三维杆）
CENT[S]	不支持	FL^{-4} （$ML^{-3}T^{-2}$）	离心载荷（输入大小是 $\rho\omega^2$，其中 ρ 是密度，ω 是角速度）
CENTRIF[S]	Rotational body force	T^{-2}	离心载荷（输入大小是 ω^2，ω 是角速度）
CORIO[S]	Coriolis force	FL^{-4} （$ML^{-3}T^{-1}$）	离心载荷（输入大小是 $\rho\omega$，其中 ρ 是密度，ω 是角速度）
GRAV	Gravity	LT^{-2}	指定方向上的重力载荷（输入大小是加速度）
ROTA[S]	Rotational body force	T^{-2}	转动加速度（输入大小是 α，α 是转动加速度）

Abaqus/Aqua 载荷（表3-26）

如"Abaqus/Aqua 分析"（《Abaqus 分析用户手册——分析卷》的 1.11 节）所描述的那样指定 Abaqus/Aqua 载荷。这类载荷只用于应力/位移杆。

表 3-26　Abaqus/Aqua 载荷

载荷标识 （∗CLOAD/∗DLOAD）	Abaqus/CAE Load/Interaction	量　纲　式	说　　明
FDD[(A)]	不支持	FL^{-1}	横向流体阻载荷
FD1[(A)]	不支持	F	杆第一个端部（节点1）处的流体阻力
FD2[(A)]	不支持	F	杆第二个端部（节点2或者节点3）处的流体阻力
FDT[(A)]	不支持	FL^{-1}	切向流体阻力
FI[(A)]	不支持	FL^{-1}	流体惯性载荷
FI1[(A)]	不支持	F	杆第一个端部（节点1）处的流体惯性力
FI2[(A)]	不支持	F	杆第二个端部（节点2或者节点3）处的流体惯性力
PB[(A)]	不支持	FL^{-1}	浮力载荷（封闭条件下）
WDD[(A)]	不支持	FL^{-1}	横向风阻力
WD1[(A)]	不支持	F	杆第一个端部（节点1）处的风阻力
WD2[(A)]	不支持	F	杆第二个端部（节点2或者节点3）处的风阻力

注：上角标（A）代表在 Abaqus/Aqua 中使用的单元。

分布热通量（表3-27）

耦合的温度-位移杆可以使用分布热通量。如"热载荷"（《Abaqus 分析用户手册——指定条件、约束与相互作用卷》的 1.4.4 节）所描述的那样指定分布热通量。

表 3-27　基于单元的分布热通量

载荷标识 （∗DFLUX）	Abaqus/CAE Load/Interaction	量　纲　式	说　　明
BF[(S)]	Body heat flux	$JL^{-3}T^{-1}$	单位体积的热通量（体）
BFNU[(S)]	Body heat flux	$JL^{-3}T^{-1}$	单位体积的非均匀热通量（体），通过用户子程序 DFLUX 提供大小
S1[(S)]	Surface heat flux	$JL^{-2}T^{-1}$	流入杆第一个端部（节点1）的单位面积上的热通量（面）
S2[(S)]	Surface heat flux	$JL^{-2}T^{-1}$	流入杆第二个端部（节点2或节点3）的单位面积上的热通量（面）

（续）

载荷标识 （＊DFLUX）	Abaqus/CAE Load/Interaction	量 纲 式	说 明
S1NU[S]	不支持	$JL^{-2}T^{-1}$	流入杆第一个端部（节点1）的单位面积上的非均匀热通量（面），通过用户子程序 DFLUX 提供大小
S2NU[S]	不支持	$JL^{-2}T^{-1}$	流入杆第二个端部（节点2或者节点3）的单位面积上的非均匀热通量（面），通过用户子程序 DFLUX 提供大小

膜条件（表3-28）

耦合的温度-位移杆可以使用膜条件。如"热载荷"（《Abaqus 分析用户手册——指定条件、约束与相互作用卷》的 1.4.4 节）所描述的那样指定膜条件。

表3-28 基于单元的膜条件

载荷标识 （＊FILM）	Abaqus/CAE Load/Interaction	量 纲 式	说 明
F1[S]	不支持	$JL^{-2}T^{-1}\theta^{-1}$	杆第一个端部（节点1）处的膜系数和热沉温度
F2[S]	不支持	$JL^{-2}T^{-1}\theta^{-1}$	杆第二个端部（节点2或者节点3）处的膜系数和热沉温度
F1NU[S]	不支持	$JL^{-2}T^{-1}\theta^{-1}$	杆第一个端部（节点1）处的非均匀膜系数和热沉温度，使用用户子程序 FILM 提供大小
F2NU[S]	不支持	$JL^{-2}T^{-1}\theta^{-1}$	杆第二个端部（节点2或者节点3）处的非均匀膜系数和热沉温度，使用用户子程序 FILM 提供大小

辐射类型（表3-29）

耦合的温度-位移杆可以使用辐射条件。如"热载荷"（《Abaqus 分析用户手册——指定条件、约束与相互作用卷》的 1.4.4 节）所描述的那样指定辐射条件。

表3-29 基于单元的辐射条件

载荷标识 （＊RADIATE）	Abaqus/CAE Load/Interaction	量 纲 式	说 明
R1[S]	Surface radiation	无量纲	杆第一个端部（节点1）处的辐射率和热沉温度
R2[S]	Surface radiation	无量纲	杆第二个端部（节点2或者节点3）处的辐射率和热沉温度

电通量（表3-30）

压电杆可以使用电通量。如"压电分析"（《Abaqus 分析用户手册——分析卷》1.7.2节）所描述的那样指定电通量。

表3-30　基于单元的电通量

载荷标识 （＊DECHARGE）	Abaqus/CAE Load/Interaction	量　纲　式	说　　明
EBF[(S)]	Body charge	CL^{-3}	单位体积的体通量

单元输出

应力、 应变和其他张量分量

具有位移自由度的单元可以使用应力和其他张量（包括应变张量）。所有张量具有相同的分量。例如，应力分量见表3-31。

表3-31　应力分量

标　　识	说　　明
S11	轴向应力

热通量分量（表3-32）

耦合的温度-位移杆可以使用热通量分量。

表3-32　热通量分量

标　　识	说　　明
HFL1	沿着单元轴线的热通量

单元中的节点顺序（图3-11）

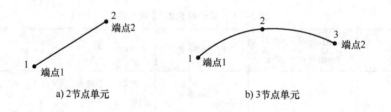

图3-11　单元中的节点顺序

输出积分点编号（图 3-12）

a) 2节点单元   b) 3节点单元

图 3-12 输出积分点编号

3.3 梁单元和梁单元库

3.3.1 梁模拟：概览

Abaqus 提供多种梁模拟功能。

概览

梁模拟包括以下步骤：
- 选择梁横截面（"选择梁横截面"，3.3.2 节和"梁截面库"，3.3.9 节）。
- 选择合适的梁单元类型（"选择梁单元"，3.3.3 节和"梁单元库"，3.3.8 节）。
- 定义梁横截面方向（"梁单元横截面方向"，3.3.4 节）。
- 确定是否需要通过数值积分来定义梁截面行为（"梁截面行为"，3.3.5 节）。
- 定义梁截面行为（"使用分析中积分的梁截面定义截面行为"，3.3.6 节；或者"使用通用梁截面定义截面行为"，3.3.7 节）。

确定梁模拟是否合适

梁理论是三维连续体的一维近似。维度的降低是细长假设的直接结果，即横截面尺寸与梁轴向的典型尺寸相比很小。轴向尺寸必须是整体尺寸（不是单元长度），例如：
- 支撑之间的距离。
- 变化截面之间的距离。
- 感兴趣的最高振动模态的波长。

在 Abaqus 中，梁单元是三维空间或者 X – Y 平面中的一维线单元，其刚度与线（梁的"轴线"）的变形相关。这些变形由轴向拉伸、曲率变化（弯曲）和空间中的扭转组成（"杆单元"是只有轴向刚度的一维线单元）。梁单元提供了与梁轴线和截面方向之间的横向剪切变形相关的附加柔性。Abaqus/Standard 中的一些梁单元也包含翘曲——梁横截面的非均匀面外变形——作为节点变量。梁单元的主要优点是几何上的简化和自由度较少。这种简化是通过假设只根据沿梁轴线的位置函数就可以完全估计出梁的变形来实现的。因此，能否使用梁的决定性因素是判断一维模拟是否合适。

使用的基本假设是梁截面（梁与垂直于梁轴线的平面的相交面，见"选择梁横截面"，

3.3.2 节）在其自身平面内不产生变形（横截面面积连续变化情况除外，几何非线性分析中能存在这种变化，并导致截面所在平面内所有方向上的应变相同）。在任何使用梁单元的情况中应当谨慎考虑此假设，尤其是在包含非实体横截面（如管、工字梁和 U 形梁）的大量弯曲或者轴向拉伸/压缩时。梁理论不能预测可能发生的截面失稳以及由此产生的非常脆弱的行为。类似地，薄壁弯管可以表现出比梁理论预测的更加柔软的弯曲行为，因为管壁易于在其自身的截面中弯曲——梁理论的基本假设不可以预测的另外一个效应。设计弯曲管时通常必须考虑此效应，可以通过使用壳单元将管模拟成三维壳来模拟（见"壳单元：概览"，3.6.1 节），或者在 Abaqus/Standard 中，通过使用弯头单元来模拟（见"具有变形横截面的管和管弯：弯头单元"，3.5.1 节）。

除了梁单元之外，Abaqus/Standard 中还提供桁架单元。这些单元为最初由直的细长构件组成的框形结构的设计计算提供了有效的模拟。桁架单元根据单元端节点处的轴向力、弯曲力矩和转矩直接进行计算。它们适用于小位移和大位移（具有小应变的大转动）问题，并且通过"合并"包含随动强化的塑性模型来允许框单元端点处的塑性铰结构（见"桁架单元"，3.4.1 节）。

除了多种梁单元外，Abaqus 还提供管单元来模拟具有管状横截面的梁，这些管承受由内部和（或）外部压力载荷产生的内应力。Abaqus 提供两种管单元方程：

● 可用于 Abaqus/Standard 和 Abaqus/Explicit 的薄壁方程，假定环向应力是不变的，并且忽略径向应力。

● 仅用于 Abaqus/Standard 的厚壁方程，其中，横截面上的环向应力和径向应力是变化的。

管单元是相应梁单元的特殊形式，允许指定内部和（或）外部压力载荷，并在材料本构计算中考虑环向应力（以及厚壁管的径向应力）。在截面定义、单元节点处的边界条件、面定义、绑缚约束等相互作用等方面，管单元的使用与相应梁单元的使用相同。

在动力学和特征频率分析中使用梁单元

对于细长梁结构来说，梁横截面的转动惯量通常是微乎其微的，除非有围绕梁轴线的扭转。因此，Abaqus/Standard 忽略欧拉-伯努利梁单元在弯曲中的横截面转动惯量。对于较粗的梁，转动惯量在动力学分析中具有显著作用，但是剪切变形效应更加显著。

对于铁木辛柯梁，根据横截面的几何形状计算惯量属性。与扭转模型相关的转动惯量不同于柔性模型。对于非对称横截面，在每个弯曲方向上，转动惯量是不同的。Abaqus 允许用户为铁木辛柯梁选取不同的转动惯量。当需要使用近似各向同性的方程时，在 Abaqus/Standard 中，为所有转动自由度使用与扭转模式相关联的转动惯量；在 Abaqus/Explicit 中，为所有转动自由度使用经比例因子缩放的柔性惯量，以使稳定时间增量最大化。将横截面的质心取成位于梁节点处。当需要使用精确的（各向异性）方程时，对于节点不在横截面质心处的梁，其转动惯量与弯曲、扭转插值以及位移和转动自由度之间的耦合相关联。对于使用精确的（默认的）转动惯量方程的铁木辛柯梁，用户可以定义额外的质量和转动惯量对梁的惯性响应的贡献，而对梁的刚度没有影响（见"梁截面行为"中的"为铁木辛柯梁的梁截面行为添加惯量"，3.3.5 节）。

3.3.2 选择梁横截面

产品：Abaqus/Standard   Abaqus/Explicit   Abaqus/CAE

参考

- "梁模拟：概览"，3.3.1 节
- "梁截面库"，3.3.9 节
- "网格划分的梁横截面"，《Abaqus 分析用户手册——分析卷》的 5.6 节
- "定义外形"，《Abaqus/CAE 用户手册》的 12.2.2 节

概览

根据横截面的几何形状和它的行为来选择横截面类型。梁的横截面：
- 可以是实体的或者薄壁的。
- 如果是薄壁的，可以是开放的或者是封闭的。
- 可以从 Abaqus 横截面库中选取；通过指定几何量（如面积、惯性矩和扭转常数），或者使用特定的二维单元网格（数值计算梁横截面的几何量）来指定横截面。

用户必须考虑是将截面处理成实体横截面还是薄壁横截面。此选择决定了 Abaqus 计算横截面上每一点处的轴向应变和剪应变的基础。

实体横截面

对于弯曲的实体截面，平面（梁）截面依然是平面。任何非圆形梁截面在扭曲载荷下将产生翘曲：梁截面将不能保持为平面。然而，对于实体截面，由于截面的翘曲足够小，因此可以忽略由于截面翘曲产生的轴向应变，并且可以使用 St. Venant 翘曲理论来构建截面上每个积分点处的单个剪切应变分量。对梁截面库中的矩形截面和梯形截面自动使用 St. Venant 翘曲理论。即使当截面的响应不再是纯粹弹性的时候，依然可以使用 St. Venant 翘曲方程来定义剪切应变。此处理方法降低了承受扭转载荷并产生大量非弹性变形的非圆形实体梁截面的模拟精度。当使用由网格划分的梁截面时，可以在用户指定的材料坐标系中输出两个剪应变分量。将厚管截面视为实体横截面。

非实体（"薄壁"）横截面

在 Abaqus 中，将非实体截面视为"薄壁"截面，即在截面的平面中，假定截面结构的厚度与整个截面的尺寸相比非常小。薄壁梁理论根据截面是开放的或者封闭的来决定壁中的剪应力。

封闭的截面

封闭的截面是截面的结构形成封闭环的非实体截面。封闭的截面具有足够的抗扭性，从而不会产生明显的翘曲。Abaqus 忽略封闭截面的翘曲效应。

在 Abaqus 中，预定义梁截面仅能够模拟一个封闭的环。必须使用由网格划分的梁截面（见"网格划分的横截面"）或者壳来模拟多环截面。

对于足够薄的截面壁，忽略壁厚上的剪应力变化；在 Abaqus 中，基于此假设使用封闭截面的方程。

开放的截面

开放的截面是截面结构不形成封闭环的非实体结构，如工字截面或者 U 形截面。在这样的截面中，默认剪应力在壁厚上呈线性变化，并且在壁中心处为零。开放的截面会发生显著的翘曲，并且通常需要使用开放截面翘曲理论（可用于 Abaqus/Standard 中 BxxOS 类型的梁），同时在支承处或者连接处使用合适的翘曲约束（对自由度 7 施加约束）。这种翘曲约束可以显著增加梁的扭转刚度。截面结构相交于一点的开放薄壁截面（如 Abaqus 梁单元截面库中的 L 形、T 形或者 X 形截面）不发生翘曲；因而，翘曲约束不起作用。这样的截面总是具有非常小的扭转刚度。

如果开放截面与规则的梁单元类型（非 BxxOS）一起使用，则假定开放截面是自由翘曲的，并忽略由翘曲导致的轴向应变。因此，截面将具有非常小的扭转刚度。

截面属性计算

计算非实体截面属性时使用薄壁假设。由相交直线段（任意形状、盒形、六角形、I 形和 L 形截面）组成的截面的属性也包含相交几何的近似。

可以使用的梁横截面

用户可以指定任何以下类型的梁横截面：Abaqus 库中的横截面、用户直接指定几何量的广义横截面或者网格划分的横截面。

Abaqus 库中的横截面

Abaqus 梁横截面库包含实体截面（圆形、矩形和梯形）、封闭薄壁截面（盒形、六角形和管形）、开放薄壁截面（I 形、T 形或者 L 形），以及厚壁管截面。Abaqus 还提供了任意薄壁截面定义，Abaqus 将此类截面处理成封闭或者开放截面，具体取决于如何定义截面。

梯形、I 形和任意库截面允许用户定义局部坐标系的原点位置。其他截面类型（如矩形、圆形、L 形或者管形截面）具有预先设置的原点。

输入文件用法：　使用下面的选项定义在分析中积分的梁截面：
　　　　　　　　* BEAM SECTION, SECTION = 名称
　　　　　　　　其中，名称可以是 ARBITRARY、BOX、CIRC、HEX、I、L、PIPE、RECT、THICK PIPE 或者 TRAPEZOID。通过仅指定 I 形截面一个凸

缘的几何数据来定义 T 形截面。

使用下面的选项定义通用梁截面：

  *BEAM GENERAL SECTION，SECTION＝名称

其中，名称可以是 ARBITRARY、BOX、CIRC、HEX、I、L、PIPE、RECT 或者 TRAPEZOID。通过仅指定 I 形截面一个凸缘的几何数据来定义 T 形截面。

Abaqus/CAE 用法：Property module：Create Profile：选择 Box，Pipe，Circular，Rectangular，Hexagonal，Trapezoidal，I，L，T 或者 Arbitrary

广义横截面

Abaqus 也允许用户通过指定定义截面所需的几何量来定义"广义"横截面。这种广义截面仅可以与线性材料行为一起使用，即使截面响应可能是线性的或者非线性的。

输入文件用法：   使用下面的选项定义线性广义横截面：

  *BEAM GENERAL SECTION，SECTION＝GENERAL

使用下面的选项定义非线性广义横截面：

  *BEAM GENERAL SECTION，SECTION＝NONLINEAR GENERAL

Abaqus/CAE 用法：Property module：Create Profile：选择 Generalized

Abaqus/CAE 中不支持非线性广义横截面。

网格划分的横截面

Abaqus 允许用户在二维分析中通过使用翘曲单元（见"翘曲单元"，2.4.1 节）网格划分任意形状的实体横截面来生成梁横截面属性，以便于在后续的二维或者三维梁分析中使用。这样的截面仅允许线弹性材料行为。因此，网格划分的横截面仅可以与通用梁截面定义一起使用（详细内容见"网格划分的梁横截面"，《Abaqus 分析用户手册——分析卷》的5.6 节）。

输入文件和用法： *BEAM GENERAL SECTION，SECTION＝MESHED

Abaqus/CAE 用法：Abaqus/CAE 中不支持网格划分的横截面。

3.3.3 选择梁单元

产品：Abaqus/Standard   Abaqus/Explicit   Abaqus/CAE

参考

- "梁模拟：概览"，3.3.1 节
- "梁单元库"，3.3.8 节
- *TRANSVERSE SHEAR STIFFNESS
- "创建梁截面"，《Abaqus/CAE 用户手册》（HTML 版本）12.13.11 节

概览

Abaqus 提供多种梁单元，包括具有实体薄壁封闭截面的和薄壁开放截面的"欧拉-伯努利"型梁和"铁木辛柯"型梁。

Abaqus/Standard 梁单元库包括：

- 平面和空间欧拉-伯努利（细长）梁。
- 平面和空间铁木辛柯（剪切柔性）梁。
- 线性、二次和三次插值方程的梁。
- 翘曲（开放截面）梁。
- 管单元。
- 杂交方程梁，通常用于转动很大的非常刚硬的梁（应用在机器人技术中或者海上管线等柔性很大的结构中）。

Abaqus/Explicit 梁单元库包括：

- 平面和空间铁木辛柯（剪切柔性）梁。
- 线性和二次插值方程的梁。
- 线性管单元。

命名约定

Abaqus 中梁单元的命名如下：

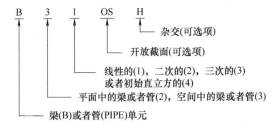

例如，B21H 是使用线性插值和杂交方程的平面梁。

欧拉-伯努利（细长）梁

欧拉-伯努利梁（B23、B23H、B33 和 B33H）仅用于 Abaqus/Standard。这些单元不允许横向剪切变形；初始垂直于梁轴线的平面截面保持为平面（如果没有翘曲），并且与梁的轴线垂直。它们只能模拟细长梁：梁的横截面尺寸与轴向典型距离（如支承点之间的距离或者参与动力学响应的梁的最高模态波长）相比很小。对于由均匀材料制成的梁，如果要忽略横向剪切柔性，则横截面的典型尺寸应当小于典型轴向距离的 1/15。横截面尺寸与典型轴向距离之比称为长细比。

这些单元不包含压力载荷的载荷刚度。

插值

欧拉-伯努利梁单元使用三次插值方程，这样在沿着梁有分布载荷的情况下，插值具有合理的精度。因此，欧拉-伯努利梁适用于动力学振动研究，因为其中的达朗贝尔（惯性）力提供这样的分布载荷。

三次梁单元是为了小应变、大转动分析制定的。由于基础方程的近似性，使得三次梁单元不适用于扭转稳定性问题，并且不能用于涉及非常大的转动（180°量级）的分析，在这些情况下，应当使用二次或者线性梁单元代替三次梁单元。

质量方程

欧拉-伯努利梁单元使用一致的质量方程。围绕梁轴线转动的转动惯量与铁木辛柯梁是相同的。详细内容见"铁木辛柯梁的质量和惯量"（《Abaqus 理论手册》的 3.5.5 节）。忽略任何为这些单元定义的附加惯量（见"梁截面行为"中的"为铁木辛柯梁的梁截面行为添加惯量"）。

铁木辛柯（剪切柔性）梁

铁木辛柯梁（B21、B22、B31、B31OS、B32、B32OS、PIPE21、PIPE22、PIPE31、PIPE32 及其"杂交"单元）允许横向剪切变形。可以使用铁木辛柯梁模拟粗（"粗短"）梁和细长梁。由于梁使用均匀材料，因此，对于横截面尺寸达到典型轴向距离的 1/8 的梁，或者达到最大自然模态波长的 1/8 的梁，剪切柔性梁理论可以提供对响应具有显著贡献的有用结果。如果比值超过 1/8，则允许仅仅将构件的行为描述成轴位置的函数的假设将不再具有足够的精确度。

Abaqus 假定铁木辛柯梁的横向剪切行为是具有常数模量的线弹性行为，与梁截面对轴向拉伸和弯曲的响应无关。

对于大部分梁截面，Abaqus 将计算单元方程所需的横向剪切刚度值。用户可以如下文中"定义横向剪切刚度和细长补偿因子"所描述的那样忽略这些默认值。如果在输入的前处理阶段中不能得到剪切模量的估计值，例如，当使用用户子程序 UMAT、UHYPEL、UHYPER 或者 VUMAT 定义材料行为时，则不计算默认的剪切刚度值。在这些情况中，用户必须如下文所述定义横向剪切刚度。

铁木辛柯梁可以承受大的轴向应变。假定由扭转产生的轴向应变是微小的。在复合的轴向-扭转加载中，当轴向应变不大时，可以精确地计算扭转剪切应变。

横向剪切刚度定义

在 Abaqus 中，将剪切柔性梁的截面有效横向剪切刚度定义成

$$\overline{K}_{\alpha 3} = f_p^{\alpha} K_{\alpha 3}$$

式中，$\overline{K}_{\alpha 3}$ 是 α 方向上的截面剪切刚度；f_p^{α} 是无因次的因子，用来防止剪切刚度在细长梁单元中变得太大；$K_{\alpha 3}$ 是截面的实际剪切刚度（力的单位）；α 是横截面的局部方向（$\alpha = 1$，2）。

无因次的因子 f_p^{α} 总是包含在横向剪切刚度的计算中，将其定义成

$$f_p^\alpha = \cfrac{1}{1 + \xi SCF \cfrac{l^2 A}{12 I_{\alpha\alpha}}}$$

式中，l 是单元的长度；A 是横截面面积；$I_{\alpha\alpha}$ 是 α 方向上的惯量；SCF 是细长补偿因子（默认值是 0.25）；ξ 是常数值，一阶单元是 1.0，二阶单元是 10^{-4}。

对于网格划分的横截面，上面的表达式变成

$$\overline{K}_{\alpha\beta}^{ts} = f_p K_{\alpha\beta}^{ts}$$

$$f_p = \cfrac{1}{1 + \xi SCF \cfrac{l^2 (EA)}{12 (EI)_{\alpha v}}}$$

$$(EI)_{\alpha v} = \cfrac{1}{\left[(EI)_{11} + (EI)_{22} + (EI)_{12} \right]}$$

用户可以按下文定义 $K_{\alpha 3}$ 或者 $K_{\alpha\beta}^{ts}$。如果用户没有指定它们，则按下式进行定义

$$K_{\alpha 3} = kGA$$

或者

$$K_{\alpha\beta}^{ts} = k(GA)_{\alpha\beta}$$

式中，G 是弹性剪切模量或者系数；A 是梁的横截面面积。计算 $K_{\alpha 3}$ 和 $K_{\alpha\beta}^{ts}$ 时，不考虑 G 与温度和场变量的关系。剪切因子 k（Cowper，1966）的值见表 3-33。

表 3-33　剪切因子 k 的值

截 面 类 型	剪切因子 k
任意	1.0
盒形	0.44
圆形	0.89
弯肘	0.85
广义	1.0
六角形	0.53
I 形（和 T 形）	0.44
L 形	1.0
网格划分	1.0
非线性广义	1.0
管	0.53
矩形	0.85
粗管	0.53 ~ 0.89
梯形	0.822

当使用分析中积分的梁截面定义截面（见"使用分析中积分的梁截面定义截面行为"，3.3.6 节）时，G 是根据截面所使用的弹性材料定义计算得到的。当使用通用梁截面定义（见"使用通用梁截面定义截面行为"，3.3.7 节）时，用户将 G 作为梁截面数据的一部分来提供。

定义横向剪切刚度和细长补偿因子

用户可以定义分析中积分的梁截面和通用梁截面的横向剪切刚度。在二维梁情况中，用户可以输入横向剪切刚度的单个值，命名为 K_{23}。如果省略 $K_{\alpha 3}$ 的值或者指定为零，则为 K_{23} 和 $K_{\alpha 3}$ 使用非零值。

用户也可以定义细长补偿因子，其默认值是 0.25。如果提供了细长补偿因子的值，则必须同时提供剪切刚度 $K_{\alpha 3}$ 的值。

在一阶单元中，用户可以通过包含标签 SCF 来定义细长补偿因子。然后，Abaqus 将使用补偿因子 $SCF = \dfrac{kGA}{EA}$，并忽略用户指定的任何 $K_{\alpha 3}$ 值，而是根据弹性材料定义计算 $K_{\alpha 3}$ 的值。

横向剪切刚度与欧拉-伯努利梁单元无关，因为欧拉-伯努利梁单元的横向剪切约束是精确满足的。

输入文件用法：　　使用下面的两个选项为分析中积分的梁截面定义横向剪切刚度：

　　　　　　　　　 * BEAM SECTION

　　　　　　　　　 * TRANSVERSE SHEAR STIFFNESS

　　　　　　　　　使用下面的两个选项为通用梁截面定义横向剪切刚度：

　　　　　　　　　 * BEAM GENERAL SECTION

　　　　　　　　　 * TRANSVERSE SHEAR STIFFNESS

Abaqus/CAE 用法：定义分析中积分的梁截面的横向剪切刚度：

　　　　　　　　　Property module：beam section editor：Section integration：During analysis：Stiffness：选中 Specify transverse shear

　　　　　　　　　定义通用梁截面的横向剪切刚度：

　　　　　　　　　Property module：beam section editor：Section integration：Before analysis：Stiffness，选中 Specify transverse shear

插值

Abaqus 提供有限轴应变、线性和二次插值的剪切柔性梁。在"梁单元方程"（《Abaqus 理论手册》的 3.5.2 节）中对这些方程进行了描述。

B21、B31、B31OS、PIPE21、PIPE31 及其杂交单元使用线性插值。这些单元适用于包含接触的情况，例如在海沟或者海床上铺设管线，或者钻杆和井眼之间的接触，以及类似问题的动态情况（冲击）。

B22、B32、B32OS、PIPE22、PIPE32 及其单元使用二次插值。

质量方程

线性铁木辛柯梁单元默认使用集总质量方程。Abaqus/Standard 中的二次铁木辛柯梁单元使用一致的质量方程，动力学过程除外，其中使用1/6、2/3、1/6 分布的集总质量方程。详细内容见"铁木辛柯梁的质量和惯量"（《Abaqus 理论手册》的 3.5.5 节）。Abaqus/Explicit 中的二次铁木辛柯梁单元使用1/6、2/3、1/6 分布的集总质量方程。

在 Abaqus/Standard 中使用一致的质量矩阵

另外，在 Abaqus/Standard 中，用户也可以使用基于偏转的三次插值和转动的二次插值的 McCalley-Archer 一致性质量矩阵。

输入文件用法：　　为在分析中积分梁截面的线性铁木辛柯梁单元使用下面的选项：

　　　　　　　　　　＊BEAM SECTION，LUMPED=NO

　　　　　　　　　为使用通用梁截面的线性铁木辛柯梁单元使用下面的选项：

　　　　　　　　　　＊BEAM GENERAL SECTION，LUMPED=NO

Abaqus/CAE 用法：为在分析中积分梁截面的线性铁木辛柯梁单元使用下面的选项：

　　　　　　　　　Property module：beam section editor：Section integration：During analysis：Stiffness 标签页：选中 Use consistent mass matrix formulation

　　　　　　　　　为使用通用梁截面的线性铁木辛柯梁单元使用下面的选项：

　　　　　　　　　Property module：beam section editor：Section integration：Before analysis：Stiffness 标签页：选中 Use consistent mass matrix formulation

转动惯量处理和附加梁惯量

默认情况下，铁木辛柯梁使用精确的转动惯量（具有位移-转动耦合的各向异性）。另外，也可以使用转动惯量的非耦合各向同性近似。详细内容见"梁截面行为"中的"铁木辛柯梁的转动惯量"（3.3.5 节）。

此规则的例外是具有自动稳定性的静态过程（见"静态应力分析"，《Abaqus 分析用户手册——分析卷》的 1.2.2 节），其中铁木辛柯梁的质量矩阵总是在假定各向同性转动惯量的情况下计算的，而不管为梁截面定义指定的转动惯量类型如何（见"梁截面行为"中的"铁木辛柯梁的转动惯量"，3.3.5 节）。

在一些结构应用中，梁单元可以是具有复杂几何形状横截面和质量分布的一维结构的近似。在这样的横截面中，惯性分布可以代表重型机械、装载在船上的货物、用于压仓的注入流体，或者其他并非是梁结构刚度但沿梁长度分布的质量。在这样的情况中，用户可以定义与梁截面属性相关的附加质量和转动惯量。可以指定单位长度上的多种质量（不能位于梁横截面的原点处）和转动惯量。可以指定与此附加惯性相关的与质量成比例的阻尼（阿尔法或者复合阻尼）。Abaqus 将对与单元质量成比例的阻尼进行质量加权平均（以材料阻尼和附加惯性阻尼为基础）（详细内容见"材料阻尼"，《Abaqus 分析用户手册——材料卷》的 6.1.1 节）。

浸入流体中所产生的附加惯性

当梁完全或者部分浸入流体中时，可以将梁周围的流体所产生的影响模拟成梁上的附加分布惯性（详细内容见"梁截面行为"中的"浸入流体所产生的附加惯量"，3.3.5 节）。

翘曲（开放截面）梁

在空间中模拟梁时，在扭转载荷下，梁横截面可能会出现翘曲，对此应做进一步的考虑。除圆截面以外的所有其他梁横截面在承受扭转时，将产生变形而偏离原始平面。此翘曲变形将改变截面上分布的剪应变。

如果不能防止翘曲的发生，尤其是在梁截面的壁很薄时，开放截面通常很容易产生扭曲。沿着梁的特定点上的翘曲约束（例如，梁位于其他构件或者墙壁中，如图3-13所示）是梁整体扭曲响应的主要决定因素。

单元类型B31OS、B32OS（以及它们的"杂交"类型）具有大小为 ω 的翘曲，作为每个节点处的一个自由度；它们仅用于Abaqus/Standard。在这些单元中，Abaqus/Standard假定横截面的翘曲遵从横截面中位置函数的特定形式（如果用户指定了标准库截面或者"任意"截面，Abaqus将计算此翘曲形式）；只

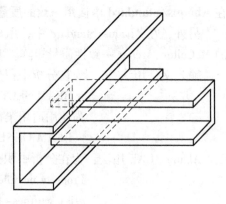

图3-13　开放截面梁的相交

有翘曲大小沿着梁的轴线变化。在薄壁开放截面分析中使用这些单元时，翘曲约束将产生作用，从而不能忽略由翘曲产生的轴向应力。可能产生翘曲的开放截面的例子有I形截面和任何开放任意截面。在其他梁类型中，将翘曲考虑成不受约束的，并忽略由翘曲产生的任何轴向应力；当这些单元与薄壁开放截面一起使用时，不会明显表现出扭转行为。

通常，仅当梁轴线通过节点时是连续的，并且梁截面在节点两侧相同时，翘曲大小才可能是连续的。因此，如果开放截面构件在节点处相交（如连接纵向构件的车辆底盘的交叉构件），则必须为轴方向不同的相交构件使用分离的节点，并且在每个构件的此交点处为翘曲大小选择合适的约束。这些约束的选择是细化局部约束的问题。例如，如果对交点进行了加强，则可以防止翘曲；因而，应当在交点处对合适的构件使用边界条件，以完全约束自由度7。

"管"单元

Abaqus中的管单元具有中空的圆形截面。这些单元中包含管内的内部压力或者外部压力载荷产生的内应力，因此在管横截面上，受拉点与受压点承受不同的屈服应力（图3-14），从而造成了截面响应对非弹性弯曲具有不对称性。Abaqus中的管单元可以使用两个方程。薄壁管方程假定横截面上的周向应力是不变的，并忽略径向应力；而厚壁管方程（仅用于Abaqus/Standard）允许周向应力和径向应力分量在横截面上变化。

将薄壁管单元中的周向应力计算成平均应力，与管截面上的内部和外部压力载荷相平衡。对于薄壁方程，在厚度上使用一个点的积分法则足以得到精确

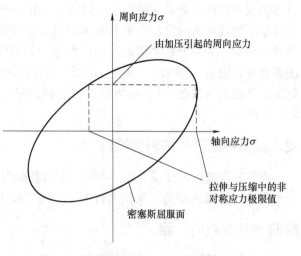

图3-14　薄壁PIPE单元中的屈服行为

的解。

对于厚壁管，使用拉梅方程计算由内部和（或）外部压力产生的周向应力和径向应力的变化。每个材料点处的本构计算都考虑了施加的周向和径向应力值，以确定结构的响应。对厚壁管使用二维积分法则来精确捕捉截面上的应力变化影响。

"杂交"梁

在采用通常的有限单元位移方法计算梁中的轴向力和剪切力存在数值困难时，可使用 Abaqus/Standard 提供的杂交梁单元类型（B21H、B33H 等）进行计算。这类问题通常发生在梁承受大的转动并且在轴向上非常刚硬而发生横向剪切变形时，例如车辆悬架系统中的杆或者柔性长管和电缆。这些情况的问题是，节点位置的稍许不同，便会导致非常大的力，进而造成其他方向上的大运动。杂交单元通过使用更加通用的方程来克服此问题，此方程的主要变量包括单元中的轴向力和横向剪切力，以及节点位移和节点转动。虽然此方程使得这些单元的计算成本更高，但是当梁经历大转动时，其计算速度通常更快，因此，在这些情况中整体更加有效率。

附加参考

- Archer, J. S., "Consistent Matrix Formulations for Structural Analysis using Finite-Element Techniques," American Institute of Aeronautics and Astronautics Journal, vol. 3, pp. 1910-1918, 1965.
- Cowper, R. G., "The Shear Coefficient in Timoshenko's Beam Theory," Journal of Applied Mechanics, vol. 33, pp. 335-340, 1966.

3.3.4　梁单元横截面方向

产品：Abaqus/Standard　　Abaqus/Explicit　　Abaqus/CAE

参考

- "梁模拟：概览"，3.3.1 节
- "梁截面库"，3.3.9 节
- "梁截面行为"，3.3.5 节
- "赋予梁方向"，《Abaqus/CAE 用户手册》的 12.15.3 节

概览

梁横截面的方向：

- 是在局部右手轴坐标系中定义的。
- 可以是用户定义的或者由 Abaqus 计算的。

梁横截面的轴坐标系

在 Abaqus 中，梁横截面的方向是在局部右手 (t, n_1, n_2) 轴坐标系中定义的，其中 t 与单元轴线相切，正方向是从单元的第一个节点到单元的第二个节点；n_1 和 n_2 是定义横截面局部 1 方向和局部 2 方向的基础向量，n_1 是指第一个梁截面轴，n_2 是指梁的法向。此梁横截面的轴坐标系如图 3-15 所示。

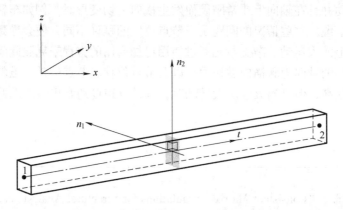

图 3-15   梁类型单元的局部坐标系定义

定义 n_1 方向

对于平面中的梁，n_1 方向总是 $(0.0, 0.0, -1.0)$，即垂直于发生运动的平面。因而，平面梁仅可以关于第一个梁截面轴弯曲。

对于空间中的梁，必须直接将 n_1 的近似方向定义成梁截面定义的一部分，或者通过指定梁轴线以外的附加节点定义成单元定义的一部分（见"单元定义"，《Abaqus 分析用户手册——介绍、空间建模、执行与输出卷》的 2.2.1 节）。单元的连接表中包含此附加节点。

- 如果指定了附加节点，则通过连接单元第一个节点到附加节点的向量来定义 n_1 的近似方向。
- 如果为截面直接定义了 n_1 并指定了附加节点，则优先使用通过附加节点计算得到的方向。
- 如果没有通过上面的两种方法定义近似方向，则默认值是 $(0.0, 0.0, -1.0)$。

可以使用 n_1 方向确定 n_2 方向（如下文所述）。一旦定义了 n_2 方向或者计算得到了 n_2 方向，则将实际的 n_1 方向计算成 $n_2 \times t$，有可能产生与所指定方向不同的方向。

输入文件用法：   对于分析中积分得到的梁截面，使用下面的选项直接指定 n_1 方向：

      * BEAM SECTION

      n_1 方向（数据行的数量取决于 *SECTION* 参数的值）

使用下面的选项为通用梁截面直接指定 n_1 方向：

　　* BEAM GENERAL SECTION

　　n_1 方向（数据行的数量取决于 *SECTION* 参数的值）

使用下面的选项指定梁轴线以外的附加节点来定义 n_1 方向：

　　* ELEMENT

Abaqus/CAE 用法：Property module：Assign→Beam Section Orientation：选择区域并输入 n_1 方向

　　Abaqus/CAE 中不支持指定梁轴线以外的附加节点。

定义节点法向

　　对于空间中的梁，用户可以通过给出方向余弦作为每个节点定义的第四个、第五个和第六个坐标，或者通过在用户指定的法向定义中给出这些方向余弦来定义节点法向（n_2 方向）（详细内容见"节点处的法向定义"，《Abaqus 分析用户手册——介绍、空间建模、执行与输出卷》的 2.1.4 节）。否则，Abaqus 将如下文所述那样计算节点法向。

　　如果将节点法向定义成节点定义的一部分，则将此法向用在与节点相连的所有结构单元中，定义了用户指定法向的单元除外。如果对某个单元在节点处定义了用户指定的法向，则此法向定义优先于节点定义中的法向。如果在与单元垂直的平面中，指定的法向之间的夹角大于 20°，则在数据（.dat）文件中发出一个警报信息。如果作为节点定义一部分的法向，或者用户指定的法向与 $t \times n_1$ 之间的夹角大于 90°，则使用指定法向的相反方向。

　　输入文件用法：　使用下面的选项指定节点定义中的 n_2 方向：

　　　　　　　　　　* NODE

　　　　　　　　　　节点编号，节点坐标，节点法向坐标

　　　　　　　　　　使用下面的选项定义用户指定的法向：

　　　　　　　　　　* NORMAL

Abaqus/CAE 用法：Abaqus/CAE 中不支持节点法向定义；总是使用 Abaqus 计算得到的节点法向。

Abaqus 计算的平均节点法向

　　如果没有在节点定义中定义节点法向，则为所有没有定义用户指定法向的壳单元和梁单元计算节点处的单元法向方向（"剩余"单元）。对于壳单元，法向方向与壳中面垂直（见"壳单元：概览"，3.6.1 节）。对于梁单元，法向方向是第二个横截面方向（见"梁单元横截面方向"，3.3.4 节）。然后使用下面的算法为剩余的需要定义法向的单元计算平均法向：

　　1）如果一个节点与 30 个以上的剩余单元相连，则不进行平均，而是在节点处为每个单元赋予它自己的法向。将第一个节点法向存储成节点定义中的法向，将每个后续法向存储成用户指定的法向。

　　2）如果一个节点由 30 个单元或者更少的剩余单元共享，则计算所有与节点连接的单元的法向。Abaqus 取这些单元中的一个并将其放置在一个集合中，此集合由法向在 20° 之内的其他单元组成。然后：

① 法向与已添加单元的法向之间的夹角在20°之内的每个单元也添加在此集合中（如果还没有将此单元添加在此集合中）。

② 重复此过程，直到此集合包含所有法向在20°以内的单元。

③ 如果最后集合中所有单元的法向彼此都在20°范围内，则计算集合中所有单元的平均法向。集合中即使有一个单元的法向超出20°，也不会计算集合中所有单元的平均法向，而是为每个单元存储单独的法向。

④ 重复此过程，直到连接到节点的所有单元都已计算出法向。

⑤ 将第一个节点法向存储成节点定义中的法向，将每个后续生成的节点法向存储成用户指定的法向。

此算法可确保节点平均策略与单元顺序无关。下面的简单例子说明了此过程。

示例：梁的平均法向

图3-16所示为三个梁单元模型。单元1、2和3共享公共节点10，没有用户指定的法向。

在第一种情况中，假定在节点10处，单元2的法向与单元1和单元3法向之间的夹角均小于20°，但单元1和单元3的法向之间的夹角大于20°。此时，将为每个单元赋予其各自的法向：将其中一个法向存储成节点定义的一部分，并将另外两个法向存储成用户指定的法向。

在第二种情况中，假定在节点10处，单元2的法向与单元1和单元3法向之间的夹角均小于20°，并且单元1和单元3的法向之间的夹角也小于20°。此时，将为单元1、2和3计算一个单独的平均法向，并存储成节点定义的一部分。

在最后一种情况中，假定在节点10处，单元2的法向与单元1法向间的夹角小于20°，但单元3的法向与单元1或者

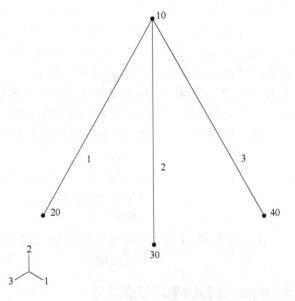

图 3-16　节点平均算法示例（三个单元）

单元2法向间的夹角均大于20°。此时，将计算并存储单元1和单元2的平均法向，而存储单元3自己的法向：一个法向存储成节点定义的一部分，另一个法向存储成用户指定的法向。

合适的梁法向

为了确保载荷正确地垂直作用在梁横截面上，需要有能够正确定义横截面平面的梁法向。当使用线性梁模拟弯曲的几何形体时，合适的梁法向是节点处的平均法向。对于这种情况，应优先定义横截面的轴坐标系，使得梁法向位于弯曲平面内，并在节点处进行合适的平均。

初始曲率和初始扭曲

在 Abaqus/Standard 中，法向方向定义将生成具有初始曲率或者初始扭曲的梁单元，初始曲率或者初始扭曲将影响单元的一些行为。

- 当单元法向不垂直于梁的轴线时（使用单元节点的插值得到），梁单元是弯曲的。当用户直接定义法向（作为节点定义的一部分或者作为用户指定的法向），或者当梁在节点处相交且梁的法向是上文所述平均法向时，将产生初始曲率。在三次梁单元中考虑此初始曲率的影响。在二次梁单元中并不考虑由法向定义产生的初始曲率；然而，这些单元的确正确地考虑了任何节点位置表示的任何初始曲率。

- 类似地，在不同节点处关于梁的轴线有不同方向的节点法向也说明了梁存在扭曲。在二次梁单元中，考虑初始扭曲（可能由法向平均或者用户定义的法向定义引起）的影响。

因为初始弯曲或者初始扭曲梁的行为与直梁完全不同，由平均法向引起的变化能会导致一些梁单元的变形变化。用户应当始终检查模型，以确保由平均法向引起的变化在预期范围内。如果后续多个节点处的法向方向之间的夹角包含一个大于 20° 的角，则在数据（.dat）文件中发出一个警告信息。此外，与没有进行节点平均和没有用户定义法向所计算得到的曲率相比，如果对一个梁计算得到的平均曲率在单位长度上的差异大于 0.1°，或者整个梁的近似曲率差异大于 5°，则在输入文件前处理过程中将发出一个警告信息。

在 Abaqus/Explicit 中，不考虑梁的初始曲率：将所有梁单元假定成初始是直的。单元的横截面方向是通过将与梁单元的节点相关联的 n_1 方向和 n_2 方向进行平均计算得到的。然后将这两个向量投射到与梁单元的轴线垂直的平面上。通过以一个相等或者相反的角度在平面内进行转动，来使 n_1 方向和 n_2 方向彼此垂直。

3.3.5 梁截面行为

产品：Abaqus/Standard   Abaqus/Explicit   Abaqus/CAE

参考

- "梁模拟：概览"，3.3.1 节
- ∗BEAM GENERAL SECTION
- ∗BEAM SECTION
- "创建梁截面"，《Abaqus/CAE 用户手册》的 12.13.11 节

概览

梁截面行为：
- 是根据梁截面对拉伸、弯曲、剪切和扭转的响应来定义的。

- 可能需要也可能不需要截面上的数值积分。
- 可以是线性或者非线性的（非线性材料响应的结果）。

梁截面行为

定义梁截面对梁轴线的拉伸、弯曲、剪切和扭转的响应时，需要正确定义轴力 N、弯曲力矩 M_{11} 和 M_{22}，作为轴应变 ε 的函数的转矩 T、曲率变化 κ_{11} 和 κ_{22} 以及扭转角 ϕ。这里的下标 1 和 2 指的是梁截面中的局部正交轴。

如果使用开放截面的梁类型，截面行为还必须定义翘曲复合力矩 W 和广义应变度量，包括翘曲大小 ω 和梁的双曲率 χ，此双曲率是翘曲大小相对于梁位置的梯度：$\chi = \mathrm{d}\omega/\mathrm{d}S$。

用户选择的截面定义类型决定了是在分析过程中重新计算梁截面属性，还是在前处理过程中为分析建立梁截面属性。如果使用了通用梁截面定义（见"使用通用梁截面定义截面行为"，3.3.7 节），则在前处理过程中计算一次横截面属性。另外，还可以使用分析中积分的梁截面定义（见"使用分析中积分的梁截面定义截面行为"，3.3.6 节），在此情况中，Abaqus 将在分析过程中使用横截面上的应力数值积分定义梁的响应。

因为平面梁仅在 $X - Y$ 平面上变形，只有 N 和 M_{11}，以及 ε 和 κ_{11} 对这些单元有贡献，即 κ_{22}、ϕ 和 ω 的值为零。

在 Abaqus 中，梁截面中的弯曲力矩总是关于梁截面的面心进行度量的，而扭矩是关于剪切面心度量的。梁的轴线（定义成连接梁单元节点的线）不需要通过梁截面的面心。

梁单元的自由度位于局部（1，2）坐标系的原点处，在梁横截面上定义此坐标系；即连接单元节点的单元线通过横截面局部坐标系的原点。

决定是使用分析中积分得到的梁截面还是通用梁截面

当使用在分析中积分的梁截面时（见"使用分析中积分的梁截面定义截面行为"，3.3.6 节），则随着梁变形，Abaqus 在截面上进行数值积分，在截面的每个点上独立评估材料行为。当截面非线性仅由非线性材料响应引起时，应当使用此类型的梁截面。

使用通用梁截面时（见"使用通用梁截面定义截面行为"，3.3.7 节），Abaqus 将预先计算梁横截面量并在分析中根据此值执行所有截面计算。此方法结合了梁截面和材料说明（不需要材料定义）的功能。可以采用不同的方法预先计算截面属性，包括使用二维有限元网格定义非常复杂的几何形体（见"网格划分的梁横截面"，《Abaqus 分析用户手册——分析卷》的 5.6 节）。当梁截面响应是线性的，或者当梁截面响应是非线性的，并且这种非线性并非仅由材料的非线性引起时（如发生截面失稳的情况），则应当使用通用梁截面。

输入文件用法：　　使用下面的选项定义分析中积分得到的梁截面：

　　　　　　　　　　* BEAM SECTION

　　　　　　　　使用下面的选项定义通用梁截面：

　　　　　　　　　　* BEAM GENERAL SECTION

Abaqus/CAE 用法：定义分析中积分的梁截面：

　　　　　　　　　　Property module：Create Section：选择 Beam 作为截面 Category，选择

　　　　　　　　　　Beam 作为截面 Type：Section integration：During analysis

定义通用梁截面：

Property module：Create Section：选择 Beam 作为截面 Category，选择
Beam 作为截面 Type：Section integration：Before analysis

几何截面梁

定义通用梁截面行为时需要以下截面量。

惯性矩

关于面心的惯性矩定义成

$$I_{11} = \int_A (x_2 - x_2^c)^2 \mathrm{d}A$$

$$I_{22} = \int_A (x_1 - x_1^c)^2 \mathrm{d}A$$

$$I_{12} = \int_A (x_1 - x_1^c)(x_2 - x_2^c) \mathrm{d}A$$

式中，(x_1, x_2) 是点在局部（1，2）梁截面轴坐标系中的位置，(x_1^c, x_2^c) 是横截面的面心位置。

使用二维横截面模型来计算弯曲刚度和转动惯量对网格划分的截面外形（见"选择梁横截面"中的"网格划分的横截面"，3.3.2 节）的贡献。为使用翘曲单元划分的整体横截面定义下面的积分属性

$$(EI)_{11} = \int_A E(x_2 - x_2^c)^2 \mathrm{d}A$$

$$(EI)_{22} = \int_A E(x_1 - x_1^c)^2 \mathrm{d}A$$

$$(EI)_{12} = \int_A E(x_1 - x_1^c)(x_2 - x_2^c) \mathrm{d}A$$

$$(\rho I)_{11} = \int_A \rho(x_2 - x_2^m)^2 \mathrm{d}A$$

$$(\rho I)_{22} = \int_A \rho(x_1 - x_1^m)^2 \mathrm{d}A$$

$$(\rho I)_{12} = \int_A \rho(x_1 - x_1^m)(x_2 - x_2^m)^2 \mathrm{d}A$$

式中，(x_1^m, x_2^m) 是横截面的质心。

扭转常数

扭转常数 J 取决于横截面的形状。圆截面的扭转常数是极性矩，即 $J = I_{11} + I_{22}$。

矩形和梯形库截面的扭转常数是 Abaqus 使用 Prandtl 应力方程方法通过数值计算得到的。出于此目的，在内部创建了横截面的局部有限元模型。为横截面选择的积分点数量决定了有限元模型的精度。通过选择非默认的积分点数量来指定更高阶的法则，可以提高精度。

对于薄壁盒形截面和任意截面，也可以使用以上法则提高模型的精度。如果构成截面的

每个分段的厚度显著不同，则应当在厚度变化区域中指定更多的盒形截面积分点或者更小的任意截面分段。

网格划分截面的扭转常数是在使用翘曲单元划分的二维区域中计算得到的。积分的精度取决于模型中单元的数量：

$$(GJ) = \int_A G_{\alpha\beta} [\psi_{,\alpha} + \varepsilon_\gamma^\alpha (x^\gamma - x_s^\gamma)][\psi_{,\beta} + \varepsilon_\delta^\beta (x^\delta - x_s^\delta)] \mathrm{d}A$$

式中，$\psi_{,\alpha}$ 是翘曲方程关于横截面（1，2）轴的导数。所有指数取值1、2。更多内容见"网格划分的梁横截面"（《Abaqus 理论手册》的 3.5.6 节）。

对于封闭薄壳截面，扭转常数的计算公式如下

$$J = \frac{4A_c^2}{\oint \frac{1}{t} \mathrm{d}s}$$

式中，t 是截面厚度；A_c 是截面的中线围绕的面积；s 是中线的长度，沿截面的周长以逆时针方向度量。

对于开放组合薄壁截面

$$J = \int \frac{1}{3} t^3 \mathrm{d}s$$

Abaqus 将检查组合截面是否封闭，并使用合适的扭转常数。

扇形矩和翘曲常数

对于开放薄壁截面，将扇形矩定义成

$$\Gamma_0 = \int_s S_\omega t \mathrm{d}s$$

将翘曲常数定义成

$$\Gamma_W = \int_s S_\omega^2 t \mathrm{d}s$$

式中，S_ω 是截面一点处的扇形面积，截面的剪心在扇形的极点处。

铁木辛柯梁的转动惯量

通常，和扭转模型相关联的转动惯量与柔性模型的转动惯量有所不同。对于非对称横截面，弯曲的每个方向上的转动惯量是不同的。对于梁节点不在质心上的横截面，在平动与转动自由度之间存在耦合。

默认情况下，为铁木辛柯梁使用精确的（各向异性的和耦合的）转动惯量。在 Abaqus/Standard 中，各向异性转动惯量会在几何非线性瞬态直接积分动力学仿真的雅可比算子中引入非对称项。如果转动惯量的影响在几何非线性动力学响应中是明显的，并且使用了精确的转动惯量，则为了更好地收敛，应当使用非对称求解器。

另外，也可以选择近似各向异性的和非耦合的转动惯量。在 Abaqus/Standard 中，这意味着仅与扭转模型相关的转动惯量将被用在所有转动自由度上；在冲击问题中，不会产生由各向异性或者位移-转动耦合引起的潜在不稳定转动惯量效应。在 Abaqus/Explicit 中，这意

味着为所有转动自由度选择一个比例因子来缩放柔性惯量，以使稳定单元时间增量最大化，即稳定时间增量不是由梁的柔性响应决定的。在一些细长梁分析中，各向同性的转动惯量是足够精确的。

在 Abaqus/Explicit 中，如果使用梁单元模拟平面型结构（即如果关于梁的一个截面轴的惯性矩比关于另一轴的惯性矩大 1000 倍以上），精确的转动惯量方程可能会导致稳定时间增量的急剧减少。在此情况中，建议用户使用近似各向同性，或者考虑使用壳单元来模拟结构，这些方式更有利于处理此类型的分析。

关于梁截面惯性矩定义的内容，见"铁木辛柯梁的质量和惯量"（《Abaqus 理论手册》的 3.5.5 节）。

输入文件用法：　　使用下面的选项指定在分析中积分的梁截面的各向同性转动惯量：

　　*BEAM SECTION，ROTARY INERTIA = ISOTROPIC

　　使用下面的选项指定通用梁截面的各向同性转动惯量：

　　*BEAM GENERAL SECTION，ROTARY INERTIA = ISOTROPIC

Abaqus/CAE 用法：Abaqus/CAE 中不支持梁截面的各向同性转动惯量，总是使用默认的精确转动惯量。

为铁木辛柯梁的梁截面行为添加惯量

可以定义铁木辛柯梁（包括 PIPE 单元）的附加质量和转动惯量属性。沿着梁的单位长度上添加的惯量对梁的惯性响应有贡献，而不影响梁的结构刚度。如果使用了各向同性的转动惯量，则不能为截面定义附加梁惯性。

要指定附加梁惯性，应在局部（1，2）梁横截面轴坐标系中的点（x_1，x_2）上定义质量（单位长度上）。要包含转动惯量（单位长度上），用户也可以在横截面局部（1，2）坐标系内定义角度 α（单位为°），此坐标系将转动惯量坐标系（X，Y）的第一个轴相对于梁横截面轴坐标系中的局部 1 方向进行定位，如图 3-17 所示。

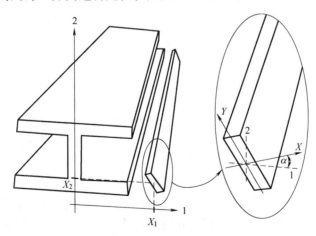

图 3-17　具有附加惯量的梁单元

相对于转动惯量坐标系（X，Y）的转动惯量分量定义成

$$I^p_{XX} = \int_A \rho Y^2 \, dA$$

$$I^p_{YY} = \int_A \rho X^2 \, dA$$

$$I^p_{XY} = -\int_A \rho XY \, dA$$

式中，A 是面积；ρ 是质量密度；X 和 Y 是从 (x_1, x_2) 度量的局部转动惯量坐标，是所添加质量贡献的中心。

可以通过按照需要的数量指定点质量和转动惯量贡献来定义附加惯量。通过给质量比例瑞利阻尼系数 α_R 或者复合阻尼系数 ξ_α 赋值来指定与附加惯量相关联质量比例阻尼。Abaqus 将为单元质量比例阻尼使用质量加权平均（基于材料阻尼和附加惯性阻尼）。

输入文件用法：　　使用下面的选项与梁截面定义相结合来指定附加惯性属性：

　　　　　　　　　　* BEAM ADDED INERTIA, ALPHA = α_R, COMPOSITE = ξ_α

　　　　　　　　　　单位长度上的质量，x_1, x_2, α, I_{11}, I_{22}, I_{12}

Abaqus/CAE 用法：Abaqus/CAE 中不支持附加惯性属性。

浸入流体所产生的附加惯量

当梁完全或者部分浸入流体中时，可以将梁周围流体的作用模拟成梁上的附加分布惯性（见"由入射膨胀波场产生的载荷"，《Abaqus 理论手册》的 6.3.1 节）。默认情况下，假定梁完全浸入流体中。另外，用户可以指定单位长度上的附加惯量减小一半来模拟部分浸入的梁。

用户指定流体质量密度 ρ_f（单位体积），润湿横截面质心的梁局部 x、y 坐标，润湿截面的有效半径 r，经验阻力系数 C_A 或者流量系数 C_{A-E}。完全浸入的梁横截面的单位长度上的附加惯量为

$$\pi r^2 \rho_f C_A$$

由于梁横截面的原点可能与润湿横截面的质心不重合，附加流体惯量可能包含转动作用。润湿横截面质心的非零 x 偏移值和非零 y 偏移值将在惯性方程中产生耦合的转动-位移。附加惯性的默认模型从圆柱截面的无黏绕流推导得到（$C_A = 1.0$）；用户可以指定系数 C_A 来模拟不同横截面模型的绕流。

浸入梁的自由端处也存在附加质量作用。如果梁单元的端节点没有与任何其他单元相连，并且为此梁单元定义了附加流体惯量，则添加的附加质量惯量为

$$\frac{8}{3} r^3 \rho_f C_{A-E}$$

对于 $C_{A-E} = 1.0$，此附加质量相当于半球形盖的质量，默认值是 $C_{A-E} = 0.0$。可以改变系数 C_{A-E} 来模拟其他几何形状。如果梁是部分浸入的，则自动将端部惯量减小 1/2。然而，自由端的附加质量总是各向同性的：轴向运动和横向运动经历相同的附加惯性。

数据（.dat）文件中报告的总质量、质心、力矩或者惯量积中不包含添加到浸入或者部分浸入梁中的"虚拟质量"。

输入文件用法：　　使用下面的选项结合梁截面定义来定义完全浸入的梁：

* BEAM FLUID INERTIA，FULL

ρ_f，x，y，r，C_A，C_{A-E}

使用下面的选项结合梁截面定义来定义部分浸入的梁：

* BEAM FLUID INERTIA，HALF

ρ_f，x，y，r，C_A，C_{A-E}

Abaqus/CAE 用法：定义完全浸入的梁：

Property module：beam section editor：Fluid Inertia：切换选中 Specify fluid inertia effects：Fully submerged

定义部分浸入的梁：

Property module：beam section editor：Fluid Inertia：切换选中 Specify fluid inertia effects：Half submerged

附加参考文献

- Blevins，R. D.，*Formulas for Natural Frequency and Mode Shape*，R. E. Krieger Publishing Co.，Inc.，1987.

3.3.6 使用分析中积分的梁截面定义截面行为

产品：Abaqus/Standard　　Abaqus/Explicit　　Abaqus/CAE

参考

- "梁模拟：概览"，3.3.1 节
- "梁截面行为"，3.3.5 节
- * BEAM SECTION
- "创建梁截面"中的"指定在分析中积分的梁截面属性"，《Abaqus/CAE 用户手册》的 12.13.11 节

概览

分析中积分的梁截面：
- 当在分析过程中随着梁变形必须重新计算截面属性时使用。
- 可以与线性或者非线性材料行为相关联。

定义分析中积分的梁截面行为

当随着梁的变形需要在截面上进行数值积分时，应使用在分析中积分的梁截面来定义截

面行为。用户可以从 Abaqus 提供的梁截面形状库（见"梁截面库"，3.3.9节）中选择一种截面形状并定义截面的尺寸。此外，用户还可以指定用于积分的截面点数量。截面点的默认数量对于产生塑性的单调载荷是足够的。如果将发生塑性回复，则需要更多的截面点。

使用材料定义（"材料数据定义"，《Abaqus 分析用户手册——材料卷》的 1.1.2 节）定义截面的材料属性，并应将这些属性与截面定义相关联。可以将线性或者非线性材料行为与截面定义相关联。然而，如果材料行为是线性的，则更经济的方法是使用通用梁截面（见"使用通用梁截面定义截面行为"，3.3.7节）。

用户必须将截面属性与模型的区域相结合。

输入文件用法：　　* BEAM SECTION，ELSET = 名称，SECTION = 库中的截面，
MATERIAL = 名称
使用 ELSET 参数将截面属性与梁单元集合相关联。

Abaqus/CAE 用法：Property module：
Create Profile：Name：库中的截面
Create Section：选择 Beam 作为截面 Category，选择 Beam 作为截面
Type：Section integration：During analysis，Profile name：库中的截面，Material name：名称
Assign→Section：选择区域

定义由应变引起的横截面面积变化

在剪切柔性单元中，Abaqus 通过允许用户指定一个有效的截面泊松比来得到均匀的横截面面积变化。仅在几何非线性分析中考虑此功能（见"定义一个分析"，《Abaqus 分析用户手册——分析卷》的 1.1.2 节），并用于模拟承受大轴向拉伸的梁的横截面面积的减少或增加。

有效泊松比的值为 -1.0 ~ 0.5。默认情况下，将截面的有效泊松比设置成0.0，以忽略此效应。如果梁是由典型的金属制成的，在大变形过程中整个响应是完全不可压缩的（因为金属材料是塑性主导的），则将有效泊松比设为 0.5。0.0 与 0.5 之间的泊松值意味着横截面面积在不变与不可压缩之间成比例地变化。负的有效泊松比将导致横截面面积在拉伸轴向应变作用下有所增加。

欧拉-伯努利梁单元不能使用有效泊松比。

输入文件用法：　　* BEAM SECTION，POISSON = ν_{eff}

Abaqus/CAE 用法：Property module：Create Section：选择 Beam 作为截面 Category，选择 Beam 作为截面 Type：Section integration：During analysis，Section Poisson's ratio：ν_{eff}

定义材料阻尼

当使用分析中积分的梁截面时，可通过材料行为定义引入阻尼。Abaqus 中可用的材料阻尼类型见"材料阻尼"（《Abaqus 分析用户手册——材料卷》的 6.1.1 节）。

指定温度和场变量

可以通过在截面的特定点上指定值，或者通过定义横截面原点处的值，并指定局部 1 方向和局部 2 方向上的梯度来指定温度和场变量。将温度和场变量的实际值指定成预定义场或者初始条件（见"预定义场"，《Abaqus 分析用户手册——指定条件、约束与相互作用卷》的 1.6 节；或者"Abaqus/Standard 和 Abaqus/Explicit 中的初始条件"，《Abaqus 分析用户手册——指定条件、约束与相互作用卷》的 1.2.1 节）。

在任何单元中，假定单元所有节点处的温度定义与为单元选择的温度定义方法兼容。当单元之间的温度定义方法不同时，必须在使用不同温度定义方法的单元界面上使用分离的节点并施加 MPC，以使得各节点的位移和转动一致。

定义原点处的值以及 1 方向和 2 方向上的梯度

可以通过给出横截面原点处的值，以及横截面 2 方向和 1 方向上的梯度值（即给出预定义场或初始条件定义中的 θ、$\partial\theta/\partial X_2$ 和 $\partial\theta/\partial X_1$）来定义温度和场变量。对于平面中的梁，仅需要给出 θ 和 $\partial\theta/\partial X_2$，忽略 1 方向上的梯度。

输入文件用法：　∗ BEAM SECTION, TEMPERATURE = GRADIENTS

Abaqus/CAE 用法：Property module：Create Section：选择 Beam 作为截面 Category，选择 Beam 作为截面 Type：Section integration：During analysis，Linear by gradients

在截面上的点处定义值

可以在截面上的一组点上定义温度和场变量（见"梁截面库"，3.3.9 节）。

此方法不能用于与通用梁截面单元相邻的梁单元，因为可能会导致在共享横截面上产生不正确的温度分布。如果无法避免使用此方案，则如上文所述，必须使用由 MPC 连接的分离节点定义相邻单元。

输入文件用法：　∗ BEAM SECTION, TEMPERATURE = VALUES

Abaqus/CAE 用法：Property module：Create Section：选择 Beam 作为截面 Category，选择 Beam 作为截面 Type：Section integration：During analysis，Interpolated from temperature points

输出

在模型数据输出中打印梁截面属性，如横截面面积、惯性矩等。当使用在分析中积分的梁截面时，可以输出截面的截面力、力矩和横向剪切力，以及截面应变、曲率和横向剪切应变（见"输出到数据和结果文件"中的"单元输出"，《Abaqus 分析用户手册——介绍、空间建模、执行与输出卷》的 4.1.2 节；以及"输出到输出数据库"中的"单元输出"，《Abaqus 分析用户手册——介绍、空间建模、执行与输出卷》的 4.1.3 节）。此外，还可以输出每个截面点上的应力和应变。"梁单元库"（3.3.8 节）中列出了梁单元可以使用的一些单元输出量。

如果使用了在分析中积分的梁截面，则 Abaqus/Standard 的应力/应变输出中包含由翘曲产生的轴向应变。

可以使用单元变量 TEMP 获得截面点处的温度输出。如果给出了截面上某点处的温度，则可以使用节点变量 NT*xx* 获得温度点处的输出。如果通过定义横截面原点处的值并指定局部1方向和局部2方向上的梯度来指定温度，则不能使用节点变量 NT*xx* 获得温度点处的输出。在此情况中，应请求输出变量 NT，将自动输出 NT11（参考温度值）、NT12 和 NT13（局部1方向和局部2方向上的温度梯度）。

对于所有包含节点位移场输出的框，自动将梁法向写入输出数据库。在 Abaqus/CAE 的 Visualization 模块中可以显示法向方向。

3.3.7 使用通用梁截面定义截面行为

产品：Abaqus/Standard　　　Abaqus/Explicit　　　Abaqus/CAE

参考

- "梁模拟：概览"，3.3.1 节
- "梁截面行为"，3.3.5 节
- *BEAM GENERAL SECTION
- *BEAM SECTION OFFSET
- "创建梁截面"中的"为通用梁截面指定属性"，《Abaqus/CAE 用户手册》的 12.13.11 节

概览

通用梁截面：
- 用于定义只需计算一次并在整个分析中保持不变的梁截面属性。
- 可以用来定义线性或者非线性截面行为。
- 对于线性截面行为，仅可以与线性材料行为相关联。
- 能够使用网格划分的横截面（"网格划分的梁横截面"，《Abaqus 分析用户手册——分析卷》的 5.6 节）。
- 能够使用锥形横截面（仅用于 Abaqus/Standard）。

线性截面行为

线性截面响应的计算方法如下。横截面上每个点处的轴向应力 σ 和剪切应力 τ 的计算公式为

$$\sigma = E(\bar{\theta}, f_\beta)(\varepsilon - \varepsilon^{th}) \text{和} \tau = G(\bar{\theta}, f_\beta)\gamma$$

式中，$E(\bar{\theta}, f_\beta)$ 是弹性模量（可能取决于梁轴线处的温度 $\bar{\theta}$ 和场变量 f_β）；$G(\bar{\theta}, f_\beta)$ 是剪切模量（也可能取决于梁轴线处的温度和场变量）；ε 是轴向应变；γ 是由扭曲产生的剪切应变；ε^{th} 是热膨胀应变，其公式为

$$\varepsilon^{th} = \alpha(\bar{\theta}, f_\beta)(\theta - \theta^0) - \alpha(\bar{\theta}^I, f_\beta^I)(\theta^I - \theta^0)$$

式中，$\alpha(\bar{\theta}, f_\beta)$ 是热胀系数；θ 是梁截面上某点处的当前温度；f_β 是场变量；θ^0 是 α 的参考温度；θ^I 是该点处的初始温度（见"Abaqus/Standard 和 Abaqus/Explicit 中的初始条件"中的"定义初始温度"，《Abaqus 分析用户手册——指定条件、约束与相互作用卷》的 1.2.1 节）；f_β^I 是该点处场变量的初始值（见"Abaqus/Standard 和 Abaqus/Explicit 中的初始条件"中的"定义预定义场变量的初始值"，《Abaqus 分析用户手册——指定条件、约束与相互作用卷》的 1.2.1 节）。

如果热胀系数与温度或者场变量相关，则在梁轴线处的温度和场变量上对其进行评估。因此，因为假定 θ 在截面上线性变化，所以 ε^{th} 也在截面上线性变化。

温度是在梁轴线处的温度上定义的，并且温度梯度是关于局部 x_1 轴和 x_2 轴的

$$\theta = \bar{\theta} + \frac{\partial \theta}{\partial x_1}x_1 + \frac{\partial \theta}{\partial x_2}x_2$$

轴向力 N、关于梁截面局部 1 轴和局部 2 轴的弯曲力矩 M_1 和 M_2、扭矩 T、复合力矩 W 是以轴向应力 σ 和剪切应力 τ 的形式定义的（见"梁单元方程"，《Abaqus 理论手册》的 3.5.2 节）。它们分别是

$$N = E\big[A(\varepsilon_c - \varepsilon_c^{th}) + \Gamma_0\chi\big]$$

$$M_1 = E\left[I_{11}\left(\kappa_1 - \frac{\partial \varepsilon^{th}}{\partial x_2}\right) - I_{12}\left(\kappa_2 + \frac{\partial \varepsilon^{th}}{\partial x_1}\right)\right]$$

$$M_2 = E\left[-I_{12}\left(\kappa_1 - \frac{\partial \varepsilon^{th}}{\partial x_2}\right) + I_{22}\left(\kappa_2 + \frac{\partial \varepsilon^{th}}{\partial x_1}\right)\right]$$

$$T = GJ\phi + GI_p\omega_p$$

$$W = E\big[\Gamma_0(\varepsilon_c - \varepsilon_c^{th}) + \Gamma_W\chi\big]$$

式中，A 是横截面面积；I_{11} 是关于截面 1 轴的弯曲惯量；I_{12} 是横向弯曲惯量；I_{22} 是关于截面 2 轴的弯曲惯量；J 是扭转常数；Γ_0 是截面的扇形矩；Γ_W 是截面的翘曲常数；ε_c 是截面在面心处度量的轴向应变；ε_c^{th} 是轴的热应变；κ_1 是关于第一个梁截面局部轴的曲率变化；κ_2 是关于第二个梁截面局部轴的曲率变化；ϕ 是扭转角；χ 是双曲率，用于定义由于梁的扭曲所引起的截面中的轴向应变；ω_p 是未约束的翘曲大小 ω_f 与实际翘曲大小 ω 之差，$\omega_p = \omega_f - \omega$。

Γ_0、Γ_W、χ 和 ω_p 仅对于开放截面梁单元是非零的。

为库中的横截面或者线性广义横截面定义线性截面行为

线性梁截面响应根据 A、I_{11}、I_{12}、I_{22}、J 以及 Γ_0 和 Γ_W（如果需要）进行几何定义。

用户可以直接输入这些几何量，或者指定标准的库截面，Abaqus 将计算这些量。在以上两种情况下，均需定义梁截面的方向（见"梁单元横截面方向"，3.3.4 节）；将弹性模量、扭转剪切模量和热胀系数给成温度的函数，并将截面属性与模型中的区域相关联。

如果热胀系数与温度相关，则还应如下文所述那样定义热膨胀的参考温度。

直接指定几何量

用户通过指定 A、I_{11}、I_{12}、I_{22}、J 以及 Γ_0 和 Γ_W（如果需要）来直接定义"广义"线性截面行为。在此情况中，用户可以指定面心的位置，以允许梁的弯曲轴偏离单元节点的连线。此外，用户也可以指定剪心的位置。

输入文件用法：　　使用下面的选项定义广义线性梁截面属性：
* BEAM GENERAL SECTION, SECTION = GENERAL, ELSET = 名称
A, I_{11}, I_{12}, I_{22}, J, Γ_0, Γ_W
如果需要，使用下面的选项指定面心的位置：
* CENTROID
如果需要，使用下面的选项指定剪心的位置：
* SHEAR CENTER

Abaqus/CAE 用法：Property module：
Create Profile：Name：广义截面，Generalized
Create Section：截面 Category 选择 Beam，截面 Type 选择 Beam：Section integration：Before analysis，Profile name：广义截面：Centroid 和 Shear Center
Assign→Section：选择区域

指定标准库截面并允许 Abaqus 计算几何量

用户可以选择一个标准库截面（见"梁截面库"，3.3.9 节），并且指定用于定义横截面形状的几何输入数据。然后，Abaqus 将自动计算定义截面行为所需的几何量。此外，用户还可以为截面原点指定偏移量。

输入文件用法：　　* BEAM GENERAL SECTION, SECTION = 库截面, ELSET = 名称
如果需要，使用下面的选项指定截面原点的偏移量：
* BEAM SECTION OFFSET

Abaqus/CAE 用法：Property module：
Create Profile：Name：库截面
Create Section：截面 Category 选择 Beam，截面 Type 选择 Beam：Section integration：Before analysis，Profile name：库截面
Assign→Section：选择区域
Abaqus/CAE 中不支持指定截面原点的偏移量。

为网格划分的横截面定义线性截面行为

网格划分的截面外形的线性梁截面响应是由二维模型数值积分得到的。在分析期间执行一次数值积分，以确定梁的刚度和惯性矩，以及面心和剪心的坐标。在梁截面生成过程中计算这些梁截面属性并写入文本文件 *jobname*. bsp 中。可以在梁模型中包含该文本文件。有关定义网格划分截面的线性梁截面响应属性的详细内容，以及如何分析典型的网格划分截面，

见"网格划分的梁横截面"(《Abaqus 分析用户手册——分析卷》的 5.6 节)。

输入文件用法:　　使用下面的选项:

　　　　　　　　* BEAM GENERAL SECTION, SECTION = MESHED, ELSET = 名称

　　　　　　　　* INCLUDE, INPUT = *jobname*. bsp

Abaqus/CAE 用法:Abaqus/CAE 中不支持网格划分的横截面。

为 Abaqus/Standard 中的锥形横截面定义线性截面行为

在 Abaqus/Standard 中,用户可以使用线性锥形横截面定义铁木辛柯梁。支持具有线性响应的通用梁截面和标准截面库,但不能使用任意梁截面。在每个梁单元的两个端部节点处定义截面参数。计算梁的刚度矩阵、截面力和应力时使用的有效梁面积以及关于截面 1 轴和截面 2 轴的弯曲惯性矩的公式如下

$$A^{\mathrm{eff}} = \frac{A^I + \sqrt{A^I A^J} + A^J}{3}$$

$$I_{11}^{\mathrm{eff}} = \frac{I_{11}^I + \sqrt[4]{(I_{11}^I)^3 I_{11}^J} + \sqrt{I_{11}^I I_{11}^J} + \sqrt[4]{I_{11}^I (I_{11}^J)^3} + I_{11}^J}{5}$$

$$I_{22}^{\mathrm{eff}} = \frac{I_{22}^I + \sqrt[4]{(I_{22}^I)^3 I_{22}^J} + \sqrt{I_{22}^I I_{22}^J} + \sqrt[4]{I_{22}^I (I_{22}^J)^3} + I_{22}^J}{5}$$

式中,I 和 J 是梁的两个端部节点。将其他有效几何量计算成两个端部节点值之间的平均值。此近似对于每个单元的锥度均较小的情况是足够的,但对于非平缓的锥度则会导致很大的误差。如果面积比或者惯量比大于 2.0,则 Abaqus/Standard 将在输入文件前处理中发出一个警告信息;如果比值大于 10.0,则发出一个错误信息。

在质量矩阵计算中不使用有效面积和惯量。代之于,对角象限的项使用相应节点的属性,而非对角象限使用平均量。例如,线性单元的轴向惯量将具有来自节点 I 的对角项 $\rho A^I/3$,而节点 J 对矩阵的贡献是 $\rho A^J/3$,并且两个非对角项的贡献等于 $\rho(A^I + A^J)/12$。此方程中假定锥度很小,因为单元的总质量是 $\rho(A^I + A^J)/2$。

注意:当用户在 Abaqus/CAE 中应用有锥度的梁截面时,应沿梁的长度给每个单元施加完全的锥度。对于包括多个单元的梁,此模拟类型可以创建沿着梁长度的"锯齿"样式。如果用户想要在 Abaqus/CAE 中模拟梁整个长度上的平缓锥度,则必须在中间的节点处计算梁外形的尺寸和形状,然后在长度上给每个梁单元施加不同的锥形梁截面。

输入文件用法:　　使用下面的选项定义锥形横截面的线性截面行为:

　　　　　　　　* BEAM GENERAL SECTION, TAPER, ELSET = 名称

Abaqus/CAE 用法:Property module:

　　　　　　　　Create Profile:Name:库截面

　　　　　　　　Create Section:截面 Category 选择 Beam,截面 Type 选择 Beam:Section integration:Before analysis, Beam shape along length:Tapered:Beam start 和 Beam end 选项:Profile name:库截面

　　　　　　　　Assign→Section:选择区域

非线性截面行为

如果梁型构件的截面在平面中存在扭转，则使用典型的非线性截面行为来包含试验度量的梁型构件的非线性响应。当截面行为是根据梁理论定义的（即截面不在其所在平面内扭转），但材料具有非线性响应时，通常使用分析过程中积分的梁截面来定义截面的几何量并与材料定义相关联更为合适（见"使用分析中积分的梁截面定义截面行为"，3.3.6 节）。

也可以使用非线性截面行为近似模拟梁截面失稳："局部非弹性失稳结构的非线性动力学分析"（《Abaqus 例题手册》的 2.1.1 节）说明了由于施加大弯曲力矩，可能出现非弹性失稳的管截面的情况。应当意识到，这种非稳定截面失稳就像任何不稳定行为那样，通常涉及变形的局部化，因此结果将具有强烈的网格相关性。

非线性截面响应的计算

假定将非线性截面响应定义为

$$N = N(\varepsilon_c - \varepsilon_c^{th}, \overline{\theta}, f_\beta)$$
$$M_1 = M_1(\kappa_1, \overline{\theta}, f_\beta)$$
$$M_2 = M_2(\kappa_2, \overline{\theta}, f_\beta)$$
$$T = T(\phi, \overline{\theta}, f_\beta)$$

式中，（ ）表示对共轭变量的函数关系：$N = N(\varepsilon)$，$M_1 = M_1(\kappa_1)$ 等。例如，$N(\varepsilon_c - \varepsilon_c^{th}, \overline{\theta}, f_\beta)$ 表示 N 是 $(\varepsilon_c - \varepsilon_c^{th})$、梁轴线处的温度 $\overline{\theta}$、任何梁轴线处预定义场变量 f_β 的函数。按此方法定义截面的行为时，仅使用梁轴线处的温度和场变量：忽略任何在梁截面上给出的温度或者场变量梯度。

此非线性响应可以是完全弹性（即完全可回复——加载和卸载响应相同，即使行为是非线性的）或者弹塑性的，并且因此是不可逆转的。

假设这些非线性响应是非耦合的是有限制的；通常，这四种行为之间有一定的相互作用，并且响应是耦合的。用户必须确定对于某一具体情况，此近似是合理的。如果响应是由一种行为主导，如关于一根轴的弯曲，则此方法工作良好。然而，如果响应包含复合的载荷，则此方法可能出现额外的错误。

定义非线性截面行为

用户可以通过定义以下的量来定义"广义"非线性截面行为：面积 A，关于截面 1 轴弯曲的惯性矩 I_{11}，关于截面 2 轴弯曲的惯性矩 I_{22}，横向弯曲惯性矩 I_{12}，扭转常数 J。仅使用这些值计算横向剪切刚度；如果需要，可使用 A 计算单元的质量密度。此外，用户还可以定义梁截面的方向和轴向弯曲行为、扭转行为（N，M_1，M_2，T），以及热胀系数。如果热胀系数与温度相关，则必须按下文所述定义热膨胀的参考温度。

非线性广义梁截面行为不能与具有翘曲自由度的梁单元一起使用。

梁截面的轴向弯曲、扭转行为和热胀系数是通过表来定义的。关于表输入约定的详细内容见"材料数据定义"（《Abaqus 分析用户手册——材料卷》的 1.1.2 节）。特别地，用户必须确保为变量给出的值的范围对于应用是足够的，因为 Abaqus 假定此范围内的相关变量的值不变。

输入文件用法：　　　使用下面的选项定义广义非线性梁截面属性：

　　 * BEAM GENERAL SECTION, SECTION = NONLINEAR GENERAL, ELSET = 名称

　　　　 A, I_{11}, I_{12}, I_{22}, J

　　 * AXIAL (N)

　　 * M1 (M_1)

　　 * M2 (M_2)

　　 * TORQUE (T)

　　 * THERMAL EXPANSION（热胀系数）

Abaqus/CAE 用法：Abaqus/CAE 不支持非线性广义横截面。

定义 N、M_1、M_2 和 T 的线性响应

如果具体行为是线性的，如果合适的话，则应将 N、M_1、M_2 和 T 设定成温度和预定义场变量的函数。

例如轴行为

$$N = (AE)(\varepsilon_c - \varepsilon_c^{th})$$

如果式中（AE）对于给定温度是常数，则输入（AE）的值。（AE）仍然可以作为温度和场变量的函数而变化。

输入文件用法：　　　使用下面的选项定义线性轴向、弯曲和扭转行为：

　　　　 * AXIAL, LINEAR

　　　　 * M1, LINEAR

　　　　 * M2, LINEAR

　　　　 * TORQUE, LINEAR

Abaqus/CAE 用法：Abaqus/CAE 不支持非线性广义横截面。

定义 N、M_1、M_2 和 T 的非线弹性响应

如果具体行为是非线性的，但却是弹性的，则应给出从运动变量的最大负值到最大正值的数据，总是包含原点处的数据。非线弹性梁截面行为的例子如图 3-18 所示。

输入文件用法：　　　使用下面的选项定义非线弹性轴向、弯曲和扭转行为：

　　　　 * AXIAL, ELASTIC

　　　　 * M1, ELASTIC

　　　　 * M2, ELASTIC

　　　　 * TORQUE, ELASTIC

Abaqus/CAE 用法：Abaqus/CAE 不支持非线性广义横截面。

定义 N、M_1、M_2 和 T 的弹塑性响应

默认情况下，为 N、M_1、M_2 和 T 假定弹塑性响应。

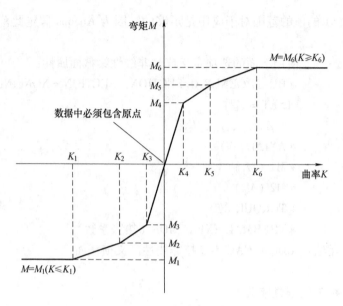

图 3-18 非线弹性梁截面行为定义的例子

　　非弹性模型是以线弹性和各向同性硬化（或者软化）塑性的假定为基础的。在这种情况下，数据必须从（0，0）点开始，并且以共轭力或者力矩的递升正值，来继续给出运动型变量的正值。允许应变软化。根据初始线段的斜率定义弹性模量，因此，初始线段端点以外的应变将是部分非弹性的。如果在那部分响应中发生应变回复，则初始响应将是弹性的。非线性非弹性梁截面行为定义的例子如图 3-19 所示。

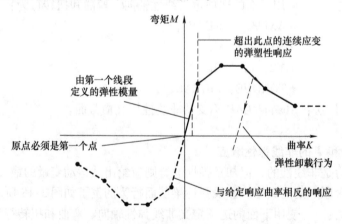

图 3-19 非线性非弹性梁截面行为定义的例子

输入文件用法：　　使用下面的选项定义弹塑性轴向、弯曲和扭转行为：

　　　　　　　　　　∗ AXIAL

　　　　　　　　　　∗ M1

　　　　　　　　　　∗ M2

　　　　　　　　　　∗ TORQUE

Abaqus/CAE 用法：Abaqus/CAE 中不支持非线性广义横截面。

定义热膨胀的参考温度

热胀系数可以与温度相关。在此情况中，必须定义热膨胀的参考温度 θ^0。

输入文件用法：　　*BEAM GENERAL SECTION, ZERO = θ^0

Abaqus/CAE 用法：Property module：Create Section：截面 Category 选择 Beam，截面 Type 选择 Beam：Section integration：Before analysis：Basic：Specify reference temperature：θ^0

定义初始截面力和力矩

用户可以为即将施加初始截面力和力矩的通用梁截面定义初始应力（见"Abaqus/Standard 和 Abaqus/Explicit 中的初始条件"中的"定义初始应力"，《Abaqus 分析用户手册——指定条件、约束与相互作用卷》的 1.2.1 节）。仅能指定轴力、弯矩和翘曲力矩的初始条件。不能指定横向剪切力的初始条件。

定义由应变引起的横截面面积的变化

在剪切柔性单元中，通过允许用户指定截面的有效泊松比，Abaqus 可提供均匀的横截面面积变化。仅在几何非线性分析（见"定义一个分析"，《Abaqus 分析用户手册——分析卷》的 1.1.2 节）中考虑此功能，来模拟承受大轴向拉伸的梁的横截面面积的减小或者增加。

有效泊松比的值为 -1.0 ~ 0.5。默认情况下，将截面的有效泊松比设置成 0.0，即忽略该作用。有效泊松比为 0.5 表示截面的整体响应是不可压缩的。如果梁是由橡胶制成的，或者如果梁是由在大变形下完全不可压缩的典型金属制成的（因为塑性占主导），则将泊松比设置成 0.5 是合适的。泊松比为 0.0 ~ 0.5 意味着横截面积在不变与不可压缩之间成比例地变化。负的有效泊松比将导致在拉伸轴应变下横截面面积的增加。

欧拉-伯努利梁单元不能使用有效泊松比。

输入文件用法：　　*BEAM GENERAL SECTION, POISSON = ν_{eff}

Abaqus/CAE 用法：Property module：Create Section：截面 Category 选择 Beam，截面 Type 选择 Beam：Section integration：Before analysis：Basic：Section Poisson's ratio：ν_{eff}

定义阻尼

当通过通用梁截面定义梁截面和材料行为时，用户可以在动力学响应中包含质量和黏性刚度比例阻尼（在 Abaqus/Standard 中使用直接时间积分方法计算，见"使用直接积分的隐式动力学分析"，《Abaqus 分析用户手册——分析卷》的 1.3.2 节）。

关于 Abaqus 中可使用的材料阻尼类型的更多内容见"材料阻尼"（《Abaqus 分析用户手

册——材料卷》的6.1节）。

输入文件用法：　　同时使用下面的两个选项：
＊BEAM GENERAL SECTION
＊DAMPING

Abaqus/CAE用法：Property module：Create Section：截面 Category 选择 Beam，截面 Type 选择 Beam：Section integration：Before analysis：Damping：Alpha，Beta，Structural 和 Composite

指定温度和场变量

通过将横截面原点处的值指定成预定义场或者初始条件（见"预定义场"，《Abaqus 分析用户手册——指定条件、约束与相互作用卷》的 1.6 节；或者 "Abaqus/Standard 和 Abaqus/Explicit 中的初始条件"，《Abaqus 分析用户手册——指定条件、约束与相互作用卷》的 1.2.1 节）来定义温度和场变量。可以在局部 1 方向和局部 2 方向上指定温度梯度；对于使用通用梁截面定义的梁单元的响应，将忽略横截面上定义的其他场变量梯度。

输出

只能输出截面力、力矩、横向剪切力、截面应变、曲率和横向剪切应变（见"输出数据和结果文件"中的"单元输出"，《Abaqus 分析用户手册——介绍、空间建模、执行与输出卷》的 4.1.2 节；以及"输出到输出数据库"中的"单元输出"，《Abaqus 分析用户手册——介绍、空间建模、执行与输出卷》的 4.1.3 节）。

用户可以在截面的特定点上输出应力和应变。对于使用标准库截面或者广义截面定义的线性截面行为，只能使用轴向应力值和轴向应变值。对于使用网格划分截面定义的线性截面行为，可以使用轴向应力和应变、剪切应力和应变。对于非线性广义截面行为，仅能输出轴向应变。

为标准库截面和广义截面指定输出截面点

要确定截面上轴向应变（对于线性截面行为为轴向应力）输出点的位置，应指定截面上点的局部坐标 (x_1, x_2)：Abaqus 按照点给出的顺序将其编号为 1，2，...。

截面上 ε 的变化为

$$\varepsilon = \varepsilon_c + \kappa_1(x_2 - x_{2c}) - \kappa_2(x_1 - x_{1c})$$

式中，(x_{1c}, x_{2c}) 是梁截面面心的局部坐标；κ_1 和 κ_2 是截面曲率的变化。

对于开放截面梁单元，截面上 ε 的变化具有附加项 $\psi(x_1, x_2)\chi$，其中 $\psi(x_1, x_2)$ 是翘曲方程。在通用梁截面定义中没有对翘曲方程进行定义。因此，当计算截面点输出的时候，Abaqus 将不考虑由翘曲产生的轴向应变。如果使用了分析过程中积分产生的梁截面，则应力/应变输出中将包含由翘曲产生的轴向应变。

Abaqus 为非圆形实体截面使用 St. Venant 扭转理论。在计算横截面平面中的剪切应力时，有必要使用扭转方程及其导数。不存储通用梁截面的方程及其导数。因而，用户仅可以请求输出应力/应变的轴向分量。要得到剪切应力的输出，必须使用在分析中积分的梁截面。

  输入文件用法： 同时使用下面的两个选项指定通用梁截面的输出截面点：

          * BEAM GENERAL SECTION

          * SECTION POINTS

          x_1，x_2，...

  Abaqus/CAE 用法：Property module：Create Section：截面 Category 选择 Beam，截面 Type 选择 Beam：Section integration：Before analysis：Output Points：x1，x2，...

请求输出 Abaqus/Standard 中的最大轴向应力/应变

  如果用户指定了截面点来获得线性通用截面的最大轴向应力/应变（MAXSS），则输出值是用户指定截面点处的最大值。应选择足够多的截面点，以确保输出值是真正的最大值。对于非线性通用截面或者 Abaqus/Explicit 分析，不能使用 MAXSS 输出。

为网格划分的横截面指定输出截面点

  对于网格划分的横截面，用户可以在二维横截面分析中指出在后续分析中用于计算应力和应变的单元和积分点。然后，Abaqus 将在生成的 *jobname*. bsp 文本文件中添加截面点定义。在后续梁分析中，将此文本文件包含成通用梁截面定义中的数据（详细内容见"网格划分的梁横截面"，《Abaqus 分析用户手册——分析卷》的 5.6 节）。

  通过下式给出轴向应变 ε 在网格划分截面上的变化：

$$\varepsilon = \varepsilon_c + \kappa_1 (x_2 - x_{2c}) - \kappa_2 (x_1 - x_{1c})$$

式中，$(x_{1c}，x_{2c})$ 是梁截面面心的局部坐标；κ_1 和 κ_2 是截面曲率的变化。

  网格划分截面上剪切分量 γ_1 和 γ_2 的变化为

$$\gamma_1 = \gamma_{s1} + \phi \left[\frac{\partial \psi}{\partial x_1} - (x_2 - x_{2s}) \right]$$

$$\gamma_2 = \gamma_{s2} + \phi \left[\frac{\partial \psi}{\partial x_2} - (x_1 - x_{1s}) \right]$$

式中，$(x_{1s}，x_{2s})$ 是梁截面剪心的局部坐标；ϕ 是梁轴线的翘曲；$\psi(x_1，x_2)$ 是翘曲方程；γ_{s1} 和 γ_{s2} 是由横向剪切力引起的剪切应变。

  对于正交复合梁材料情况，按下式在梁截面（1，2）轴上计算轴向应力 σ 和两个剪切分量 τ_1 和 τ_2：

$$\begin{Bmatrix} \sigma \\ \tau_1 \\ \tau_2 \end{Bmatrix} = \begin{bmatrix} E & 0 & 0 \\ & G_1(\cos\alpha)^2 + G_2(\sin\alpha)^2 & (G_1 - G_2)\cos\alpha\sin\alpha \\ & sym & G_1(\sin\alpha)^2 + G_2(\cos\alpha)^2 \end{bmatrix} \begin{Bmatrix} \varepsilon \\ \gamma_1 \\ \gamma_2 \end{Bmatrix}$$

其中，由 α 确定材料方向。

  输入文件用法： 在用二维网格划分的横截面分析中同时使用下面的两个选项来指定后续梁分析的输出截面点：

          * BEAM SECTION GENERATE

＊SECTION POINTS

截面点标签，单元编号，积分点编号

Abaqus/CAE 用法：Abaqus/CAE 中不支持网格划分的横截面。

3.3.8　梁单元库

产品：Abaqus/Standard　　Abaqus/Explicit　　Abaqus/CAE

参考

- "梁模拟：概览"，3.3.1 节
- "选择梁单元"，3.3.3 节
- ＊BEAM GENERAL SECTION
- ＊BEAM SECTION

概览

本节提供 Abaqus/Standard 和 Abaqus/Explicit 中可用的梁单元的参考。

单元类型

平面中的梁（表3-34）

表 3-34　平面中的梁

标　　识	说　　明
B21	2 节点线性梁
B21H[(S)]	2 节点线性、使用杂交方程的梁
B22	3 节点二次梁
B22H[(S)]	3 节点二次、使用杂交方程的梁
B23[(S)]	2 节点三次梁
B23H[(S)]	2 节点三次、使用杂交方程的梁
PIPE21	2 节点线性管
PIPE21H[(S)]	2 节点线性、使用杂交方程的管
PIPE22	3 节点二次管
PIPE22H[(S)]	3 节点二次、使用杂交方程的管

有效自由度

1、2、6。

附加解变量

所有二次梁单元有两个与轴向应变相关的附加变量。

线性薄壁管单元有一个与周向应变相关的附加变量，二次薄壁管单元有两个与周向应变相关的附加变量。线性厚壁管单元有两个与周向应变和径向应变相关的附加变量，二次厚壁管单元有四个与周向应变和径向应变相关的附加变量。

杂交梁和管单元有与轴向力和横向剪切力相关的附加变量。线性单元有两个附加变量，二次单元有四个附加变量，三次单元有三个附加变量。

空间中的梁（表3-35）

表3-35　空间中的梁

标　识	说　明
B31	2节点线性梁
B31H[(S)]	2节点线性、使用杂交方程的梁
B32	3节点二次梁
B32H[(S)]	3节点二次、使用杂交方程的梁
B33[(S)]	2节点三次梁
B33H[(S)]	2节点三次、使用杂交方程的梁
PIPE31	2节点线性管
PIPE31H[(S)]	2节点线性、使用杂交方程的管
PIPE32[(S)]	3节点二次管
PIPE32H[(S)]	3节点二次、使用杂交方程的管

有效自由度

1、2、3、4、5、6。

附加解变量

所有三次梁单元有两个与轴向应变相关的附加变量。

线性薄壁管单元有一个与周向应变相关的附加变量，二次薄壁管单元有两个与周向应变相关的附加变量。线性厚壁管单元有两个与周向应变分量和径向应变分量相关的附加变量，二次厚壁管单元有四个与周向应变分量和径向应变分量相关的附加变量。

杂交梁和管单元中，线性单元和二次单元有与轴向力和横向剪切力相关的附加变量，三次单元有与轴向力相关的附加变量。线性和二次单元有三个附加变量，三次单元有六个附加变量。

空间中的开放截面梁（表3-36）

表 3-36　空间中的开放截面梁

标　　识	说　　明
B31OS(S)	2 节点线性梁
B31OSH(S)	2 节点线性、使用杂交方程的梁
B32OS(S)	3 节点二次梁
B32OSH(S)	2 节点二次、使用杂交方程的梁

有效自由度

1、2、3、4、5、6、7。

附加解变量

B31OSH 单元有三个与轴向力和横向剪切力相关的附加变量，B32OSH 单元有六个与轴向力和横向剪切力相关的附加变量。

所需节点坐标

平面中的梁：X、Y，N_x、N_y（可选的），法向的方向余弦。

空间中的梁：X、Y、Z，N_x、N_y、N_z（可选的），第二个局部截面轴的方向余弦。

单元属性定义

PIPE 单元使用管截面类型指定薄壁管方程，或者使用厚管截面指定厚壁管方程。PIPE 单元不能使用其他截面类型。

对于开放截面单元，仅使用任意、I 形、L 形和线性广义截面类型。

如"方向"（《Abaqus 分析用户手册——介绍、空间建模、执行与输出卷》的 2.2.5 节）所描述的那样定义局部方向，不能与梁单元一起使用来定义材料方向。有关空间中局部梁截面轴的方向的内容见"梁单元横截面方向"（3.3.4 节）。

输入文件用法：　　使用下面选项中的任何一个：

　　　　　　　　∗ BEAM SECTION

　　　　　　　　∗ BEAM GENERAL SECTION

Abaqus/CAE 用法：Property module：Create Section：截面 Category 选择 Beam，截面 Type 选择 Beam

基于单元的载荷

分布载荷（表3-37）

如"分布载荷"（《Abaqus 分析用户手册——指定条件、约束与相互作用卷》的 1.4.3

节）所描述的那样指定分布载荷。

表 3-37 基于单元的分布载荷

载荷标识 （＊DLOAD）	Abaqus/CAE Load/Interaction	量 纲 式	说 明
CENT[(S)]	不支持	FL^{-2} （$ML^{-1}T^{-2}$）	离心力（输入大小是 $m\omega^2$，其中 m 是单位长度的质量，ω 是角速度）
CENTRIF[(S)]	Rotational body force	T^{-2}	离心力（输入大小是 ω^2，ω 是角速度）
CORIO[(S)]	Coriolis force	$FL^{-2}T$ （$ML^{-1}T^{-1}$）	科氏力（输入大小是 $m\omega$，其中 m 是单位长度的质量，ω 是角速度）。对于直接稳态动力学分析，不考虑由科氏载荷引起的载荷刚度
GRAV	Gravity	LT^{-2}	指定方向上的重力载荷（大小输出成加速度）
PX	Line load	FL^{-1}	整体 X 方向上单位长度上的力
PY	Line load	FL^{-1}	整体 Y 方向上单位长度上的力
PZ	Line load	FL^{-1}	整体 Z 方向上单位长度上的力
PXNU	Line load	FL^{-1}	整体 X 方向上单位长度上的非均匀力（在 Abaqus/Standard 中，通过用户子程序 DLOAD 提供大小；在 Abaqus/Explicit 中，通过用户子程序 VDLOAD 提供大小）
PYNU	Line load	FL^{-1}	整体 Y 方向上单位长度上的非均匀力（在 Abaqus/Standard 中，通过用户子程序 DLOAD 提供大小；在 Abaqus/Explicit 中，通过用户子程序 VDLOAD 提供大小）
PZNU	Line load	FL^{-1}	整体 Z 方向上单位长度上的非均匀力（在 Abaqus/Standard 中，通过用户子程序 DLOAD 提供大小；在 Abaqus/Explicit 中，通过用户子程序 VDLOAD 提供大小）
P1	Line load	FL^{-1}	梁局部 1 方向上单位长度上的力（仅用于空间中的梁）
P2	Line load	FL^{-1}	梁局部 2 方向上单位长度上的力
P1NU	Line load	FL^{-1}	局部 1 方向上单位长度上的非均匀力（在 Abaqus/Standard 中，通过用户子程序 DLOAD 提供大小；在 Abaqus/Explicit 中，通过用户子程序 VDLOAD 提供大小）（仅用于空间中的梁）
P2NU	Line load	FL^{-1}	局部 2 方向上单位长度上的非均匀力（在 Abaqus/Standard 中，通过用户子程序 DLOAD 提供大小；在 Abaqus/Explicit 中，通过用户子程序 VDLOAD 提供大小）
ROTA[(S)]	Rotational body force	T^{-2}	转动加速度载荷（输入大小是 α，α 是转动加速度）
ROTDYNF[(S)]	不支持	T^{-1}	转子动力学载荷（输入大小是 ω，ω 是角速度）

表 3-38 中列出的载荷类型仅用于 PIPE 单元。

表 3-38 仅用于 PIPE 单元的载荷类型

载荷标识 （＊DLOAD）	Abaqus/CAE Load/Interaction	量 纲 式	说 明
HPI	Pipe pressure	FL^{-2}	静水内压力（封闭条件），在整体 Z 坐标上是线性变化的
HPE	Pipe pressure	FL^{-2}	静水外压力（封闭条件），在整体 Z 坐标上是线性变化的
PI	Pipe pressure	FL^{-2}	均匀内压力（封闭条件）
PE	Pipe pressure	FL^{-2}	均匀外压力（封闭条件）
PENU	Pipe pressure	FL^{-2}	非均匀外部压力（封闭条件），通过用户子程序 DLOAD 提供大小
PINU	Pipe pressure	FL^{-2}	非均匀内部压力（封闭条件），通过用户子程序 DLOAD 提供大小

Abaqus/Aqua 载荷（表 3-39）

如"Abaqus/Aqua 分析"（《Abaqus 分析用户手册——分析卷》的 1.11 节）所描述的那样指定 Abaqus/Aqua 载荷。开放截面梁不能施加 Abaqus/Aqua 载荷，由于浸入流体而产生附加惯量的梁（见"梁截面行为"中的"浸入流体所产生的附加惯量"，3.3.5 节）也不能施加 Abaqus/Aqua 载荷。在 Abaqus/Explicit 中，Aqua 载荷只能施加在线性梁和管单元上。

表 3-39 Abaqus/Aqua 载荷

载荷标识 （＊CLOAD/＊DLOAD）	Abaqus/CAE Load/Interaction	量 纲 式	说 明
FDD[A]	不支持	FL^{-1}	横向流体阻力载荷
FD1[A]	不支持	F	梁第一端处（节点 1）的流体阻力
FD2[A]	不支持	F	梁第二端处（节点 2 或者节点 3）的流体阻力
FDT[A]	不支持	FL^{-1}	切向流体阻力载荷
FI[A]	不支持	FL^{-1}	切向流体惯性载荷
FI1[A]	不支持	F	梁第一端处（节点 1）的流体惯性力
FI2[A]	不支持	F	梁第二端处（节点 2 或者节点 3）的流体惯性力
PB[A]	不支持	FL^{-1}	浮力载荷（封闭条件）
WDD[A]	不支持	FL^{-1}	横向风阻载荷
WD1[A]	不支持	F	梁第一端处（节点 1）的风阻
WD2[A]	不支持	F	梁第二端处（节点 2 或者节点 3）的风阻

基础（表 3-40）

仅在 Abaqus/Standard 中可以使用基础，如"单元方程"（《Abaqus 分析用户手册——介绍、空间建模、执行与输出卷》的2.2.2节）所描述的那样指定基础。

表 3-40　基础

载荷标识 （∗FOUNDATION）	Abaqus/CAE Load/Interaction	量　纲　式	说　　明
FX[(S)]	不支持	FL^{-2}	整体 X 方向上单位长度上的刚度
FY[(S)]	不支持	FL^{-2}	整体 Y 方向上单位长度上的刚度
FZ[(S)]	不支持	FL^{-2}	整体 Z 方向上单位长度上的刚度（仅用于空间中的梁）
F1[(S)]	不支持	FL^{-2}	梁局部 1 方向上单位长度上的刚度（仅用于空间中的梁）
F2[(S)]	不支持	FL^{-2}	梁局部 2 方向上单位长度上的刚度（仅用于空间中的梁）

基于面的载荷

分布载荷（表3-41）

如"分布载荷"（《Abaqus 分析用户手册——指定条件、约束与相互作用卷》的1.4.3节）所描述的那样指定基于面的分布载荷。

表 3-41　基于面的分布载荷

载荷标识 （∗DSLOAD）	Abaqus/CAE Load/Interaction	量　纲　式	说　　明
P	Pressure	FL^{-1}	梁局部 2 方向上单位长度上的力。分布面力在面法向的反方向上是正的
PNU	Pressure	FL^{-1}	梁局部 2 方向上单位长度上的非均匀力（在 Abaqus/Standard 中，通过用户子程序 DLOAD 提供大小；在 Abaqus/Explicit 中，通过用户子程序 VDLOAD 提供大小）。分布面力在面法向的反方向上是正的

入射波载荷

这些单元也可以使用入射波载荷，但是有一些限制（见"声学和冲击载荷"，《Abaqus 分析用户手册——指定条件、约束与相互作用卷》的1.4.6节）。

单元输出

关于梁单元输出位置的内容见"梁截面库"（3.3.9节）。

应力、应变和其他张量分量

具有位移自由度的单元可以使用应力和其他张量（包括应变张量）。所有张量（网格划分截面除外），都具有相同的分量。例如，应力分量见表3-42。

表3-42　应力分量

标　识	说　明
S11	轴向应力
S22	周向应力（仅用于管单元）
S33	径向应力（仅用于厚壁管单元）
S12	扭转产生的剪切应力（仅用于空间中的梁单元）。当使用薄壁开放截面梁时（仅用于空间中的梁），可以使用此分量

网格划分截面的截面点应力和应变（表3-43）

表3-43　网格划分截面的截面点应力和应变

标　识	说　明
S11	轴向应力
S12	由剪切力引起的沿着第二横截面轴的剪切应力，对于空间中的梁单元，切应力是由扭转引起的
S13	由剪切力和扭转引起的沿着第一横截面轴的剪切应力（仅用于空间中的梁）

截面力、力矩和横向剪切力（表3-44）

表3-44　截面力、力矩和横向剪切力

标　识	说　明
SF1	轴向力
SF2	局部2方向上的横向剪切应力（不用于B23、B23H、B33和B33H）
SF3	局部1方向上的横向剪切应力（仅用于空间中的梁，不用于B33和B33H）
SM1	关于局部1轴的弯矩
SM2	关于局部2轴的弯矩（仅用于空间中的梁）
SM3	关于梁轴线的扭转力矩（仅用于空间中的梁）
BIMOM	由翘曲产生的复合力矩（仅用于空间中的开放截面梁）
ESF1	承受压力载荷的梁所承受的有效轴向力（可用于所有Abaqus/Standard应力/位移分析类型，除了响应谱和随机响应分析）

截面力和力矩的定义见"梁单元方程"（《Abaqus理论手册》的3.5.2节）。

承受压力载荷的梁的有效轴向截面力定义成

$$\text{ESF1} = \text{SF1} + p_e A_e - p_i A_i$$

式中，p_e和p_i分别是外部压力和内部压力；A_e和A_i分别是载荷定义中定义的外部管面积和内部管面积。与有效轴向力相关的压力载荷（封闭条件）是外部/内部压力（载荷类型有PE、

PI、PENU 和 PINU）；外部/内部静水压力（载荷类型有 HPE 和 HPI）；Abaqus/Aqua 环境中的浮力压力 PB，如果出现波的话，则浮力压力 PB 也包含动态压力。

对于不承受压力载荷的梁，有效轴向力 ESF1 等于一般轴向力 SF1。

截面应变、曲率和横向剪切应变（表 3-45）

表 3-45　截面应变、曲率和横向剪切应变

标　识	说　　明
SE1	轴向应变
SE2	局部 2 方向上的横向切应变（不用于 B23、B23H、B33 和 B33H）
SE3	局部 1 方向上的横向切应变（仅用于空间中的梁，不用于 B33 和 B33H）
SK1	关于局部 1 轴的曲率变化
SK2	关于局部 2 轴的曲率变化（仅用于空间中的梁）
SK3	梁的扭转（仅用于空间中的梁）
BICURV	由翘曲产生的双曲率（仅用于空间中的开放截面梁）

单元中的节点顺序（图 3-20）

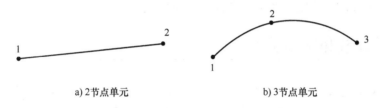

a) 2 节点单元　　　　　　　　　b) 3 节点单元

图 3-20　单元节点顺序

对于空间中的梁，可以在梁单元的连接（在单元定义中，见"单元定义"，《Abaqus 分析用户手册——介绍、空间建模、执行与输出卷》的 2.2.1 节）之后给出附加节点来定义第一个横截面轴 n_1 的近似方向（见"梁单元横截面方向"，3.3.4 节）。

输出积分点编号（图 3-21）

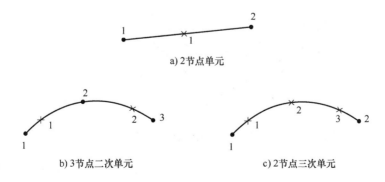

a) 2 节点单元

b) 3 节点二次单元　　　　　　　　c) 2 节点三次单元

图 3-21　输出积分点编号

3.3.9　梁截面库

产品：Abaqus/Standard　　Abaqus/Explicit　　Abaqus/CAE

参考

- "梁模拟：概览"，3.3.1 节
- "选择梁横截面"，3.3.2 节
- "桁架单元"，3.4.1 节
- "定义外形"，《Abaqus/CAE 用户手册》的 12.2.2 节

概览

本节介绍 Abaqus/Standard 和 Abaqus/Explicit 中梁单元可以使用的标准梁截面。在 Abaqus/Standard 中有可以与桁架单元一起使用的标准梁截面子集。可以如"选择梁横截面"（3.3.2 节）所描述的那样定义通用（非标准）梁横截面。

任意的薄壁开放和封闭截面

任意截面类型用来模拟简单的任意薄壳开放的和封闭截面，如图 3-22 所示。用户通过定义梁的薄壁横截面中的一系列点来指定截面，用直线段将这些点连接起来，沿着截面的轴线对每一段进行数值积分，使得截面可以与非线性材料行为一起使用。组成任意截面的每一段与一个独立的厚度相关联。

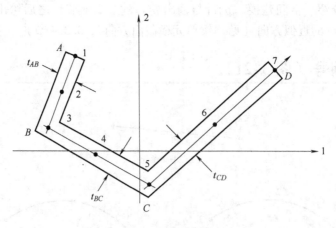

图 3-22　任意截面的例子

当开放截面梁单元与任意截面一起使用时，将包含翘曲效应（仅用于 Abaqus/Standard）。

输入文件用法：　　使用下面选项中的任意一个：

　　　　　　　　　　* BEAM SECTION，SECTION = ARBITRARY

　　　　　　　　　　* BEAM GENERAL SECTION，SECTION = ARBITRARY

　　Abaqus/CAE 用法：Property module：Create Profile：Arbitrary

限制

- 任意截面仅能与空间中的梁（三维模型）一起使用。

- 不能使用任意截面定义具有多分叉的封闭截面、多连接的封闭截面，或者具有不连接区域的开放截面。

- 对于任意截面的每一单个分段，没有关于连接单元端点的线的弯曲刚度。因此，任意截面不能仅由一个分段组成。

几何输入数据

　　首先，给出分段的数量、点 A 和点 B 的局部坐标，以及连接这两个角点的分段厚度。然后，给出点 C 的局部坐标和点 B 与点 C 之间的分段厚度，再给出点 D 的局部坐标以及点 C 与点 D 之间的分段厚度，依此类推。任意截面可以包含所需的任意数量的分段。所有截面定义点坐标是在截面的局部 1-2 轴坐标系中给出的。

　　局部 1-2 轴坐标系的原点是梁节点，并且用来定义截面的此节点的位置是任意的：可以不是面心。

定义封闭的截面

　　通过使起点与终点重合来定义封闭的截面。只能精确地模拟单一连通的封闭截面。Abaqus 不能模拟具有楞翅的封闭截面（连接到单胞的单个分叉）。

定义具有不连续分叉的任意截面

　　如果任意截面包含不连续的部分（分叉），则应当使用具有零厚度的截面从分叉的终点返回后续截面的起点。此零厚度截面应当总是与非零厚度截面重合。使用此方法定义工形截面的例子见"梁的屈曲分析"（《Abaqus 基准手册》的 1.2.1 节）。

默认积分

　　为每个组成截面的分段使用三点辛普森积分方法。要获得更细致的积分，可沿着截面的每个直线部分指定多个分段。

使用分析中积分的梁截面时默认的应力输出点位置

　　截面的角点。

在分析中积分的梁截面特定点处输入温度和场变量

　　在截面的每个角点处给出值（图 3-22 中的点 A、B、C、D）。

盒形截面（图3-23）

输入文件用法：　　　使用下面选项中的一个：

  * BEAM SECTION，SECTION = BOX

  * BEAM GENERAL SECTION，SECTION = BOX

  * FRAME SECTION，SECTION = BOX

Abaqus/CAE 用法：Property module：Create Profile：Box

几何输入数据

a、b、t_1、t_2、t_3、t_4。

默认积分（辛普森）

平面中的梁：5 个点。

空间中的梁：每个壁中的 5 个点（共 16 个点）。

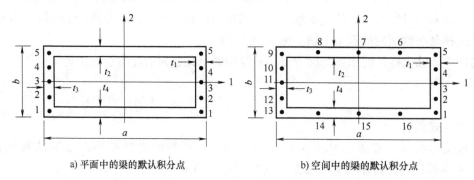

a) 平面中的梁的默认积分点　　　　　　　　　b) 空间中的梁的默认积分点

图 3-23　盒形截面

在分析中积分的梁截面的非默认积分输入

平面中的梁：为平行于 2 轴的每个壁给出积分点的数量。此数量必须是奇数且大于或者等于3。

空间中的梁：为平行于 2 轴的每个壁给出积分点的数量，然后给出平行于 1 轴的每个壁的积分点数量。这两个数量必须是奇数且大于或者等于3。

使用分析中积分的梁截面时默认的应力输出点位置

平面中的梁：底部和顶部（默认积分点 1 和 5）。

空间中的梁：4 个角（默认积分点 1、5、9 和 13）。

在分析中积分的梁截面特定点处输入温度和场变量

给出图 3-24 中每个点处的值。

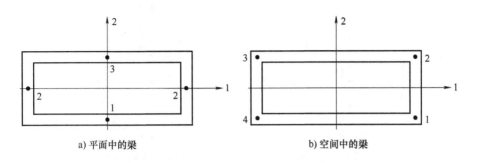

a) 平面中的梁　　　　　　　　　b) 空间中的梁

图 3-24　温度和场变量输入点

桁架截面的温度输入

假定单元横截面上的温度恒定。因而，每个节点仅需要一个温度值。

圆形截面（图 3-25）

输入文件用法：　　使用下面选项中的一个：

* BEAM SECTION，SECTION = CIRC

* BEAM GENERAL SECTION，SECTION = CIRC

* FRAME SECTION，SECTION = CIRC

Abaqus/CAE 用法：Property module：Create Profile：Circular

几何输入数据

半径。

默认积分

平面中的梁：5 个点。

空间中的梁：径向上的 3 个点，圆周上的 8 个点（共 17 个点；梯形法则）。积分点 1 位于梁的中心，并且仅用于输出。积分点 1 对梁的刚度没有贡献；因而，与此点相关联的积分点体积（IVOL）是零。

在分析中积分的梁截面的非默认积分输入

平面中的梁：允许最多 9 个点。

空间中的梁：在径向上给出奇数个点，然后给出圆周方向上的偶数个点。

使用分析中积分的梁截面时默认的应力输出点位置

平面中的梁：底部和顶部（默认积分点 1 和 5）。

空间中的梁：面与 1 轴和 2 轴的交点（默认积分点 3、7、11 和 15）。

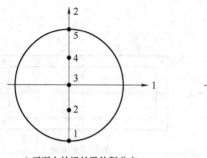

a) 平面中的梁的默认积分点　　　　b) 空间中的梁的默认积分点

图 3-25　圆形截面

在分析中积分的梁截面特定点处输入温度和场变量

给出图 3-26 中每个点处的值。

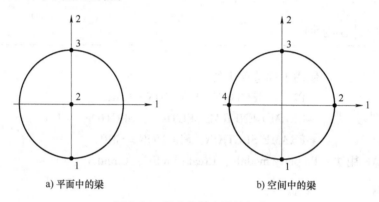

a) 平面中的梁　　　　　　　　　b) 空间中的梁

图 3-26　温度和场变量输入点

桁架截面的温度输入

假定单元横截面上的温度恒定。因而，每个节点仅需要一个温度值。

六边形截面（图 3-27）

输入文件用法：　　使用下面选项中的任何一个：
　　　　　　　　　　＊ BEAM SECTION，SECTION = HEX
　　　　　　　　　　＊ BEAM GENERAL SECTION，SECTION = HEX
Abaqus/CAE 用法：Property module：Create Profile：Hexagonal

几何输入数据

d（外接圆半径）、t（壁厚）。

默认积分（辛普森）

平面中的梁：5 个点。

空间中的梁：每个分段中的 3 个点（共 12 个点）。

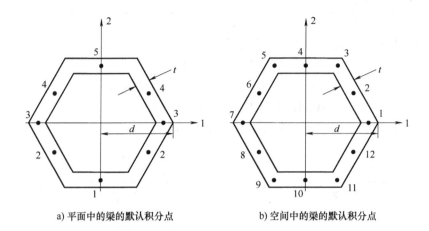

a) 平面中的梁的默认积分点   b) 空间中的梁的默认积分点

图 3-27 六边形截面

在分析中积分的梁截面的非默认积分输入

平面中的梁：给出沿着第二梁截面轴线移动的截面壁上的点数量，该数量必须是奇数且大于或者等于 3。

空间中的梁：给出每个壁分段上的点数量，此数量必须是奇数且大于或者等于 3。

使用分析中积分的梁截面时默认的应力输出点位置

平面中的梁：底部和顶部（默认积分点 1 和 5）。

空间中的梁：角点（默认积分点 1、3、5、7、9 和 11）。

在分析中积分的梁截面特定点处输入温度和场变量

给出图 3-28 中每个点处的值。

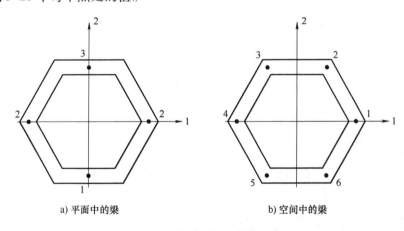

a) 平面中的梁   b) 空间中的梁

图 3-28 温度和场变量输入点

I 形截面（图 3-29）

输入文件用法： 使用下面选项中的一个：

       * BEAM SECTION，SECTION = I

       * BEAM GENERAL SECTION，SECTION = I

       * FRAME SECTION，SECTION = I

Abaqus/CAE 用法：Property module：Create Profile：I

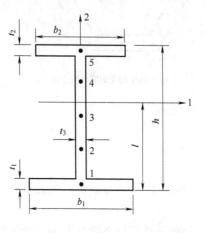 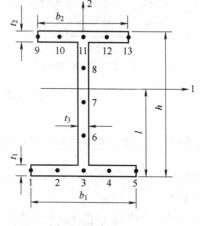

a) 平面中的梁的默认积分点   b) 空间中的梁的默认积分点

图 3-29 I 形截面

几何输入数据

l、h、b_1、b_2、t_1、t_2、t_3。

通过允许用户指定 l，可以将局部横截面轴的原点置于对称中心线（局部 2 轴）上的任意位置。在图 3-29 中，负的 l 值说明局部横截面轴的原点低于底部凸缘的下缘，当将梁的加强筋约束到壳上时，可能需要此原点。

定义 T 形截面

输入文件用法： 将 b_1 和 t_1 或者 b_2 和 t_2 设置成零来模拟 T 形截面。

Abaqus/CAE 用法：Property module：Create Profile：T

默认积分（辛普森）

平面中的梁：5 个点（每个凸缘上一个点和腹板上的 3 个点）。

空间中的梁：腹板上的 5 个点，每个凸缘上的 5 个点（共 13 个点）。

在分析中积分的梁截面的非默认积分输入

平面中的梁：在第二个梁截面轴方向上给出积分点的数量，此数量必须是奇数且大于或者等于3。

空间中的梁：首先给出下方凸缘中的积分点数量，然后给出腹板中的积分点数量，再给出上方凸缘中的积分点数量。在每个非零截面中，这些数量必须是奇数且大于或者等于3。

使用分析中积分的梁截面时默认的应力输出点位置

平面中的梁：凸缘（默认积分点1和5）。

空间中的梁：法兰的末端（默认积分点1、5、9和13）。

在分析中积分的梁截面特定点处输入温度和场变量

给出图3-30中每个点处的值。

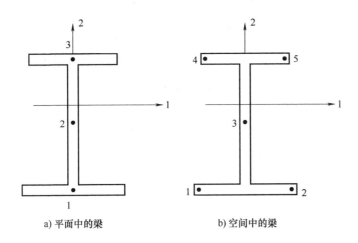

a) 平面中的梁   b) 空间中的梁

图3-30 温度和场变量输入点

对于空间中的梁，首先以点1和点2处的温度为基础，在整个凸缘上线性积分温度；然后再以点4和点5处的温度为基础，在整个凸缘上线性积分温度；最后在腹板上二次插值温度。

框截面的温度输入

假定整个单元横截面上的温度恒定。因而，每个节点仅需要一个温度值。

L 形截面（图3-31）

输入文件用法：　　使用下面选项中的任何一个：

        *BEAM SECTION，SECTION = L

        *BEAM GENERAL SECTION，SECTION = L

Abaqus/CAE 用法：Property module：Create Profile：L

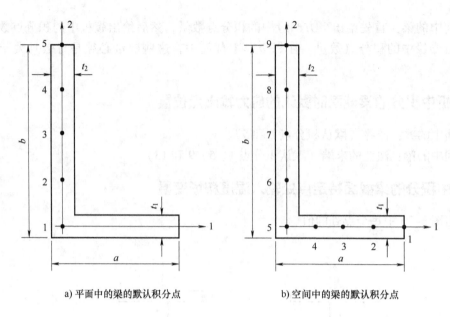

a) 平面中的梁的默认积分点   b) 空间中的梁的默认积分点

图 3-31   L 形截面

几何输入数据

a、b、t_1、t_2。

默认积分（辛普森）

平面中的梁：5 个点。

空间中的梁：每个凸缘上的 5 个点（共 9 个点）。

在分析中积分的梁截面的非默认积分输入

平面中的梁：在第二个梁截面轴向上给出积分点数量，此数量必须是奇数且大于或者等于 3。

空间中的梁：给出第一个梁截面轴向上的积分点数量，然后给出第二个截面梁轴向上的积分点数量。这些数量必须是奇数且大于或者等于 3。

使用分析中积分的梁截面时默认的应力输出点位置

平面中的梁：底部和顶部（默认积分点 1 和点 5）。

空间中的梁：沿着局部 1 轴正方向的凸缘端部、截面角点、沿着局部 2 轴正方向的凸缘端部（默认积分点 1、5 和 9）。

在分析中积分的梁截面特定点处输入温度和场变量

给出图 3-32 中的每个点处的值。

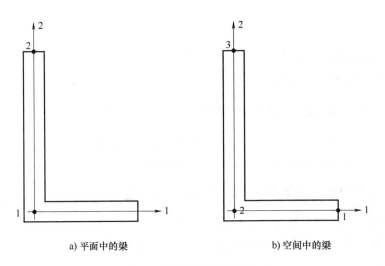

a) 平面中的梁   b) 空间中的梁

图3-32   温度和场变量输入点

管截面（薄壁）（图3-33）

管横截面可以与梁、管或者框单元相关联。

输入文件用法：   使用下面选项中的一个：

　　　　　　　　 * BEAM SECTION，SECTION = PIPE

　　　　　　　　 * BEAM GENERAL SECTION，SECTION = PIPE

　　　　　　　　 * FRAME SECTION，SECTION = PIPE

Abaqus/CAE 用法：Property module：Create Profile：Pipe：Thin walled

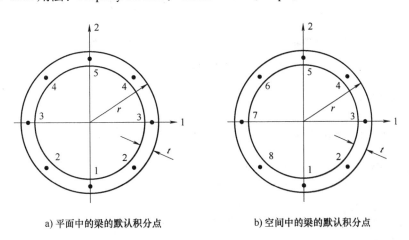

a) 平面中的梁的默认积分点   b) 空间中的梁的默认积分点

图3-33   管截面（薄壁）

几何输入数据

r（外径）、t（壁厚）。

默认积分

平面中的梁：5 个点（辛普森法则）。

空间中的梁：8 个点（梯形法则）。

在分析中积分的梁截面的非默认积分输入

平面中的梁：给出奇数个点，此数量必须大于或者等于 5。

空间中的梁：给出偶数个点，此数量必须大于或者等于 8。

使用分析中积分的梁截面时默认的应力输出点位置

平面中的梁：底部和顶部（默认积分点 1 和 5）。

空间中的梁：面与 1 轴和 2 轴的交点（默认积分点 1、3、5 和 7）。

在分析中积分的梁截面特定点处输入温度和场变量

给出图 3-34 中每个点处的值。

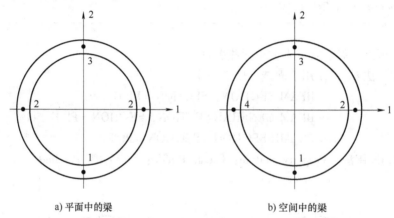

a) 平面中的梁　　　　　　　　　　b) 空间中的梁

图 3-34　温度和场变量输入点

框截面的温度输入

假定梁横截面中的温度恒定。因此，每个节点仅需要一个温度。

管截面（厚壁）（图 3-35）

厚壁管横截面可以与梁单元或管单元相关联。

输入文件用法：　　使用下面的选项：

　　　　　　　　＊BEAM SECTION, SECTION = THICK PIPE

Abaqus/CAE 用法：Property module：Create Profile：Pipe：Thick walled

几何输入数据

r（外径）、t（壁厚）。

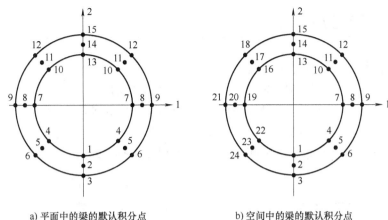

a) 平面中的梁的默认积分点　　　　b) 空间中的梁的默认积分点

图 3-35　管截面（厚壁）

默认积分

平面中的梁：径向上的 3 个点（辛普森法则），圆周上 5 个点（梯形法则）。

空间中的梁：径向上的 3 个点（辛普森法则），圆周上 8 个点（梯形法则）。

在分析中积分的梁截面的非默认积分输入

平面中的梁：在径向上给出奇数个点，然后在圆周方向上给出奇数个点（大于或者等于5）。

空间中的梁：在径向上给出奇数个点，然后在圆周方向上给出偶数个点（大于或者等于8）。

使用分析中积分的梁截面时默认的应力输出点位置

平面中的梁：管中面上的底部和顶部（默认积分点 2 和 14）。

空间中的梁：管中面与 1 轴和 2 轴的交点（默认积分点 2、8、14 和 20）。

在分析中积分的梁截面特定点处输入温度和场变量

给出图 3-36 中每个点处的值。

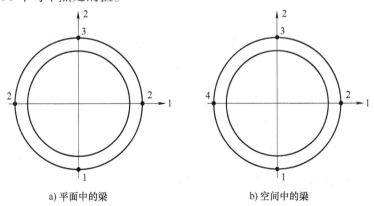

a) 平面中的梁　　　　　　　　b) 空间中的梁

图 3-36　温度和场变量输入点

矩形截面（图 3-37）

输入文件用法：　　使用下面选项中的一个：

　　　　　　　　　　＊BEAM SECTION，SECTION = RECT
　　　　　　　　　　＊BEAM GENERAL SECTION，SECTION = RECT
　　　　　　　　　　＊FRAME SECTION，SECTION = RECT

Abaqus/CAE 用法：Property module：Create Profile：Rectangular

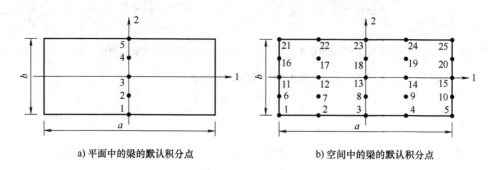

a) 平面中的梁的默认积分点　　　　　　　b) 空间中的梁的默认积分点

图 3-37　矩形截面

几何输入数据

a、*b*。

默认积分（辛普森）

平面中的梁：5 个点。

空间中的梁：5 ×5 个点（共 25 个点）。

在分析中积分的梁截面的非默认积分输入

平面中的梁：给出第二个梁截面轴向上的积分点数量，此数量必须是奇数且大于或者等于 5。

空间中的梁：首先给出第一个梁截面轴向上的积分点数量，然后给出第二个梁截面轴向上的积分点数量。这些数量必须是奇数且大于或者等于 5。

使用分析中积分的梁截面时默认的应力输出点位置

平面中的梁：底部和顶部（默认积分点 1 和 5）。

空间中的梁：角点（默认积分点 1、5、21 和 25）。

在分析中积分的梁截面特定点处输入温度和场变量

给出图 3-38 中每个点处的值。

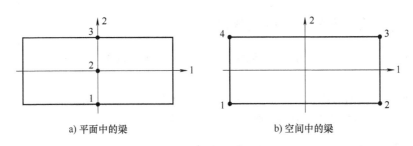

a) 平面中的梁　　　　　　　　　　b) 空间中的梁

图 3-38　温度和场变量输入点

框截面的温度输入

假定单元横截面上的温度恒定。因而，每个节点仅需要一个温度值。

梯形截面（图 3-39）

输入文件用法：　　使用下面选项中的一个：

* BEAM SECTION，SECTION = TRAPEZOID

* BEAM GENERAL SECTION，SECTION = TRAPEZOID

Abaqus/CAE 用法：Property module：Create Profile：Trapezoidal

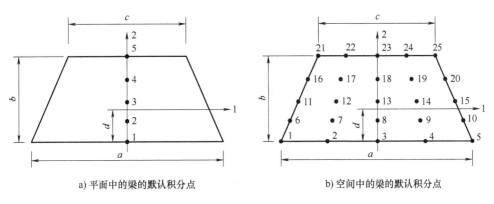

a) 平面中的梁的默认积分点　　　　　　b) 空间中的梁的默认积分点

图 3-39　梯形截面

几何输入数据

a、b、c、d。

通过允许用户指定 d，可以将局部横截面轴的原点置于对称中心线（局部 2 轴）的任意位置。在图 3-39 中，负的 d 值说明局部横截面轴的原点在截面底边之下。当将梁的加强筋约束到壳上时，d 的值应是负的。

默认积分（辛普森）

平面中的梁：5 个点。

空间中的梁：5 × 5 个点（共 25 个点）。

在分析中积分的梁截面的非默认积分输入

平面中的梁：给出第二个梁截面轴向上的积分点数量。此数量必须是奇数且大于或者等于5。

空间中的梁：首先给出第一个梁截面轴向上的积分点数量，然后给出第二个梁截面轴向上的积分点数量。这些数量必须是奇数且大于或者等于5。

使用分析中积分的梁截面时默认的应力输出点位置

平面中的梁：底部和顶部（默认点1和5）。

空间中的梁：角点（默认点1、5、21和25）。

在分析中积分的梁截面特定点处输入温度和场变量

给出图3-40中每个点处的值。

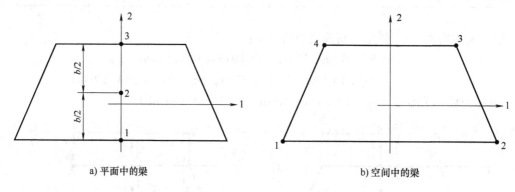

a) 平面中的梁   b) 空间中的梁

图 3-40　温度和场变量输入点

3.4 桁架单元和桁架单元库

3.4.1 桁架单元

产品：Abaqus/Standard

参考

- "梁模拟：概览"，3.3.1 节
- "桁架截面行为"，3.4.2 节
- "桁架单元库"，3.4.3 节
- ∗FRAME SECTION

概览

桁架单元：

- 是 2 节点、初始为直线的细长梁单元，适用于桁架型结构的弹性或者弹塑性分析。
- 可用于二维分析和三维分析。
- 具有遵循欧拉-伯努利梁理论（横向位移采用四阶插值）的弹性响应。
- 具有集中于单元端部（塑性铰）的塑性响应，使用包含非线性运动硬化的集总塑性模型来模拟。
- 可用于小位移或者大位移（具有小应变的大转动）。
- 在单元的端部和中点处输出力和力矩。
- 在单元的端部和中点处输出弹性轴向应变和曲率，仅在单元端部输出塑性位移和转动。
- 另外，允许单轴"压杆屈曲"响应，由压缩中的损伤弹性模型和拉伸中的各向同性硬化塑性模型控制单元的轴向响应，其中的横向力和力矩为零。
- 在分析中可以转换成屈曲结构响应（仅用于管截面）。
- 仅用于静态、隐式动力学和特征频率提取分析。

典型应用

在由初始为直线的细长梁组成的框型结构的小应变弹性分析或者弹塑性分析中使用桁架

单元。通常，单个桁架单元表示连接两个接头的整个结构单元。桁架单元的弹性响应是由使用横向位移场的四阶差分的欧拉-伯努利梁理论控制的。因此，单元的运动学包括集中端部力和力矩以及常数分布载荷的精确解（欧拉-伯努利）。可以使用此单元求解多种工程设计应用，如杆结构、桥梁、建筑的内部桁架结构、海上钻井平台等。桁架单元的塑性响应是使用单元端部（模拟塑性铰的形成）的集总塑性模型来模拟的。集总塑性模型包含非线性运动学硬化。因而，可以基于塑性铰方程，使用此单元预测失稳载荷。

承受压缩载荷的细长框型构件经常由于构件仅支持轴向力而失稳；其他力和力矩都很小。桁架单元提供可选的屈曲压杆响应，从而使单元仅承受轴向力，以压缩中的损伤弹性模型和拉伸中的各向同性硬化塑性模型为基础计算该轴向力。此模型为高度非线性的几何响应和材料响应提供简单的唯相模拟，这些响应出现在承受压缩的细长构件的屈曲和后屈曲变形中。

仅对于管截面，桁架单元允许在分析中转换成其他单轴屈曲结构响应。转换的关键是"ISO（各向同性）"方程与"强度"方程一起使用（见"桁架单元的压杆屈曲响应"，《Abaqus 理论手册》的 3.9.3 节）。当满足 ISO 方程和强度方程时，弹性或者弹塑性桁架单元将经历一次性屈曲结构响应行为转换。

单元横截面轴坐标系

在 Abaqus/Standard 中，在局部右手（t，n_1，n_2）坐标系中定义桁架单元横截面的方向。其中，t 与单元的轴相切，单元的正方向是从单元的第一个节点到单元的第二个节点；n_1 和 n_2 是定义横截面局部 1 方向和局部 2 方向的基本向量。n_1 是第一个轴方向，n_2 是单元的法向。因为这些单元最初是直的，并且假定应变很小，所以横截面方向沿着每个单元是不变的，并且在单元之间可能是不连续的。

定义节点上的 n_1 方向

对于平面中的桁架单元，n_1 方向总是（0.0，0.0，−1.0），即与在其中发生运动的平面垂直。因此，平面桁架单元仅可以关于第一个轴弯曲。

对于空间中的桁架单元，必须将 n_1 的近似方向直接定义成单元截面定义的一部分，或者通过指定单元轴以外的一个附加节点来定义 n_1 的近似方向。在单元的连接列表中包含此附加节点（见"单元定义"，《Abaqus 分析用户手册——介绍、空间建模、执行与输出卷》的 2.2.1 节）。

- 如果指定了附加节点，则通过连接单元的第一个节点到附加节点的向量来定义 n_1 的近似方向。
- 如果同时使用了两种输入方法，将优先使用根据附加节点计算的方向。
- 如果没有使用以上方法定义 n_1 的近似方向，则默认值是（0.0，0.0，−1.0）。

n_1 方向与单元轴垂直，而单元轴位于由单元轴和近似 n_1 方向定义的平面中。将 n_2 方向定义成 $t \times n_1$。

大位移假设

当选择几何非线性分析时（见"通用和线性摄动过程"，《Abaqus 分析用户手册——分析卷》的 1.1.3 节），桁架单元的方程包含大的刚体运动（位移和转动）效应。假定这些单元中的应变一直较小。

桁架单元的材料响应（截面属性）

对于桁架单元，将几何属性和材料属性一起指定成框截面定义的一部分。不需要单独的材料定义。用户可以选择梁横截面库中的有效截面形状（见"梁截面库"，3.3.9 节）。有效截面形状的选择取决于是否指定弹性或者弹塑性材料响应，或者是否包含屈曲压杆响应。关于指定几何和材料截面属性的完整讨论见"桁架截面行为"（3.4.2 节）。

输入文件用法：   ∗FRAME SECTION，SECTION = 截面类型

机械响应和质量方程

桁架单元的机械响应包括弹性和弹塑性行为。另外，也可以使用单轴屈曲压杆响应。

弹性响应

桁架单元的弹性响应是通过欧拉-伯努利梁理论控制的。桁架单元轴（三维中的局部 1 方向和 2 方向，二维中的局部 2 方向）的横向变形位移插值是四阶多项式，允许沿着单元轴的二次曲率变化。因此，每个桁架单元都可以精确地模拟加载在其端部的力和力矩的静态弹性解以及沿着其轴线的恒定分布载荷（如重力载荷）。沿着单元轴线的位移插值是二次多项式，允许轴应变线性变化。在三维中，沿着梁轴线的扭转插值是线性的，允许恒定的扭转应变。对弹性刚度矩阵进行数值积分并计算三维中的 15 个节点力和力矩：每个端部节点处的一个轴向力、两个剪切力、两个弯矩和一个扭转力矩，以及中节点处的一个轴向力和两个剪切力。二维中存在 8 个节点力和力矩：每个节点处的一个轴向力、一个剪切力和一个力矩，以及中点处的一个轴向力和一个剪切力。空间中桁架单元上的力和力矩如图 3-41 所示。

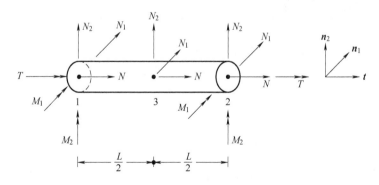

图 3-41　空间中桁架单元上的力和力矩

弹塑性响应

使用"集总"塑性模型处理单元的塑性响应，使得塑性变形只能通过塑性转动（铰链）

和塑性轴向位移在单元端部建立。使用非线性运动硬化模拟通过单元横截面的从初始屈服到完全屈服的由塑性铰引起的塑性区域的增长。假定端部节点处的塑性变形仅受节点处的力矩和轴向力的影响。因此，每个节点处的屈服方程，也称为塑性相互作用面，也假定成仅是节点处的轴向力和三个力矩分量的函数。没有与塑性铰相关联的长度。实际情况中，塑性铰的大小是有限的，其大小由单元的长度和引起屈服的具体载荷决定；塑性铰的大小将影响硬化率，但不影响最大载荷。因此，如果硬化率，即给定载荷下的塑性变形是重要的，则应当根据单元的长度和需要考虑的载荷情况对集总塑性模型进行校准。有关弹塑性单元方程的详细内容见"具有集总塑性的桁架单元"（《Abaqus理论手册》的3.9.2节）。

单轴线弹性和存在拉伸屈服的屈曲压杆响应

以线弹性、屈曲压杆响应和拉伸屈服为基础，用户仅能得到桁架单元对单轴力的响应。在这种情况下，单元中的所有横向力和力矩都是零。对于线弹性响应，单元行为类似于具有恒定刚度的轴向弹簧。对于屈曲压杆响应，如果单元中的拉伸轴向力没有超过屈服力，则轴向力将被限制在屈曲包络之内（见"桁架截面行为"，3.4.2节）。在包络内部，使用损伤弹性模量将力与应变相关联。此模型的周期滞后响应是唯相的，并且与薄壁管形构件的响应近似。当对单元施加拉力且超过屈服力时，由各向同性的硬化塑性控制力响应。在回复加载中，通过使屈曲包络沿着应变轴平移轴向塑性应变量的方法来控制响应。有关屈曲压杆方程的详细内容见"桁架单元的屈曲压杆响应"（《Abaqus理论手册》的3.9.3节）。

质量方程

桁架单元为动力学分析和重力加载使用集总质量方程。由轴向和横向位移分量的二次插值推导出平移自由度的质量矩阵。单元的转动惯量是各向同性的，并集中在两个端部。

对于屈曲压杆响应，使用集总质量方法，即单元质量集中在两个端部；不包含转动惯量。

在接触问题中使用桁架单元

当在结构行为中接触条件起作用时，必须谨慎使用桁架单元。桁架单元具有一个附加内部节点，位于单元中部。在此中部节点上没有施加接触约束，因此，接触中此内部节点可能会穿透面而导致凹陷效应。

输出

桁架单元中的力和力矩、弹性应变和塑性位移以及转动是相对于旋转坐标系报告的。局部坐标系是轴向方向和两个横截面方向。可以在单元端部和中点处输出截面力和力矩以及弹性应变和曲率。只能在单元端部输出塑性位移和转动。用户可以请求输出到输出数据库（仅用于积分点上的数据）、数据文件或者结果文件（见"输出到数据文件和结果文件"，《Abaqus分析用户手册——介绍、空间建模、执行与输出卷》的4.1.2节；以及"输出到输出数据库"，《Abaqus分析用户手册——介绍、空间建模、执行与输出卷》的4.1.3节）。因为桁架单元是以截面属性的形式建立的，所有不能得到应力输出。

3.4.2　桁架截面行为

产品：Abaqus/Standard

参考

- "桁架单元"，3.4.1 节
- * FRAME SECTION

概览

桁架截面行为：
- 需要截面形状和截面材料响应定义。
- 在桁架单元内部使用线弹性行为。
- 可以在单元端部包含"集总"塑性来模拟塑性铰的方程。
- 可以仅是单轴的，具有由唯相压杆屈曲模型，以及线弹性和拉伸塑性屈服一起控制的响应。
- 仅对于管截面，可以在分析中转换成压杆屈曲响应。

定义弹性截面行为

桁架单元的弹性响应是根据弹性模量 E、扭转剪切模量 G、热胀系数 α 和横截面形状来表示的。分析中单元的几何属性，如横截面面积 A 或者弯曲惯性矩是常数。

热应变（如果存在）在横截面上是不变的，相当于假定温度在横截面上是不变的。由于这一假定，只有轴向力 N 取决于热应变

$$N = EA(\varepsilon - \varepsilon^{th})$$

式中，ε 定义总轴向应变，包括任何由用户定义的非零初始轴向力产生的初始弹性应变；ε^{th} 定义热膨胀应变，其公式为

$$\varepsilon^{th} = \alpha(\theta, f_\beta)(\theta - \theta^0) - \alpha(\theta^I, f_\beta^I)(\theta^I - \theta^0)$$

式中，$\alpha(\theta)$ 是热胀系数；θ 是截面处的当前温度；θ^0 是 α 的参考温度；θ^I 是此点处用户定义的初始温度（见"Abaqus/Standard 和 Abaqus/Explicit 中的初始条件"，《Abaqus 分析用户手册——指定条件、约束与相互作用卷》的 1.2.1 节）；f_β 是场变量；f_β^I 是此点处用户定义的场变量初始值（见"Abaqus/Standard 和 Abaqus/Explicit 中的初始条件"，《Abaqus 分析用户手册——指定条件、约束与相互作用卷》的 1.2.1 节）。

根据本构关系定义弯曲力矩和扭矩响应

$$M_1 = E(I_{11}\kappa_1 - I_{12}\kappa_2)$$

$$M_2 = E(-I_{12}\kappa_1 + I_{22}\kappa_2)$$
$$T = GJ\phi$$

式中，I_{11}是关于截面 1 轴的弯曲惯性矩；I_{22}是关于截面 2 轴的弯曲惯性矩；I_{12}是横截面的惯性矩；J 是扭转常数；κ_1是关于第一个梁截面局部轴的曲率变化，包含与用户定义的非零初始力矩 M_1 相关联的任何弹性曲率变化（见"Abaqus/Standard 和 Abaqus/Explicit 中的初始条件"，《Abaqus 分析用户手册——指定条件、约束与相互作用卷》的 1.2.1 节）；κ_2是关于第二个梁截面局部轴的曲率变化，包含与用户定义的非零初始力矩 M_2 相关联的任何弹性曲率变化（见"Abaqus/Standard 和 Abaqus/Explicit 中的初始条件"，《Abaqus 分析用户手册——指定条件、约束与相互作用卷》的 1.2.1 节）；ϕ 是扭转，包含与用户定义的非零初始扭转力矩（扭矩）T 相关联的任何弹性扭转（见"Abaqus/Standard 和 Abaqus/Explicit 中的初始条件，"《Abaqus 分析用户手册——指定条件、约束与相互作用卷》的 1.2.1 节）。

定义与温度和场变量相关的截面属性

温度和预定义场变量可以在单元长度上呈线性变化。材料系数可以取决于温度 θ 和场变量 f_β，如弹性模量 $E(\theta, f_\beta)$、扭转剪切模量 $G(\theta, f_\beta)$ 和热胀系数 $\alpha(\theta, f_\beta)$。用户必须将截面定义与单元集合相关联。

输入文件用法：　　*FRAME SECTION, ELSET＝名称

指定标准库截面并允许 Abaqus/Standard 计算横截面参数

在横截面标准库中选择以下截面外形中的一种（见"梁截面库"，3.3.9 节）：盒形、圆形、工形、管形或者矩形。指定需要定义横截面形状的几何输入数据。然后，Abaqus/Standard 将自动计算定义截面行为所需的几何量。

输入文件用法：　　*FRAME SECTION, SECTION＝库截面, ELSET＝名称

直接指定几何量

指定通用横截面来直接定义横截面面积、惯性矩和扭转常数。这些数据足以定义弹性截面行为，因为假定轴向拉伸、弯曲响应和扭转行为是不耦合的。

输入文件用法：　　*FRAME SECTION, SECTION＝GENERAL, ELSET＝名称

指定弹性行为

将弹性模量、扭转剪切模量和热胀系数指定成温度和场变量的函数。

输入文件用法：　　*FRAME SECTION, SECTION＝截面类型, ELSET＝名称
　　　　　　　　　第一个数据行
　　　　　　　　　第二个数据行
　　　　　　　　　弹性模量，扭转剪切模量，
　　　　　　　　　热胀系数，温度，场变量 1，场变量 2 等

定义弹塑性截面行为

要包含弹塑性响应，可直接将 N、M_1、M_2 和 T 指定成其共轭塑性变形变量的函数，或

者以材料的屈服应力为基础使用 N、M_1、M_2 和 T 的默认塑性响应。Abaqus/Standard 使用指定值或者默认值来定义单元端部"集总"成塑性铰的非线性运动硬化模型。由于塑性是在单元端部集总的，所以没有长度尺寸与铰链相关联。与广义塑性位移相关联的是广义力，而不是应变。实际上，塑性铰将具有有限的大小，该大小由结构构件的长度和载荷来决定，载荷将影响硬化率，但不影响极限载荷。例如，在纯弯曲（构件上的力矩是常数）下的屈服时，铰链长度等于构件长度；而承受横向端部载荷的悬臂梁（构件上的力矩呈线性变化）所发生的屈服将产生更加局部的铰链。因此，如果硬化率和给定载荷下的塑性变形是重要的，则在不同长度和不同载荷条件下，应对塑性响应进行校正。

在塑性范围中，唯一可以使用的塑性面是椭球面。此屈服面仅对于管截面是精度合理的。如果认为椭球屈服面不能精确地近似模拟弹塑性响应，则可以选择使用盒形、圆形，I形和矩形横截面。通用横截面类型不能与塑性一起使用。

直接定义 N、M_1、M_2 和 T

用户可以直接定义 N、M_1、M_2 和 T（关于列表输入约定的详细内容见"材料数据定义"，《Abaqus 分析用户手册——材料卷》的 1.1.2 节）。特别地，用户必须确保为变量给出的值范围对于应用是足够大的，因为 Abaqus/Standard 假定指定范围外的独立变量是一个常数。Abaqus/Standard 将如下文所讨论的那样拟合用户提供的数据（见"弹塑性数据曲线拟合和默认值计算"）。塑性数据表达了轴向力、关于横截面 1 方向和 2 方向的力矩以及扭矩的响应。

用户必须指定将广义力分量与适当的塑性变量相关联的数据对。由于塑性集中在单元端部，整体塑性响应取决于单元的长度；因此，不同长度的构件可能需要不同的硬化数据。桁架单元的塑性模型适用于框形结构：连接点之间的每个构件是使用单独的桁架单元来模拟的，允许在端部连接处建立塑性铰。

描述弹塑性截面硬化行为时，每个塑性变量至少要有三个数据。如果给出的数据对少于三个，Abaqus/Standard 将发出一个错误信息。

输入文件用法：　　使用下面的选项：
　　　　　　　　　　* FRAME SECTION，SECTION = PIPE，ELSET = 名称
　　　　　　　　　　* PLASTIC AXIAL（N）
　　　　　　　　　　* PLASTIC M1（M_1）
　　　　　　　　　　* PLASTIC M2（M_2）
　　　　　　　　　　* PLASTIC TORQUE（T）

允许 Abaqus/Standard 计算 N、M_1、M_2 和 T 的默认值

用户可以基于材料的屈服应力，为塑性变量使用默认的弹塑性材料响应。每个塑性变量的默认弹塑性材料响应是不同的：塑性轴向力、第一塑性弯矩、第二塑性弯矩和塑性扭转力矩。指定的默认值见下文。

如果用户直接定义塑性变量并指定使用默认的响应，则用户定义的数据将优先于默认值。

输入文件用法：　　　　使用下面的选项：

$$*\text{FRAME SECTION}，\text{SECTION} = \text{PIPE}，\text{ELSET} = \text{名称}，$$
$$\text{PLASTIC DEFAULTS}，\text{YIELD STRESS} = \sigma^0$$

塑性选项（如果某个广义力需要用户定义的值）

弹塑性数据曲线拟合和默认值计算

弹塑性响应是非线性运动硬化塑性模型。关于非线性运动硬化方程的内容见"承受周期载荷的金属模型"（《Abaqus 分析用户手册——材料卷》的 3.2.2 节）。

直接定义 N、M_1、M_2 和 T 的非线性运动硬化

对于四个塑性材料变量中的每个变量，Abaqus/Standard 使用用户提供的广义力与广义塑性位移的指数关系进行曲线拟合。曲线拟合过程根据用户提供的数据生成一条硬化曲线。曲线拟合至少需要三个数据对。

非线性运动硬化模型通过广义背应力 α 在广义力空间中描述屈服面的平移。将运动硬化定义成纯运动线性硬化项和松弛（记忆）项的相加组合，则背应力演化定义为

$$\dot{\alpha} = \left[\operatorname{sign}(F - \alpha)C - \gamma\alpha\right] |\dot{q}^{pl}|$$

式中，F 是广义力的分量；C 和 γ 是基于用户定义的或者默认的硬化数据进行校正的材料参数，C 是初始硬化模量，γ 决定了运动硬化模量随着背应力 α 递增而减小的速率。α（$\dot{\alpha} = 0$）的饱和值称为 α^s

$$\alpha^s = \frac{C}{\gamma}$$

非线性运动硬化模型的弹性范围如图 3-42 所示。

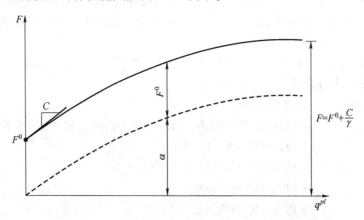

图 3-42 非线性运动硬化模型：正载荷的屈服面和屈服面的中心 α

允许 Abaqus/Standard 生成默认的非线性运动硬化模型

要定义默认的塑性响应，根据屈服应力值和横截面形状生成三个数据点。这三个数据点将广义力与单元单位长度上的广义塑性位移相关联。因为模型是在单位单元长度上进行校正的，所以不同单元长度所生成的默认塑性响应是不同的。这三个点的广义力水平是 F^0、F^1 和 F^2。F^0 是零塑性广义位移处的广义力。F^1 和 F^2 是表征极限承载能力的广义力大小。数据

点之间的斜率（即广义塑性模量 D_1 和 D_2）表征硬化响应。默认的非线性运动硬化模型如图 3-43 所示。

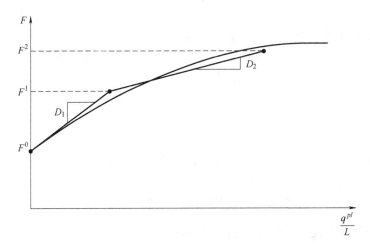

图 3-43　为默认的非线性运动硬化模型生成的数据点

对于塑性轴向力，F^0 是造成初始屈服的轴向力。对于关于第一轴和第二轴的塑性弯矩，F^0 分别是首先引起纤维屈服的关于第一横截面方向和第二横截面方向的力矩。对于塑性扭转力矩，F^0 是首先引起纤维屈服的关于轴的扭矩。选择广义力水平 F^1 和 F^2，与连接斜率 D_1 和 D_2 一起近似模拟由典型结构钢（中等加工硬化）制成的管横截面响应，响应范围为从最初屈服到弯曲塑性铰的建立。材料的加工硬化与轴向加载中截面的默认硬化相对应。对于不同的加载情况，塑性铰的大小将发生变化；因此，应根据所有预期加载情况对默认模型的有效性进行检查。对应于每个塑性变量的 F^1、F^2、D_1 和 D_2 的默认值见表 3-46。管形、盒形和 I 形截面类型可以使用这些默认值，其中的 a_1、a_2 和 a_3 见表 3-47。

表 3-46　广义力的默认值和相应塑性变量的连接斜率

	F^1	D_1	F^2	D_2
塑性轴向力	$1.05F^0$	$0.02EA$	$1.075F^0$	$0.01EA$
第一塑性弯矩	a_3F^0	a_1EI_{11}	$1.1a_3F^0$	a_2EI_{11}
第二塑性弯矩	a_3F^0	a_1EI_{22}	$1.1a_3F^0$	a_2EI_{22}
塑性扭转力矩（对于盒形截面和管截面）	a_3F^0	a_1GJ	$1.445F^0$	a_2GJ
塑性扭转力矩（对于 I 形截面）	$1.31F^0$	$0.265EA$	$1.445F^0$	$0.06EA$

表 3-47　系数 a_1、a_2 和 a_3

横截面类型	a_1	a_2	a_3
管	0.30	0.07	1.35
盒形	0.17	0.02	1.20
I 形（强的）	0.10	0.02	1.12
I 形（弱的）	0.43	0.10	1.50

定义可选的单轴压杆行为

桁架单元也允许仅有单轴响应（压杆行为）。在此情况中，单元的端部不承受力矩或者横向力；因而，只存在沿着单元轴的力。进一步而言，单元长度上的力是不变的，即使在单元轴上施加了切向摄动载荷。单元的单轴响应是线弹性的或者非线性的，包括压缩中的屈曲和后屈曲以及拉伸中的各向同性硬化塑性。

定义线弹性单轴行为

线弹性单轴桁架单元的行为类似于具有恒定刚度 EA/L 的轴弹簧，其中 E 是弹性模量，A 是横截面面积，L 是初始单元长度。应变等于单元长度变化除以单元初始长度。

输入文件用法：　　　* FRAME SECTION，SECTION = 库截面，ELSET = 名称，PINNED

定义屈曲、后屈曲和塑性单轴行为：压杆屈曲响应

如果模拟了压缩中的单轴屈曲和后屈曲以及拉伸中的各向同性硬化塑性（压杆屈曲响应），则必须定义屈曲包络。屈曲包络定义了力对单元轴向应变响应的范围，如图 3-44 所示。

根据 Marshall 压杆理论推导出的屈曲包络仅用于建立管横截面外形。其他横截面类型不允许使用压杆屈曲响应。

由以下七个系数确定屈曲包络（列出了默认值，其中 D 是管的外径，t 是管壁厚度）：

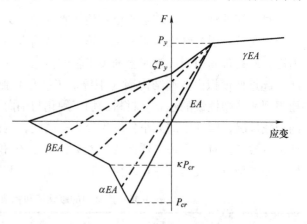

图 3-44　单轴屈曲响应的屈曲包络

P_y：弹性极限力，$P_y = \xi\sigma^0 A$（$\xi = 0.95$，σ^0 是屈服应力）。

γEA：各向同性硬化曲率（$\gamma = 0.02$）。

P_{cr}：由 ISO 方程预测的临界压缩屈曲力，在"桁架单元的压杆屈曲响应"（《Abaqus 理论手册》的 3.9.3 节）中进行了定义。

αEA：屈曲包络上的分段斜率，$\alpha = \alpha_0 + \alpha_1 \dfrac{L}{D}$（$\alpha_0 = 0.03$，$\alpha_1 = 0.004$）。

κP_{cr}：屈曲包络上的拐角（$\kappa = 0.28$）。

βEA：屈曲包络上的分段斜率（$\beta = 0.02$）。

ζP_y：屈曲包络上的拐角 $\left[\zeta = \min\left(1.0, \dfrac{5.8}{\xi}\left(\dfrac{t}{D} \right)^{0.7} \right) \right]$。

单元中的轴向力应位于屈曲包络内部或者在屈曲包络上。当发生拉伸屈曲时，包络的封闭部分沿着应变轴平移一个等于塑性应变的量。当包络封闭部分边界上的点承受回复载荷时，压杆表现出"受损弹性"行为。受损弹性响应由包络上的点与拉伸屈服

点（力 P_y 的值）之间的连线来确定。只要力和轴向应变保持在包络封闭部分的内部，力响应就是线弹性的，模量等于受损弹性模量。当压缩应变大于包络的负极限应变时，力为零。

P_{cr} 的值是单元几何属性和材料属性的函数，并且 P_{cr} 值包含屈服应力值。

压杆屈曲响应不能与弹塑性桁架截面行为一起使用；压杆的塑性行为是通过 P_y 和各向同性的硬化斜率 γEA 来定义的。

定义屈曲包络

用户可以指定使用默认的屈曲包络，也可以定义屈曲包络。如果用户直接定义了屈曲包络并指定应当使用默认的包络，则用户定义的值优先。

在任何情况下，用户都必须提供屈服应力值，在确定拉伸中的屈服力和临界压缩屈曲载荷时将使用此屈服应力值（通过本节后面介绍的 ISO 方程）。

输入文件用法：　　使用下面的选项指定默认的屈曲包络：

*FRAME SECTION, SECTION = PIPE, ELSET = 名称, BUCKLING, PINNED, YIELD STRESS = σ^0

使用下面的两个选项指定用户定义的屈曲包络：

*FRAME SECTION, SECTION = PIPE, ELSET = 名称, PINNED, YIELD STRESS = σ^0

*BUCKLING ENVELOPE

定义临界屈曲载荷

临界屈曲载荷 P_{cr} 是由 ISO 方程（由国际标准化组织基于管形或者管结构构件的试验结果确定的经验关系）确定的。在 ISO 方程中，有四个变量可以与默认值不同：第一个截面方向和第二个截面方向上的有效长度因子 k_1 和 k_2（默认值是 1.0），以及第一个截面方向和第二个截面方向上增加的长度 ΔL_1 和 ΔL_2（默认值是 0）。这些变量考虑了屈曲构件的端部连接。横向方向 i（$i = 1$，2）上的有效单元长度是 $\overline{L}_i = k_i (L + \Delta L_i)$。关于 ISO 方程的详细内容见"框单元的压杆屈曲响应"（《Abaqus 理论手册》的 3.9.3 节）。

输入文件用法：　　要定义使用默认屈曲包络的 ISO 方程的非默认系数，使用下面的两个选项：

*FRAME SECTION, SECTION = PIPE, ELSET = 名称, BUCKLING, PINNED, YIELD STRESS = σ^0

*BUCKLING LENGTH

要定义使用用户定义的屈曲包络的 ISO 方程的非默认系数，使用下面所有的选项：

*FRAME SECTION, SECTION = PIPE, ELSET = 名称, PINNED, YIELD STRESS = σ^0

*BUCKLING ENVELOPE

*BUCKLING LENGTH

在分析中转换成可选的单轴压杆行为

在分析中允许将桁架单元转换成单轴压杆响应。转换准则是"ISO"方程和"强度"方程（见"桁架单元的压杆屈曲响应"，《Abaqus 理论手册》的 3.9.3 节）。当满足 ISO 方程时，弹性或者弹塑性桁架单元承受屈曲行为响应的一次性转换。在没有显著轴向力时使用强度方程来防止转换。

当桁架单元转换成压杆屈曲响应时，结构刚度产生了巨大的损失。被转换的单元不再承受弯矩、扭矩或者剪切载荷。如果转换的结果使得整体结构不稳定（即结构将在施加的载荷下发生失稳），则分析可能无法收敛。

为了允许单元响应发生转换，可使用默认的屈曲包络，或者定义一个屈曲包络并提供屈曲应力，但是不激活桁架单元的线弹性单轴行为。

ISO 方程是基于细长管形（管）构件的试验的经验关系。由于该方程是以管外径和厚度的显式形式书写的，压杆屈曲响应仅允许用于管截面。ISO 方程包括几个由用户定义的因子。有效长度因子和长度增加因子考虑了单元端部固定，屈曲缩减因子考虑了屈曲中的弯矩影响。用户可以定义这些因子在局部横截面方向上的非默认值。

输入文件用法：　　要允许使用 ISO 方程的默认系数和默认的屈曲包络来转换成压杆屈曲响应，使用下面的选项：

*FRAME SECTION, SECTION = PIPE, ELSET = 名称, BUCKLING, YIELD STRESS = σ^0

要允许使用 ISO 方程的非默认系数和默认的屈曲包络来转换成压杆屈曲响应，使用下面的所有选项：

*FRAME SECTION, SECTION = PIPE, ELSET = 名称, BUCKLING, YIELD STRESS = σ^0

*BUCKLING LENGTH

*BUCKLING REDUCTION FACTORS

要允许使用 ISO 方程的非线性系数和用户定义的屈曲包络来转换成压杆屈曲响应，使用下面的所有选项：

* FRAME SECTION, SECTION = PIPE, ELSET = 名 称, YIELD STRESS = σ^0

*BUCKLING ENVELOPE

*BUCKLING LENGTH

*BUCKLING REDUCTION FACTORS

为热膨胀定义参考温度

用户可以为框截面定义热胀系数。热胀系数可以是温度相关的。在此情况中，用户必须为热膨胀定义参考温度 θ^0。

输入文件用法：　　使用下面的两个选项：

$$* \text{FRAME SECTION}, \ \text{ZERO} = \theta^0$$
$$* \text{THERMAL EXPANSION}$$

指定温度和场变量

通过给出横截面原点处的值来定义温度和场变量（即仅给出一个温度值或者场变量值）。

输入文件用法：　　使用下面的一个或者多个选项：

　　　　　　　　　* TEMPERATURE

　　　　　　　　　* FIELD

　　　　　　　　　* INITIAL CONDITIONS, TYPE = TEMPERATURE

　　　　　　　　　* INITIAL CONDITIONS, TYPE = FIELD

3.4.3　桁架单元库

产品：Abaqus/Standard

参考

- "桁架单元"，3.4.1 节
- * FRAME SECTION

概览

本节提供 Abaqus/Standard 中可用的桁架单元的参考。

单元类型

平面中的框

FRAME2D：2 节点直线桁架单元。

有效自由度

1、2、6。

附加解变量

有两个与轴向和横向位移相关的附加变量。

空间中的桁架

FRAME3D：2节点直线桁架单元。

有效自由度

1、2、3、4、5、6。

附加解变量

有三个与轴向位移和横向位移相关的附加变量。

所需节点坐标

平面中的桁架：X、Y（不使用法向的方向余弦；忽略给定的任何值）。

空间中的桁架：X、Y、Z（不使用法向的方向余弦；忽略给定的任何值）。

单元属性定义

如"方向"（《Abaqus分析用户手册——介绍、空间建模、执行与输出卷》的2.2.5节）所描述的那样定义局部方向，不能与桁架单元一起使用来定义局部材料方向。空间中局部截面轴的方向在"桁架单元"（3.4.1节）中进行了讨论。

输入文件用法：　　* FRAME SECTION

基于单元的载荷

分布载荷（表3-48）

如"分布载荷"（《Abaqus分析用户手册——指定条件、约束与相互作用卷》的1.4.3节）所描述的那样指定分布载荷。

表3-48　基于单元的分布载荷

Load ID （* DLOAD）	量　纲　式	说　　明
GRAV	LT^{-2}	指定方向上的重力载荷（输入大小是加速度）
PX	FL^{-1}	整体 X 方向上单位长度上的力
PY	FL^{-1}	整体 Y 方向上单位长度上的力
PZ	FL^{-1}	整体 Z 方向上单位长度上的力
P1	FL^{-1}	桁架局部1方向上单位长度上的力（仅用于空间中的桁架）
P2	FL^{-1}	桁架局部2方向上单位长度上的力（仅用于空间中的桁架）

Abaqus/Aqua 载荷（表 3-49）

如 "Abaqus/Aqua 分析"（《Abaqus 分析用户手册——分析卷》的 1.11 节）所描述的那样指定 Abaqus/Aqua 载荷。

表 3-49 Abaqus/Aqua 载荷

Load ID (∗CLOAD/∗DLOAD)	量 纲 式	说　明
FDD[(A)]	FL^{-1}	横向流体阻力载荷
FD1[(A)]	F	桁架第一个端部（节点 1）处的流体阻力
FD2[(A)]	F	桁架第二个端部（节点 2）处的流体阻力
FDT[(A)]	FL^{-1}	切向流体阻力载荷
FI[(A)]	FL^{-1}	横向流体惯性载荷
FI1[(A)]	F	桁架第一个端部（节点 1）处的流体惯性力
FI2[(A)]	F	桁架第二个端部（节点 2）处的流体惯性力
PB[(A)]	FL^{-1}	浮力载荷（端部封闭条件）
WDD[(A)]	FL^{-1}	横向风阻载荷
WD1[(A)]	F	桁架第一个端部（节点 1）处的风阻力
WD2[(A)]	F	桁架第二个端部（节点 2）处的风阻力

基础（表 3-50）

如 "单元基础"（《Abaqus 分析用户手册——介绍、空间建模、执行与输出卷》的 2.2.2 节）所描述的那样指定基础。

表 3-50 基础

Load ID (∗FOUNDATION)	量 纲 式	说　明
FX	FL^{-2}	整体 X 方向上单位长度上的刚度
FY	FL^{-2}	整体 Y 方向上单位长度上的刚度
FZ	FL^{-2}	整体 Z 方向上单位长度上的刚度（仅用于空间中的桁架）
F1	FL^{-2}	桁架的局部 1 方向上单位长度上的刚度（仅用于空间中的桁架）
F2	FL^{-2}	桁架的局部 2 方向上单位长度上的刚度（仅用于空间中的桁架）

单元输出

所有单元输出变量是在单元端部（节点 1 和节点 2）和中点（节点 3）处给出的。

截面力和力矩（表3-51）

表3-51 截面力和力矩

标 识	说 明
SF1	轴向力
SF2	局部2方向上的横向剪切力
SF3	局部1方向上的横向剪切力（仅用于空间中的桁架）
SM1	关于局部1轴的弯矩
SM2	关于局部2轴的弯矩（仅用于空间中的桁架）
SM3	关于桁架轴的扭转力矩（仅用于空间中的桁架）

关于截面力和力矩的内容见"使用集总塑性的桁架单元"（《Abaqus 理论手册》的3.9.2节）。

截面弹性应变和曲率（表3-52）

表3-52 截面弹性应变和曲率

标 识	说 明
SEE1	弹性轴向应变
SKE1	关于局部1轴的弹性曲率变化
SKE2	关于局部2轴的弹性曲率变化（仅用于空间中的桁架）
SKE3	桁架的弹性扭转（仅用于空间中的桁架）

单元坐标系中的塑性位移和转动（表3-53）

表3-53 单元坐标系中的塑性位移和转动

标 识	说 明
SEP1	塑性轴向位移
SKP1	关于局部1轴的塑性转动
SKP2	关于局部2轴的塑性转动（仅用于空间中的桁架）
SKP3	关于桁架轴的塑性转动（仅用于空间中的桁架）

截面力和力矩背应力（表3-54）

表3-54 截面力和力矩背应力

标 识	说 明
SALPHA1	轴向力背应力
SALPHA2	关于局部1轴的弯矩背应力
SALPHA3	关于局部2轴的弯矩背应力（仅用于空间中的桁架）
SALPHA4	关于桁架轴的扭转力矩背应力（仅用于空间中的桁架）

单元中的节点顺序（图3-45）

　　对于空间中的桁架，在桁架的连接之后还可以给出一个附加节点（在单元定义中，见"单元定义"，《Abaqus 分析用户手册——介绍、空间建模、执行与输出卷》的 2.2.1 节）来定义第一截面轴 $\mathbf{n}_1$ 的近似方向（详细内容见"桁架单元"，3.4.1 节）。

图 3-45　2 节点单元中的节点顺序

3.5 弯头单元和弯头单元库

3.5.1 具有变形横截面的管和管弯：弯头单元

产品：Abaqus/Standard

参考

- "弯头单元库"，3.5.2 节
- * BEAM SECTION

概览

弯头单元：

- 适合精确模拟初始截面是圆形，而当管弯曲时横截面的扭曲主要以椭圆和翘曲为主的管。
- 以梁的形式出现，但实际为具有非常复杂变形模式的壳。
- 应用平面应力理论模拟管壁的变形。
- 不能提供应力、应变和其他本构结果的节点值。

典型应用

在弯头的常用线性分析方法中，响应预测是以半解析结果为基础的，作为"柔性因子"来校正使用简单梁理论得到的结果。在非线性情况中不使用这类因子，并且必须将管线模拟成壳，以精确预测响应（例子见"线弹性管线在平面中弯曲的参数研究"，《Abaqus 例题手册》的 1.1.3 节）。虽然弯头单元以梁的形式出现，但实际上是壳，允许具有非常复杂的变形模式。在薄壁弯头中，弯头与相邻直段的相互作用是弯头模拟的一个重要方面，在横截面变形中易于发生大转动的情况中如此，在管轴线自身发生小的相对转动情况中也是如此。所有的这些效应（包括内部压力的加强效应）都可以使用这些单元进行模拟。

当横截面的变形以椭圆和翘曲为主要行为时，适合用弯头单元精确模拟初始圆管和管弯的非线性响应。这样的行为有两种情况：在管弯中，管的初始曲率与管的壁厚，造成主要的响应是椭圆；在直管中，过度弯曲可能导致薄壁圆截面的屈曲失稳（"Brazier 屈曲"）。

因为弯头单元在圆周上使用完全的壳方程，所以每个单元的自由度很多。使用完全傅里叶模式（见下文）模拟椭圆和翘曲，与梁单元相比，其计算成本较高，但与用来模拟截面的粗糙壳模型相当。

如果分析需要将管连接到管弯，则将弯头单元与管单元相连比用壳单元连接管单元要容易些。

选择合适的单元

弯头单元使用沿着单元长度的多项式插值（单元类型决定是线性的或者二次的），以及围绕管的傅立叶插值来模拟椭圆和翘曲。然后使用壳理论模拟行为。

Abaqus 提供两种类型的弯头单元。

ELBOW31 和 ELBOW32

ELBOW31 和 ELBOW32 单元类型是最完整的弯头单元。在这些单元中，管壁的椭圆在单元之间是连续的，因此，将此效应模拟成管弯（弯头）与相邻管线直段之间的相互作用。

非连接直管分析不能使用 ELBOW31 和 ELBOW32，除非在管的一些点上对翘曲和椭圆进行了约束。

ELBOW31B 和 ELBOW32C

ELBOW31B 和 ELBOW32C 单元类型使用简化方程，在其中只考虑了椭圆（没有考虑翘曲），并忽略了椭圆的轴向梯度。这些近似通常是合理的，并且实际上，这些近似形成了管系统线性分析中使用的标准柔性因子方法的基础。这些近似极大地降低了成本。ELBOW31C 包含进一步的近似，即省略了围绕管的傅里叶插值中的奇数项（第一项除外）。在管的半径与管轴线的曲率相比较小情况下，此方程可提供成本更低的模型。

定义单元的截面属性

用户使用在分析中积分的梁截面定义来定义弯头单元的截面属性。给出管的外径 r、管壁厚度 t 和在管轴线上度量的弯头圆环面半径 R。对于直管，将 R 设置成零。

用户必须将这些属性与弯头单元集合相关联。

输入文件用法：　　* BEAM SECTION, SECTION = ELBOW, ELSET = 名称
　　　　　　　　　r, t, R

定义截面方向

对于所有弯头单元，必须通过指定一个点，与单元节点一起定义图 3-46 中的 a_2 轴，从而给出截面的方向。对于弯管，此点应位于弯头的外侧（弯曲外侧的管侧称为外拱）。对于小于 180°的管弯，可以将此点设置为管弯与相邻直管切线的交点。如果管弯的对角大于或者等于 180°，则必须将弯头分割成小于 180°的分段，并且应当为每一部分定义分隔梁截面，以使用来定义 a_2 轴平面的点位于外拱的外侧。当使用此单元模拟直管时，该点可以是不在管轴线上的任意点。

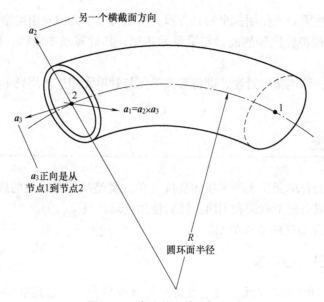

图 3-46　弯头单元的几何形状

当为管弯和直管使用 ELBOW31 或者 ELBOW32 单元，将椭圆模拟延伸到与管弯相邻的直管段时，用户必须确认在管弯与每个直段之间所定义的 a_2 轴相对于管轴线的方向是相同的。有可能的话，相邻管弯之间的 a_2 轴的方向也应该是一样的。在某些情况中，如相邻管弯在不同的平面中，a_2 轴必然是不连续的。此时，在 a_2 轴方向发生改变的点上必须建立分离的节点，并且使用 MPC 类型的 ELBOW 来施加合适的约束，以确保位移的连续性，如图 3-47 所示。

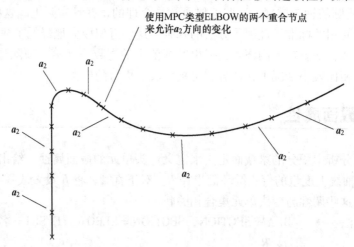

图 3-47　MPC 类型的 ELBOW 与 ELBOW31 或者 ELBOW32 一起使用

输入文件用法：　　＊BEAM SECTION，SECTION = ELBOW
　　　　　　　　　第一个数据行
　　　　　　　　　方向点的坐标

定义积分点数量和傅里叶模

用户可以为弯头截面指定积分点数量和傅里叶模。经验表明，对于壁相对较厚的情况，围绕管使用 12 个积分点的傅里叶模 4 是足够的。对于薄壁弯头，围绕管需要 18 个积分点和傅里叶模 6。一般来说，围绕管的积分点数量不应当小于所使用傅里叶模的三倍；否则，在刚度矩阵中可能产生奇异。当傅里叶模为零时，单元将变成包含环向应变和应力的简单管单元；当设置泊松比为零时，这些单元将表现出与 Abaqus 中的 PIPE 单元类似的行为（见"选择梁单元"，3.3.3 节）。

输入文件用法：　　* BEAM SECTION, SECTION = ELBOW
　　　　　　　　　第一个数据行
　　　　　　　　　第二个数据行
　　　　　　　　　厚度上的积分点数量，围绕管的积分点数量，傅里叶模的数量

给弯头单元集合赋予材料定义

用户必须给每个弯头截面定义赋予材料定义。

输入文件用法：　　* BEAM SECTION, SECTION = ELBOW, MATERIAL = 名称

指定温度和场变量

可以通过定义截面上特定点处的值，或者通过定义管壁中面处的值并指定管厚度上的梯度来指定温度和场变量。

通过定义截面上特定点处的值来指定温度和场变量

用户可以通过给出图 3-48 所示的三个点中每个点处的值来定义温度和场变量。

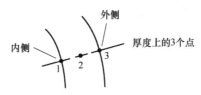

图 3-48　截面上的特定点

无论弯头的厚度上有多少个截面点，都仅在这三个点处指定值。对圆周上的所有积分点施加这三个值，以保证仅在径向上变化。

输入文件用法：　　* BEAM SECTION, SECTION = ELBOW, TEMPERATURE = VALUES

通过定义管壁中面处的值和厚度上的梯度来指定温度和场变量

另外，用户也可以通过给出管壁中面上的值和相对于管壁厚度的位置上的温度梯度来定义温度和场变量，当外壁面比内壁面热时为正。

输入文件用法：　　* BEAM SECTION, SECTION = ELBOW, TEMPERATURE = GRADIENTS

在大位移分析中使用弯头单元

在大位移分析中（"通用和线性摄动过程"，《Abaqus 分析用户手册——分析卷》的

1.1.3节），当弯头单元承受管压力载荷（载荷类型 PI、PE、HPI 或者 HPE）时，将考虑对载荷刚度的最显著贡献。

在弯头单元上定义运动边界条件

应按常规方式处理弯头单元节点处标准自由度（自由度 1~6）的运动边界条件。

此外，单元对椭圆项和翘曲项进行内部存储。对于 ELBOW31B 和 ELBOW31C 单元，不需要额外的考虑。对于 ELBOW31 或者 ELBOW32 单元，用户通常需要提供这些附加自由度的运动边界约束。例如，比较常见的是模拟在弯头段和相邻直管段允许椭圆和翘曲，而在长直管的中间部段不允许椭圆的管线（图 3-49）（后者通常通过指定使用零模式的 ELBOW31 单元或者 PIPE31 单元来完成，以包含通常的弯曲项以及与管内压力相关联的均匀径向膨胀项；如果内压并不重要，则可以使用简化的梁单元 B31 来代替）。如果分段具有椭圆和翘曲的端部，则必须对翘曲进行约束；并且如果在该点存在刚性凸缘或者管束，则应当对椭圆也进行约束。要实现这些约束，可为该节点指定 NOWARP 和（或）NOOVAL 或者 NODE-FORM 边界条件（"Abaqus/Standard 和 Abaqus/Explicit 中的边界条件"，《Abaqus 分析用户手册——指定条件、约束与相互作用卷》的 1.3.1 节）。

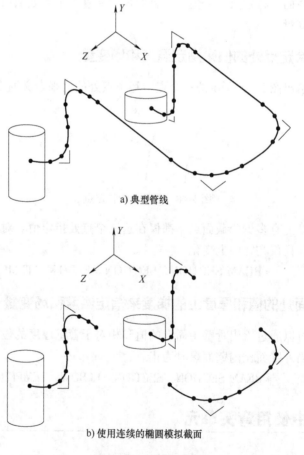

a) 典型管线

b) 使用连续的椭圆模拟截面

图 3-49 管线示意图

NOWARP 表示不允许在节点处出现翘曲，但允许椭圆和均匀径向膨胀；NOOVAL 表示不允许在节点处出现椭圆，但允许翘曲和均匀径向膨胀；NODEFORM 表示不允许任何横截面变形——没有翘曲、椭圆或者均匀径向膨胀。

通常，在由 ELBOW31 模拟的与直管相邻的管弯段的末端使用 NOWARP，而在刚性凸缘或者管束连接点处指定 NOWARP 和 NOOVAL。NODEFORM 约束所有横截面变形，包括均匀径向膨胀项：如果发生热膨胀，这将产生大的应力。例如，应当在嵌入端使用 NO-DEFORM。

显示横截面变形

当前版本的 Abaqus/Standard 不提供显示横截面椭圆的直接方法。然而，工具程序 felbow. f（见"创建数据文件来利用弯头单元结果的后处理：FELBOW"，《Abaqus 例题手册》的 15.1.6 节）创建了 Abaqus/CAE 可用的数据文件，来显示感兴趣的弯头截面圆周上积分点的当前坐标。该程序使用输出变量 COORD（"Abaqus/Standard 输出变量标识符"，《Abaqus 分析用户手册——介绍、空间建模、执行与输出卷》的 4.2.1 节）来得到积分点的当前坐标。仅当在分析步中考虑了几何非线性时才能使用这些值。出于此目的，用户必须确保已将变量 COORD 写入结果（.fil）文件中。

此程序适用于在空间中任意定向的弯头单元：将弯头截面的积分点正确投射到适合显示横截面的坐标系中。将用于显示的输入数据写入 Abaqus/CAE 可以读取的文件中。可以使用 Visualization 模块中的 XY Data Manager 显示变形后弯头单元横截面的 X-Y 图。

除了利用横截面的椭圆显示，程序也允许用户创建数据文件来显示变量沿弯头单元线的变化，以及沿给定弯头单元周长的变化。

提供类似于 C++ 和 Python 工具程序的 felbow. C（"FELBOW 的 C++ 版本"，《Abaqus 脚本用户手册》的 10.15.6 节）和 felbow. py（"FELBOW 的 Abaqus 脚本界面版本"，《Abaqus 脚本用户手册》的 9.10.12 节），用来将弯头单元结果输出写入输出数据库（.odb）文件。执行这些程序时，将数据写入 Abaqus/CAE 中可以使用的 ASCII 格式的文件和（或）输出数据库文件，以显示围绕弯头截面周长的积分点的当前坐标。也可以使用这两个程序显示围绕弯头截面周长的输出变量的变化。

3.5.2 弯头单元库

产品：Abaqus/Standard

参考

- "具有变形横截面的管和管弯：弯头单元"，3.5.1 节
- *BEAM SECTION

概览

本节提供了 Abaqus/Standard 中可用的弯头单元的参考。

单元类型（表 3-55）

表 3-55　单元类型

标　　识	说　　明
ELBOW31	空间中的 2 节点、具有变形截面、沿着管线性插值的弯头单元
ELBOW32	空间中的 3 节点、具有变形截面、沿着管二次插值的弯头单元
ELBOW31B	空间中的 2 节点、仅具有椭圆且忽略椭圆轴向梯度的弯头单元
ELBOW31C	空间中的 2 节点、仅具有椭圆且忽略椭圆轴向梯度的弯头单元 此单元的方程与 ELBOW31B 单元相同，除了忽略了围绕管的所有傅里叶插值的奇数项（第一项除外）

有效自由度

1、2、3、4、5、6。

附加解变量

弯头单元具有很多模拟横截面椭圆和翘曲的变量。变量的数量取决于所选择弯头单元的类型、节点数量和傅里叶模的数量，见表 3-56（表中 p 是傅里叶模的数量）。

表 3-56　变量的数量

单元类型	变量的数量
ELBOW31	16，$p=0$ 时 $16p+8$，$p \geq 1$ 时
ELBOW32	24，$p=0$ 时 $24p+12$，$p \geq 1$ 时
ELBOW31B	$13+2p$，$p=0$ 或 1 时 $11+4p$，$p \geq 2$ 时
ELBOW31C	$13+2p$，$p=0$、1、3、5 时 $15+2p$，$p=2$、4、6 时

所需节点坐标

X、Y、Z。

单元属性定义

输入文件用法：　　* BEAM SECTION，SECTION = ELBOW

基于单元的载荷

分布载荷（表3-57）

如"分布载荷"（《Abaqus 分析用户手册——指定条件、约定与相互作用卷》的 1.4.3
节）所描述的那样指定分布载荷。

表 3-57　基于单元的分布载荷

Load ID （* DLOAD）	量　纲　式	说　　明
BX	FL^{-3}	整体 X 方向上单位体积的体力
BY	FL^{-3}	整体 Y 方向上单位体积的体力
BZ	FL^{-3}	整体 Z 方向上单位体积的体力
BXNU	FL^{-3}	整体 X 方向上的非均匀体力，通过用户子程序 DLOAD 提供大小
BYNU	FL^{-3}	整体 Y 方向上的非均匀体力，通过用户子程序 DLOAD 提供大小
BZNU	FL^{-3}	整体 Z 方向上的非均匀体力，通过用户子程序 DLOAD 提供大小
CENT	FL^{-4}（$ML^{-3}T^{-2}$）	离心载荷（大小输入成 $\rho\omega^2$，其中 ρ 是单位体积的质量密度，ω 是角速度）
CENTRIF	T^{-2}	离心载荷（大小输入成 ω^2，ω 是角速度）
GRAV	LT^{-2}	指定方向上的重力载荷（大小输入成加速度）
HPE	FL^{-2}	静水外部压力，在整体 Z 方向上呈线性变化（封闭条件）
HPI	FL^{-2}	静水内部压力，在整体 Z 方向上呈线性变化（封闭条件）
PE	FL^{-2}	均匀的外部压力（封闭条件）
PI	FL^{-2}	均匀的内部压力（封闭条件）
PENU	FL^{-2}	非均匀的外部压力，通过用户子程序 DLOAD 提供大小（封闭条件）
PINU	FL^{-2}	非均匀的内部压力，通过用户子程序 DLOAD 提供大小（封闭条件）
ROTA	T^{-2}	转动加速度载荷（大小输入成 α，α 是转动加速度）

Abaqus/Aqua 载荷（表3-58）

如"Abaqus/Aqua 分析"（《Abaqus 分析用户手册——分析卷》的 1.11 节）所描述的那
样指定 Abaqus/Aqua 载荷。

表 3-58　Abaqus/Aqua 载荷

Load ID （＊CLOAD/＊DLOAD）	量　纲　式	说　　　明
FDD[(A)]	FL^{-1}	横向流体阻力载荷
FD1[(A)]	F	弯头第一端（节点1）处的流体阻力
FD2[(A)]	F	弯头第二端（节点2和节点3）处的流体阻力
FDT[(A)]	FL^{-1}	切向流体阻力载荷
FI[(A)]	FL^{-1}	横向流体惯性载荷
FI1[(A)]	F	弯头第一端（节点1）处的流体惯性力
FI2[(A)]	F	弯头第二端（节点2或者节点3）处的流体惯性力
PB[(A)]	FL^{-1}	浮力（封闭条件）
WDD[(A)]	FL^{-1}	横向风阻力载荷
WD1[(A)]	F	弯头第一端（节点1）处的风阻力
WD2[(A)]	F	弯头第二端（节点2或者节点3）处的风阻力

单元输出

默认应力输出点位于围绕管的所有积分处的内表面和外表面上。

应力、应变和其他张量分量

具有位移自由度的单元可以使用应力和其他张量（包括应变张量）。所有张量具有相同的分量。例如，应力分量见表 3-59。

表 3-59　应力分量

标　　识	说　　　明
S11	沿着管的主应力
S22	围绕管截面的主应力
S12	管壁中的剪切应力

截面力和力矩（表 3-60）

表 3-60　截面力和力矩

标　　识	说　　　明
SF1	轴向力
SM1	关于局部 1 轴的弯矩
SM2	关于局部 2 轴的弯矩
SM3	关于弯头的轴的扭转力矩

单元中的节点顺序（图 3-50）

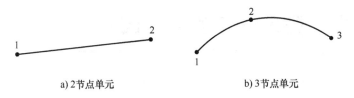

a) 2节点单元　　　　　　b) 3节点单元

图 3-50　单元中的节点顺序

输出积分点编号（图 3-51）

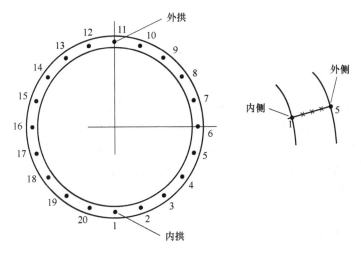

图 3-51　输出积分点编号

外拱是离所定义管弯的圆环面中心最远的管弯侧，即，a_2 轴指向的管弯侧。内拱是最靠近圆环面中心的管弯侧。

环绕截面的中面积分点如图 3-51 所示。默认在每个这样的点处有五个厚度方向积分点，点 1 在管的内侧，点 5 在管的外侧。

对于 ELBOW31 和 ELBOW31B，沿着单元轴仅使用一个积分站位。对于 ELBOW32，沿着弯头的轴有两个积分站位，并且第二个截面上的点编号与第一个截面上的点编号是连续的（例如，默认情况中的 21，22，...，40），积分点在管上的位置如图 3-51 所示。

3.6　壳单元和壳单元库

3.6.1　壳单元：概览

Abaqus 提供多种壳模拟功能。

概览

壳模拟包括：
- 选择合适的壳单元类型（"选择壳单元"，3.6.2 节）。
- 定义面的初始几何形体（"定义传统壳单元的初始几何形状"，3.6.3 节）。
- 确定是否需要通过数值积分来定义壳截面行为（"壳截面行为"，3.6.4 节）。
- 定义壳截面行为（"使用分析中积分的壳截面定义截面行为"，3.6.5 节；或者"使用通用壳截面定义截面行为"，3.6.6 节）。

传统壳与连续壳的对比

壳单元用于模拟一个尺寸（厚度）远小于其他尺寸的结构。传统壳单元通过定义参考面处的几何形状来使用此条件离散体。在此情况中，通过截面属性定义来定义厚度。传统壳截面具有位移和转动自由度。

与传统壳对比，连续壳单元离散整个三维体。根据单元节点的几何形状确定厚度。连续壳单元仅具有位移自由度。从建模的角度看，连续壳单元类似于三维连续实体，但其运动行为和本构行为类似于传统壳单元。

图 3-52 所示为传统壳单元与连续壳单元的差别。

约定

用于壳单元的约定如下。

空间中壳面上的局部方向定义

在"约定"（《Abaqus 分析用户手册——介绍、空间建模、执行与输出卷》的 1.2.2

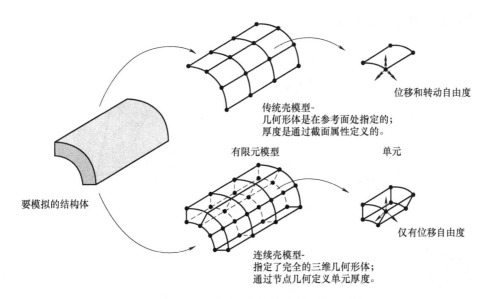

位移和转动自由度

传统壳模型-
几何形体是在参考面处指定的；
厚度是通过截面属性定义的。

有限元模型

单元

仅有位移自由度

要模拟的结构体

连续壳模型-
指定了完全的三维几何形体；
通过节点几何定义单元厚度。

图 3-52　传统壳单元与连续壳单元的差别

节）中定义的壳面上使用的默认局部方向，用于定义各向异性材料属性以及报告应力和应变分量。用户可以通过定义局部方向（见"方向"，《Abaqus 分析用户手册——介绍、空间建模、执行与输出卷》的 2.2.5 节）来定义其他方向，SAX1、SAX2 和 SAX2T 单元（见"轴对称壳单元库"，3.6.9 节）除外，它们不支持方向。可以给壳单元赋予使用分布（见"分布定义"，《Abaqus 分析用户手册——介绍、空间建模、执行与输出卷》的 2.8 节）定义的空间变化的局部坐标系。对于 SAXA 单元（"非线性、非对称变形的轴对称壳单元"，3.6.10 节），任何各向异性材料定义必须是关于 $\theta = 0$ 和 π 处的 r-z 平面对称。

在（几何非线性）大变形分析中，这些局部方向在此点处随着面的平均转动而转动。将这些局部方向输出成当前构型中的方向，除了 Abaqus/Standard 中仅具有大转动但应变小的壳单元（STRI3、STRI65、S4R5、S8R、S8RT、S8R5、S9R5 单元，见"选择壳单元"，3.6.2 节），在这些单元中，局部方向输出成参考构型中的方向。因此，在几何非线性分析中，当在 Abaqus/CAE 中显示这些方向，或者应力、应变的主值以及截面力或者截面力矩时，应当使用当前的（变形后的）构型，Abaqus/Standard 中的小应变单元除外，这些单元应当使用参考构型。

传统壳单元的正法向定义

传统壳单元的"顶"面是正法向定义中的面，并且是接触定义中的正（SPOS）面。"底"面是法向的反方向上的面，并且是接触定义中的负（SNEG）面。当指定参考面相对于壳中面的偏置时，也使用"正"和"负"表示顶面和底面。

正法向定义了压力载荷施加和随壳厚度变化的量的输出约定。施加给壳单元的正压力载荷将产生作用在正法向方向上的载荷。

三维传统壳

对于空间中的壳，正法向是由围绕单元节点的右手法则给出的，而节点的顺序是在单元定义中指定的，如图 3-53 所示。

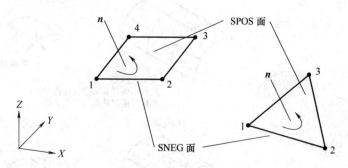

图 3-53　三维传统壳的正法向

轴对称传统壳

对于轴对称传统壳（包括允许非对称变形的 SAXA1n 和 SAXA2n 单元），通过将节点 1 到节点 2 的方向逆时针转动 90°来定义正法向，如图 3-54 所示。

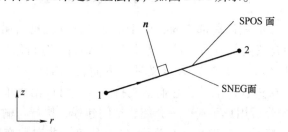

图 3-54　轴对称传统壳的正法向

连续壳单元的法向定义

图 3-55 所示为连续壳的主要几何特征。连续壳的正确定向是非常重要的，因为厚度方向上的行为不同于平面中的行为。默认情况下，单元顶面和底面以及单元法向、堆叠方向和厚度方向是通过节点连接来定义的。对于三角形平面连续壳单元（SC6R），具有角节点 1、2 和 3 的面是底面；具有角节点 4、5 和 6 的面是顶面。对于四边形连续壳单元（SC8R），具有角节点 1、2、3 和 4 的面是底面；具有角节点 5、6、7 和 8 的面是顶面。堆叠方向和厚度方向都是从底面到顶面方向。定义单元厚度方向的其他选项，包括与节点连接无关的一个选项，在下文中进行阐述。

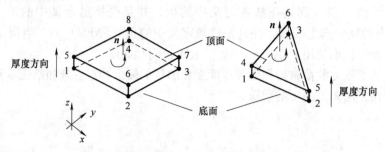

图 3-55　连续壳单元的默认法向和厚度方向

连续壳上的面可以通过指定标识单个面的标识 S1~S6 来定义,如"连续壳单元库"(3.6.8 节)所描述的那样定义 S1~S6。也可以使用自由面生成。

类似于连续面那样定义施加在面 P1~P6 上的压力载荷,正的压力方向指向单元内部。

定义堆叠方向和厚度方向

默认情况下,连续壳单元的堆叠方向和厚度方向是通过图 3-56 所示的节点连接来定义的。另外,用户也可以通过选择单元的等参方向或者使用方向定义来定义单元的堆叠方向和厚度方向。

基于单元等参方向定义堆叠方向和厚度方向

用户可以定义单元的堆叠方向沿着单元的一个等参方向(单元堆叠方向如图 3-56 所示)。8 节点六面体连续壳单元具有三个可能的堆叠方向;6 节点平面三角形连续壳单元仅有一个堆叠方向,即单元的等参方向 3。默认的堆叠方向是 3,提供与前文指出的同样的厚度方向和堆叠方向。

为了得到所需的厚度方向,等参方向的选择取决于单元连接性。对于与网格无关的指定,使用以下基于方向的方法。

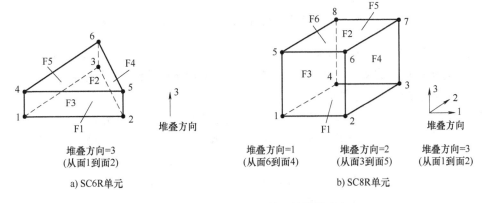

图 3-56 SC6R 和 SC8R 单元的堆叠方向

输入文件用法:　　　使用以下选项中的一个基于单元的等参方向定义堆叠方向:

*SHELL SECTION, STACK DIRECTION = n

*SHELL GENERAL SECTION, STACK DIRECTION = n

其中 n = 1、2 或 3。

Abaqus/CAE 用法:如果连续壳是使用复合叠层定义的,则使用下面的选项基于单元的等参方向定义堆叠方向:

Property module:Create Composite Layup:Element Type 选择 Continuum Shell:Stacking Direction:Element direction 1,Element direction 2,或者 Element direction 3

如果连续壳是使用复合壳截面定义的,则使用下面的选项基于单元的等参方向定义堆叠方向:

Assign→Material Orientation：选择区域：Use Default Orientation or Other Method：Stacking Direction：Element isoparametric direction 1，Element isoparametric direction 2，或者 Element isoparametric direction 3

基于方向定义来定义堆叠方向和厚度方向

另外，用户也可以基于局部方向定义来定义单元堆叠方向。对于壳单元，方向定义定义了一个轴，关于此轴可以转动局部 1 和 2 材料方向。该轴也定义了近似的法向。将单元堆叠方向和厚度方向定义成最靠近此近似法向的单元等参方向（图 3-57）。

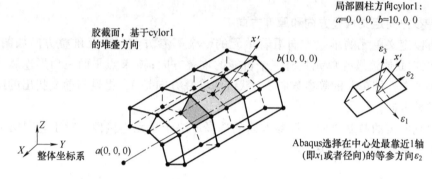

图 3-57　使用圆柱坐标系定义堆叠方向的例子

"夹紧圆柱问题"（《Abaqus 基准手册》的 2.3.2 节）和"LE3：承受点载荷的半球壳"（《Abaqus 基准手册》的 4.2.3 节），分别说明了如何使用圆柱坐标系和球坐标系定义独立于节点连接的堆叠方向和厚度方向。

输入文件用法：　　使用以下选项中的一个基于用户定义的方向定义单元堆叠方向：

*SHELL SECTION，STACK DIRECTION = ORIENTATION，ORIENTATION = 名称

*SHELL GENERAL SECTION，STACK DIRECTION = ORIENTATION，ORIENTATION = 名称

Abaqus/CAE 用法：如果使用复合叠层定义连续壳，则使用下面的选项基于用户定义的方向定义堆叠方向：

Property module：Create Composite Layup：Element Type 选择 Continuum Shell：Stacking Direction：Layup orientation

如果使用复合壳截面定义连续壳，则使用下面的选项基于用户定义的方向定义堆叠方向：

Assign→Material Orientation：选择区域：Use Default Orientation or Other Method：Stacking Direction：Normal direction of material orientation

改变单元堆叠方向和厚度方向

用户可以在 Abaqus/CAE 中通过云图显示单元截面厚度或者显示材料轴，来直观地

验证单元堆叠方向和厚度方向。通常，平面尺寸远大于单元厚度。通过云图显示壳截面厚度，输出变量 STH，用户可以容易地确认单元方向是正确的并具有正确的厚度。如果单元方向不正确，则其中一个平面尺寸将成为单元截面厚度，从而导致云图显示的不连续。

另外，用户也可以显示材料轴来确认 3 轴指向所需法向。如果单元方向不正确，则平面轴中的一个（1 轴或者 2 轴）将指向法向方向。

壳厚度上的截面点编号

壳厚度上的截面点是连续编号的，从点 1 开始。对于在分析中积分的壳截面，如果使用了辛普森法则，则截面点 1 恰巧位于壳的底面上；如果使用了高斯积分法，则点 1 是最靠近底面的点。对于通用壳截面，截面点 1 总是位于壳的底面上。

对于均质截面，截面点的总数量是通过厚度上的积分点数量来定义的。对于在分析中积分的壳截面，用户可以定义厚度上的截面点数量。辛普森法默认的截面点数量是 5，高斯积分法默认的截面点数量是 3。对于通用壳截面，可以在 3 个截面点处获得输出。

对于复合截面，通过将所有层中每个层的积分点数量相加来定义截面点的总数量。对于分析中积分的壳截面，用户可以定义每个层的积分点数量。辛普森法的默认数量是 3，高斯积分法的默认数量是 2。对于通用壳截面，每个层的输出截面点数量是 3。

默认输出点

在 Abaqus/Standard 中，壳截面厚度上的默认输出点是壳截面的底面和顶面上的点（使用辛普森法时）或者最靠近底面和顶面的点（使用高斯积分法时）。例如，如果在单个层壳上使用 5 个积分点，则在截面点 1（底面）和截面点 5（顶面）上提供输出。

在 Abaqus/Explicit 中，出于单元输出的目的将壳截面厚度上的所有截面点写入结果文件中。

3.6.2　选择壳单元

产品：Abaqus/Standard　　Abaqus/Explicit　　Abaqus/CAE

参考

- "壳单元：概览"，3.6.1 节
- "三维传统壳单元库"，3.6.7 节
- "连续壳单元库"，3.6.8 节
- "轴对称壳单元库"，3.6.9 节
- "非线性、非对称变形的轴对称壳单元"，3.6.10 节
- "创建均质壳截面"，《Abaqus/CAE 用户手册》（HTML 版本）的 12.13.6 节

● "创建复合壳截面",《Abaqus/CAE 用户手册》的 12. 13. 7 节

概览

Abaqus/Standard 壳单元库包括:

● 用于模拟三维壳几何形体的单元。
● 用于模拟具有轴对称变形的轴对称几何形体的单元。
● 用于模拟具有关于一个平面对称的通用变形的轴对称几何形体的单元。
● 用于应力/位移、热传递和完全耦合的温度-位移分析的单元。
● 通用单元,以及特别适用于"厚"壳或者"薄"壳分析的单元。
● 使用缩减积分或者完全积分的通用三维一阶单元。
● 考虑有限膜应变的单元。
● 每个节点可能具有五个自由度的单元,以及每个节点总是具有六个自由度的单元。
● 连续壳单元。

Abaqus/Explicit 壳单元库包括:

● 模拟考虑有限膜应变的"厚"或者"薄"壳通用三维单元。
● 小应变单元。
● 完全耦合的温度-位移分析单元。
● 用于模拟具有轴对称变形的轴对称几何形体的单元。
● 连续壳单元。

命名约定

壳单元的命名约定取决于单元维度。

三维壳单元

Abaqus 中三维壳单元的命名如下:

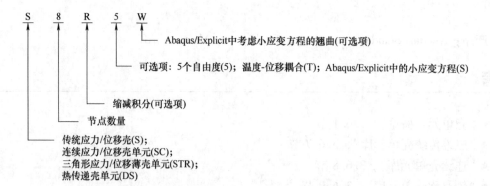

例如,S4R 是 4 节点四边形使用缩减积分和大应变的应力/位移壳单元;SC8R 是 8 节点四边形、一阶插值、使用缩减积分的应力/位移连续壳单元。

轴对称壳单元

Abaqus 中轴对称壳单元的命名如下：

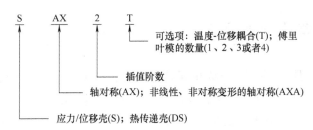

可选项：温度-位移耦合(T)；傅里叶模的数量(1、2、3或者4)

插值阶数

轴对称(AX)；非线性、非对称变形的轴对称(AXA)

应力/位移壳(S)；热传递壳(DS)

例如，DSAX1 是使用一阶插值的轴对称热传递壳单元。

传统应力/位移壳单元

在三维或者轴对称分析中，可以使用 Abaqus 中的传统应力/位移壳单元。在 Abaqus/Standard 中，传统应力/位移壳单元使用线性或者二次插值，并且允许承受机械和/或者热（耦合的）载荷；在 Abaqus/Explicit 中，传统应力/位移壳单元使用线性插值，并且允许承受机械载荷。可以在静态或者动力学过程中使用这些单元。有些单元包括横向剪切变形效应和厚度变化，而其他单元则不包括这些效应。一些单元允许大转动和有限膜变形，而其他单元允许大转动，但应变比较小。

应力/位移壳单元中温度和场变量的插值

用来计算热应力的壳面上积分位置处的温度值，取决于使用的是一阶单元还是二阶单元。在线性单元的积分位置处使用平均温度，因此热应变在整个壳面上是一致的。在高阶壳单元中使用线性变化的温度分布。应力/位移壳单元中的场变量采用与温度相同的方式进行插值。

应力/位移连续壳单元

可以在三维分析中使用 Abaqus 中的应力/位移连续壳单元。连续壳离散整个三维体，而不像传统壳那样仅离散一个参考面（见"壳单元：概览"，3.6.1 节）。这些单元仅具有位移自由度，使用线性插值，并且允许为静态和动力学过程使用机械和/或者热（耦合的）载荷。连续单元是允许有限膜变形和大转动的通用壳，因此适用于非线性几何分析。这些单元包括横向剪切变形效应和厚度变化。

连续壳单元采用一阶逐层复合理论，并且根据初始弹性模量估计截面厚度上的力。与传统壳不同，连续壳单元可以进行堆叠以获得更加细致的厚度上的响应。堆叠连续壳单元允许更丰富的横向剪切应力和力预测。

虽然连续壳单元离散的是三维体，但需要确认这些单元承受的整体变形与它们的逐层平面应力相一致，即响应以弯曲为主并且没有显著的厚度变化（厚度变化约小于10%）。否则，应当使用规则的三维实体单元（见"三维实体单元库"，2.1.4 节）。进一步地，对于 Abaqus/Explicit 中连续薄壳单元，厚度应变模式可能会产生较小的稳定时间增量（见"壳截面行为"，3.6.4 节）。

耦合的温度-位移连续壳单元

Abaqus 中耦合的温度-位移连续壳单元具有连续的壳几何形体，并且使用几何和位移的线性插值。温度也是线性插值的。其热方程类似于使用缩减积分的三维耦合温度-位移实体单元所使用的方程（见"实体（连续）单元"，2.1.1 节）。厚度上的截面点处的温度是由节点处的温度线性插值得到的。

热传导壳单元

热传导壳单元仅用于 Abaqus/Standard，并且仅能与传统壳单元几何形体一起使用，它们适合模拟壳型结构中的热传导。这些单元在每个壳节点整个厚度上的一系列点处提供温度值。该输出可直接输入等效的应力分析壳单元中，用于顺序耦合的热-应力分析（见"顺序耦合的热-应力分析"，《Abaqus 分析用户手册——分析卷》的 11.1.2 节）。

壳厚度上的温度变化

假定温度在整个厚度上呈分段二次变化，而壳参考面上的插值与相应的应力单元相同。对于在分析中积分的壳截面（"使用分析中积分的壳截面定义截面行为"，3.6.5 节），用户可以指定每个节点处用于横截面插值和厚度方向上温度插值的截面点数量。对于整个壳厚度上的积分，仅能使用辛普森法则。

壳底面温度（沿壳法向的反方向上的面，见"定义传统壳单元的初始几何形体"，3.6.3 节）是自由度 11。顶面温度是自由度 $10 + n_s$。一个节点上最多可以存在 20 个温度自由度。对于单层壳，n_s 是用于整个壳截面的积分点总数量。如果为横截面积分使用单个截面点，则在壳的整个厚度上没有温度变化，并且整个壳截面温度是自由度 11。对于多层壳，每一层顶部的温度与下一层底部的温度相同。因此

$$n_s = 1 + \sum_{l=1}^{\text{layers}} (n_l - 1)$$

式中，n_l（$n_l > 1$）是层 l 中的积分点数量。如果 $n_l = 1$，则 n_s 等于复合层的层数。在此情况中，在壳的整个厚度上没有温度变化，并且整个复合层温度是自由度 11。壳的内能存储和热传导项采用与相应连续单元相同的方法进行积分［见"实体（连续）单元"，2.1.1 节］。

在热-应力分析中使用壳

要直接将 Abaqus/Standard 中存储的温度用作热-应力分析的输入，网格和壳截面中指定的温度点数量必须与热传导和应力分析模型中的一致。此外，多层热传导壳单元的每个层必须具有相同数量的积分点。

耦合的温度-位移壳单元

Abaqus 中可以使用的耦合的温度-位移壳单元具有传统壳单元的几何形体，并且使用几何和位移的线性或者二次插值。温度是从角节点或者端节点线性插值得到的；选择二次壳中的低阶温度插值为热应变给出相同的插值阶数，热应变与温度成比例，总应变也是如此。控制方程中的所有项是在使用传统高斯积分法的壳面上积分的；在整个壳厚度上使用辛普森法进行积分。

整个壳厚度上的温度变化

将整个壳厚度上的温度变化假定成分段二次的，并且是从每个节点处整个壳厚度上的一系列点的温度插值得到的。每个节点处使用的温度值数量是由用户在壳截面定义中指定的积分点数量决定的（见"使用分析中积分的壳截面定义截面行为"中的"定义壳截面积分"，3.6.5 节）。至多可将 20 个温度值存储成自由度 11、12、13 等（最大到自由度 30），所采用的方法与用于热传导壳单元的方法相同（见上文的"热传导壳单元"）。

"厚"与"薄"传统壳单元的对比

Abaqus 包含通用传统壳单元以及用于厚和薄壳问题的传统壳单元。关于如何区分"厚"或者"薄"壳问题的讨论见下文。此问题仅与具有位移自由度的单元相关。

通用传统壳单元可为大部分应用提供可靠和精确的解，因而被用于大部分应用。然而，在某些情况中，对于 Abaqus/Standard 中的具体应用，使用薄或者厚传统壳单元可以使性能得到提升，例如，在只发生小应变并且每个节点具有五个自由度时。

可以为任何厚度使用连续壳单元；然而，在 Abaqus/Explicit 中，薄的连续壳单元可以产生小的稳定温度增量。

通用传统壳单元

这类单元允许横向剪切变形。在壳厚度增加时使用厚壳理论，壳厚度减小时则变成离散的柯希霍夫薄壳单元；随着壳厚度减小，横向剪切变形将变得非常小。

单元类型 S3/S3R、S3RS、S3RT、S4、S4R、S4RS、S4RSW、S4RT、SAX1、SAX2、SAX2T、SC6R 和 SC8R 是通用壳单元。

厚的传统壳单元

在 Abaqus/Standard 中，当横向剪切柔性比较重要以及需要二次插值时，使用厚壳单元。当壳在整个厚度上由同一种材料制成时，如果厚度大于壳面上特征长度的 1/5，则为厚壳，特征长度是指静态情况中支撑之间的距离或者动力学分析中高阶固有模态的波长。

Abaqus/Standard 仅为厚壳问题提供 S8R 和 S8RT 单元类型。

薄的传统壳单元

在 Abaqus/Standard 中，在可以忽略横向剪切柔性且必须精确满足柯希霍夫约束的情况中，需要使用薄壳（即壳法向始终与壳参考面垂直）单元。对于均质壳，当壳的厚度小于壳面上特征长度的 1/15 时，称为薄壳，特征长度是指支撑之间的距离或者高阶特征模态的波长。然而，壳的厚度也可能大于单元长度的 1/15。

Abaqus/Standard 中有两种薄壳单元：求解薄壳理论（在分析上满足柯希霍夫约束）的单元和随厚度减小（在数值法上满足柯希霍夫约束）收敛到薄壳理论的单元。

- 求解薄壳理论的单元是 STRI3。STRI3 在节点处具有六个自由度，并且是平的面单元（忽略初始曲率）。如果使用 STRI3 模拟厚壳问题，则单元总是预测薄壳解。

- 在数值上施加柯希霍夫约束的单元是 S4R5、STRI65、S8R5、S9R5、SAXA1n 和 SAXA2n。在单元的横向剪切变形较为重要的应用中不应当使用这些单元。如果使用这些单元模拟厚壳问题，则单元可能预测出不精确的解。

有限应变壳单元与小应变壳单元的对比

Abaqus 中有有限应变壳单元和小应变壳单元。此概念仅与具有位移自由度的单元相关。

有限应变壳单元

单元类型 S3/S3R、S4、S4R、S4T、SAX1、SAX2、SAX2T、SAXA1n 和 SAXA2n 考虑有限膜应变和任意大转动；因此，它们适用于大应变分析。在“轴对称壳单元”（《Abaqus 理论手册》的 3.6.2 节）、“有限应变壳单元方程”（《Abaqus 理论手册》的 3.6.5 节）和“允许非对称载荷的轴对称壳单元”（《Abaqus 理论手册》的 3.6.7 节）中介绍了基础方程。

连续壳单元 SC6R 和 SC8R 考虑了有限膜应变、任意大转动并允许厚度变化，因此适用于大应变分析。厚度变化的计算是以单元节点位移为基础的，而单元节点位移是根据分析开始时定义的有效弹性模量计算得到的。

小应变壳单元

在 Abaqus/Standard 中，三维“厚”和“薄”壳单元类型 STRI3、S4R5、STRI65、S8R、S8RT、S8R5 和 S9R5 可提供任意大转动，但仅产生小应变。在这些单元中忽略了由变形引起的厚度变化。

在 Abaqus/Explicit 中，为具有小的膜应变和任意大转动的壳问题提供 S3RS、S4RS 和 S4RSW 单元类型。许多冲击动力学分析属于此类问题，包括承受大范围屈曲行为，但膜拉伸和压缩相对较小的壳结构问题。虽然求解精度会随着应变的增大而下降，但是在 Abaqus/Explicit 中，对于合适的应用，小应变壳单元的计算效率要高于有限膜应变单元。在“Abaqus/Explicit 中的小应变壳单元”（《Abaqus 理论手册》的 3.6.6 节）中介绍了基础方程。

壳厚度的变化

仅在几何非线性分析中考虑厚度变化。对于传统壳，厚度方向上的应力为零，并且仅由泊松作用产生应变。对于连续壳，厚度方向上的应力可能不为零，并且可能产生泊松作用以外的附加应变。由泊松作用产生的厚度应变称为“泊松应变”，“泊松应变”之外的附加应变称为"有效厚度应变。"

对于 Abaqus/Explicit 中由分析中积分的截面定义的壳单元，泊松应变通过在截面中的单个材料点上施加平面应变，然后从这些材料点积分泊松应变来计算得到；或者在使用"截面泊松比"的整体截面的积分位置处施加平面应变来计算得到。对于 Abaqus/Standard 中的壳单元，只能使用截面泊松比的方法。对于由通用壳截面定义的壳单元，只能采用截面泊松比方法。

详细内容见"使用分析中积分的壳截面定义截面行为"中的"在壳单元的厚度方向上定义泊松比"（3.6.5 节），以及"使用通用壳截面定义截面行为"中的"定义壳单元厚度方向上的泊松应变"（3.6.6 节）。

连续壳单元中厚度方向上的应力

用有效厚度乘以"厚度模量"来计算厚度方向的应力。使用弹性或者弹塑性材料的单层壳单元的厚度模量是平面弹性剪切模量的两倍。在每一层均由弹性材料或者弹塑性材料制成的复合壳情况中，厚度模量等于各层贡献的厚度加权调和平均值，即

$$1/E_{eff} = \sum_i^n r_i/E_{eff}^i$$

式中，E_{eff} 是厚度模量；i 是层编号；n 是层数量；r_i 是层 i 的相对厚度（$0 < r_i < 1$）；E_{eff}^i 是初始平面弹性剪切模量的两倍，基于初始构型中层 i 的材料定义来定义初始平面弹性剪切模量。

详细内容见"使用分析中积分的壳截面定义截面行为"中的"定义连续壳单元的厚度模量"（3.6.5 节），以及"使用通用壳截面定义截面行为"中的"定义连续壳单元中的厚度模量"（3.6.6 节）。

五自由度壳单元与六自由度壳单元的对比

在 Abaqus/Standard 中提供两种类型的三维传统壳单元：在所有节点上使用五个自由度（三个位移分量和两个面内转动分量）的单元，以及在所有节点上使用六个自由度（三个位移分量和三个转动分量）的单元。

使用五个自由度的单元（S4R5、STRI65、S8R5、S9R5）更为经济。然而，这些单元只能作为"薄"壳使用（不能用作"厚"壳），并且不能用于有限应变应用（虽然这些单元可以精确地模拟具有小应变的大转动）。此外，五自由度壳单元的输出有如下限制：

- 在使用两个面内转动分量的节点处，这些面内转动的值不能用于输出。
- 当请求输出变量 NFORC 时，相应于面内转动的力矩不能用于输出。

当使用五自由度壳单元时，Abaqus/Standard 将在以下节点处自动转换为使用三个整体转动分量：

- 对转动自由度施加了运动边界条件。
- 用于涉及转动自由度的多点约束（"通用多点约束"，《Abaqus 分析用户手册——指定条件、约束与相互作用卷》的 2.2.2 节）。
- 与梁单元或者壳单元共享，这些单元在所有节点处使用三个整体转动分量。

- 位于壳的折叠线（即具有不同面法向的壳汇聚到一起的一条线）上。
- 加载有力矩。

在所有节点（无论是在上述情况下进行转换，或者总是使用三个分量）处使用三个整体转动分量的所有单元中，在假定面连续弯曲的任何节点处存在奇异：使用了三个转动分量，但是仅有两个分量与刚度是实际关联的。为避免此困难，应将一个小刚度与关于法向的转动进行关联。所使用的默认刚度值应足够小，以便忽略任何能量形式。在极少数情况中，需要改变此刚度。用户可以为此刚度定义一个比例因子，如"使用分析中积分的壳截面定义截面行为"（3.6.5 节）以及"使用通用壳截面定义截面行为"（3.6.6 节）中描述的那样。

缩减积分

Abaqus 中的许多壳单元使用缩减（低阶）积分来形成单元刚度。质量矩阵和分布载荷仍然需要精确积分。缩减积分通常能够提供更加的精确的结果（前提是单元没有发生扭转或者施加平面弯曲载荷）并可显著减少运行时间，尤其是在三维情况中。

当缩减积分与一阶（线性）单元一起使用时，需要进行沙漏控制。因此，当使用一阶缩减积分单元时，用户必须检查沙漏是否发生；如果发生沙漏，则可能需要更加细致的网格划分或者必须使集中载荷分布在多个节点上。Abaqus/Standard 中可以使用的二阶缩减积分单元通常不存在这一困难，并且建议在期望得到光顺解的情况中使用。在预期有大应变或者非常高的应变梯度时，建议使用一阶单元。

指定壳单元的截面控制

在 Abaqus/Standard 中，用户可以为壳单元指定非默认的沙漏控制参数。在 Abaqus/Explicit 中，用户可以指定单元方程中的二阶精度，为 S4R、S4RS 和 S4RSW 指定非默认的沙漏控制参数，或者为 S3RS 和 S4RS 单元自动抑制钻约束（更多内容见"截面控制"，1.4 节）。

输入文件用法：　　在 Abaqus/Standard 中使用下面的选项：

*SHELL SECTION or *SHELL GENERAL SECTION

*HOURGLASS STIFFNESS

在 Abaqus/Explicit 中使用下面选项中的一个：

*SHELL SECTION, CONTROLS = 名称

*SHELL GENERAL SECTION, CONTROLS = 名称

Abaqus/CAE 用法：Mesh module：Mesh→Element Type：Element Controls

模拟中的问题

使用壳单元时，必须考虑几个模拟中的问题。

使用 S3/S3R 和 S3RS 单元

S3 和 S3R 都是具有 3 个节点三角形壳单元。此单元是 S4R 的退化版本，完全与 S4R 以

及 Abaqus/Standard 中的 S4 兼容。

Abaqus/Explicit 中可以使用的单元 S3RS 是完全与 S4RS 兼容的 S4RS 的退化版本。

S3/S3R 和 S3RS 在大部分载荷条件下可以提供精确的结果。然而，由于这些单元的不变弯曲和膜应变近似，也许需要高度细化的网格划分来捕捉纯弯曲变形或者涉及高应变梯度问题的解。使用退化单元方程的结果是当改变单元连接顺序时，解会稍有不同。

退化单元

单元类型 S4、S4R、S4R5、S4RS、S8R5 和 S9R5 可以退化成三角形。然而，建议使用 S3R 和 S3RS 单元替代 S4（单元 S4 退化成三角形可能会在膜变形中表现出过于刚硬的响应）、S4R 和 S4RS 单元。

二次单元 S8R5 和 S9R5（见"单元定义"，《Abaqus 分析用户手册——介绍、空间建模、执行与输出卷》的 2.2.1 节）可以使用四分之一点技术（将中节点移动到四分之一点来给出弹性断裂力学应用中的 $1/\sqrt{r}$ 奇异）。当单元退化成三角形时，其精度将显著降低，因此，除非是特殊应用（如断裂），否则不建议使用单元退化。

使用连续壳单元模拟

从模拟的角度，连续壳单元类似于连续实体单元。SC6R 和 SC8R 单元的单元几何形体分别是三棱柱和六面体，仅具有位移自由度。

连续壳单元的定向必须正确，因为它们具有与单元相关联的厚度方向。关于单元连接顺序（即方向）的更多内容见"壳单元：概览"（3.6.1 节）。

分析经典壳结构时（仅提供中面几何形体和运动约束的结构），必须谨慎地指定合适的力矩和转动。例如，在面的顶部和底部的相应节点上将力矩施加成力耦合系统。通过运动约束指定转动边界条件来创建连续壳边界上的合适位移边界条件。

连续壳单元可以与一阶连续实体单元直接连接，而不需要任何运动约束。当传统壳单元连接到连续壳单元上时，需要提供合适的运动过渡来正确传递传统壳参考面处的力矩/转动。可以使用壳-实体耦合约束或者任何其他运动约束（如基于面的耦合约束、多点约束或者线性约束方程）来定义该连接。

使用 SC6R 单元

SC6R 单元是 SC8R 单元的退化版本。在大部分载荷情况下，SC6R 单元可提供精确的结果。然而，由于其不变弯曲和膜应变近似，要获得纯弯曲变形或者涉及高应变梯度问题的解，可能需要高度的网格细化。

使用连续壳单元模拟接触

连续壳单元 SC6R 和 SC8R 允许具有在厚度上变化的双侧接触，因此适合模拟接触。

Abaqus/Explicit 中的稳定时间增量

在 Abaqus/Explicit 中，可以由连续壳单元厚度控制单元稳定时间增量，特别是对于薄壳应用。与使用传统壳单元进行模拟相比，使用连续壳单元完成同样问题的分析所使用的增量数量会极大地增加。适当时，可以通过在厚度方向上指定较低的刚度来减小稳定时间增量。

使用连续壳单元的层合板

连续壳单元不能与超泡沫材料定义一起使用，也不能与直接提供截面刚度的通用壳截面一起使用。

模拟"夹层"壳

"夹层"壳的部分横截面是由较软的材料制成的（尤其是当各层并非各向同性时，一些层在特定方向上较为薄弱），即使壳很薄，横向剪切柔性也是非常重要的。在这种情况下，建议使用通用壳单元或者堆叠连续壳单元。关于壳单元中横向剪切刚度的讨论见"壳截面行为"（3.6.4 节）。

模拟 Abaqus/Standard 中薄曲面壳的弯曲

在 Abaqus/Standard 中，模拟薄曲面壳的弯曲时优先使用曲面单元（STRI65、S8R5、S9R5）。

单元类型 STR13 是平面单元。如果使用此单元模拟曲面壳的弯曲，需要进行细致的网格划分以得到精确的结果。

模拟 Abaqus/Standard 中双曲壳的屈曲

对于双屈壳的屈曲问题，单元类型 S8R5 可能会给出不精确的结果。不精确结果是由于内部定义的中心节点不在实际壳面上而产生的。在这种情况下应当使用 S9R5 单元来替代。

在接触分析中使用 S8R5

如果接触对中的从面连接到单元上，则单元类型 S8R5 将自动转化成单元 S9R5。

对 S9R5 单元施加力矩

不能对 S9R5 单元的中心节点施加力矩。

使用 S4 单元

单元类型 S4 是完全积分的多功能有限膜应变壳单元。使用可以给出平面内弯曲问题精确解的假定应变方程来处理单元的膜响应，所以单元的膜响应对单元扭曲不敏感，并且避免了依附性锁定。

单元类型 S4 在单元的膜或者弯曲响应中没有沙漏模式；因此，该单元不需要沙漏控制。与 S4R 单元的一个积分位置相比，每个 S4 单元有四个积分位置，导致其计算更高。S4 可与 S4R 和 S3R 兼容。在易出现膜或者弯曲模式沙漏的问题中，在需要高精度解的区域，或者对于期待平面弯曲的问题，可以使用 S4 单元。在所有这些情况中，S4 单元优于 S4R 单元。在 Abaqus/Standard 中，S4 不能与超弹性材料或者超泡沫材料一起使用。

3.6.3 定义传统壳单元的初始几何形体

产品：Abaqus/Standard   Abaqus/Explicit   Abaqus/CAE

参考

- "壳单元：概览"，3.6.1 节
- "赋予一个截面"，《Abaqus/CAE 用户手册》（HTML 版本）的 12.15.1 节
- "赋予壳/膜法向方向"，《Abaqus/CAE 用户手册》（HTML 版本）的 12.15.5 节

概览

壳的初始几何形体：
- 是由初始法向方向定义的，可以是用户定义的或者由 Abaqus 计算得到。
- 要求进行足够的网格细化，以确保离散面能够精确地代表实际面。
- 可以包含参考面相对于壳中面的偏离。

定义节点法向

此讨论仅适用于传统壳单元。连续壳单元的法向是通过沿着壳角边的顶部和底部节点的位置来定义的（见"壳单元：概览"，3.6.1 节）。

可以通过给出连接到壳单元的所有节点上的面法向的方向余弦来定义壳法向。可以将这些方向余弦输入成每个节点定义的第四、第五和第六个坐标，或者在用户定义的法向定义中输入这些方向余弦，如下面所讨论的那样（更多内容见"节点处的法向定义"，《Abaqus 分析用户手册——介绍、空间建模、执行与输出卷》的 2.1.4 节）。如果用户定义的法向与中面法向角度相差 20°以上，则对数据（.dat）文件发出一个警告信息。然而，如果相差角度大于 160°，则反转中面的法向且不发出警告信息。如果节点法向偏离平均单元法向 10°以上，则再发出一个警告信息。

在节点处为所有与此节点相连接的壳单元指定相同的法向，来表示节点处的平滑壳面。定义用户指定的法向来生成一条折线。

如果没有将法向定义成节点定义的一部分，或者没有通过用户指定的法向进行定义，则Abaqus 将使用下面给出的算法来计算法向。因为可用于此计算的信息仅有节点坐标，所以可能不能精确地定义法向方向。在模型边界（特别是在模型边界也是对称平面的时候）或者壳的曲率不连续变化的线上，精确定义很重要。

温度输入和节点应力输出需要节点处的法向方向。对于连接到节点上的单元，方向是由以下定义得到的。如果这样会导致节点处的冲突，则节点处使用的正法向将由节点处最低编号的单元来定义。

由 Abaqus 计算平均节点法向

如果节点法向没有定义成节点定义的一部分，则为所有没有定义用户指定法向的壳和梁单元计算节点处的单元法向（"剩余"单元）。对于壳单元，法向方向与壳的中面垂直（见"壳单元：概览"，3.6.1 节）；对于梁单元，法向方向是第二横截面方向（见"梁单元横截面方向"，3.3.4 节）。

对于需要定义法向的剩余单元，使用下面的算法得到平均法向（或者多个平均法向）：

1）如果节点与 30 个以上的单元连接，则不进行平均，并且在节点处为每个单元赋予它自己的法向。将第一个节点的法向存储成法向定义，此法向定义作为节点定义的一部分。将每个后续法向存储成用户指定的法向。

2）如果 30 个或者更少的剩余单元共享一个节点，则为所有连接到此节点的单元计算法向。Abaqus 取其中一个单元并将此单元与其他法向方向的角度相差 20°以内的单元组成一个集合。然后：

① 将每个法向与所有添加到集合中的单元的法向相差 20°以内的单元也添加到此集合中（如果还没有包含此单元的话）。

② 重复此步骤，直到此集合包含了法向与集合中单元的法向相差 20°以内的所有其他单元。

③ 如果最终集合中的所有法向彼此都相差 20°以内，则为组中的所有单元计算平均法向。即使集合中有法向仅与一个其他法向的角度相差大于 20°，也不计算集合中单元的平均法向，而是为每个单元存储单独的法向。

④ 重复此过程，直到对与此节点连接的所有单元都进行了法向计算。

⑤ 将第一个节点法向存储成法向，此法向是节点定义的一部分。将每个后续生成的节点法向存储成用户指定的法向。

此算法确保了节点平均方法与单元顺序无关。下面举一个简单的例子来说明此过程。

例子：壳法向平均

在图 3-58 所示的三单元模型中，单元 1、2 和 3 共享节点 10，都没有定义用户指定的法向。

在第一种情况中，假定在节点 10 处，单元 2 的法向与单元 1 和单元 3 法向之间的夹角都在 20°之内，但单元 1 与单元 3 的法向夹角大于 20°。此时，为每个单元赋予各自的法向：将一个法向存储成节点定义的一部分，将另外两个法向存储成用户指定的法向。

在第二种情况中，假定在节点 10 处，单元 2 的法向与单元 1 和单元 3 的法向相差 20°以内，并且单元 1 和单元 3 的法向夹角

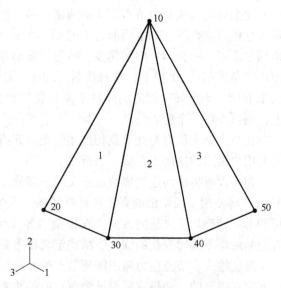

图 3-58　节点平均算法的三单元例子

也在20°之内。此时，将为单元1、2和3计算单独的平均法向，并将此平均法向存储成节点定义的一部分。

在最后一种情况中，假定在节点10处，单元2的法向与单元1的法向夹角在20°之内，但是单元3的法向与单元1和单元2的法向夹角都不在20°之内。此时，为单元1和单元2计算并存储一个平均法向，并为单元3存储其自身的法向：将一个法向存储成节点定义的一部分，将另一个法向存储成用户指定的法向。

网格划分注意事项

在粗糙的网格中，此算法可能导致壳光滑处产生折叠线，或者在应该有折叠线的位置，由于折叠线的夹角小于20°而创建了光滑的壳。由粗糙网格划分产生的伪折叠线有时会造成大位移壳分析中的困难。要模拟光滑的壳，网格划分应足够细化以创建唯一的节点法向。要模拟具有折叠线的平板或者壳，用户应当定义用户指定的法向。

检查法向定义

通过检查分析输入文件处理器的输出来检查法向定义。与节点相关联的参考法向的方向余弦列在数据（.dat）文件中的 NODE DEFINITIONS 输出下。用户指定的法向列在数据文件的 NORMAL DEFINITIONS 输出下。

偏移：参考面相对于中面

此讨论仅适用于传统壳单元。连续壳单元定义的是围绕所模拟结构的顶面和底面。壳参考面的概念不用于连续壳单元。

传统壳单元的参考面是通过壳的节点和法向定义来定义的。当使用壳单元进行模拟时，参考面通常与壳中面重合。然而，在许多情况中，将参考面定义成偏离壳的中面更加方便。例如，CAD 面通常表示壳的顶面或者底面。在此情况中，定义参考面与 CAD 面重合更加容易，而这导致了参考面相对壳中面的偏移。

对于壳厚度很重要的接触问题，也可以使用壳偏移来定义更加精确的面几何形体。参考面应相对中面偏移的另外一种情况是模拟厚度连续变化的壳时。在此情况中，如果壳的一个面是光滑的，而另一个面是粗糙的，如在一些飞机结构问题中，则使用光滑的面作为参考面，并相对中面偏移壳厚度一半的距离，可以更加精确地表示物理几何形体。在此情况下，将中面用作参考面是非常复杂的并会生成不精确的模型。

用户可以在分析中积分的壳截面和通用壳截面的截面定义中引入偏移。将此偏移值定义成壳厚度的一部分，此壳厚度是从壳的中面到参考面度量的。详细内容见"使用分析中积分的壳截面定义截面行为"（3.6.5节）和"使用通用壳截面定义截面行为"（3.6.6节）。

壳的自由度是与参考面相关联的。在这些自由度上计算单元的面积和所有运动量。当使用非零的偏移值时，任何参考面平面中的载荷将因此产生膜力和弯曲力矩。弯曲壳的大偏移值还会导致面积分错误，影响刚度、质量和壳截面的转动惯量。为了稳定起见，Abaqus/Explicit 还使用与偏移值的平方成比例的因子来自动缩放壳单元使用的转动惯量，这也会造成大偏移值下的错误。当有必要使用相对中面的大偏移值时，可使用多点约束来替代（见"通用多点约束",《Abaqus 分析用户手册——指定条件、约束与相互作用卷》的 2.2.2 节)。

3.6.4 壳截面行为

产品：Abaqus/Standard　　Abaqus/Explicit　　Abaqus/CAE

参考

- "壳单元：概览"，3.6.1 节
- "使用分析中积分的壳截面定义截面行为"，3.6.5 节
- "使用通用壳截面定义截面行为"，3.6.6 节
- ＊SHELL GENERAL SECTION
- ＊SHELL SECTION
- "创建均质壳截面"，《Abaqus/CAE 用户手册》的 12.13.6 节
- "创建复合材料壳截面"，《Abaqus/CAE 用户手册》的 12.13.7 节

概览

壳截面行为：
- 可能需要也可能不需要截面上的数值积分。
- 可以是线性的或者非线性的。
- 可以是均质的或者不同材料的复合层。

定义壳截面行为的方法

Abaqus 提供两种定义壳横截面行为的方法。

- 可以使用通用壳截面定义线性力矩弯曲与力的膜应变的关系（见"使用通用壳截面定义截面行为"，3.6.6 节）。在此情况中，所有计算都是以截面力和截面力矩的形式完成的。

在 Abaqus/Standard 中，当直接给出截面属性时（即截面没有与一个或者多个材料定义相关联），应变和应力不能用于输出。然而，当截面属性是通过一个或者多个弹性材料层来指定的时，应变和应力可用于输出。在 Abaqus/Explicit 中，一旦使用了通用壳截面，应力和应变将不用于截面点处的输出；仅截面力、截面力矩和截面应变可用于输出。

在 Abaqus/Standard 中，可以通过使用通用壳截面与用户子程序 UGENS 来定义壳截面的非线性行为（表达力和力矩的形式）。

- 另外，在分析中积分的壳截面（见"使用分析中积分的壳截面定义截面行为"，3.6.5 节）允许通过整个壳厚度上的数值积分来计算横截面行为，从而提供材料模拟中的通用性。使用此类型的截面，可以在整个厚度上定义任何数量的材料点，并且材料响应可以从点到点地变化。

通用壳截面和分析中积分的壳截面都允许在横截面的不同方向上使用不同的材料层。在这些情况中，截面定义提供每个层上的壳厚度、材料和方向。

对于传统壳单元，当通过一个或者多个材料层来指定截面属性时，用户可以指定参考面相对壳中面的偏移。当直接给出截面属性时，用户不能直接指定偏移；然而，可以在截面属性中隐含此偏移。不能为连续壳单元指定非零的偏移，如果为连续壳单元指定了非零的偏移，则在输入文件处理过程中会发出一个错误信息。

确定是使用分析过程中积分的壳截面还是通用壳截面

当使用分析过程中积分的壳截面（见"使用分析中积分的壳截面定义截面行为"，3.6.5 节）时，Abaqus 使用整个壳厚度上的数值积分来计算截面属性。此类型的壳截面通常与截面中的非线性材料行为一起使用。分析中积分的壳截面必须与用于热传递的壳截面一起使用，因为通用壳截面不允许定义热传递属性。

如果壳的响应是线弹性的并且其行为不取决于温度变化或者预定义场变量，或者在 Abaqus/Standard 中，在用户子程序 UGENS 中以力和力矩的形式给出了非线性行为，则使用通用壳截面（见"使用通用壳截面定义截面行为"，3.6.6 节）。

横向剪切刚度

对于 Abaqus/Standard 中使用横向剪切刚度的所有壳单元以及 Abaqus/Explicit 中的所有有限应变壳单元，在关于轴弯曲的情况中，通过对壳的剪切响应与三维实体的剪切响应进行匹配来计算横向剪切刚度。对于 Abaqus/Explicit 中的小应变壳单元，横向剪切刚度是以有效剪切模量为基础的。

Abaqus/Standard 中的壳单元和 Abaqus/Explicit 中的有限应变壳单元的横向剪切刚度

对于 Abaqus/Standard 中可用于厚壳问题的所有壳单元或者在数值上施加柯希霍夫约束的所有单元（即除了 STRI3 之外的所有壳单元），以及 Abaqus/Explicit 中的有限应变壳单元（S3R、S4、S4R、SAX1、SC6R 和 SC8R），通过在每个层中使用横向剪切应力的抛物线型变化来匹配壳关于轴弯曲的剪切响应，从而计算横向剪切刚度。在"复合壳中的横向剪切刚度与相对中面的偏移"（《Abaqsu 理论手册》的 3.6.8 节）中对此方法进行了描述，并且此方法通常可合理估算壳的剪切柔性。此方法也可估算复合壳的层间剪切应力。在横向剪切刚度的计算中，Abaqus 假定壳截面方向是主弯曲方向（关于一个主方向的弯曲不需要关于另一个方向的约束力矩）。对于具有不关于壳中面对称的正交层的复合壳，壳截面方向可能不是主弯曲方向。在这样的情况中，横向剪切刚度是不精确的近似，并且如果使用了不同的壳截面方向，横向剪切刚度将发生变化。Abaqus 仅在分析开始时，基于模型数据中给出的初始弹性属性计算一次横向剪切刚度。可以忽略由分析中材料刚度的变化引起的任何横向剪切刚度的变化。

轴对称壳单元 SAX1 和 SAX2，三维壳单元 S3/S3R、S4、S4R、S8R 和 S8RT，以及连续

壳单元 SC6R 和 SC8R 是以一阶剪切变形理论为基础的。其他壳单元，如 S4R5、S8R5、S9R5、STRI65 和 SAXA*mn*，在薄壳限制下使用横向剪切刚度在数值上施加柯希霍夫约束。横向剪切刚度与没有位移自由度的壳无关，也和 STRI3 单元无关。虽然单元类型 S4 具有四个积分点，但是假定横向剪切计算在单元上是不变的。可以通过堆叠连续壳单元获得横向剪切的更高解。

对于大部分壳截面，包括层合复合材料或者夹层壳截面，Abaqus 将计算单元方程中所需的横向剪切刚度值。用户可以忽略这些默认值。在一些情况中，如果在输入的前处理阶段无法估计剪切模量，则不计算默认的剪切刚度值，例如，当材料行为是通过用户子程序 UMAT、UHYPEL、UHYPER 或者 VUMAT 来定义的，或者在 Abaqus/Standard 的 UGENS 中定义截面行为时。用户必须在这些情况中定义横向剪切刚度。

横向剪切刚度定义

Abaqus 中剪切柔性壳单元截面的横向剪切刚度定义成

$$\overline{K}_{\alpha\beta}^{ts} = f_p K_{\alpha\beta}^{ts}$$

式中，$\overline{K}_{\alpha\beta}^{ts}$ 是截面剪切刚度的分量（α，β = 1，2 是指壳上的默认面方向，如"约定"，《Abaqus 用户分析手册——介绍、空间建模、执行与输出卷》的 1.2.2 节中所定义的那样；或者是指与壳截面定义相关联的局部方向）；f_p 是用来防止薄壳中剪切刚度变得太大的无因次因子；$K_{\alpha\beta}^{ts}$ 是截面的实际剪切刚度（由 Abaqus 计算得到或者由用户指定）。

用户可以指定所有三个剪切刚度项（K_{11}^{ts}，K_{22}^{ts}，$K_{12}^{ts} = K_{21}^{ts}$）；否则，将采用下面定义的默认值。横向剪切刚度计算中总是包含无因次因子 f_p，无论得到 $K_{\alpha\beta}^{ts}$ 的方式如何。对于壳单元 S4R5、S8R5、S9R5、STRI65 或者 SAXA*n*，使用 K_{11}^{ts} 和 K_{22}^{ts} 的平均值并忽略 K_{12}^{ts}。$K_{\alpha\beta}^{ts}$ 的单位是单位长度上的力。

无因次因子 f_p 定义成

$$f_p = \frac{1}{1 + 0.25 \times 10^{-4} \dfrac{A}{t^2}}$$

式中，A 是单元的面积；t 是壳的厚度。当使用没有与一个或者多个材料定义相关联的通用壳截面定义来定义壳截面刚度时，壳的厚度 t 估计成

$$t = \sqrt{12 \frac{D_{44} + D_{55} + D_{66}}{D_{11} + D_{22} + D_{33}}}$$

如果用户没有指定 $K_{\alpha\beta}^{ts}$，则按以下方式计算它们。对于层合板和夹层构件，在关于一个轴弯曲的条件下，通过将与壳截面的剪切变形相关联的弹性应变能，以及基于截面上横向剪切应力分段二次变化的弹性应变能相匹配来估算 $K_{\alpha\beta}^{ts}$。对于非对称叠层，耦合项 K_{12}^{ts} 可以不为零。

当使用通用壳截面并直接给出截面刚度时，$K_{\alpha\beta}^{ts}$ 定义成

$$K_{11}^{ts} = K_{22}^{ts} = \left[\frac{1}{6} (D_{11} + D_{22}) + \frac{1}{3} D_{33} \right] Y, \quad K_{12}^{ts} = 0$$

式中，D_{ij} 是截面刚度矩阵；Y 是初始比例模量。

当使用用户子程序（如 UMAT、UHYPEL、UHYPER 或者 VUMAT）定义壳单元的材料

响应时，用户必须定义横向剪切刚度。合适的刚度定义取决于壳的材料复合和叠层，即材料在横截面的整个厚度上是如何分布的。

应当将横向剪切刚度指定成壳体对纯横向剪切应变的初始线弹性刚度。对于由线性正交弹性材料制作的均质壳，其中强材料方向与单元的局部 1 方向对齐，横向剪切刚度应当是

$$K_{11}^{ts} = \frac{5}{6}G_{13}t, \ K_{22}^{ts} = \frac{5}{6}G_{23}t, \ K_{12}^{ts} = 0.0$$

式中，G_{13} 和 G_{23} 是平面外方向上的材料剪切模量。数值 5/6 是剪切校正系数，是将纯弯曲中的横向剪切能与三维结构中的横向剪切能相匹配的结果。复合壳的剪切校正系数不同于均质壳；对于在 Abaqus 中如何得到弹性材料的有效剪切刚度的讨论，见"复合壳中的横向剪切刚度和相对中面的偏移"（《Abaqus 理论手册》的 3.6.8 节）。

检查使用壳单元的有效性

对于线弹性材料，可以使用长细比 $K_{\alpha\alpha}l^2/D_{(\alpha+3)(\alpha+3)}$ 来验证平面截面必须保持平面的假设是否得到满足，从而确定壳理论是否足够精确。其中，$\alpha = 1$ 或 2（不对 α 求和）；l 是壳面上的特征长度。通常，如果

$$\frac{K_{\alpha\alpha}l^2}{D_{(\alpha+3)(\alpha+3)}} > 100$$

则壳理论是足够精确的；其值小于 100 时，膜应变在整个截面上将不呈线性变化，并且壳理论很可能无法给出足够精确的结果。特征长度 l 独立于单元长度并且不应当与单元特征长度 L_c 相混淆。

要得到 $K_{\alpha\alpha}$ 和 $D_{(\alpha+3)(\alpha+3)}$，用户必须运行一个使用复合通用壳截面定义的数据检查分析。如果请求了模型定义数据（见"输出"中的"控制写入数据文件的分析输入文件处理器信息的量"，《Abaqus 分析用户手册——介绍、空间建模、执行与输出卷》的 4.1.1 节），则在数据（.dat）文件中将 $K_{\alpha\alpha}$ 打印在"TRANSVERSE SHEAR STIFFNESS FOR THE SECTION"下。$D_{\alpha\beta}$ 将打印到标题"SECTION STIFFNESS MATRIX"下。

Abaqus/Explicit 中小应变壳单元的横向剪切刚度

当使用分析过程中积分的壳截面时，假定 Abaqus/Explicit 中小应变壳的横向剪切应力在每个层中具有分段常数分布。横向剪切力将收敛为单层或者多层各向同性截面和单层正交截面的校正解。对于多层正交截面，横向剪切刚度是近似的。随着多层正交截面壳厚度变厚的增加以及主材料方向偏离主截面方向，可能得不到正确的横向剪切行为的收敛。如果复合壳分析要求横向剪切应力在整个厚度上精确地分布，则有限应变 S4R 单元应当与分析中积分的壳截面一起使用。

在 Abaqus/Explicit 中使用通用壳截面时，使用为有限应变壳指定的相同横向剪切刚度来计算小应变壳的横向剪切力。因此，在这种情况下，多层复合壳的横向剪切力将收敛到薄截面和厚截面的正确值。

弯曲应变度量

Abaqus 中的大部分三维壳单元使用与 Koiter-Sanders 壳理论的弯曲应变近似的弯曲应变

度量（见"壳单元：概览"，《Abaqus 理论手册》的 3.6.1 节）。根据 Koiter-Sanders 理论，与壳面垂直的位移场不产生任何弯矩。例如，一个纯径向扩张的圆柱将仅产生膜应力和应变——没有厚度上的变化，因此没有弯曲。这适用于线弹性材料的增量应变度量和超弹性材料的变形梯度。唯一的例外是 Abaqus/Standard 中使用超弹性材料模拟的轴对称壳单元。在此情况中，膜应力和膜应变将在整个厚度上变化。

复合截面的节点质量和转动惯量

对于复合壳截面，Abaqus 基于整体截面的平均密度计算节点质量，相对于层厚度对节点质量进行加权。使用此平均密度来计算平均转动惯量，就像截面是均质的。因此，Abaqus 不考虑质量的非对称分布：假定质心在壳的参考面上。对于连续壳，质量均匀地分布在顶面节点和底面节点上。

3.6.5　使用分析中积分的壳截面定义截面行为

产品：Abaqus/Standard　　Abaqus/Explicit　　Abaqus/CAE

参考

- "壳单元：概览"，3.6.1 节
- "壳截面行为"，3.6.4 节
- *DISTRIBUTION
- *HOURGLASS STIFFNESS
- *SHELL SECTION
- *TRANSVERSE SHEAR STIFFNESS
- "创建均质壳截面"，《Abaqus/CAE 用户手册》的 12.13.6 节
- "创建复合壳截面"，《Abaqus/CAE 用户手册》的 12.13.7 节
- "复合叠层"，《Abaqus/CAE 用户手册》的第 23 章

概览

分析中积分的壳截面：
- 当需要在壳的整个厚度上进行数值积分时使用。
- 可以与线性或者非线性材料行为相关联。

定义均质壳截面

要定义由一种材料制成的壳，应使用材料定义（"材料数据定义"，《Abaqus 分析用

手册——材料卷》的1.1.2节）来定义截面的材料属性并将这些属性与截面定义相关联。另外，用户也可以将方向（见"方向"，《Abaqus分析用户手册——介绍、空间建模、执行与输出卷》的2.2.5节）与此材料定义相关联。可以为壳截面定义赋予使用分布定义（"分布定义"，《Abaqus分析用户手册——介绍、空间建模、执行与输出卷》的2.8.1节）的空间变化的局部坐标系。线性或者非线性材料行为可以与截面定义相关联。然而，如果材料响应是线性的，则更加经济的方法是使用通用壳截面（见"使用通用壳截面定义截面行为"，3.6.6节）。

用户指定壳厚度和在整个壳截面上使用的积分点数量（见下文）。对于连续壳单元，使用指定的壳厚度来估算特定的截面属性，如沙漏刚度，随后根据由单元几何形体计算得到的实际厚度来计算此刚度。

用户必须将截面属性与模型区域相关联。

如果赋予壳截面定义的方向定义是由分布定义的，则为与壳截面相关联的所有壳单元应用空间变化的局部坐标系。对没有包含在相关分布中的任何壳单元，施加默认的局部坐标系（也是由分布定义的）。

输入文件用法：　　*SHELL SECTION，ELSET=名称，MATERIAL=名称，
　　　　　　　　　ORIENTATION=名称
　　　　　　　　　其中ELSET参数表示壳单元集合。

Abaqus/CAE用法：Property module：
　　　　　　　　　Create Section：截面Category选择Shell，截面Type选择Homogene-
　　　　　　　　　ous：Section integration：During analysis；Basic：Material：名称
　　　　　　　　　Assign→Material Orientation：选择区域
　　　　　　　　　Assign→Section：选择区域

定义复合壳截面

用户可以定义由一种或者多种材料制成的层合板（分层的）壳。用户指定每个壳层的厚度、积分点数量（见下文）、材料和方向（作为方向定义的参考或者相对于整个方向定义度量的角度）。关于壳法向正方向的层合板壳层的顺序是由指定层的顺序定义的。

另外，用户也可以为复合壳层指定一个整体方向定义。可以使用分布定义的空间变化的局部坐标系来指定复合壳层的总体方向定义。

对于连续壳单元，厚度是由单元的几何形体决定的，并可能在给定的截面定义下在整个模型上变化。因此，指定厚度仅与每一层的厚度有关。层的实际厚度等于单元厚度乘以每一层的总厚度系数。层的厚度比没有物理单位，层相对厚度的总和可以不等于1。使用指定的壳厚度来估算特定的截面属性，如沙漏刚度，然后使用根据单元几何形体计算得到的实际厚度进行计算。

可以使用分布（"分布定义"，《Abaqus分析用户手册——介绍、空间建模、执行与输出卷》的2.8.1节）来指定传统壳单元上空间变化的厚度。用来定义层厚度的分布必须具有默认值。对与未明确赋予分布值的壳截面相关联的单元使用默认的层厚度。

图3-59所示为具有三个层且每层有三个截面点的截面例子。

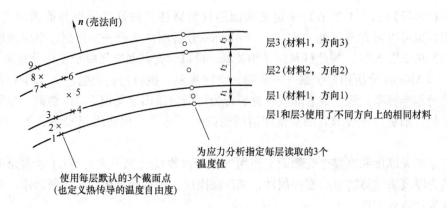

图 3-59　复合壳截面定义的例子

为每个层指定的材料名称参考一个材料定义（"材料数据定义"，《Abaqus 分析用户手册——材料卷》的 1.1.2 节）。材料行为可以是线性的或者非线性的。

通过与层相关联的方向名称（"方向"，《Abaqus 分析用户手册——介绍、空间建模、执行与输出卷》的 2.2.5 节）或者以度为单位的方向角来指定每层的方向。可以使用分布在层上指定空间变化的方向角（"分布定义"，《Abaqus 分析用户手册——介绍、空间建模、执行与输出卷》的 2.8 节）。方向角 ϕ 是绕着法向以逆时针方向为正、相对于整体截面方向的角度。如果来自整体截面方向的两个局部方向中的任何一个都不在壳面上，则在将截面方向投射到壳面之后施加 ϕ。如果用户没有指定整体截面方向，则相对于默认局部壳方向度量 ϕ（见"约定"，《Abaqus 分析用户手册——介绍、空间建模、执行与输出卷》的 1.2.2 节）。

用户必须将截面属性与模型区域相关联。

如果赋予壳截面定义的方向定义是使用分布定义的，则对与壳截面相关联的所有壳单元施加空间变化的局部坐标系。对没有包含在相关联分布中的任何壳单元施加默认的局部坐标系（由分布定义）。

除非模型相对简单，否则用户将发现定义使用复合壳截面的模型时，随着层数的增加以及为不同区域赋予不同的截面，困难是持续增加的。在添加新层或者删除层后，或者重新定位现有层后，重新定义截面也是比较麻烦的。为了管理典型复合材料模型中大量的层，用户可能需要使用 Abaqus/CAE 中的复合材料堆叠功能（更多内容见"复合材料堆叠，"《Abaqus/CAE 用户手册》的第 23 章）。

输入文件用法：　　　* SHELL SECTION, ELSET = 名称, COMPOSITE, ORIENTATION = 名称

其中 ELSET 参数表示壳单元集合。

Abaqus/CAE 用法：Abaqus/CAE 使用复合堆叠或者复合壳截面来定义复合壳的层。

复合材料堆叠使用下面的选项：

Property module：Create Composite Layup：选择 Conventional Shell 或者 Continuum Shell 作为 Element Type：Section integration：During analysis：指定方向、区域和材料

复合材料壳截面使用下面的选项：

Property module：

Create Section：截面 Category 选择 Shell，截面 Type 选择 Composite：

Section integration：During analysis

Assign→Material Orientation：选择区域

Assign→Section：选择区域

定义壳截面积分

可以使用辛普森法则和高斯积分法计算壳的横截面行为。用户可以如下文所述那样指定每个层的整个厚度上的截面点数量和积分方法。对于均质截面，默认的积分方法是使用五个点的辛普森法则；对于复合材料截面，默认的方法是每个层使用三个点的辛普森法则。

三点辛普森法则和两点高斯积分法对于线性问题是精确的。对于常规的热-应力计算和非线性应用（例如预测施加极限载荷的弹塑性壳的响应），默认的截面点数量应当足够。对于更加严苛的热冲击情况或者涉及应变回复的更加复杂的非线性计算，可能需要更多的截面点；正常情况下所需截面点（使用辛普森法则）数量不大于 9。正常情况下，高斯积分法所需截面点数量不大于 5。

当使用相同数量的截面点时，高斯积分法的精度比辛普森法则要高。因此，要得到相近水平的精度，高斯积分法所需的截面点数少于辛普森法则，从而需要更少的计算时间和更小的存储空间。

使用辛普森法则

默认情况下，壳截面积分将使用辛普森法则。对于均质截面，默认的截面点数量是 5；对于复合材料截面，每一层中的默认截面点数量是 3。

如果请求了壳面上的结构输出，或者复合材料壳的两个层之间界面处的横向剪切应力输出，则应当使用辛普森法则；热传导和耦合的温度-位移壳单元必须使用辛普森法则。

输入文件用法：　∗SHELL SECTION, SECTION INTEGRATION = SIMPSON

Abaqus/CAE 用法：复合材料堆叠使用下面的选项：

Property module：composite layup editor；Section integration：During analysis，Thickness integration rule：Simpson

均质或者复合材料壳界面使用下面的选项：

Property module：shell section editor；Section integration：During analysis；Basic：Thickness integration rule：Simpson

高斯积分法

如果用户为壳界面积分使用了高斯积分法，则对于均质截面，默认的截面点数量是 3；对于复合材料截面，每一层默认的截面点数量是 2。

在高斯积分法中，壳面上没有截面点；因此，仅可以在不需要壳面上结果的情况中使用高斯积分法。

高斯积分法不能用于热传导和耦合的温度-位移壳单元。

输入文件用法：　∗SHELL SECTION, SECTION INTEGRATION = GAUSS

Abaqus/CAE 用法：复合材料堆叠使用下面的选项：

Property module：composite layup editor：Section integration：During analysis，Thickness integration rule：Gauss

均质壳截面或者复合材料壳截面使用下面的选项：

Property module：shell section editor：Section integration：During analysis；Basic：Thickness integration rule：Gauss

定义传统壳的壳偏移值

用户可以定义从壳的中面到含有单元节点（见"定义传统壳单元的初始几何形体"，3.6.3 节）的参考面的距离（度量成壳厚度的分数）。正的偏移值位于正法向方向上（见"壳单元：概览"，3.6.1 节）。当设置偏移值等于 0.5 时，壳的顶面为参考面；将偏移值设置成 -0.5 时，底面为参考面。默认偏移值是 0，说明中面是壳的参考面。

用户可以指定大于 0.5 的偏移值。然而，在具有大曲率的区域使用此技术时应谨慎。单元的面积和所有运动的量都是相对于参考面来计算的，这会导致面的面积积分错误，从而影响壳的刚度和质量。

在 Abaqus/Standard 分析中，可以使用分布（"分布定义"，《Abaqus 分析用户手册——介绍、空间建模、执行与输出卷》的 2.8 节）为传统壳定义空间变化的偏移值。用来定义壳偏移的分布必须具有默认的值。如果没有在分布中为赋予壳单元的壳截面指定明确的值，则使用默认的偏移。

图 3-60 所示为壳顶面的偏移。

输入文件用法：　　使用下面的选项设置壳偏移的值：

*SHELL SECTION，OFFSET = 偏移

OFFSET 参数接受一个值、一个标签（SPOS 或者 SNEG），或者在 Abaqus/Standard 分析中，接受用来定义空间变化的偏移的分布名称。指定 SPOS 相当于指定值 0.5；指定 SNEG 相当于指定值 -0.5。

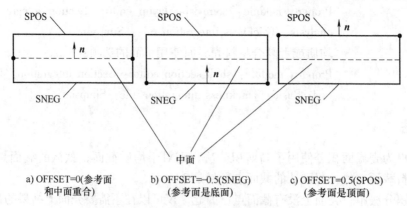

图 3-60　偏移值为 0.5 的壳偏移示意图

Abaqus/CAE 用法：　　复合材料堆叠使用下面的选项：

Property module：composite layup editor：Section integration：Dur-ing analysis；Offset：选择参考面，指定偏移，或者选择标量离散场

为壳截面赋予使用下面的选项：

Property module：Assign→Section：选择区域：Section：选择均质或者复合材料壳截面：Definition：选择参考面，指定偏移，或者选择标量离散场

使用分布定义传统壳的可变厚度

用户可以使用分布（"分布定义"，《Abaqus 分析用户手册——介绍、空间建模、执行与输出卷》的 2.8 节）为传统壳定义空间变化的厚度。壳单元的厚度是通过单元的几何形状来定义的。

对于复合材料壳，总厚度是由分布定义的，并且按比例对用户指定的层厚度进行缩放，使各层厚度的总和等于总厚度（包括使用分布定义的空间变化的层厚度）。

用来定义壳厚度的分布必须具有默认值。如果没有在分布中为赋予壳单元的壳截面指定值，则使用默认偏移值。

如果使用分布定义壳截面的壳厚度，则不能为此截面定义使用节点厚度。

输入文件用法：　　使用下面的选项定义空间变化的厚度：

　　　　　　　　　 * SHELL SECTION，SHELL THICKNESS = 分布名称

Abaqus/CAE 用法：传统壳复合堆叠使用下面的选项：

Property module：composite layup editor：Section integration：During analysis；Shell Parameters：Shell thickness：Element distribution：选择分析场和基于单元的离散场

均质壳截面使用下面的选项：

Property module：shell section editor：Section integration：During anal-ysis；Basic：Shell thickness：Element distribution：选择分析场或者基于单元的离散场

复合壳截面使用下面的选项：

Property module：shell section editor：Section integration：During anal-ysis；Advanced：Shell thickness：Element distribution：选择分析场或者基于单元的离散场

为传统壳定义变化的节点厚度

用户可以通过指定节点处的壳厚度来定义具有连续变化厚度的传统壳。连续壳单元的厚度是通过单元几何形状定义的。

如果用户表明将指定节点厚度，则对于均质壳，将忽略任何用户指定的不变厚度，并从节点处插值壳的厚度。必须在连接到单元的所有节点处定义厚度。

对于复合壳，总厚度是从节点插值得到的，并对用户指定的层厚度进行比例缩放，使各层厚度的总和等于总厚度（包括使用分布定义的空间变化的层厚度）。

如果使用分布来定义壳截面的壳厚度，则此截面不能使用节点厚度。然而，如果使用了节点厚度，则用户仍然可以使用分布在传统壳单元上定义空间变化的厚度。

输入文件用法：　使用下面的两个选项：

　　　　　　　　＊NODAL THICKNESS

　　　　　　　　＊SHELL SECTION, NODAL THICKNESS

Abaqus/CAE 用法：传统壳复合堆叠使用下面的选项：

　　　　　　　　Property module：composite layup editor：Section integration：During analysis；Shell Parameters：Nodal distribution：选择分析场或者基于节的离散场

　　　　　　　　均质壳截面使用下面的选项：

　　　　　　　　Property module：shell section editor：Section integration：During analysis；Basic：Nodal distribution：选择分析场或者基于节点的离散场

　　　　　　　　复合壳截面使用下面的选项：

　　　　　　　　Property module：shell section editor：Section integration：During analysis；Advanced：Nodal distribution：选择分析场或者基于节点的离散场

在壳单元的厚度方向上定义泊松应变

在非线性分析中，Abaqus 允许壳厚度的均匀变化（见"选择壳单元"中的"壳厚度的变化"，3.6.2 节）。泊松应变是以固定的截面泊松比为基础，该截面泊松比可以是用户指定的或者由 Abaqus 基于材料定义的弹性部分计算得到的。另外，在 Abaqus/Explicit 中，可以基于截面中单个材料点处的材料响应，在整个截面上对泊松比进行积分。

默认情况下，Abaqus/Standard 使用固定的泊松比（0.5）来计算泊松应变；Abaqus/Explicit 使用材料响应计算泊松应变。关于基础方程的详细内容见"有限应变壳单元方程"（《Abaqus 理论手册》的 3.6.5 节）。

输入文件用法：　使用下面的选项指定有效泊松比的值：

　　　　　　　　＊SHELL SECTION, POISSON $= \nu_{eff}$

　　　　　　　　使用下面的选项基于单元初始弹性材料定义改变壳厚度：

　　　　　　　　＊SHELL SECTION, POISSON = ELASTIC

　　　　　　　　使用下面的选项（仅用于 Abaqus/Explicit）将平面应力条件下厚度方向上的应变指定为膜应变和平面中材料属性的函数：

　　　　　　　　＊SHELL SECTION, POISSON = MATERIAL

Abaqus/CAE 用法：复合堆叠使用下面的选项：

　　　　　　　　Property module：composite layup editor：Section integration：During analysis；Shell Parameters：Section Poisson's ratio：Use analysis default 或者 Specify value：ν_{eff}

　　　　　　　　均质壳截面或者复合壳截面使用下面的选项：

Property module：shell section editor：Section integration：During analysis；Advanced：Section Poisson's ratio：Use analysis default 或者 Specify value：ν_{eff}

在 Abaqus/CAE 中，用户不能基于初始弹性材料定义指定壳厚度方向上的行为。

定义连续壳单元的厚度模量

使用厚度模量计算厚度方向上的应力（见"选择壳单元"中的"连续壳单元中厚度方向上的应力"，3.6.2 节）。默认情况下，Abaqus 基于初始构型中材料定义的弹性部分计算厚度模量。另外，用户也可以提供一个值。

如果在输入的前处理阶段不能使用材料属性（例如，当材料行为是通过织物材料模型定义的，或者是通过 UMAT 或者 VUMAT 定义的时），则用户必须直接指定有效厚度模量。

输入文件用法：　使用下面的选项直接定义有效厚度模量：

*SHELL SECTION，THICKNESS MODULUS = E_{eff}

Abaqus/CAE 用法：复合材料堆叠使用下面的选项直接指定厚度属性：

Property module：composite layup editor：Section integration：During analysis；Shell Parameters：Thickness modulus E_{eff}

均质或者复合壳截面使用下面的选项直接指定厚度属性：

Property module：shell section editor：Section integration：During analysis；Advanced：Thickness modulus E_{eff}

在 Abaqus/CAE 中，用户不能基于初始弹性材料定义指定壳厚度方向上的行为。

定义横向剪切刚度

用户可以提供横向剪切刚度的非默认值。在 Abaqus/Standard 中，如果截面与剪切柔性壳一起使用，并且壳截面中使用的材料没有包含线弹性（"线弹性行为"，《Abaqus 分析用户手册——材料卷》的 2.2.1 节），则用户必须指定横向剪切刚度。关于横向剪切刚度的内容见"壳截面行为"（3.6.4 节）。

如果用户没有指定横向剪切刚度值，Abaqus 将在整个截面上进行积分以确定横向剪切刚度值。横向剪切刚度是基于初始弹性材料属性事先进行计算的，由每个材料层中点处的初始温度场和预定义场来定义。在分析中不重新计算此刚度。

对于大部分壳截面，包括层合复合材料或者夹层壳截面，Abaqus 将计算单元方程所需的横向剪切刚度值。用户可以不使用这些默认值。如果在输入的前处理阶段不能估算剪切模量，则在这些情况中（例如，当材料行为是通过织物材料模型或者子程序 UMAT、UHYPEL、UHYPER、VUMAT 来定义的时）不计算默认剪切刚度。在这样的情况中，用户必须定义横向剪切刚度，STRI3 单元除外。

输入文件用法：　使用下面的两个选项：

*SHELL SECTION *TRANSVERSE SHEAR STIFFNESS

Abaqus/CAE 用法：复合叠层使用下面的选项：Property module：composite layup editor；Section integration：During analysis；Shell Parameters：切换选中 Specify transverse shear 均质或者复合壳截面使用下面的选项：Property module：shell section editor；Section integration：During analysis；Advanced：切换选中 Specify transverse shear

设置 Abaqus/Explicit 壳单元方程的精度阶数

在 Abaqus/Explicit 中，用户在壳单元方程中指定二阶精度（更多内容见"截面控制"，1.4 节）。

输入文件用法：　　*SHELL SECTION，CONTROLS = 名称

Abaqus/CAE 用法：Mesh module：Mesh→Element Type：Element Controls

定义传统壳的密度

对于传统壳单元，用户可以在截面定义中直接定义单位面积上的质量。此功能类似于定义非结构质量贡献的更加通用的功能（见"非结构质量定义"，《Abaqus 分析用户手册——介绍、空间建模、执行与输出卷》的 2.7 节）。这两个定义的唯一区别是非结构质量对关于中面的转动惯性项有贡献，而截面定义中定义的附加质量对该项没有贡献。

输入文件用法：　　使用下面的选项直接定义密度：

　　　　　　　　　*SHELL SECTION，ELSET = 名称，DENSITY = ρ

Abaqus/CAE 用法：复合材料堆叠使用下面的选项：

Property module：composite layup editor；Section integration：During analysis；Shell Parameters：切换选中 Density，输入 ρ

均质或者复合壳截面使用下面的选项：

Property module：shell section editor；Section integration：During analysis；Advanced：切换选中 Density，输入 ρ

指定缩减积分壳单元的非默认沙漏控制参数

用户可以为使用缩减积分的单元指定非默认的沙漏控制方程或者比例因子（更多内容见"截面控制"，1.4 节）。

在 Abaqus/Standard 中，只有 S4R 和 SC8R 单元可以使用非默认的增强沙漏控制方程。当增强沙漏控制方程与复合壳一起使用时，根据所有层上的块材料属性的平均值和剪切材料属性的最小值计算沙漏力和力矩。

在 Abaqus/Standard 中，对于使用缩减积分的单元，用户可以基于总刚度方法更改默认的沙漏控制刚度值，并为与在节点处具有六个自由度的单元的钻自由度（关于面法向的转动）相关的刚度定义比例因子。

与钻自由度相关的刚度是横向剪切刚度乘以比例因子的主分量的平均值。在绝大部分情况中，默认的比例因子对于约束钻转动跟随单元平面内转动是合适的。如果定义了附加比例因子，对于大部分典型应用，该附加比例因子不应增加或者降低钻刚度超过100.0倍。通常，比例因子的合适值为0.1～10.0。连续壳单元不使用钻刚度，因此忽略比例因子。

非默认的增强沙漏控制方程没有沙漏刚度因子或者沙漏刚度比例因子。用户可以定义非默认增强沙漏控制方程的钻刚度比例因子。

输入文件用法：　　使用下面的两个选项指定缩减积分单元的非默认沙漏控制方程或者比例因子：

*SECTION CONTROLS，NAME=名称

*SHELL SECTION，CONTROLS=名称

在 Abaqus/Standard 中，使用下面的两个选项，基于缩减积分单元的默认总刚度方法更改沙漏控制刚度的默认值，并为与六自由度单元的钻自由度相关的刚度定义比例因子：

*SHELL SECTION

*HOURGLASS STIFFNESS

Abaqus/CAE 用法：Mesh module：Mesh→Element Type：Element Controls

指定温度和场变量

用户可以通过定义壳参考面上的值和截面厚度上的梯度，或者通过定义壳厚度中每一层上等距点处的值来指定传统壳单元的温度和场变量。只能为没有温度自由度的单元指定温度梯度。连续壳单元的温度和场变量是在节点上定义的，然后插值到截面点上。

将实际温度值和场变量指定成预定义场或者初始条件（见"预定义场"，《Abaqus 分析用户手册——指定条件、约束与相互作用卷》的1.6节；或者"Abaqus/Standard 和 Abaqus/Explicit 中的初始条件"，《Abaqus 分析用户手册——指定条件、约束与相互作用卷》的1.2.1节）。

如果从之前分析的结果文件或者输出数据库文件中将温度读取成预定义场，则必须在厚度中每一层上的等距点处定义温度。此外，必须更改结果文件，将场变量数据存储成201记录。更多内容见"预定义场"（《Abaqus 分析用户手册——指定条件、约束与相互作用卷》的1.6节）。

定义参考面上的值和厚度上的梯度

用户可以通过在壳参考面上定义大小并定义壳厚度上的梯度来定义温度或者预定义场。如果仅给出一个值，则在整个厚度上大小不变。

输入文件用法：　　使用下面的选项指定通过梯度定义温度或者预定义场：

*SHELL SECTION

使用下列任一选项指定温度或者预定义场的实际值：

*TEMPERATURE

﹡FIELD

﹡INITIAL CONDITIONS，TYPE = TEMPERATURE

﹡INITIAL CONDITIONS，TYPE = FIELD

Abaqus/CAE 用法：复合堆叠使用下面的选项：

Property module：composite layup editor：Section integration：During analysis；Shell Parameters；Temperature variation：Linear through thickness

均质或者复合壳截面使用下面的选项：

Property module：shell section editor：Section integration：During analysis：Advanced；Temperature variation：Linear through thickness

Abaqus/CAE 中仅支持初始温度和预定义温度场。

Load module：Create Predefined Field：Step：初始步 或者 分析步：Category 选择 Other，Types for Selected Step 选择 Temperature

定义厚度上等间距点处的值

另外，用户也可以在壳的整个厚度上，或者复合壳每一层整个厚度上的等距点处定义温度和场变量值。

对于 Abaqus/Standard 中顺序耦合的热-应力分析，当温度值来自之前的一个 Abaqus/Standard 热传导分析生成的结果文件或者输出文件时，层中整个厚度上的等距点数量（n）是一个奇数（因为热传导分析中整个截面上的积分只能使用辛普森法则）。如果温度值来自其他途径，则 n 可以是偶数或者奇数。在任何一种情况中，Abaqus/Standard 在两个最近定义的温度点之间进行线性插值来找到截面点处的温度值。

每一层中预定义场点的数量 n 必须与得到温度的分析中相同层上的积分点数量一致。此要求说明在之前的分析中，每一层必须具有相同数量的积分点。

用户指定 $1 + n_i (n_T - 1)$ 个温度或者场变量值，其中 n_l 是壳截面中层的数量，n_T（$n_T > 1$）是 n 的值。对于 $n_T = 1$，用户为给定的节点或者节点集指定 n_l 个温度或者场变量。

输入文件用法： 使用下面的选项指定温度或者预定义场是在等距点处定义的：

﹡SHELL SECTION，TEMPERATURE = n

使用下列任一选项指定温度或者预定义场的实际值：

﹡TEMPERATURE

﹡FIELD

﹡INITIAL CONDITIONS，TYPE = TEMPERATURE

﹡INITIAL CONDITIONS，TYPE = FIELD

Abaqus/CAE 用法：复合材料堆叠使用下面的选项：

Property module：composite layup editor：Section integration：During analysis；Shell Parameters；Temperature variation：Piecewise linear over n values

均质或者复合壳截面使用下面的选项：

Propertymodule：shell section editor：Section integration：During analysis：Advanced；Temperature variation：Piecewise linear over *n* values

Abaqus/CAE 中仅支持初始温度和预定义温度场。

Load module：Create Predefined Field：Step：初始步 或者 分析步：Category 选择 Other，Types for Selected Step 选择 Temperature

例子

下面的 Abaqus/Standard 热传导壳截面定义采用了此方法，如图 3-61 和图 3-62 所示。

* SHELL SECTION，COMPOSITE

t_1，3，MAT1，ORI1

t_1，3，MAT2，ORI2

t_1，3，MAT3，ORI3

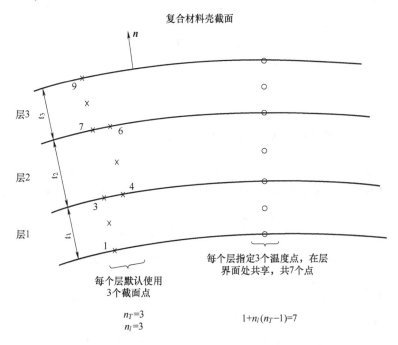

图 3-61　使用辛普森法则在 *n* 个等距点处定义温度

这样，将在热传导分析中创建自由度 11~17。然后，将对应于这些自由度的温度读入所示温度点的应力分析中，并插值到所示截面点处。

定义连续温度场

在 Abaqus/Standard 中，如果一个不是壳的单元具有温度自由度，并且此单元与具有温度自由度的壳单元的底面相邻，则当这些单元共享节点时，温度场是连续的。如果其他具有温度自由度的单元与具有温度自由度的壳单元的顶面相邻，则必须使用单独的节点，并且必须使用线性约束方程（"线性约束方程"，《Abaqus 分析用户手册——指定条件、约束与相互作用卷》的 2.2.1 节）来将温度约束成一致的（即壳的顶面自由度和其他单元的自由度 11 具有相同的值）。

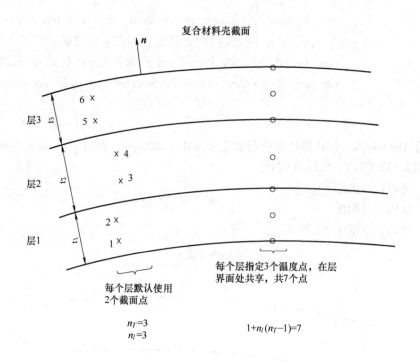

图 3-62 使用高斯积分法在 n 个等距点处定义温度

由于同样的原因，在相邻壳单元中使用不同数量的温度点时，用户必须小心。在此情况中，也需要相容 MPC（"通用多点约束"，《Abaqus 分析用户手册——指定条件、约束与相互作用卷》的 2.2.2 节）或者方程约束。

在 Abaqus/Explicit 中，由于没有用于大于 11 的自由度的热 MPC 和热方程约束，当在相邻壳单元中使用不同数量的温度点时应当小心。这通常只影响局部温度分布，但是当厚度上的温度梯度非常大时，则会影响整体解。

在 Abaqus/Standard 和 Abaqus/Explicit 中，在壳的法向反转的模型中要小心。在此情况中，壳底面的温度将变成相邻壳的顶面温度。在可以忽略热梯度且温度变化主要在平面中的情况下，法向反转对整体解的影响不大。然而，如果厚度上的温度梯度比较大，则可能得到不正确的结果。

输出

在 Abaqus/Standard 应力分析中，可以使用单元变量 TEMP 得到截面点处的温度输出。

如果在厚度中的等距点处指定了温度值，则可以得到 Abaqus/Standard 应力分析中温度点处的输出，例如，在热传导分析中使用节点变量 NTxx 得到温度点处的输出。在 Abaqus/Explicit 中，节点输出变量也可用于耦合的温度-位移分析。使用默认梯度方法的温度点处的输出不应当使用节点变量 NTxx，而应请求输出变量 NT，将自动输出 NT11（参考温度值）和 NT12（温度梯度）。连续壳单元只能使用 NT11，与其他 NTxx 无关。

与壳相关的其他输出变量列在每个描述具体壳单元的库截面中。例如，可以输出应力、应变、截面力和力矩、平均截面应力、截面应变等。截面力矩是相对于参考面来计算的。

3.6.6 使用通用壳截面定义截面行为

产品：Abaqus/Standard　　Abaqus/Explicit　　Abaqus/CAE

参考

- "壳单元：概览"，3.6.1 节
- "壳截面行为"，3.6.4 节
- "UGENS"，《Abaqus 用户子程序参考手册》的 1.1.38 节
- *DISTRIBUTION
- *HOURGLASS STIFFNESS
- *SHELL GENERAL SECTION
- *TRANSVERSE SHEAR STIFFNESS
- "创建均质壳截面"，《Abaqus/CAE 用户手册》的 12.13.6 节
- "创建复合材料壳截面"，《Abaqus/CAE 用户手册》的 12.13.7 节
- "创建通用壳刚度截面"，《Abaqus/CAE 用户手册》的 12.13.10 节
- "复合材料堆叠"，《Abaqus/CAE 用户手册》的第 23 章

概览

通用壳截面：
- 在不需要在壳截面上进行数值积分时使用。
- 可以与线弹性材料行为相关联；或者在 Abaqus/Standard 中，可以启用用户子程序 UGENS，以力和力矩的形式定义非线性截面属性。
- 可用于模拟更复杂几何形体的等效梁截面（例如，在整体分析中使用等效的光滑板替代波纹壳）。
- 可以与热传导和耦合的温度-位移壳一起使用。

定义壳截面行为

定义通用壳截面的方法如下：
- 通过将截面与材料定义相关联来指定截面响应；或者对于复合材料壳，通过将截面与几种不同的材料定义相关联来指定截面响应。
- 直接指定截面属性。
- 在 Abaqus/Standard 中，可以在用户子程序 UGENS 中编程指定截面属性。

通过定义层属性（厚度、材料和方向）来指定等效截面属性

用户可以通过指定厚度、材料参考和截面方向，或者每一层的方向对于复合壳来定义壳截面的材料响应。Abaqus 将确定等效截面属性。用户必须将截面行为与模型区域相关联。

使用材料定义（"材料数据定义"，《Abaqus 分析用户手册——材料卷》的 1.1.2 节）来定义线弹性材料行为，此材料定义可能包含线弹性行为（"线弹性行为"，《Abaqus 分析用户手册——材料卷》的 2.2.1 节）和热膨胀行为（"热膨胀"，《Abaqus 分析用户手册——材料卷》的 6.1.2 节）。也可以如下指定密度（"密度"，《Abaqus 分析用户手册——材料卷》的 1.2.1 节）和阻尼（"材料阻尼"，《Abaqus 分析用户手册——材料卷》的 6.1.1 节）行为；在 Abaqus/Explicit 中，必须定义材料密度。然而，不能包含非线性材料塑性，如塑性行为，因为 Abaqus 将预先计算截面响应并且在分析中不更新此材料响应。不允许线性弹性材料行为依赖于温度或者预定义场变量。

壳截面响应定义成

$$\{\mathbf{N}\} = [\mathbf{D}] : [\mathbf{E}] - \{\mathbf{N}^{th}\}$$

没有包含温度相关的比例模量。热应变 $\{\mathbf{N}^{th}\}$ 产生的截面力和力矩随温度呈线性变化，其定义为

$$\{\mathbf{N}^{th}\} = (\theta - \theta^I) \{\overline{\mathbf{F}}\}$$

式中，$\{\overline{\mathbf{F}}\}$ 是由用户定义的热膨胀引起的完全约束的单位温升产生的应力；θ 是温度；θ^I 是壳中此点处的初始（无应力）温度（由给成初始条件的初始节点温度定义，见 "Abaqus/Standard 和 Abaqus/Explicit 中的初始条件" 中的 "定义初始温度"，《Abaqus 分析用户手册——指定条件、约束与相互作用卷》的 1.2.1 节）。

定义由一种线弹性材料制成的壳

要定义由一种线弹性材料制成的壳，可参考上文中的材料定义名称（见 "材料数据定义"，《Abaqus 分析用户手册——材料卷》的 1.1.2 节）。另外，用户也可以定义与截面一起使用的方向定义（见 "方向"，《Abaqus 分析用户手册——介绍、空间建模、执行与输出卷》的 2.2.5 节）。可以给壳赋予使用分布（"分布定义"，《Abaqus 分析用户手册——介绍、空间建模、执行与输出卷》的 2.8 节）定义的空间变化的局部坐标系。此外，用户应将壳厚度指定成截面定义的一部分。对于连续壳单元，使用指定厚度来估算特定截面属性，如根据单元几何形状计算沙漏刚度。

用户必须将此截面行为与模型的一个区域相关联。

用户可以在单元到单元的基础上重新定义在截面定义中指定的厚度、偏移、截面刚度和材料方向（见 "分布定义"，《Abaqus 分析用户手册——介绍、空间建模、执行与输出卷》的 2.8 节）。

如果赋予壳截面定义的方向定义是由分布定义的，则对与壳截面相关的所有壳单元施加空间变化的局部坐标系。对没有明确包含在相关分布中的任何壳单元施加默认的局部坐标系（由分布定义）。

输入文件用法：　　* SHELL GENERAL SECTION, ELSET = 名称, MATERIAL = 名称,

ORIENTATION = 名称

其中，ELSET 参数表示壳单元集合。

Abaqus/CAE 用法：Property module：

Create Section：截面 Category 选择 Shell，截面 Type 选择 Homogene-
ous：Section integration：Before analysis；

Basic：Material：名称

Assign→Material Orientation：选择区域

Assign→Section：选择区域

定义由具有不同线弹性材料行为的层组成的壳

用户可以定义由具有不同线弹性材料行为的层组成的壳。另外，用户还可以定义与截面一起使用的方向定义（见"方向"，《Abaqus 分析用户手册——介绍、空间建模、执行与输出卷》的 2.2.5 节）。可以给壳截面定义赋予使用分布（见"分布定义"，《Abaqus 分析用户手册——介绍、空间建模、执行与输出卷》的 2.8 节）定义的空间变化的局部坐标系。

用户指定层厚度、形成此层的材料名称（如上文所述）和方向角 ϕ（单位为度，相对于所指定截面方向定义的逆时针为正）。使用分布（见"分布定义"，《Abaqus 分析用户手册——介绍、空间建模、执行与输出卷》的 2.8 节）在层上指定空间变化的方向角。如果指定截面方向中两个局部方向的任何一个不在壳面内，则在将截面方向投射到壳面之后再施加 ϕ。如果用户不指定截面方向，则 ϕ 是相对于默认的壳局部方向度量的（见"约定"，《Abaqus 分析用户手册——介绍、空间建模、执行与输出卷》的 1.2.2 节）。层合壳层关于壳法向正方向的顺序是根据层的指定顺序来定义的。

对于连续壳单元，厚度是根据单元的几何形状来确定的，并且对于给定的截面定义可以在整个模型上变化。因此，指定厚度仅是每一层的相对厚度。一个层的实际厚度等于单元厚度乘以总厚度的分数。层的厚度比没有物理单位，所有层的相对厚度之和可以不等于 1。使用指定的壳厚度估算特定的截面属性，如根据单元几何形状计算沙漏刚度。

可以使用分布（见"分布定义"，《Abaqus 分析用户手册——介绍、空间建模、执行与输出卷》的 2.8 节）指定传统壳单元（连续壳单元除外）层上空间变化的厚度。用来定义层厚度的分布必须具有默认值。对任何未在分布中明确定义壳截面层厚值的壳单元施加默认的层厚度。

用户必须将此截面行为与模型的一个区域相关联。

如果赋予壳截面定义的方向定义是使用分布定义的，则为赋予了壳截面的所有壳单元施加空间变化的局部坐标系。对于没有明确包含在相关分布中的任何壳单元施加默认的局部坐标系（由分布定义）。

除非用户的模型相对简单，否则会发现随着层的数量增加以及为不同的区域赋予不同的截面，使用复合壳截面定义模型将愈加困难。在用户添加新层和删除或者重新布置现有层后，重新定义截面也是非常麻烦的。为了管理典型复合材料模型中大量的层，用户可以使用 Abaqus/CAE 中的复合材料堆叠功能（更多内容见"复合材料堆叠"，《Abaqus/CAE 用户手册》的第 23 章）。

输入文件用法： ＊SHELL GENERAL SECTION，ELSET＝名称，COMPOSITE，ORI-
ENTATION＝名称

其中，ELSET 参数表示壳单元集合。

Abaqus/CAE 用法：Abaqus/CAE 使用复合材料堆叠或者复合材料截面来定义由具有不
同线弹性材料行为的层制成的壳。

复合材料堆叠使用下面的选项：

Property module：Create Composite Layup：Element Type 选择 Conven-
tional Shell 或者 Continuum Shell：Section integration：Before analysis：
指定方向、区域和材料

复合材料壳截面使用下面的选项：

Property module：

Create Section：截面 Category 选择 Shell，截面 Type 选择 Composite：

Section integration：Before analysis

Assign→Material Orientation：选择区域

Assign→Section：选择区域

直接指定传统壳的等效截面属性

用户可以通过指定通用截面刚度和热膨胀响应，来直接定义截面的机械响应——$[\mathbf{D}]$、
$\{\mathbf{F}\}$，$Y(\theta, f_{\beta})$ 和 $\alpha(\theta, f_{\beta})$。由于该方法会提供截面机械响应的完整指定，因而不需要材
料参考。另外，用户可以定义热膨胀的参考温度 θ^0。

用户必须将此截面行为与模型的一个区域相关联。

在此情况中，壳截面响应定义为

$$\{\mathbf{N}\} = Y(\theta, f_{\beta})[\mathbf{D}] : \{\mathbf{E}\} - \{\mathbf{N}^{\text{th}}\}$$

式中，$\{\mathbf{N}\}$ 是壳截面上的力和力矩（单位长度上的膜力、单位长度上的弯矩）；$\{\mathbf{E}\}$ 是壳
中的广义截面应变（参考面应变和曲率）；$[\mathbf{D}]$ 是截面刚度矩阵；$Y(\theta, f_{\beta})$ 是比例模量，
用于引入横截面刚度的温度（θ）和场变量（f_{β}）相关性；$\{\mathbf{N}^{\text{th}}\}$ 是由热应变产生的截面力
和力矩（单位长度上的）。

这些壳中的热力和力矩是依据下面的方程产生的

$$\{\mathbf{N}^{\text{th}}\} = [\alpha(\theta, f_{\beta})(\theta - \theta^0) - \alpha(\theta^I, f_{\beta}^I)(\theta^I - \theta^0)]\{\mathbf{F}\}$$

式中，$\alpha(\theta, f_{\beta})$ 是比例因子（"热胀系数"）；θ^I 是壳中此点处的初始（无应力）温度，通
过给成初始条件的初始节点温度来定义（见 "Abaqus/Standard 和 Abaqus/Explicit 中的初始
条件" 中的 "定义初始温度"，《Abaqus 分析用户手册——指定条件、约束与相互作用卷》
的 1.2.1 节）；$\{\mathbf{F}\}$ 是用户指定的由完全约束的单位温升产生的广义截面力和力矩（单位长
度上的）。

如果热胀系数 α 不是温度的函数，则不需要 θ^0 的值。需要注意用来定义 α 的参考温度
θ^0 与无应力初始温度 θ^I 之间的区别。

在这些方程中，项的顺序是

$$\{\mathbf{N}\} = \begin{Bmatrix} N_{11} \\ N_{22} \\ N_{12} \\ M_{11} \\ M_{22} \\ M_{12} \end{Bmatrix}, \quad \{\mathbf{E}\} = \begin{Bmatrix} \varepsilon_{11} \\ \varepsilon_{22} \\ \gamma_{12} \\ \kappa_{11} \\ \kappa_{22} \\ \kappa_{12} \end{Bmatrix}$$

即首先是主膜项，然后是剪切膜项，接着是主弯曲项和剪切弯曲项，共六个项。Abaqus 中使用剪切膜应变（γ_{12}）和扭曲（κ_{12}）的工程度量。

这种定义壳截面属性的方法不能与可变厚度的壳或者连续壳单元一起使用。

更多内容见"层合复合材料壳：具有圆孔的圆柱板的屈曲，"（《Abaqus 例题手册》的 1.2.2 节）。

可以将截面的刚度矩阵［**D**］定义成常数刚度，或者通过参考分布（见"分布定义"，《Abaqus 分析用户手册——介绍、空间建模、执行与输出卷》的 2.8 节）定义成空间变化的刚度。如果使用空间变化的刚度，则分布必须定义有默认刚度。对任何未在分布中明确定义壳截面刚度值的壳单元使用默认的刚度。

输入文件用法：　* SHELL GENERAL SECTION，ELSET = 名称，ZERO = θ^0

其中，ELSET 参数表示壳单元集合。

Abaqus/CAE 用法：Property module：

Create Section：截面 Category 选择 Shell，截面 Type 选择 General shell stiffness

Assign→Section：选择区域

在用户子程序 UGENS 中指定截面属性

在 Abaqus/Standard 中，用户可以在用户子程序 UGENS 中，为截面属性可能是非线性的更加通用的情况定义截面响应。如果截面的非线性行为包含几何和材料非线性，则用户子程序 UGENS 更加有用，截面失稳可能出现这样的情况。如果仅表现为非线性材料行为，则使用分析中积分的壳截面将更加简单，此处的壳截面使用合适的非线性材料模型。

用户必须将不变的截面厚度指定成截面定义的一部分，或者通过定义节点处的厚度来指定连续变化的厚度。即使在用户子程序 UGENS 中定义了截面的机械行为，为了计算沙漏控制刚度，也需要壳截面厚度。用户必须将此截面行为与模型的一个区域相关联。

Abaqus/Standard 为每个增量的每次迭代的每个积分点调用子程序 UGENS。此子程序提供初始增量处的截面状态（截面力和力矩 **N**、广义截面应变 **E**、解相关的状态变量、温度和预定义场变量），温度和预定义场变量中的增量，以及广义截面应变增量 $\Delta\mathbf{E}$ 和时间增量。

子程序必须执行两种功能：必须将力、力矩和解相关的状态变量更新为增量结束时的值；必须提供截面刚度矩阵 $\partial\mathbf{N}/\partial\mathbf{E}$。完整的截面响应，包括热膨胀响应，必须在用户子程序中进行编程。

对于线性摄动分析，用户必须确认在用户子程序 UGENS 中没有使用或者改变应变增量。

在此情况中没有定义量。

定义壳截面属性的这种方法不能与连续壳单元一起使用。

输入文件用法：　　　＊SHELL GENERAL SECTION，ELSET＝名称，USER

其中，ELSET 参数表示壳单元集合。

Abaqus/CAE 用法：Abaqus/CAE 中不支持用户子程序 UGENS。

定义截面刚度矩阵是否对称

如果截面刚度矩阵不是对称的，则用户可以指定 Abaqus/Standard 应使用非对称方程求解功能（见"定义一个分析"，《Abaqus 分析用户手册——分析卷》1. 1. 2 节）。

输入文件用法：　　　＊SHELL GENERAL SECTION，ELSET＝名称，USER，UNSYMM

Abaqus/CAE 用法：Abaqus/CAE 中不支持用户子程序 UGENS。

定义截面属性

可以定义任何数量的用来确定截面行为的常数。用户可以指定所需的整数属性值 m 和所需的实数（浮点）属性值 n；所需的总数是这两个数的和。所需整数属性值的默认值是 0，而实数属性值的默认值是 0。

在用户子程序 UGENS 中，可以将整数属性值用作标识、索引、计数等。实数（浮点）属性值的例子是 UGENS 中的材料属性、几何数据和用于计算截面属性的任何其他信息。

每次调用用户子程序 UGENS 时，将属性值传入其中。

输入文件用法：　　　＊SHELL GENERAL SECTION，ELSET＝名称，USER，I PROPER-

TIES＝m，PROPERTIES＝n

要定义属性值，首先在数据行中输入所有浮点值，随即输入整数值。每行可以输入八个值。

Abaqus/CAE 用法：Abaqus/CAE 中不支持用户子程序 UGENS。

定义必须为截面存储的解相关变量的数量

用户可以定义必须在截面中的每个积分点处存储的解相关的状态变量的数量。对与用户定义的截面相关的变量的数量没有限制。默认的变量数量是 1。这种变量的例子有塑性应变、损伤变量、失效指数、用户定义的输出量等。

在用户子程序 UGENS 中，可以计算和更新这些解相关的状态变量。

输入文件用法：　　　＊SHELL GENERAL SECTION，ELSET＝名称，USER，VARIABLES＝n

Abaqus/CAE 用法：Abaqus/CAE 中不支持用户子程序 UGENS。

截面响应的理想化

理想化允许用户基于壳的构造或者期望的行为来改变壳截面中的刚度系数。通用壳截面可以使用下面的理想化：

- 对于主要响应为平面内拉伸的壳，仅保留膜刚度。
- 对于主要响应为纯弯曲的壳，仅保留弯曲刚度。

● 忽略复合材料壳的材料层堆叠顺序作用。

可以对均质壳截面、复合材料壳截面或者直接指定刚度系数的壳截面施加膜刚度和弯曲刚度理想化。忽略堆叠作用的理想化仅用于复合材料壳截面。

在正常计算（包括偏移作用）壳的通用刚度系数后，对其进行理想化。

● 只要使用理想化，就将所有膜-弯曲耦合项设置成零。

● 如果仅保留膜刚度，则将弯曲子矩阵的非对角项设置成零，并将对角弯曲项设置成 1×10^{-6} 乘以最大对角膜系数。

● 如果仅保留弯曲刚度，则将膜子矩阵的非对角项设置成零，并将对角膜项设置成 1×10^{-6} 乘以最大对角弯曲系数。

● 如果忽略复合材料壳中的材料堆叠顺序，则将弯曲子矩阵的每一项设置成等于 $T^2/12$ 乘以相应的膜子矩阵项，其中 T 是壳的总厚度。

输入文件用法： 使用下面的选项仅保留膜刚度：

*SHELL GENERAL SECTION, MEMBRANE ONLY

使用下面的选项仅保留弯曲刚度：

*SHELL GENERAL SECTION, BENDING ONLY

使用下面的选项忽略层堆叠顺序的影响：

*SHELL GENERAL SECTION, COMPOSITE, SMEAR ALL LAYERS

可以对同一通用壳截面使用多个理想化选项。

Abaqus/CAE 用法： 使用下面的任一选项对壳截面施加理想化：

Property module：Homogeneous shell section editor：Section integration：Before analysis；Basic：Idealization：Membrane only 或者 Bending only

Property module：Composite shell section editor：Section integration：Before analysis；Basic：Idealization：Membrane only, Bending only 或者 Smear all layers

Property module：Shell（传统的或者连续的）composite layup editor：Section integration：Before analysis；Basic：Idealization：Membrane only, Bending only 或者 Smear all layers

在 Abaqus/CAE 中，不允许对同一个壳截面施加多个理想化，并且用户不能对通用壳刚度截面施加理想化。

定义传统壳的壳偏移值

用户可以定义壳的中面到含有单元节点（见"定义传统壳单元的初始几何形体"，3.6.3 节）的参考面的距离（度量成壳厚度的分数）。正的偏移值在正法向方向上（见"壳单元：概览"，3.6.1 节）。当偏移值等于 0.5 时，壳的顶面是参考面；当偏移值等于 -0.5 时，壳的底面是参考面。默认的偏移值是 0，说明壳的中面是参考面。

用户可以指定偏移值的绝对值大于 0.5。然而，在大曲率区域应谨慎使用此技术，因为单元的面积和所有运动量都是相对于参考面来计算的，可能会导致面的面积积分错误，从而影响壳的刚度和质量。

在 Abaqus/Standard 分析中，可以使用分布（见"分布定义"，《Abaqus 分析用户手册——介绍、空间建模、执行与输出卷》的 2.8 节）定义传统壳中空间变化的偏移。用来定义壳偏移的分布必须具有默认值。对未在分布中明确指定壳截面偏移值的任何壳单元使用默认的偏移。

偏移到壳的顶面如图 3-63 所示。

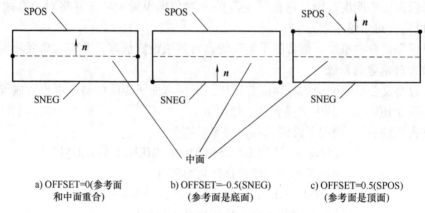

a) OFFSET=0(参考面　　　b) OFFSET=-0.5(SNEG)　　　c) OFFSET=0.5(SPOS)
　　和中面重合)　　　　　　　(参考面是底面)　　　　　　(参考面是顶面)

图 3-63　偏移值为 0.5 的壳偏移示意图

仅当参考了材料定义或者定义了复合材料壳截面时才能指定壳偏移。

输入文件用法：　　使用下面的选项指定壳偏移的值：

　　*SHELL GENERAL SECTION，OFFSET = 偏移

　　OFFSET 参数可以是一个值、一个标签（SPOS 或者 SNEG），或者 Abaqus/Standard 分析中用来定义空间变化的偏移的分布名称。指定 SPOS 相当于指定值为 0.5；指定 SNEG 相当于指定值为 -0.5。

Abaqus/CAE 用法：　复合材料堆叠使用下面的选项：

　　Property module：composite layup editor：Section integration：Before analysis；Offset：选择参考面，指定偏移或者选择标量离散场

　　壳截面赋予使用下面的选项：

　　Property module：Assign→Section：选择区域：Section：选择均质或者复合材料壳截面：Definition：选择参考面，指定偏移或者选择标量离散场

使用分布定义传统壳的可变厚度

用户可以使用分布为传统壳定义空间变化的厚度（见"分布定义"，《Abaqus 分析用户手册——介绍、空间建模、执行与输出卷》的 2.8 节）。连续壳单元的厚度是通过单元的几何形体来定义的。

对于复合材料壳，总厚度是通过分布来定义的，并对用户指定的层厚度进行比例缩放，以使各层厚度的总和等于总厚度（包括使用分布定义的空间变化的层厚度）。

用来定义壳厚度的分布必须具有默认值。对未在分布中明确指定壳截面厚度值的任何壳

单元使用默认的厚度。

如果使用分布定义了壳截面的壳厚度，则此截面定义不能使用节点厚度。

输入文件用法：　　使用下面的选项定义空间变化的厚度：

　　　　　　　　　* SHELL SECTION, SHELL THICKNESS = 分布名称

Abaqus/CAE 用法：传统壳复合堆叠使用下面的选项：

　　　　　　　　　Property module：composite layup editor：Section integration：Before
　　　　　　　　　analysis；Shell Parameters：Shell thickness：Element distribution：选择
　　　　　　　　　分析场或者基于单元的离散场

　　　　　　　　　均质壳截面使用下面的选项：

　　　　　　　　　Property module：shell section editor：Section integration：Before analy-
　　　　　　　　　sis；Basic：Shell thickness：Element distribution：选择分析场或者基
　　　　　　　　　于单元的离散场

　　　　　　　　　复合壳截面使用下面的选项：

　　　　　　　　　Property module：shell section editor：Section integration：Before analy-
　　　　　　　　　sis；Advanced：Shell thickness：Element distribution：选择分析场或
　　　　　　　　　者基于单元的离散场

定义传统壳的可变节点厚度

用户可以通过指定节点处壳的厚度来定义厚度连续变化的传统壳。仅当以材料属性的形式定义截面时才能使用此方法；如果截面行为是通过直接指定等效截面属性来定义的，则不能使用此方法。对于连续壳单元，可以通过单元节点的几何形体来定义连续变化的厚度；因此，节点厚度是没有意义的。

如果用户说明将要指定节点厚度，则对于均质壳，将忽略任何用户指定的常数壳厚度，并且通过从节点插值来得到壳厚度。必须在连接到单元的所有节点处定义厚度。

对于复合材料壳，节点厚度是从节点处插值得到的，并且按比例缩放用户指定的层厚度，以使各层厚度的总和等于总厚度（包括使用分布定义的空间变化的层厚度）。

如果使用分布定义了壳截面的壳厚度，则截面定义不能使用节点厚度。然而，如果使用了节点厚度，用户仍然可以使用分布，在传统壳单元的层上定义空间变化的厚度。

输入文件用法：　　使用下面的两个选项：

　　　　　　　　　* NODAL THICKNESS

　　　　　　　　　* SHELL GENERAL SECTION, NODAL THICKNESS

Abaqus/CAE 用法：传统壳复合堆叠使用下面的选项：

　　　　　　　　　Property module：composite layup editor：Section integration：Before
　　　　　　　　　analysis；Shell Parameters：Nodal distribution：选择分析场或者基于
　　　　　　　　　节点的离散场

　　　　　　　　　均质壳截面使用下面的选项：

　　　　　　　　　Property module：shell section editor：Section integration：Before analy-
　　　　　　　　　sis；Basic：Nodal distribution：选择分析场或者基于节点的离散场

复合材料壳截面使用下面的选项：

Property module：shell section editor：Section integration：Before analysis；Advanced：Nodal distribution：选择分析场或者基于节点的离散场

定义壳单元厚度方向上的泊松应变

在几何非线性分析中，Abaqus 允许可能的壳厚度的均匀变化（见"选择壳单元"中的"壳厚度的变化"，3.6.2 节）。泊松应变是以固定的截面泊松比为基础的，此截面泊松比是基于材料定义的弹性部分由 Abaqus 计算得到的或者由用户指定的。

默认情况下，Abaqus 使用固定的截面泊松比 0.5 来计算泊松应变。

输入文件用法： 使用下面的选项指定有效泊松比的值：

*SHELL GENERAL SECTION，POISSON = ν_{eff}

使用下面的选项使壳厚度基于材料的初始弹性属性而变化：

*SHELL GENERAL SECTION，POISSON = ELASTIC

Abaqus/CAE 用法： 复合材料堆叠使用下面的选项：

Property module：composite layup editor：Section integration：Before analysis；Shell Parameters：Section Poisson's ratio：Use analysis default 或者 Specify value：ν_{eff}

均质壳截面或者复合材料壳使用下面的选项：

Property module：shell section editor：Section integration：Before analysis；Advanced：Section Poisson's ratio：Use analysis default 或者 Specify value：ν_{eff}

在 Abaqus/CAE 中，不允许基于初始弹性材料定义来指定壳厚度方向行为。

定义连续壳单元中的厚度模量

计算厚度方向上的应力时需要使用厚度模量（见"选择壳单元"中的"连续壳单元中厚度方向上的应力"，3.6.2 节）。默认情况下，Abaqus 基于初始构型中材料定义的弹性部分计算厚度模量。另外，用户也可以提供厚度模量的值。

如果在输入的前处理阶段不能得到材料属性，例如，当通过织物材料模型或者用户子程序 UMAT 或 VUMAT 定义材料行为时，用户必须直接指定有效的厚度模量。

输入文件用法： 使用下面的选项直接定义有效厚度模量：

*SHELL GENERAL SECTION，THICKNESS MODULUS = E_{eff}

Abaqus/CAE 用法： 复合材料堆叠使用下面的选项直接指定厚度属性：

Property module：composite layup editor：Section integration：Before analysis；Shell Parameters：Thickness modulus E_{eff}

均质或者复合壳截面使用下面的选项直接指定厚度属性：

Property module：shell section editor：Section integration：Before analysis; Advanced: Thickness modulus E_{eff}

定义横向剪切刚度

用户可以提供横向剪切刚度的非默认值。如果在用户子程序 UGENS 中指定了截面属性，则必须在 Abaqus/Standard 中指定剪切柔性壳的横向剪切刚度。如果用户没有指定横向剪切刚度，则如"壳截面行为"（3.6.4 节）所描述的那样计算横向剪切刚度。

输入文件用法：　使用下面的两个选项：

* SHELL GENERAL SECTION
* TRANSVERSE SHEAR STIFFNESS

Abaqus/CAE 用法：复合材料堆叠使用下面的选项：

Property module: composite layup editor: Section integration: Before analysis; Shell Parameters: 切换选中 Specify transverse shear

均质或者复合壳截面使用下面的选项：

Property module: shell section editor: Section integration: Before analysis; Advanced: 切换选中 Specify transverse shear

定义初始截面力和力矩

用户可以定义通用壳截面的初始应力（见"Abaqus/Standard 和 Abaqus/Explicit 中的初始条件"中的"定义初始应力"，《Abaqus 分析用户手册——指定条件、约束与相互作用卷》的 1.2.1 节），这些初始应力将施加成初始截面力和力矩。仅能为膜力、弯曲力矩和扭转力矩指定初始条件。不能为横向剪切力指定初始条件。

指定 Abaqus/Explicit 壳单元方程中的精度阶数

在 Abaqus/Explicit 中，用户可以指定壳单元方程的二阶精度（更多内容见"截面控制"，1.4 节）。

输入文件用法：　* SHELL GENERAL SECTION, CONTROLS = 名称

Abaqus/CAE 用法：Mesh module: Mesh→Element Type: Element Controls

指定缩减积分壳单元的非默认沙漏控制参数

用户可以为使用缩减积分的单元指定非默认的沙漏控制方程或者比例因子（更多内容见"截面控制"，1.4 节）。

在 Abaqus/Standard 中，仅 S4R 和 SC8R 单元可以使用非默认的增强沙漏控制方程。

在 Abaqus/Standard 中，对于使用沙漏控制的单元，可以基于默认的总刚度方法更改沙漏控制刚度的默认值；对于在节点上具有六个自由度的单元，可以为与钻自由度（关于面法向的转动）相关的刚度定义比例因子。

如果在用户子程序 UGENS 中指定了截面属性，则沙漏控制刚度不能使用默认的值。因此，当使用 UGENS 指定缩减积分单元的截面属性时，用户必须指定沙漏控制刚度。

与钻自由度相关的刚度是横向剪切刚度乘以比例因子的主分量的平均值。在绝大部分情况中，默认的比例因子对于约束钻转动随着单元的平面转动是合适的。如果定义了附加比例因子，则对于大部分典型应用，附加比例因子不应当增加或者降低钻刚度超过 100 倍。通常，比例因子的合适值是 0.1 ~ 10.0。

对于非默认的增强沙漏控制方程，沙漏刚度没有沙漏刚度因子或者比例因子。用户可以为非默认的增强沙漏控制方程定义钻刚度的比例因子。

输入文件用法：　　使用下面的两个选项指定缩减积分单元的非默认沙漏控制方程或者比例因子：

　　*SECTION CONTROLS, NAME = 名称

　　*SHELL GENERAL SECTION, CONTROLS = 名称

　　在 Abaqus/Standard 中，使用下面的两个选项基于默认的总刚度方法，更改缩减积分单元沙漏控制刚度的默认值，以及定义与六自由度单元的钻自由度（关于面法向的转动）相关刚度的比例因子：

　　*SHELL GENERAL SECTION

　　*HOURGLASS STIFFNESS

Abaqus/CAE 用法：Mesh module：Mesh→Element Type：Element Controls

定义传统壳的密度

用户可以为以截面刚度（在截面定义中直接指定，或者在 Abaqus/Standard 的用户子程序 UGENS 中指定）的形式直接定义截面属性的传统壳单元定义单位面积上的质量。例如，在动力学分析或者重力载荷中需要定义密度（详细内容见"密度"，《Abaqus 分析用户手册——材料卷》的 1.2.1 节）。

对于截面属性包含材料定义的壳，将密度定义成材料定义的一部分。

此功能类似于定义非结构质量贡献的更加通用的功能（见"非结构质量定义"，《Abaqus 分析用户手册——介绍、空间建模、执行与输出卷》的 2.7 节）。这两个定义的唯一区别是非结构质量对关于中面的转动惯量项有贡献，而截面定义中定义的附加质量则没有相应的贡献。

输入文件用法：　　使用下面的选项直接定义密度：

　　*SHELL GENERAL SECTION, ELSET = 名称, DENSITY = ρ

　　在 Abaqus/Standard 中，使用下面的选项在用户子程序 UGENDS 中定义密度：

　　*SHELL GENERAL SECTION, ELSET = 名称, USER, DENSITY = ρ

Abaqus/CAE 用法：复合材料堆叠使用下面的选项：

　　Property module：composite layup editor：Section integration：Before analysis；Shell Parameters：切换选中 Density，输入 ρ

　　均质壳截面或者复合材料壳截面使用下面的选项：

Property module：shell section editor：Section integration：Before analysis；Advanced：切换选中 Density，输入 ρ

在 Abaqus/CAE 中，不允许在用户子程序 UGENS 中定义壳截面属性。

定义阻尼

用户可以在壳截面定义中包含质量和刚度比例阻尼。有关 Abaqus 中材料阻尼的更多内容见"材料阻尼"（《Abaqus 分析用户手册——材料卷》6.1.1 节）。

指定温度和场变量

可以通过定义壳参考面处的值或者定义连续壳单元节点处的值来指定温度和场变量。将温度和场变量的实际值指定成预定义场或者初始条件（见"预定义场"，《Abaqus 分析用户手册——指定条件、约束与相互作用卷》的 1.6 节；或者 "Abaqus/Standard 和 Abaqus/Explicit 中的初始条件"，《Abaqus 分析用户手册——指定条件、约束与相互作用卷》的 1.2.1 节）。

输出

以下来自 Abaqus/Explicit 的输出变量可用作单元输出：截面力和力矩、截面应变、单元能量、单元稳定时间增量和单元质量比例因子。

Abaqus/Standard 可以提供的输出取决于如何定义截面行为。

以材料属性的形式定义截面时的输出

对于截面属性包含材料定义（均质或者复合材料）的壳，截面力和力矩以及截面应变可用作单元输出。截面力矩是相对于参考面来计算的。此外，可以输出应力（平面应力、对某些单元为横向剪切应力）、应变和正交失效度量。由于材料的行为是线性的，可以在每个层上的三个截面点（分别位于底面、中面和顶面上）进行输出。不能输出应力不变量和主应力，但可以在 Abaqus/CAE 中显示。

直接定义或者在 UGENS 中定义等效截面属性时的输出

如果使用 [D] 矩阵直接指定等效截面属性，或者如果使用了子程序 UGENS，则截面点应力和应变以及截面应变不能用于输出，或者不能在 Abaqus/CAE 中显示。对于 Abaqus/CAE 中的输出显示器，只能请求截面力和力矩。

3.6.7　三维传统壳单元库

产品：Abaqus/Standard　　　Abaqus/Explicit　　　Abaqus/CAE

参考

- "壳单元：概览"，3.6.1 节
- "选择壳单元"，3.6.2 节
- * NODAL THICKNESS
- * SHELL GENERAL SECTION
- * SHELL SECTION

概览

本节提供 Abaqus/Standard 和 Abaqus/Explicit 中可用的三维壳单元的参考。

单元类型

应力/位移单元（表 3-61）

表 3-61　应力/位移单元

标　识	说　明
STRI3[(S)]	3 节点三角形面片薄壳单元
S3	3 节点三角形有限膜应变通用壳单元（与 S3R 单元相同）
S3R	3 节点三角形有限膜应变通用壳单元（与 S3 单元相同）
S3RS[(E)]	3 节点三角形小膜应变壳单元
STRI65[(S)]	6 节点三角形、每个节点具有五个自由度的薄壳单元
S4	4 节点有限膜应变通用壳单元
S4R	4 节点、具有沙漏控制的缩减积分和有限膜应变通用壳单元
S4RS[(E)]	4 节点、具有沙漏控制的缩减积分和小膜应变壳单元
S4RSW[(E)]	4 节点、具有沙漏控制的缩减积分和小膜应变、在小应变方程中考虑翘曲的壳单元
S4R5[(S)]	4 节点、具有沙漏控制的缩减积分、每个节点具有五个自由度的薄壳单元
S8R[(S)]	8 节点双弯曲的缩减积分厚壳单元
S8R5[(S)]	8 节点双弯曲的、每个节点具有五个自由度的缩减积分薄壳单元
S9R5[(S)]	9 节点双弯曲的、每个节点具有五个自由度的缩减积分薄壳单元

有效自由度

STRI3、S3R、S3RS、S4、S4R、S4RS、S4RSW、S8R 的 1、2、3、4、5、6。

STRI65、S4R5、S8R5、S9R5 大部分节点处的 1、2、3 和两个面内转动。

STRI65、S4R5、S8R5、S9R5 以下节点处的 1、2、3、4、5、6：

- 在转动自由度上具有边界条件。
- 使用转动自由度的多点约束中的转动。
- 与在所有节点上具有六个自由度的梁单元或者壳单元（如 S4R、S8R、STRI3 等）相连接。
- 是一个点，在此点处不同单元具有不同的面法向（用户指定的法向定义或者由于面折叠由 Abaqus 创建的法向定义）。
- 加载有力矩。

附加解变量

单元类型 S8R5 在内部生成的中体节点上具有三个位移变量和两个转动变量。

热传导单元（表 3-62）

表 3-62　热传导单元

标　识	说　明
DS3[(S)]	3 节点三角形壳单元
DS4[(S)]	4 节点四边形壳单元
DS6[(S)]	6 节点三角形壳单元
DS8[(S)]	8 节点四边形壳单元

附加自由度

11、12 等（如"选择壳单元"，3.6.2 节所描述的整个厚度上的温度）。

附加解变量

无。

耦合的温度-位移单元（表 3-63）

表 3-63　耦合的温度-位移单元

标　识	说　明
S3T[(S)]	3 节点三角形、有限膜应变、壳面中双线性温度的通用壳单元（与 S3RT 单元相同）
S3RT	3 节点三角形、有限膜应变、壳面中双线性温度的通用壳单元（对于 Abaqus/Standard，与 S3T 单元相同）
S4T[(S)]	4 节点、有限膜应变、壳面中双线性温度的通用壳单元
S4RT	4 节点、有限膜应变、壳面中双线性温度、具有沙漏控制的缩减积分壳单元
S8RT[(S)]	8 节点、双二次位移、壳面中双线性温度的单元

附加自由度

所有节点处的 1、2、3、4、5、6。

S3T、S3RT、S4T 和 S4RT 单元所有节点处的 11、12、13 等（如"选择壳单元"，3.6.2
节所描述的整个厚度上的温度）；S8RT 单元角节点处的 11、12、13。

附加解变量

无。

所需节点坐标

X，Y，Z；对于 Abaqus/Standard 中具有位移自由度的壳，还包括节点处壳法向的方向
余弦值 N_x、N_y、N_z。

单元属性定义

输入文件用法： 应力/位移单元使用下面选项中的一个：

*SHELL SECTION

*SHELL GENERAL SECTION

热传导单元或者耦合的温度-位移单元使用下面的选项：

*SHELL SECTION

此外，厚度变化的壳使用下面的选项：

*NODAL THICKNESS

Abaqus/CAE 用法：Property module：Create Section：截面 Category 选择 Shell，截面
Type 选择 Homogeneous 或者 Composite

基于单元的载荷

分布载荷（表3-64）

具有位移自由度的所有单元可以使用分布载荷。如"分布载荷"（《Abaqus 分析用户手
册——指定条件、约束与相互作用卷》的 1.4.3 节）所描述的那样指定分布载荷。

如果将等效截面属性直接指定成通用壳截面定义的一部分，则必须将体力、离心载荷和
科氏力给成单位面积上的力。

表 3-64　基于单元的分布载荷

载荷标识 （*DLOAD）	Abaqus/CAE Load/Interaction	量　纲　式	说　　　明
BX	Body force	FL^{-3}	整体 X 方向上的体力（大小为单位体积上的力）
BY	Body force	FL^{-3}	整体 Y 方向上的体力（大小为单位体积上的力）
BZ	Body force	FL^{-3}	整体 Z 方向上的体力（大小为单位体积上的力）

（续）

载荷标识 （∗DLOAD）	Abaqus/CAE Load/Interaction	量纲式	说明
BXNU	Body force	FL^{-3}	整体 X 方向上的非均匀体力（大小为单位体积上的力）（在 Abaqus/Standard 中，通过用户子程序 DLOAD 给出大小；在 Abaqus/Explicit 中，通过用户子程序 VDLOAD 给出大小）
BYNU	Body force	FL^{-3}	整体 Y 方向上的非均匀体力（大小为单位体积上的力）（在 Abaqus/Standard 中，通过用户子程序 DLOAD 给出大小；在 Abaqus/Explicit 中，通过用户子程序 VDLOAD 给出大小）
BZNU	Body force	FL^{-3}	整体 Z 方向上的非均匀体力（大小为单位体积上的力）（在 Abaqus/Standard 中，通过用户子程序 DLOAD 给出大小；在 Abaqus/Explicit 中，通过用户子程序 VDLOAD 给出大小）
CENT[(S)]	不支持	FL^{-4} （$ML^{-3}T^{-2}$）	离心载荷（大小定义成 $\rho\omega^2$，其中 ρ 是质量密度，ω 是角速度）
CENTRIF[(S)]	Rotational body force	T^{-2}	离心载荷（大小定义成 ω^2，ω 是角速度）
CORIO[(S)]	Coriolis force	$FL^{-4}T$ （$ML^{-3}T^{-1}$）	科氏力（大小定义成 $\rho\omega$，其中 ρ 是质量密度，ω 是角速度）。对于直接稳态动力学分析，不考虑由科氏载荷产生的载荷刚度
EDLDn	Shell edge load	FL^{-1}	边 n 上的一般牵引力
EDLDnNU[(S)]	不支持	FL^{-1}	边 n 上的非均匀一般牵引力，通过用户子程序 UTRACLOAD 提供大小
EDMOMn	Shell edge load	F	边 n 上的力矩
EDMOMnNU[(S)]	不支持	F	边 n 上的非均匀力矩，通过用户子程序 UTRA-CLOAD 提供大小
EDNORn	Shell edge load	FL^{-1}	边 n 上的法向牵引力
EDNORnNU[(S)]	不支持	FL^{-1}	边 n 上的非均匀法向牵引力，通过用户子程序 UTRACLOAD 提供大小
EDSHRn	Shell edge load	FL^{-1}	边 n 上的剪切牵引力
EDSHRnNU[(S)]	不支持	FL^{-1}	边 n 上的非均匀剪切牵引力，通过用户子程序 UTRACLOAD 提供大小
EDTRAn	Shell edge load	FL^{-1}	边 n 上的横向牵引力
EDTRAnNU[(S)]	不支持	FL^{-1}	边 n 上的非均匀横向牵引力，通过用户子程序 UTRACLOAD 提供大小
GRAV	Gravity	LT^{-2}	指定方向上的重力载荷（大小输入成加速度）

（续）

载荷标识 （*DLOAD）	Abaqus/CAE Load/Interaction	量 纲 式	说 明
HP[S]	不支持	FL^{-2}	施加在单元参考面上的静水压力，在整体 Z 方向上是线性的。该压力在单元正法向上是正的
P	Pressure	FL^{-2}	施加在单元参考面上的压力。该压力在正单元正法向上是正的
PNU	不支持	FL^{-2}	施加在单元参考面上的非均匀压力（在 Abaqus/Standard 中，通过用户子程序 DLOAD 提供大小；在 Abaqus/Explicit 中，通过用户子程序 VDLOAD 提供大小）。该压力在单元正法向上是正的
ROTA[S]	Rotational body force	T^{-2}	转动加速度载荷（大小输入成 α，α 是转动加速度）
ROTDYNF[S]	不支持	T^{-1}	转子动力学（大小输入成 ω，ω 是角速度）
SBF[E]	不支持	$FL^{-5}T$	整体 X、Y 和 Z 方向上的滞止体力
SP[E]	不支持	$FL^{-4}T^2$	施加在单元参考面上的滞止压力
TRSHR	Surface traction	FL^{-2}	单元参考面上的剪切牵引力
TRSHRNU[S]	不支持	FL^{-2}	单元参考面上的非均匀剪切牵引力，大小和方向通过 UTRACLOAD 来提供
TRVEC	Surface traction	FL^{-2}	单元参考面上的一般牵引力
TRVECNU[S]	不支持	FL^{-2}	单元参考面上的非均匀一般牵引力，大小和方向通过用户子程序 UTRACLOAD 来提供
VBF[E]	不支持	$FL^{-4}T$	整体 X、Y 和 Z 方向上的黏性体力
VP[E]	不支持	$FL^{-3}T$	黏性面压力。该压力与垂直于单元面的速度成比例，其方向与运动方向相反

基础（表 3-65）

具有位移自由度的 Abaqus/Standard 单元可以使用基础。如"单元基础"（《Abaqus 分析用户手册——介绍、空间建模、执行与输出卷》的 2.2.2 节）所描述的那样指定基础。

表 3-65 基础

载荷标识 （*FOUNDATION）	Abaqus/CAE Load/Interaction	量 纲 式	说 明
F[S]	Elastic foundation	FL^{-3}	壳法向方向上的弹性基础

分布热通量（表 3-66）

具有温度自由度的单元可以使用分布热通量。如"热载荷"（《Abaqus 分析用户手册——指定条件、约束与相互作用卷》的 1.4.4 节）所描述的那样指定分布热通量。

表 3-66　基于单元的分布热通量

载荷标识 （*DFLUX）	Abaqus/CAE Load/Interaction	量　纲　式	说　　明
BF[(S)]	Body heat flux	$JL^{-3}T^{-1}$	单位体积的体热通量
BFNU[(S)]	Body heat flux	$JL^{-3}T^{-1}$	单位体积的非均匀体热通量，通过用户子程序 DFLUX 提供大小
SNEG[(S)]	Surface heat flux	$JL^{-2}T^{-1}$	流入单元底面的单位面积上的面热通量
SPOS[(S)]	Surface heat flux	$JL^{-2}T^{-1}$	流入单元顶面的单位面积上的面热通量
SNEGNU[(S)]	不支持	$JL^{-2}T^{-1}$	流入单元底面的单位面积上的非均匀面热通量，通过用户子程序 DFLUX 提供大小
SPOSNU[(S)]	不支持	$JL^{-2}T^{-1}$	流入单元顶面的单位面积上的非均匀面热流量，通过用户子程序 DFLUX 提供大小

膜条件（表 3-67）

具有温度自由度的单元可以使用膜条件。如"热载荷"（《Abaqus 分析用户手册——指定条件、约束与相互作用卷》的 1.4.4 节）所描述的那样指定膜条件。

表 3-67　基于单元的膜条件

载荷标识 （*FILM）	Abaqus/CAE Load/Interaction	量　纲　式	说　　明
FNEG[(S)]	Surface film condition	$JL^{-2}T^{-1}\theta^{-1}$	单元底面上的膜系数和热沉温度（量纲式 θ）
FPOS[(S)]	Surface film condition	$JL^{-2}T^{-1}\theta^{-1}$	单元顶面上的膜系数和热沉温度（量纲式 θ）
FNEGNU[(S)]	不支持	$JL^{-2}T^{-1}\theta^{-1}$	单元底面上的非均匀膜系数和热沉温度（量纲式 θ），通过用户子程序 FILM 提供大小
FPOSNU[(S)]	不支持	$JL^{-2}T^{-1}\theta^{-1}$	单元顶面上的非均匀膜系数和热沉温度（量纲式 θ），通过用户子程序 FILM 提供大小

辐射类型（表 3-68）

具有温度自由度的单元可以使用辐射条件。如"热载荷"（《Abaqus 分析用户手册——指定条件、约束与相互作用卷》的 1.4.4 节）所描述的那样指定辐射条件。

表 3-68　基于单元的辐射条件

载荷标识 （*RADIATE）	Abaqus/CAE Load/Interaction	量　纲　式	说　　明
RNEG[(S)]	Surface radiation	无量纲	壳单元底面上的辐射率和热沉温度（量纲式 θ）
RPOS[(S)]	Surface radiation	无量纲	壳单元顶面上的辐射率和热沉温度（量纲式 θ）

基于面的载荷

分布载荷（表 3-69）

所有具有位移自由度的单元可以使用基于面的分布载荷。如"分布载荷"（《Abaqus 分析用户手册——指定条件、约束与相互作用卷》的 1.4.3 节）所描述的那样指定基于面的分布载荷。

表 3-69 基于面的分布载荷

载荷标识 （＊DSLOAD）	Abaqus/CAE Load/Interaction	量 纲 式	说　明
EDLD	Shell edge load	FL^{-1}	以边为基础的面上的一般牵引力
EDLDNU[S]	Shell edge load	FL^{-1}	以边为基础的面上的非均匀一般牵引力，通过用户子程序 UTRACLOAD 提供大小和方向
EDMOM	Shell edge load	F	以边为基础的面上的力矩
EDMOMNU[S]	Shell edge load	F	以边为基础的面上的非均匀力矩，通过用户子程序 UTRACLOAD 提供大小
EDNOR	Shell edge load	FL^{-1}	以边为基础的面上的法向牵引力
EDNORNU[S]	Shell edge load	FL^{-1}	以边为基础的面上的非均匀法向牵引力，通过用户子程序 UTRACLOAD 提供大小
EDSHR	Shell edge load	FL^{-1}	以边为基础的面上的剪切牵引力
EDSHRNU[S]	Shell edge load	FL^{-1}	以边为基础的面上的非均匀剪切牵引力，通过用户子程序 UTRACLOAD 提供大小
EDTRA	Shell edge load	FL^{-1}	以边为基础的面上的横向牵引力
EDTRANU[S]	Shell edge load	FL^{-1}	以边为基础的面上的非均匀横向牵引力，通过用户子程序 UTRACLOAD 提供大小
HP[S]	Pressure	FL^{-2}	单元参考面上的静水压力，在整体 Z 方向上是线性的。该压力在面法向的相反方向上是正的
P	Pressure	FL^{-2}	单元参考面上的压力。该压力在面法向的相反方向上是正的
PNU	Pressure	FL^{-2}	单元参考面上的非均匀压力（在 Abaqus/Standard 中，通过用户子程序 DLOAD 提供大小；在 Abaqus/Explicit 中，通过用户子程序 VDLOAD 提供大小）。该压力在面法向的相反方向上是正的
SP[E]	Pressure	$FL^{-4}T^2$	施加在单元参考面上的滞止压力

（续）

载荷标识 （*DSLOAD）	Abaqus/CAE Load/Interaction	量纲式	说　明
TRSHR	Surface traction	FL^{-2}	单元参考面上的剪切牵引力
TRSHRNU[S]	Surface traction	FL^{-2}	单元参考面上的非均匀剪切牵引力，通过用户子程序 UTRACLOAD 提供大小和方向
TRVEC	Surface traction	FL^{-2}	单元参考面上的一般牵引力
TRVECNU[S]	Surface traction	FL^{-2}	单元参考面上的非均匀一般牵引力，通过用户子程序 UTRACLOAD 提供大小和方向
VP[E]	Pressure	$FL^{-3}T$	黏性面压力。黏性压力与垂直于单元面的速度成比例，其方向与运动方向相反

分布热通量（表3-70）

具有温度自由度的单元可以使用基于面的分布热通量。如"热载荷"（《Abaqus 分析用户手册——指定条件、约束与相互作用卷》的 1.4.4 节）所描述的那样指定基于面的分布热通量。

表3-70　基于面的分布热通量

载荷标识 （*DSFLUX）	Abaqus/CAE Load/Interaction	量纲式	说　明
S[S]	Surface heat flux	$JL^{-2}T^{-1}$	流入单元面的单位面积上的面热通量
SNU[S]	Surface heat flux	$JL^{-2}T^{-1}$	流入单元面的单位面积上的非均匀面热通量，通过用户子程序 DFLUX 提供大小

膜条件（表3-71）

具有温度自由度的单元可以使用基于面的膜条件。如"热载荷"（《Abaqus 分析用户手册——指定条件、约束与相互作用卷》的 1.4.4 节）所描述的那样指定基于面的膜条件。

表3-71　基于面的膜条件

载荷标识 （*SFILM）	Abaqus/CAE Load/Interaction	量纲式	说　明
F[S]	Surface film condition	$JL^{-2}T^{-1}\theta^{-1}$	单元面上的膜系数和热沉温度（量纲式 θ）
FNU[S]	Surface film condition	$JL^{-2}T^{-1}\theta^{-1}$	单元面上的非均匀膜系数和热沉温度（量纲式 θ），通过用户子程序 FILM 提供大小

辐射类型（表3-72）

具有温度自由度的单元可以使用基于面的辐射条件。如"热载荷"（《Abaqus 分析用户手册——指定条件、约束与相互作用卷》的 1.4.4 节）所描述的那样指定基于面的辐射条件。

表 3-72　基于面的辐射条件

载荷标识 （＊SRADIATE）	Abaqus/CAE Load/Interaction	量　纲　式	说　　明
R(S)	Surface radiation	无量纲	单元面上的辐射率和热沉温度（量纲式 θ）

入射波载荷

可以使用基于面的入射波载荷。如"声学、冲击和耦合的声学-结构分析"（《Abaqus 分析用户手册——分析卷》的 1.10 节）所描述的那样指定入射波载荷。如果入射波场包含网格边界外部平面的反射，则也可以包含此作用。

单元输出

如果没有为单元赋予局部坐标系，则应力/应变分量以及截面力/应变位于由约定（见"约定"，《Abaqus 分析用户手册——介绍、空间建模、执行与输出卷》的 1.2.2 节）定义的面的默认方向上。如果通过截面定义为单元赋予了局部坐标系（见"方向"，《Abaqus 分析用户手册——介绍、空间建模、执行与输出卷》的 2.2.5 节），则应力/应变分量和截面力/应变是在局部坐标系定义的面方向上。

在 Abaqus/Standard 中，使用允许有限膜应变单元的大位移问题中，以及在 Abaqus/Standard 中的所有问题中，在参考构型中定义的局部方向通过平均材料转动旋转到当前的构型中。

应力、应变和其他张量分量

具有位移自由度的单元可以使用应力和其他张量（包括应变张量）。所有张量具有相同的分量。例如，应力分量见表3-73。

表 3-73　应力分量

标　　识	说　　明
S11	局部 11 方向上的主应力
S22	局部 22 方向上的主应力
S12	局部 12 方向上的切应力

截面力、力矩和横向剪切力（表3-74）

具有位移自由度的单元可以使用截面力、力矩和横向剪切力。

表3-74 截面力、力矩和横向剪切力

标 识	说 明
SF1	局部1方向单位宽度上的主膜力
SF2	局部2方向单位宽度上的主膜力
SF3	局部1-2平面内单位宽度上的剪切膜力
SF4	局部1方向单位宽度上的横向剪切力（仅用于S3/S3R、S3RS、S4、S4R、S4RS、S4RSW、S8R和S8RT）
SF5	局部2方向单位宽度上的横向剪切力（仅用于S3/S3R、S3RS、S4、S4R、S4RS、S4RSW、S8R和S8RT）
SM1	关于局部2轴的单位宽度上的弯曲力矩力
SM2	关于局部1轴的单位宽度上的弯曲力矩力
SM3	局部1-2平面内单位宽度上的扭转力矩力

厚度为 h 的给定壳截面上，法向基本方向上单位长度产生的截面力和力矩可以定义成

$$(SF1, SF2, SF3, SF4, SF5) = \int_{-h/2 - z_0}^{h/2 - z_0} (\sigma_{11}, \sigma_{22}, \sigma_{12}, \sigma_{13}, \sigma_{23}) dz$$

$$(SM1, SM2, SM3) = \int_{-h/2 - z_0}^{h/2 - z_0} (\sigma_{11}, \sigma_{22}, \sigma_{12}) z dz$$

式中，z_0 是参考面相对中面的偏移值。

截面力 SF6 是整个壳厚度上 σ_{33} 的积分，仅为有限应变壳单元输出，并且由于平面应力构型假设而是零。为有限应变壳单元写入结果文件的属性总数量是9；SF6是第六个属性。

平均截面应力（表3-75）

具有位移自由度的单元可以使用平均截面应力。

表3-75 平均截面应力

标 识	说 明
SSAVG1	局部1方向上的平均膜应力
SSAVG2	局部2方向上的平均膜应力
SSAVG3	局部1-2平面内的平均膜应力
SSAVG4	局部1方向上的平均横向剪切应力
SSAVG5	局部2方向上的平均横向剪切应力

将平均截面应力定义成

$$(SSAVG1, SSAVG2, SSAVG3, SSAVG4, SSAVG5) = (SF1, SF2, SF3, SF4, SF5)/h$$

式中，h 是当前截面厚度。

截面应变、曲率和横向剪切应变（表3-76）

具有位移自由度的单元可以使用截面应变、曲率和横向剪切应变。

表 3-76　截面应变、曲率和横向剪切应变

标　识	说　明
SE1	局部 1 方向上的主膜应变
SE2	局部 2 方向上的主膜应变
SE3	局部 1-2 平面内的剪切膜应变
SE4	局部 1 方向上的横向剪切应变（仅用于 S3/S3R、S3RS、S4、S4R、S4RS、S4RSW、S8R 和 S8RT）
SE5	局部 2 方向上的横向剪切应变（仅用于 S3/S3R、S3RS、S4、S4R、S4RS、S4RSW、S8R 和 S8RT）
SE6	厚度方向上的应变（仅用于 S3/S3R、S3RS、S4、S4R、S4RS、S4RSW 和 S4RSW）
SK1	关于局部 2 轴的曲率变化
SK2	关于局部 1 轴的曲率变化
SK3	局部 1-2 平面中的面扭曲

局部方向定义见"壳单元：概览"（3.6.1 节）。

壳厚度（表 3-77）

表 3-77　壳厚度

标　识	说　明
STH	S3/S3R、S3RS、S4、S4R、S4RS 和 S4RSW 单元的当前截面厚度

横向剪切应力估计值（表 3-78）

S3/S3R、S3RS、S4、S4R、S4RS、S4RSW、S8R 和 S8RT 单元可以使用横向剪切应力估计值。

表 3-78　横向剪切应力估计值

标　识	说　明
TSHR13	横向剪切应力的第 13 个分量
TSHR23	横向剪切应力的第 23 个分量

对于辛普森法则和高斯积分法，横向剪切应力的估计值可用作截面积分点处的输出变量 TSHR13 或者 TSHR23。对于辛普森法则，应当在非默认的截面点上请求输出变量 TSHR13 或者 TSHR23，因为默认输出是在壳截面的截面点 1 处，此处不存在横向剪切应力。对于 Abaqus/Explicit 中的小应变单元，假定对于非复合材料截面，横向剪切应力分布是不变的；而对于复合材料截面，横向剪切应力是分段不变的。因此，应对积分点处的横向剪切应力进行插值。

对于单元 S4，在单元的中心处计算横向剪切，并假定横向剪切在整个单元上是不变的。因此，横向剪切应变、力和应力在单元的整个面积上是不变的。

对于数值积分的壳截面（不包括 Abaqus/Explicit 中的小应变壳），复合材料截面中内层合剪切应力的估计值，即两个复合层界面处的横向剪切应力仅可以通过辛普森法则得到。使

用高斯积分法时，在复合层界面处没有截面积分点。

与平面应力分量 S11、S22 和 S12 不同，横向剪切应力分量 TSHR13 和 TSHR23 不是根据壳截面点处的本构行为计算的。而是在关于一个轴弯曲的条件下，通过将和壳截面的剪切变形相关的弹性应变能，与基于截面上横向剪切应力的分段二次变化的弹性应变能进行匹配来估算它们（见"复合材料壳中的横向剪切刚度和相对中面的偏移"，《Abaqus 理论手册》的 3.6.8 节）。因此，仅当弹性材料模型用于壳截面的每个层时，才支持内层合剪切应力的计算。如果用户指定了横向剪切刚度值，则不能得到内层合剪切应力输出。

热通量分量（表 3-79）

具有温度自由度的单元可以使用热通量分量。

表 3-79　热通量分量

标　识	说　明
HFL1	局部 1 方向上的热通量
HFL2	局部 2 方向上的热通量
HFL3	局部 3 方向上的热通量

单元中的节点顺序（图 3-64）

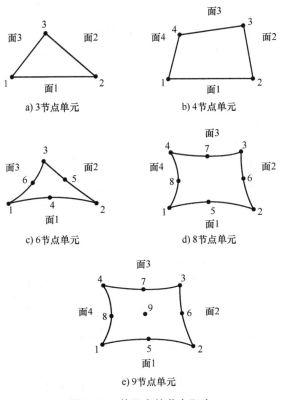

图 3-64　单元中的节点顺序

输出积分点编号

应力/位移分析（图3-65）

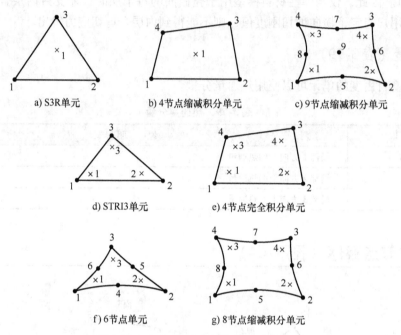

a) S3R单元　　　　b) 4节点缩减积分单元　　　　c) 9节点缩减积分单元

d) STRI3单元　　　　e) 4节点完全积分单元

f) 6节点单元　　　　g) 8节点缩减积分单元

图3-65　应力/位移分析输出积分点编号

热传导分析（图3-66）

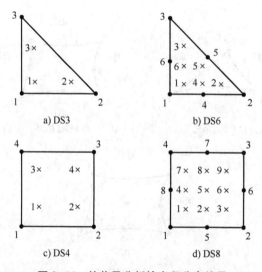

a) DS3　　　　b) DS6

c) DS4　　　　d) DS8

图3-66　热传导分析输出积分点编号

3.6.8 连续壳单元库

产品：Abaqus/Standard   Abaqus/Explicit   Abaqus/CAE

参考

- "壳单元：概览"，3.6.1 节
- "选择壳单元"，3.6.2 节
- *SHELL GENERAL SECTION
- *SHELL SECTION

概览

本节提供 Abaqus/Standard 和 Abaqus/Explicit 中可用的连续壳单元的参考。

单元类型

应力/位移单元（表3-80）

表3-80 应力/位移单元

标　识	说　　明
SC6R	6 节点三角形平面连续壳楔形、通用有限膜应变单元
SC8R	8 节点六面体通用有限膜应变单元

有效自由度

1、2、3。

附加解变量

无。

耦合的温度-位移单元（表3-81）

表3-81 耦合的温度-位移单元

标　识	说　　明
SC6RT	6 节点线性位移和温度、三角形平面连续壳楔形、通用有限膜应变单元
SC8RT	8 节点线性位移和温度、六面体、通用有限膜应变单元

有效自由度

1、2、3、11。

附加解变量

无。

所需节点坐标

X, Y, Z。

单元属性定义

输入文件用法： 使用下面选项中的任何一个：
* SHELL SECTION
* SHELL GENERAL SECTION

Abaqus/CAE 用法：Property module：Create Section：截面 Category 选择 Shell，截面 Type
选择 Homogeneous 或者 Composite

基于单元的载荷

分布载荷（表3-82）

如"分布载荷"（《Abaqus 分析用户手册——指定条件、约束与相互作用卷》的 1.4.3
节）所描述的那样指定分布载荷。

表 3-82　基于单元的分布载荷

载荷标识 （* DLOAD）	Abaqus/CAE Load/Interaction	量 纲 式	说　明
BX	Body force	FL^{-3}	整体 X 方向上的体力（大小为单位体积上的力）
BY	Body force	FL^{-3}	整体 Y 方向上的体力（大小为单位体积上的力）
BZ	Body force	FL^{-3}	整体 Z 方向上的体力（大小为单位体积上的力）
BXNU	Body force	FL^{-3}	整体 X 方向上的非均匀体力（大小为单位体积上的力）（在 Abaqus/Standard 中，通过用户子程序 DLOAD 提供大小；在 Abaqus/Explicit 中，通过用户子程序 VDLOAD 提供大小）
BYNU	Body force	FL^{-3}	整体 Y 方向上的非均匀体力（大小为单位体积上的力）（在 Abaqus/Standard 中，通过用户子程序 DLOAD 提供大小；在 Abaqus/Explicit 中，通过用户子程序 VDLOAD 提供大小）

（续）

载荷标识 （＊DLOAD）	Abaqus/CAE Load/Interaction	量 纲 式	说 明
BZNU	Body force	FL^{-3}	整体 Z 方向上的非均匀体力（大小为单位体积上的力）（在 Abaqus/Standard 中，通过用户子程序 DLOAD 提供大小；在 Abaqus/Explicit 中，通过用户子程序 VDLOAD 提供大小）
CENT[S]	不支持	FL^{-4} （$ML^{-3}T^{-2}$）	离心载荷（大小输入成 $\rho\omega^2$，其中 ρ 是质量密度，ω 是角速度）
CENTRIF[S]	Rotational body force	T^{-2}	离心载荷（大小输入成 ω^2，ω 是角速度）
CORIO[S]	Coriolis force	FL^{-4} （$ML^{-3}T^{-1}$）	科氏力（大小输入成 $\rho\omega$，其中 ρ 是质量密度，ω 是角速度）。在直接稳态动力学分析中，不考虑由科氏载荷引起的载荷刚度
GRAV	Gravity	LT^{-2}	指定方向上的重力载荷（大小输入成加速度）
HPn[S]	不支持	FL^{-2}	面 n 上的静水压力，在整体 Z 方向上是线性的。正压力方向指向单元内部
Pn	Pressure	FL^{-2}	面 n 上的压力。正压力方向指向单元内部
PnNU	不支持	FL^{-2}	面 n 上的非均匀压力（大小为单位体积上的力）（在 Abaqus/Standard 中，通过用户子程序 DLOAD 提供大小；在 Abaqus/Explicit 中，通过用户子程序 VDLOAD 提供大小）正压力方向指向单元内部
ROTA[S]	Rotational body force	T^{-2}	转动加速度载荷（大小输入成 α，α 是转动加速度）
ROTDYNF[S]	不支持	T^{-1}	转子动力学载荷（大小输入成 ω，ω 是角速度）
SBF[E]	不支持	$FL^{-5}T^2$	整体 X、Y 和 Z 方向上的滞止体力
SPn[E]	不支持	$FL^{-4}T^2$	面 n 上的滞止压力
TRSHRn	Surface traction	FL^{-2}	面 n 上的剪切牵引力
TRSHRnNU[S]	不支持	FL^{-2}	面 n 上的非均匀剪切牵引力，通过用户子程序 UTRACLOAD 提供大小和方向
TRVECn	Surface traction	FL^{-2}	面 n 上的一般牵引力
TRVECnNU[S]	不支持	FL^{-2}	面 n 上的非均匀一般牵引力，通过用户子程序 UTRACLOAD 提供大小和方向
VBF[E]	不支持	$FL^{-4}T$	整体 X、Y 和 Z 方向上的黏性体力
VPn[E]	不支持	FL^3T	面 n 上的黏性压力，该压力与垂直于面的速度成比例，其方向与运动方向相反

基础（表3-83）

如"单元基础"（《Abaqus 分析用户手册——介绍、空间建模、执行与输出卷》的 2.2.2 节）所描述的那样指定基础。

表 3-83　基础

载荷标识 （＊FOUNDATION）	Abaqus/CAE Load/Interaction	量 纲 式	说　明
Fn(S)	Elastic foundation	FL^{-3}	面 n 上的弹性基础。正压力指向单元内部

分布热通量（表3-84）

所有具有温度自由度的单元可以使用分布热通量。如"热载荷"（《Abaqus 分析用户手册——指定条件、约束与相互作用卷》的 1.4.4 节）所描述的那样指定分布热通量。

表 3-84　基于单元的分布热通量

载荷标识 （＊DFLUX）	Abaqus/CAE Load/Interaction	量 纲 式	说　明
BF	Body heat flux	$JL^{-3}T^{-1}$	单位体积的热体通量
BFNU(S)	Body heat flux	$JL^{-3}T^{-1}$	单位体积的非均匀热体通量，通过用户子程序 DFLUX 提供大小
Sn	Surface heat flux	$JL^{-2}T^{-1}$	流入面 n 的单位面积上的热面通量
SnNU(S)	不支持	$JL^{-2}T^{-1}$	流入面 n 的单位面积上的非均匀热面通量，通过用户子程序 DFLUX 提供大小

膜条件（表3-85）

所有具有温度自由度的单元可以使用膜条件。如"热载荷"（《Abaqus 分析用户手册——指定条件、约束与相互作用卷》的 1.4.4 节）所描述的那样指定膜条件。

表 3-85　基于单元的膜条件

载荷标识 （＊FILM）	Abaqus/CAE Load/Interaction	量 纲 式	说　明
Fn	Surface film condtion	$JL^{-2}T^{-1}\theta^{-1}$	面 n 上的膜系数和热沉温度（量纲式 θ）
FnNU(S)	不支持	$JL^{-2}T^{-1}\theta^{-1}$	面 n 上的非均匀膜系数和热沉温度（量纲式 θ），通过用户子程序 FILM 提供大小

辐射类型（表3-86）

所有具有温度自由度的单元可以使用辐射条件。如"热载荷"（《Abaqus 分析用户手册——指定条件、约束与相互作用卷》的 1.4.4 节）所描述的那样指定辐射条件。

表 3-86　基于单元的辐射条件

载荷标识 （*RADIATE）	Abaqus/CAE Load/Interaction	量纲式	说　　明
Rn	Surface radiation	无量纲	面 n 上的辐射率和热沉温度（量纲式 θ）

基于面的载荷

分布载荷（表 3-87）

如"分布载荷"（《Abaqus 分析用户手册——指定条件、约束与相互作用卷》的 1.4.3 节）所描述的那样指定基于面的分布载荷。

表 3-87　基于面的分布载荷

载荷标识 （*DSLOAD）	Abaqus/CAE Load/Interaction	量纲式	说　　明
HP[(S)]	Pressure	FL^{-2}	施加在单元面上的静水压力，在整体 Z 方向上是线性的。该压力在面法向的相反方向上是正的
P	Pressure	FL^{-2}	施加在单元面上的压力。该压力在面法向的相反方向上是正的
PNU	Pressure	FL^{-2}	施加在单元面上的非均匀压力（在 Abaqus/Standard 中，通过用户子程序 DLOAD 提供大小；在 Abaqus/Explicit 中，通过用户子程序 VDLOAD 提供大小）。该压力在面法向的相反方向上是正的
SP[(E)]	Pressure	$FL^{-4}T^2$	施加在单元参考面上的滞止压力
TRSHR	Surface traction	FL^{-2}	单元参考面上的剪切牵引力
TRSHRNU[(S)]	Surface traction	FL^{-2}	单元参考面上的非均匀剪切牵引力，通过用户子程序 UTRACLOAD 提供大小和方向
TRVEC	Surface traction	FL^{-2}	单元参考面上的一般牵引力
TRVECNU[(S)]	Surface traction	FL^{-2}	单元参考面上的非均匀一般牵引力，通过用户子程序 UTRACLOAD 提供大小和方向
VP[(E)]	Pressure	FL^3T	黏性面压力。黏性压力与垂直于单元面的速度成比例，其方向与运动方向相反

分布热通量（表 3-88）

所有具有温度自由度的单元可以使用基于面的热通量。如"热载荷"（《Abaqus 分析用户手册——指定条件、约束与相互作用卷》的 1.4.4 节）所描述的那样指定基于面的热通量。

表 3-88　基于面的分布热通量

载荷标识 （＊DSFLUX）	Abaqus/CAE Load/Interaction	量　纲　式	说　　明
S	Surface heat flux	$JL^{-2}T^{-1}$	流入单元面的单位面积上的热面通量
SNU[S]	Surface heat flux	$JL^{-2}T^{-1}$	流入单元面的单位面积上的非均匀热面通量，通过用户子程序 DFLUX 提供大小

膜条件（表 3-89）

所有具有温度自由度的单元可以使用基于面的膜条件。如"热载荷"（《Abaqus 分析用户手册——指定条件、约束与相互作用卷》的 1.4.4 节）所描述的那样指定基于面的膜条件。

表 3-89　基于面的膜条件

载荷标识 （＊SFILM）	Abaqus/CAE Load/Interaction	量　纲　式	说　　明
F	Surface film conditon	$JL^{-2}T^{-1}\theta^{-1}$	单元面上的膜系数和热沉温度（量纲式 θ）
FNU[S]	Surface film condition	$JL^{-2}T^{-1}\theta^{-1}$	单元面上的非均匀膜系数和热沉温度（量纲式 θ），通过用户子程序 FILM 提供大小

辐射类型（表 3-90）

所有具有温度自由度的单元可以使用基于面的辐射条件。如"热载荷"（《Abaqus 分析用户手册——指定条件、约束与相互作用卷》的 1.4.4 节）所描述的那样指定辐射条件。

表 3-90　基于面的辐射条件

载荷标识 （＊SFILM）	Abaqus/CAE Load/Interaction	量　纲　式	说　　明
R	Surface radiation	无量纲	单元面上的辐射率和热沉温度（量纲式 θ）

单元输出

如果没有给单元赋予局部坐标系，则应力/应变分量以及截面力/应变是在面的默认方向上，此默认方向是通过"约定"（《Abaqus 分析用户手册——介绍、空间建模、执行与输出卷》的 1.2.2 节）中给出的约定来定义的。如果通过截面定义给单元赋予了局部坐标系（见"方向"，《Abaqus 分析用户手册——介绍、空间建模、执行与输出卷》的 2.2.5 节），则应力/应变分量和截面力/应变是在局部坐标系定义的面方向上。

参考构型中定义的局部方向随平均材料转动旋转到当前构型中。

在复合材料壳的情况中，堆叠连续壳（CTSHR13 和 CTSHR23）的截面力、截面应变和横向剪切应力分量的估计值是在为整个截面定义的局部方向上给出的（如果没有使用截面方向，则是在默认的壳坐标方向上给出的）。应力、应变和横向剪切应力（TSHR13 和 TSHR23）分量是在各自的层方向上给出的。

应力、应变和其他张量分量

可以使用应力和其他张量（包括应变张量）。所有张量具有相同的分量。例如，应力分量见表 3-91。

表 3-91 应力分量

标　识	说　明
S11	局部 11 方向上的正应力
S22	局部 22 方向上的正应力
S12	局部 12 上的剪切应力

如"Abaqus/Standard 输出变量标识符"（《Abaqus 分析用户手册——介绍、空间建模、执行与输出卷》的 4.2.1 节）所讨论的那样，输入到输出数据库中的厚度方向上的应力 σ_{33} 是零。可以根据平均截面应力变量 SSAVG6 得到 σ_{33}。连续壳单元的平面应力分量输出不包含由厚度方向变化引起的泊松效应。

热通量分量（表 3-92）

具有温度自由度的单元可以使用热通量分量。

表 3-92 热通量分量

标　识	说　明
HFL1	X 方向上的热通量
HFL2	Y 方向上的热通量
HFL3	Z 方向上的热通量

截面力、力矩和横向剪切力（表 3-93）

表 3-93 截面力、力矩和横向剪切力

标　识	说　明
SF1	局部 1 方向单位宽度上的正膜力
SF2	局部 2 方向单位宽度上的正膜力
SF3	局部 1-2 平面内单位宽度上的剪切膜力
SF4	局部 1 方向单位宽度上的横向剪切力
SF5	局部 2 方向单位宽度上的横向剪切力
SF6	在单元厚度上积分的厚度应力
SM1	关于 2 轴的单元宽度上的弯曲力矩
SM2	关于 1 轴的单元宽度上的弯曲力矩
SM3	1-2 平面内单元宽度上的扭转力矩

厚度为 h 的给定壳截面的法向基本方向上单位长度上的截面力和力矩结果可以基于下面的公式进行定义

$$(SF1,SF2,SF3,SF4,SF5,SF6) = \int_{-h/2}^{h/2}(\sigma_{11},\sigma_{22},\sigma_{12},\sigma_{13},\sigma_{23},\sigma_{33})\mathrm{d}z$$

$$(SM1,SM2,SM3) = \int_{-h/2}^{h/2}(\sigma_{11},\sigma_{22},\sigma_{12})z\mathrm{d}z$$

式中，厚度方向上的应力 σ_{33} 在整个厚度上是不变的。连续壳单元的平面截面力输出不包括由厚度方向变化引起的泊松效应。

平均截面应力（表3-94）

表3-94　平均截面应力

标　识	说　　明
SSAVG1	局部1方向上的平均膜应力
SSAVG2	局部2方向上的平均膜应力
SSAVG3	局部1-2平面内的平均膜应力
SSAVG4	局部1方向上的平面横向剪切应力
SSAVG5	局部2方向上的平面横向剪切应力
SSAVG6	局部3方向上的平均厚度应力

将平均截面应力定义成

$$SSAVGn = SFn/h$$

式中，$n = 1,\ \dots,\ 6$；h 是当前截面厚度；σ_{33} 在整个厚度上是不变的。

截面应变、曲率和横向剪切应变（表3-95）

表3-95　截面应变、曲率和横向剪切应变

标　识	说　　明
SE1	局部1方向上的正膜应变
SE2	局部2方向上的正膜应变
SE3	局部1-2平面内的剪切膜应变
SE4	局部1方向上的横向剪切应变
SE5	局部2方向上的横向剪切应变
SE6	厚度方向上的总应变
SK1	关于局部1轴的曲率变化
SK2	关于局部2轴的曲率变化
SK3	局部1-2平面内的面扭转

局部方向在"壳单元：概览"（3.6.1节）中进行了定义。

壳厚度（表3-96）

表3-96　壳厚度

标　识	说　明
STH	如果考虑了几何非线性，则为当前截面厚度；否则为初始截面厚度

横向剪切应力估计值（表3-97）

表3-97　横向剪切应力估计值

标　识	说　明
TSHR13	横向剪切应力的第 13 个分量
TSHR23	横向剪切应力的第 23 个分量

对于辛普森法则和高斯求积法，横向剪切应力的估计值可用作截面积分点处的输出变量 TSHR13 或者 TSHR23。对于辛普森法则，应当在非默认的截面点处请求输出变量 TSHR13 或者 TSHR23，因为默认输出是在壳截面的截面点 1 处，此处不存在横向剪切应力。

对于数值积分的截面，复合材料截面中内层合剪切应力的估计值即两个复合层界面处的横向剪切应力仅可以通过辛普森法则得到。使用高斯积分法时，复合层界面处不存在截面积分点。

与面中应力分量 S11、S22 和 S12 不同，TSHR13 和 TSHR23 不是根据壳截面点处的本构行为计算的。而是在关于一个轴弯曲的条件下，通过将和壳截面的剪切变形相关的弹性应变能，与基于截面上横向剪切应力的分段二次变化的弹性应变能进行匹配，来估算 TSHR13 和 TSHR23（见"复合材料壳中的横向剪切刚度和相对中面的偏移"，《Abaqus 理论手册》的 3.6.8 节）。因此，仅当弹性材料模型用于壳截面的每个层时，才支持内层合剪切应力的计算。如果用户指定了横向剪切刚度值，则不能得到内层合剪切应力输出。TSHR13 和 TSHR23 仅用于在厚度方向上有一个单元的截面。对于在厚度上有两个或者更多堆叠连续壳单元的截面，应使用输出变量 SSAVG4 和 SSAVG5 或者 CTSHR13 和 CTSHR23。使用 SSAVG4 和 SSAVG5 估算堆叠连续壳中的横向剪切应力分布的例子见"圆柱弯曲的复合壳"（《Abaqus 基准手册》的 1.1.3 节）。

堆叠连续壳横向剪切应力的估计值（表3-98）

表3-98　堆叠连续壳横向剪切应力的估计值

标　识	说　明
CTSHR13	堆叠连续壳中横向剪切应力的第 13 个分量
CTSHR23	堆叠连续壳中横向剪切应力的第 23 个分量

对于辛普森法则和高斯积分法，堆叠连续壳中考虑内层合横向剪切应力连续性的横向剪切应力的估计值，在截面积分点处可用作输出变量 CTSHR13 或者 CTSHR23。CTSHR13 或者 CTSHR23 仅用于 Abaqus/Standard。

CTSHR13 或者 CTSHR23 不是根据壳截面上多个点处的本构行为计算得到的。通过假定单元截面上的剪应力呈二次变化，并强迫堆叠中相邻连续单元界面上的横向剪切具有连续性，对它们进行估算。同时，假定堆叠自由边界处的横向剪切是零。

CTSHR13 和 CTSHR23 的用途是估算使用堆叠连续壳单元模拟的平的或者近乎平的复合材料平板整个厚度上的横向剪切应力，而堆叠模型中的每个连续壳单元模拟单个材料层。CTSHR13 和 CTSHR23 的中心是连续壳单元"堆叠"概念上的中心。

在前处理输入文件中，Abaqus 将模型中的所有连续壳划分为多个堆叠。将"堆叠"定义成连续壳的集合，连续壳的第一个单元和最后一个单元位于自由边界上，并且通过单元顶面和底面（由单元的堆叠方向来决定）上的共享节点相连接。在此情况中，"自由边界"是连续壳单元的顶面或者底面，不通过它们的节点与其他连续壳单元相连接。例如，假定图 3-67 中所有单元的堆叠方向都是 z 方向，单元 1~6 将形成一个堆叠。

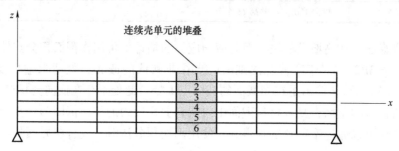

图 3-67　在厚度上使用六个堆叠的连续单元划分的复合材料平板

需要着重指出，连续壳的堆叠是通过共享节点连接的，而不是通过约束或者其他单元连接的。例如，假定图 3-67 中的单元对 1-2、2-3、4-5 和 5-6 是通过共享节点彼此连接的，但是单元 3 和 4 是通过约束（如绑定约束）连接的。在此情况中，Abaqus 将认为单元 3 的底面和单元 4 的顶面是自由边界；因此，单元 1~3 将形成一个堆叠，单元 4~6 将形成另一个独立的堆叠。另外一个例子是，假定单元 4 不是连续壳单元。在此情况中，单元 1~3 将形成一个堆叠，单元 5 和 6 将形成另一个堆叠。最后一个例子是，假定单元 1~5 的堆叠方向是整体 z 方向，单元 6 的堆叠方向是在整体 x 方向。则单元 1~5 将形成一个堆叠，与单元 6 分离。以上三个例子中，CTSHR13 和 CTSHR23 的计算值可能不是所需值。用户更希望单元 1~6 在同一个堆叠中。有必要改变模型来实现这一点。用户可以通过请求模型定义数据，来查看数据文件中连续壳单元划分的堆叠。

堆叠中的连续壳单元必须满足特定的准则，否则，Abaqus 会将堆叠标识成对于 CTSHR13 或者 CTSHR23 计算无效。如果在堆叠被标识成无效的情况下请求了 CTSHR13 或者 CTSHR23，则不进行计算并将此堆叠中所有连续壳单元的相应输出设置成零。在连续壳单元没有弹性材料模型的情况下，如果用户为堆叠中的任何单元指定了横向剪切，或者将单元指定成刚性的，则标识此堆叠无效。如果堆叠中任何单元的法向与堆叠平均法向相差超过 10°，也将此堆叠标识成无效。此外，如果在分析中删除了连续壳单元，则此连续单元所在的堆叠也标识成无效，除非重新激活了单元。

对于 CTSHR13 和 CTSHR23，还有一些其他限制。使用多层复合材料定义的任何连续壳单元均不能使用 CTSHR13 和 CTSHR23。然而，堆叠中具有多层复合单元不会导致堆叠失效。为了计算 CTSHR13 和 CTSHR23，在任何单个堆叠中至多可放置 500 个连续壳单元。如果堆叠在彼此顶部的单元多于 500 个，Abaqus 将在输入文件前处理过程中发出一个警告，并且不计算 CTSHR13 和 CTSHR23，同时将模型中所有连续壳单元的 CTSHR13 和 CTSHR23 设置成零。如果单元操作是并行执行的，则不能使用 CTSHR13 和 CTSHR23（见"Abaqus/Standard 中的并行执行"，《Abaqus 分析用户手册——介绍、空间建模、执行与输出卷》的 3.5.2 节）。目前，仅静态和直接积分的动力学分析可以使用 CTSHR13 和 CTSHR23。

使用 CTSHR13 和 CTSHR23 估算堆叠连续壳中横向剪切应力分布的例子见"圆柱弯曲中的复合壳"（《Abaqus 基准手册》的 1.1.3 节）。

单元中的节点顺序（图 3-68）

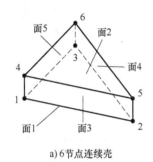

a) 6 节点连续壳　　　　b) 8 节点连续壳

图 3-68　单元中的节点顺序

输出积分点编号

应力/位移分析（图 3-69）

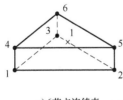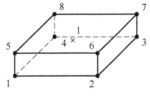

a) 6 节点连续壳　　　　b) 8 节点连续壳

图 3-69　应力/位移分析输出积分点编号

3.6.9　轴对称壳单元库

产品：Abaqus/Standard　　　Abaqus/Explicit　　　Abaqus/CAE

参考

- "壳单元：概览"，3.6.1节
- "选择壳单元"，3.6.2节
- * NODAL THICKNESS
- * SHELL GENERAL SECTION
- * SHELL SECTION

概览

本节提供 Abaqus/Standard 和 Abaqus/Explicit 中可用的轴对称壳单元的参考。对于预期有非轴对称行为的轴对称壳几何形体，使用 Abaqus/Standard 中可用的 SAXA（见"非线性、非对称变形的轴对称壳单元"，3.6.10节）。

约定

坐标 1 是 r，坐标 2 是 z。r 方向对应于整体 X 方向，z 方向对应于整体 Y 方向。坐标 1 应大于或者等于零。自由度 1 是 u_r，自由度 2 是 u_z，自由度 6 是平面 r-z 内的转动。

Abaqus 不为对称轴上的节点自动施加任何边界条件。如果需要，用户可以在这些节点上施加径向或者对称边界条件。

点载荷和集中通量应当给成在圆周上积分的值（即整个环上的载荷）。

子午线方向是与 r-z 平面中的单元相切的方向，即子午线方向是关于对称轴旋转来生成完全三维体的线的延长线方向。

圆周方向或者环方向是与 r-z 平面垂直的方向。

单元类型

应力/位移单元（表 3-99）

表 3-99 应力/位移单元

标 识	说 明
SAX1	2 节点线性薄壳或者厚壳单元
SAX[S]	3 节点二次薄壳或者厚壳单元

有效自由度

1、2、6。

附加解变量

无。

热传导单元（表 3-100）

表 3-100 热传导单元

标　识	说　明
DSAX1[(S)]	2 节点壳单元
DSAX2[(S)]	3 节点壳单元

有效自由度

11、12、13 等（"选择壳单元"，3.6.2 节所描述的整个厚度上的温度）。

附加解变量

无。

耦合的温度-位移单元（表 3-101）

表 3-101 耦合的温度-位移单元

标　识	说　明
SAX2T[(S)]	3 节点、二次位移、壳面线性温度的薄壳或者厚壳单元

有效自由度

所有三个节点处的 1、2、6。

端部节点处的 11、12、13 等（"选择壳单元"，3.6.2 节所描述的整个厚度上的温度）。

附加解变量

无。

所需节点坐标

r，z；对于具有位移自由度的壳，还有 N_r、N_z，即节点处壳法向的方向余弦。

单元属性定义

输入文件用法：　应力/位移单元使用下面的任一选项

* SHELL SECTION

* SHELL GENERAL SECTION

热传导或者耦合的温度-位移单元使用下面的选项：

* SHELL SECTION
可变厚度壳使用下面的选项：
* NODAL THICKNESS
Abaqus/CAE 用法：Property module：Create Section：截面 Category 选择 Shell，截面 Type
选择 Homogeneous 或者 Composite

基于单元的载荷

分布载荷（表 3-102）

具有位移自由度的单元可以使用分布载荷。如 "分布载荷"（《Abaqus 分析用户手册——指定条件、约束与相互作用卷》的 1.4.3 节）所描述的那样指定分布载荷。

分布载荷的大小是单位面积或者单位体积上的大小，不需要乘以 2π。

如果使用了通用壳截面，则必须将体力和离心载荷给成单位面积上的力。

表 3-102　基于单元的分布载荷

载荷标识 （ * DLOAD ）	Abaqus/CAE Load/Interaction	量 纲 式	说　明
BR	Body force	FL^{-3}	径向上单位体积的体力
BZ	Body force	FL^{-3}	轴向上单位体积的体力
BRNU	Body force	FL^{-3}	径向上单位体积的非均匀体力（在 Abaqus/Standard 中，通过用户子程序 DLOAD 提供大小；在 Abaqus/Explicit 中，通过用户子程序 VDLOAD 提供大小）
BZNU	Body force	FL^{-3}	整体 z 方向上单位体积的非均匀体力（在 Abaqus/Standard 中，通过用户子程序 DLOAD 提供大小；在 Abaqus/Explicit 中，通过用户子程序 VDLOAD 提供大小）
CENT[(S)]	不支持	FL^{-3} （$ML^{-3}T^{-2}$）	离心载荷（大小输入成 $\rho\omega^2$，其中 ρ 是质量密度，ω 是角速度）。因为仅允许轴对称变形，所以旋转轴必须是 z 轴
CENTRIF[(S)]	Rotational body force	T^{-2}	离心载荷（大小输入成 ω^2，ω 是角速度）。因为仅允许轴对称变形，所以旋转轴必须是 z 轴
GRAV	Gravity	LT^{-2}	指定方向上的重力载荷（大小输入成加速度）
HP[(S)]	不支持	FL^{-2}	施加在单元参考面上的静水压力，在整体 Z 轴上是线性的。该压力在单元正法向上是正的
P	Pressure	FL^{-2}	施加在单元参考面上的压力。该压力在单元正法向上是正的

（续）

载荷标识 （∗DLOAD）	Abaqus/CAE Load/Interaction	量 纲 式	说 明
PNU	不支持	FL^{-2}	施加在单元参考面上的非均匀压力（在 Abaqus/Standard 中，通过用户子程序 DLOAD 提供大小；在 Abaqus/Explicit 中，通过用户子程序 VDLOAD 提供大小）。该压力在单元正法向上是正的
SBF(E)	不支持	$FL^{-5}T^2$	径向和轴向滞止体力
SP(E)	不支持	$FL^{-4}T^2$	施加在单元参考面的滞止压力
TRSHR	Surface traction	FL^{-2}	单元参考面上的剪切牵引力
TRSHRNU(S)	不支持	FL^{-2}	单元参考面上的非均匀剪切牵引力，通过用户子程序 UTRACLOAD 提供大小和方向
TRVEC	Surface traction	FL^{-2}	单元参考面上的一般牵引力
TRVECNU(S)	不支持	FL^{-2}	单元参考面上的非均匀一般牵引力，通过用户子程序 UTRACLOAD 提供大小和方向
VBF(E)	不支持	$FL^{-4}T$	径向和轴向上的黏性体力
VP(E)	不支持	$FL^{-3}T$	黏性面压力。黏性压力与垂直于单元面的速度成比例，其方向与运动方向相反

基础（表3-103）

具有位移自由度的 Abaqus/Standard 单元可以使用基础。如"单元基础"（《Abaqus 分析用户手册——介绍、空间建模、执行与输出卷》的 2.2.2 节）所描述的那样指定基础。

表3-103 基础

载荷标识 （∗FOUNDATION）	Abaqus/CAE Load/Interaction	量 纲 式	说 明
F(S)	Elastic foundation	FL^{-3}	壳法向上的弹性基础

分布热通量（表3-104）

具有温度自由度的单元可以使用分布热通量。如"热载荷"（《Abaqus 分析用户手册——指定条件、约束与相互作用卷》的 1.4.4 节）所描述的那样指定分布热通量。

表3-104 基于单元的分布热通量

载荷标识 （∗DFLUX）	Abaqus/CAE Load/Interaction	量 纲 式	说 明
BF(S)	Body heat flux	$JL^{-3}T^{-1}$	单位体积的体热通量
BFNU(S)	Body heat flux	$JL^{-3}T^{-1}$	单位体积的非均匀体热通量，通过用户子程序 DFLUX 提供大小

（续）

载荷标识 （＊DFLUX）	Abaqus/CAE Load/Interaction	量纲式	说　明
SNEG[(S)]	Surface heat flux	$JL^{-2}T^{-1}$	流入单元底面的单位面积上的面热通量
SPOS[(S)]	Surface heat flux	$JL^{-2}T^{-1}$	流入单元顶面的单位面积上的面热通量
SNEGNU[(S)]	不支持	$JL^{-2}T^{-1}$	流入单元底面的单位面积上的非均匀面热通量，通过用户子程序 DFLUX 提供大小
SPOSNU[(S)]	不支持	$JL^{-2}T^{-1}$	流入单元顶面的单位面积上的非均匀面热通量，通过用户子程序 DFLUX 提供大小

膜条件（表3-105）

具有温度自由度的单元可以使用膜条件。如"热载荷"（《Abaqus 分析用户手册——指定条件、约束与相互作用卷》的 1.4.4 节）所描述的那样指定膜条件。

表 3-105　基于单元的膜条件

载荷标识 （＊FILM）	Abaqus/CAE Load/Interaction	量纲式	说　明
FNEG[(S)]	Surface film condition	$JL^{-2}T^{-1}\theta^{-1}$	单元底面上的膜系数和热沉温度（θ 的单位）
FPOS[(S)]	Surface film condition	$JL^{-2}T^{-1}\theta^{-1}$	单元顶面上的膜系数和热沉温度（θ 的单位）
FNEGNU[(S)]	不支持	$JL^{-2}T^{-1}\theta^{-1}$	单元底面上的非均匀膜系数和热沉温度（θ 的单位），通过用户子程序 FILM 提供大小
FPOSNU[(S)]	不支持	$JL^{-2}T^{-1}\theta^{-1}$	单元顶面上的非均匀膜系数和热沉温度（θ 的单位），通过用户子程序 FILM 提供大小

辐射类型（表3-106）

具有温度自由度的单元可以使用辐射条件。如"热载荷"（《Abaqus 分析用户手册——指定条件、约束与相互作用卷》的 1.4.4 节）所描述的那样指定辐射条件。

表 3-106　基于单元的辐射条件

载荷标识 （＊RADIATE）	Abaqus/CAE Load/Interaction	量纲式	说　明
RNEG[(S)]	Surface radiation	无量纲	壳底面上的辐射率和热沉温度（θ 的单位）
RPOS[(S)]	Surface radiation	无量纲	壳顶面上的辐射率和热沉温度（θ 的单位）

基于面的载荷

分布载荷（表3-107）

具有位移自由度的单元可以使用基于面的分布载荷。如"分布载荷"（《Abaqus 分析用户手册——指定条件、约束与相互作用卷》的 1.4.3 节）所描述的那样指定基于面的分布载荷。

分布载荷大小是单位面积或者单位体积上的大小，不需要乘以 2π。

表 3-107　基于面的分布载荷

载荷标识 （∗DSLOAD）	Abaqus/CAE Load/Interaction	量　纲　式	说　　明
HP(S)	Pressure	FL^{-2}	单元参考面上的静水压力，在整体 Z 方向上是线性的。该压力在面法向的相反方向上是正的
P	Pressure	FL^{-2}	单元参考面上的压力。该压力在面法向的相反方向上是正的
PNU	Pressure	FL^{-2}	单元参考面上的非均匀压力在（Abaqus/Standard 中，通过用户子程序 DLOAD 提供大小；在 Abaqus/Explicit 中，通过用户子程序 VDLOAD 提供大小）。该压力在面法向的相反方向上是正的
SP(E)	Pressure	$FL^{-4}T^2$	施加在单元参考面上的滞止压力
TRSHR	Surface traction	FL^{-2}	单元参考面上的剪切牵引力
TRSHRNU(S)	Surface traction	FL^{-2}	单元参考面上的非均匀剪切牵引力，通过用户子程序 UTRACLOAD 提供大小和方向
TRVEC	Surface traction	FL^{-2}	单元参考面上的一般牵引力
TRVECNU(S)	Surface traction	FL^{-2}	单元参考面上的非均匀一般牵引力，通过用户子程序 UTRACLOAD 提供大小和方向
VP(E)	Pressure	$FL^{-3}T$	黏性面压力。黏性压力与垂直于单元面的速度成比例，其方向与运动方向相反

分布热通量（3-108）

具有温度自由度的单元可以使用分布热通量。如 "热载荷" （《Abaqus 分析用户手册——指定条件、约束与相互作用卷》的 1.4.4 节）所描述的那样指定分布热通量。

表 3-108　基于面的分布热通量

载荷标识 （∗DSFLUX）	Abaqus/CAE Load/Interaction	量　纲　式	说　　明
S(S)	Surface heat flux	$JL^{-2}T^{-1}$	流入单元面的单位面积上的面热通量
SNU(S)	Surface heat flux	$JL^{-2}T^{-1}$	流入单元面的单位面积上的非均匀面热通量，（通过用户子程序 DFLUX 提供大小）

膜条件（表3-109）

具有温度自由度的单元可以使用基于面的膜条件。如"热载荷"（《Abaqus 分析用户手册——指定条件、约束与相互作用卷》的 1.4.4 节）所描述的那样指定膜条件。

表3-109　基于面的膜条件

载荷标识 （∗SFILM）	Abaqus/CAE Load/Interaction	量　纲　式	说　　明
F$^{(S)}$	Surface film condition	JL^{-2}T$^{-1}\theta^{-1}$	单元面上的膜系数和热沉温度（θ 的单位）
FNU$^{(S)}$	Surface film condition	JL^{-2}T$^{-1}\theta^{-1}$	单元面上的非均匀膜系数和热沉温度（θ 的单位），通过用户子程序 FILM 提供大小

辐射类型（表3-110）

具有温度自由度的单元可以使用基于面的辐射条件。如"热载荷"（《Abaqus 分析用户手册——指定条件、约束与相互作用卷》的 1.4.4 节）所描述的那样指定辐射条件。

表3-110　基于面的辐射条件

载荷标识 （∗SRADIATE）	Abaqus/CAE Load/Interaction	量　纲　式	说　　明
R$^{(S)}$	Surface radiation	无因次	单元面上的辐射率和热沉温度（θ 的单位）

入射波载荷

可以使用基于面的入射波载荷。如"声学、冲击和耦合的声学-结构分析"（《Abaqus 分析用户手册——分析卷》的 1.10 节）所描述的那样指定基于面的入射波载荷。如果入射波场包含网格边界外面的平面反射，则也包含此效应。

单元输出

应力、应变和其他张量分量（表3-111）

具有位移自由度的单元可以使用应力和其他张量（包括应变张量）。所有张量具有相同的分量。例如，应力分量见表3-111。

表3-111　应力分量

标　识	说　　明
S11	子午线（经向）应力
S12	箍向（周向）应力

截面力、力矩和横向剪切力（表 3-112）

具有位移自由度的单元可以使用截面力、力矩和横向剪切力。

表 3-112 截面力、力矩和横向剪切力

标 识	说 明
SF1	子午线方向单位宽度上的膜力
SF2	周向单位宽度上的膜力
SF3	子午线方向单位宽度上的横向剪切力（仅用于 Abaqus/Standard）
SF4	厚度方向上的积分应力，总为零（仅用于 Abaqus/Standard）
SM1	关于周向单位宽度上的弯曲力矩
SM2	关于子午线方向单位宽度上的弯曲力矩

截面应变、曲率变化和横向剪切应变（表 3-113）

具有位移自由度的单元可以使用截面应变、曲率变化和横向剪切应变。

表 3-113 截面应变、曲率变化和横向剪切应变

标 识	说 明
SE1	子午线方向上的膜应变
SE2	周向上的膜应变
SE3	子午线方向上的横向剪切应变（仅用于 Abaqus/Standard）
SE4	厚度方向上的应变（仅用于 Abaqus/Standard）
SK1	关于周向的曲率变化
SK2	关于子午线方向的曲率变化

壳厚度（表 3-114）

表 3-114 壳厚度

标 识	说 明
STH	SAX1、SAX2 和 SAX2T 单元的当前厚度

热通量分量（表 3-115）

具有温度自由度的单元可以使用热通量分量。

表 3-115 热通量分量

标 识	说 明
HFL1	子午线方向上的热通量
HFL2	厚度方向上的热通量

单元中的节点顺序（表3-70）

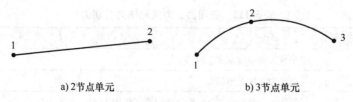

a) 2节点单元　　　　　　　　　　　　b) 3节点单元

图3- 70　单元中的节点顺序

输出积分点编号（图3-71）

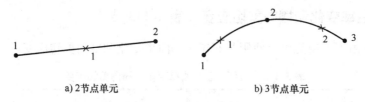

a) 2节点单元　　　　　　　　　　　　b) 3节点单元

图3- 71　输出积分点编号

3.6.10　非线性、非对称变形的轴对称壳单元

产品：Abaqus/Standard

参考

- "壳单元：概览"，3.6.1节
- "选择壳单元"，3.6.2节
- *NODAL THICKNESS
- *SHELL GENERAL SECTION
- *SHELL SECTION

概览

本节提供 Abaqus/Standard 中可用的非线性、非对称变形的壳单元的参考。对于预期会产生轴对称变形的轴对称参考几何形体，使用常规轴对称单元（见"轴对称壳单元库"，3.6.9节）。对于预期将产生非轴对称变形的轴对称参考几何形体，且厚度大于特征半径，或者需要获得厚度上的详细情况，则应使用 CAXA 型单元（见"非线性、非对称变形的轴

对称实体单元", 2.1.7 节)。

约定

坐标 1 是 r,坐标 2 是 z。r 方向对应于 $\theta = 0°$ 平面中的 X 方向和 $\theta = 90°$ 平面中的 Y 方向,z 方向对应于整体 Z 方向。坐标 1 应当大于或者等于零。

自由度 1 是 u_r,自由度 2 是 u_z,自由度 6 是 $r\text{-}z$ 平面中的转动自由度。

即使通过 $r - z$ 平面内 $\theta = 0$、π 处的对称性来模拟初始轴对称结构的一半,也必须将载荷指定成完全轴对称体上的总载荷。例如,对圆柱壳施加单位均匀的轴向力载荷。要在具有四个节点的 SAXA 单元上产生单位载荷,节点力分别是 $\theta = 0$、$\pi/4$、$\pi/2$、$3\pi/4$ 和 π 处的 $1/8$、$1/4$、$1/4$、$1/4$ 和 $1/8$。

子午线方向是与 $r\text{-}z$ 平面中的单元相切的方向,即围绕对称轴生成完全三维体的线的延长线方向。

圆周方向或环向与 $r\text{-}z$ 平面垂直。

单元类型（表 3-116）

表 3-116　单元类型

标　识	说　明
SAXA1N	在子午线方向具有 2 个节点并具有 N 个傅里叶模式的线性插值傅里叶壳单元
SAXA2N	在子午线方向具有 3 个节点并具有 N 个傅里叶模式的二次插值傅里叶壳单元

有效自由度

1、2、6。

正的节点位移和转动方向如图 3-72 所示。节点转动 ϕ_θ 与 SAX 单元一致;然而,正节点转动是在 θ 的负向上。

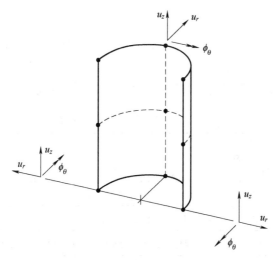

图 3-72　单元坐标系和正的节点位移/转动方向（SAXA22 单元）

附加解变量

SAXA1N 单元有 $6N$ 个与（u_θ，ϕ_r，ϕ_z）相关的变量。

SAXA1N 单元有 $9N$ 个与（u_θ，ϕ_r，ϕ_z）相关的变量。

所需节点坐标系

r，z（在 $\theta = 0$ 的 $r - z$ 平面中给出）。

可以在节点数据中或者通过用户指定的法向定义来指定节点法向场的两个方向余弦 N_r 和 N_z（见"节点处的法向定义"，《Abaqus 分析用户手册——介绍、空间建模、执行与输出卷》的 2.1.4）。

单元属性定义

如果使用了通用壳截面并直接给出了截面刚度，则应当指定一个完整的 6×6 截面刚度（即三维壳的 21 个约束）。

输入文件用法： 　使用下面选项中的任何一个：

　　　　　　　　 *SHELL SECTION

　　　　　　　　 *SHELL GENERAL SECTION

　　　　　　　　 此外，为可变厚度的壳使用下面的选项：

　　　　　　　　 *NODAL THICKNESS

基于单元的载荷

分布载荷（表 3-117）

如"分布载荷"（《Abaqus 分析用户手册——指定条件、约束与相互作用卷》的 1.4.3 节）所描述的那样指定分布载荷。

分布载荷的大小是单位面积或者单位体积上的大小，不需要乘以半径的 2π 倍。

表 3-117　基于单元的分布载荷

载荷标识 （*DLOAD）	量　纲　式	说　　明
BX	FL^{-3}	整体 X 方向上单位体积的体力
BZ	FL^{-3}	整体 Z 方向上单位体积的体力
BXNU	FL^{-3}	整体 X 方向上的非均匀体力，通过用户子程序 DLOAD 提供大小
BZNU	FL^{-3}	整体 Z 方向上的非均匀体力，通过用户子程序 DLOAD 提供大小

（续）

载荷标识 （∗DLOAD）	量 纲 式	说 明
HP	FL^{-2}	壳面上的静水压力，在整体 Z 方向上是线性的
P	FL^{-2}	壳面上的压力
PNU	FL^{-2}	壳面上的非均匀压力，通过用户子程序 DLOD 提供大小

单元输出

关于 θ 的数值积分使用梯形法则。单元中有 $2(N+1)$ 个等距积分平面，包括 $\theta=0°$ 和 $\theta=180°$ 平面，其中 N 是傅里叶模式的数量。因此，施加在圆周方向上对应于压力载荷的径向节点力在方向上按以下比例分布：1 傅里叶模式单元的比例是 1:1；2 傅里叶模式单元的比例是 1:2:1；4 傅里叶模式单元的比例是 1:2:2:2:1。这些连续节点力的总和等于整个圆周（2π）上所施加压力的积分。

应力、应变和其他张量分量

具有位移自由度的单元可以使用应力和其他张量（包括应变张量）。所有张量具有相同的分量。例如，应力分量见表 3-118。

表 3-118 应力分量

标 识	说 明
S11	子午线方向上的应力
S22	箍向（周向）应力
S12	局部 12 方向上的剪切应力（在 $\theta=0°$ 和 $\theta=180°$ 处是零）

截面力（表 3-119）

表 3-119 截面力

标 识	说 明
SF1	局部 1 方向单位宽度上的正膜力
SF2	局部 2 方向单位宽度上的正膜力
SF3	局部 1-2 平面内单位宽度上的剪切膜力
SF4	厚度方向上的积分应力（总为零）
SM1	关于 2 轴的单位宽度上的弯曲力矩
SM2	关于 1 轴的单位宽度上的弯曲力矩
SM3	局部 1-2 平面内单位宽度上的扭转力矩

截面应变（表3-120）

表3-120 截面应变

标　识	说　明
SE1	局部1方向上的正膜应变
SE2	局部2方向上的正膜应变
SE3	局部1-2平面内的剪切膜应变
SE4	厚度方向上的应变
SK1	局部1方向上的弯曲应变
SK2	局部2方向上的弯曲应变
SK3	局部1-2平面内的扭转应变

厚度 h 的给定层的法向基础方向上的单位长度截面力和力矩，可以采用相对于此基础的分量定义成：

$$(SF1, SF2, SF3) = \int_{-h/2-z_0}^{h/2-z_0} (\sigma_{11}, \sigma_{22}, \sigma_{12}) \, dz$$

$$(SM1, SM2, SM3) = \int_{-h/2-z_0}^{h/2-z_0} (\sigma_{11}, \sigma_{22}, \sigma_{12}) \, dz$$

式中，z_0 是参考面相对中面的偏移。

在"定义传统壳单元的初始几何形体"（3.6.3节）中定义了局部方向。

当前壳厚度（表3-121）

表3-121 当前壳厚度

标　识	说　明
STH	当前壳厚度

单元中的节点顺序

每个单元的第一个生成器平面（$\theta = 0$）中的节点顺序如图3-73所示。用户可以像在 SAX1 和 SAX2 单元中那样指定生成器平面中的节点线或者曲线。每个单元都必须具有 N 个以上定义节点的平面，N 是所使用的傅里叶模式数量。Abaqus/Standard 将通过给在第一个平面中指定的节点添加一个常数偏移值来生成这些附加圆周节点并为其编号（见"单元定义"，《Abaqus 分析用户手册——介绍、空间建模、执行与输出卷》的 2.2.1 节）。

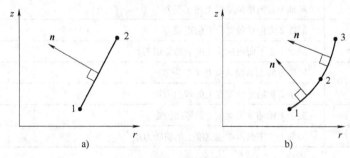

图3-73 节点顺序

4 惯量、刚性和容量单元

4.1　点质量单元和质量单元库

4.1.1　点质量

产品：Abaqus/Standard　　Abaqus/Explicit　　Abaqus/CAE

参考

- "质量单元库"，4.1.2 节
- *MASS
- "定义点质量和转动惯量"，《Abaqus/CAE 用户手册》的 33.3 节

概览

质量单元：

- 允许在某一点处引入各向同性或者各向异性的集中质量。
- 与节点处的三个平动自由度相关联。

如果也需要转动惯量（如表示刚体时），则使用单元类型 ROTARYI（见"转动惯量"，4.2.1 节）。

除了点质量之外，Abaqus 还提供方便的非结构质量定义，用来弥散通常与非结构特征相邻的区域上的可忽略结构刚度的特征质量。可以采用总质量值、单位体积质量、单位面积质量或者单位长度质量的形式指定非结构质量（见"非结构质量定义"，《Abaqus 分析用户手册——介绍、空间建模、执行与输出卷》的 2.7 节）。

定义各向异性的质量值

用户指定质量大小，此质量与单元节点处的三个平动自由度相关联。指定质量，而不是重量。用户必须将此质量与模型的区域相关联。

输入文件用法：　　*MASS, ELSET = 名称
　　　　　　　　　质量大小
　　　　　　　　　其中，ELSET 参数表示 MASS 单元集合。

Abaqus/CAE 用法：Property 或 Interaction module：Special→Inertia→Create：Point mass/inertia：选择点：Magnitude：Isotropic：质量大小

显式定义 Abaqus/Standard 中的质量矩阵

如果期望质量矩阵在对角线和非对角线上具有单个项，则用户可以显式定义 Abaqus/Standard 中的通用质量矩阵（详细内容见"用户定义的单元"，6.17.1 节）。

输入文件用法：　同时使用下面的两个选项：

       * USER ELEMENT

       * MATRIX

Abaqus/CAE 用法：Abaqus/CAE 中不支持显式定义质量矩阵。

定义各向异性的质量张量

用户可以通过给出三个主值和三个主方向来定义各向异性的质量。当没有指定主方向时，假定主方向与整体轴重合。在大位移分析中，各向异性质量的局部轴将随着与各向异性质量相连的节点转动（如果激活）而转动。如果节点与梁、传统壳、转动惯性单元或者刚体相连，则在节点处激活了转动自由度。用户可以指定质量比例载荷，如各向异性质量上的重力。阻尼和质量比例也可以与各向异性质量一起使用。

指定质量，而不是重量。用户可以将此质量与模型的区域相关联。

输入文件用法：　　 * MASS，ELSET = 名称，TYPE = ANISOTROPIC，

       ORIENTATION = 方向名称

       M_{11}，M_{22}，M_{33}

       其中，ELSET 参数表示 MASS 单元集合。

Abaqus/CAE 用法：Property 或 Interaction module：Special→Inertia→Create：Point mass/inertia：选择点：Magnitude：Anisotropic：M_{11}，M_{22}和 M_{33}

为 MASS 单元定义阻尼

在 Abaqus/Standard 中，用户可以为直接积分的动力学分析定义与质量成比例的阻尼，或者为模态动力学分析定义复合阻尼。虽然可以为 MASS 单元集合指定两种阻尼定义，但是将仅使用与特定动力学分析过程相关的阻尼。

在 Abaqus/Explicit 中，可以为 MASS 单元定义与质量成比例的阻尼。

动力学

用户可以在直接积分的动力学分析或者显式动力学分析中为 MASS 单元定义与惯性成比例的阻尼（详细内容见"材料阻尼"，《Abaqus 分析用户手册——材料卷》的 6.1.1 节）。

输入文件用法：　　 * MASS，ALPHA = α_R

Abaqus/CAE 用法：Property 或 Interaction module：Special→Inertia→Create：Point mass/inertia：选择点：Damping：Alpha：α_R

模态动力学

计算模态动力学分析中所用模态的复合阻尼因子时，可以定义与 MASS 单元一起使用的临界阻尼分数（详细内容见"质量阻尼"，《Abaqus 分析用户手册——材料卷》的 6.1.1 节）。

输入文件用法：　　* MASS, COMPOSITE = ξ_α

Abaqus/CAE 用法：Property 或 Interaction module：Special→Inertia→Create：Point mass/ inertia：选择点：Damping：Composite：ξ_α

4.1.2　质量单元库

产品：Abaqus/Standard　　Abaqus/Explicit　　Abaqus/CAE

参考

- "点质量"，4.1.1 节
- * MASS

概览

本节提供 Abaqus/Standard 和 Abaqus/Explicit 中可用的质量单元的参考。

单元类型

MASS：点质量。

有效自由度
1、2、3。

附加解变量
无。

所需节点坐标

X、Y、Z。

单元属性定义

输入文件用法：　　* MASS

Abaqus/CAE 用法：不支持

基于单元的载荷

分布载荷（表4-1）

如"分布载荷"（《Abaqus 分析用户手册——指定条件、约束与相互作用卷》的 1.4.3 节）所描述的那样指定分布载荷。

表4-1 基于单元的分布载荷

载荷标识 （*DLOAD）	Abaqus/CAE Load/Interaction	量 纲 式	说 明
CENTRIF[(S)]	不支持	T^{-2}	离心载荷（大小输入成 ω^2，ω 是角速度）
GRAV	不支持	LT^{-2}	指定方向上的重力载荷
ROTA[(S)]	不支持	T^{-2}	转动加速度载荷（大小输入成 α，α 是转动加速度）

单元输出

ELKE：单元运动能量（仅用于 Abaqus/Standard）。

与单元相关联的节点

1 个节点。

4.2 转动惯量单元和转动惯量单元库

4.2.1 转动惯量

产品：Abaqus/Standard   Abaqus/Explicit   Abaqus/CAE

参考

- "转动惯量单元库"，4.2.2 节
- *ROTARY INERTIA
- "定义点质量和转动惯量"，《Abaqus/CAE 用户手册》的 33.3 节

概览

转动惯量单元：
- 允许在节点处包含转动惯量。
- 与节点处的三个转动自由度相关联。
- 可以与 MASS 单元配对（"点质量"，4.1.1 节）来直接定义刚体的质量和惯性属性（"刚体定义"，《Abaqus 分析用户手册——介绍、空间建模、执行与输出卷》的 2.4 节）。

定义转动惯量

ROTARYI 单元允许在节点处包含转动惯量。假定节点是物体的质心，因此只需要第二惯性矩。如果节点是刚体的一部分，则考虑刚体节点和刚体质心之间的偏移。整体坐标系中转动惯量张量的所有六个分量——I_{11}、I_{22}、I_{33}、I_{12}、I_{13} 和 I_{23} 定义如下：

$$I_{11} = \int_V \rho \left[(x_2)^2 + (x_3)^2 \right] dV$$

$$I_{22} = \int_V \rho \left[(x_3)^2 + (x_1)^2 \right] dV$$

$$I_{33} = \int_V \rho \left[(x_1)^2 + (x_2)^2 \right] dV$$

$$I_{12} = - \int_V \rho (x_1 x_2) dV$$

$$I_{13} = -\int_V \rho(x_1 x_3)\,\mathrm{d}V$$

$$I_{23} = -\int_V \rho(x_2 x_3)\,\mathrm{d}V$$

转动惯量张量必须是半正定的。

用户指定惯性矩，量纲为 ML^2。用户必须将这些惯性矩与模型的区域相关联。

另外，用户可以参考定义局部轴方向的局部方向（"方向"，《Abaqus 分析用户手册——介绍、空间建模、执行与输出卷》的 2.2.5 节），关于此局部方向给出转动惯量值。如果用户没有指定局部方向，并且转动惯量单元是定义在零件或者零件实例内部的（见"装配定义"，《Abaqus 分析用户手册——介绍、空间建模、执行与输出卷》的 2.10 节），则惯性张量的分量必须相对于局部零件轴给出。如果用户没有指定局部方向，并且转动惯量单元不是定义在零件或者零件实例中的，则惯性张量的分量必须相对于整体轴给出。

输入文件用法：　　　* ROTARY INERTIA, ELSET = 名称, ORIENTATION = 名称

I_{11}, I_{22}, I_{33}, I_{12}, I_{13}, I_{23}

其中，ELSET 参数表示 ROTARYI 单元集合。

Abaqus/CAE 用法：Property 或 Interaction module：Special→Inertia→Create：Point mass/inertia：选择点：Magnitude：I11：I_{11}，I22：I_{22}，I33：I_{33}；如果需要，切换选中 Specify off-diagonal terms：I12：I_{12}，I13：I_{13}，I23：I_{23}；CSYS：Edit

为 ROTARYI 单元定义阻尼

在 Abaqus/Standard 中，用户可以为直接积分的动力学分析定义与质量成比例的阻尼，或者为模态动力学分析定义复合阻尼。虽然可以为 ROTARYI 单元集合指定两种阻尼，但是将仅使用与特定动力学分析过程相关的阻尼。

在 Abaqus/Explicit 中，可以为 ROTARYI 单元定义与质量成比例的阻尼。

动力学

用户可以在直接积分的动力学分析或者显式动力学分析中为 ROTARYI 单元定义与惯性成比例的阻尼（详细内容见"材料阻尼"，《Abaqus 分析用户手册——材料卷》的 6.1.1 节）。

输入文件用法：　　　* ROTARY INERTIA, ALPHA = α_R

Abaqus/CAE 用法：Property 或者 Interaction module：Special → Inertia → Create：Point mass/inertia：选择点：Damping：Alpha：α_R

模态动力学

计算动力学分析中所用模态的复合阻尼因子时，用户可以定义与 ROTARYI 单元一起使用的临界阻尼分数（详细内容见"材料阻尼"，《Abaqus 分析用户手册——材料卷》的 6.1.1 节）。

输入文件用法： ∗ROTARY INERTIA，COMPOSITE $=\xi_\alpha$

Abaqus/CAE 用法：Property 或 Interaction module：Special→Inertia→Create：Point mass/
inertia：选择点：Damping：Composite：ξ_α

加速三维隐式分析的收敛

在 Abaqus/Standard 的几何非线性分析中，当转动是三维的并且转动惯量关于三个轴不相同时，刚体转动惯量将对系统矩阵贡献一些非对称项。因此，当转动惯量作用显著时，如果用户为步使用非对称矩阵存储和非对称求解策略，则解会收敛得更快（见"定义一个分析"，《Abaqus 分析用户手册——分析卷》的 1.1.2 节）。

4.2.2 转动惯量单元库

产品：Abaqus/Standard　　Abaqus/Explicit　　Abaqus/CAE

参考

- "转动惯量"，4.2.1 节
- ∗ROTARY INERTIA

概览

本节提供 Abaqus/Standard 和 Abaqus/Explicit 中可用的转动惯量单元的参考。

单元类型

ROTARYI：点处的转动惯量。

有效自由度

4、5、6。

附加解变量

无。

所需节点坐标

X，Y，Z。

单元属性定义

输入文件用法：　　＊ROTARY INERTIA

Abaqus/CAE 用法：Property 或 Interaction module：Special→Inertia→Create：Point mass/inertia：选择点：Magnitude：Rotary Inertia

基于单元的载荷

分布载荷（表 4-2）

如"分布载荷"（《Abaqus 分析用户手册——指定条件、约束与相互作用卷》的 1.4.3 节）所描述的那样指定分布载荷。

表 4-2　基于单元的分布载荷

载荷标识 （＊DLOAD）	Abaqus/CAE Load/Interaction	量　纲　式	说　　明
ROTA[S]	不支持	T^{-2}	转动加速度载荷（大小输入成 α，α 是转动加速度）
ROTDYNF[S]	不支持	T^{-1}	转子动力学载荷（大小输入成 ω，ω 是角速度）

单元输出

ELKE：单元运动能量（仅用于 Abaqus/Standard）。

与单元相关联的节点

1 个节点。

4.3 刚性单元和刚性单元库

4.3.1 刚性单元

产品：Abaqus/Standard　　Abaqus/Explicit　　Abaqus/CAE

参考

- "刚体定义"，《Abaqus 分析用户手册——介绍、空间建模、执行与输出卷》的 2.4 节
- "刚性单元库"，4.3.2 节
- ＊RIGID BODY
- "定义刚体约束"，《Abaqus/CAE 用户手册》的 15.15.2 节

概览

刚性单元：
- 可以用来定义接触的刚体面。
- 可以用来定义多体动力学仿真中的刚体。
- 可以与可变形单元相连接。
- 可以用来约束模型的零件。
- 用来给刚性结构施加 Abaqus/Aqua 载荷。
- 与给定刚体相关联，并且多个刚体单元之间共享刚体参考节点。

选择合适的单元

在平面应变或者平面应力分析中使用 R2D2 单元，在轴对称平面几何形体分析中使用 RAX2 单元，在三维分析中使用 R3D3 和 R3D4 单元。

RB2D2 和 RB3D2 单元通常用来模拟 Abaqus/Standard 中传递 Abaqus/Aqua 载荷的，但不发生变形的海上结构。也可用作变形体上节点间的刚性链接。

命名约定

Abaqus 中的刚性单元命名如下：

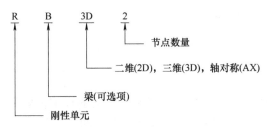

例如，R2D2 是二维 2 节点刚性单元。

单元法向定义

对于所有刚性单元，正的外法向单元侧上的面称为 SPOS，相反侧上的面称为 SNEG。每个单元的正法向方向定义如下。

可以使用 Abaqus/Standard 中的 R2D2、RAX2、RB2D2、R3D3 和 R3D4 刚性单元定义接触应用的主面。主面外法向的方向对于正确检测接触至关重要。关于接触面定义的更多内容见"在 Abaqus/Standard 中定义接触对"（《Abaqus 分析用户手册——指定条件、约束与相互作用卷》的 3.3.1 节）。

二维刚性单元

通过将单元节点 1 到节点 2 的方向逆时针旋转 90°来定义正的外法向 **n**，如图 4-1 所示。

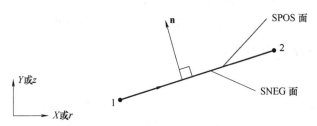

图 4-1 二维刚性单元的正法向

三维刚性单元

R3D3 和 R3D4 单元的正法向是通过围绕单元节点的右手法则给出的，而单元节点的顺序是在单元连接性中给出的，如图 4-2 所示。

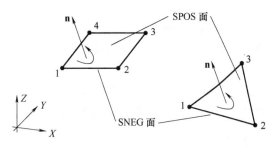

图 4-2 R3D3 和 R3D4 单元的正法向

RB3D2 单元没有唯一的法向定义。

定义刚性单元

刚性单元必须总是刚体的一部分。关于刚体定义的详细内容见"刚体定义"（《Abaqus
分析用户手册——介绍、空间建模、执行与输出卷》的 2.4 节）。

输入文件用法：　　* RIGID BODY, ELSET = 名称

其中，ELSET 参数表示刚性单元集合。

Abaqus/CAE 用法：Interaction module：Create Constraint：Rigid body：Body（elements）

质量分布

在 Abaqus/Standard 中，刚性单元对其所赋予的刚体没有质量贡献。通过连接到刚性单
元节点的点质量（"点质量"，4.1.1 节）和转动惯量单元（"转动惯量"，4.2.1 节）来考
虑刚性面上的质量分布。

默认情况下，在 Abaqus/Explicit 中，刚性单元对其所赋予的刚体没有质量贡献。要定义
质量分布，用户可以指定刚体中所有刚性单元的密度。当指定了非零的密度和厚度时，将以
类似于结构单元的方法计算刚性单元对刚体质量和转动惯量的贡献。

输入文件用法：　　在 Abaqus/Explicit 中使用下面的选项指定刚性单元的密度：

* RIGID BODY, DENSITY = 密度

Abaqus/CAE 用法：Abaqus/CAE 中不能指定刚性单元的密度。

Abaqus/Explicit 中的几何形体

在 Abaqus/Explicit 中，用户可以指定作为刚体一部分的所有刚性单元的横截面面积或者
厚度。如果用户不指定这些值，Abaqus/Explicit 默认横截面面积或者厚度为零。

要考虑 Abaqus/Explicit 中由刚性单元形成的连续变化的面厚度，可以指定节点处的刚性
单元厚度。

在接触面定义中指定形成刚性面的刚性单元的非零厚度，以考虑接触约束中的面厚度作
用。双侧面接触功能可以与由刚性单元形成的刚性面一起使用。

输入文件用法：　　在 Abaqus/Explicit 中使用下面的选项指定刚体中所有刚性单元的横
截面面积或者厚度：

* RIGID BODY

横截面面积或者厚度

使用下面的两个选项指定由刚性单元形成的面的连续变化厚度：

* NODAL THICKNESS

* RIGID BODY, NODAL THICKNESS

Abaqus/CAE 用法：在 Abaqus/CAE 中不能指定刚性单元的横截面面积或者厚度。

Abaqus/Explicit 中的偏移

在 Abaqus/Explicit 中，用户可以定义刚性单元中面与包含节点的参考面之间的距离

（度量成刚性单元厚度的分数）。正的偏移是在单元法向上。当偏移距离是 0.5 时，顶面是参考面；当偏移距离是 -0.5 时，底面是参考面。默认的偏移距离是 0，说明刚性单元的中面是参考面。用户为偏移距离指定的值可以大于刚性单元厚度的一半。

因为没有对刚性单元进行单元层级的计算，所以指定偏移仅影响由刚性单元形成的刚性面（见"基于单元的面定义"，《Abaqus 分析用户手册——介绍、空间建模、执行与输出卷》的 2.3.2 节）的接触对。使用偏移定义的刚性单元对刚体产生的质量和转动惯量贡献，与偏移为零产生的贡献相同。

输入文件用法：　　在 Abaqus/Explicit 中，使用下面的选项指定刚性单元的面偏移：

　　　　　　　　　* RIGID BODY，OFFSET = 偏移

　　　　　　　　OFFSET 参数可以是一个值或者一个标签（SPOS 或者 SNEG）。指定为 SPOS 相当于指定值为 0.5；指定为 SNEG 相当于指定值为 -0.5。

Abaqus/CAE 用法：在 Abaqus/CAE 中不能指定刚性单元的偏移。

4.3.2　刚性单元库

产品：Abaqus/Standard　　　Abaqus/Explicit　　　Abaqus/CAE

参考

- "刚性单元"，4.3.1 节
- * RIGID BODY

概览

本节提供 Abaqus/Standard 和 Abaqus/Explicit 中可用的刚性单元的参考。

单元类型

二维刚性单元（表 4-3）

表 4-3　二维刚性单元

标　识	说　明
R2D2	2 节点线性连接单元（用于平面应变或者平面应力）
RAX2	2 节点线性连接单元（用于轴对称平面几何形体）
RB2D2[(S)]	2 节点刚性梁单元

从运动变量

R2D2 和 RAX2：1、2。

RB2D2：1、2、6。

主自由度

R2D2、RAX2 和 RB2D2：刚体参考节点处的 1、2、6。

附加解变量

无。

三维刚性单元（表4-4）

表 4-4　三维刚性单元

标　识	说　　明
R3D3	3 节点三角形面片单元
R3D4	4 节点双线性四边形单元
RB3D2(S)	2 节点刚性梁单元

从运动变量

R3D3 和 R3D4：1、2、3。

RB3D2：1、2、3、4、5、6。

主自由度

刚体参考节点处的 1、2、3、4、5、6。

附加解变量

无。

所需节点坐标

R2D2 和 RB2D2：X，Y。

RAX2：r，z。

R3D3，R3D4 和 RB3D2：X，Y，Z。

单元属性定义

用户可以指定 R2D2、RB2D2 和 RB3D2 单元的横截面面积。在 Abaqus/Standard 中，如果没有给出面积，则假定为单位面积；在 Abaqus/Explicit 中需要指定面积。

对于 RAX2、R3D3 和 R3D4 单元，用户可以指定单元厚度。在 Abaqus/Standard 中，如果没有给出厚度，则假定为单位厚度；在 Abaqus/Explicit 中需要指定厚度。

横截面面积或者单元厚度用于定义体力，体力是以每单位体积的力给出的；在 Abaqus/

Explicit 中，横截面面积或者单元厚度决定了总质量。

输入文件用法： *RIGID BODY

Abaqus/CAE 用法：Interaction module：Create Constraint：Rigid body：Body（elements）

基于单元的载荷

分布载荷（表 4-5）

具有位移自由度的单元可以使用分布载荷。如"分布载荷"（《Abaqus 分析用户手册——指定条件、约束与相互作用卷》的 1.4.3 节）所描述的那样指定分布载荷。

仅 R2D2 单元可以使用：

表 4-5 基于单元的分布载荷

载荷标识 （*DLOAD）	Abaqus/CAE Load/Interaction	量 纲 式	说 明
BX[(S)]	Body force	FL^{-3}	X 方向上的体力
BY[(S)]	Body force	FL^{-3}	Y 方向上的体力
BXNU[(S)]	Body force	FL^{-3}	X 方向上的非均匀体力，通过用户子程序 DLOAD 提供大小
BYNU[(S)]	Body force	FL^{-3}	Y 方向上的非均匀体力，通过用户子程序 DLOAD 提供大小
CENT[(S)]	不支持	FL^{-4} （$ML^{-3}T^{-2}$）	离心载荷（大小输入成 $\rho\omega^2$，其中 ρ 是单位体积的质量密度，ω 是角速度）
CORIO[(S)]	Coriolis force	FL^{-4} （$ML^{-3}T^{-1}$）	离心力（大小输入成 $\rho\omega$，其中 ρ 是单位体积的质量密度，ω 是角速度）。直接稳态动力学分析不考虑由科氏载荷引起的载荷刚度
P[(E)]	Pressure	FL^{-2}	单元面上的压力。该压力在正的单元法向方向上是正的
PNU[(E)]	不支持	FL^{-2}	单元面上的非均匀压力，通过用户子程序 VDLOAD 提供大小。该压力在正的单元法向方向上是正的

表 4-6 中的载荷仅用于 RAX2 单元。

表 4-6 仅用于 RAX2 单元的载荷类型

载荷标识 （*DLOAD）	Abaqus/CAE Load/Interaction	量 纲 式	说 明
BR[(S)]	Body force	FL^{-3}	径向上单位体积的体力
BZ[(S)]	Body force	FL^{-3}	轴向上单位体积的体力

（续）

载荷标识 （＊DLOAD）	Abaqus/CAE Load/Interaction	量　纲　式	说　　明
BRNU(S)	Body force	FL^{-3}	径向上单位体积的非均匀体力，通过用户子程序 DLOAD 提供大小
BZNU(S)	Body force	FL^{-3}	z 方向上单位体积的非均匀体力，通过用户子程序 DLOAD 提供大小
CENT(S)	不支持	FL^{-4} $(ML^{-3}T^{-2})$	离心载荷（大小输入成 $\rho\omega^2$，其中 ρ 是质量密度，ω 是角速度）。因为仅允许轴对称变形，所以旋转轴必须是 z 轴
HP(S)	不支持	FL^{-2}	单元面上的静水压力，在 Z 方向上是线性的。该压力在正的单元法向上是正的
P	Pressure	FL^{-2}	单元面上的压力。该压力在正的单元法向上是正的
PNU	不支持	FL^{-2}	单元面上的非均匀压力（在 Abaqus/Standard 中，通过用户子程序 DLOAD 提供大小；在 Abaqus/Explicit 中，通过用户子程序 VDLOAD 提供大小）。该压力在正的单元法向上是正的
TRSHR	Surface traction	FL^{-2}	单元面上的剪切牵引力
TRSHRNU(S)	不支持	FL^{-2}	单元面上的非均匀剪切牵引力，通过用户子程序 UTRACLOAD 提供大小和方向
TRVEC	Surface traction	FL^{-2}	单元面上的一般牵引力
TRVECNU(S)	不支持	FL^{-2}	单元面上的非均匀一般牵引力，通过用户子程序 UTRACLOAD 提供大小和方向

表 4-7 中的载荷类型仅用于 R3D3 和 R3D4 单元。

表 4-7　仅用于 R3D3 和 R3D4 单元的载荷类型

载荷标识 （＊DLOAD）	Abaqus/CAE Load/Interaction	量　纲　式	说　　明
BX(S)	Body force	FL^{-3}	X 方向上的体力
BY(S)	Body force	FL^{-3}	Y 方向上的体力
BZ(S)	Body force	FL^{-3}	Z 方向上的体力
BXNU(S)	Body force	FL^{-3}	整体 X 方向上的非均匀体力，通过用户子程序 DLOAD 提供大小
BYNU(S)	Body force	FL^{-3}	整体 Y 方向上的非均匀体力，通过用户子程序 DLOAD 提供大小
BZNU(S)	Body force	FL^{-3}	整体 Z 方向上的非均匀体力，通过用户子程序 DLOAD 提供大小

（续）

载荷标识 （*DLOAD）	Abaqus/CAE Load/Interaction	量 纲 式	说 明
CENT[(S)]	不支持	FL^{-4} （$ML^{-3}T^{-2}$）	离心载荷（大小输入成 $\rho\omega^2$，其中 ρ 是单位体积的质量密度，ω 是角速度）
CORIO[(S)]	Coriolis force	$FL^{-4}T$ （$ML^{-3}T^{-2}$）	科氏力（大小输入成 $\rho\omega$，其中 ρ 是单位体积的质量密度，ω 是角速度）。在直接稳态动力学分析中不考虑由科氏载荷引起的载荷刚度
HP[(S)]	不支持	FL^{-2}	单元面上的静水压力，在 Z 方向上是线性的。该压力在正的单元法向上是正的
P	Pressure	FL^{-2}	单元面上的压力。该压力在正的单元法向上是正的
PNU	不支持	FL^{-2}	单元面上的非均匀压力（在 Abaqus/Standard 中，通过用户子程序 DLOAD 提供大小；在 Abaqus/Explicit 中，通过用户子程序 VDLOAD 提供大小）。该压力在正的单元法向上是正的
TRSHR	Surface traction	FL^{-2}	单元面上的剪切牵引力
TRSHRNU[(S)]	不支持	FL^{-2}	单元面上的非均匀剪切牵引力，通过用户子程序 UTRACLOAD 提供大小和方向
TRVEC	Surface traction	FL^{-2}	单元面上的一般牵引力
TRVECNU[(S)]	不支持	FL^{-2}	单元面上的非均匀一般牵引力，通过用户子程序 UTRACLOAD 提供大小和方向

Abaqus/Aqua 载荷

如"Abaqus/Aqua 分析"（《Abaqus 分析用户手册——分析卷》的 1.11 节）所描述的那样指定 Abaqus/Aqua 载荷。

表 4-8 中的载荷类型仅用于 R3D3 和 R3D4 单元。

表 4-8 仅用于 R3D3 和 R3D4 单元的载荷类型

载荷标识 （*CLOAD/DLOAD）	Abaqus/CAE Load/Interaction	量 纲 式	说 明
PB[(A)]	不支持	FL^{-2}	浮力

表 4-9 中的载荷类型仅用于 RB2D2 和 RB3D2 单元。

表 4-9 仅用于 RB2D2 和 RB3D2 单元的载荷类型

载荷标识 （*CLOAD/DLOAD）	Abaqus/CAE Load/Interaction	量 纲 式	说 明
FDD[(A)]	不支持	FL^{-1}	横向流体阻力
FD1[(A)]	不支持	F	刚性连接的第一端部（节点 1）上的流体阻力

（续）

载荷标识 （＊CLOAD/DLOAD）	Abaqus/CAE Load/Interaction	量 纲 式	说　　明
FD2(A)	不支持	F	刚性连接的第二端部（节点2）上的流体阻力
FDT(A)	不支持	FL^{-1}	切向流体阻力载荷
FI(A)	不支持	FL^{-1}	横向流体惯性载荷
FI1(A)	不支持	F	刚性连接的第一端部（节点1）上的流体惯性 载荷
FI2(A)	不支持	F	刚性连接的第二端部（节点2）上的流体惯性 载荷
PB(A)	不支持	FL^{-1}	浮力（封闭条件）
WDD(A)	不支持	FL^{-1}	横向风阻力
WD1(A)	不支持	F	刚性连接的第一端部（节点1）上的风阻力
WD2(A)	不支持	F	刚性连接的第二端部（节点2）上的风阻力

基于面的载荷

分布载荷（表4-10）

所有具有位移自由度的单元可以使用基于面的分布载荷。如"分布载荷"（《Abaqus 分析用户手册——指定条件、约束与相互作用卷》的 1.4.3 节所描述的那样指定基于面的分布载荷）。

表 4-10　基于面的分布载荷

载荷标识 （＊DSLOAD）	Abaqus/CAE Load/Interaction	量 纲 式	说　　明
HP(S)	Pressure	FL^{-2}	单元面上的静水压力，在整体 Z 方向上是线性的。该压力在面法向的反方向上是正的
P	Pressure	FL^{-2}	单元面上的压力。该压力在面法向的反方向上是正的
PNU	Pressure	FL^{-2}	单元面上的非均匀压力（在 Abaqus/Standard 中，通过用户子程序 DLOAD 提供大小；在 Abaqus/Explicit 中，通过用户子程序 VDLOAD 提供大小）。该压力在面法向的反方向上是正的
TRSHR	Surface traction	FL^{-2}	单元面上的剪切牵引力
TRSHRNU(S)	Surface traction	FL^{-2}	单元面上的非均匀剪切牵引力，通过用户子程序 UTRACLOAD 提供大小和方向
TRVEC	Surface traction	FL^{-2}	单元面上的一般牵引力
TRVECNU(S)	Surface traction	FL^{-2}	单元面上的非均匀一般牵引力，通过用户子程序 UTRACLOAD 提供大小和方向

单元输出

无。

单元中的节点顺序（图4-3）

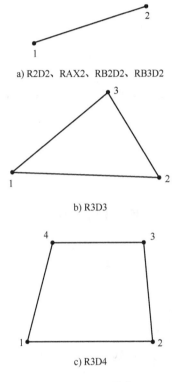

a) R2D2、RAX2、RB2D2、RB3D2

b) R3D3

c) R3D4

图4-3 单元中的节点顺序

4.4 容量单元和容量单元库

4.4.1 点容量

产品：Abaqus/Standard　　Abaqus/Explicit　　Abaqus/CAE

参考

- "容量单元库，" 4.4.2 节
- *HEATCAP
- "定义热容量"，《Abaqus/CAE 用户手册》的 33.5 节

概览

容量单元：
- 允许在点处引入集中热容量。
- 与节点处的温度自由度相关联。
- 有些可指定成温度和/或者场变量函数。

定义容量值

热容量与单元节点处的温度自由度相关联。用户指定容量大小 ρcV（密度×比热容×体积）。必须将此容量与模型的区域相关联。

输入文件用法：　　*HEATCAP, ELSET = 名称

ρcV

其中，ELSET 参数表示 HEATCAP 单元集合。

Abaqus/CAE 用法：Property 或 Interaction module：Special→Inertia→Create：Heat capacitance：选择点：Capacitance ρcV

4.4.2 容量单元库

产品：Abaqus/Standard　　Abaqus/Explicit　　Abaqus/CAE

参考

- "点容量"，4.4.1 节
- ＊HEATCAP

概览

本节提供 Abaqus/Standard 和 Abaqus/Explicit 中可用的容量单元的参考。

单元类型

HEATCAP：点热容。

有效自由度
11。

所需节点坐标

X，Y，Z。

单元属性定义

输入文件用法：　　＊HEATCAP
Abaqus/CAE 用法：Property or Interaction module：Special→Inertia→Create：Heat capaci-
tance

基于单元的载荷

无。

单元输出

无。

与单元相关联的节点

1 个节点。

5 连接器单元及其行为

5.1　连接器单元和连接器单元库

5.1.1　连接器：概览

Abaqus 提供连接器类型库和连接器单元库来模拟连接器的行为。

概览

连接器模拟由以下步骤组成：
- 选择并定义合适的连接器单元（"连接器单元"，5.1.2 节）。
- 定义连接器行为（"连接器行为"，5.2.1 节）。
- 定义连接器作动（"连接器作动"，5.1.3 节）。
- 监测连接器输出（"连接器单元"，5.1.2 节和"连接器单元库"，5.1.4 节）。

典型应用

分析中经常遇到将两个不同部分以某种方式连接起来的问题。有时连接是简单的，例如，将两块金属板点焊到一起，或者用合页将门和门框连接起来。在其他情况中，连接可能会施加更复杂的运动约束，例如等速联轴器可传递轴线不重合的轴和运动轴之间的恒定转速。除了施加运动约束外，连接还可能包含（非线性的）未约束相对运动分量中力相对位移（或者速度）的行为，例如碰撞测试乘客模型中膝关节抵抗转动的肌肉力。更复杂的连接可能包括下面的内容：
- 止动机构，用于约束其他未约束相对运动的运动范围。
- 内摩擦，例如螺栓上的侧向力或者力矩，在螺栓沿槽移动时产生摩擦力。
- 失效条件，连接内部的力或者位移过大，造成整个连接或者相对运动的单个构件断开。
- 锁紧机构，在满足某些力或者位移准则时紧密结合，例如卫星扩展臂上的卡扣式连接器或者落针锁定机构。

在许多情况中，可以通过位移或者力控制来驱动连接，例如由液压活塞或者齿轮驱动的机器人臂。

在 Abaqus/Standard 中，如果连接到一起的两个部分是刚体，则不能使用多点约束来连接物体上参考节点以外的节点，因为多点约束删除了自由度，并且刚体上的其他节点没有独立的自由度。在 Abaqus/Explicit 中，不施加此约束（见"通用多点约束"，《Abaqus 分析用户手册——指定条件、约束与相互作用卷》的 2.2.2 节）。

Abaqus 中的连接器单元通过简单有效的方法来模拟这些物理机构或者许多其他类型的具有离散几何形体的物理机构（即节点-节点），然而描述连接的运动学关系和动力学关系是复杂的。

连接器单元与多点约束的关系

在许多实例中，连接器单元具有与多点约束类似的功能（"通用多点约束"，《Abaqus 分析用户手册——指定条件、约束与相互作用卷》的 2.2.2 节）。然而，在大部分情况中，多点约束会删除连接所包含的一个节点上的自由度。这种方法的优点是减小了问题的规模；而不利之处是不能使用连接器单元的输出和其他功能。此外，在 Abaqus/Standard 中，自由度删除避免了在没有独立自由度的节点之间使用多点约束（如刚体上的节点，这些节点上的自由度取决于参考节点处的自由度）。

相比之下，连接器单元不删除自由度，它使用拉格朗日乘子实施运动约束。在 Abaqus/Standard 中，这些拉格朗日乘子是附加解变量。拉格朗日乘子提供约束力和力矩输出。因为连接器单元没有删除自由度，在许多不能使用多点约束或者不存在所需功能的地方可以使用连接器单元；例如，在 Abaqus/Standard 中，在不是参考节点的其他节点处连接两个刚体时。

多点约束比连接器单元更有效率，如果使用多点约束可以满足分析要求，则应当使用多点约束替代连接器单元。

输入文件模板

下面的模板显示了用来定义和激活图 5-1 和图 5-2 所示连接器单元的选项。在各图中，图 5-1a 是要模拟的连接器示意图；图 5-1b 是等效有限单元模型图。在后面的部分将详细讨论所有选项。

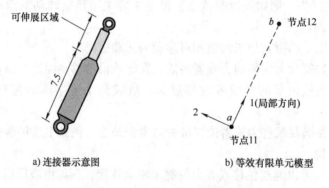

a) 连接器示意图   b) 等效有限单元模型

图 5-1 冲击吸收器的简化连接器模型

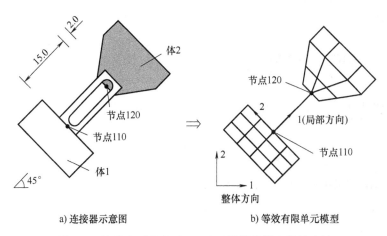

a) 连接器示意图   b) 等效有限单元模型

图 5-2   使用 **SLOT** 和 **CARDAN** 模拟的槽中的销连接

* HEADING

. . .

* ELEMENT,TYPE = CONN3D2,ELSET = shock

101,11,12

* ELEMENT,TYPE = CONN3D2,ELSET = pininslot

1010,110,120

. . .

* ORIENTATION,NAME = ori60

0. 5,0. 866025,0. 0, − 0. 866025,0. 5,0. 0

* ORIENTATION,NAME = ori45

0. 707,0. 707,0. 0, − 0. 707,0. 707,0. 0

* CONNECTOR SECTION,ELSET = shock,BEHAVIOR = sbehavior

revolute,slot

ori60,

. . .

* CONNECTOR BEHAVIOR,NAME = sbehavior

* CONNECTOR DAMPING,COMPONENT = 1

1500. 0

* CONNECTOR LOCK,COMPONENT = 3,LOCK = 4

,, − 500. 0,500. 0

* CONNECTOR ELASTICITY,COMPONENT = 4,NONLINEAR

− 900. , − 0. 7

0. ,0. 0

1250. ,0. 7

* CONNECTOR CONSTITUTIVE REFERENCE

,,,22. 5,

* CONNECTOR STOP,COMPONENT = 1

7.5,15.0

...

*CONNECTOR FRICTION

0.34,0.55,0.0

0.34,0.10,0.45

*FRICTION

.15

...

*CONNECTOR SECTION,ELSET = pininslot

cardan,slot

ori45,

*CONNECTOR MOTION

pininslot,4

pininslot,5

...

*STEP

...

*CONNECTOR MOTION,TYPE = VELOCITY

pininslot,6,0.7854

...

*CONNECTOR LOAD

pininslot,1,1000.0

...

*END STEP

5.1.2 连接器单元

产品：Abaqus/Standard   Abaqus/Explicit   Abaqus/CAE

参考

- "连接器：概览"，5.1.1 节
- "连接器单元库"，5.1.4 节
- "连接类型库"，5.1.5 节
- *CONNECTOR SECTION
- "创建连接器截面"，《Abaqus/CAE 用户手册》的 15.12.11 节
- "创建和更改连接器截面赋予"，《Abaqus/CAE 用户手册》的 15.12.12 节

概览

连接器单元：
- 可用于二维轴对称分析和三维分析。
- 可以定义两个节点之间的连接（每个节点可以连接到刚性部分、可变形部分，或者不连接到任何部分）。
- 可以定义节点与地之间的连接。
- 具有相对于单元的局部位移和转动，称为相对运动分量。
- 是通过指定连接器属性来进行功能定义的。
- 具有全部运动学和动力学输出。
- 可以用来监测局部坐标系中的运动。

选择合适的单元

Abaqus 提供两种连接器单元。单元类型的选择取决于分析的维度：二维分析和轴对称分析使用 CONN2D2，三维分析使用 CONN3D2。连接器单元最多有两个节点。连接器单元上第二个节点的位置和运动是相对于第一个节点来度量的。

命名约定

Abaqus 中连接器单元的命名如下：

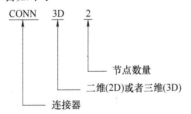

例如，CONN2D2 是二维 2 节点连接器单元。

定义点之间的连接

可以使用连接器单元连接两个点。
输入文件用法：　　　＊ELEMENT，TYPE＝名称
　　　　　　　　　　连接器单元编号，节点 1，节点 2
Abaqus/CAE 用法：Interaction module：Connector→Assignment→Create；选择线框

定义点与地之间的连接

可以将连接器单元与地连接起来，地"节点"可以是连接单元的第一个点或者第二个

点。用来计算相对位置和位移的地节点初始位置是单元上其他点的初始位置。如果地节点存在位移和转动，则地节点处的所有位移和转动都是固定的。

输入文件用法：　使用下面选项中的一个：

     *ELEMENT，TYPE=名称

     连接器单元编号，体上的节点编号

     *ELEMENT，TYPE=名称

     连接器单元编号，体上的节点编号

Abaqus/CAE用法：Interaction module：Connector→Assignment→Create：

     选择连接到地的线框

相对运动分量

连接器单元具有相对于单元的局部相对位移和转动。这些相对位移和转动称为相对运动分量。在三维情况中，连接器单元使用12个节点自由度来定义六个相对运动分量：单元局部方向上的三个位移分量和三个转动分量。在二维中，由六个自由度定义三个相对运动分量：两个位移分量和一个转动分量。相对位移分量可以是受约束或者未约束的（"可用的"），取决于连接器单元的定义。

受约束相对运动分量

受约束相对运动分量是由连接器单元固定的位移和转动。

在具有受约束相对运动分量的连接器单元中，Abaqus/Standard使用拉格朗日乘子施加运动约束。相应地，在Abaqus/Standard中，约束力和约束力矩由表现为附加解变量的单元施加。附加解变量的数量等于受约束相对运动分量的数量。在Abaqus/Explicit中，使用不需要附加解变量的增广拉格朗日技术施加约束。

可用相对运动分量

可用相对运动分量是没有受到运动约束的位移和转动，因此，仍然可以用来定义材料行为、指定与时间相关的运动、施加载荷或者赋予复杂的相互作用，如接触或者摩擦。许多连接类型具有可用相对运动分量，在"连接类型库"（5.1.5节）中对每种连接类型进行了描述。

定义连接属性

连接属性定义连接器单元的功能。在大部分情况中，用户指定下面的属性：

- 一种或多种连接类型。
- 与连接器的节点相关联的局部方向。
- 某些连接类型的附加数据。
- 连接器行为。

使用这些属性定义的连接定义应与连接器单元集合相关联。

输入文件用法：　　＊CONNECTOR SECTION，ELSET＝名称

Abaqus/CAE 用法：Interaction module：

Connector→Geometry→Create Wire Feature

Connector→Section→Create：Name：连接器截面名称

Connector→Assignment→Create：选择线框：Section：
连接器截面名称

定义连接器类型

Abaqus 提供了详细的连接类型库。可以使用的连接类型见"连接类型库"（5.1.5 节）。将连接类型分成三类：基本连接分量、装配连接和复杂连接。基本连接分量影响第二个节点的平动或者转动。连接器单元可能包括一个平动基本连接分量和/或者一个转动基本连接分量。装配连接是由基本连接分量构成的。装配连接是为了方便而提供的，在同一个连接器单元定义中不能与基本连接分量或者其他装配连接组合使用。复杂连接对连接中的节点自由度组合有影响，并且不能与其他连接分量进行组合。

将连接类型指定成：

● 一个单独的基本连接类型（平动或者转动）。

● 一个平动和一个转动基本连接类型。

● 一个装配连接类型。

● 一个复杂连接类型。

输入文件用法：　　使用下面选项中的一个：

＊CONNECTOR SECTION，ELSET＝名称
基本连接类型，基本连接类型

＊CONNECTOR SECTION，ELSET＝名称
装配连接或者复杂连接

Abaqus/CAE 用法：Interaction module：

Connector→Section→Create：Connection Category：Basic，
Translational type：平动基本连接类型 和/或者 Rotational type：转动
基本连接类型
或者
Connector→Section→Create：Connection Category：
Assembled/Complex，Assembled/Complex type：装配连接或者复杂
连接

定义局部连接器方向

定义连接器单元的连接类型时通常需要节点处的局部方向。在"连接类型库"（5.1.5 节）中对局部方向和如何使用它们定义连接进行了描述。在大部分情况中，连接类型使用两组局部方向，如"方向"（《Abaqus 分析用户手册——介绍、空间建模、执行与输出卷》的 2.2.5 节）所描绘的那样进行定义。必须引用连接截面定义中与两个方向定义相关联的名称。

输入文件用法：　　在大部分情况中使用下面的选项：

* ORIENTATION，NAME = 方向 1

* ORIENTATION，NAME = 方向 2

* CONNECTOR SECTION，ELSET = 名称

基本连接类型或者装配连接

第一个节点（或者地）的方向 1，第二个节点（或者地）的方向 2

Abaqus/CAE 用法：Interaction module：Connector→Assignment→Create：选择线框：Orientation 1，Orientation 2：Edit：分别为所选线框的第一个点和第二个点选择方向

连接方向的自由度的激活和共转

许多连接类型需要单元上节点处的连接方向，或者允许定义可选的方向。在允许使用方向定义来定义连接方向（要求的或者可选的）时，如果不存在转动自由度，则连接器单元将激活附在节点处的转动自由度。唯一的例外是连接类型 JOIN，此连接类型单元的第一个节点处的连接方向是可选的，但是不激活转动自由度。

连接器单元的方向与单元上对应节点处的转动自由度共转。如果与节点相连的单元没有转动自由度或者转动约束（如一个等式或者多点约束），则用户必须确保提供足够的转动边界条件来避免数值奇异，这些数值奇异与无约束的转动自由度相关。当没有激活连接单元节点处的转动自由度时，连接类型 JOIN 使用固定的方向。

例子

图 5-3 所示为使用 CONN3D2 单元，采用圆柱形连接器将两个体连接起来，连接器的方向与整体 1 轴成 60°角。图 5-3a 所示为要模拟的连接；图 5-3b 所示为等效有限单元模型。连接器类型名称列表见"连接类型库"（5.1.5 节）。

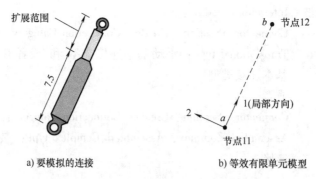

a) 要模拟的连接　　　　　　　　b) 等效有限单元模型

图 5-3　冲击吸收器的简化连接器模型

连接器要求节点 b 保持在冲击吸收器线上，此线是由节点 a 的位置和方向决定的。进一步地，节点 b 处与冲击吸收器线垂直的两个转动分量必须与节点 a 处的两个转动分量相同。因此，连接器中唯一允许的相对运动是节点 b 相对于节点 a 沿着冲击吸收器线的位移，以及节点 b 相对于节点 a 关于冲击吸收器线的转动。此位移和转动是可以使用的相对运动。使用以下输入文件中的行来定义连接器：

```
* ELEMENT , TYPE = CONN3D2 , ELSET = shock
101 , 11 , 12
* CONNECTOR SECTION , ELSET = shock
slot , revolute
ori60 ,
* ORIENTATION , NAME = ori60
* * Defines the local 1 - direction along the slot( required )
* * Also defines the rotation axis for the revolute( required )
0. 5 , 0. 866025 , 0. 0 , - 0. 866025 , 0. 5 , 0. 0
```

另外，用户也可以使用装配连接类型 CYLINDRICAL 来代替两个基本连接类型 SLOT 和 REVOLUTE。

定义附加连接类型数据

一些连接类型允许定义连接器运动行为的附加数据。例如，连接类型 FLOW-CONVERT-ER 允许用户指定节点 b 处材料流的比例因子（更多内容见"连接类型库"，5.1.5 节）。

定义连接器行为

Abaqus 提供多种相对运动可用分量的动力学行为模拟。定义连接器行为是可选的，并且可与弹簧、阻尼、节点-节点接触、锁紧、摩擦、可塑性效应和失效一起使用。连接器的运动模拟功能见"连接器行为"（5.2.1 节）。

在二维和轴对称分析中使用连接器单元

并非所有的连接行为都可以与单元 CONN2D2 一起使用。连接类型库包含了许多力学性能仅在三维分析中有效的连接类型。在其他情况中，连接类型定义所需的局部方向与二维坐标系相冲突（更多内容见"连接类型库"，5.1.5 节）。

并行使用多点连接器单元

Abaqus 中的连接器单元允许使用单个连接器单元模拟大部分物理连接器。然而，在涉及更复杂的连接或者输出时，需要并行使用多个连接器单元。通过在相同的节点之间定义两个或者多个连接器单元来实现这一目的。在这种情况中，用户必须确认一个连接器单元中的受约束相对运动分量未被其他任何一个连接器单元约束（通过运动约束或者如"连接器作动"，5.1.3 节所描述的指定运动）。

有时需要并行使用多个连接器单元来得到不同坐标系中的输出。对于两个体之间的连接器单元，根据连接类型的要求来确定节点处的局部方向。然而，有时需要不同的，可能是共转坐标系中的输出。例如，可以在局部的固定体坐标系中（不是用来定义连接器单元的坐标系），通过使用另一个没有运动约束的连接器单元（如连接类型 CARDAN），或者使用与期望的局部输出方向一致的连接器行为来汇报角加速度历史。

在包含零件和装配的模型中定义连接器

可以采用零件实例装配的方式来定义 Abaqus 模型（见"装配定义"，《Abaqus 分析用户手册——介绍、空间建模、执行与输出卷》的 2.10 节）。在这种模型中，可以在零件层级或者装配层级定义连接器单元。

使用具有节点转换的连接器单元

可以为连接到连接器单元的任何节点定义节点转换（见"坐标系转换"，《Abaqus 分析用户手册——介绍、空间建模、执行与输出卷》的 2.1.5 节）。因为这些转换仅影响节点自由度，所以不影响连接器单元的行为。连接器单元对连接的局部运动分量进行操作。

在几何线性分析中使用非线性连接

如果在几何线性分析中使用具有非线性运动约束的连接器单元，则运动约束将被线性化。例如，如果在几何线性分析中使用了连接类型 LINK，则两个节点之间的距离在投射到节点原始位置之间连线方向后是保持不变的。仅当转动和位移比较大时，差别才会变得显著。

Abaqus/Explicit 中连接器节点处的不匹配质量

如果 Abaqus/Explicit 中的连接器单元节点具有高度不匹配的质量，则会由于生成了病态的系数矩阵，而使隐式求解器出现收敛问题。要防止发生此收敛问题，如果连接器单元的节点质量或者转动惯量大小相差三个数量级，则 Abaqus/Explicit 对具有较小质量/转动惯量的连接器单元节点添加质量/转动惯量。与连接器单元的较大节点惯量相比，添加的质量/转动惯量小到可以忽略（小于三个数量级）。添加的质量对解几乎没有影响。然而，在某些情况中（如连接器单元具有高度不匹配节点质量的强动力学分析），此调整会有显著的影响。

连接器输出

连接器单元力、力矩和运动输出是在"连接器单元库"（5.1.4 节）中定义的。这些输出量包括总的、弹性、黏性和摩擦力及力矩。此外，还可以获得由连接器停止和锁住产生的反作用力和力矩，以及摩擦计算使用的连接器接触力。

要获得 Abaqus/Explicit 中连接器的精确反作用力和力矩输出，有时需要以双精度来运行分析。在这样的情况中，双精度运行也可以更好地评估反作用力和力矩所做的功，从而可以提供由 Abaqus/Explicit 汇报的外部功所产生能量的更加精确的值。

运动输出包括相对位置、相对位移、相对速度、相对加速度、摩擦滑动和本构位移（弹性力和滞回摩擦计算中使用的位移，定义成当前相对位置与参考位置之差；见"连接器行为"中的"定义本构响应的参考长度和角度",5.2.1 节)。对于相对转动,Abaqus 在 $-2\pi \sim 2\pi$ 之间汇报角的约定不适用于连接器单元。连接器单元角度输出和转动分量输出或者相对运动输出包括累积的多转动,其大小可以是任意大的。可以得到能量输出,作为连接器是否已经失效(仅在 Abaqus/Explicit 中)、锁死或者达到连接器停止的输出标识符。

在 Abaqus/Standard 中的几何非线性步中,相对位置输出变量保持不变(以与节点坐标输出相同的方式)。因此,在解释连接器停止和锁死的输出时要谨慎,因为连接器停止和锁死使用更新后的坐标。

仅为输出使用连接器单元

可以使用没有定义运动约束或者本构行为的连接器单元来监测局部坐标系中的运动输出。感兴趣的量包括局部坐标参数化的相对位置、位移、速度和加速度。有限的转动参数化包括欧拉角和卡尔丹角、转动向量和弯曲-扭转-扫掠。使用连接器单元监测欧拉角的例子见"Abaqus/Standard 中的刚体运动"(《Abaqus 基准手册》的 1.3.6 节)。

在 Abaqus/Explicit 中,不调用隐式求解器来求解所有这种连接器,以便在局部并行模式下得到更好的性能(尤其是当这种连接器的节点与其他约束,如绑定约束的从节点重合时)。

5.1.3　连接器作动

产品:Abaqus/Standard　　Abaqus/Explicit　　Abaqus/CAE

参考

- "连接器:概览",5.1.1 节
- *CONNECTOR LOAD
- *CONNECTOR MOTION
- "定义连接器力",《Abaqus/CAE 用户手册》的 16.9.13 节
- "定义连接器力矩",《Abaqus/CAE 用户手册》的 16.9.14 节
- "定义连接器位移边界条件",《Abaqus/CAE 用户手册》的 16.10.5 节
- "定义连接器速度边界条件",《Abaqus/CAE 用户手册》的 16.10.6 节
- "定义连接器加速度边界条件",《Abaqus/CAE 用户手册》的 16.10.7 节

概览

连接器作动:
- 用于模拟机动部署等过程,如连接到体的电动机给连接加载内力或者力矩历史,或者给液压系统施加已知的运动。
- 可以用来固定可用的相对运动分量。

● 包括通过指定位移（转动）或者指定力（力矩）来驱动相对运动的可用分量。

指定的相对运动和载荷在与连接器的可用相对运动分量相关联的局部方向上。

为包含连接器停止和锁定行为的相对运动的可用分量指定位移/转动，可能导致过约束。如果发生过约束，Abaqus 将发出一个警告信息。

固定相对运动的可用分量

固定运动的可用分量是常见的行为。可以使用这种固定运动为指定应用定制连接类型。例如，REVOLUTE 连接类型将局部 1 方向用作公共转轴，即相对运动的可用分量。如果为了方便，需要关于局部 3 方向的转动连接，用户可以固定 CARDAN 连接类型中关于局部 1 方向和局部 2 方向的相对转动。执行此操作后，将创建与 REVOLUTE 相同的连接类型，但公共轴将是局部 3 方向，而不是局部 1 方向。

本节后面将举例说明使用具有固定转动的 CARDAN 连接类型模拟槽中销零件的方法。

输入文件用法：　　在输入文件的模型部分使用下面的选项来固定相对运动的可用连接器分量：

* CONNECTOR MOTION

Abaqus/CAE 用法：Load module：Create Boundary Condition：Step：Initial：

Mechanical：Connector displacement

位移控制作动

用户可以采用类似于定义边界条件的方式（见 "Abaqus/Standard 和 Abaqus/Explicit 中的边界条件"，《Abaqus 分析用户手册——指定条件、约束与相互作用卷》的 1.3.1 节），在连接器的局部方向上，指定两个零件之间的相对位移、速度或者加速度。用户指定连接器单元集合名称或者连接器单元编号；分量编号与所作动的相对运动可用分量的编号一致，并且可以指定相对位移、速度或者加速度的值。

用于实施连接器运动的罚，可能产生噪声解，尤其是在某些模型的单精度中。因此，在这样的情形中优先使用双精度。如果无法保证双精度的性能，用户可以在双精度中运行约束打包和约束求解器（见 "Abaqus/Standard、Abaqus/Explicit 和 Abaqus/CFD 运行"，《Abaqus 分析用户手册——介绍、空间建模、执行与输出卷》的 3.2.2 节）。

用户不能在子空间动力学分析中指定连接器的运动。

输入文件用法：　　在输入文件的历史部分使用下面的选项为连接器指定相对位移：

* CONNECTOR MOTION, AMPLITUDE = 名称, OP = MOD 或 NEW, TYPE = DISPLACEMENT

在输入文件的历史部分使用下面的选项为连接器指定相对速度：

* CONNECTOR MOTION, AMPLITUDE = 名称, OP = MOD 或 NEW, TYPE = VELOCITY

在输入文件的历史部分使用下面的选项为连接器指定相对加速度：

* CONNECTOR MOTION, AMPLITUDE = 名称, OP = MOD 或 NEW,

TYPE = ACCELERATION

Abaqus/CAE 用法：Load module：Create Boundary Condition：Mechanical：Connector displacement，Connector velocity，或 Connector acceleration

例子

图 5-4 所示为使用单元类型 CONN3D2 模拟的，方向与整体 1 轴成 45°的槽中的销连接器。

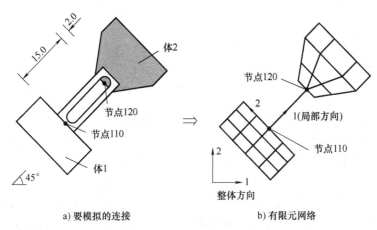

a) 要模拟的连接　　　　　　　　b) 有限元网络

图 5-4　使用 SLOT 和 CARDAN 连接类型模拟的槽中的销连接

图 5-4a 所示为要模拟的连接，图 5-4b 所示为有限元网格。仅允许槽中的位移沿着槽线方向，并且连接类型 SLOT 适合实施这些运动。假定销和槽的连接使得销相对于槽的唯一转动是沿着局部 3 方向的。这是转动约束；然而，基本转动连接类型 REVOLUTE 使用局部 1 方向作为转动轴。在此情况中，连接类型 CARDAN 可以与指定约束组合使用，来定义具有合适转动轴的转动类型的连接。

出于显示的目的，假定驱动连接的转速是围绕销轴每秒转 π/4 弧度。为了方便而使用输入参数化，使用下面的数据行：

```
* PARAMETER
PI = 3. 141592
rotangvel = PI/4
. . .
* ELEMENT, TYPE = CONN3D2, ELSET = pininslot
101,110,120
* CONNECTOR SECTION, ELSET = pininslot
cardan, slot
ori45,
* CONNECTOR MOTION
pininslot,4
pininslot,5
```

＊ ORIENTATION，NAME = ori45
　　　0.707，0.707，0.0，− 0.707，0.707，0.0
　　　...
　　　　　＊ STEP
　　　...
　　　　　＊ CONNECTOR MOTION，TYPE = VELOCITY
　　　pininslot，6，< rotangvel >
　　　...
　　　　　＊ END STEP

力控制作动

　　用户可以采用类似于为 Abaqus 中的其他单元定义集中载荷的方式，指定施加在相对运动可用分量上的集中载荷（见"集中载荷"，《Abaqus 分析用户手册——指定条件、约束与相互作用卷》的 1.4.2 节）。然而，连接器载荷始终是跟随载荷，随着连接器单元的移动，连接器载荷随着相对运动可用分量的转动一起转动。用户指定连接器单元集合名称或者连接器单元编号，标识所加载相对运动的可用分量的分量编号，以及驱动力或者力矩的值。

　　输入文件用法：　　在输入文件的历史部分使用下面的选项为连接器指定集中载荷：
　　　　　　　　　　＊ CONNECTOR LOAD，AMPLITUDE = 名称，OP = MOD

　　Abaqus/CAE 用法：Load module：Create Load：Mechanical：Connector force 或 Connector moment

例子

　　仍以图 5-4 为例，假定以 1000.0 单位的恒定力（如通过液压系统）沿着槽推动销。则应当在输入文件中添加下面的数据行：
　　　　　＊ STEP
　　　...
　　　　　＊ CONNECTOR LOAD
　　　pininslot，1，1000.0
　　　...
　　　　　＊ END STEP

线性摄动过程中的连接器作动

　　在特征屈曲、直接求解的稳态动力学和线性静态的摄动过程中，仅允许非零大小的连接器运动。Abaqus 将忽略在特征频率提取过程中指定的任何非零值，并将指定相对运动的可用分量固定。在基于模态的过程中不能使用连接器运动。

　　在直接求解的稳态动力学分析中，可以同时约束相对运动的任何可用连接器分量的实部和虚部，或者都不进行约束；物理上不可能一部受约束而另一部不受约束。即使仅明确地指定了一部，Abaqus/Standard 也将同时约束相对运动分量的实部和虚部。假定未指定的部的摄动大小为零。

在特征值屈曲步中，规定的非零连接器运动将对增量应力有贡献，从而将对微分初始应力刚度有贡献。当规定了非零连接器运动时，用户必须仔细地解释由此产生的特征问题。详细内容见"特征值屈曲预测"（《Abaqus 分析用户手册——分析卷》的 1.2.3 节）中关于边界条件的讨论。

在稳态动力学分析中，可以采用类似于集中载荷的方式来施加实部和虚部连接器载荷（见"基于模态的稳态动力学分析"，《Abaqus 分析用户手册——分析卷》的 1.3.8 节；"直接求解的稳态动力学分析"，《Abaqus 分析用户手册——分析卷》的 1.3.4 节；"基于子空间的稳态动力学分析"，《Abaqus 分析用户手册——分析卷》的 1.3.9 节）。以与集中载荷相同的方式在随机响应分析中定义多连接器载荷情况（见"随机响应分析"，《Abaqus 分析用户手册——分析卷》的 1.3.11 节）。在特征频率提取分析中忽略连接器载荷。

5.1.4　连接器单元库

产品：Abaqus/Standard　　Abaqus/Explicit　　Abaqus/CAE

参考

- "连接器单元"，5.1.2 节
- "连接类型库"，5.1.5 节
- *CONNECTOR BEHAVIOR
- *CONNECTOR LOAD
- *CONNECTOR SECTION

概览

本节提供 Abaqus/Standard 和 Abaqus/Explicit 中可用的连接器单元的参考。

单元类型

平面中的连接器

CONN2D2：两个节点之间或者地与节点之间的连接器单元。

有效自由度

大部分通用连接类型的 1、2、6。

附加解变量

在 Abaqus/Standard 中，与连接器相关联的力和力矩至多与三个附加约束变量相关。附加约束变量的数量取决于连接类型。

空间中的连接器

CONN3D2：两个节点之间或者地与节点之间的连接器单元。

有效自由度

大部分通用连接类型的 1、2、3、4、5、6。

附加解变量

在 Abaqus/Standard 中，与连接器相关联的力和力矩至多可以与六个附加约束变量相关。附加约束变量的数量取决于连接类型。

所需节点坐标

CONN2D2：X，Y。
CONN3D2：X，Y，Z。

单元属性定义

输入文件用法：　　* CONNECTOR SECTION
Abaqus/CAE 用法：Interaction module：Connector→Section→Create

基于单元的载荷

使用连接器载荷来施加相对运动可用分量的载荷。指定连接器运动来定义相对运动可用分量的相对运动（零或者非零值）。详细内容见"连接器作动"（5.1.3 节）。

单元输出

总力分量（表 5-1）

表 5-1　总力分量

标　　识	说　　明
CTF1	1 方向上的总力
CTF2	2 方向上的总力

（续）

标　识	说　明
CTF3	3 方向上的总力
CTM1	关于 1 方向的总力矩
CTM2	关于 2 方向的总力矩
CTM3	关于 3 方向的总力矩

总力矩 CTF = CEF + CVF + CUF + CSF + CRF − CCF。

弹性力分量（表 5-2）

表 5-2　弹性力分量

标　识	说　明
CEF1	1 方向上的弹性力
CEF2	2 方向上的弹性力
CEF3	3 方向上的弹性力
CEM1	关于 1 方向的弹性力矩
CEM2	关于 2 方向的弹性力矩
CEM3	关于 3 方向的弹性力矩

弹性相对位移分量（表 5-3）

表 5-3　弹性相对位移分量

标　识	说　明
CUE1	1 方向上的弹性位移
CUE2	2 方向上的弹性位移
CUE3	3 方向上的弹性位移
CURE1	关于 1 方向的弹性转动
CURE2	关于 2 方向的弹性转动
CURE3	关于 3 方向的弹性转动

塑性相对位移分量（表 5-4）

表 5-4　塑性相对位移分量

标　识	说　明
CUP1	1 方向上的塑性相对位移
CUP2	2 方向上的塑性相对位移
CUP3	3 方向上的塑性相对位移
CURP1	关于 1 方向的塑性相对转动
CURP2	关于 2 方向的塑性相对转动
CURP3	关于 3 方向的塑性相对转动

等效塑性相对位移分量（表5-5）

表5-5　等效塑性相对位移分量

标　识	说　明
CUPEQ1	1方向上的等效塑性相对位移
CUPEQ2	2方向上的等效塑性相对位移
CUPEQ3	3方向上的等效塑性相对位移
CURPEQ1	关于1方向的等效塑性相对转动
CURPEQ2	关于2方向的等效塑性相对转动
CURPEQ3	关于3方向的等效塑性相对转动
CUPEQC	耦合塑性定义的等效塑性相对运动

运动硬化转换力分量（表5-6）

表5-6　运动硬化转换力分量

标　识	说　明
CALPHAF1	1方向上的运动硬化转换力
CALPHAF2	2方向上的运动硬化转换力
CALPHAF3	3方向上的运动硬化转换力
CALPHAM1	关于1方向的运动硬化转换力矩
CALPHAM2	关于2方向的运动硬化转换力矩
CALPHAM3	关于3方向的运动硬化转换力矩

黏性力分量（表5-7）

表5-7　黏性力分量

标　识	说　明
CVF1	1方向上的黏性力
CVF2	2方向上的黏性力
CVF3	3方向上的黏性力
CVM1	关于1方向的黏性力矩
CVM2	关于2方向的黏性力矩
CVM3	关于3方向的黏性力矩

单轴力分量（表5-8）

仅能在 Abaqus/Explicit 中定义连接器单轴行为；因此，在 Abaqus/Standard 中没有可以使用的单轴力输出。

表 5-8 单轴力分量

标　识	说　明
CUF1	1 方向上的单轴力
CUF2	2 方向上的单轴力
CUF3	3 方向上的单轴力
CUM1	关于 1 方向的单轴力矩
CUM2	关于 2 方向的单轴力矩
CUM3	关于 3 方向的单轴力矩

摩擦力分量（表 5-9）

表 5-9 摩擦力分量

标　识	说　明
CSF1	1 方向上由摩擦应力产生的力
CSF2	2 方向上由摩擦应力产生的力
CSF3	3 方向上由摩擦应力产生的力
CSM1	关于 1 方向的摩擦力矩
CSM2	关于 2 方向的摩擦力矩
CSM3	关于 3 方向的摩擦力矩
CSFC	瞬间滑动方向上由摩擦应力产生的力。仅用于预定义的或者用户定义的耦合摩擦相互作用

生成摩擦的接触力分量（表 5-10）

表 5-10 生成摩擦的接触力分量

标　识	说　明
CNF1	1 方向上生成摩擦的接触力
CNF2	2 方向上生成摩擦的接触力
CNF3	3 方向上生成摩擦的接触力
CNM1	关于 1 方向的生成摩擦的接触力矩
CNM2	关于 2 方向的生成摩擦的接触力矩
CNM3	关于 3 方向的生成摩擦的接触力矩
CNFC	瞬间滑动方向上生成摩擦的接触力

整体损伤分量（表 5-11）

表 5-11 整体损伤分量

标　识	说　明
CDMG1	1 方向上的整体损伤变量
CDMG2	2 方向上的整体损伤变量

（续）

标　　识	说　　明
CDMG3	3方向上的整体损伤变量
CDMGR1	关于1方向的整体损伤变量
CDMGR2	关于2方向的整体损伤变量
CDMGR3	关于3方向的整体损伤变量

连接器基于力的损伤初始准则（表5-12）

表5-12　连接器基于力的损伤初始准则

标　　识	说　　明
CDIF1	1方向上连接器基于力的损伤初始准则
CDIF2	2方向上连接器基于力的损伤初始准则
CDIF3	3方向上连接器基于力的损伤初始准则
CDIFR1	关于1方向的连接器基于力的损伤初始准则
CDIFR2	关于2方向的连接器基于力的损伤初始准则
CDIFR3	关于3方向的连接器基于力的损伤初始准则
CDIFC	瞬间滑动方向上连接器基于力的损伤初始准则

连接器基于运动的损伤初始准则（表5-13）

表5-13　连接器基于运动的损伤初始准则

标　　识	说　　明
CDIM1	1方向上连接器基于运动的损伤初始准则
CDIM2	2方向上连接器基于运动的损伤初始准则
CDIM3	3方向上连接器基于运动的损伤初始准则
CDIMR1	关于1方向的连接器基于运动的损伤初始准则
CDIMR2	关于2方向的连接器基于运动的损伤初始准则
CDIMR3	关于3方向的连接器基于运动的损伤初始准则
CDIMC	瞬间滑动方向上连接器基于运动的损伤初始准则

连接器基于塑性运动的损伤初始准则（表5-14）

表5-14　连接器基于塑性运动的损伤初始准则

标　　识	说　　明
CDIP1	1方向上连接器基于塑性运动的损伤初始准则
CDIP2	2方向上连接器基于塑性运动的损伤初始准则
CDIP3	3方向上连接器基于塑性运动的损伤初始准则
CDIPR1	关于1方向的连接器基于塑性运动的损伤初始准则

（续）

标　识	说　明
CDIPR2	关于 2 方向的连接器基于塑性运动的损伤初始准则
CDIPR3	关于 3 方向的连接器基于塑性运动的损伤初始准则
CDIPC	瞬间滑动方向上连接器基于塑性运动的损伤初始准则

连接器锁死或者停止状态（表 5-15）

表 5-15　连接器锁死或者停止状态

标　识	说　明
CSLSTi	连接器停止和锁死状态标识（$i=1,6$）

与摩擦相关的累积滑动（表 5-16）

表 5-16　与摩擦相关的累积滑动

标　识	说　明
CASU1	1 方向上的累积摩擦滑动
CASU2	2 方向上的累积摩擦滑动
CASU3	3 方向上的累积摩擦滑动
CASUR1	1 方向上的累积摩擦转动
CASUR2	2 方向上的累积摩擦转动
CASUR3	3 方向上的累积摩擦转动
CASUC	瞬间滑动方向上的累积摩擦滑动

滑动方向上的摩擦瞬时速度（仅用于在滑动方向上定义的摩擦）（表 5-17）

表 5-17　滑动方向上的摩擦瞬时速度

标　识	说　明
CIVC	滑动方向上与摩擦相关的瞬时速度

由于运动约束、连接器锁定、连接器停止和指定的连接器运动产生的反作用力分量（表 5-18）

表 5-18　反作用力分量

标　识	说　明
CRF1	1 方向上的连接器反作用力
CRF2	2 方向上的连接器反作用力
CRF3	3 方向上的连接器反作用力
CRM1	1 方向上的连接器反作用力矩

（续）

标　识	说　明
CRM2	2 方向上的连接器反作用力矩
CRM3	3 方向上的连接器反作用力矩

由连接器载荷引起的连接器集中力分量（表 5-19）

表 5-19　由连接器载荷引起的连接器集中力分量

标　识	说　明
CCF1	1 方向上的连接器集中力
CCF2	2 方向上的连接器集中力
CCF3	3 方向上的连接器集中力
CCM1	1 方向上的连接器集中力矩
CCM2	2 方向上的连接器集中力矩
CCM3	3 方向上的连接器集中力矩

相对位置分量（表 5-20）

表 5-20　相对位置分量

标　识	说　明
CP1	1 方向上的相对位置
CP2	2 方向上的相对位置
CP3	3 方向上的相对位置
CPR1	1 方向上的相对角度位置
CPR2	2 方向上的相对角度位置
CPR3	3 方向上的相对角度位置

相对位移分量（表 5-21）

表 5-21　相对位移分量

标　识	说　明
CU1	1 方向上的相对位移
CU2	2 方向上的相对位移
CU3	3 方向上的相对位移
CUR1	1 方向上的相对转动
CUR2	2 方向上的相对转动
CUR3	3 方向上的相对转动

本构位移分量（表 5-22）

表 5-22　本构位移分量

标　识	说　明
CCU1	1 方向上的本构位移
CCU2	2 方向上的本构位移
CCU3	3 方向上的本构位移
CCUR1	1 方向上的本构转动
CCUR2	2 方向上的本构转动
CCUR3	3 方向上的本构转动

相对速度分量（表 5-23）

表 5-23　相对速度分量

标　识	说　明
CV1	1 方向上的相对速度
CV2	2 方向上的相对速度
CV3	3 方向上的相对速度
CVR1	1 方向上的相对角速度
CVR2	2 方向上的相对角速度
CVR3	3 方向上的相对角速度

相对加速度分量（表 5-24）

表 5-24　相对加速度分量

标　识	说　明
CA1	1 方向上的相对加速度
CA2	2 方向上的相对加速度
CA3	3 方向上的相对加速度
CAR1	1 方向上的相对角加速度
CAR2	2 方向上的相对角加速度
CAR3	3 方向上的相对角加速度

连接器失效状态（表 5-25）

表 5-25　连接器失效状态

标　识	说　明
CFAILSTi	连接器失效状态的标识（$i = 1, 6$）

单元中的节点顺序（图5-5）

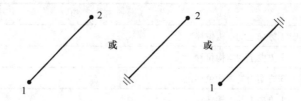

图5-5　单元中的节点顺序

5.1.5　连接类型库

产品：Abaqus/Standard　　　Abaqus/Explicit　　　Abaqus/CAE

参考

- "连接器单元"，5.1.2节
- "连接器单元库"，5.1.4节
- ∗CONNECTOR BEHAVIOR
- ∗CONNECTOR SECTION

概览

连接类型库包括：

- 平动基本连接分量，影响两个节点处的平动自由度，并且可能影响连接器单元第一个节点或者两个节点处的转动自由度。
- 转动基本连接分量，仅影响连接器单元两个节点处的转动自由度。
- 专用转动基本连接分量，除了影响转动自由度外，还影响连接器单元节点处的其他自由度。
- 装配连接，预先定义的平动和转动组合，或者平动和专用转动基本连接分量的组合。
- 复杂连接，影响连接单元上节点处的自由度组合，并且不能与任何其他连接分量进行组合。

使用连接类型库

在连接类型库中对每一种连接类型进行了描述。每个库记录包括一幅连接图，显示了物理行为与理想化模型之间的联系，并且定义了局部坐标方向。每个库记录定义了运动约束；

连接内部的约束力和力矩；用于定义连接器行为、连接器运动或者连接器载荷的相对运动分量（称为可用分量）；相对运动可用分量的共轭力和力矩。如果合适，也包括连接中的预期库仑摩擦的讨论。最后，在一个表中汇总了连接类型。

连接图

每种连接类型的示意图都包含在连接的 Abaqus 理想化模型中。理想化说明如何度量相对运动的可用分量，并且说明节点位置和取向方向是如何定义连接的。当使用取向方向定义连接时，理想化显示合适节点处的这些局部方向。如果连接中存在相对运动的可用分量，则在图中将它们表示成自由的相对运动。图 5-6 所示为 REVOLUTE 连接类型的连接图，这种连接类型仅影响转动。此连接类型具有一个可用分量（关于公共轴的转动），需要节点 a 处的方向，并允许节点 b 处的可选方向。

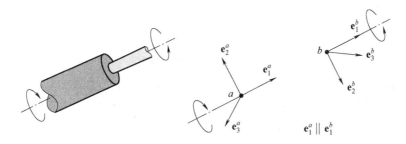

图 5-6 连接类型例子：REVOLUTE

取向方向

将节点 a 处的取向方向（连接器单元的第一个节点）表示成单位基础向量 $\mathbf{e}_i^a$，其中 $i = \{1, 2, 3\}$。类似地，将节点 b 处的取向方向表示成 $\mathbf{e}_i^b$。当需要节点处的取向方向时，用户必须如"方向"（《Abaqus 分析用户手册——介绍、空间建模、执行与输出卷》的 2.2.5 节）中所描述的那样定义它们。如果节点 a 处的方向是可选的，并且没有提供方向，则默认使用整体方向。如果节点 b 处的方向是可选的，并且没有提供方向，则默认使用来自节点 a 的方向。

如果连接器单元所连接的节点处并不存在转动自由度，并且允许在节点处定义方向，则连接器单元将激活其所连接节点处的转动自由度。唯一的例外是连接类型 JOIN，节点 a 处的方向是可选的，但不激活转动自由度。

取向方向与所连接节点共同转动（连接类型 JOIN 除外，当在节点 a 处没有激活转动自由度时，JOIN 使用固定的方向）。如果没有具有转动自由度的单元连接到节点、转动多点约束或者转动方程，则用户必须确保提供足够的转动边界条件来避免与约束转动自由度相关的数值奇异。

相对运动、连接器力和力矩分量

相对运动的六个分量，表示成 u_i 和 ur_i，$i = \{1, 2, 3\}$，在需要时，在每种连接的说明中进行定义。这些分量包括受约束相对运动分量和可用相对运动分量。将力和力矩表示成 $\mathbf{f}$ 和

m。这些量要么是约束力和力矩，给相对运动的受约束分量施加运动约束；要么是运动力和力矩，即相对位移的可用分量的功共轭变量。例如，连接类型 REVOLUTE 具有一个相对运动的可用分量 ur_1，以及两个运动转动约束（等效于将两个转动分量 ur_2 和 ur_3 设置成零）。可用转动分量的共轭是动力矩 m_1，作用在局部 $\mathbf{e}_1^a$ 方向上。

通常，运动力和力矩包括了连接器行为的影响，如弹性弹簧、黏性阻尼、摩擦以及由连接器停止和锁死产生的反作用力和力矩。对于定义成位移或者转动的函数的本构响应，初始位置可能不对应于本构力和力矩为零的参考位置。用户可以为连接器行为定义参考长度和角度（单位为度），如"连接器行为"中的"定义本构响应的参考长度和角度"（5.2.1 节）所描述的那样。这些参考量定义 u_i^{mat} 和 ur_i^{mat}，以及连接器本构位移和转动。仅使用这些本构位移和转动来定义本构响应，并且仅当用户定义了参考长度或者角度时，才与连接器单元中度量的相对位移和转动不同。

例如，如果包含线性弹簧和阻尼器行为的 REVOLUTE 连接器与连接器停止进行组合，则有

$$m_1 = K_1 ur_1^{mat} + C_1 \dot{ur}_1 + RM_1$$

式中，K_1 是弹簧刚度；C_1 是阻尼器系数；RM_1 是由连接器停止产生的反作用力矩。在 REVOLUTE 连接中有两个约束力矩分量，关于 $\mathbf{e}_2^a$ 的 m_2，以及关于 $\mathbf{e}_3^a$ 的 m_3。

解释连接器力和力矩

总是将运动约束以及运动力和力矩计算成与连接器中的运动共轭的功（相对运动的分量）。在大部分连接类型中，一个直接的结果是将连接器中的约束力（和力矩）汇报成施加在第二个节点上的力（和力矩），但在局部坐标系中，连接器中的约束力（和力矩）与第一个节点相关联。由于许多连接类型中的运动是复杂的，因此在第一次观察时，连接器力和力矩在某种程度上会令人惊讶。例如，HINGE 连接是使用与整体 X 方向对齐的 $\mathbf{e}_1^a$ 方向和与整体 Y 方向对齐的 $\mathbf{e}_2^a$ 方向来定义的。假设第二个连接器节点是接地的，并且第一个节点承受沿着整体 Y 方向的集中载荷。如果 HINGE 中唯一可用的相对转动是由零值的连接器运动进行约束的，则当另外两个连接器反作用力为零时，第二个节点将不关于第一个节点转动，并且沿着局部 $\mathbf{e}_2^a$ 方向的连接器反作用力与施加的载荷相匹配。然而，如果指定了非零的连接器运动，则当第二个和第三个连接器反作用力不为零，并且只有这两个力的向量模与施加的载荷相匹配时，第一个连接器反作用力依然是零。在两种情况中，第二个连接器节点处的唯一非零节点反作用力是整体 Y 方向上的 1，如自由体平衡图中说明的那样。因此，连接器反作用力和节点反作用力在大部分情况中是不相等的。

库仑摩擦行为

任何具有相对运动可用分量的连接器类型都有可能具有库仑摩擦行为（详细内容见"连接器摩擦行为"，5.2.5 节）。模型行为需要"切向"方向（可能发生滑动的方向）和"法向"方向（与接触面垂直的方向）。在大部分通用情况中，用户定义在连接器中产生摩擦的法向力。然而，Abaqus 预先为某些连接器类型定义摩擦行为，如连接类型库中讨论的那样。在这些预先定义的摩擦情况中，用户不需要定义连接器法向力。

总结表

每个连接库记录均包含一个总结连接库的表。此总结表说明连接类型是基本的、装配的还是复杂的。此表给出了运动约束，约束力或者力矩分量，相对运动的可用分量；遵循相对运动可用分量中的本构行为的"运动"力或者力矩分量；需要的方向、可选方向和忽略的方向；连接器停止如何限制相对运动的可用分量；用于定义本构行为的参考长度和角度；用于预定义库仑摩擦的参数；Abaqus 如何定义与库仑摩擦相关的接触法向力。

基本连接分量

将基本连接分量分成三类：

- 平动基本连接分量，影响两个节点处的平动自由度，并且可能影响第一个节点或者两个节点处的转动自由度。
- 转动基本连接分量，仅影响两个节点处的转动自由度。
- 专用转动基本连接分量，除了转动自由度以外，还影响节点处的其他自由度。

在连接器单元定义中，只能使用一个平动基本连接分量和一个转动基本连接分量或者专用转动基本连接分量。如果更复杂的连接需要多个基本连接分量，则使用连接到相同节点的多个连接器单元。

平动基本连接分量

表 5-26 中的基本连接分量影响节点 a 和节点 b 处的平动自由度。其中一部分连接器分量影响节点 a 或者节点 a 和节点 b 两处的转动自由度。可以使用表 5-26 中的任何基本连接分量来定义连接器单元的平动行为。

表 5-26 平动基本连接分量

标　识	说　明
ACCELEROMETER	提供两个节点之间的连接，用来在局部坐标系中度量相对加速度、速度和体的位置。仅在 Abaqus/Explicit 中可以使用此连接类型。如果在 Abaqus/Standard 模型中定义了此连接类型，则将其转换成 CARTESIAN 连接器类型
AXIAL	提供两个节点之间的连接，沿着连接节点的线产生作用
CARTESIAN	提供两个节点之间的连接，允许独立行为的三个局部笛卡儿方向跟随节点 a 处的坐标系变化
JOIN	连接两个节点的位置
LINK	提供两个节点之间的销接刚性连接，以保持两个节点之间的距离不变
PROJECTION CARTESIAN	提供两个节点之间的连接，允许独立行为的三个局部笛卡儿方向跟随节点 a 和 b 处的坐标系变化
RADIAL-THRUST	提供两个节点之间的连接，允许径向和延伸位移上的不同行为
SLIDE-PLANE	提供滑动-平面连接，使得第二个节点保持在由第一个节点的方向和第二个节点的初始位置定义的平面中
SLOT	提供槽连接，使得第二个节点保持在由第一个节点的方向和第二个节点的初始位置定义的线上

转动基本连接分量

表 5-27 中的基本连接分量仅影响连接中节点处的转动自由度。可以表 5-27 中的任何基本连接分量来定义连接单元的转动行为。

表 5-27　转动基本连接分量

标　识	说　明
ALIGN	提供两个节点之间的连接，与它们的局部方向对齐
CARDAN	提供两个节点之间的转动连接，通过 Cardan 角（或者 Bryant）来参数化
CONSTANT VELOCITY	提供两个节点之间的恒定速度连接
EULER	提供两个节点之间的转动连接，通过欧拉角来参数化
FLEXION-TORSION	提供两个节点之间的连接，允许弯曲转动和扭转转动的不同行为
PROJECTION FLEXION-TORSION	提供两个节点之间的连接，允许两个弯曲转动和一个扭转转动的不同行为
REVOLUTE	提供两个节点之间的转动连接
ROTATION	提供两个节点之间的转动连接，通过转动向量来参数化
ROTATION-ACCELEROMETER	提供两个节点之间的连接，来度量局部坐标系中的相对角加速度、速度和体的位置。此连接类型仅用于 Abaqus/Explicit。如果在 Abaqus/Standard 模型中定义了此连接类型，则自动将其转换成 CARDAN 连接器类型
UNIVERSAL	提供两个节点之间的万向连接

专用转动基本连接分量

表 5-28 中的基本连接分量影响连接中节点处的转动自由度和其他非平动自由度。专用转动基本连接分量可以与平动基本连接分量组合。

表 5-28　专用转动基本连接分量

标　识	说　明
FLOW-CONVERTER	用于将连接器节点处的材料流（自由度 10）转换成转动

装配连接

为了方便而包含装配连接。通过基本连接分量的组合来创建装配连接。表 5-29 的括号中是用于每个装配连接的等效基本连接分量。

表 5-29　装配连接

标　识	说　明
BEAM	提供两个节点之间的刚性梁连接（JOIN + ALIGN）
BUSHING	提供两个节点之间的连接，允许独立行为的三个局部笛卡儿方向跟随节点 a 和 b 处的坐标系变化，并且允许两个弯曲转动和一个扭转转动的不同行为（PROJECTION CARTESIAN + PROJECTION FLEXION-TORSION）

（续）

标　识	说　明
CVJOINT	连接两个节点的位置，并且提供两个节点的转动自由度之间的恒定速度连接（JOIN + CONSTANT VELOCITY）
CYLINDRICAL	提供两个节点之间的槽连接，并且通过转动连接约束转动（SLOT + REVOLUTE）
HINGE	连接两个节点的位置，并且提供两个节点的转动自由度之间的转动连接（JOIN + REVOLUTE）
PLANAR	使用关于平面法向的转动连接来提供两个节点之间的平面滑动连接。PLANAR 连接在三维分析中创建局部二维坐标系（SLIDE-PLANE + REVOLUTE）
RETRACTOR	连接两个节点的位置，并且将材料流转换成转动（JOIN + FLOW-CONVERTER）
TRANSLATOR	提供两个节点之间的槽连接，并且对齐它们的三个局部轴方向（SLOT + ALIGN）
UJOINT	连接两个节点的位置，并且在节点处提供两个节点转动自由度的万向连接（JOIN + UNIVERSAL）
WELD	连接两个节点的位置，并且对齐它们的局部轴方向（JOIN + ALIGN）

复杂连接（表 5-30）

复杂连接影响连接中节点处的自由度组合，并且不能与其他连接分量组合。通常用它们模拟高度耦合的物理连接。

表 5-30　复杂连接

标　识	说　明
SLIPRING	模拟材料流和带系统中两个点之间的拉伸（如汽车安全带）

连接类型库

下文按字母顺序列出了所有基本连接分量和装配连接。

ACCELEROMETER（图 5-7）

连接类型 ACCELEROMETER 提供方便的方法来度量一个体在局部坐标系中的相对位置、速度和加速度。所有运动量都是相对于节点 a 来度量的。当在节点 a 的坐标系中汇报位置和位移时，速度和加速度是在节点 b 的坐标系中汇报的。连接器的每个节点都可以独立地平动和转动，但通常是将两个节点中的第一个节点固定到地。将第一个节点固定，连接类型 ACCELEROMETER 提供了一种方便的方法来度量固定在运动体（如加速度计）上的坐标系中的速度和加速度的局部分量。

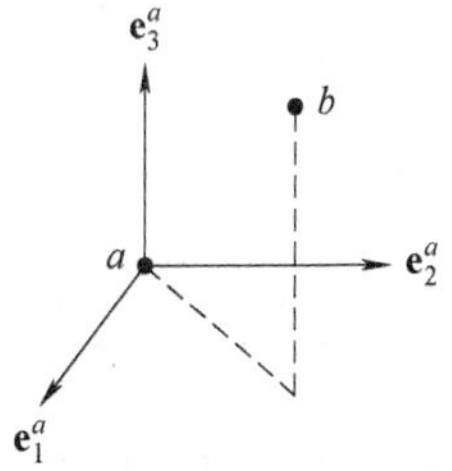

连接类型 ACCELEROMETER 仅用于 Abaqus/Explicit。此单元是连接类型 ROTATION-ACCELEROMETER 的平动转换，ROTATION-

图 5-7　连接类型 ACCELEROMETER

ACCELEROMETER 度量相对角度位置、速度和加速度。在 Abaqus/Explicit 中的二维和轴对称分析中，不能使用 ACCELEROMETER 连接。

描述

ACCELEROMETER 连接不施加运动约束。在节点 a 处定义三个局部方向，在节点 b 处也定义三个局部方向。ACCELEROMETER 连接的方程类似于 CARTESIAN 连接的方程。ACCELEROMETER 连接度量节点 b 相对于节点 a 的位置

$$x = \mathbf{e}_1^a(\mathbf{x}_b - \mathbf{x}_a); y = \mathbf{e}_2^a \cdot (\mathbf{x}_b - \mathbf{x}_a); z = \mathbf{e}_3^a(\mathbf{x}_b - \mathbf{x}_a)$$

ACCELEROMETER 连接没有相对运动的可用分量。连接器位移分量是

$$u_1 = x - x_0, \quad u_2 = y - y_0, \quad u_3 = z - z_0$$

式中，x_0、y_0 和 z_0 是节点 b 相对于节点 a 的初始坐标。

ACCELEROMETER 连接度量节点 a 处局部方向上的速度和加速度，就好像节点 a 是一个惯性坐标系。与 CARTESIAN 连接相比较，ACCELEROMETER 连接在节点 b 处的局部方向上汇报计算得到的速度和加速度。将 T_{ij} 定义成从 $\mathbf{e}_i^a$ 到 $\mathbf{e}_i^b$ 的平动。ACCELEROMETER 连接将速度和加速度度量成

$$v_i = T_{ij}\frac{\mathrm{d}u_j}{\mathrm{d}t}$$

$$a_i = T_{ij}\frac{\mathrm{d}^2 u_j}{\mathrm{d}t^2}$$

其中的微分是随 $\mathbf{e}_i^a$ 一起移动的坐标系中的时间微分。

在二维和轴对称分析中，$u_3 = 0$。

总结表（表5-31）

表 5-31　ACCELEROMETER 总结表

项　　目	说　　明
基本、组合或者复杂	基本
运动约束	无
约束力输出	无
可用分量	无
运动力输出	无
a 处的方向	可选的
b 处的方向	可选的
连接器停止	无
本构参考长度	无
预定义摩擦参数	无
预定义摩擦接触力	无

ALIGN（图5-8）

连接类型 ALIGN 提供三个局部方向都对齐的两个节点之间的连接。如果给定两个局部

轴且开始时并不对齐，则它们的初始相对角度位置保持不变。

描述

ALIGN 连接仅施加运动约束。将节点 b 处的局部方向设置成与节点 a 处的局部方向相同。如果局部方向最初不对齐，则 ALIGN 连接使节点 b 处的局部方向 $\{\mathbf{e}_1^b,\ \mathbf{e}_2^b,\ \mathbf{e}_3^b\}$ 与节点 a 处的局部方向 $\{\mathbf{e}_1^a,\ \mathbf{e}_2^a,\ \mathbf{e}_3^a\}$ 之间的 Cardan 角保持固定。这些固定的角度位置是连接器位置输出量。Cardan 角的定义见连接类型 CARDAN。

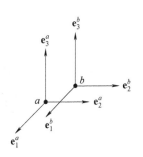

图 5-8　连接类型 ALIGN

施加局部方向对齐的约束力矩是

$$\overline{\boldsymbol{m}} = m_1\mathbf{e}_1^a + m_2\mathbf{e}_2^a + m_3\mathbf{e}_3^a$$

在二维分析中，$m_1 = m_2 = 0$。

总结表（表 5-32）

表 5-32　ALIGN 总结表

项　　目	说　　明
基本、组合或者复杂	基本
运动约束	$ur_1 = 0,\ ur_2 = 0,\ ur_3 = 0$
约束力输出	$m_1,\ m_2,\ m_3$
可用分量	无
运动力输出	无
a 处的方向	可选的
b 处的方向	可选的
连接器停止	无
本构参考长度	无
预定义摩擦参数	无
预定义摩擦接触力	无

AXIAL（图 5-9）

连接类型 AXIAL 提供两个节点之间的连接，两个节点之间的相对位移沿着分隔两个节点的线。此连接模拟离散的物理连接，如轴向弹簧、轴向阻尼器或者节点-节点（间隙型）接触。

描述

AXIAL 连接不约束任何相对运动的分量。节点 a 与节点 b 之间的距离是

$$l = \|\boldsymbol{x}_b - \boldsymbol{x}_a\|$$

可用相对运动分量 u_1 作用在连接两个节点的线上，度量两个节点分隔距离的变化，将其定义成

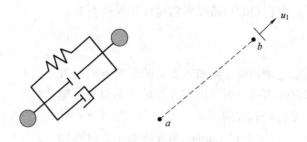

图 5-9　连接类型 AXIAL

$$u_1 = l - l_0$$

式中，l_0 是节点 a 与节点 b 之间的初始距离。连接器的本构位移是

$$u_1^{\text{mat}} = l - l_1^{\text{ref}}$$

运动力是

$$\boldsymbol{f}_{\text{axial}} = f_1 \boldsymbol{q}$$

其中 $\boldsymbol{q} = \dfrac{1}{\|\boldsymbol{x}_b - \boldsymbol{x}_a\|} (\boldsymbol{x}_b - \boldsymbol{x}_a)$

在 Abaqus/Standard 中，如果节点是重合的，或者其中一个节点是"地节点"，则可以在 AXIAL 连接的一个节点处提供可选的方向来提供力的方向。如果在两个重合的节点上都提供了方向，则使用连接中第一节点处的方向。在分析过程中，方向定义保持固定，并且在两个节点分开时忽略方向定义。连接类型 AXIAL 不激活转动自由度。

总结表（表 5-33）

表 5-33　AXIAL 总结表

项　　目	说　　明
基本、组合或者复杂	基本
运动约束	无
约束力输出	无
可用分量	u_1
运动力输出	f_1
a 处的方向	可选的
b 处的方向	可选的
连接器停止	$l_1^{\min} \leqslant l \leqslant l_1^{\max}$
本构参考长度	l_1^{ref}
预定义摩擦参数	无
预定义摩擦接触力	无

BEAM（图 5-10）

连接类型 BEAM 提供两个节点之间的刚性梁连接。

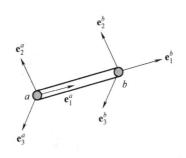

图 5-10 连接类型 BEAM

描述

连接类型 BEAM 施加运动约束并使用局部方向定义，等效于连接类型 JOIN 和 ALIGN 的组合。

总结表（表 5-34）

表 5-34 BEAM 总结表

项 目	说 明
基本、组合或者复杂	组合
运动约束	JOIN + ALIGN
约束力和力矩输出	f_1，f_2，f_3，m_1，m_2，m_3
可用分量	无
运动力和力矩输出	无
a 处的方向	可选的
b 处的方向	可选的
连接器停止	无
本构参考长度	无
预定义摩擦参数	无
预定义摩擦接触力	无

BUSHING（图 5-11）

连接类型 BUSHING 提供两个节点之间衬套型的连接。不能在二维分析和轴对称分析中使用 BUSHING 连接。

描述

连接类型 BUSHING 不约束任何相对运动分量并使用局部方向定义，等效于连接类型 PROJECTION CARTESIAN 和 PROJECTION FLEXION- TORSION 的组合。

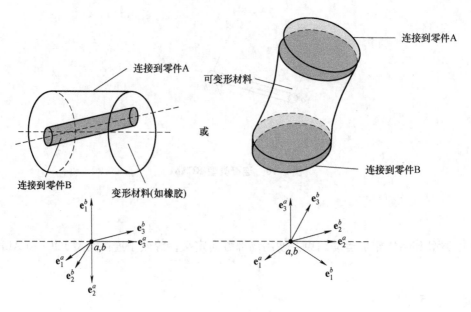

图 5-11　连接类型 BUSHING

总结表（表 5-35）

表 5-35　BUSHING 总结表

项　　目	说　　明
基本、组合或者复杂	组合
运动约束	无
约束力输出	无
可用分量	u_1，u_2，u_3，ur_1，ur_2，ur_3
运动力和力矩输出	f_1，f_2，f_3，m_1，m_2，m_3
a 处的方向	要求的
b 处的方向	可选的
连接器停止	$l_1^{\min} \leqslant x \leqslant l_1^{\max}$ $l_2^{\min} \leqslant y \leqslant l_2^{\max}$ $l_3^{\min} \leqslant z \leqslant l_3^{\max}$ $\theta_1^{\min} \leqslant \alpha_1 \leqslant \theta_1^{\max}$ $\theta_2^{\min} \leqslant \alpha_2 \leqslant \theta_2^{\max}$ $\theta_3^{\min} \leqslant \alpha_3 \leqslant \theta_3^{\max}$
本构参考长度和角度	l_1^{ref}，l_2^{ref}，l_3^{ref} θ_1^{ref}，θ_2^{ref}，θ_3^{ref}
预定义摩擦参数	无
预定义摩擦接触力	无

CARDAN（图 5-12）

连接类型 CARDAN 提供两个节点之间的转动连接，节点间的相对转动通过 Cardan（或者 Bryant）角进行参数化。有限转动的 Cardan 角参数化也称为 1-2-3 参数化或者绕 Y 轴旋转-绕 X 轴旋转-绕 Z 轴旋转参数化。连接类型 CARDAN 不能用于二维或者轴对称分析。

当连接类型 CARDAN 与连接器行为一起使用时，应当将具有最高转动运动阻抗的相对转动轴赋予相对转动的第二个分量（分量编号 5）来避免"万向节锁"（相对转动角 $\beta = \pm \pi/2$ 时转动参数的转动奇异）。

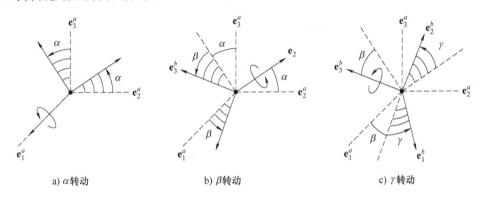

a) α 转动   b) β 转动   c) γ 转动

图 5-12　连接类型 CARDAN

描述

CARDAN 连接不施加运动约束。CARDAN 连接是有限转动连接，以相对于节点 a 处的局部方向的 Cardan（或者 Bryant）角的形式来参数化节点 b 处的局部方向。相对于 $\{\mathbf{e}_1^a, \mathbf{e}_2^a, \mathbf{e}_3^a\}$，通过如下三个连续有限转角 α、β 和 γ 来定位局部方向 $\{\mathbf{e}_1^b, \mathbf{e}_2^b, \mathbf{e}_3^b\}$：

1）关于 $\mathbf{e}_1^a$ 轴转动 α 弧度。

2）关于中间的 2 轴转动 β 弧度，$\mathbf{e}_2 = \cos\alpha \mathbf{e}_2^a + \sin\alpha \mathbf{e}_3^a + \sin\alpha \mathbf{e}_3^a$。

3）关于 $\mathbf{e}_3^b$ 轴转动 γ 弧度。

转角 β 应当适中（小于 $\pi/2$），而 α 和 γ 可以任意大（大于 2π）。通过局部方向将 Cardan 角确定成

$$\alpha = -\arctan\left(\frac{\mathbf{e}_2^a \mathbf{e}_3^b}{\mathbf{e}_3^a \mathbf{e}_3^b}\right) + m\pi$$

$$\beta = \arcsin(\mathbf{e}_1^a \mathbf{e}_3^b), \quad -\frac{\pi}{2} < \beta < \frac{\pi}{2}$$

$$\gamma = -\arctan\left(\frac{\mathbf{e}_1^a \mathbf{e}_2^b}{\mathbf{e}_1^a \mathbf{e}_1^b}\right) + n\pi$$

式中，m 和 n 是与转动相关的大于 π 的整数。

CARDAN 连接中的三个可用相对运动分量是 Cardan 角的变化，而 Cardan 角用来相对于节点 a 处的局部方向来定位节点 b 处的局部方向。因此

$$ur_1 = \alpha - \alpha_0; \quad ur_2 = \beta - \beta_0; \quad ur_3 = \gamma - \gamma_0$$

式中，α_0、β_0 和 γ_0 是初始 Cardan 角。连接器本构转动是

$$ur_1^{\text{mat}} = \alpha - \theta_1^{\text{ref}} ; \quad ur_2^{\text{mat}} = \beta - \theta_2^{\text{ref}} ; \quad ur_3^{\text{mat}} = \gamma - \theta_3^{\text{ref}}$$

CARDAN 运动中的动力矩是根据三个分量的关系确定的，即

$$\boldsymbol{m}_{\text{Cardan}} = m_1 \mathbf{e}_1^a + m_2 (\cos\alpha \mathbf{e}_2^a + \sin\alpha \mathbf{e}_3^a) + m_3 \mathbf{e}_3^b$$

总结表（表 5-36）

表 5-36 CARDAN 总结表

项　　目	说　　明
基本、组合或者复杂	基本
运动约束	无
约束力输出	无
可用分量	ur_1、ur_2、ur_3
动力矩输出	m_1、m_2、m_3
a 处的方向	要求的
b 处的方向	可选的
连接器停止	$\theta_1^{\min} \leqslant \alpha \leqslant \theta_1^{\max}$ $\theta_2^{\min} \leqslant \beta \leqslant \theta_2^{\max}$ $\theta_3^{\min} \leqslant \gamma \leqslant \theta_3^{\max}$
本构参考角度	θ_1^{ref}、θ_2^{ref}、θ_3^{ref}
预定义摩擦参数	无
预定义摩擦接触力	无

CARTESIAN（图 5-13）

连接类型 CARTESIAN 提供两个节点之间的连接，在节点 a 处的三个局部连接方向上度量位置变化，如图 5-13 所示。

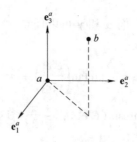

图 5-13　连接类型 CARTESIAN

描述

CARTESIAN 连接不施加运动约束。它在节点 a 处定义三个局部方向 $\{\mathbf{e}_1^a, \mathbf{e}_2^a, \mathbf{e}_3^a\}$，并且沿着这些局部坐标方向度量节点 b 的位置变化。节点 a 处的局部方向随着节点 a 转动。

节点 b 相对于节点 a 的位置是

$$x = \mathbf{e}_1^a(\boldsymbol{x}_b - \boldsymbol{x}_a)\ ; y = \mathbf{e}_2^a(\boldsymbol{x}_b - \boldsymbol{x}_a)\ ; z = \mathbf{e}_3^a(\boldsymbol{x}_b - \boldsymbol{x}_a)$$

可用相对运动分量是

$$u_1 = x - x_0\ ; \quad u_2 = y - y_0\ ; \quad u_3 = z - z_0$$

式中，x_0、y_0 和 z_0 是节点 b 相对于节点 a 处局部坐标系的初始坐标。连接器本构位移是

$$u_1^{\mathrm{mat}} = x - l_1^{\mathrm{ref}}\ ; \quad u_2^{\mathrm{mat}} = y - l_2^{\mathrm{ref}}\ ; \quad u_3^{\mathrm{mat}} = z - l_3^{\mathrm{ref}}$$

运动力是

$$\boldsymbol{f}_{\mathrm{Cart}} = f_1 \mathbf{e}_1^a + f_2 \mathbf{e}_2^a + f_3 \mathbf{e}_3^a$$

在二维分析中，$z = 0$，$u_3 = 0$，$u_3^{\mathrm{mat}} = 0$，$f_3 = 0$。

总结表（表 5-37）

表 5-37　CARTESIAN 总结表

项　目	说　明
基本、组合或者复杂	基本
运动约束	无
约束力输出	无
可用分量	u_1，u_2，u_3
运动力输出	f_1，f_2，f_3
a 处的方向	可选的
b 处的方向	可忽略
连接器停止	$l_1^{\min} \leqslant x \leqslant l_1^{\max}$ $l_2^{\min} \leqslant y \leqslant l_2^{\max}$ $l_3^{\min} \leqslant z \leqslant l_3^{\max}$
本构参考长度	l_1^{ref}，l_2^{ref}，l_3^{ref}
预定义摩擦参数	无
预定义摩擦接触力	无

CONSTANT VELOCITY（图 5-14）

图 5-14　连接类型 CONSTANT VELOCITY

连接类型 CONSTANT VELOCITY 提供连接类型 CVJOINT 的转动部分。可以在二维或者轴对称分析中使用该连接类型。进一步地，此连接类型没有可用相对运动分量。要在弯曲运

动中包含连接器行为，应使用将扭转角度设置成零的连接器类型 FLEXION-TORSION。

此连接类型模拟在特定条件下，传递关于偏转轴的恒定转速物理连接器。

描述

节点 a 处的轴方向是 $\mathbf{e}_3^a$，节点 b 处的轴方向是 $\mathbf{e}_3^b$。恒速约束如下。在任何构型中，在节点 b 处垂直于轴的平面中都有两个单位长度的正交向量 $\mathbf{b}_1$ 和 $\mathbf{b}_2$。可以将这些向量写成

$$\boldsymbol{b}_1 = \cos\beta\mathbf{e}_1^b + \sin\beta\mathbf{e}_2^b$$
$$\boldsymbol{b}_2 = -\sin\beta\mathbf{e}_1^b + \cos\beta\mathbf{e}_2^b$$

选择角度 β，使得

$$\mathbf{e}_1^a\boldsymbol{b}_2 = \mathbf{e}_2^a\boldsymbol{b}_1$$

恒速约束要求角度 β 始终保持恒定。恒速约束等效于将 FLEXION-TORSION 连接中的扭转角约束成固定不变。

此连接类型名称中的"恒速"源自以下属性。如果两个轴的角速度 $\boldsymbol{\omega}_a$ 和 $\boldsymbol{\omega}_b$ 分别只具有沿着各自轴的分量，并且在包含两个轴的平面的法向方向上（即沿着 $\mathbf{e}_3^b \times \mathbf{e}_3^a$ 方向），则沿着各自轴方向的角速度分量是相等的：

$$\boldsymbol{\omega}_a\mathbf{e}_3^a = \boldsymbol{\omega}_b\mathbf{e}_3^b$$

因此，关于各自轴的"转动"角速度分量是相同的。

施加在恒速约束上的约束力矩，关于平均轴方向 $\mathbf{e}_3^a + \mathbf{e}_3^b$ 具有一个单独的分量，写成

$$\overline{\boldsymbol{m}} = m_2\frac{(\mathbf{e}_3^a + \mathbf{e}_3^b)}{\|\mathbf{e}_3^a + \mathbf{e}_3^b\|}$$

总结表（表5-38）

表5-38　CONSTANT VELOCITY 总结表

项　　目	说　　明
基本、组合或者复杂	基本
运动约束	$\mathbf{e}_1^a\mathbf{b}_2 = \mathbf{e}_2^a\mathbf{b}_1$
约束力输出	m_2
可用分量	无
运动力矩输出	无
a 处的方向	要求的
b 处的方向	可选的
连接器停止	无
本构参考角度	无
预定义摩擦参数	无
预定义摩擦接触力	无

CVJOINT（图5-15）

连接类型 CVJOINT 连接两个节点的位置，并且在它们的转动自由度之间提供一个恒速

约束。连接类型 CVJOINT 不能用于二维或者轴对称分析。

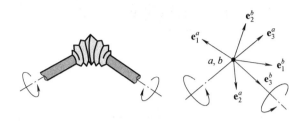

图 5-15　连接类型 CVJOINT

描述

连接类型 CVJOINT 施加运动约束并使用局部方向定义，等效于连接类型 JOIN 和 CON-STANT VELOCITY 的组合。

总结表（表 5-39）

表 5-39　CVJOINT 总结表

项　　目	说　　明
基本、组合或者复杂	组合
运动约束	JOIN + CONSTANT VELOCITY
约束力输出	f_1, f_2, f_3, m_2
可用分量	无
运动力和动力矩输出	无
a 处的方向	要求的
b 处的方向	可选的
连接器停止	无
本构参考角度	无
预定义摩擦参数	无
预定义摩擦接触力	无

CYLINDRICAL（图 5-16）

连接类型 CYLINDRICAL 提供两个节点之间的槽连接和转动约束，其中自由转动是围绕轴线的。可以在二维或者轴对称分析中使用此连接。

描述

连接类型 CYLINDRICAL 施加运动约束并使用局部方向定义，等效于连接类型 SLOT 和 REVOLUTE 的组合。

作为连接器输出的连接器约束力和力矩主要取决于连接器中节点的顺序和位置（见"连接器行为"，5.2.1 节）。由于是在节点 b 处施加运动约束（连接器单元的第二个节点），

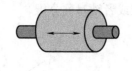

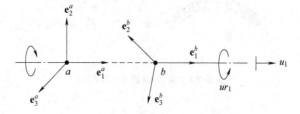

图 5-16   连接类型 CYLINDRICAL

报告的力和力矩是在节点 b 处施加 CYLINDRICAL 约束的力和力矩。因此，在大部分情况中，当节点 b 位于施加约束装置的中心时，与 CYLINDRICAL 连接相关联的连接器输出可得到最好的解释，当在连接器中模拟基于力矩的摩擦时，此选择是非常重要的，因为接触力是由连接器力和力矩导出的，如下文所述。运动约束的正确施加与节点的顺序或者位置无关。

摩擦力

CYLINDRICAL 连接器中的预定义库仑摩擦定义了两个接触圆柱面（销和套筒）上沿着瞬时滑动方向的摩擦力（CSFC），如上文所述。下文总结了用来指定此连接类型中的预定义摩擦所需要的参数。

摩擦作用写成

$$\Phi = P(f) - \mu F_{\mathrm{N}} \leqslant 0$$

式中，势 $P(f)$ 代表连接器中，在发生接触的圆柱面的切向上，摩擦切向牵引力的大小；F_{N} 是同一个圆柱面上产生摩擦的法向力；μ 是摩擦系数。如果 $\Phi < 0$，则发生摩擦黏着；如果 $\Phi = 0$，则发生滑动，此时摩擦力等于 μF_{N}。

法向力 F_{N} 是产生摩擦的连接器力 $F_{\mathrm{C}} = g(f)$ 和自平衡内接触力 $F_{\mathrm{C}}^{\mathrm{int}}$（如由过盈装配产生的力）之和，即

$$F_{\mathrm{N}} = \left| F_{\mathrm{C}} + F_{\mathrm{C}}^{\mathrm{int}} \right| = \left| g(f) + F_{\mathrm{C}}^{\mathrm{int}} \right|$$

产生摩擦的连接器接触力大小 F_{C} 是通过对下面的两个贡献求和来定义的：

- 径向力贡献 F_{r}（施加 SLOT 约束的约束力大小）：

$$F_{\mathrm{r}} = \sqrt{f_2^2 + f_3^2}$$

- 来自"弯曲"的力贡献 F_{bend}，通过使用长度因子缩放弯曲力矩 M_{bend}（施加 REVOLUTE 约束的约束力矩大小）来得到 F_{bend}：

$$M_{\mathrm{bend}} = \sqrt{m_2^2 + m_3^2}$$

$$F_{\mathrm{bend}} = 2 \frac{M_{\mathrm{bend}}}{L}$$

式中，L 是轴与外部套筒在 1 方向上的特征重叠长度。如果 L 是 0.0，则忽略 M_{bend}。因此

$$F_C = g(\boldsymbol{f}) = F_r + F_{bend} = \sqrt{f_2^2 + f_3^2} + \sqrt{(\beta m_2)^2 + (\beta m_3)^2}$$

其中 $\beta = \dfrac{2}{L}$。

摩擦切向力矩 $P(\boldsymbol{f})$ 的大小为

$$P(\boldsymbol{f}) = \sqrt{f_1^2 + \left(\dfrac{m_1}{R}\right)^2}$$

式中，R 是局部 2-3 平面中轴横截面的有效半径；P 代表由于同时平动和转动，在圆柱接触面上产生的连接器切向牵引力的大小。瞬时滑动方向是这些方向上运动组合的结果。

总结表（表 5-40）

表 5-40　CYLINDRICAL 总结表

项　　目	说　　明
基本、组合或者复杂	组合
运动约束	SLOT + REVOLUTE
约束力和力矩输出	f_2，f_3，m_2，m_3
可用分量	u_1，ur_1
运动力和动力矩输出	f_1，m_1
a 处的方向	要求的
b 处的方向	可选的
连接器停止	$l_1^{min} \leqslant l \leqslant l_1^{max}$ $\theta_1^{min} \leqslant \alpha \leqslant \theta_1^{max}$
本构参考长度和角度	l_1^{ref}，θ_1^{ref}
预定义摩擦参数	要求的：R；可选的：L，F_C^{int}
预定义摩擦接触力	F_C

EULER（图 5-17）

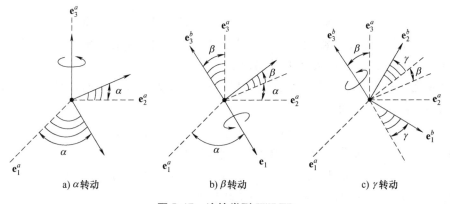

a) α 转动　　　　b) β 转动　　　　c) γ 转动

图 5-17　连接类型 EULER

连接类型 EULER 提供两个节点之间的转动连接，两个节点之间的总相对转动通过欧拉角进行参数化。有限转动的欧拉角参数化也称为 3-1-3 参数化或者进动-转动-旋转参数化。连接类型 EULER 不能用于二维或者轴对称分析。

描述

EULER 连接不施加运动约束。EULER 连接是一种有限转动连接，节点 b 处的局部方向以相对于节点 a 处局部方向的欧拉角的方式进行参数化。通过三个连续有限转动 α、β 和 γ，相对于 $\{\mathbf{e}_1^a, \mathbf{e}_2^a, \mathbf{e}_3^a\}$ 定位局部方向 $\{\mathbf{e}_1^b, \mathbf{e}_2^b, \mathbf{e}_3^b\}$：

1）关于 $\mathbf{e}_3^a$ 轴转动 α 弧度。

2）关于中间 1 轴转动 β 弧度，$\mathbf{e}_1 = \cos\alpha\mathbf{e}_1^a + \sin\alpha\mathbf{e}_2^a$。

3）关于 $\mathbf{e}_3^b$ 轴转动 γ 弧度。

通过局部方向将欧拉角确定成

$$\alpha = -\arctan\left(\frac{\mathbf{e}_1^a\mathbf{e}_3^b}{\mathbf{e}_2^a\mathbf{e}_3^b}\right) + i\pi$$

$$\beta = \arccos(\mathbf{e}_3^a\mathbf{e}_3^b) + j\pi$$

$$\gamma = \arctan\left(\frac{\mathbf{e}_3^a\mathbf{e}_1^b}{\mathbf{e}_3^a\mathbf{e}_2^b}\right) + k\pi$$

式中，i、j 和 k 是与转动相关的大于 π 的整数。开始时，应选择合适的中间转动角 β（$0 \leqslant \beta \leqslant \pi$）。

如果中间转动是 π 的偶数倍，即 $\beta = 2m\pi$（$m = 0, \pm1, \pm2, \dots$），则另外两个欧拉角是不唯一的。在此情况中

$$\alpha + \gamma = \arctan\left(\frac{\mathbf{e}_2^a\mathbf{e}_1^b}{\mathbf{e}_1^a\mathbf{e}_1^b}\right) + n\pi$$

类似地，如果中间转动是 π 的奇数倍，即 $\beta = (2m+1)\pi$（$m = 0, \pm1, \pm2, \dots$），则另外两个欧拉角也是不唯一的。在此情况中

$$\alpha - \gamma = \arctan\left(\frac{\mathbf{e}_2^a\mathbf{e}_1^b}{\mathbf{e}_1^a\mathbf{e}_1^b}\right) + n\pi$$

在这两种情况中，当 $\mathbf{e}_3^a$ 轴和 $\mathbf{e}_3^b$ 轴对齐时，在转动参数化中均会产生奇异解。应当使在整个计算中这些轴均不对齐的情况下使用 EULER 连接。对于无奇异的情况，Abaqus 选择 α 和 γ，以便得到以上中间角度 β 的光顺参数化结果。

EULER 连接中的可用相对运动分量，是定位节点 b 处的局部方向相对于节点 a 处的局部方向的欧拉角变化。因此

$$ur_1 = \alpha - \alpha_0; \quad ur_2 = \beta - \beta_0; \quad ur_3 = \gamma - \gamma_0$$

式中，α_0、β_0 和 γ_0 是初始欧拉角。连接器本构转动为

$$ur_1^{\text{mat}} = \alpha - \theta_1^{\text{ref}}; \quad ur_2^{\text{mat}} = \beta - \theta_2^{\text{ref}}; \quad ur_3^{\text{mat}} = \gamma - \theta_3^{\text{ref}}$$

EULER 连接中的动力矩是根据三个分量的关系来确定的：

$$\boldsymbol{m}_{\text{Euler}} = m_1\mathbf{e}_3^a + m_2(\cos\alpha\mathbf{e}_1^a + \sin\alpha\mathbf{e}_2^a) + m_3\mathbf{e}_3^b$$

总结表（表5-41）

表 5-41 EULER 总结表

项　目	说　明
基本、组合或者复杂	基本
运动约束	无
约束力矩输出	无
可用分量	ur_1，ur_2，ur_3
动力矩输出	m_1，m_2，m_3
a 处的方向	要求的
b 处的方向	可选的
连接器停止	$\theta_1^{\min} \leqslant \alpha \leqslant \theta_1^{\max}$ $\theta_2^{\min} \leqslant \beta \leqslant \theta_2^{\max}$ $\theta_3^{\min} \leqslant \gamma \leqslant \theta_3^{\max}$
本构参考角度	θ_1^{ref}，θ_2^{ref}，θ_3^{ref}
预定义摩擦参数	无
预定义摩擦接触力	无

FLEXIQN-TORSION（图5-18）

连接类型 FLEXION-TORSION 提供两个节点之间的转动连接。它模拟两个轴之间圆柱耦合的弯曲和扭转。在此情况中，关于轴的扭转转动响应可能不同于轴的弯曲响应。连接类型 FLEXION-TORSION 不能用于二维或者轴对称分析。

连接的弯曲部分阻碍了两个轴的角度偏移，连接的扭转部分阻碍了轴之间的相对转动。当模拟相对径向位移和轴向位移的阻力时，连接类型 FLEXION-TORSION 可以与连接类型 RADIAL-THRUST 一起使用。

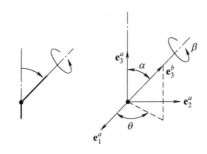

图 5-18　连接类型 FLEXION-TORSION

描述

FLEXION-TORSION 连接不施加运动约束。FLEXION-TORSION 连接通过三个角度描述有限转动：弯曲、扭转和扫掠（α、β 和 θ）。然而，弯曲、扭转和扫掠角不代表三个连续转动。使用两个轴之间的弯曲角来度量两个轴之间的偏移角，并且总是汇报成正的角。扭转角度量一个轴相对于另一个轴的扭转。

扫掠角确定了弯曲运动中平面 $\mathbf{e}_1^a$-$\mathbf{e}_2^a$ 内的转动向量的方向，如图 5-18 所示。由于弯曲角不可能是负的，当弯曲角通过零时，扫掠角可能经历不连续的高达 π 弧度的跳变。如果扫掠角发生跳变，则分析可能给出不精确的结果或者无法收敛。一般情况下，不使用扫掠角作为可用相对运动分量来定义连接器行为。更倾向于在弯曲变形中使用扫掠角来定义弹性本构响应的角度相关性（作为连接器行为定义中的独立分量）。因为将扫掠角限制在 $-\pi$ ~ π 之间，所以任何扫掠角的相关量均应是周期性的，以便使 $\theta=-\pi$ 的行为与 $\theta=\pi$ 的行为相同。对于扫掠角不是唯一定义的情况，$\alpha=0$ 是一个奇异点，因此，强烈建议任何定义弯曲运动与弯曲角之间关系的连接器行为在零弯曲角处给出零力矩。如果连接器行为是由扫掠可用分量定义的，则在弯曲角 $\alpha=0$ 和 $\alpha=\pi$ 处扫掠力矩必须是零。

FLEXION-TORSION 连接类似于有限连续转动参数化 3-2-3。然而，以 3-2-3 的参数化形式，扫掠角是第一个转角，弯曲角是第二个转角，扭转角是第一个转角与第三个转角的和。

节点 a 处的第一个轴方向是 $\mathbf{e}_3^a$，并且节点 b 处的第二个轴方向是 $\mathbf{e}_3^b$。称两个轴形成的角 α 为弯曲角。则

$$\alpha = \arccos(\mathbf{e}_3^a \mathbf{e}_3^b), \quad 0 \le \alpha \le \pi$$

弯曲角是关于（单位）转动向量转过 α 角

$$\boldsymbol{q} = \frac{1}{\sin\alpha}\mathbf{e}_3^a \times \mathbf{e}_3^b, \quad 其中 \sin\alpha = \|\mathbf{e}_3^a \times \mathbf{e}_3^b\|$$

两个轴之间的扭转角 β 定义成

$$\beta = \arctan\left(\frac{\mathbf{e}_2^a\mathbf{e}_1^b - \mathbf{e}_1^a\mathbf{e}_2^b}{\mathbf{e}_1^a\mathbf{e}_1^b + \mathbf{e}_2^a\mathbf{e}_2^b}\right) + m\pi$$

其中，关于正 $\mathbf{e}_3^b$ 方向转动时扭转角为正；m 是整数。

扫掠角 θ 度量 $\mathbf{e}_1^a$ 与 $\mathbf{e}_3^b$ 在 $\mathbf{e}_1^a$-$\mathbf{e}_2^a$ 平面上的投影之间的角度。由此定义得到

$$\theta = \arctan\left(\frac{\mathbf{e}_2^a\mathbf{e}_3^b}{\mathbf{e}_1^a\mathbf{e}_3^b}\right), \quad -\pi \le \theta \le \pi$$

弯曲转动向量 $\boldsymbol{q}$ 可以写成

$$\boldsymbol{q} = -\sin\theta\mathbf{e}_1^a + \cos\theta\mathbf{e}_2^a$$

当弯曲角 α 为零时，扫掠角定义将产生奇异。在此情况中，$\mathbf{e}_3^b=\mathbf{e}_3^a$；即扭转角轴和扫掠角轴是重合的，并且两个角不再相互独立。当 $\alpha=0$ 时，假定扫掠角 $\theta=0$。

可用相对运动分量 ur_1、ur_2 和 ur_3 分别是弯曲角、扭转角和扫掠角的变化，定义成

$$ur_1 = \alpha - \alpha_0; \quad ur_2 = \beta - \beta_0; \quad ur_3 = \theta - \theta_0$$

式中，α_0 和 β_0 分别是初始弯曲角和扭转角。如果各轴之间最初是对齐的，则选择扫掠角的初始值 $\theta_0=0$。连接器本构转动为

$$ur_1^{\mathrm{mat}} = \alpha - \theta_1^{\mathrm{ref}}; \quad ur_2^{\mathrm{mat}} = \beta - \theta_2^{\mathrm{ref}}; \quad ur_3^{\mathrm{mat}} = \theta - \theta_3^{\mathrm{ref}}$$

FLEXION-TORSION 连接中的运动矩是根据三个分量的关系确定的：

$$m_1 = \mathbf{m}_{\mathrm{flex-tor}}\boldsymbol{q}; \quad m_2 = \mathbf{m}_{\mathrm{flex-tor}}\mathbf{e}_3^b; \quad m_3 = \mathbf{m}_{\mathrm{flex-tor}}\mathbf{e}_3^a - \mathbf{m}_{\mathrm{flex-tor}}\mathbf{e}_3^b$$

总结表（表5-42）

表5-42　FLEXION-TORSION 总结表

项　目	说　明
基本、组合或者复杂	基本
运动约束	无
约束力矩输出	无
可用分量	ur_1，ur_2，ur_3
动力矩输出	m_1，m_2，m_3
a 处的方向	要求的
b 处的方向	可选的
连接器停止	$\theta_1^{\min} \leqslant \alpha \leqslant \theta_1^{\max}$ $\theta_2^{\min} \leqslant \beta \leqslant \theta_2^{\max}$ $\theta_3^{\min} \leqslant \theta \leqslant \theta_3^{\max}$
本构参考角度	θ_1^{ref}，θ_2^{ref}，θ_3^{ref}
预定义摩擦参数	无
预定义摩擦接触力	无

FLOW-CONVERTER（图5-19）

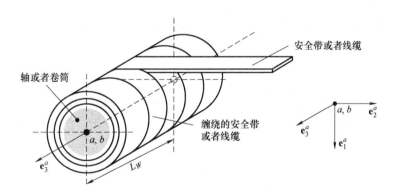

图5-19　连接类型 FLOW-CONVERTER

连接类型 FLOW-CONVERTER 将连接器两个节点之间关于用户指定轴的相对转动，转换成连接器第二个节点处的材料流自由度（10）。此连接类型可用来模拟汽车安全带的卷收器和预紧器装置（见"简化碰撞人体模型的安全带分析"，《Abaqus 例题手册》的3.3.1节），或者绞盘装置中的线缆卷筒。将安全带或者线缆材料考虑成缠绕在轴或者卷筒上，材料可以绕进或者绕出连接器单元。

在某些情况中，需要将材料流转换成位移而非转动。例如需要指定试验力与位移关系的预紧器装置。虽然此连接器类型总是将材料流转换成转动，但两种模型情况是等同的。可将试验所能得到的力与位移的关系数据直接输入成力矩与转动的关系数据，得到的最后结果相同。

此连接类型激活了连接器第二个节点处的自由度 10。与其他节点自由度一样，在约束此自由度时必须小心。在将此连接器与属于安全带系统一部分的 SLIPRING 连接器相连的情况中，或者施加边界条件时，通常需要小心。在 Abaqus/Explicit 的二维和轴对称分析中不能使用 FLOW-CONVERTER 连接。

描述

FLOW-CONVERTER 连接类型将两个节点之间关于第三个局部方向 $\mathbf{e}_3^a$ 的相对转动约束成节点 b 处的材料流 Ψ_b。可以将约束写成

$$ur_3 = \mathbf{e}_3^a (\theta_a - \theta_b) - \beta_s \Psi_b = 0$$

式中，$\theta_a - \theta_b$ 是节点 a 与节点 b 之间的相对节点转动；β_s 是指定成相关连接器截面定义一部分的比例因子，默认情况下，$\beta_s = 1.0$；局部方向 $\mathbf{e}_3^a$ 随着节点 a 处的节点转动而转动。

此连接类型没有可用相对位移分量，因此不能指定运动行为。然而，下面的运动量可用于输出：

$$ur_1 = \mathbf{e}_3^a \cdot (\theta_a - \theta_b) ; ur_2 = \Psi_b$$

分别输出成 CPR1 和 CPR2。

约束力矩是

$$\overline{\boldsymbol{m}} = m_3 \mathbf{e}_3^a$$

限制

至多两个 FLOW-CONVERTER 连接器可以共享激活了自由度 10 的第二个节点。

总结表（表 5-43）

表 5-43　FLOW-CONVERTER 总结表

项　目	说　明
基本、组合或者复杂	专用基本转动
运动约束	$ur_3 = 0$
约束力矩输出	m_3
可用分量	无
动力矩输出	无
a 处的方向	要求的
b 处的方向	可忽略
连接器停止	无
本构参考长度	无
预定义摩擦参数	无
预定义摩擦接触力	无

HINGE（图 5-20）

连接器类型 HINGE 连接两个节点的位置，并且提供它们的转动自由度之间的转动约束。在二维或者轴对称分析中不能使用连接器类型 HINGE。

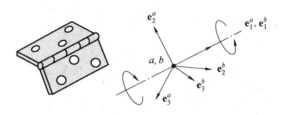

图 5-20 连接器类型 HINGE

描述

连接器类型 HINGE 施加运动约束并使用局部方向定义，等效于连接类型 JOIN 和 REVOLUTE 的组合。

汇报成连接器输出的连接器约束力和力矩主要取决于连接器单元中节点的顺序和位置（见"连接器行为"，5.2.1 节）。由于在节点 b（连接器单元的第二个节点）处施加了运动约束，汇报的力和力矩是在节点 b 处施加 HINGE 约束的约束力和力矩。因此，在大部分情况中，当节点 b 位于施加约束装置的中心处时，最好解释与 HINGE 连接相关联的连接器输出。当在连接器中模拟基于力矩的摩擦时，此选择是必要的，因为约束力是由连接器力和力矩推导得到的，如下文所述。运动约束的正确施加与节点的顺序或者位置无关。

摩擦

HINGE 连接中的预定义库仑摩擦将连接器中的运动约束力和力矩与关于铰链轴的转动中的摩擦力矩（CSM1）进行关联。下文总结了此连接类型中用来指定预定义摩擦的参数。几何缩放常数的典型描述如图 5-21 所示。

因为连接中唯一可能的相对运动是关于 1 方向的转动，所以摩擦作用可表示成切向牵引力产生的力矩和接触力产生的力矩的形式：

$$\Phi = P(f) - \mu M_N \leq 0$$

式中，势 $P(f)$ 表示连接器中，在与发生接触的圆柱面相切的方向上，摩擦切向牵引力的力矩大小；M_N 是同一圆柱面上产生摩擦的法向力矩；μ 是摩擦系数。如果 $\Phi < 0$，则发生摩擦黏着；如果 $\Phi = 0$，则发生滑动，此时摩擦力矩是 μM_N。

法向力矩 M_N 等于由摩擦产生的连接器力矩 $M_C = g(f)$ 和自平衡内接触力矩（如过盈装配）M_C^{int} 之和，即

$$M_N = |M_C + M_C^{int}| = |g(f) + M_C^{int}|$$

摩擦产生的连接器接触力矩的大小 M_C 是通过下面的贡献之和来定义的：

● 来自轴向力的力矩 $F_a R_a$，其中 $F_a = |f_1|$，R_a 是与轴向上的约束力相关的有效摩擦臂（可以将 R_a 解释成典型门铰链中外衬套圆柱截面的平均半径，或者存在铰链端帽时，与铰链端帽相关的有效半径；如果 R_a 是零，则忽略 F_a）。

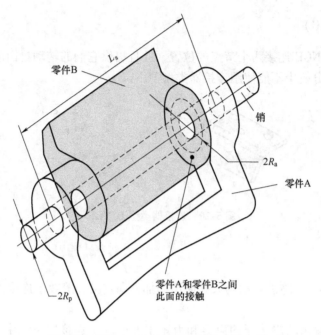

图 5-21　HINGE 连接的几何缩放常数示意图

● 来自圆柱面法向力的力矩 $F_n R_p$，其中 R_p 是局部 2-3 平面中的销横截面半径；F_n 是下面两个贡献之和：

1）径向力贡献 F_r（在局部 2-3 平面中施加平动约束的约束力大小）：

$$F_r = \sqrt{f_2^2 + f_3^a}$$

2）来自"弯曲"的力贡献 F_{bend}，通过使用长度因子缩放弯曲力矩 M_{bend}（施加 REVOLUTE 约束的约束力矩大小）来得到，即

$$M_{bend} = \sqrt{m_2^2 + m_3^2}$$

$$F_{bend} = 2\frac{M_{bend}}{L_s}$$

式中，L_s 是销和衬套之间的特征重叠长度。如果 L_s 是 0.0，则忽略 M_{bend}。

因此

$$M_C = g(\mathbf{f}) = F_a R_a + F_n R_p = |f_1 R_a| + \sqrt{(R_p f_2)^2 + (R_p f_3)^2} + \sqrt{(\beta m_2)^2 + (\beta m_3)^2}$$

其中 $\beta = \dfrac{2R_p}{L_s}$。

摩擦切向牵引力的力矩大小 $P(\mathbf{f}) = |m_1|$。

总结表（表 5-44）

表 5-44　HINGE 总结表

项　　目	说　　明
基本、组合或者复杂	装配
运动约束	JOIN + REVOLUTE

（续）

项　目	说　明
约束力和力矩输出	f_1, f_2, f_3, m_2, m_3
可用分量	ur_1
运动力和力矩输出	m_1
a 处的方向	要求的
b 处的方向	可选的
连接器停止	$\theta_1^{\min} \leqslant \alpha \leqslant \theta_1^{\max}$
本构参考长度	θ_1^{ref}
预定义摩擦参数	要求的：R_p；可选的：R_a, L_s, $M_\mathrm{C}^{\mathrm{int}}$
预定义摩擦接触力矩	M_C

JOIN（图 5-22）

连接类型 JOIN 使得两个节点的位置相同。如果两个节点的初始位置不相同，则在连接到节点 a 的笛卡儿坐标系中，节点 b 相对于节点 a 的位置是固定的。

即使节点 a 处的一个方向是可选的，连接类型 JOIN 也不激活节点 a 处的转动自由度。

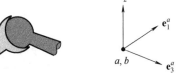

图 5-22　连接类型 JOIN

描述

JOIN 连接使得节点 b 的位置与节点 a 的位置相同。如果最初两个节点的位置不重合，则节点 b 的笛卡儿坐标相对于节点 a 固定。节点 b 相对于节点 a 的笛卡儿坐标的定义见连接类型 CARTESIAN。如果在节点 a 处存在转动自由度，则局部方向随着节点转动。

JOIN 连接中的约束力作用在节点 a 处的三个局部方向上，并且有

$$\bar{f} = f_1 \mathbf{e}_1^a + f_2 \mathbf{e}_2^a + f_3 \mathbf{e}_3^a$$

在二维分析中 $f_3 = 0$。

摩擦

单独使用时，JOIN 连接中没有预定义库仑摩擦，因为没有定义摩擦的可用相对运动分量。然而，当 JOIN 连接和 REVLOUTE 连接一起使用时，预定义摩擦与 HINGE 连接类型相同。当 JOIN 连接和 UNIVERSAL 连接一起使用时，预定义摩擦与 UJOINT 连接相同。

总结表（表 5-45）

表 5-45　JOIN 总结表

项　目	说　明
基本、装配或者复杂	基本
运动约束	$u_1 = 0$, $u_2 = 0$, $u_3 = 0$

（续）

项　　目	说　　明
约束力输出	f_1，f_2，f_3
可用分量	无
运动力和力矩输出	无
a 处的方向	可选的
b 处的方向	可忽略
连接器停止	无
本构参考长度	无
预定义摩擦参数	无
预定义摩擦接触力	无

LINK（图 5-23）

连接类型 LINK 保持两个节点之间的距离不变。如果这些节点存在转动自由度，则此连接类型不会对转动自由度产生任何影响。

图 5-23　连接类型 LINK

描述

LINK 连接将节点 b 的位置 x_b 到节点 a 的距离约束成常数。两个节点之间的距离为

$$l = \|x_b - x_a\|$$

l 是常数。LINK 连接中的约束力作用在两个节点之间的连线上

$$\bar{f} = f_1 q$$

其中 $q = \dfrac{1}{\|x_b - x_a\|}(x_b - x_a)$

总结表（表 5-46）

表 5-46　LINK 总结表

项　　目	说　　明
基本、组合或者复杂	基本
运动约束	$l=$ 常数
约束力输出	f_1
可用分量	无
运动力和力矩输出	无

（续）

项　目	说　明
a 处的方向	可忽略
b 处的方向	可忽略
连接器停止	无
本构参考长度	无
预定义摩擦参数	无
预定义摩擦接触力	无

PLANAR（图 5-24）

连接类型 PLANAR 在三维分析中提供局部的二维坐标系。在二维或者轴对称分析中不能使用连接类型 PLANAR。

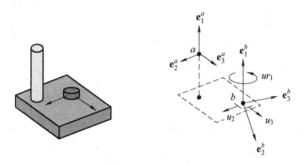

图 5-24　连接类型 PLANAR

描述

连接类型 PLANAR 施加运动约束并使用局部方向定义，等效于连接类型 SLIDE- PLANE 和 REVOLUTE 的组合。

摩擦

PLANAR 连接中的预定义库仑摩擦将连接器中的运动约束力和力矩，与局部 2-3 平面中的平动摩擦力和关于局部 1 方向的转动摩擦力矩相关联。下面分别对这两个摩擦作用进行了讨论。

1）由 2-3 平面中的滑动引起的摩擦写成

$$\Phi_C = P_C(f) - \mu F_{NC} \leq 0$$

式中，势 $P_C(f)$ 表示连接器中，在发生接触的局部 2-3 平面的相切方向上，摩擦切向牵引力的大小；F_{NC} 是同一平面上的摩擦产生的法向力；μ 是摩擦系数。如果 $\Phi_C < 0$，则发生摩擦黏着；如果 $\Phi_C = 0$，则发生滑动，此时摩擦力（CSFC）等于 μF_{NC}。

法向力 F_{NC} 是力产生的连接器力 $F_C = g(f)$ 和自平衡内接触力 F_C^{int} 的大小之和，即

$$F_{NC} = \left| F_C + F_C^{int} \right| = \left| g(f) + F_C^{int} \right|$$

通过对下面的两个贡献求和来定义接触力 F_C 的大小：

- 力贡献，$F_1 = |f_1|$（施加 SLIDE-PLANE 约束的约束力）。
- 来自"弯曲"的力贡献 F_{bend}，通过使用长度因子缩放弯曲力矩 M_{bend}（施加 REVO-LUTE 约束的约束力矩大小）来得到：

$$M_{bend} = \sqrt{m_2^2 + m_3^2}$$

$$F_{bend} = \frac{M_{bend}}{R}$$

式中，R 代表局部 2-3 平面中"冰球"（如图 5-25 所示）的特征半径。如果 R 是零，则忽略 M_{bend}。

因此

$$F_C = g(f) = F_1 + F_{bend} = |f_1| + \sqrt{(\beta m_2)^2 + (\beta m_3)^2}$$

其中 $\beta = \frac{1}{R}$。

摩擦切向力矩的大小 $P_C(f)$ 的计算公式为

$$P_C(f) = \sqrt{f_2^2 + f_3^2}$$

2）由于对关于 1 方向转动产生的摩擦效应进行了量化，可以将摩擦作用写成由切向牵引力产生的力矩和由接触力产生的力矩的形式

$$\Phi_{R1} = P_{R1}(f) - \mu M_{NR1} \leqslant 0$$

式中，势 $P_{R1}(f)$ 表示连接器中，关于 1 方向的摩擦切向力矩的大小；M_{NR1} 是关于同一个轴的由摩擦产生的法向力矩；μ 是摩擦系数。如果 $\Phi_{R1} < 0$，则发生转动中的摩擦黏着；如果 $\Phi_{R1} = 0$，则发生滑动，此时摩擦力矩（CSM1）是 μM_{NR1}。

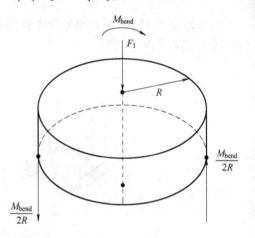

图 5-25 有效内摩擦接触力示意图

法向力矩 M_{NR1} 是摩擦产生的连接器力矩 $M_{R1} = g(f)$ 与自平衡内接触力矩 M_{R1}^{int} 之和：

$$M_{NR1} = |M_{R1} + M_{R1}^{int}| = |g(f) + M_{R1}^{int}|$$

通过对下面的两个贡献求和来定义接触力矩 M_{R1} 的大小：

- 来自平面 2-3 中接触力的力矩 M_1（施加 SLIDE-PLANE 约束的恒定力矩）：

$$M_1 = \frac{2}{3}F_1 R$$

式中，$F_1 = |f_1|$；R 是局部 2-3 平面中"冰球"（图 5-25）的特征半径（如果 R 是 0.0，则忽略 M_1）；系数 2/3 因子来自圆接触块上均匀压力 $\left(\frac{F_1}{\pi R^2}\right)$ 的积分力矩。

- 来自"弯曲"的力矩贡献 M_{bend}（施加 REVOLUTE 约束的约束力矩大小）：

$$M_{bend} = \sqrt{m_2^2 + m_3^2}$$

因此

$$M_{R1} = g(f) = M_1 + M_{bend} = \frac{2}{3}R|f_1| + \sqrt{m_2^2 + m_3^2}$$

摩擦切向牵引力的大小 $P_{R1}(f)$ 使用下式进行计算

$$P_{R1}(f) = |m_1|$$

总结表（表5-47）

表5-47　PLANAR 总结表

项　目	说　明
基本、组合或者复杂	组合
运动约束	SLIDE- PLANE + REVOLUTE
约束力输出	f_1，m_2，m_3
可用分量	u_2，u_3，ur_1
运动力和力矩输出	f_2，f_3，m_1
a 处的方向	要求的
b 处的方向	可选的
连接器停止	$l_2^{min} \le y \le l_2^{max}$ $l_3^{min} \le z \le l_3^{max}$ $\theta_1^{min} \le \alpha \le \theta_1^{max}$
本构参考长度和角度	l_2^{ref}，l_3^{ref}，θ_1^{ref}
预定义摩擦参数	可选的：R，F_C^{int}，M_{R1}^{int}
预定义摩擦接触力和力矩	F_C，M_{R1}

PROJECTION CARTESIAN（图5-26）

连接类型 PROJECTION CARTESIAN 提供两个节点之间的连接，在三个局部连接方向（即局部笛卡儿坐标系的轴）上度量响应。不像 CARTESIAN 连接那样使用跟随节点 a 的正交坐标系，PROJECTION CARTESIAN 连接使用同时跟随节点 a 和节点 b 处的正交坐标系。

PROJECTION CARTESIAN 连接中使用的连接器局部方向与 PROJECTION FLEXION-TORSION 连接中使用的连接器局部方向相同。PROJECTION CARTESIAN 连接类型与 PROJECTION FLEXION- TORSION 连接类型是兼容的，并且适合模拟衬套类或者点焊类分量的位移响应。

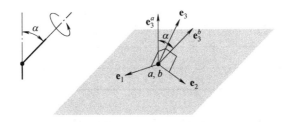

图5-26　连接类型 PROJECTION CARTESIAN

描述

PROJECTION CARTESIAN 连接不施加运动约束。它将三个局部方向 $\{e_1, e_2, e_3\}$ 定义

成节点 a 和节点 b 处方向的函数。这些方向是由 PROJECTION FLEXION-TORSION 连接定义的投射方向。PROJECTION CARTESIAN 连接度量节点 b 相对于节点 a 的，沿着（投射）坐标方向 $\{\mathbf{e}_1, \mathbf{e}_2, \mathbf{e}_3\}$ 的位置变化。

节点 b 相对于节点 a 的位置是

$$x = \mathbf{e}_1(\boldsymbol{x}_b - \boldsymbol{x}_a); y = \mathbf{e}_2(\boldsymbol{x}_b - \boldsymbol{x}_a); z = \mathbf{e}_3(\boldsymbol{x}_b - \boldsymbol{x}_a)$$

可用相对运动分量是

$$u_1 = x - x_0; u_2 = y - y_0; u_3 = z - z_0$$

式中，x_0、y_0 和 z_0 是节点 b 相对于节点 a 的，沿着初始 $\{\mathbf{e}_1, \mathbf{e}_2, \mathbf{e}_3\}$ 方向的初始坐标。连接器本构位移为

$$u_1^{\text{mat}} = x - l_1^{\text{ref}}; \quad u_2^{\text{mat}} = y - l_2^{\text{ref}}; \quad u_3^{\text{mat}} = z - l_3^{\text{ref}}$$

PROJECTION CARTESIAN 连接中的局部方向是两个连接节点处的坐标系之间的"中心"。PROJECTION CARTESIAN 连接适用于模拟各向同性或者各向异性材料的响应的情况，以及局部材料方向作为连接两个端点处的转动函数的情况。运动力是

$$\boldsymbol{f}_{\text{projCart}} = f_1 \mathbf{e}_1 + f_2 \mathbf{e}_2 + f_3 \mathbf{e}_3$$

在二维分析中，$z = 0$，$u_3 = 0$，$u_3^{\text{mat}} = 0$，$f_3 = 0$。

总结表（表5-48）

表5-48　PROJECTION CARTESIAN 总结表

项　目	说　明
基本、组合或者复杂	基本
运动约束	无
约束力输出	无
可用分量	u_1，u_2，u_3
运动力和力矩输出	f_1，f_2，f_3
a 处的方向	可选的
b 处的方向	可选的
连接器停止	$l_1^{\text{min}} \leqslant x \leqslant l_1^{\text{max}}$ $l_2^{\text{min}} \leqslant y \leqslant l_2^{\text{max}}$ $l_3^{\text{min}} \leqslant z \leqslant l_3^{\text{max}}$
本构参考长度和角度	l_1^{ref}，l_2^{ref}，l_3^{ref}
预定义摩擦参数	无
预定义摩擦接触力和力矩	无

PROJECTION FLEXION-TORSION（图5-27）

连接类型 PROJECTION FLEXION-TORSION 提供两个节点之间的转动连接。它模拟两个轴之间的圆柱弯曲和扭转耦合。在此情况中，关于轴的扭转响应可能与杆的弯曲响应不同。连接类型 PROJECTION FLEXION-TORSION 类似于连接类型 FLEXION-TORSION。其中，FLEXION-TORSION 连接具有由总弯曲、扭转和扫掠构成的转动参数化角度，PROJECTION

FLEXION- TORSION 连接具有由弯曲角和扭曲角两个分量组成的转动参数化角度。FLEXION-TORSION 连接的弯曲角源自 PROJECTION FLEXION- TORSION 连接的弯曲角的两个分量。连接类型 PROJECTION FLEXION- TORSION 不能用于二维或者轴对称分析。

连接的弯曲部分阻碍两个轴的角度偏移，连接的扭转部分阻碍关于轴的相对转动。当模拟衬套类或者点焊类的构件时，连接类型 PROJECTION FLEXION- TORSION 可以与连接类型 PROJECTION CARTESIAN 一起使用。

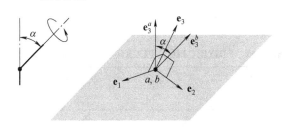

图 5-27　连接类型 PROJECTION FLEXION- TORSION

描述

PROJECTION FLEXION- TORSION 连接不施加运动约束。该连接通过三个角度来描述有限转动：弯曲角 1、弯曲角 2 和扭转角（α_1、α_2 和 β）。然而，弯曲角 1、弯曲角 2 和扭转角不代表三个连续的转动。两个分量弯曲角（α_1 和 α_2）构成了两个轴之间的总弯曲角，并且度量两个轴的偏移角。扭转角度量一根轴相对于另一根轴的扭转。

节点 a 处的第一个轴方向是 $\mathbf{e}_3^a$，节点 b 处的第二个轴方向是 $\mathbf{e}_3^b$。两根轴形成角 α，称之为总弯曲角。则

$$\alpha = \arccos(\mathbf{e}_3^a \mathbf{e}_3^b) \, , \ 0 \leqslant \alpha \leqslant \pi$$

弯曲角是关于（单位）转动向量转过角度 α

$$\mathbf{q} = \frac{1}{\sin\alpha} \mathbf{e}_3^a \times \mathbf{e}_3^b \, , \ 其中 \sin\alpha = \| \mathbf{e}_3^a \times \mathbf{e}_3^b \|$$

PROJECTION FLEXION- TORSION 连接采用垂直于平面的单位向量 $\mathbf{e}_3$ 和两个贯穿此平面的单位向量 $\mathbf{e}_1$ 和 $\mathbf{e}_2$ 的形式表示，如图 5-26 所示。法向向量是 $\mathbf{e}_3$ 的平面称为弯曲-扭转平面。弯曲角的分量 α_1 和 α_2 是通过 α 和 $\mathbf{q}$ 在两个平面内方向上的投影来确定的：

$$\alpha_1 = \alpha(\mathbf{e}_1 \mathbf{q}) \, ; \alpha_2 = \alpha(\mathbf{e}_2 \mathbf{q})$$

PROJECTION FLEXION- TORSION 连接中的扭转角可以从有限的连续转动参数化 3-2-3 来理解。在 3-2-3 参数化形式中，总弯曲角是第二个连续转动角，转动角是第一个和第三个连续转动角之和。将两个轴之间的扭转角 β 定义成

$$\beta = \arctan\left(\frac{\mathbf{e}_2^a \mathbf{e}_1^b - \mathbf{e}_1^a \mathbf{e}_2^b}{\mathbf{e}_1^a \mathbf{e}_1^b + \mathbf{e}_2^a \mathbf{e}_2^b} \right) + m\pi$$

式中，关于正 $\mathbf{e}_3$ 方向转动的扭转角为正；m 是整数。

当总弯曲角 α 为零时，PROJECTION FLEXION- TORSION 连接可避免在 FLEXION-TORSION 连接的扫掠角中产生的奇异。因此，PROJECTION FLEXION- TORSION 连接更适合定义衬套类型的柔性响应，此响应随着弯曲-扭转平面中的 $\mathbf{q}$ 方向发生变化。

相对运动分量 ur_1、ur_2 和 ur_3 是两个弯曲角和扭转角的变化，并定义成

$$ur_1 = \alpha_1 - \alpha_{10};\ ur_2 = \alpha_2 - \alpha_{20};\ ur_3 = \beta - \beta_0$$

式中，α_{10}、α_{20} 和 β_0 分别是初始弯曲分量角和扭转角。连接器本构转动是

$$ur_1^{mat} = \alpha_1 - \theta_1^{ref};\ ur_2^{mat} = \alpha_2 - \theta_2^{ref};\ ur_3^{mat} = \beta - \theta_3^{ref}$$

PROJECTION FLEXION-TORSION 连接中的动力矩是

$$\boldsymbol{m}_{\text{projflex}-\text{tor}} = m_1 \mathbf{e}_1 + m_2 \mathbf{e}_2 + m_3 \mathbf{e}_3$$

总结表（表5-49）

表5-49 PROJECTION FLEXION-TORSION 总结表

项　　目	说　　明
基本、组合或者复杂	基本
运动约束	无
约束力矩输出	无
可用分量	ur_1，ur_2，ur_3
动力矩输出	m_1，m_2，m_3
a 处的方向	要求的
b 处的方向	可选的
连接器停止	$\theta_1^{min} \leqslant \alpha_1 \leqslant \theta_1^{max}$ $\theta_2^{min} \leqslant \alpha_2 \leqslant \theta_2^{max}$ $\theta_3^{min} \leqslant \beta \leqslant \theta_3^{max}$
本构参考角度	θ_1^{ref}，θ_2^{ref}，θ_3^{ref}
预定义摩擦参数	无
预定义摩擦接触力	无

RADIAL-THRUST（图5-28）

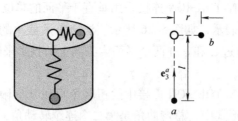

图5-28 连接类型 RADIAL-THRUST

连接类型 RADIAL-THRUST 提供两个节点之间的连接，其中径向上的响应和圆柱轴向上的响应是不同的。连接类型 RADIAL-THRUST 模拟圆柱轴承内部点的情况，对径向位移的响应不同于对推力运动的响应。连接类型 RADIAL-THRUST 不能用于二维分析或者轴对称分析。

如果两个节点处的转动自由度是通过弯曲和扭转阻力连接的，则连接类型 FLEXION-

TORSION 可以与连接类型 RADIAL-THRUST 一起使用。

描述

RADIAL-THRUST 连接不施加运动约束。需要使用节点 a 处的一个方向来定义直角坐标系的轴 $\mathbf{e}_3^a$。节点 b 相对于节点 a 的位置通过径向和轴向距离给出

$$r = \sqrt{\left[\mathbf{e}_1^a(\mathbf{x}_b - \mathbf{x}_a)\right]^2 + \left[\mathbf{e}_2^a(\mathbf{x}_b - \mathbf{x}_a)\right]^2}$$
$$l = \mathbf{e}_3^a(\mathbf{x}_b - \mathbf{x}_a)$$

RADIAL-THRUST 连接有两个可用相对运动分量——u_1 和 u_3。径向位移 u_1 度量节点 b 到圆柱坐标系轴的距离，将其定义成

$$u_1 = r - r_0$$

式中，r_0 是从节点 b 到轴的初始径向距离。

轴向位移 u_3 度量沿着圆柱轴从节点 a 到节点 b 的距离变化，定义成

$$u_3 = l - l_0$$

式中，l_0 是节点 b 到节点 a 沿着轴的初始距离。连接器本构距离是

$$u_1^{\text{mat}} = r - l_0^{\text{ref}}; \quad u_3^{\text{mat}} = l - l_3^{\text{ref}}$$

运动力是

$$\mathbf{f}_{\text{rad-thr}} = f_1 \mathbf{e}_r + f_3 \mathbf{e}_3^a$$

其中，径向单位向量是

$$\mathbf{e}_r = \frac{1}{r}\left[\mathbf{e}_1^a(\mathbf{x}_b - \mathbf{x}_a)\mathbf{e}_1^a + \mathbf{e}_2^a(\mathbf{x}_b - \mathbf{x}_a)\mathbf{e}_2^a\right]$$

RADIAL-THRUST 连接器的径向阻抗类似于 $\mathbf{e}_1^a$-$\mathbf{e}_2^a$ 平面中的单个弹簧。施加在此平面中并与当前径向单位向量垂直的载荷最初不会遇到阻抗，并且在静态分析中可能导致求解器发出数值奇异和/或零中轴警告。如果数值奇异造成收敛困难，则模拟选项是使用具有非常小的弹性刚度的 CARTESIAN 连接器来替代 RADIAL-THRUST 连接器。

总结表（表 5-50）

表 5-50   RADIAL-THRUST 总结表

项 目	说 明
基本、组合或者复杂	基本
运动约束	无
约束力矩输出	无
可用分量	u_1，u_3
运动力输出	f_1，f_3
a 处的方向	要求的
b 处的方向	可忽略
连接器停止	$l_1^{\min} \leqslant r \leqslant l_1^{\max}$ $l_3^{\min} \leqslant l \leqslant l_3^{\max}$
本构参考长度	l_1^{ref}，l_3^{ref}

（续）

项　目	说　明
预定义摩擦参数	无
预定义摩擦接触力	无

RETRACTOR（图5-29）

连接类型 RETRACTOR 连接两个节点的位置，并且在连接器的第二个节点处的材料流自由度（10）与第一个节点处的转动自由度之间提供 FLOW-CONVERTER 约束。可以使用此连接类型模拟汽车座椅安全带中的牵引器和预紧器装置（见"简化的碰撞人体模型的座椅安全带分析"，《Abaqus 例题手册》的 3.3.1 节）或者绞盘装置中的线缆卷筒。

Abaqus/Explicit 中的二维分析和轴对称分析不能使用 RETRACTOR 连接。

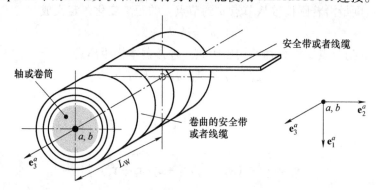

图 5-29　连接类型 RETRACTOR

描述

连接类型 RETRACTOR 施加运动约束并使用局部方向定义，等效于 JOIN 和 FLOW-CONVERTER 连接类型的组合。

总结表（表 5-51）

表 5-51　RETRACTOR 总结表

项　目	说　明
基本、组合或者复杂	组合
运动约束	JOIN + FLOW-CONVERTER
约束力矩输出	f_1, f_2, f_3, m_3
可用分量	无
运动力输出	无
a 处的方向	要求的
b 处的方向	可忽略
连接器停止	无

（续）

项　　目	说　　明
本构参考长度	无
预定义摩擦参数	无
预定义摩擦接触力	无

REVOLUTE（图 5-30）

连接类型 REVOLUTE 提供两个节点之间的连接，在两个局部方向上对转动进行约束而关于公共轴没有约束。转动的公共轴是连接器的局部 1 方向。连接类型 REVOLUTE 不能用于二维分析或者轴对称分析。

连接类型 REVOLUTE 模拟 HINGE 或者 CYLINDRICAL 连接的转动部分。

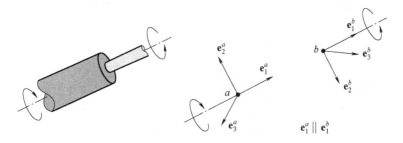

图 5-30　连接类型 REVOLUTE

描述

REVOLUTE 连接约束两个节点之间相对运动的两个转动分量，并且允许一个自由的转动分量。REVOLUTE 连接施加的两个运动约束是

$$\mathbf{e}_1^a \cdot \mathbf{e}_2^b = 0 \text{ 和 } \mathbf{e}_1^a \cdot \mathbf{e}_3^b = 0$$

等效于 $\mathbf{e}_1^a = \mathbf{e}_1^b$。另外，REVOLUTE 约束等效于将 CARDAN 连接中的第二个和第三个 Cardan 角设置为零。如果公共轴 $\mathbf{e}_1^a$ 和 $\mathbf{e}_1^b$ 最初没有对齐，则 REVOLUTE 约束将保持第二个和第三个 Cardan 角的初始值不变。REVOLUTE 连接中的约束力矩是

$$\overline{\boldsymbol{m}} = m_2 \mathbf{e}_2^a + m_3 \mathbf{e}_3^a$$

节点 b 可以关于公共局部方向 $\mathbf{e}_1^a = \mathbf{e}_1^b$ 转动。节点 b 处的局部方向相对于节点 a 的相对角度位置是

$$\alpha = -\arctan\left(\frac{\mathbf{e}_2^a \mathbf{e}_3^b}{\mathbf{e}_3^a \mathbf{e}_3^b}\right)$$

式中，α 是第一个 Cardan 角，用于度量 $\mathbf{e}_2^a$ 对于 $\mathbf{e}_2^b$ 关于 $\mathbf{e}_1^a$ 方向的逆时针转动。

可用相对运动分量 ur_1 度量角度位置的变化并定义成

$$ur_1 = \alpha - \alpha_0 + n\pi$$

式中，α_0 是初始角度位置；n 是考虑关于公共轴的多个转动的整数。连接器本构转动是

$$ur_1^{\text{mat}} = \alpha - \theta_0^{\text{ref}} + n\pi$$

REVOLUTE 连接的运动力矩是

$$m_{\text{revolute}} = m_1 \mathbf{e}_1^a$$

摩擦

单独使用时，REVOLUTE 连接中没有预定义库仑摩擦。当 REVOLUTE 连接与 JOIN、SLIDE-PLANE 或者 SLOT 连接一起使用时，预定义摩擦分别与 HINGE、PLANAR 和 CYLINDRICAL 连接相同。

总结表（表 5-52）

表 5-52　REVOLUTE 总结表

项　目	说　明
基本、组合或者复杂	基本
运动约束	$\mathbf{e}_1^a \mathbf{e}_2^b = 0$，$\mathbf{e}_1^a \mathbf{e}_3^b = 0$
约束力矩输出	m_2，m_3
可用分量	ur_1
动力矩输出	m_1
a 处的方向	要求的
b 处的方向	可选的
连接器停止	$\theta_1^{\min} \leqslant \alpha \leqslant \theta_1^{\max}$
本构参考长度	θ_1^{ref}
预定义摩擦参数	无
预定义摩擦接触力	无

ROTATION（图 5-31）

连接类型 ROTATION 提供两个节点之间的转动连接，通过转动向量来参数化节点之间的相对转动。在二维分析和轴对称分析中，ROTATION 连接类型包含一个单独的（标量）相对转动分量。

虽然三维分析中的 ROTATION 连接类型存在可用相对运动分量，但连接的有限转动参数化不一定适合定义连接器行为。如果需要具有连接器行为的有限三维 ROTATION 连接，则 CARDAN 或者 EULER 连接类型通常更加合适。

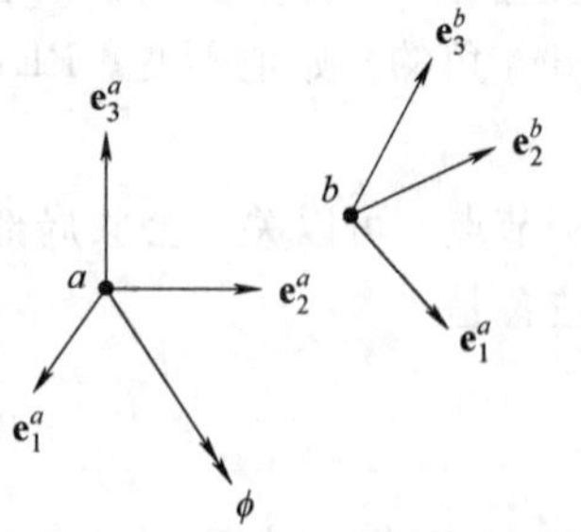

在单元的第一个节点与地连接的连接器单元中使用连接类型 ROTATION 时，相对于地的方向的转动分量与 Abaqus 中节点自由度的约定相同。因此，ROTATION 连接类型可以与指定的连接器运动（见"连接器作动"，5.1.3

图 5-31　连接类型 ROTATION

节）结合使用，以使用有限转动边界条件的 Abaqus 约定来指定局部坐标方向上的有限转动边界条件。

描述

转动类型 ROTATION 不施加运动约束。转动连接是有限转动连接，通过转动向量将节点 b 处的局部方向相对于节点 a 处的局部方向进行参数化。令 ϕ 为相对于 $\{\mathbf{e}_1^a, \mathbf{e}_2^a, \mathbf{e}_3^a\}$ 来定位局部方向 $\{\mathbf{e}_1^b, \mathbf{e}_2^b, \mathbf{e}_3^b\}$ 的转动向量，即

$$\mathbf{e}_i^b = \exp[\hat{\phi}] \cdot \mathbf{e}_i^a$$

对于所有 $i = 1, 2, 3$，$\hat{\phi}$ 是具有轴向向量 ϕ 的反对称矩阵。关于有限转动的讨论见"转动变量"（《Abaqus 理论手册》的 1.3.1 节）。

ROTATION 连接中的可用相对运动分量是转动向量分量的变化，而转动向量分量相对于节点 a 处的局部方向定位节点 b 处的局部方向。因此，有

$$ur_i = \phi_i - (\phi_0)_i + 2n\pi \frac{\phi_i}{\|\phi\|}$$

式中，ϕ_0 是初始转动向量；n 是考虑，大于 2π 的转动角度的整数，$n \geqslant 0$；所有向量分量都是相对于局部方向 $\mathbf{e}_i^a$ 的分量，$i = 1, 2, 3$。连接器本构转动为

$$ur_i^{\text{mat}} = \phi_i - \theta_i^{\text{ref}} + 2n\pi \frac{\phi_i}{\|\phi\|}$$

转动连接的运动力矩是

$$m_i = \mathbf{m}_{\text{rotation}} \mathbf{e}_i^a \quad (i = 1, 2, 3)$$

在二维和轴对称分析中，$ur_1 = ur_2 = 0$，$m_1 = m_2 = 0$。

总结表（表 5-53）

表 5-53 ROTATION 总结表

项 目	说 明
基本、组合或者复杂	基本
运动约束	无
约束力矩输出	无
可用分量	ur_1，ur_2，ur_3
运动力矩输出	m_1，m_2，m_3
a 处的方向	可选的
b 处的方向	可选的
连接器停止	$\theta_1^{\min} \leqslant \phi_i \leqslant \theta_1^{\max}$
本构参考长度	θ_i^{ref}
预定义摩擦参数	无
预定义摩擦接触力	无

ROTATION-ACCELEROMETER（图 5-32）

连接类型 ROTATION-ACCELEROMETER 提供一种方便的方法来度量局部坐标系中一个体的相对角位置、速度和加速度。相对于节点 a 的运动来度量这些运动量，并在节点 b 的坐标系中进行汇报。连接器的每个节点均可以独立地平动和转动，但更普遍的情况是将两个节

点中的第一个节点固定到地。如果第一个节点固定，则连接类型 ROTATION- ACCELEROMETER 提供一种在固定到运动体（如加速度计）的坐标系中度量角速度和角加速度的局部分量的方便方法。

只能在 Abaqus/Explicit 中使用 ROTATION- ACCELEROMETER 连接类型。它是连接类型 ACCELEROMETER 的对应转动连接类型，ACCELEROMETER 度量相对平动、速度和加速度。

ROTATION- ACCELEROMETER 连接器不能用于 Abaqus/Explicit 中的二维分析和轴对称分析。

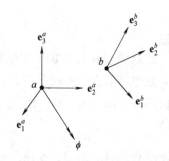

图5-32　连接类型 ROTATION- ACCELEROMETER

描述

ROTATION- CELEROMETER 连接不施加运动约束。它在节点 a 处定义三个局部方向，并在节点 b 处定义三个局部方向。ROTATION- ACCELEROMETER 连接的方程类似于 ROTATION 连接的方程。ROTATION- ACCELEROMETER 连接度量将节点 a 的局部方向转换为节点 b 的局部方向的有限转动，并且通过转动向量对此有限转动进行参数化。令 ϕ 为相对于 $\{\mathbf{e}_1^a,\ \mathbf{e}_2^a,\ \mathbf{e}_3^a\}$ 来定位局部方向 $\{\mathbf{e}_1^b,\ \mathbf{e}_2^b,\ \mathbf{e}_3^b\}$ 的转动向量，即

$$\mathbf{e}_i^b = \exp[\hat{\phi}] \cdot \mathbf{e}_i^a$$

对于所有 $i = 1$, 2, 3, $\hat{\phi}$ 是使用轴向向量 ϕ 的反对称矩阵。关于有限转动的讨论见"转动变量"（《Abaqus 理论手册》的 1.3.1 节）。此连接度量在节点 b 处随着体转动的局部方向中转动向量分量的变化。转动向量分量的计算公式为

$$\phi_i = \mathbf{e}_i^b \phi$$

ROTATION- ACCELEROMETER 连接没有可用相对运动分量。连接器转动是

$$ur_i = \phi_i - (\phi_0)_i + 2n\pi \frac{\phi_i}{\|\phi\|}$$

式中，ϕ_0 是初始转动向量；n 是一个使转动大于 2π 的整数，$n \geq 0$。

ROTATION- ACCELEROMETER 连接在角速度和加速度的计算上与 ROTATION 连接不同。ROTATION- ACCELEROMETER 连接将节点处的速度和加速度度量成

$$vr_1 = (\omega_b - \omega_a)\mathbf{e}_i^b$$
$$ar_1 = (\alpha_b - \alpha_a)\mathbf{e}_i^b$$

式中，ω_a、ω_b、α_a 和 α_b 分别是节点 a 和节点 b 处的节点角速度和角加速度。

在二维和轴对称分析中，$ur_1 = ur_2 = 0$。

总结表（表5-54）

表5-54　**ROTATION- ACCELEROMETER 总结表**

项　　目	说　　明
基本、组合或者复杂	基本
运动约束	无

（续）

项　目	说　明
约束力矩输出	无
可用分量	无
运动力输出	无
a 处的方向	可选的
b 处的方向	可选的
连接器停止	无
本构参考长度	无
预定义摩擦参数	无
预定义摩擦接触力	无

SLIDE-PLANE（图5-33）

连接类型 SLIDE-PLANE 使节点 b 保持在一个平面上，此平面是通过节点 b 的初始位置和节点 a 的方向定义的。连接类型 SLIDE-PLANE 不能用于二维分析或者轴对称分析。在节点 a 处定义平面法向方向的是 $\mathbf{e}_1^a$。

连接类型 SLIDE-PLANE 模拟限制在两个平行平面之间的点，或者槽中的销连接（销可在与槽平面垂直的方向上自由运动）。

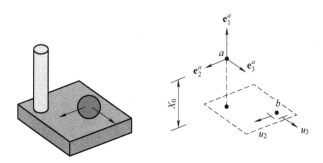

图 5-33　连接类型 SLIDE-PLANE

描述

SLIDE-PLANE 连接将节点 b 的位置 $\boldsymbol{x}_b$ 保持在一个平面上，此平面是通过局部法向方向 $\mathbf{e}_1^a$ 来定义。节点 a 到平面的法向方向距离是不变的

$$x = \mathbf{e}_1^a(\boldsymbol{x}_b - \boldsymbol{x}_a) = x_0$$

式中，x_0 是节点 a 到平面的初始距离。SLIDE-PLANE 连接中的约束力是

$$\bar{\boldsymbol{f}} = f_1 \mathbf{e}_1^a$$

节点 b 可以在由节点 a 的法向定义的平面中移动。平面中节点 b 相对于节点 a 的位置是

$$y = \mathbf{e}_2^a(\boldsymbol{x}_b - \boldsymbol{x}_a) \; ; z = \mathbf{e}_3^a(\boldsymbol{x}_b - \boldsymbol{x}_a)$$

相对运动的两个可用分量 u_2 和 u_3 是

$$u_2 = y - y_0; \quad u_3 = z - z_0$$

式中，y_0 和 z_0 是节点 b 的初始位置坐标。连接器本构位移是

$$u_2^{\text{mat}} = y - l_2^{\text{ref}}; \quad u_3^{\text{mat}} = z - l_3^{\text{ref}}$$

平面中的运动力是

$$\boldsymbol{f}_{s\text{-}p} = f_2 \mathbf{e}_2^a + f_3 \mathbf{e}_3^a$$

摩擦

SLIDE-PLANE 连接中的预定义库仑摩擦将连接器中的运动约束力与平面 2-3 中两个局部方向上的平动摩擦力（CSFC）相关联。

摩擦作用可以写成

$$\varPhi = P(\boldsymbol{f}) - \mu F_{\text{N}} \leqslant 0$$

式中，势 $P(\boldsymbol{f})$ 表示连接器中，与发生接触的 2-3 平面的相切方向上的摩擦切向牵引力的大小；F_{N} 是同一平面内产生摩擦的法向力；μ 是摩擦系数。如果 $\varPhi < 0$，则发生摩擦黏着；如果 $\varPhi = 0$，则发生滑动，此时摩擦力是 μF_{N}。

法向力 F_{N} 是产生摩擦的连接器力 $F_{\text{C}} = g(\boldsymbol{f})$ 和自平衡内接触力 $F_{\text{C}}^{\text{int}}$ 的大小之和

$$F_{\text{N}} = \left| F_{\text{C}} + F_{\text{C}}^{\text{int}} \right| = \left| g(\boldsymbol{f}) + F_{\text{C}}^{\text{int}} \right|$$

力大小 $F_{\text{C}} = |f_1|$。

摩擦切向牵引力的大小 $P(\boldsymbol{f})$ 为

$$P(\boldsymbol{f}) = \sqrt{f_2^2 + f_3^2}$$

当 SLIDE-PLANE 连接与 REVOLUTE 连接一起使用时，预定义库仑摩擦的计算是不同的。关于此情况中预定义摩擦的内容见 PLANAR 连接。

总结表（表 5-55）

表 5-55   SLIDE-PLANE 总结表

项　目	说　明
基本、组合或者复杂	基本
运动约束	$x = x_0$
约束力矩输出	f_1
可用分量	u_2，u_3
运动力输出	f_2，f_3
a 处的方向	要求的
b 处的方向	可忽略
连接器停止	$l_2^{\min} \leqslant y \leqslant l_2^{\max}$ $l_3^{\min} \leqslant z \leqslant l_3^{\max}$
本构参考长度	l_2^{ref}，l_3^{ref}
预定义摩擦参数	可选的：$F_{\text{C}}^{\text{int}}$
预定义摩擦接触力	F_{C}

SLIPRING（图 5-34）

连接类型 SLIPRING 提供两个节点之间的连接，模拟带系统中两个点之间的材料流和伸展。可以使用该连接模拟安全带（见"简化的碰撞人体模型的座椅安全带分析"，《Abaqus 例题手册》的 3.3.1 节）、滑轮系统和拉索系统。仅在计算摩擦时使用两个相邻带子段之间的角度。默认情况下，根据节点坐标自动计算 $0 \sim \pi$ 之间的角度 α。另外，用户也可以将两个相邻带子段之间的角度（以弧度为单位）指定成连接器截面定义的一部分。用户可以使用此功能来指定大于 π 的包覆角。

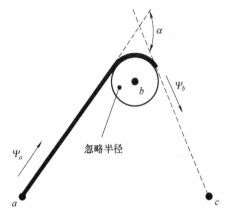

连接类型 SLIPRING 激活了连接器两个节点处的材料流自由度（10）。与其他节点自由度一样，用户在约束它时必须小心。将该连接器连接到作为保险带系统一部分的 SLIPRING 连接器或 RETRACTOR

图 5-34 连接类型 SLIPRING

（FLOW-CONVERTER）连接器时，或者施加边界条件时，通常要小心地进行约束。

SPIPRING 连接不能用于 Abaqus/Explicit 中的二维分析和轴对称分析。

描述

SLIPRING 连接不约束任何相对运动分量。因此，不约束连接器节点的位置。

节点之间的距离是

$$d_{ab} = \|\boldsymbol{x}_b - \boldsymbol{x}_a\|$$

带的材料可以在节点 a 和节点 b 之间流动和伸展。可以发生无伸展流动（如刚性带），或者同时发生流动和伸展（如柔性带）。约定如果材料流入 ab 段，则节点 a 处的材料流动是正的；如果流出 ab 段，则节点 b 处的材料流动是正的。可以增量的方式将参考长度定义成

$$l_{new}^{ref} = l_{old}^{ref} + \Delta\boldsymbol{\Psi}_a - \Delta\boldsymbol{\Psi}_b$$

式中，l_{new}^{ref} 是当前增量结束时的参考长度；l_{old}^{ref} 是当前增量开始时的参考长度；$\Delta\boldsymbol{\Psi}_a$ 是节点 a 处的增量流动；$\Delta\boldsymbol{\Psi}_b$ 是节点 b 处的增量流动。带的伸展可以定义成

$$d = \frac{d_{ab}}{l_{new}^{ref}}$$

带中的"应变"为

$$u_1 = u_1^{mat} = d - 1$$

在分析开始时，$t = 0$ 处的参考长度是

$$l^{ref}\big|_{t=0} = \frac{d_{ab}\big|_{t=0}}{d_p}$$

式中，d_p 是带的初始拉伸。默认情况下，初始拉伸 $d_p = 1.0$，表示带中没有初始应变。用户可以通过指定连接器本构参考来指定带中的初始应变 $u_1\big|_{t=0}$。使用下式计算初始拉伸

$$d_p = u_1\big|_{t=0} + 1$$

相对运动的第二个可用分量仅是通过节点 b 的材料流动，即

$$u_2 = u_2^{\text{mat}} = \varPsi_b$$

相对运动的第三个分量是流入节点 a 的材料流动，并且仅用于输出

$$u_3 = u_3^{\text{mat}} = \varPsi_a$$

运动力是

$$\boldsymbol{f}_{\text{slipring}} = f_1 l_{\text{new}}^{\text{ref}} \boldsymbol{q}$$

其中 $\boldsymbol{q} = \dfrac{1}{\|\boldsymbol{x}_b - \boldsymbol{x}_a\|}(\boldsymbol{x}_b - \boldsymbol{x}_a)$

限制

至多两个 SLIPRING 连接器可以共享一个节点。对可以在 SLIPRING 连接类型中定义的运动行为施加下面的限制：

- 在相对运动的第二个分量中仅可以定义预定义摩擦，如下文所述。
- 在 Abaqus/Explicit 塑性中，不能指定损伤和锁定连接器行为。
- 共享相同节点 b 的两个相邻 SLIPRING 连接器单元（图 5-34）的连接应当采用典型的 a-b 和 b-c 顺序。此外，任何两个相邻的 SLIPRING 连接器单元必须参考相同的连接器行为，除了摩擦数据。

摩擦

SLIPRING 中的预定义库仑摩擦将带 ab 段中的张力（构件 1 中的运动力 f_1）与相邻带 bc 段中的张力进行关联。在更简单无摩擦滑动中，两个张力是相等的（排除动力学分析中由带运动引起的惯性效应）。如果在材料流经节点 b 时包含摩擦的影响，则两个张力之差为带与环（角度为 α）之间接触圆弧上的总摩擦力（CSF2）。

库仑摩擦效应是一个广为人知的分析结果。在此情况中，当在图 5-34 所示的方向上发生摩擦滑动时，两段中的张力 $f_{ab} = f_1$ 和 f_{bc} 具有如下关系

$$f_{bc} = f_{bc} \text{e}^{-\mu\alpha}$$

式中，μ 是摩擦系数。摩擦力就是以下差值

$$CSF2 = f_{bc} - f_{ab}$$

正式地，通过考虑势函数来模拟摩擦关系

$$\varPhi = f_{ab} - f_{bc} \text{e}^{-\mu\alpha}$$

如果 $\varPhi < 0$，则发生摩擦黏着；如果 $\varPhi = 0$，则发生滑动，此时张力 $f_{ab} = f_{bc} \text{e}^{-\mu\alpha}$。如果运动力 f_1 是压力，则不产生摩擦力。当在相反的方向上发生滑动时，势方程中指数的符号将发生变化。

在此连接类型中，将摩擦力汇报成 f_2。产生摩擦的"接触力"则汇报成 $CNF2 = f_1$。

在 Abaqus/Explicit 中，默认情况下，SLIPRING 的两个节点之间的距离不允许小于节点间原始距离的 1%，以防止在分析中 SLIPRING 塌缩成零长度。在分析中，SLIPRING 的两个节点在达到最小距离后可以分离。此外，当节点在最小距离构型处停止时，带依然可以滑过节点。通过指定 SLIPRING 中分量 1 的连接器停止的下限来覆盖默认的最小距离值。

输出

一些连接器输出变量在此连接类型中的含义与通常情况有所不同：

- CP1 是节点之间的当前距离。
- CP2 是节点 b 处的材料流动。
- CP3 是节点 a 处的材料流动。
- CU1 是 ab 段中的应变（无因次）。

总结表（表 5-56）

表 5-56   SLIPRING 总结表

项　　目	说　　明
基本、组合或者复杂	复杂
运动约束	无
约束力矩输出	无
可用分量	u_1, u_2, u_3
运动力输出	f_1, f_2
a 处的方向	可忽略
b 处的方向	可忽略
连接器停止	无
本构参考长度	$d_p - 1$
预定义摩擦参数	无
预定义摩擦接触力	f_1

SLOT（图 5-35）

连接类型 SLOT 提供的连接使得节点 b 保持在由节点 a 的方向和节点 b 的初始位置定义的线上。槽的作用线是 $\mathbf{e}_1^a$ 方向。

在三维分析中，节点 b 不能在与槽垂直的方向，即 $\mathbf{e}_3^a$ 方向上移动。如果需要节点 b 在法向上自由运动，则应当使用 SLIDE- PLANE 连接类型。

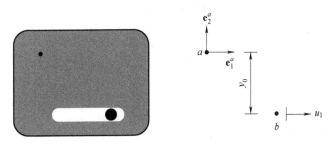

图 5-35   连接类型 SLOT

描述

槽线是通过节点 a 处的第一个局部方向 $\mathbf{e}_1^a$ 和节点 b 的初始位置来定义的。SLOT 连接将节点 b 的位置 $\boldsymbol{x}_b$ 约束在槽线上。因此，节点 b 的相对位置固定在与槽垂直的方向上

$$y = \mathbf{e}_2^a (\boldsymbol{x}_b - \boldsymbol{x}_a) = y_0$$

式中，y_0 是局部 2 方向上节点 a 到槽的初始距离。在三维中

$$z = \mathbf{e}_3^a (\boldsymbol{x}_b - \boldsymbol{x}_a) = z_0$$

式中，z_0 是局部 3 方向上节点 a 到槽的初始距离。槽中的约束力是

$$\bar{f} = f_2 \mathbf{e}_2^a + f_3 \mathbf{e}_3^a$$

在二维分析中，$f_3 = 0$。

节点 b 可以沿着槽线运动。槽中的相对位置是沿着 $\mathbf{e}_1^a$ 方向从节点 b 到节点 a 的距离，将其定义成

$$x = \mathbf{e}_1^a (\boldsymbol{x}_b - \boldsymbol{x}_a)$$

可用相对运动分量是位移 u_1，用来度量沿着槽的长度上的相对位置变化，将其定义成

$$u_1 = x - x_0$$

式中，x_0 是节点 b 与节点 a 之间沿着槽的初始距离。连接器本构位移是

$$u_1^{\text{mat}} = x - l_1^{\text{ref}}$$

槽中的运动力是

$$f_{\text{slot}} = f_1 \mathbf{e}_1^a$$

摩擦

SLOT 连接中的预定义库仑摩擦将连接器中的运动约束力与沿着槽平动产生的摩擦力（CSF1）关联起来。

形式上将摩擦作用写成

$$\Phi = P(\boldsymbol{f}) - \mu F_{\text{N}} \leqslant 0$$

式中，势 $P(\boldsymbol{f})$ 表示连接器中，沿着发生接触的槽轴线的切向方向，摩擦切向牵引力的大小；F_{N} 是在垂直于槽的方向上产生摩擦的法向力；μ 是摩擦系数。如果 $\Phi < 0$，则发生摩擦黏着；如果 $\Phi = 0$，则发生滑动，此时摩擦力是 μF_{N}。

法向力 F_{N} 是产生摩擦的连接器力 $F_{\text{C}} = g(\boldsymbol{f})$ 和自平衡内摩擦力 $F_{\text{C}}^{\text{int}}$ 的大小之和

$$F_{\text{N}} = \left| F_{\text{C}} + F_{\text{C}}^{\text{int}} \right| = \left| g(\boldsymbol{f}) + F_{\text{C}}^{\text{int}} \right|$$

力大小 F_{C} 使用下式计算

$$F_{\text{C}} = \sqrt{f_2^2 + f_3^2}$$

摩擦切向牵引力的大小 $P(\boldsymbol{f}) = |f_1|$。

当 SLOT 连接与 REVOLUTE 或者 ALIGN 连接一起使用时，预定义库仑摩擦的计算有所不同。这些情况中预定义摩擦的定义分别见 CYLINDRICAL 和 TRANSLATOR。

总结表（表5-57）

表5-57 SLOT 总结表

项 目	说 明
基本、组合或者复杂	基本
运动约束	$y = y_0$，$z = z_0$
约束力矩输出	f_2，f_3
可用分量	u_1
运动力输出	f_1
a 处的方向	要求的
b 处的方向	可忽略
连接器停止	$l_1^{min} \leqslant l \leqslant l_1^{max}$
本构参考长度	l_1^{ref}
预定义摩擦参数	可选的：F_C^{int}
预定义摩擦接触力	F_C

TRANSLATOR（图5-36）

连接类型 TRANSLATOR 提供两个节点之间的槽约束，并将它们的局部方向对齐。

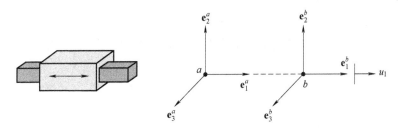

图5-36 连接类型 TRANSLATOR

描述

连接类型 TRANSLATOR 施加运动约束并使用局部方向定义，等效于连接类型 SLOT 和 ALIGN 的组合。

汇报成连接器输出的连接器约束力和力矩，主要取决于节点的顺序和连接器中节点的位置（见"连接器行为"，5.2.1 节）。由于是在节点 b（连接器单元的第二个节点）处施加运动约束，所有汇报的力和力矩是施加在节点 b 上的，实施 TRANSLATOR 约束的约束力和力矩。因此，在大部分情况中，与 TRANSLATOR 连接相关联的连接器输出，在节点 b 位于实施约束装置的中心时可以得到最好的说明。当在连接器中模拟基于力矩的摩擦时，此选择是重要的，因为接触力是根据连接器力和力矩推导得到的，如下文所述。运动约束的合适施加与节点的顺序或者节点位置无关。

摩擦

TRANSLATOR 连接中的预定义库仑摩擦将连接器中的运动约束力和力矩与沿着槽平动产生的摩擦力（CSF1）关联起来。

形式上将摩擦作用写成

$$\Phi = P(f) - \mu F_N \leq 0$$

式中，势 $P(f)$ 表示连接器中局部 1 方向上摩擦切向牵引力的大小；F_N 是在垂直于槽的方向上产生摩擦的法向力；μ 是摩擦系数。如果 $\Phi < 0$，则发生摩擦黏着；如果 $\Phi = 0$，则发生滑动，此时摩擦力是 μF_N。

法向力 F_N 是产生摩擦的连接器力 $F_C = g(f)$ 与自平衡内摩擦力 F_C^{int} 的大小之和

$$F_N = \left| F_C + F_C^{int} \right| = \left| g(f) + F_C^{int} \right|$$

接触力大小 F_C 通过对下面的三个贡献求和来定义：

• 来自扭矩的力贡献 F_{torq}，通过使用长度比例因子缩放关于 1 方向的扭矩约束力矩 M_{torq} 来得到：

$$M_{torq} = \left| m_1 \right|$$

$$F_{torq} = \frac{M_{torq}}{R_r}$$

式中，R_r 是局部 2-3 平面中轴横截面的有效半径（如果 R_r 是 0.0，则忽略 M_{torq}）。

• 径向力贡献 F_r（施加 SLOT 约束的约束力大小）：

$$F_r = \sqrt{f_2^2 + f_3^2}$$

• 来自"弯曲"的力贡献 F_{bend}，通过使用长度因子缩放约束力矩 M_{bend} 来得到：

$$M_{bend} = \sqrt{m_2^2 + m_3^2}$$

$$F_{bend} = 2\frac{M_{bend}}{L}$$

式中，L 是槽方向上的特征重叠长度。如果 L 是 0.0，则忽略 M_{bend}。
因此

$$F_C = g(f) = F_{torq} + F_r + F_{bend} = \left| \frac{m_1}{R_r} \right| + \sqrt{f_2^2 + f_3^2} + \sqrt{(\beta m_2)^2 + (\beta m_3)^2}$$

其中 $\beta = \dfrac{2}{L}$。

摩擦切向牵引力的大小 $P(f)$ 是 $|f_1|$。

总结表（表 5-58）

表 5-58 TRANSLATOR 总结表

项　　目	说　　明
基本、组合或者复杂	组合
运动约束	SLOT + ALIGN
约束力和力矩输出	f_2，f_3，m_1，m_2，m_3

（续）

项　　目	说　　明
可用分量	u_1
运动力和力矩输出	f_1
a 处的方向	要求的
b 处的方向	可选的
连接器停止	$l_1^{\min} \leqslant l \leqslant l_1^{\max}$
本构参考长度	l_1^{ref}
预定义摩擦参数	可选的：R_{r}，L，$F_{\text{C}}^{\text{int}}$
预定义摩擦接触力	F_{C}

UJOINT（图 5-37）

连接类型 UJOINT 连接两个节点的位置，并在节点的转动自由度之间提供万向约束。在二维或者轴对称分析中不能使用连接类型 UJOINT。

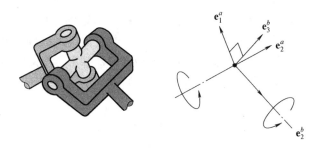

图 5-37　连接类型 UJOINT

描述

连接类型 UJOINT 施加运动约束并使用局部方向定义，等同于连接类型 JOIN 和 UNIVERSAL 的组合。

汇报成连接器输出的连接器约束力和力矩，主要取决于连接器中节点的顺序和位置（见"连接器行为"，5.2.1 节）。因为在节点 b（连接器的第二个节点）处施加运动约束，所以汇报的力和力矩是在节点 b 处施加 UJOINT 约束的约束力和力矩。因此，在大部分情况中，与 UJOINT 连接相关的连接器输出在节点 b 位于施加约束装置的中心时可以得到最好的解释。当在连接器中模拟基于力矩的摩擦时，此选择是重要的，因为接触力是根据连接器力和力矩推导得到的，如下文所述。运动约束的正确施加与节点的顺序和位置无关。

摩擦

UJOINT 连接中的预定义库仑摩擦将连接器中的运动约束力和力矩与关于未约束转动（关于连接交叉的两个方向）的摩擦力矩关联起来。UJOINT 连接类型由四个铰链型连接组成，这四个铰链型连接位于连接交叉的四个端部（图 5-37），关于交叉轴生成摩擦力矩。每个铰链中的摩擦力矩采用类似于 HINGE 连接的方法进行计算。

首先根据约束力和力矩计算反作用力 F_r（施加 JOIN 约束的约束力大小），以及"扭转"约束力矩 M_{twist}（施加 UNIVERSAL 连接的约束力矩大小），公式如下

$$F_r = \sqrt{f_1^2 + f_2^2 + f_3^2}$$
$$M_{twist} = |m_2|$$

由 $\mathbf{e}_1^a$ 和 $\mathbf{e}_3^b$ 给出两个交叉方向。约束力矩 M_{twist} 作用在与连接交叉（$\mathbf{e}_{cross} = \mathbf{e}_1^a \times \mathbf{e}_3^b$）垂直的轴上。将 F_r 和 M_{twist} 考虑成施加在连接交叉的中心。约束力矩 M_{twist} 在四个铰链的每一个上产生关于 $\mathbf{e}_{cross}$ 的弯曲力矩：

$$M_{twist}^{hinge} = \alpha_{twist} M_{twist}$$

交叉平面中的横向力为

$$F_{twist}^{hinge} = \beta_{twist} \frac{M_{twist}}{L_a}$$

式中，L_a 是交叉中心与交叉端部之间的交叉臂特征长度；比例因子 α_{twist} 和 β_{twist} 是交叉轴细长比的函数（纵横比为 L_a/R_p，其中 R_p 是连接交叉端部四个销轴的平均半径）。对于无限小的纵横比，假定交叉臂为刚性体；对于小纵横比（小于 20），使用铁木辛柯梁；对于细长轴（大的纵横比），使用欧拉-伯努利梁。Abaqus 基于用户指定的几何常数 L_a 和 R_p 自动选择合适的值。图 5-38 所示为作为纵横比的函数的比例因子变化：当纵横比约为 0.0 时，α_{twist} 约为 0.0，β_{twist} 约为 0.25；对于大的纵横比，α_{twist} 约为 0.125，β_{twist} 约为 0.375。

可以将约束力 F_r 分解成沿着连接交叉两个轴的轴向力和垂直于连接交叉平面的"弯曲"力：

$$F_{axial1} = \mathbf{F}_r \mathbf{e}_1^a$$
$$F_{axial3} = \mathbf{F}_r \mathbf{e}_3^b$$
$$F_{bend} = \mathbf{F}_r \mathbf{e}_{cross}$$

其中
$$\mathbf{F}_r = f_1 \mathbf{e}_1^a + f_2 \mathbf{e}_2^a + f_3 \mathbf{e}_3^a$$

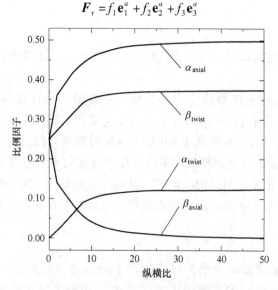

图 5-38　UJOINT 连接中的比例因子

UJOINT 连接中的摩擦是由关于两个交叉轴的转动引起的四个铰链型摩擦作用的叠加。由于关于局部 1 方向和 3 方向的转动是连接中仅有的可能相对运动，因此摩擦作用（CSM1 和 CSM3）可写成切向由牵引力产成的力矩和由接触力产成的力矩的形式。在下面的公式中，下标 1 表示关于局部 1 方向的摩擦作用，下标 3 表示关于局部 3 方向的摩擦作用。摩擦作用写成：

$$\Phi_1 = P_1(f) - \mu M_{N_1} \leq 0$$
$$\Phi_3 = P_3(f) - \mu M_{N_3} \leq 0$$

式中，势 $P_1(f)$ 和 $P_3(f)$ 表示连接器中，与发生接触的圆柱面相切方向上的摩擦切向牵引力矩的大小；M_{N_1} 和 M_{N_3} 是同一圆柱面上产生摩擦的法向力矩；μ 是摩擦系数。如果 $\Phi_1 < 0$ 或者 $\Phi_3 < 0$，则在特定方向上发生摩擦黏着；如果 $\Phi_1 = 0$ 或者 $\Phi_3 = 0$，则发生滑动，此时摩擦力矩是 μM_{N_1} 和 μM_{N_3}。

　　法向力矩 M_{N_1} 和 M_{N_3} 是产生力的连接器力矩 $M_{C_1} = g_1(f)$ 和 $M_{C_3} = g_3(f)$，以及自平衡内接触力矩（如来自过盈装配）$M_{C_1}^{\text{int}}$ 和 $M_{C_3}^{\text{int}}$ 之和：

$$M_{N_1} = 2\left| M_{C_1} \right| + \left| M_{C_1}^{\text{int}} \right| = 2\left| g_1(f) \right| + \left| M_{C_1}^{\text{int}} \right|$$
$$M_{N_3} = 2\left| M_{C_3} \right| + \left| M_{C_3}^{\text{int}} \right| = 2\left| g_3(f) \right| + \left| M_{C_3}^{\text{int}} \right|$$

上面等式中的两个因子源自每个交叉方向上都有两个铰链这一事实。

　　力矩大小 M_{C_1} 和 M_{C_3} 是通过对下面的贡献求和来定义的：

　　● 来自轴力的力矩 $F_{\text{axial1}}^{\text{hinge}} R_a$ 和 $F_{\text{axial3}}^{\text{hinge}} R_a$。其中 $F_{\text{axial1}}^{\text{hinge}} = \alpha_{\text{axial}} F_{\text{axial1}}$，$F_{\text{axial3}}^{\text{hinge}} = \alpha_{\text{axial}} F_{\text{axial3}}$；$R_a$ 是与每个销中轴向方向上的约束力相关的平均有效摩擦力臂（如果 R_a 是 0.0，则忽略 $F_{\text{axial1}}^{\text{hinge}}$ 和 $F_{\text{axial3}}^{\text{hinge}}$）。

　　● 来自法向力的力矩 $F_{\text{n1}} R_p$ 和 $F_{\text{n3}} R_p$。其中，F_{n1} 和 F_{n3} 是以下贡献之和：

　　1）横向力贡献 $F_{\text{total1}}^{\text{hinge}}$（两个铰链中沿着 $\mathbf{e}_1^a$ 方向的总横向力大小）和 $F_{\text{total3}}^{\text{hinge}}$（两个铰链中沿着 $\mathbf{e}_3^a$ 方向的总横向力大小）：

$$F_{\text{total1}}^{\text{hinge}} = \sqrt{\left(F_{\text{bend}}^{\text{hinge}} \right)^2 + \left(F_{\text{twist}}^{\text{hinge}} \right)^2 + \left(F_{\text{transv1}}^{\text{hinge}} \right)^2}$$
$$F_{\text{total3}}^{\text{hinge}} = \sqrt{\left(F_{\text{bend}}^{\text{hinge}} \right)^2 + \left(F_{\text{twist}}^{\text{hinge}} \right)^2 + \left(F_{\text{transv3}}^{\text{hinge}} \right)^2}$$

式中，$F_{\text{bend}}^{\text{hinge}} = \dfrac{F_{\text{bend}}}{4}$；$F_{\text{twist}}^{\text{hinge}}$ 的定义见上文；$F_{\text{transv1}}^{\text{hinge}} = \beta_{\text{axial}} F_{\text{axial3}}$；$F_{\text{transv3}}^{\text{hinge}} = \beta_{\text{axial}} F_{\text{axial1}}$。

　　2）来自"弯曲"的力贡献 $F_{\text{total}}^{\text{bend}}$，通过使用长度比例因子缩放总弯曲力矩 $M_{\text{total}}^{\text{hinge}}$（四个铰链中每个铰链上的弯曲力矩总和）来得到：

$$M_{\text{total}}^{\text{hinge}} = \sqrt{\left(M_{\text{bend}}^{\text{hinge}} \right)^2 + \left(M_{\text{twist}}^{\text{hinge}} \right)^2}$$
$$F_{\text{total}}^{\text{bend}} = 2\frac{M_{\text{total}}^{\text{hinge}}}{L_s}$$

式中，$M_{\text{bend}}^{\text{hinge}} = \dfrac{1}{8} F_{\text{bend}} L_a$；$M_{\text{twist}}^{\text{hinge}}$ 的定义见上文；L_s 是销与其衬套之间的特征重叠长度，如果 L_s 是 0.0，则忽略 $M_{\text{total}}^{\text{hinge}}$。

因此

$$
\begin{aligned}
M_{C_1} = g_1(f) &= F_{\text{axial1}}^{\text{hinge}} R_a + F_{\text{n1}} R_p \\
&= F_{\text{axial1}}^{\text{hinge}} R_a + \left(F_{\text{total1}}^{\text{hinge}} + F_{\text{total}}^{\text{hinge}} \right) R_p \\
&= \alpha_{\text{axial}} F_{\text{axial1}} R_a + R_p \sqrt{\left(\frac{F_{\text{bend}}}{4} \right)^2 + \left(F_{\text{twist}}^{\text{hinge}} \right)^2 + \left(\beta_{\text{axial}} F_{\text{axial3}} \right)^2} + \frac{2R_p}{L_s} \sqrt{\left(\frac{1}{8} F_{\text{bend}} L_a \right)^2 + \left(M_{\text{twist}}^{\text{hinge}} \right)^2}
\end{aligned}
$$

$$M_{C_3} = g_3(f) = F_{axial3}^{hinge} R_a + F_{n3} R_p$$

$$= F_{axial3}^{hinge} R_a + (F_{total3}^{hinge} + F_{total}^{hinge}) R_p$$

$$= \alpha_{axial} F_{axial3} R_a + R_p \sqrt{\left(\frac{F_{bend}}{4}\right)^2 + (F_{twist}^{hinge})^2 + (\beta_{axial} F_{axial1})^2} + \frac{2R_p}{L_s}\sqrt{\left(\frac{1}{8} F_{bend} L_a\right)^2 + (M_{twist}^{hinge})^2}$$

摩擦切向牵引力矩的大小是 $P_1(f) = |m_1|$ 和 $P_3(f) = |m_3|$。

总结表（表5-59）

表5-59　UJOINT 总结表

项　　目	说　　明
基本、组合或者复杂	组合
运动约束	JOIN + UNIVERSAL
约束力和力矩输出	f_2，f_3，f_3，m_2
可用分量	ur_1，ur_3
运动力和力矩输出	m_1，m_3
a 处的方向	要求的
b 处的方向	可选的
连接器停止	$\theta_1^{min} \leqslant \gamma \leqslant \theta_1^{max}$ $\theta_3^{min} \leqslant \gamma \leqslant \theta_3^{max}$
本构参考长度	θ_1^{ref}，θ_3^{ref}
预定义摩擦参数	要求的：R_p，L_a；可选的：R_a，L_s，$M_{C_1}^{int}$，$M_{C_3}^{int}$
预定义摩擦接触力	M_{C_1}，M_{C_3}

UNIVERSAL（图5-39）

连接类型 UNIVERSAL 提供两个节点之间的连接，此连接关于一个局部方向的转动是固定的，并且关于其他两个局部方向的转动是自由的。连接类型 UNIVERSAL 提供 UJOINT 连接的转动部分。连接类型 UNIVERSAL 不能用于二维分析或者轴对称分析。

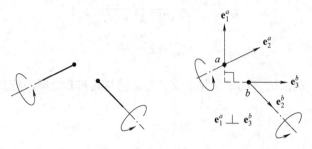

图5-39　连接类型 UNIVERSAL

描述

UNIVERSAL 连接约束两个节点处关于轴向的转动。节点 a 和节点 b 处的轴向分别是 $\mathbf{e}_2^a$

和 $\mathbf{e}_2^b$。UNIVERSAL 连接要求局部方向 $\mathbf{e}_1^a$ 与局部方向 $\mathbf{e}_3^b$ 垂直。单独的约束写成

$$\mathbf{e}_1^a \cdot \mathbf{e}_3^b = 0$$

此约束等效于相对节点 a 处的局部方向，将节点 b 处局部方向的 Cardan 角参数化中的第二个 Cardan 角约束成零。如果节点 b 处的初始方向不满足上述约束条件，则通用约束将保持第二个 Cardan 角的初始值不变。

由 UNIVERSAL 连接施加的约束力矩是

$$\overline{\boldsymbol{m}} = m_2 \left(\cos\alpha\, \mathbf{e}_2^a + \cos\alpha\, \mathbf{e}_3^a \right)$$

UNIVERSAL 连接允许两个节点之间相对运动的两个自由转动分量。相对于节点 a 处的局部方向来定位节点 b 处局部方向的第一个和第三个 Cardan 角是

$$\alpha = -\arctan\left(\frac{\mathbf{e}_2^a \cdot \mathbf{e}_3^b}{\mathbf{e}_3^a \cdot \mathbf{e}_3^b} \right)$$

$$\gamma = -\arctan\left(\frac{\mathbf{e}_1^a \cdot \mathbf{e}_2^b}{\mathbf{e}_1^a \cdot \mathbf{e}_1^b} \right)$$

UNIVERSAL 连接的两个可用相对运动分量 ur_1 和 ur_3，是当第二个 Cardan 角保持不变时，两个未约束 Cardan 角的变化。因此，

$$ur_1 = \alpha - \alpha_0 \,; \quad ur_3 = \gamma - \gamma_0$$

式中，α_0 和 γ_0 是 Cardan 角的初始值。连接器本构转动是

$$ur_1^{\mathrm{mat}} = \alpha - \theta_1^{\mathrm{ref}} \,; \quad ur_3^{\mathrm{mat}} = \gamma - \theta_3^{\mathrm{ref}}$$

UNIVERSAL 连接中的运动力矩是

$$\boldsymbol{m} = m_1 \mathbf{e}_1^a + m_3 \mathbf{e}_3^a$$

摩擦

单独使用时，UNIVERSAL 连接中没有预定义库仑摩擦。然而，当 UNIVERSAL 连接与 JOIN 连接类型一起使用时，预定义摩擦与 UJOINT 连接相同。

总结表（表 5-60）

表 5-60 UNIVERSAL 总结表

项 目	说 明
基本、组合或者复杂	基本
运动约束	$\mathbf{e}_1^a \cdot \mathbf{e}_3^b = 0$
约束力和力矩输出	m_2
可用分量	ur_1，ur_3
运动力和力矩输出	m_1，m_3
a 处的方向	要求的
b 处的方向	可选的
连接器停止	$\theta_1^{\min} \leqslant \alpha \leqslant \theta_1^{\max}$ $\theta_3^{\min} \leqslant \gamma \leqslant \theta_3^{\max}$
本构参考长度	θ_1^{ref}，θ_3^{ref}

（续）

项　　目	说　　明
预定义摩擦参数	无
预定义摩擦接触力	无

WELD（图 5-40）

连接类型 WELD 在两个节点之间提供完全固化的连接。

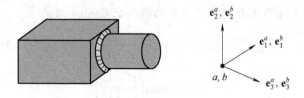

图 5-40　连接类型 WELD

描述

连接类型 WELD 施加运动约束并使用局部方向定义，等效于连接类型 JOIN 和 ALIGN 的组合。

总结表（表 5-61）

表 5-61　WELD 总结表

项　　目	说　　明
基本、组合或者复杂	组合
运动约束	JOIN + ALIGN
约束力和力矩输出	f_1，f_2，f_3，m_1，m_2，m_3
可用分量	无
运动力和力矩输出	无
a 处的方向	可选的
b 处的方向	可选的
连接器停止	无
本构参考长度	无
预定义摩擦参数	无
预定义摩擦接触力	无

5.2　连接器单元行为

5.2.1　连接器行为

产品：Abaqus/Standard　　Abaqus/Explicit　　Abaqus/CAE

参考

- "连接器：概览"，5.1.1 节
- "连接器弹性行为"，5.2.2 节
- "连接器阻尼行为"，5.2.3 节
- "耦合行为的连接器方程"，5.2.4 节
- "连接器摩擦行为"，5.2.5 节
- "连接器塑性行为"，5.2.6 节
- "连接器损伤行为"，5.2.7 节
- "连接器停止和锁住"，5.2.8 节
- "连接器失效行为"，5.2.9 节
- "连接器单轴行为"，5.2.10 节
- ∗CONNECTOR BEHAVIOR
- ∗CONNECTOR CONSTITUTIVE REFERENCE
- ∗CONNECTOR SECTION
- "创建连接器截面"，《Abaqus/CAE 用户手册》的 15.12.11 节
- "定义参考长度"，《Abaqus/CAE 用户手册》的 15.17.12 节
- "定义时间积分"，《Abaqus/CAE 用户手册》的 15.17.13 节

概览

连接器行为：
- 可以为具有可用相对运动分量的连接类型定义连接器行为。
- 可以将简单的弹簧、阻尼器和节点-节点接触组合成特别的应用。
- 可以包含未约束的相对运动分量的线性或者非线性的力-位移和力-速度行为。

- 可以包括非耦合或者耦合的行为指定。
- 允许由连接中的任何力或者力矩生成的未约束相对运动分量中的摩擦力。
- 允许使用用户定义的屈服方程对单个分量或者耦合塑性进行塑性定义。
- 可以用来指定具有不同损伤演化规律的复杂损伤机理。
- 可以提供用户定义的锁定准则来锁住连接器单元中所有相对运动的当前位置，或者锁住相对运动的单个未约束分量的当前位置。
- 可以用来指定连接器单元的失效。
- 可以通过指定可用相对运动分量中的加载和卸载行为，来指定复杂的单轴模型。

将连接器行为赋予连接器单元

用户可以给特别的连接器单元赋予连接器行为名称。

输入文件用法：　　使用下面的选项定义连接器行为：

　　　　　　　　　＊CONNECTOR SECTION，ELSET＝名称，BEHAVIOR＝行为名称

　　　　　　　　　＊CONNECTOR BEHAVIOR，NAME＝行为名称

Abaqus/CAE 用法：Interaction module：

　　　　　　　　Connector→Section→Create：Name：连接器截面名称：

　　　　　　　　Behavior Options，Add

　　　　　　　　Connector→Assignment→Create：选择线框：Section：

　　　　　　　　连接器截面名称

连接器行为模型

连接器行为允许模拟以下类型的作用：

- 弹簧型弹性行为。
- 刚性弹性行为。
- 阻尼器型（阻尼）行为。
- 摩擦。
- 塑性。
- 损伤。
- 停止。
- 锁住。
- 失效。
- 单轴行为。

仅可以在可用相对运动分量中指定运动行为。在"连接类型库"（5.1.5 节）中列出了每种连接类型的可用相对运动分量列表。可以采用下面的任何一种方式来指定连接器行为：

- 非耦合的：分别对单个可用相对运动分量的行为进行指定。
- 耦合的：以耦合的方式同时使用所有或者部分可用相对运动分量进行行为定义。

● 组合的：同时使用非耦合定义和耦合定义的组合。

图 5-41 所示是用来说明连接器行为之间如何相互作用的概念性模型。大部分的行为（弹性、阻尼、停止、锁住、摩擦）并行作用。塑性模型总是与弹簧型或者刚性弹性定义一起定义。可以为弹塑性响应或者刚塑性响应单独指定由损伤产生的退化，或者为连接器中的整个运动响应指定由损伤产生的退化。失效行为适用于整个连接器响应。

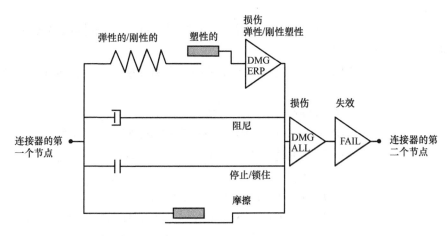

图 5-41 连接器行为的概念性示意图

允许同一个行为类型的多个定义。例如，如果以非耦合的形式为同一可用相对运动分量定义了几次连接器弹性（或者阻尼），则以耦合的方式，或者以两种方式，将弹簧型（或者阻尼器型）响应添加到一起。只要遵守相应行为部分中列出的法则，就允许定义多个摩擦、塑性和损伤行为。允许同一个分量的多个非耦合的停止和锁住定义，但是一次只能实施一个定义。

对于耦合的塑性、损伤，以及某些情况中的摩擦行为，必须定义描述耦合作用属性的附加方程（见"耦合行为的连接器方程"，5.2.4 节）。这些方程本身不定义行为，但是可作为工具来建立期望的行为。例如，可以使用这些方程定义以下行为：

● 连接器力空间中耦合塑性行为的复杂屈服方程。

● 为摩擦行为生成摩擦的接触力。

● 损伤行为指定所需要的力或者相对运动大小的度量。

输入文件用法：　　使用下面的输入定义非耦合的行为：

CONNECTOR BEHAVIOR OPTION, COMPONENT = n

使用下面的输入定义耦合的行为：

CONNECTOR BEHAVIOR OPTION

Abaqus/CAE 用法：Interaction module：connector section editor：Add→*connector behavior*：Coupling：Uncoupled 或者 Coupled

定义取决于相对位置或者本构位移/转动的非线性连接器行为属性

在所有非线性非耦合连接器运动行为中，独立变量是在定义响应的方向上可以使用的连接器分量。当模拟下面的连接器行为时，属性也可以取决于一些分量方向上的相对位置或者本构位移/转动：

- 连接器弹性。
- 连接器阻尼。
- 连接器衍生分量。
- 连接器摩擦。

模拟连接器单轴行为时，属性也可以取决于一些分量方向上的本构位移/转动（详细内容见"连接器单轴行为"，5.2.10 节）。

输入文件用法：　　使用下面的选项指定连接器行为属性取决于行为定义中包含的相对位置分量：

CONNECTOR BEHAVIOR OPTION,

INDEPENDENT COMPONENTS = POSITION （默认的）

使用下面的选项指定连接器行为属性取决于行为定义中包含的本构相对位移或者转动分量

CONNECTOR BEHAVIOR OPTION,

INDEPENDENT COMPONENTS = CONSTITUTIVE MOTION

在任何情况中，第一个数据行都用来标识在确定相关性时使用到的独立分量的数量，连接器行为定义的附加数据从第二个数据行开始。

Abaqus/CAE 用法：对于弹性或者阻尼行为，使用下面的输入指定连接器行为属性取决于相对位置或者本构相对位移/转动：

Interaction module：connector section editor：Add→Elasticity

或者 Damping：Coupling：Coupled on position 或者 Coupled on motion，选择分量并输入数据

对于连接器衍生分量，使用下面的输入指定连接器行为属性取决于相对位置或者本构相对位移/转动：

Interaction module：connector section editor：

Add→Friction，Plasticity，或者 Damage：Force Potential，Initiation Potential，或者 Evolution Potential

指定衍生分量，Use local directions：Independent

position components 或者 Independent constitutive motion

components，选择分量并输入数据

对于指定内接触力的摩擦行为，使用下面的输入指定连接器行为属性取决于相对位置或者本构相对位移/转动：

Interaction module：connector section editor：Add→Friction：Friction model：User-defined，Contact Force，Use independent components：Position 或者 Motion，选择分量并输入数据

定义本构响应的参考长度和角度

在许多连接器行为定义中，材料型行为具有一个力或者力矩为零的参考位置，此位置不同于初始位置。例如，在初始构型中具有非零力或者力矩的弹簧就属于这种情况。在这种情况中，定义连接器行为的最方便的方法是相对于力或者力矩为零的名义或者参考几何形体。

用户可以通过指定六个参考值（每个相对运动分量对应一个值）来定义本构力和力矩为零的平动或者角度位置。参考长度和角度仅影响弹簧型弹性连接器的行为，并且如果产生摩擦的接触力（力矩）是相对位移（转动）的函数，则参考长度和角度也影响连接器摩擦行为。默认情况下，参考长度和角度是根据初始几何形体确定的长度值和角度值。每种连接类型的参考长度和角度的含意见"连接类型库"（5.1.5 节）。

输入文件用法：　　∗CONNECTOR CONSTITUTIVE REFERENCE
　　　　　　　　　长度 1，长度 2，长度 3，角度 1，角度 2，角度 3

Abaqus/CAE 用法：Interaction module：connector section editor：Add→Reference
　　　　　　　　　Length：Length associated with *CORM*

定义预压缩或者预拉伸线弹性行为

在许多情况下，在装配中安装时，连接器是预压缩的或者预拉伸的。在这样的情况中，初始构型中的连接器力不为零。当使用非线性弹性定义初始构型中的非零力时，指定（线性）弹簧刚度以及参考长度或者参考角度通常更加方便，在此参考长度或者角度上，力或者力矩是零。例如，使用连接类型 AXIAL 定义的线性非耦合弹性行为具有下式给出的力

$$F_1 = D_{11} u_1^{\text{mat}}$$

式中，$u_1^{\text{mat}} = l - l_1^{\text{ref}}$，$l$ 是 AXIAL 连接的当前长度，l_1^{ref} 是用户定义的本构参考长度。为不同连接类型定义的连接器本构位移量 u_j^{mat} 见"连接类型库"（5.1.5 节）。

例子

在"连接器：概览"（5.1.1 节）中列出了图 5-42 所示冲击吸收器模型的输入文件模板。为非线性扭转弹簧定义了一个 22.5° 的参考角度，作为连接器本构参考中的第四个数据项（对应于连接器的第四个相对运动分量）：

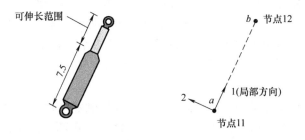

图 5-42　冲击吸收器的简化连接器模型

* CONNECTOR BEHAVIOR,NAME = sbehavior

    ...

    * CONNECTOR CONSTITUTIVE REFERENCE

      , , ,22. 5

此参考角度的效果是在角度 22.5°处，非线性扭转弹簧具有零力矩。

定义 Abaqus/Explicit 中本构响应的时间积分方法

在 Abaqus/Explicit 中，使用隐式时间积分对连接器单元的运动约束、停止、锁住和作动运动进行处理。默认情况下，也对连接器本构行为（如弹性、阻尼和摩擦）进行隐式积分。隐式时间积分的优势是具有这些行为的单元不会影响分析的稳定性或者时间增量。

当使用连接器模拟"软"弹簧时，可以为本构响应使用更加传统的显式时间积分。此显式时间积分可使计算性能稍有提高。然而，相对刚硬弹簧的隐式积分将降低整体时间增量的大小，因为在稳定时间增量大小计算中包含这类连接器单元。

    输入文件用法：   使用下面的选项指定本构响应的隐式积分：

            * CONNECTOR BEHAVIOR, INTEGRATION = IMPLICIT

            使用下面的选项指定本构响应的显式积分：

            * CONNECTOR BEHAVIOR, INTEGRATION = EXPLICIT

  Abaqus/CAE 用法：Interaction module：connector section editor：Add→Integration：

              Integration：Implicit 或者 Explicit

定义线性摄动过程中的连接器行为

在线性摄动过程中（见"通用和线性摄动过程"，《Abaqus 分析用户手册——分析卷》的 1.1.3 节），连接器单元运动是关于基本状态进行线性化的。因此，施加运动约束的线性化版本，并且连接器行为是关于上一个通用分析步结束时的状态来线性化的。

串联或者并联使用多个连接器

连接器单元行为允许在单个连接器单元中正确地模拟大部分物理连接行为。然而，在少数情况下，更加复杂的连接行为可能要求并联或者串联地使用多个连接器单元。通过定义相同节点之间的两个或者多个连接器单元来并联地布置多个连接器单元。通过指定附加节点（最常见的情况是在感兴趣节点的位置上）来串联地布置多个连接器，然后在这些节点之间串接连接器单元。

例如，假定用户想要定义一个连接器停止来表现接触发生时的弹塑性行为。因为在连接器行为定义中不允许这样的行为，用户可以通过串联地使用两个连接器单元来规避此限制。如图 5-43 所示，第一个连接器定义停止，第二个连接器定义弹塑性行为。因为两个单元承受相同的载荷（因为它们是串联的），所以得到了想要的行为。

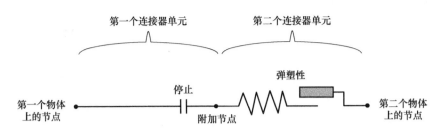

图 5-43　串联使用两个连接器单元/行为原理图

也可以使用并联的连接器来模拟复杂的运动行为。例如，假定用户需要定义一个弹性行为和阻尼器型行为并联的弹黏性连接器（如汽车悬架中的支柱）。假定只有在受拉/受压超出允许范围时，阻尼器才产生损伤。由于在连接器行为定义中不允许这样的运动行为，用户可以通过并联地使用两个连接器单元来规避此限制，如图 5-44 所示。

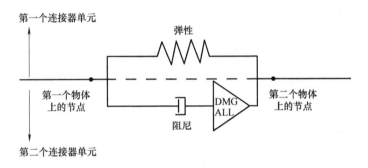

图 5-44　并联使用两个连接器单元/行为原理图

第一个连接器定义弹性行为，第二个连接器定义阻尼器行为。因为两个连接器单元是并联的，所以它们承受相同的运动（拉伸/压缩）。可以使用基于运动的损伤行为（见"连接器损伤行为"，5.2.7 节）来退化第二个单元中的整个行为。因此，只有阻尼器行为最终退化了。

使用表格数据定义连接器行为

常常使用表格数据定义连接器行为，如非线弹性、各向同性硬化等。如图 5-45 所示，数据点在基本坐标系中形成了一条非线性曲线。

定义表格查找的选项如下描述。

外推选项

默认情况下，在独立变量指定范围之外将非独立变量外推成常数（曲线端点对应的值）。此选项可能造成零刚度响应，从而导致收敛问题。用户可以指定线性外推，在独立变量的指定范围之外线性外推非独立变量，假定曲线端点处的斜率保持不变。外推行为如图 5-45 所示。

用户定义所有连接器行为的整体外推，但是可以单独为下面的连接器行为重新定义外推选择：

● 连接器弹性。

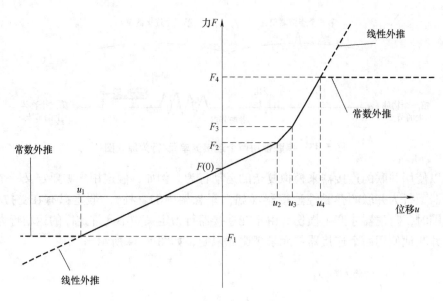

图 5-45   定义成表格数据的非线性连接器行为

- 连接器塑性（连接器硬化）。
- 连接器阻尼。
- 连接器单元的衍生分量。
- 连接器摩擦。
- 连接器损伤（连接器损伤初始化和演化）。
- 连接器锁住。
- 连接器单轴行为。

在 Abaqus/CAE 中不支持连接器停止和锁住行为选项的表格数据。

为所有连接器行为指定常数外推

用户可以为所有连接器行为指定表格数据的常数外推。

输入文件用法：　　　* CONNECTOR BEHAVIOR，EXTRAPOLATION = CONSTANT（默认的）

Abaqus/CAE 用法：Interaction module：connector section editor：Table Options

　　　　　　　　　标签页：Extrapolation：Constant

为所有连接器行为指定线性外推

用户可以为所有连接器行为指定表格数据的线性外推。

输入文件用法：　　　* CONNECTOR BEHAVIOR，EXTRAPOLATION = LINEAR

Abaqus/CAE 用法：Interaction module：connector section editor：Table Options

　　　　　　　　　标签页：Extrapolation：Linear

为单独的连接器行为重新定义外推选择

用户可以为单独的连接器行为重新定义外推选择。

输入文件用法： 使用下面选项中的任何一个：

　　CONNECTOR BEHAVIOR OPTION，EXTRAPOLATION = CONSTANT

　　CONNECTOR BEHAVIOR OPTION，EXTRAPOLATION = LINEAR

例如，使用下面的选项为所有连接器行为使用常数外推，除了连接器弹性采用线性外推：

　　*CONNECTOR BEHAVIOR，EXTRAPOLATION = CONSTANT

　　*CONNECTOR ELASTICITY，EXTRAPOLATION = LINEAR

Abaqus/CAE 用法： 弹性、阻尼、摩擦、塑性和损伤行为使用下面的输入：

Interaction module：connector section editor：Behavior Options 标签页：Table Options 按钮：Extrapolation：切换不选 Use behavior settings 并选择 Constant 或者 Linear

连接器衍生分量使用下面的输入：

Interaction module：derived component editor：Add：Table Options 按钮：Extrapolation：切换不选 Use behavior settings 并选择 Constant 或者 Linear

Abaqus/Explicit 的规范化选项

默认情况下，Abaqus/Explicit 将数据规范成以独立变量的偶数间隔形式定义的表格，因为如果插值来自独立变量的偶数间隔，则表格查找是最经济的。在一些情况中，如果需要精确地捕捉连接器行为中的急剧变化，可以关闭规范化选项，直接使用用户定义的表格连接器行为数据。然而，与使用规范间隔相比，表格查找计算的成本更高。因此，总是建议使用规范化。

Abaqus/Explicit 使用容差来规范输入数据。每个独立变量范围内间隔数量的选择，应使得分段线性规范化后的数据与每个用户定义的点之间的误差小于容差乘以非独立变量的范围。默认的容差是 0.03。当在独立变量的奇数间隔处定义非独立量，以及独立变量的范围与最小间隔相比很大时，Abaqus/Explicit 可能无法在合理的间隔数量上得到用户数据的精确规范化。在此情况中，Abaqus/Explicit 在处理完所有数据后停止运行，并且发出一个错误信息，提示用户必须重新定义行为数据。数据规范化的更多内容见"材料数据定义"（《Abaqus 分析用户手册——材料卷》的 1.1.2 节）。

用户为所有连接器行为定义整体规范化选择和规范容差，但是可以为下面的连接器行为单独重新定义规范化选择和规范化容差：

- 连接器弹性。
- 连接器塑性（连接器硬化）。
- 连接器阻尼。
- 连接器单元衍生分量。
- 连接器摩擦。
- 连接器损伤（连接器损伤初始和演化）。
- 连接器锁住。
- 连接器单轴行为。

在 Abaqus/CAE 中不支持连接器停止和锁住行为选项的表格数据。

为所有连接器行为指定用户定义的表格数据的规范化

用户可以为所有连接器行为指定整体使用的表格数据规范化和规范化容差。

输入文件用法：   *CONNECTOR BEHAVIOR，REGULARIZE = ON（默认的）

RTOL = 容差

Abaqus/CAE 用法：Interaction module：connector section editor：Table Options

标签页：Regularization：切换选中 Regularize data

（Explicit only），Specify：容差

指定对所有连接器行为使用用用户定义的表格数据而不进行规范化

通过关闭所有连接器行为的规范化来指定直接使用用户定义的表格数据。

输入文件用法：   *CONNECTOR BEHAVIOR，REGULARIZE = OFF

Abaqus/CAE 用法：Interaction module：connector section editor：Table Options 标签页：

Regularization：切换不选 Regularize data（Explicit only）

为单独的连接器行为重新定义规范化选择

用户可以为单独的连接器行为重新定义规范化选择和规范化容差。

输入文件用法：   使用下面选项中的一个：

    **CONNECTOR BEHAVIOR OPTION*，REGULARIZE = ON，RTOL =

容差

    **CONNECTOR BEHAVIOR OPTION*，REGULARIZE = OFF

例如，使用下面的选项为除连接器弹性之外的所有连接器行为规范

化用户定义的数据：

    *CONNECTOR BEHAVIOR，REGULARIZE = ON，RTOL = 0.05

    *CONNECTOR ELASTICITY，REGULARIZE = OFF

Abaqus/CAE 用法：弹性、阻尼、摩擦、塑性和损伤行为使用下面的输入：

Interaction module：connector section editor：Behavior Options 标签页：

Table Options 按钮：Regularization：切换不选 Use behavior

settings；切换选中 Regularize data（Explicit only）和 Specify：容差，

或者切换不选 Regularize data（Explicit only）

连接器衍生分量使用下面的输入：

Interaction module：derived component editor：Add：Table Options 按

钮：Regularization：切换不选 Use behavior settings；切换选中 Regu-

larize data（Explicit only）和 Specify：容差，或者切换不选 Regular-

ize data（Explicit only）

率相关数据的评估

可以将连接器塑性（"连接器塑性行为"中的"通过指定表格数据来定义各向同性硬化

分量"，5.2.6节）中的表格化各向同性硬化数据和基于塑性运动的损伤初始准则数据（"连接器损伤行为"中的"基于塑性运动的损伤初始准则"）指定成等效相对运动速率的因变量。可以将率相关的连接器单轴行为模型的加载/卸载数据指定成取决于变形的速率。

为率相关数据的插值指定线性间隔

默认情况下，Abaqus/Standard 和 Abaqus/Explicit 都使用相对运动速率的线性间隔来插值率相关的数据。

输入文件用法：　使用下面的选项为各向同性硬化数据指定线性插值：

*CONNECTOR HARDENING，RATE INTERPOLATION = LINEAR

使用下面的选项为损伤初始数据指定线性插值：

*CONNECTOR DAMAGE INITIATION，RATE INTERPOLATION = LINEAR

使用下面的两个选项为单轴行为加载/卸载数据指定线性插值：

*CONNECTOR UNIAXIAL BEHAVIOR

*LOADING DATA，RATE INTERPOLATION = LINEAR

Abaqus/Standard 总是使用等效相对塑性运动速度的线性间隔来插值率相关的数据。

Abaqus/CAE 用法：各向同性的硬化数据使用下面的输入：

Interaction module：connector section editor：Add→Plasticity：Isotropic Hardening：Definition：Tabular，Table Options 按钮：Interpolation：Linear

损伤初始数据使用下面的输入：

Interaction module：connector section editor：Add→Damage：Initiation：Table Options 按钮：Interpolation：Linear

在 Abaqus/CAE 中不能定义连接器单轴行为。

为 Abaqus/Explicit 中率相关的数据插值指定对数间隔

在 Abaqus/Explicit 中，如果数据的率相关性是以对数间隔度量的，则用户可以为率相关数据的插值使用相对运动速率的对数间隔。

输入文件用法：　使用下面的选项为各向同性的硬化数据指定对数插值：

*CONNECTOR HARDENING，RATE INTERPOLATION = LOGARITHMIC

使用下面的选项为损伤初始数据指定对数插值：

*CONNECTOR DAMAGE INITIATION，RATE INTERPOLATION = LOGARITHMIC

使用下面的两个选项为单轴行为加载/卸载数据指定对数插值：

*CONNECTOR UNIAXIAL BEHAVIOR

*LOADING DATA，RATE INTERPOLATION = LOGARITHMIC

Abaqus/CAE 用法：各向同性硬化数据使用下面的输入：

Interaction module：connector section editor：Add→Plasticity：Isotropic Hardening：Definition：Tabular, Table Options 按钮：Interpolation：Logarithmic

损伤初始数据使用下面的输入：

Interaction module：connector section editor：Add→Damage：Initiation：Table Options 按钮：Interpolation：Logarithmic

在 Abaqus/CAE 中不能定义连接器单轴行为。

过滤 Abaqus/Explicit 中的等效塑性运动速率

在显式动力学分析中，率敏感的连接器本构行为可能产生无物理意义的高频振荡。要克服此问题，Abaqus/Explicit 为率相关数据的估算使用过滤后的等效塑性运动速率。

$$\dot{\overline{u}}^{\,pl}\big|_{t+\Delta t} = \omega \frac{\Delta \overline{u}^{\,pl}}{\Delta t} + (1-\omega)\,\dot{\overline{u}}^{\,pl}\big|_{t}$$

式中，$\Delta \overline{u}^{\,pl}$ 是等效塑性运动在时间增量 Δt 上的增量变化；$\dot{\overline{u}}^{\,pl}\big|_{t}$ 和 $\dot{\overline{u}}^{\,pl}\big|_{t+\Delta t}$ 分别是增量开始和结束时的塑性运动速率；因子 $\omega\,(0<\omega\le 1)$ 促进了对与率相关的连接器行为相关的高频振荡的过滤。用户可以直接指定率过滤因子 ω 的值，默认值是 0.9。$\omega = 1$ 表示不进行过滤，应谨慎使用。

输入文件用法：使用下面选项中的一个：

*CONNECTOR HARDENING, RATE FILTER FACTOR = ω

*CONNECTOR DAMAGE INITIATION, RATE FILTER FACTOR = ω

Abaqus/CAE 用法：各向同性硬化数据使用下面的输入：

Interaction module：connector section editor：Add→Plasticity：Isotropic Hardening：Definition：Tabular, Table Options 按钮：Filter factor：Specify：ω

损伤初始数据使用下面的输入：

Interaction module：connector section editor：Add→Damage：Initiation：Table Options 按钮：Filter factor：Specify：ω

5.2.2 连接器弹性行为

产品：Abaqus/Standard　　Abaqus/Explicit　　Abaqus/CAE

参考

- "连接器：概览"，5.1.1 节
- "连接器行为"，5.2.1 节
- *CONNECTOR BEHAVIOR

- ∗CONNECTOR ELASTICITY
- "定义弹性",《Abaqus/CAE 用户手册》的 15.17.1 节

概览

弹簧型弹性连接器行为:
- 可以在具有可用相对运动分量的任何连接器中进行定义。
- 可以为每个可用相对运动分量独立指定,行为可以是线性的或者非线性的。
- 可以指定成与多个局部方向上的相对位置或者本构运动相关。
- 可以为所有可用相对运动分量指定成耦合的线弹性行为。

另外,可以使用自动选取的刚硬弹簧,在任何可用相对运动分量中指定刚性行为。

对于每一种连接类型,力和力矩作用的方向以及度量位移和转动的方向,是通过局部方向来确定的,如"连接类型库"(5.1.5 节)所描述的那样。

定义线性非耦合弹性行为

在最简单的线性非耦合弹性中,用户为所选分量(如分量 1 的 D_{11}、分量 2 的 D_{22} 等)定义弹性刚度,用于下面的方程中

$$F_i = D_{ii} u_i \qquad (不对 i 求和)$$

式中,F_i 是相对运动第 i 个分量上的力或者力矩;u_i 是第 i 个方向上的连接器位移或者转动。弹性刚度取决于频率(在 Abaqus/Standard 中)、温度和场变量。关于将数据定义成频率、温度和场变量的函数的详细内容见"输入语法规则"(《Abaqus 分析用户手册——介绍、空间建模、执行与输出卷》的 1.2.1 节)。

如果与频率相关的阻尼行为是在除直接求解的稳态动力学以外的 Abaqus/Standard 分析过程中指定的,则使用最低频率上给出的数据。

输入文件用法: 使用下面的选项定义线性非耦合的弹性连接器行为:

∗CONNECTOR BEHAVIOR, NAME = 名称

∗CONNECTOR ELASTICITY, COMPONENT = 分量编号,

DEPENDENCIES = n

Abaqus/CAE 用法: Interaction module:connector section editor:Add→Elasticity:Definition:Linear, Force/Moment:分量或者多个分量, Coupling:Uncoupled

定义线性耦合的弹性行为

在线性耦合情况中,用户定义弹性刚度矩阵项 D_{ij},用于下面的方程中

$$F_i = \sum_j D_{ij} u_j$$

式中,F_i 是相对运动的第 i 个分量;u_j 是第 j 个分量的运动;D_{ij} 是第 i 个分量与第 j 个分量之

间的耦合。假定矩阵 D 是对称的，因此只指定矩阵的上三角。在具有运动约束的连接器中，将忽略对应于相对运动分量约束的输入。弹性刚度取决于温度和场变量。有关将数据定义成温度和场变量的函数的详细内容，见"输入语法规则"（《Abaqus 分析用户手册——介绍、空间建模、执行与输出卷》的 1.2.1 节）。

输入文件用法：　使用下面的选项定义线性耦合的弹性连接器行为：

　　　　　　　　　＊CONNECTOR BEHAVIOR，NAME = 名称

　　　　　　　　　＊CONNECTOR ELASTICITY，DEPENDENCIES = n

Abaqus/CAE 用法：Interaction module：connector section editor：Add→Elasticity：Definition：Linear，Force/Moment：分量或者多个分量，Coupling：Coupled

模拟耦合的非对称线性刚度

由定义可知，线弹性行为应当通过对称的弹簧刚度矩阵来定义。然而，Abaqus/Standard 允许用户定义非对称的耦合弹簧刚度矩阵。例如，模拟转子动力学分析中支撑转动结构的流体膜轴承（见 Genta，2005；以及"分布载荷"，《Abaqus 分析用户手册——指定条件、约束与相互作用卷》的 1.4.3 节）。Abaqus/Standard 不检查非对称弹簧刚度矩阵的稳定性，因此，用户必须确保定义正确。

在线性耦合情况中，用户定义弹簧刚度矩阵项 D_{ij}，用于下式中

$$F_i = \sum_j D_{ij} u_j$$

式中，F_i 是相对运动的第 i 个分量；u_j 是第 j 个分量的运动；D_{ij} 是第 i 个分量与第 j 个分量之间的耦合。假定矩阵 D 是非对称的，因此需要指定整个矩阵。在具有运动约束的连接器中，将忽略对应于相对运动分量约束的输入。当使用非对称矩阵存储和求解策略时，刚度取决于频率、温度和场变量。有关将数据定义成频率、温度和场变量的函数的详细内容见"输入语法规则"，（《Abaqus 分析用户手册——介绍、空间建模、执行与输出卷》的 1.2.1 节）。

输入文件用法：　使用下面的选项定义非对称线性耦合的刚度连接器行为：

　　　　　　　　　＊CONNECTOR BEHAVIOR，NAME = 名称

　　　　　　　　　＊CONNECTOR ELASTICITY，UNSYMM，

　　　　　　　　　FREQUENCY DEPENDENCE = ON

Abaqus/CAE 用法：Abaqus/CAE 中不支持非对称线性耦合的刚度行为。

定义非线弹性行为

对于非线弹性，用户将力或者力矩指定成一个相对运动分量或者多个相对运动分量的非线性函数 $F_i(u_1, u_2, \dots)$。这些函数也可以取决于温度和场变量。关于将数据定义成温度和场变量的函数的详细内容见"输入语法规则"（《Abaqus 分析用户手册——介绍、空间建模、执行与输出卷》的 1.2.1 节）。

定义取决于一个分量方向的非线弹性行为

默认情况下，每个非线性力或者力矩函数仅取决于指定相对运动分量方向上的位移或者转动。

输入文件用法：　　使用下面的选项：

　　　　　　　　　　* CONNECTOR BEHAVIOR，NAME = 名称

　　　　　　　　　　* CONNECTOR ELASTICITY，COMPONENT = 分量编号，

　　　　　　　　　　NONLINEAR，DEPENDENCIES = n

Abaqus/CAE 用法：Interaction module：connector section editor：Add→Elasticity：Definition：Nonlinear，Force/Moment：分量或者多个分量，Coupling：Uncoupled

定义取决于几个分量方向的非线弹性行为

另外，函数也可以取决于几个分量方向上的相对位置或者本构位移/转动，如"连接器行为"中的"将非线性连接器行为属性定义成取决于相对位置或者本构位移/转动"（5.2.1节）所描述的那样。在此情况中，对于 $i \neq j$，当 $\partial F_i / \partial u_j \neq \partial F_j / \partial u_i$ 时，算子矩阵是非对称的，并且在 Abaqus/Standard 中可能需要非对称矩阵存储和求解来改善收敛性。

输入文件用法：　　使用下面的选项定义取决于相对位置分量的非线弹性连接器行为：

　　　　　　　　　　* CONNECTOR BEHAVIOR，NAME = 名称

　　　　　　　　　　* CONNECTOR ELASTICITY，COMPONENT = 分量编号，

　　　　　　　　　　NONLINEAR，INDEPENDENT COMPONENTS = POSITION，

　　　　　　　　　　DEPENDENCIES = n

　　　　　　　　　　使用下面的选项定义取决于本构位移或者转动分量的非线弹性连接器行为：

　　　　　　　　　　* CONNECTOR BEHAVIOR，NAME = 名称

　　　　　　　　　　* CONNECTOR ELASTICITY，COMPONENT = 分量编号，

　　　　　　　　　　NONLINEAR，INDEPENDENT COMPONENTS = CONSTITUTIVE MOTION，

　　　　　　　　　　DEPENDENCIES = n

Abaqus/CAE 用法：Interaction module：connector section editor：Add→Elasticity：Definition：Nonlinear，Force/Moment：分量或者多个分量，Coupling：Coupled on position 或者 Coupled on motion

例子

图 5-46 中的复合连接器有两个可用相对运动分量：沿着 1 方向的相对位移（来自 SLOT 连接）和围绕 1 方向的转动（来自 REVOLUTE 连接）（见"连接类型库"，5.1.5 节）。因此，可以使用相对运动 1 和 4 的连接器分量来指定连接器行为。

使用下面的输入定义一个非线性扭转弹簧，来阻抗围绕 1 方向的顶部与底部连接点之间

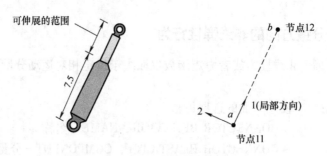

图 5-46 冲击吸收器的简化连接器模型

的相对转动：

    ∗ CONNECTOR SECTION, ELSET = shock, BEHAVIOR = sbehavior

slot, revolute

ori,

    ∗ CONNECTOR BEHAVIOR, NAME = sbehavior

    ∗ CONNECTOR ELASTICITY, COMPONENT = 4, NONLINEAR

− 900. , − 0. 7

0. , 0. 0

    1250. , 0. 7

    虽然假定在相对运动的两个可用分量之间不发生弹性耦合，但用户可以使用耦合的线弹性行为来替代非线性力矩与转动之间的关系数据，来定义与轴向位移耦合的围绕冲击轴的转动刚度。

    在另一个应用中，同一个连接器可能具有耦合的线弹性行为，相对转动和滑动通过线性耦合彼此产生影响。要定义 2000. 0 个单位的平动刚度，在连接器弹性定义中输入 D_{11} 常数（对称矩阵的第一个输入）；要定义 1000. 0 个单位的转动刚度，输入 D_{44} 常数（对称矩阵的第十个输入）；要定义可用转动与位移之间的 50. 0 个单位的耦合刚度，输入 D_{14} 常数（第七个输入）。

    ∗ CONNECTOR ELASTICITY

2000. 0, , , , , , 50. 0,

0. 0, 1000. 0, , , , , ,

    , , , ,

定义刚性连接器行为

    可以使用刚性弹性连接器行为来建立相对刚性运动的其他可用分量。例如，一个没有内在运动约束的 CARTESIAN 连接器。如果在局部 2 方向和局部 3 方向上指定了刚性行为，则连接器的行为将与 SLOT 连接器类似。

    使用具有指定有刚性行为的可用相对运动分量的连接器，来替代具有内在运动约束的连接器，在用户进行下列活动时是非常有用的技术：

    ● 对具有可用相对运动分量的连接器进行约束定制。例如，用户可以约束 CARTESIAN 连接器中的局部 1 方向和局部 2 方向，然后在局部 3 方向定义 SLOT 型连接器。

- 定义刚性塑性行为（见"连接器塑性行为"，5.2.6 节）；
- 定义刚性损伤行为（见"连接器损伤行为"，5.2.7 节）。

例如，如果用户使用 SLOT 连接器，则在内部受约束的 2 方向和 3 方向上不能指定塑性和损伤行为。要解决此问题，可以使用 CARTESIAN 连接器，如上文所述，此连接器在分量 2 和 3 上具有刚性行为，然后在这些分量上定义刚性塑性（和/或者损伤）（见"连接器塑性行为"，5.2.6 节中的例子）。

在 Abaqus/Standard 中，如果在相同的局部方向上将一个刚性分量定义成有效的连接器停止、连接器锁住或者指定的连接器行为，则可能发生过约束。

输入文件用法： 使用下面的选项为相对运动的指定分量定义刚性连接器行为：

*CONNECTOR ELASTICITY, RIGID, COMPONENT = n

使用下面的选项为相对运动的多个指定分量定义刚性连接器行为：

*CONNECTOR ELASTICITY, RIGID

列出建立刚性分量的数据行

使用下面的选项为相对运动的所有可用分量定义刚性连接器行为：

*CONNECTOR ELASTICITY, RIGID

（无数据行）

Abaqus/CAE 用法： Interaction module：connector section editor：Add→Elasticity：Definition：Rigid，Components：分量或者多个分量

施加刚性弹性行为

特定分量中的刚性弹性行为是通过在该分量中使用刚硬的线弹性弹簧来施加的。弹簧的刚度是自动选择的，并且取决于连接器的使用环境。在 Abaqus/Standard 中，所取刚度是连接器连接的周围单元平均刚度的 10 倍。如果无法计算平均刚度（当连接器单元不与其他单元相连或者连接器与刚体相连时），则使用 10^6 刚度。在 Abaqus/Explicit 中，通过考虑连接器单元节点处的平均质量以及分析中的稳定时间增量，对 Courant 刚度进行第一次计算。在大部分情况中，接下来使用 Courant 刚度来计算刚性弹性行为的值，计算所使用的探索法取决于模拟环境和分析精度（单精度或者双精度）。如果在连接器中定义了塑性，则塑性定义所包含的分量中的刚性弹性刚度不能超过初始屈服值的千分之一。如果没有定义塑性，则将刚性刚度计算成 Courant 刚度的倍数。

在大部分情况中，刚性刚度计算中使用的探索法可以产生一个足够大的刚度值。如果此刚度不满足用户应用的需要，则用户可以通过直接指定线性刚度值来定制此弹性刚度。

由于在 Abaqus/Standard 和 Abaqus/Explicit 中为刚性弹性行为使用不同的刚性值，将使用不同刚性值的模型从一个求解器导入另一个求解器时，可能出现行为上的不连续。

定义线性摄动过程中的弹性连接器行为

具有连接器弹性可用相对运动分量，是使用来自基础状态的线性弹性刚度的。在直接求解的稳态动力学和基于子空间的稳态动力学分析中，由非耦合的连接器弹性行为定义的线弹性刚度可以与频率相关。

输出

可用于连接器的 Abaqus 输出变量列在"Abaqus/Standard 输出变量标识符"(《Abaqus 分析用户手册——介绍、空间建模、执行与输出卷》的 4.2.1 节),以及"Abaqus /Explicit 输出变量标识符",(《Abaqus 分析用户手册——介绍、空间建模、执行与输出卷》的 4.2.2 节)中。当在连接器中定义弹性时,表 5-62 中的输出变量特别重要。

表 5-62　定义弹性时的输出变量

标　识	说　明
CU	连接器相对位移/转动
CUE	连接器弹性位移/转动
CEF	连接器弹性力/力矩

参考文献

· Genta, G., *Dynamics of Rotating Systems*, Springer, 2005.

5.2.3　连接器阻尼行为

产品:Abaqus/Standard　　Abaqus/Explicit　　Abaqus/CAE

参考

- "连接器:概览", 5.1.1 节
- "连接器行为", 5.2.1 节
- * CONNECTOR BEHAVIOR
- * CONNECTOR DAMPING
- "定义阻尼",《Abaqus/CAE 用户手册》的 15.17.2 节

概览

连接器阻尼行为:
- 在瞬态或者稳态动力学分析中可以是阻尼器型黏性属性。
- 对于支持非对角阻尼的稳态动力学过程,可以是与复刚度相关的"结构"属性。
- 可以在任何具有可用相对运动分量的连接器中进行定义。
- 可以为每个可用相对运动分量独立地指定,在此情况中,黏性阻尼的行为可以是线性的或者非线性的。

- 对于黏性属性阻尼，可以指定成取决于几个局部方向上的相对位置或者本构运动。
- 可以为所有可用相对运动分量指定成耦合的阻尼行为。

对于每一种连接类型，作用有力和力矩的方向和度量相对速度的方向是由局部方向决定的，如"连接类型库"（5.1.5 节）所描述的那样。在动力学分析中，作为积分算子的一部分来得到相对速度；在 Abaqus/Standard 的准静态分析中，相对速度等于相对位移增量除以时间增量。

定义线性非耦合的黏性阻尼行为

在最简单的线性非耦合阻尼情况中，用户为所选的分量（即分量 1 的 C_{11}，分量 2 的 C_{22} 等）定义阻尼系数，用于以下方程中

$$F_i = C_{ii}v_i \quad （不对 i 求和）$$

式中，F_i 是相对运动第 i 个分量中的力或者力矩；v_i 是第 i 个方向上的速度或者角速度。阻尼系数可以取决于频率（在 Abaqus/Standard 中）、温度和场变量。有关将数据定义成频率、温度和场变量的函数的更多内容见"输入语法规则"（《Abaqus 分析用户手册——介绍、空间建模、执行与输出卷》的 1.2.1 节）。

当在除了直接求解的稳态动力学以外的 Abaqus/Standard 分析过程中指定频率相关的阻尼行为时，将使用最低频率对应的数据。

输入文件用法：　　使用下面的选项定义线性非耦合的阻尼连接器行为：

　　　　　　　　∗ CONNECTOR BEHAVIOR，NAME = 名称

　　　　　　　　∗ CONNECTOR DAMPING，COMPONENT = 分量编号，

　　　　　　　　DEPENDENCIES = n

Abaqus/CAE 用法：Interaction module：connector section editor：Add→Damping：Definition：Linear，Force/Moment：分量或者多个分量，Coupling：Uncoupled

定义线性耦合的黏性阻尼行为

在线性耦合情况中，用户定义用于以下方程的阻尼系数矩阵项 C_{ij}

$$F_i = \sum_j C_{ij}v_j$$

式中，F_i 是相对运动的第 i 个分量中的力；v_j 是第 j 个分量中的速度；C_{ij} 是第 i 个分量和第 j 个分量之间的耦合。假定矩阵 C 是对称的，因此只需指定矩阵的上三角。在使用运动约束的连接器中，将忽略对应于受约束相对运动分量的输入。阻尼系数可以取决于温度和场变量。有关将数据定义成温度和场变量的函数的更多内容见"输入语法规则"（《Abaqus 分析用户手册——介绍、空间建模、执行与输出卷》的 1.2.1 节）。

输入文件用法：　　使用下面的选项定义线性耦合的阻尼连接器行为：

　　　　　　　　∗ CONNECTOR BEHAVIOR，NAME = 名称

　　　　　　　　∗ CONNECTOR DAMPING，DEPENDENCIES = n

Abaqus/CAE 用法：Interaction module：connector section editor：Add→Damping：Definition：Linear，Force/Moment：分量或者多个分量，Coupling：Coupled

定义非对称线性耦合的黏性阻尼行为

对于线性耦合的弹性行为（"连接器弹性行为"，5.2.2 节），Abaqus/Standard 允许用户定义一个非对称耦合的黏性阻尼矩阵。在线性耦合情况中，用户定义用于以下方程的阻尼系数矩阵分量 C_{ij}

$$F_i = \sum_j C_{ij} v_j$$

式中，F_i 是相对运动的第 i 个分量中的力；v_j 是第 j 个分量中的速度；C_{ij} 是第 i 个分量和第 j 个分量之间的耦合。假定矩阵 C 是非对称的，因此需要指定整个矩阵。将忽略对应于受约束相对运动分量的输入。当使用非对称矩阵存储和求解策略时，阻尼系数可以取决于频率、温度和场变量。有关将数据定义成频率、温度和场变量的函数的更多内容见"输入语法法则"（《Abaqus 分析用户手册——介绍、空间建模、执行与输出卷》的 1.2.1 节）。

输入文件用法：　使用下面的选项定义非对称线性耦合的黏性阻尼连接器行为：

* CONNECTOR BEHAVIOR，NAME = 名称

* CONNECTOR DAMPING，UNSYMM，

FREQUENCY DEPENDENCE = ON

Abaqus/CAE 用法：Abaqus/CAE 中不支持非对称线性耦合的黏性阻尼行为。

定义非线性黏性阻尼行为

对于非线性阻尼，用户将力或者力矩指定成相对运动方向上可用分量的非线性函数 F_i $(v_1, v_2, \ldots)$。这些函数也可以取决于温度和场变量。有关将数据定义成温度和场变量的函数的更多内容见"输入语法规则"（《Abaqus 分析用户手册——介绍、空间建模、执行与输出卷》的 1.2.1 节）。

定义取决于一个分量方向的非线性黏性阻尼行为

默认情况下，每一个非线性力或者力矩函数仅在相对运动的指定方向上与速度相关。

输入文件用法：　使用下面的选项：

* CONNECTOR BEHAVIOR，NAME = 名称

* CONNECTOR DAMPING，COMPONENT = 分量编号，

NONLINEAR，DEPENDENCIES = n

Abaqus/CAE 用法：Interaction module：connector section editor：Add→Damping：Definition：Nonlinear，Force/Moment：分量或者多个分量，Coupling：Uncoupled

定义取决于几个分量方向的非线性黏性阻尼行为

另外，函数也可以取决于几个分量方向上的相对位置或者本构位移/转动，如"连接器行为"中的"定义取决于相对位置或者本构位移/转动的非线性连接器行为属性"（5.2.1节）所描述的那样。

输入文件用法：　　使用下面的选项定义取决于相对位置分量的非线性阻尼连接器行为：

　　＊CONNECTOR BEHAVIOR，NAME＝名称

　　＊CONNECTOR DAMPING，COMPONENT＝分量编号，

NONLINEAR，INDEPENDENT COMPONENTS＝POSITION，

DEPENDENCIES＝n

使用下面的选项定义与本构位移或者转动分量相关的非线性阻尼连接器行为：

　　＊CONNECTOR BEHAVIOR，NAME＝名称

　　＊CONNECTOR DAMPING，COMPONENT＝分量编号，

NONLINEAR，INDEPENDENT COMPONENTS＝CONSTITUTIVE

MOTION，DEPENDENCIES＝n

Abaqus/CAE 用法：Interaction module：connector section editor：Add→Damping：Definition：Nonlinear，Force/Moment：分量或者多个分量，Coupling：Coupled on position 或者 Coupled on motion

例子

参见图 5-47 所示的例子。

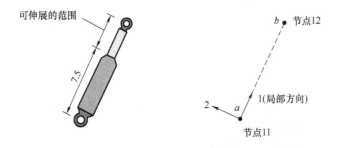

图 5-47　冲击吸收器的简化连接器模型

除了阻抗相对转动的扭转弹簧外，冲击吸收器还使用阻尼器沿冲击线方向阻尼平动运动。使用下面的输入来包含取决于连接点之间的相对位置的非线性阻尼器行为：

　　＊CONNECTOR BEHAVIOR，NAME＝sbehavior

　　...

　　＊CONNECTOR DAMPING，COMPONENT＝1，

INDEPENDENT COMPONENTS＝POSITION，NONLINEAR

1

1500. 0 ,0. 1 ,0. 0
        1625. 0 ,0. 2 ,0. 0
        1750. 0 ,0. 1 ,10. 0
        1925. 0 ,0. 2 ,10. 0

定义线性结构阻尼行为

在稳态动力学中支持结构连接器阻尼，在支持非对角阻尼的模态瞬态过程中也支持结构连接器阻尼（如直接求解的稳态动力学）。

定义线性非耦合的结构阻尼行为

用户为所选分量（即分量 1 的 s_{11}、分量 2 的 s_{22} 等）定义阻尼系数 s_{jj}，用于以下方程中

$$F_j = iD_{jj}u_j$$

其中

$$D_{jj} = s_{jj}K_{jj} \quad （不对 j 求和）$$

D_{jj} 是结构阻尼矩阵；F_j 是力或者力矩在相对运动的第 j 个方向上的虚部；u_j 是第 j 个方向上的位移；K_{jj} 是刚度矩阵。阻尼系数可以与频率相关。

    输入文件用法：   使用下面的选项：
                * CONNECTOR BEHAVIOR，NAME = 名称
                * CONNECTOR DAMPING，COMPONENT = 分量编号，
                TYPE = STRUCTURAL

Abaqus/CAE 用法：Abaqus/CAE 中不支持线性非耦合的结构阻尼行为。

定义线性耦合的结构阻尼行为

用户定义方程中使用的 21 个阻尼系数 s_{lj}（6×6 阻尼系数矩阵的对称半部）

$$F_l = iD_{lj}u_j$$

其中

$$D_{lj} = is_{lj}K_{lj} \quad （不对 l、j 求和）$$

D_{lj} 是结构阻尼矩阵；F_l 是力在相对运动的第 l 个方向上的虚部；u_j 是第 j 个方向上的位移；K_{lj} 是刚度矩阵。阻尼系数不能与频率相关。

    输入文件用法：   使用下面的选项：
                * CONNECTOR BEHAVIOR，NAME = 名称
                * CONNECTOR DAMPING，TYPE = STRUCTURAL

Abaqus/CAE 用法：Abaqus/CAE 中不支持线性耦合的结构阻尼行为。

定义线性摄动过程中的连接器阻尼行为

在直接求解和基于子空间的稳态动力学过程中，使用非耦合的连接器阻尼行为定义的黏性或者结构阻尼可以与频率相关。在其他线性摄动过程中，忽略连接器阻尼行为。

输出

可用于连接器的 Abaqus 输出变量列在"Abaqus/Standard 输出变量标识符"(《Abaqus 分析用户手册——介绍、空间建模、执行与输出卷》的 4. 2. 1 节),以及"Abaqus/Explicit 输出变量标识符"(《Abaqus 分析用户手册——介绍、空间建模、执行与输出卷》的 4. 2. 2 节)中。当在连接器中定义了阻尼时,表 5-63 中的输出变量特别重要

表 5-63 定义阻尼时的输出变量

标 识	说 明
CV	连接器相对速度/角速度
CVF	连接器黏性力/力矩

5. 2. 4 耦合行为的连接器方程

产品: Abaqus/Standard   Abaqus/Explicit   Abaqus/CAE

参考

- "连接器:概览", 5. 1. 1 节
- "连接器摩擦行为", 5. 2. 5 节
- "连接器塑性行为", 5. 2. 6 节
- "连接器损伤行为", 5. 2. 7 节
- *CONNECTOR BEHAVIOR
- *CONNECTOR DERIVED COMPONENT
- *CONNECTOR POTENTIAL
- "指定连接器衍生分量",《Abaqus/CAE 用户手册》的 15. 17. 15 节
- "指定势项",《Abaqus/CAE 用户手册》的 15. 17. 16 节

概览

本节介绍了在 Abaqus 中,如何为连接器单元定义用来指定复杂耦合行为的两个特殊方程:衍生分量和势。

连接器衍生分量是用户指定的分量定义,它们是以相对运动的内在(1-6)连接器分量的方程为基础的。它们可用来:

- 将连接器中产成摩擦的法向力指定成连接器力和力矩的复杂组合。
- 作为连接器势方程中的中间结果。

连接器势是内在相对运动分量或者衍生分量的用户指定的方程。这些方程可以是二次方

程、椭圆方程或者最大模方程。它们可用来定义：

- 当同时包含相对运动的几个可用分量时，耦合塑性的连接器屈服方程。
- 当滑动方向不与相对运动的可用分量对齐时，耦合用户定义的摩擦的势方程。
- 度量连接力的耦合方程，或者探测连接器中的初始破坏。
- 将有效的运动度量定义成连接器运动的耦合函数，来驱动连接器中的损伤扩展。

定义连接器单元的衍生分量

除了简单的线弹性或者阻尼外，连接器单元中的耦合行为定义，通常需要包含一些内在 (1~6) 分量的合力定义，或者不与任何内在分量对齐的"方向"定义。将这些用户定义的合力或者方向称为衍生分量。与这些衍生分量相关联的力和运动是连接器单元中运动的内在相对分量中的力和运动的函数。

例如，在 SLOT 连接器中，仅在相对运动的唯一可用分量上（1 方向）定义摩擦作用（见"连接器摩擦行为"，5.2.5 节）。通过此连接类型施加的约束将产生两个反作用力（f_2 和 f_3），如图 5-48 所示。两个力以耦合的方式在 1 方向上产成摩擦。

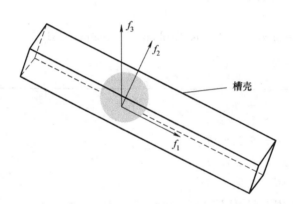

图 5-48 SLOT 连接器的接触力合力

接触力合力的合理估计值是

$$F_{\text{derived}}^{\text{contact}} = g(f) = \sqrt{f_2^2 + f_3^2}$$

式中，f 是内在分量上连接器力和力矩的集合。可以将方程 $g(f)$ 指定成衍生分量。

可以定义成衍生分量的合力可能具有更复杂的形式。例如 BUSHING 连接类型，在 1 方向上指定具有失效的拉伸（模式 I）损伤机理。在定义可以触发损伤初始（和失效）的轴向上的整体合力时，用户可能希望包含轴向力 f_1 以及"柔性"力矩 m_2 和 m_3 合力矩的作用，如图 5-49所示。定义轴向合力的一个选择是

$$F_{\text{derived}}^{\text{axial}} = g(f) = |f_1| + \alpha\sqrt{m_2^2 + m_3^2}$$

式中，α 是将平动与转动关联起来的几何因子，具有一个高次于长度的单位。可以将方程 $g(f)$ 指定成衍生分量。

也可以将衍生分量解释成不与连接器分量方向对齐的用户指定方向。例如，如果具有弹性行为的 CARTESIAN 连接器中使用失效准则的基于运动的损伤，不与内在分量方向对齐，

则可以采用表示不同方向的衍生分量的形式来定义损伤准则，如图5-50所示。方向的一个可能选择是

$$u_{\text{derived}}^{\text{transf}} = g(\boldsymbol{u}) = a_1 u_1 + a_2 u_2 + a_3 u_3$$

式中，$\boldsymbol{u}$ 是分量中连接器相对运动的集合；a_1、a_2 和 a_3 可解释成方向余弦（$\cos\alpha_1$，$\cos\alpha_2$，$\cos\alpha_3$）。方程 $g(\boldsymbol{u})$ 可以指定成衍生分量。

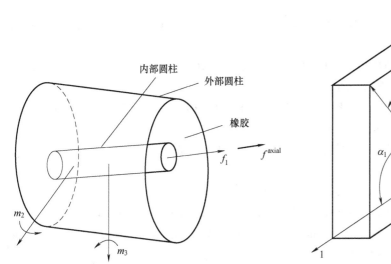

图5-49　BUSHING 连接器中的轴向合力　　图5-50　CARTESIAN 连接器中用户定义的方向

衍生分量的方程形式

Abaqus 中衍生分量（g）的方程形式是非常广义的；用户指定此方程的确切形式。将衍生分量指定成各项的总和

$$g(\boldsymbol{c}) = \sum_{i=1}^{N_T} T_i(\boldsymbol{c})$$

式中，$\boldsymbol{c}$ 是连接器内在分量值的通用名称（如力 $\boldsymbol{f}$ 或者运动 $\boldsymbol{u}$）；T_i 是总和中的第 i 个项；N_T 是项的数量。$\boldsymbol{c}$ 的合适分量值是根据所使用衍生分量的背景来选取的。T_i 也是一些贡献的总和，并且采用以下三种形式中的一种：

- 模（g_N 型）

$$T_i(\boldsymbol{c}) = s_i \sqrt{\sum_{j=1}^{N_c} (\alpha_j c_j)^2}$$

- 直接和（g_S 型）

$$T_i(\boldsymbol{c}) = s_i \sum_{j=1}^{N_c} \alpha_j c_j$$

- Macauley 求和（g_M 型）

$$T_i(\boldsymbol{c}) = s_i \sum_{j=1}^{N_c} \langle \alpha_j c_j \rangle$$

式中，s_i 是项的符号（正或者负）；α_j 是比例因子；c_j 是 c 的第 j 个分量；$\langle X \rangle$ 是 Macauley 括弧（如果 $X \leqslant 0$，则 $\langle X \rangle = 0$；如果 $X > 0$，则 $\langle X \rangle = X$）。通常，缩放因子 α_j 的单位取决于使用背景。在大部分情况中，它们要么是无量纲的，要么具有长度的单位，或者具有高次于长度的单位。所选比例因子应使得产生的衍生分量中的所有项具有相同的单位，并且这些单位必须与后面使用的连接器势中的衍生分量或者连接器接触力的单位一致。

定义仅有一个项的衍生分量（$N_T = 1$）

通过赋予连接器衍生分量的名称来识别它们。如果一个项（T_1）足以定义衍生分量 g，则仅指定一个连接器衍生分量定义。

输入文件用法：　　＊CONNECTOR DERIVED COMPONENT,

NAME = 衍生分量名称

Abaqus/CAE 用法：Abaqus/CAE 中不支持连接器衍生分量名称；用户定义单独的衍生分量项。

使用下面的输入为产生摩擦的用户定义的接触力定义一个连接器衍生分量项：

Interaction module：connector section editor：Add→Friction：Friction model：User-defined, Contact Force, Specify component：

Derived component, 单击 Edit 显式 the derived component：单击 Add 并选择分量

使用下面的输入将连接器衍生分量项定义成连接器势方程的中间结果：

Interaction module：connector section editor：Add→Friction, Plasticity, 或者 Damage：potential contribution editors：Specify derived component, 单击 Edit 显式 derived component editor：单击 Add 并选择分量

定义包含多个项的衍生分量（$N_T > 1$）

如果在衍生分量 g 的总体定义中需要几个项（T_1、T_2 等），则用户必须对单个项进行定义。

输入文件用法：　　用户必须使用与单个项相同的名称来指定 N_T 连接器衍生分量定义。对具有相同名称的所有定义进行求和来生成所需衍生分量 g。参见下面的点焊例子。

＊CONNECTOR DERIVED COMPONENT,

NAME = 衍生分量名称

＊CONNECTOR DERIVED COMPONENT, NAME = 衍生分量名称

...

Abaqus/CAE 用法：Abaqus/CAE 不支持连接器衍生分量名称；用户定义单个衍生分量项。

Interaction module：derived component editor：单击 Add 并选择分量。按照需要重复添加项。

将衍生分量中的项指定成一个范数

默认情况下，将衍生分量项计算成每个内在分量贡献的平方之和的平方根。如果项仅具有一个贡献（$N_C = 1$），则范数和绝对值具有相同的意义。

输入文件用法：　　　* CONNECTOR DERIVED COMPONENT,

NAME = 衍生分量名称，OPERATOR = NORM（默认的）

例如，可以使用下面的输入定义上面讨论的 $F_{derived}^{axial}$：

* CONNECTOR DERIVED COMPONENT, NAME = axial

1

1.0,

* * $T_1 = \sqrt{(1.0 * f_1)^2} = |1.0 * f_1|$

* CONNECTOR DERIVED COMPONENT, NAME = axial

5, 6

$\alpha, \ \alpha$

* * $T_2 = \sqrt{(\alpha m_2)^2 + (\alpha m_3)^2}$

Axial 衍生分量是 $F_{derived}^{axial} = T_1 + T_2$。

Abaqus/CAE 用法：Interaction module：derived component editor：Add：Term operator：

Square root of sum of squares

将衍生分量中的项指定成直接和

另外，用户也可以选择将衍生分量项计算成内部分量贡献的直接和。

输入文件用法：　　　* CONNECTOR DERIVED COMPONENT,

NAME = 衍生分量名称，OPERATOR = SUM

例如，可以使用下面的输入定义上面讨论的 $u_{derived}^{transf}$：

* CONNECTOR DERIVED COMPONENT, NAME = transf,

OPERATOR = SUM

1, 2, 3

$a_1, \ a_2, \ a_3$

* * $T_1 = a_1 u_1 + a_2 u_2 + a_3 u_3$

transf 衍生分量是 $u_{derived}^{transf} = T_1$。

Abaqus/CAE 用法：Interaction module：derived component editor：Add：Term

operator：Direct sum

将衍生分量中的项指定成 Macauley 和

用户还可以选择将衍生分量项计算成内在分量贡献的 Macauley 和。

输入文件用法：　　　* CONNECTOR DERIVED COMPONENT,

NAME = 衍生分量名称，OPERATOR = MACAULEY SUM

例如，可以使用下面的输入定义下文中讨论的点焊例子中力（F_n）

的法向分量的第一项：

* CONNECTOR DERIVED COMPONENT，NAME = normal，
OPERATOR = MACAULEY SUM

3

1. 0

* * $T_1 = \langle f_3 \rangle$

Abaqus/CAE 用法：Interaction module：derived component editor：Add：Term operator：Macauley sum

指定项的符号

用户可以指定衍生分量项的符号是正的或是负的。

输入文件用法：　使用下面的选项：

　　　　　　　　* CONNECTOR DERIVED COMPONENT，
NAME = 衍生分量名称，SIGN = POSITIVE （默认的）
* CONNECTOR DERIVED COMPONENT，
NAME = 衍生分量名称，SIGN = NEGATIVE

Abaqus/CAE 用法：Interaction module：derived component editor：Add：Overall term sign：Positive 或者 Negative

将衍生分量贡献定义成取决于局部方向

衍生分量定义中使用的比例因子 α_j 可以取决于几个分量方向上的相对位置或者本构位移/转动，如 "连接器行为" 中的定义取决于相对位置或者本构位移/转动的 "非线性连接器行为属性"（5.2.1 节）。参见 "连接器摩擦行为"（5.2.5 节）中的第一个例子。

输入文件用法：　使用下面的选项定义取决于相对位置分量的连接器衍生分量：

　　　　　　　　* CONNECTOR DERIVED COMPONENT，INDEPENDENT COMPO-NENTS = POSITION

使用下面的选项定义取决于本构位移或者转动分量的连接器衍生分量：

　　　　　　　　* CONNECTOR DERIVED COMPONENT，INDEPENDENT COMPO-NENTS = CONSTITUTIVE MOTION

Abaqus/CAE 用法：Interaction module：derived component editor：Add：Use local directions：Independent position components 或者 Independent constitutive motion components

塑性或者摩擦定义中使用的衍生分量的构建要求

当使用衍生分量构建塑性或者摩擦定义的屈服方程时，必须满足下面的简单要求：

● 衍生分量的所有 N_T 项必须是兼容类型（见 "衍生分量的方程形式"）；在同一个衍生分量定义中，范数类型的项（g_N 型）不能与直接和类型的项（g_S 型）组合使用，但是可以与 Macauley 和类型的项（g_M 型）组合使用。

● 如果所有的 N_T 项都是范数类型的项，则每个项的符号必须都是正的（默认的）。

如果 $N_T > 1$，使用衍生分量的相关方程（势）可能会变成非光滑的。更加准确地说，势所定义的超曲面法向在特定位置处可能经历方向上的突然变化。在这些情况中，Abaqus 将自动略微改变衍生分量方程定义，从而对定义的函数进行光滑处理。当分析结果仅在小范围内变化时，用户应能观察到这些变化。

例子：点焊

图 5-51 所示的点焊是在 F 方向上加载的。

用来模拟点焊的连接器有六个可用相对运动分量：三个平动（分量 1~3）和三个转动（分量 4~6）。因为模拟的是一般变形状态，所以选择此连接类型。然而，因为可以得到法向力和剪切力形式的试验数据，所以用户希望以这种形式来定义连接中的非弹性行为，如图 5-52 中所示。

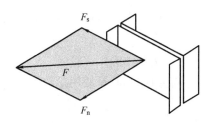

图 5-51 点焊连接的加载

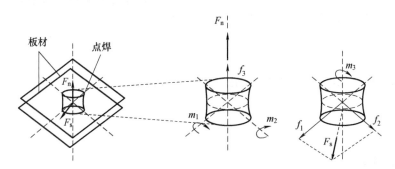

图 5-52 点焊连接：衍生分量定义

因此，需要得出力的法向分量和剪切分量：

$$F_n = g_n(\boldsymbol{f}) = \langle f_3 \rangle + (1/r_n) \sqrt{m_1^2 + m_2^2}$$

$$F_s = g_s(\boldsymbol{f}) = (1/r_s) \, |m_3| + \sqrt{f_1^2 + f_2^2}$$

式中，r_n 和 r_s 具有长度的单位；如果用户将点焊考虑成短梁，梁的轴线沿着点焊轴（3 方向），则可以相对直观地说明它们的意义。如果点焊的平均横截面面积是 A，并且梁关于平面内一个轴的二阶转动惯量是 I_{11}（或 I_{22}），则可以将 r_n 解释成比率 I_{11}/A（或者 I_{22}/A）的平方根。进一步地，如果将横截面考虑成圆形，则 r_n 将变成点焊半径的一个分数。在所有情况中，可以将 r_s 取成 $2r_n$。

上面对方程中校正常数进行解释的推理仅是一个建议。通常，任何能与其他结果（试样、分析等）进行良好比较的常数组合都同样有价值。

要定义 F_n，用户可以指定下面的两个连接器衍生分量定义，每个定义具有相同的名称：

    *PARAMETER

    I_{xx} = 30.68

    A = 19.63

    r_n = sqrt(I_{xx}/A)

$$r_s = 2.0 * r_n$$
$$or_n = (1/r_n)$$
$$or_s = (1/r_s)$$

*CONECTOR DERIVED COMPONENT, NAME = normal, OPERATOR = MACAULEY SUM
3
1.0
*CONNECTOR DERIVED COMPONENT, NAME = normal
4,5
$\langle or_n \rangle$, $\langle or_n \rangle$

$\langle \rangle$符号说明 or_n 是使用参数定义指定的。将法向力衍生分量 F_n 定义成两项之和,即

$$g_n(f) = T_1(f) + T_2(f)$$

第一个连接器衍生分量定义第一项 $T_1 = \langle f_3 \rangle$,第二个连接器衍生分量定义第二项 $T_2 = (1/r_n) \sqrt{m_1^2 + m_2^2}$。

类似地,要定义 F_s,用户可为分量 shear 指定以下两个连接器衍生分量定义:

*CONNECTOR DERIVED COMPONENT, NAME = shear
6
$\langle or_s \rangle$
*CONNECTOR DERIVED COMPONENT, NAME = shear
1,2
1.0,1.0

定义连接器势

连接器势是用户定义的数学方程,表示连接器中的屈服面、限制面或者由连接器中相对运动分量所建立空间中的大小度量。方程可以是二次的、一般椭圆的或者最大模的。连接器势本身不定义连接器行为,而是用来定义下面的耦合连接器行为:

- 摩擦。
- 塑性。
- 损伤。

例如 SLIDE-PLANE 连接,在连接平面上发生摩擦滑动,如图 5-53 所示。控制黏着-滑动摩擦行为的方程(见"连接器摩擦行为",5.2.5 节)可以写成

$$\phi_{fric}(f) = P(f) - \mu F_N$$

式中,$P(f)$ 是定义伪屈服方程(连接器中,在与发生接触的连接平面相切的方向上,摩擦切向牵引力大小的连接器势);F_N 是产生摩擦的法向(接触)力;μ 是摩擦系数。如果 $\phi_{fric} < 0$,则发生摩擦黏着;如果 $\phi_{fric} = 0$,则发生滑动。在此情况中,可以将势定义成摩擦切向牵引力的大小,

$$P(f) = \sqrt{f_2^2 + f_3^2}$$

在使用基于力的耦合损伤初始准则的连接器损伤定义中,连接器势也是有用的。例如,

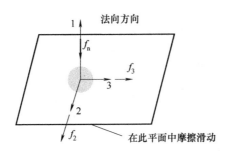

图 5-53 SLIDE-PLANE 连接中的摩擦

在具有六个可用相对运动分量的连接类型中，用户可以定义以下的势

$$P(f) = \sqrt{\left(\frac{f_1}{\alpha_1}\right)^2 + \left(\frac{f_2}{\alpha_2}\right)^2 + \left(\frac{f_3}{\alpha_3}\right)^2 + \left(\frac{m_1}{\beta_1}\right)^2 + \left(\frac{m_2}{\beta_2}\right)^2 + \left(\frac{m_3}{\beta_3}\right)^2}$$

当势 P 的值大于用户指定的极限值（通常为 1.0）时，可以引发初始损伤（失效）。系数 α 和 β 的单位必须与最终叉积的单位一致。例如，如果 $P(f)$ 的单位是 N，系数 α 无量纲，则系数 β 具有长度的单位。

连接器势可以具有更复杂的形式。假定在点焊中定义了耦合的塑性，则可以将塑性屈服准则定义成

$$\phi_{\text{plas}}(f) = P(f) - F^0$$

式中，$P(f)$ 是定义屈服方程的连接器势；F^0 是屈服力/力矩。可以将势定义成

$$P(f) = \left[\left(\frac{\max(F_n, 0)}{R_n}\right)^\beta + \left(\frac{|F_s|}{R_s}\right)^\beta\right]^{1/\beta}$$

其中，可以将 F_n 和 F_s 命名成"为连接器单元定义衍生分量"中的例子里的衍生分量 normal 和 shear。如果 F^0 具有力的单位，并且 F_n 和 F_s 也具有力的单位，则 R_n 和 R_s 是无量纲的。

输入文件用法：　　＊CONNECTOR POTENTIAL

Abaqus/CAE 用法：使用下面的输入定义摩擦行为的连接器势：

　　　　　　　　Interaction module：connector section editor：Add→Friction：

　　　　　　　　Friction model：User-defined，Slip direction：Compute using force potential，Force Potential

　　　　　　　　使用下面的输入定义塑性行为的连接器势：

　　　　　　　　Interaction module：connector section editor：Add → Plasticity：Coupling：Coupled，Force Potential

　　　　　　　　使用下面的输入定义损伤行为的连接器势：

　　　　　　　　Interaction module：connector section editor：Add→Damage：Coupling：Coupled，Initiation Potential 或者 Evolution Potential

势的方程形式

Abaqus 中势 P 的方程形式是非常通用的，用户指定其确切的形式。将势指定成下面几个贡献的直接方程之一：

二次形式

$$P(\boldsymbol{c}) = \left(\sum_{i=1}^{N_{\mathrm{p}}} s_i P_i(\boldsymbol{c})^2 \right)^{\frac{1}{2}}$$

通用椭圆形式

$$P(\boldsymbol{c}) = \left(\sum_{i=1}^{N_{\mathrm{p}}} s_i P_i(\boldsymbol{c})^2 \right)^{\frac{1}{\beta}}$$

最大模形式

$$P(\boldsymbol{c}) = \max_{i=1}^{N_{\mathrm{p}}} s_i P_i(\boldsymbol{c})$$

式中，$\boldsymbol{c}$ 是连接器内部分量值的广义名称（如力 $\boldsymbol{f}$ 或者运动 $\boldsymbol{u}$）；P_i 是势的第 i 个贡献；N_{p} 是贡献的数量；β 和 α_i 是正数（默认 $\beta=2.0$；$\alpha_i=\beta$）；s_i 是贡献的整体符号（默认为 1.0，或者为 -1.0）。$\boldsymbol{c}$ 的合适分量值的选取取决于势的应用环境。应当将正指数（α_i，β）和符号 s_i 选择成使贡献 P_i 为实数。

P_i 是内部连接器分量（$1\sim6$）或者衍生连接器分量的直接函数。由于衍生分量最终是内部分量的函数（见"为连接器单元定义衍生分量"），贡献 P_i 最终是 $\boldsymbol{c}$ 的函数。将 P_i 定义成

$$P_i(\boldsymbol{c}) = H_i[X_i(\boldsymbol{c})] \quad （不对 i 求和）$$

$$X_i(\boldsymbol{c}) = \frac{E_i(\boldsymbol{c}) - \alpha_i}{R_i}$$

式中，$H_i(X)$ 是用来生成以下贡献的方程：

- 绝对值（默认的，$|X|$）。
- Macauley 括号（如果 $X \leq 0$，则 $\langle X \rangle = 0$；如果 $X > 0$，则 $\langle X \rangle = X$）。
- 恒等（X）。

E_i 是确定类型分量的值（内部的或者衍生的）；α_i 是转换因子（默认为 0）；R_i 是比例因子（默认为 1.0）。

仅当 $\alpha_i = \beta = 1.0$ 时，函数 $H_i(X)$ 可以是恒等方程。以上方程中不同系数的单位取决于势的使用环境。在大部分情况中，方程中的系数是无量纲的，或者具有长度的单位，或者具有高次于长度的单位。在所有情况中，用户必须谨慎定义单位一致的势。

将势定义成二次或者通用椭圆形式

要定义势的通用椭圆形式，用户必须指定全部势的倒数 β。如果需要与默认值（β 的指定值）不同的 α_i，用户也可以定义指数 α_i。

输入文件用法：　　定义势的二次形式时，可以不指定 β，因为它的默认值是 2.0。使用下面的选项：

　　　　　　　　　*CONNECTOR POTENTIAL

　　　　　　　　　分量名或者编号，R_i，，$H_i(X)$，α_i，s_i

　　　　　　　　　…

　　　　　　　　　使用下面的选项定义势的通用椭圆形式：

　　　　　　　　　*CONNECTOR POTENTIAL, OPERATOR = SUM, EXPONENT = β

分量名或者编号，R_i，α_i，$H_i(X)$，α_i，s_i

...

每个数据行定义势的一个贡献 P_i。方程 $H_i(X)$ 可以是 ABS（绝对值，并且是默认的）、MACAULEY（Macauley 括号）或者 NONE（恒等）。

Abaqus/CAE 用法：Interaction module：connector section editor：摩擦（friction），塑性（plasticity），或者损伤行为选项（damage behavior option）：Force Potential, Initiation Potential, 或者 Evolution Potential：Operator：Sum，Exponent：2（对于二次形式）或者 β（对于椭圆形式），选择 Add 并输入势贡献数据。根据需要重复添加贡献。

将势定义成最大形式

另外，用户也可以将势定义成最大形式。

输入文件用法： *CONNECTOR POTENTIAL, OPERATOR = MAX

分量名或者编号，R_i,，$H_i(X)$，α_i，s_i

...

每个数据行定义势的一个贡献 P_i。方程 $H_i(X)$ 可以是 ABS（绝对值，并且是默认的）、MACAULEY（Macauley 括号）或者 NONE（恒等）。

Abaqus/CAE 用法：Interaction module：connector section editor：摩擦（friction），塑性（plasticity），或者损伤行为选项（damage behavior option）：Force Potential, Initiation Potential, 或者 Evolution Potential：Operator：Maximum，选择 Add 并输入势贡献数据。根据需要重复添加贡献。

构建用于塑性或者摩擦定义的势的要求

可以使用相对运动的内部分量、衍生分量，或者同时使用两种分量来定义连接器势 $P(c)$。势的贡献形式为以下两种类型之一：

- 模类型的贡献（P_N），使用绝对值或者 Macauley 括弧方程来定义，或者使用模类型的 g_N 和 Macauley 总和类型的 g_M 衍生分量（见"构建用于塑性或者摩擦定义的势的要求"）与任何可用方程的组合进行定义。
- 总和类型的贡献（P_S），使用相对运动的内部分量或者 g_S 类型的衍生分量（见"构建用于塑性或者摩擦定义的势的要求"）与恒等方程的组合进行定义。

当在连接器塑性或者连接器摩擦的环境中使用时，必须将势构建成满足下面的要求：

- 势的所有 N_P 个贡献必须是同一个类型。在同一个势定义中，不允许同时使用 P_N 和 P_S 贡献。
- 如果所有 N_T 个项都是 P_N 类型的项，则每个项的符号必须都是正的（默认的）。
- 正数 β 和 α_i 不能小于 1.0，并且两者必须相等（默认的）。

例子：点焊

参考图 5-52 所示的点焊和上面定义的屈服方程 ϕ_{plas}（F），使用下面的输入定义使用衍生分量 normal 和 shear 的势：

  * PARAMETER

$R_n = 0.02$

$R_s = 0.05$

$\beta = 1.5$

  * CONNECTOR POTENTIAL, EXPONENT =

normal, R_n, , MACAULEY

shear, R_s, , ABS

输出

可用于连接器的 Abaqus/Explicit 输出变量列在 "Abaqus/Explicit 输出变量标识符"（《Abaqus 分析用户手册——介绍、空间建模、执行与输出卷》的 4.2.2 节）中。当为耦合的行为定义连接器方程时，表 5-64 中的变量（仅 Abaqus/Explicit 中可以使用）特别重要。

表 5-64　定义连接器方程时的输出变量

标　识	说　明
CDERF	连接器衍生力/力矩，连接器衍生分量名称附加到输出变量。如果连接器衍生分量与连接器塑性、连接器摩擦和连接器损伤初始化（力类型）一起使用，则用来形成势的衍生分量代表力，并且场输出和历史输出都可以使用此衍生分量。如果连接器摩擦与接触力一起使用，则不使用衍生分量来形成势，并且衍生分量实际上是连接器法向力 CNF（连接器历史输出可以使用此连接器法向力）
CDERU	连接器衍生位移/转动，连接器衍生分量名称附加到输出变量。如果连接器衍生分量与连接器损伤初始化的运动类型和连接器损伤评估一起使用，则形成势的衍生分量表示位移，并且场和历史输出都能使用此分量

5.2.5　连接器摩擦行为

产品：Abaqus/Standard　　　Abaqus/Explicit　　　Abaqus/CAE

参考

- "连接器：概览"，5.1.1 节
- "连接器行为，" 5.2.1 节
- "耦合行为的连接器方程"，5.2.4 节
- * CHANGE FRICTION
- * CONNECTOR BEHAVIOR
- * CONNECTOR DERIVED COMPONENT

- *CONNECTOR FRICTION
- *CONNECTOR POTENTIAL
- *FRICTION
- "定义摩擦",《Abaqus/CAE 用户手册》的 15. 17. 3 节

概览

可以在任何具有可用相对运动分量的连接器中定义摩擦作用。典型的连接器可能有几个发生相对运动并产生摩擦接触的段。因此,在连接器可用相对运动分量中可以建立摩擦力和摩擦力矩。

要定义 Abaqus 中的连接器模型,用户必须指定以下内容:

- 由模型系数控制的摩擦规则。
- 产生摩擦的连接器接触力或者力矩的贡献。
- 摩擦力/力矩作用的局部"切向"方向。

摩擦系数可以:

- 以滑动速度、接触力、温度和场变量的通用形式表达。
- 通过静态项和动态项来定义,静态项和动态项之间具有由指数曲线定义的光滑过渡区域。
- 通过切向最大力 F_{max} 进行限制,它是在滑动发生前连接器可以承受的切向力的最大值。

Abaqus 为指定连接器中摩擦相互作用的其他方面提供两种选择:

- 预定义模型相互作用,用户需要指定一组参数来表征所模拟摩擦的连接类型。Abaqus自动定义接触力贡献以及发生摩擦的局部"切向"方向。预定义模型相互作用是常见的情况,并且可用于许多连接类型(见"连接类型库",5. 1. 5 节)。如果需要,也可以定义已知内部接触力(如过盈装配中的接触力)。
- 用户定义的摩擦相互作用,为此摩擦相互作用定义所有生成摩擦的接触力贡献,以及发生摩擦的局部"切向"方向。如果感兴趣的摩擦类型没有可以使用的预定义摩擦,或者预定义摩擦相互作用不足以描述分析机理,则可以使用用户定义的摩擦相互作用。虽然使用起来更加复杂,但用户定义的相互作用:

1) 在本质上是非常通用的,这是由于通过连接器势定义任意的滑动方向和通过连接器衍生分量定义接触力是灵活的。

2) 允许将滑动方向、接触力和附加内部接触力指定成连接器相对位置或者运动、温度和场变量的函数(内部接触力也可以取决于累积滑动)。

3) 允许在应用于不同相对运动分量的同一连接中使用多个摩擦定义。

连接器的摩擦方程

两个接触体之间的库仑摩擦的基本概念是界面上最大允许摩擦(剪切)力与接触体之间的接触力的关系。在库仑摩擦模型的基本形式中,在两个接触面开始彼此相对滑动前,两

个接触面可以承受的剪切力 F_t 在界面上达到一个特定的值，此状态称为黏着。库仑摩擦模型将这一特定的剪切力定义成 μF_N，其中 μ 是摩擦系数，F_N 是接触力。黏着/滑动计算决定了一个点何时从黏着过渡到滑动，或者从滑动过渡到黏着。数学上，这一关系可以写成

$$\Phi = |F_\mathrm{t}| - \mu F_\mathrm{N} \leqslant 0$$

如果 $\Phi < 0$，则发生黏着；如果 $\Phi = 0$，则发生滑动，此时摩擦力是 μF_N。

连接器中的摩擦是基于这样的类比：连接器装置内部不同部分的接触面在它们的界面上传递切向力和法向力。连接器中由运动约束或者弹性力/力矩产生法向（接触）力 F_N。可以使用连接器摩擦来模拟空间中的切向（剪切）力 F_t，此空间是由黏着和滑动条件的相对运动可用分量构建的。图 5-54 所示为连接器中最简单的摩擦机理（二维分析中的 SLOT 连接器）。此连接器中发生摩擦滑动的局部切向方向是 1 方向（切向牵引力 $F_\mathrm{t} = f_1$），由在 2 方向上施加 SLOT 运动约束产生法向力，$F_\mathrm{N} = f_2$。此情况下的摩擦模型定义为

$$\Phi = |F_\mathrm{t}| - \mu F_\mathrm{N} \leqslant 0$$

在滑动情况中，按预期预测摩擦力 $f_1 = \mu f_2$。在此情况中，将摩擦模型直接理解成滑动方向是沿着相对运动的内部（1~6）分量，并且仅通过与滑动方向垂直的另一个单独分量中的力来给出法向力。

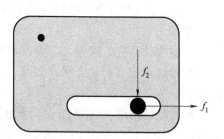

图 5-54　二维 SLOT 连接中的摩擦

在许多连接器中，切向牵引力的定义更加复杂。例如，可以在跨越两个或者更多可用相对运动分量的切向方向上建立摩擦。例如 SLIDE-PLANE 连接中的摩擦滑动情况，如"耦合行为的连接器方程"（5.2.4节）所描述的那样。在此情况中，产生摩擦的法向力是通过 1 方向上的约束力给出的，因此 $F_\mathrm{N} = f_1$。然而，切向牵引力的大小是由下式给出的

$$F_\mathrm{t} = \sqrt{f_2^2 + f_3^2}$$

从而包含来自两个相对运动分量的贡献。2-3 平面中摩擦滑动的瞬时方向是未知的。

在许多连接器中，法向力可能有来自许多连接器分量的贡献。例如，"耦合行为的连接器方程"（5.2.4节）中的三维 SLOT 情况。在此情况中，切向牵引力的大小是通过 $F_\mathrm{t} = f_1$ 给出的，但法向力是通过 2 方向和 3 方向上的约束力来生成的，并且可以写成

$$F_\mathrm{N} = \sqrt{f_2^2 + f_3^2}$$

在最普遍的情况中，切向牵引力和法向力可能具有来自几个分量的贡献。进一步地，分量方向可能包括平动（力）和转动（力矩）。因此，采用更通用的形式来定义连接器中的摩擦模拟，如下文所述。首先，将控制黏着-滑动条件的方程 Φ 定义成

$$\Phi = P(f) - \mu F_\mathrm{N} \leqslant 0$$

式中，f 是连接器中力的集合；$P(f)$ 是连接器势（见"耦合行为的连接器方程"，5.2.4节），表示在发生摩擦的面的切向方向上，连接器中摩擦切向牵引力的大小；F_N 是同一个接触面上产生摩擦的法向（接触）力。如果 $\Phi < 0$，则发生摩擦黏着；如果 $\Phi = 0$，则发生滑动，此时摩擦力是 μF_N。

法向力 F_N 是产生接触力的连接器力 $F_\mathrm{C} = g(f)$ 和自平衡内接触力（如来自过盈装配）

F_C^{int} 的大小之和：

$$F_N = |F_C + F_C^{\text{int}}| = |g(f) + F_C^{\text{int}}|$$

函数 $g(f)$ 是通过连接器衍生分量定义来给出的，如"耦合行为的连接器方程"（5.2.4 节）所描述的那样。使用此形式，可以容易地重新构建上面的例子：

- 在二维 SLOT 情况中，$P(f) = |f_1|$，$g(f) = f_2$。
- 在 SLIDE-PLANE 情况中，$P(f) = \sqrt{f_2^2 + f_3^2}$，$g(f) = f_1$。
- 在三维 SLOT 情况中，$P(f) = |f_1|$，$g(f) = \sqrt{f_2^2 + f_3^2}$。

关于连接器中摩擦定义的更加复杂的说明见本节末尾处的例子。

如果为相对运动的转动分量定义了摩擦作用（如 HINGE 连接器），通常定义"切向"力矩和"法向"力矩来替代切向牵引/力和法向力更加方便。控制黏着/滑动行为的伪屈服函数以类似的方式进行定义：

$$\Phi = P(f) - \mu M_N \leqslant 0$$

将其中的"法向"力矩 M_N 写成

$$M_N = |M_C + M_C^{\text{int}}| = |g(f) + M_C^{\text{int}}|$$

式中，M_C^{int} 是生成摩擦的自平衡内部"接触"力矩（如来自过盈装配）。相关说明见本节末尾的"在 HINGE 连接中指定摩擦"。

预定义摩擦行为

预定义相互作用允许用户模拟常用连接器类型中的典型摩擦机理，并不需要定义摩擦响应机理。代替指定势 P，通过衍生分量直接定义切向牵引的大小度量和接触力 F_C，用户指定：

- 与连接类型相关的一组摩擦相关参数，包括指定连接类型的几何形体参数，以及可选地，内部接触力 F_C^{int} 或者接触力矩 M_C^{int}。
- "定义摩擦系数"中描述的摩擦规律（由摩擦系数控制）。

然后 Abaqus 根据连接类型和提供的几何形体参数，自动生成内部势 P 和接触力 F_C。表 5-65 列出了可以使用预定义摩擦相互作用的连接类型以及相关联的摩擦相关参数。几何形体参数的意义以及 Abaqus 自动生成的相应势和衍生分量，在"连接类型库"（5.1.5 节）中进行了描述。

表 5-65　预定义摩擦相关参数

连 接 类 型	摩擦相关参数	
	几何形体参数	内部接触力/力矩
CYLINDRICAL	R，L	F_C^{int}
HINGE	R_p、R_a、L_s	M_C^{int}
PLANAR	R	F_C^{int}，M_C^{int}
SLIDE-PLANE	无	F_C^{int}
SLOT	无	F_C^{int}

（续）

连接类型	摩擦相关参数	
	几何形体参数	内部接触力/力矩
TRANSLATOR	R_r，L	F_C^{int}
UJOINT	R_p，R_a，L_s，L_a	$M_{C_1}^{int}$，$M_{C_3}^{int}$
SLIPRING	无	无

关于预定义摩擦的说明见本节末尾处的例子。

输入文件用法：　　＊CONNECTOR FRICTION，PREDEFINED

　　　　　　　　　表 5-65 列出的摩擦相关参数

Abaqus/CAE 用法：Interaction module：connector section editor：Add→Friction：Friction model：Predefined，Predefined Friction Parameters，在数据表中输入表 5-65 列出的摩擦相关参数

用户定义的摩擦行为

如果感兴趣的连接类型没有可使用的预定义摩擦，或者预定义摩擦相互作用不能充分描述分析机理，则可以使用用户定义的摩擦行为。对于用户定义的摩擦，用户必须指定：

● 如下"切向"方向信息：

1）如果已知滑动方向，则用户直接指定摩擦力/力矩的作用方向，Abaqus 根据此方向构建势 $P(f)$。

2）如果滑动方向未知，则用户指定势 $P(f)$，Abaqus 根据此势计算瞬时滑动方向。

● 产生摩擦的法向力 F_N 或者法向力矩 M_N，通过定义以下至少一项：

1）接触力 F_C 或者接触力矩 M_C。

2）内部接触力 F_C^{int} 或者接触力矩 M_C^{int}。

●"定义摩擦系数"中描述的摩擦规律（由摩擦系数控制）。

指定滑动方向与相对运动的可用分量对齐

摩擦切向方向是通过指定可用分量（1~6）来确定的，从而在指定的内部连接器局部方向上定义摩擦力或者力矩。当连接器单元仅具有一个可用相对运动分量时（如 SLOT、REVOLUTE 或者 TRANSLATOR），这是非常自然的选项；在这些情况中，形成物理连接的不同零件之间的相对滑动仅发生在一个局部方向上。在具有两个或者更多可用相对运动分量的连接中，如果需要，指定一个具体的可用相对运动的分量并允许用户仅在此指定的方向上指定摩擦作用。例如，在 CYLINDRICAL 连接中，指定分量 1 来定义仅有平动中的摩擦作用，而忽略围绕轴的转动摩擦。

Abaqus 自动将势 $P(f)$ 构建为

$$P(f) = |f_i|$$

式中，f_i 是指定分量 i 上的力/力矩。

输入文件用法：　　　　＊CONNECTOR FRICTION，COMPONENT = i

Abaqus/CAE 用法：Interaction module：connector section editor：Add→Friction：Friction model：User-defined，Slip direction：Specify direction，分量

在滑动方向未知时指定势

在连接类型具有两个或者更多可用相对运动分量时，摩擦滑动不一定只沿着一个可用相对运动分量。在这样的情况中，无法知道瞬时滑动方向，如"连接器中的摩擦方程"中 SLIDE-PLANE 情况所说明的那样。另外一个例子是 CYLINDRICAL 连接，在此连接中，摩擦滑动发生在与圆柱面相切的方向上，从而同时包含局部 1 方向上的平动滑动和关于同一个轴的转动滑动（相关说明见本节末尾处的第一个例子）。因此，摩擦滑动可能以同时包含多个可用分量的耦合形式来发生。

在这样的情况中，用户必须使用连接器势定义 $P(f)$，来指定假定接触面上切向牵引大小的度量。然后由 Abaqus 计算瞬时滑动方向，同时使用类似于基于面的三维摩擦接触计算的黏着-滑动规定，如"库仑摩擦"（《Abaqus 理论手册》的 5.2.3 节）所描述的那样。此过程最好用 SLIDE-PLANE 情况进行说明，如下所述：

- 首先，估算势 $P(f) = \sqrt{f_2^2 + f_3^2}$。
- 如果伪屈服函数 $\Phi \geqslant 0$，则发生滑动。
- 通过两个剪切力 f_2 和 f_3 的比，由势的大小进行归一化，来给出瞬时滑动方向的两个向量分量（局部 2 方向和局部 3 方向）。

通常情况下，此策略可扩展到包含多个可用相对运动分量的空间，与连接类型相关的相对运动最终参与势定义（见"耦合行为的连接器方程"，5.2.4 节）。例如，在势中至多可以包含 SLIDE-PLANE 或者 CYLINDRICAL 连接的两个分量、CARDAN 连接的三个分量，以及使用 CARTESIAN 和 CARDAN 连接的用户装配连接的六个分量。相关说明见下面的几个例子。

输入文件用法：　　使用下面的两个选项指定耦合的用户定义摩擦：
　　　　　　　　　＊CONNECTOR FRICTION
　　　　　　　　　＊CONNECTOR POTENTIAL

Abaqus/CAE 用法：Interaction module：connector section editor：Add→Friction：Friction model：User-defined，Slip direction：Compute using force potential，Force Potential

指定接触力

通过参考相对运动的内部分量编号（1~6），或者命名的连接器衍生分量（见"耦合行为的连接器方程"中的"定义连接器单元的衍生分量"，5.2.4 节），来指定生成摩擦的用户定义接触力 $F_C = g(f)$ 或者接触力矩 $M_C = g(f)$。

在后面的例子中，$g(f)$ 定义中使用的比例参数可以是确认的局部方向、温度和场变量的函数。通常希望在衍生分量的定义中包含来自连接器力和力矩的贡献。在这些情况中，用来定义衍生分量的比例参数应当具有长度的单位，或者有意义的接触力/力矩定义对长度的高阶单位。

输入文件用法：　　使用下面的选项为使用内部连接器分量的连接器摩擦定义接触力：
　　　　　　　　　＊CONNECTOR FRICTION，CONTACT FORCE = 分量编号（1~6）

使用下面的选项为使用连接器衍生分量的连接器摩擦定义接触力：

* CONNECTOR DERIVED COMPONENT，

NAME = 衍生分量名称

* CONNECTOR FRICTION，CONTACT FORCE = 衍生分量名称

Abaqus/CAE 用法：Interaction module：connector section editor：Add→Friction：Friction model：User-defined，Contact Force，Specify component：Intrinsic component 或者 Derived component，分量或者指定的衍生分量

Abaqus/CAE 中不支持连接器衍生分量名称。

指定内部接触力

在组成连接器的不同零件的物理装配过程中，连接器中可能产生内部接触力，如接触干涉（例如，将轴过盈地装配到 CYLINDRICAL 连接的衬套中）。当连接器零件之间发生相对运动时，这些自平衡接触应力将产生接触力 F_C^{int} 或者接触力矩 M_C^{int}（见"连接器中的摩擦方程"）。

通过将接触力/力矩曲线（仅正值）指定成累积滑动、温度和场变量的函数来创建内部接触力/力矩。将累积滑动计算成瞬时滑动方向上所有滑动增量的绝对值之和。因此，对于振荡或者周期运动，累积滑动是单调递增的，并且可以用来模拟与连接中的磨损或者热生成有关的相关性。

输入文件用法：　　在 * CONNECTOR FRICTION 选项的数据行中定义内部接触力极限曲线。

Abaqus/CAE 用法：Interaction module：connector section editor：Add→Friction：Friction model：User-defined，Contact Force，然后在数据表中输入 Internal Contact Force

指定内部接触力取决于局部方向

也可以将内部接触力定义成取决于连接器的相对位置或者本构相对运动。

输入文件用法：　　使用下面的选项定义取决于相对位置分量的内部接触力：

* CONNECTOR FRICTION，INDEPENDENT COMPONENTS = POSITION

使用下面的选项定义取决于本构位移或者转动分量的内部接触力：

* CONNECTOR FRICTION，

INDEPENDENT COMPONENTS = CONSTITUTIVE MOTION

Abaqus/CAE 用法：Interaction module：connector section editor：Add→Friction：Friction model：User-defined，Contact Force，Use independent components：Position 或者 Motion

定义摩擦系数

连接器摩擦定义使用"摩擦行为"（《Abaqus 分析用户手册——指定条件、约束与相互作用卷》的 1.1.5 节）所描述的标准摩擦模型来定义摩擦系数。对于连接器单元，忽略各

向异性摩擦以及与第二个接触方向相关联的摩擦数据。如果没有指定摩擦系数或者将其设置为零，则连接器摩擦对连接器行为没有影响。如果设置了等效剪切力/力矩极限 f_t^{max}（见"摩擦行为"中的"使用可选的剪切应力极限"，《Abaqus 分析用户手册——指定条件、约束与相互作用卷》的 4.1.5 节），则将伪屈服函数 Φ 中的极限摩擦力 μF_N（见"连接器中的摩擦方程"）替换成（μF_N，f_t^{max}）中的最小值。

连接器单元中不能使用粗糙摩擦、拉格朗日摩擦和用户定义的摩擦。

输入文件用法： 使用下面的选项：

     * CONNECTOR BEHAVIOR，NAME = 名称

     * CONNECTOR FRICTION

     * FRICTION

Abaqus/CAE 用法：Interaction module：connector section editor：Add→Friction：Tangential Behavior，Friction Coefficient，在数据表中输入 Friction Coeff.

在 Abaqus/Standard 分析过程中改变摩擦系数

在 Abaqus/Standard 中，可以改变包含摩擦的分析过程中的摩擦系数（详细内容见"摩擦行为"中的"在 Abaqus/Standard 分析过程中改变摩擦属性"，《Abaqus 分析用户手册——指定条件、约束与相互作用卷》的 4.1.5 节）。

控制 Abaqus/Standard 中的非对称求解器

在 Abaqus/Standard 中，当控制器节点相对于彼此滑动时，摩擦约束将产生非对称项。如果摩擦应力对整体位移场有重大影响，并且摩擦应力的大小是高度求解相关的，则这些非对称项将强烈地影响收敛速度。如果摩擦系数大于 0.2，则 Abaqus/Standard 将自动使用非对称求解方法。如果需要，用户也可以关闭非对称求解方法，如"定义一个分析"（《Abaqus 分析用户手册——分析卷》的 1.1.2 节）所描述的那样。

定义黏着刚度

对于所有接触相互作用，Abaqus 以类似的方法确定连接器是否黏着或者滑动（见"摩擦行为"，《Abaqus 分析用户手册——指定条件、约束与相互作用卷》的 4.1.5 节），如"连接器中的摩擦方程"所指出的那样。如果模型是黏着的，则响应的弹性刚度是通过可选的黏着刚度来确定的，而将黏着刚度指定成连接器摩擦定义的一部分。

如果没有指定黏着刚度，Abaqus 将计算一个普遍适用的黏着刚度。在 Abaqus/Standard 中，首先定义最大允许弹性滑动长度（或者角度），该定义使用滑动容差 F_f 与自动计算的模型中的特征长度（角度），或者在刚性方法中直接使用黏着摩擦的弹性滑动 γ_i 的允许绝对值（见"摩擦行为"中的"在 Abaqus/Standard 中施加摩擦约束的刚度方法"，《Abaqus 分析用户手册——指定条件、约束与相互作用卷》的 4.1.5 节）。然后用当前连接器摩擦力极限除以最大允许弹性滑动长度（角度），即可确定弹性黏着刚度。在 Abaqus/Explicit 中，弹性黏着刚度是由库伦（稳定性）条件确定的。

输入文件用法：   * CONNECTOR FRICTION，STICK STIFFNESS = 弹性刚度

Abaqus/CAE 用法：Interaction module：connector section editor：Add→Friction：Stick stiff-
ness：Specify：弹性刚度

使用多连接器摩擦定义

可以将多个连接器摩擦用作同一个连接器行为中的一部分。然而，仅能使用一个连接器
摩擦定义为相对运动的每一可用分量定义摩擦相互作用。如果使用了预定义摩擦，则仅一个
连接器摩擦定义可以与连接器行为定义进行关联。至多一个耦合的用户定义的摩擦定义可以
与连接器行为定义相关联。仅当每个定义的相对运动分量空间不重叠时，同一连接器行为定
义才允许有附加连接器摩擦定义；例如，用户可在分量1、2和6中定义非耦合的连接器摩
擦，并使用分量3、4和5定义耦合的连接器摩擦（通过定义一个势）。所有连接器摩擦定
义并行起作用，并且在需要时进行求和。对于特定的连接器单元，将会有与连接器摩擦定义
数量相同的黏着-滑动计算。见下面的例子。

例子

下面的例子说明如何在连接器单元中定义摩擦。

指定 CYLINDRICAL 连接中摩擦行为的等效方法

图 5-55 所示的例子假定库仑摩擦影响沿着杆的平动运动和关于杆轴线的转动运动。

摩擦系数 $\mu = 0.15$，冲击轴的两个零件的重叠长
度是未变形构型中的 l_i，$l_i = 0.55$ 的长度单位。假设
两个圆柱的平均半径 $r = 0.24$ 个单位。同时假定连接
中的轴向运动相对较小，则连接器零件之间的重叠
长度变化不大。生成摩擦的接触力来自两个贡献：

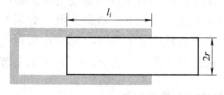

- 来自内壁的法向力将彼此推开（施加 SLOT 约
束的拉格朗日乘子的向量大小）。

图 5-55　冲击吸收器的简化连接器模型

- REVOLUTE 约束中的"弯曲"（施加 REVOLUTE 约束的拉格朗日乘子的向量大小）。

关于 CYLINDRICAL 连接中的预定义接触力和切向牵引的详细内容见"连接类型库"
（5.1.5 节）。模拟这些摩擦作用的其他两种方法如下：

1）使用 Abaqus 预定义摩擦行为：

　　*PARAMETER

　　$r = 0.24$

　　$l_i = 0.55$

　　…

　　*CONNECTOR FRICTION，PREDEFINED

　　$\langle r \rangle,\langle l_i \rangle$

　　*FRICTION

　　　0.15

使用预定义连接器摩擦行为将生成摩擦作用的最紧凑定义。此定义仅需要指定两个与摩擦相关的几何缩放常数。

2）使用用户定义的摩擦行为：

*PARAMETER

$r = 0.24$

$l_i = 0.55$

$\alpha_1 = 1.0$

$\alpha_{2i} = 2.0/l_i$

...

*CONNECTOR BEHAVIOR, NAME = $shock$

*CONNECTOR DERIVED COMPONENT, NAME = normal

2,3

$\langle \alpha_1 \rangle, \langle \alpha_1 \rangle$

** $(\sqrt{(\alpha_1 * f_2)^2 + (\alpha_1 * f_3)^2})$

*CONNECTOR DERIVED COMPONENT, NAME = normal,

5,6

$\langle \alpha_{2i} \rangle, \langle \alpha_{2i} \rangle$

** $(\sqrt{(\alpha_{2i} * m_2)^2 + (\alpha_{2i} * m_3)^2})$

*CONNECTOR FRICTION, CONTACT FORCE = normal

*CONNECTOR POTENTIAL

1,

4, $\langle r \rangle$

*FRICTION

0.15

通过下式定义接触"法向"力连接器势将切向牵引的大小定义成

$$F_C = |g(f)| = \sqrt{(\alpha_1 * f_2)^2 + (\alpha_1 * f_3)^2} + \sqrt{(\alpha_{2i} * m_2)^2 + (\alpha_{2i} * m_3)^2}$$

$$P(f) = \sqrt{f_1^2 + \left(\frac{m_1}{r}\right)^2}$$

此力的方向与发生接触的连接器圆柱面相切。此情况中法向力定义的选择和势应确保与情况 A 中模拟的摩擦作用相同。

指定 CYLINDRICAL 连接中考虑位置相关性的模型相互作用

图 5-55 中的例子假定在两个连接器零件之间发生大的轴向运行，因此，重叠长度将在分析中发生急剧变化。为了便于讨论，假定在初始构型中，两个连接器节点是重叠的。因此，在 CP1 = 0.0 处，初始重叠长度是上文指定的 $l_i = 0.55$ 个单位。如果在分析过程中，连接器沿着分量 1 的相对位置达到 CP1 = 0.45 个单位，则最后的重叠长度将是 $l_f = (0.55 - 0.45)$ 个单位 = 0.10 个单位。如果连接承受"弯曲类型"的载荷，则随着重叠长度的减小，两个零件之间的接触力将持续增大。使用下面的用户定义的摩擦行为定义来模拟接触力与相

对位置的相关性：

    * PARAMETER

r = 0.24

$l_i = 0.55$

$l_f = 0.1$

$\alpha_1 = 1.0$

$\alpha_{2i} = 2.0/l_i$

$\alpha_{2f} = 2.0/l_f$

...

    * CONNECTOR BEHAVIOR, NAME = *shock*

    * CONNECTOR DERIVED COMPONENT, NAME = normal

2,3

$\langle \alpha_1 \rangle , \langle \alpha_1 \rangle$

    * * $(\sqrt{(\alpha_1 * f_2)^2 + (\alpha_1 * f_3)^2})$

    * CONNECTOR DERIVED COMPONENT, NAME = normal,

INDEPENDENT COMPONENTS = POSITION

1

5,6

$\langle \alpha_{2i} \rangle , \langle \alpha_{2i} \rangle , 0$

    * * $(\sqrt{(\alpha_{2i} * m_2)^2 + (\alpha_{2i} * m_3)^2}$ 在 CP1 = 0.0)

$\langle \alpha_{2f} \rangle , \langle \alpha_{2f} \rangle , 0.45$

    * * $(\sqrt{(\alpha_{2i} * m_2)^2 + (\alpha_{2i} * m_3)^2}$ 在 CP1 = 0.45)

    * CONNECTOR FRICTION, CONTACT FORCE = normal

    * CONNECTOR POTENTIAL

1,

4, $\langle r \rangle$

    * FRICTION

       0.15

指定由装配接触界面产生的摩擦

    假定在 CYLINDRICAL 连接器单元中，轴是过盈装配到衬套中的，初始构型（相对运动 = 0.0）如图 5-56 所示。

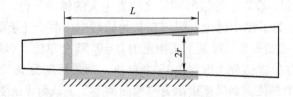

图 5-56　使用小锥度销的 CYLINDRICAL 连接

杆不是完美的圆柱，具有一定的锥度，因此，横截面直径沿轴向线性增加。如果轴向上的相对位移变成正的，则接触力会增加（接触界面更多）；如果相对位移为负（接触界面更少），则接触力会减小。假定用指数衰减模型模拟从静摩擦系数过渡到动摩擦系数。仅需要指定正接触力与位移值的关系。可以使用以下用户定义的摩擦行为定义：

　　　　* PARAMETER

　　$r = 0.24$

　　...

　　　　* CONNECTOR FRICTION, INDEPENDENT COMPONENTS = CONSTITUTIVE MOTION

　　1

　　　　* * (independent component 1)

　　0.70, −0.7854

　　0.85, −0.3927

　　1.0, 0.0

　　1.15, 0.3927

　　1.30, 0.7854

　　　　* CONNECTOR POTENTIAL

　　1,

　　4, ⟨r⟩...

　　　　* FRICTION, EXPONENTIAL DECAY

　　0.25, 0.10, 0.2

　　在数据行中直接指定内部接触力，将已知接触截面力模拟成沿着分量 1 的相对运动连接器本构分量的函数。因为没有指定相对运动的内部分量编号或者命名的连接器衍生分量来定义接触力，所以指定的内部接触力是对接触力的唯一贡献。

指定 HINGE 连接中的摩擦

　　此例子说明使用连接器摩擦定义指定 HINGE 连接中摩擦作用的方法。因为没有其他可用相对运动分量，所以由摩擦行为定义关于 1 方向的摩擦力矩。如"连接类型库"（5.1.5 节）说明的那样，需要为预定义摩擦指定的三个几何缩放常数是销的横截面半径 $R_p = 0.12$；轴向上的有效摩擦臂 $R_a = 0.14$；销和衬套之间的重叠长度 $L_s = 0.65$。假定摩擦系数 $\mu = 0.15$。假定使用初始已知的产生接触界面的力矩 M_C^{int}（$M_C^{int} = 100.0$）对连接器进行装配。可以使用下面的输入来指定 HINGE 连接器中的预定义摩擦行为：

　　　　* PARAMETER

　　$R_p = 0.12$

　　$R_a = 0.14$

　　$L_s = 0.65$

　　...

　　　　* CONNECTOR FRICTION, PREDEFINED

　　⟨R_p⟩, ⟨R_a⟩, ⟨L_s⟩, 100.0

　　　　* FRICTION

0. 15

另外，也可以指定用户定义的摩擦行为来定义相同的摩擦作用（见"连接类型库"，5.1.5 节）。更多地，由累积滑动产生的磨损会降低截面接触力，在此情况中，可以通过将内部接触力/力矩指定成累积滑动的函数来进行模拟。可以使用下面的输入：

```
*PARAMETER
```
$R_p = 0.12$

$R_a = 0.14$

$L_s = 0.65$

$\alpha_1 = R_a$

$\alpha_2 = R_p$

$\alpha_3 = 2.0 * R_p/L_s$

...

```
*CONNECTOR DERIVED COMPONENT,NAME = contact_moment
1,
```
$\langle \alpha_1 \rangle$

$$* * (\sqrt{(\alpha_1 * f_1)^2} = |\alpha_1 * f_1|)$$

```
*CONNECTOR DERIVED COMPONENT,NAME = contact_moment
2,3
```
$\langle \alpha_2 \rangle , \langle \alpha_2 \rangle$

$$* * (\sqrt{(\alpha_2 * f_2)^2 + (\alpha_2 * f_3)^2})$$

```
*CONNECTOR DERIVED COMPONENT,NAME = contact_moment
5,6
```
$\langle \alpha_3 \rangle , \langle \alpha_3 \rangle$

$$* * (\sqrt{(\alpha_3 * m_2)^2 + (\alpha_3 * m_3)^2})$$

```
*CONNECTOR FRICTION,COMPONENT = 4,CONTACT FORCE = contact_moment
100,0.0
90,1000.0
```
** 由于磨损作用,界面接触力矩减小

```
*FRICTION
```
0. 15

通过将内部接触力矩减小指定成关于 1 方向的累积转动滑动的函数，来模拟由接触界面产生的附加摩擦力矩。使用连接器衍生分量定义来定义相同方向上（分量 4）产生接触力矩的摩擦。通过下式定义接触力矩

$$M_C = |g(f)| = |\alpha_1 f_1| + \sqrt{(\alpha_2 f_2)^2 + (\alpha_2 f_3)^2} + \sqrt{(\alpha_3 m_2)^2 + (\alpha_3 m_3)^2}$$

Abaqus 自动将连接器势定义成 $P(f) = |m_1|$。

指定球-接口连接器中的摩擦

此例子说明在球-接口连接中指定摩擦作用的方法。当定义球-接口连接时的第一个选择

是 JOIN 和 ROTATION 时，可以使用其他转动参数（JOIN 和 CARDAN，JOIN 和 EULER，JOIN 和 FLEXION-TORSION）。假定球的半径 $R_s = 0.30$，摩擦系数 $\mu = 0.15$，则可以使用下面的数据行定义摩擦相互作用：

    *PARAMETER

$R_s = 0.30$

...

    *CONNECTOR DERIVED COMPONENT, NAME = normal

1,2,3

1.0,1.0,1.0

    * *($\sqrt{(f_1)^2 + (f_2)^2 + (f_3)^2}$)

    *CONNECTOR FRICTION, CONTACT FORCE = normal

    *CONNECTOR POTENTIAL

4,$\langle R_s \rangle$

5,$\langle R_s \rangle$

6,$\langle R_s \rangle$

    *FRICTION

    0.15

连接器节点处计算得到的连接器摩擦力矩和摩擦产生的力矩取决于连接类型。

定义线性摄动过程中的连接器摩擦行为

在线性摄动过程中不允许摩擦滑动。如果在上一个通用分析步结束处连接器是滑动的，则连接器在当前的线性摄动步中是自由滑动的。否则，Abaqus 将允许连接器以指定的黏着刚度弹性滑动；如果没有指定黏着刚度，则施加一个黏着条件。

输出

连接器可以使用"Abaqus/Standard 输出变量标识符"（《Abaqus 分析用户手册——介绍、空间建模、执行与输出卷》的 4.2.1 节），以及"Abaqus /Explicit 输出变量标识符"（《Abaqus 分析用户手册——介绍、空间建模、执行与输出卷》的 4.2.2 节）中列出的 Abaqus 输出变量。在连接器中定义摩擦时，表 5-66 中的变量是重要的。

表 5-66　定义摩擦时的重要变量

标　识	说　明
CSF	连接器摩擦力/力矩。除了通常与连接器输出变量相关的六个分量外，CSF 还包括标量 CSFC，它是由耦合的摩擦定义产生的摩擦力
CNF	连接器法向力/力矩。CNF 包括标量 CNFC，它是与耦合的摩擦定义相关的产生摩擦的法向力
CASU	连接器累积滑动。CASU 包括标量 CASUC，它是与耦合的摩擦定义相关的累积滑动
CIVC	与耦合的摩擦定义相关的连接器瞬时速度

5.2.6 连接器塑性行为

产品：Abaqus/Standard　　Abaqus/Explicit　　Abaqus/CAE

参考

- "连接器：概览"，5.1.1 节
- "连接器行为"，5.2.1 节
- "连接器弹性行为"，5.2.2 节
- "耦合行为的连接器方程"，5.2.4 节
- *CONNECTOR BEHAVIOR
- *CONNECTOR DERIVED COMPONENT
- *CONNECTOR ELASTICITY
- *CONNECTOR HARDENING
- *CONNECTOR PLASTICITY
- *CONNECTOR POTENTIAL
- "定义塑性"，《Abaqus/CAE 用户手册》的 15.17.6 节

概览

Abaqus 中的连接器塑性：

- 可以用来模拟组成一个实际连接器装置的零件所产生的塑性/不可恢复变形。例如：

1) 如果作用在门铰链上的力/力矩足够大，则铰链中的销或者衬套可能产生塑性变形。

2) 由于极度超载，车辆悬挂系统中的连接单元可能产生不可恢复的变形。

3) 如果作用在结构构件上的力大于合适的情况，则车架中的点焊和飞机中的铆钉将承受非弹性变形。

- 是以连接器中的合力和合力矩的形式定义的。
- 使用完美塑性或者各向同性/运动硬化行为模型。
- 可用于率相关作用比较重要的情况。
- 可以在任何具有可用相对运动分量的连接器中指定。
- 可以用于指定有弹性或者刚性行为的可用相对运动分量。
- 可以采用非耦合的形式来定义相对运动的单个可用分量中的弹性-塑性响应或者刚性塑性响应。
- 可以用来指定耦合的弹性-塑性行为或者塑性行为，在此情况中，同时以耦合的方式包含相对运动的一些可用分量的响应来定义塑性作用。

在 Abaqus 中定义连接器塑性时，需要知道：

- 塑性开始前的弹性或者刚性行为。
- 开启塑性流动的屈服函数。
- 定义初始屈服值，以及可选的，塑性运动开始后屈服值演化的硬化行为。

连接器中的塑性方程

连接器中的塑性方程类似于金属塑性中的塑性方程（见"经典的金属塑性"，《Abaqus 分析用户手册——材料卷》的 3.2.1 节）。在连接器中，应力（σ）对应于力（f），应变（ε）对应于本构运动（u），塑性应变（ε^{pl}）对应于塑性相对运动（u^{pl}），等效塑性应变（$\bar{\varepsilon}^{pl}$）对应于等效塑性相对运动（$\bar{u}^{pl}$）。将屈服函数 ϕ 定义成

$$\phi(f, \bar{u}^{pl}) = P(f) - F^0 \leqslant 0$$

式中，f 是相对运动可用分量中的力和力矩的集合，而相对运动最终对屈服函数有贡献；连接器势 $P(f)$ 定义连接器牵引的大小，类似于定义密塞斯塑性中的等效应力状态，可由 Abaqus 自动定义或者由用户定义；F^0 是屈服力/力矩。当 $\phi < 0$ 时，连接器相对运动 u 保持弹性；当发生塑性流动时，$\phi = 0$。

如果发生屈服，假定与塑性流动法则相关；因此，通过下式定义塑性相对运动

$$\dot{u}^{pl} = \dot{\bar{u}}^{pl} \frac{\partial \phi}{\partial f}$$

式中，$\dot{u}^{pl}$ 是塑性相对运动速率；$\dot{\bar{u}}^{pl}$ 是等效塑性相对运动速率。

加载和卸载行为

当连接器没有发生有效屈服时，Abaqus 允许以下与塑性定义相关联的三类行为：

- 线弹性行为，如图 5-57a 所示，这是最常见的情况，因为在金属塑性中可以模拟类似的行为，例如，通过指定弹性模量来模拟线弹性行为。弹性运动在塑性开始前发生，并且从塑性状态卸载沿着与初始加载平行的线发生。

- 刚性行为，如图 5-57b 所示，假定线弹性行为的斜率无限大，因此在塑性开始之前，弹性运动是零，并且从塑性状态卸载发生在一条竖直线上。实际上，使用自动选择的高罚刚度来施加刚性行为。

- 非线弹性行为，如图 5-57c 所示，沿着定

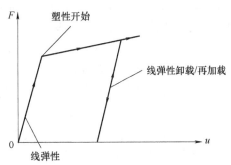

a) 线弹性-塑性响应

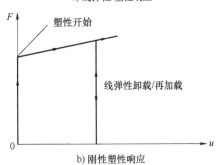

b) 刚性塑性响应

图 5-57　线弹性-塑性、刚性塑性和非线弹性-塑性响应

义的非线性路径发生初始弹性加载。弹性卸载沿着非线性曲线（$C \to O_c$）发生，此曲线只是将用户定义的非线弹性曲线简单地进行平移，以使其通过点 C。用户定义的非线弹性行为必须保证卸载路径（$C \to O_c$）不与加载路径相交（$O \to I \to C$）；否则，将发生局部不稳定。

除了弹性/刚性/塑性指定，也可以指定其他行为（如阻尼或者摩擦），但是不会在塑性计算中考虑它们，因为将它们考虑成是与弹性-塑性/刚性塑性行为并行的（见"连接器行为"中的概念模型，5.2.1 节）。

定义弹性-塑性或者刚性塑性行为

与其他连接器行为类型相同，只能为相对运动可用分量定义连接器塑性。例如，用户不能在 BEAM 连接器中定义塑性行为，或者在 SLOT 连接器的分量 2 和分量 3 中定义塑性行为，因为行为定义不能使用这些分量。这些问题的解决方案是：

● 定义一个具有相对运动可用分量的连接器类型，此可用分量在塑性开始前后都能非常好地模拟用户连接器装置的运动。

● 将所需分量定义成刚性的（见"连接器弹性行为"，5.2.2 节）。

● 在一些分量或者所有分量中指定刚性塑性行为。

例如，为一个其他形式的刚性梁型连接器定义刚性塑性，用户可以同时使用 PROJECTION CARTESIAN 连接器和 PROJECTION FLEXION-TORSION 连接器将所有分量定义成刚性的，并且继续使用用户的塑性定义。

弹性-塑性行为通常是为相对运动的可用分量指定的，为这些分量指定了弹簧型行为，并且这些分量可能发生塑性变形。

输入文件用法：　　使用下面的选项定义连接器中的刚性塑性：

　　　　　　　　　　 * CONNECTOR BEHAVIOR，NAME = 名称

　　　　　　　　　　 * CONNECTOR ELASTICITY，RIGID

　　　　　　　　　　 * CONNECTOR PLASTICITY

　　　　　　　　　　 * CONNECTOR HARDENING

　　　　　　　　　 使用下面的选项定义连接器中的弹性-塑性：

　　　　　　　　　　 * CONNECTOR BEHAVIOR，NAME = 名称

　　　　　　　　　　 * CONNECTOR ELASTICITY

　　　　　　　　　　 * CONNECTOR PLASTICITY

　　　　　　　　　　 * CONNECTOR HARDENING

Abaqus/CAE 用法：使用下面的输入定义连接器中的刚性塑性：

　　　　　　　　　 Interaction module：connector section editor：Add→Elasticity，

　　　　　　　　　 Definition：Rigid；Add→Plasticity

　　　　　　　　　 使用下面的输入定义连接器中的弹性-塑性：

　　　　　　　　　 Interaction module：connector section editor：Add→Elasticity；

　　　　　　　　　 Add→Plasticity

定义非耦合的塑性行为

为相对运动的每个分量独立指定的非耦合的弹性-塑性或者刚性塑性行为，类似于一维塑性。用户必须在指定的相对运动分量中定义弹性或者刚性行为。在此情况中，将连接器势函数自动选择成

$$P(f) = |f_i|$$

式中，f_i是相对运动中第i个可用分量的力或者力矩，在此分量上指定了塑性行为。此情况中的相关塑性流动变成

$$\dot{u}_i^{pl} = \dot{\bar{u}}_i^{pl} \frac{\partial \phi}{\partial f_i} = \dot{\bar{u}}_i^{pl} sign(f_i), \quad （不对 i 求和）$$

式中，$\dot{u}_i^{pl}$是第i个分量的塑性相对运动速度；$\dot{\bar{u}}_i^{pl}$是第i个分量的等效塑性相对运动速度。

输入文件用法： 使用下面的选项定义非耦合的刚性塑性连接器行为：

＊CONNECTOR BEHAVIOR，NAME = 名称

＊CONNECTOR ELASTICITY，RIGID，COMPONENT = i

＊CONNECTOR PLASTICITY，COMPONENT = i

＊CONNECTOR HARDENING

使用下面的选项来定义非耦合的弹性-塑性连接器行为：

＊CONNECTOR BEHAVIOR，NAME = 名称

＊CONNECTOR ELASTICITY，COMPONENT = i

＊CONNECTOR PLASTICITY，COMPONENT = i

＊CONNECTOR HARDENING

Abaqus/CAE 用法：使用下面的输入定义非耦合的刚性塑性连接器行为：

Interaction module：connector section editor：Add→Elasticity，Definition：Rigid；Add→Plasticity，Coupling：Uncoupled

使用下面的输入定义非耦合的弹性-塑性连接器行为：

Interaction module：connector section editor：Add→Elasticity，Definition：Linear 或者 Nonlinear，Coupling：Uncoupled；

Add→Plasticity，Coupling：Uncoupled

定义耦合的塑性行为

当在屈服函数 ϕ 的定义中以耦合的方式同时包含相对运动的几个可用分量时，用户应当定义连接器中的耦合塑性。在此情况中，用户必须通过连接器势定义来定义势 P。仅在最终包含在势当中的相对运动的内部分量上，最终发生塑性流动。应当为相对运动的所有分量指定弹性或者刚性行为，而这里的相对运动的所有分量包含在势定义中。可以采用非耦合的方式、耦合的方式或者两种方式的组合来指定这些分量的弹性/刚性行为。使用在势定义包含的，与相对运动分量有关的连接器行为中指定的所有弹性定义，来定义耦合的弹性-塑性定义的弹性或者刚性塑性定义的弹性。

输入文件用法：　使用下面的选项定义耦合的弹性-塑性连接器行为或者刚性塑性连接器行为：

　　　　　　　　　＊CONNECTOR BEHAVIOR，NAME＝名称

　　　　　　　　　＊CONNECTOR ELASTICITY

　　　　　　　　　＊CONNECTOR PLASTICITY

　　　　　　　　　＊CONNECTOR POTENTIAL

　　　　　　　　　＊CONNECTOR HARDENING

Abaqus/CAE 用法：Interaction module：connector section editor：Add→Elasticity；Add→Plasticity，Coupling：Coupled，Force Potential

模式混合比

如果耦合的塑性定义在相关的势定义中至少包括两个项（见"耦合行为的连接器方程"中的"为连接器单元定义衍生分量"，5.2.4 节），则可以定义一个模式混合比来反映前两项对势的贡献的权重。可以在基于塑性运动的连接器损伤定义（见"连接器损伤行为"，5.2.7 节）中使用模式混合比来指定损伤初始和损伤演化中的相关性。将此模式混合比定义成

$$\Psi_m = \left(\frac{2}{\pi}\right)\arctan\left(\frac{F_I}{F_{II}}\right)$$

式中，F_I 是为塑性势指定的第一个分量中的力/力矩；F_{II} 是为相同的势指定的第二个分量中的力/力矩。如果 $F_I = 0.0$，则 $\Psi_m = 0.0$；如果 $F_{II} = 0.0$，则 $\Psi_m = 1.0$；如果 F_I 和 F_{II} 都不等于 0.0，则 $-0.1 < \Psi_m < 1.0$。

定义塑性硬化行为

Abaqus 提供从简单的完美塑性变化到非线性各向同性/运动硬化的多个硬化模型。连接器硬化类似于 Abaqus 用于金属的承受循环加载的硬化模型（见"承受循环加载的金属模型"，《Abaqus 分析用户手册——材料卷》的 3.2.2 节）。

定义完美塑性

完美塑性意味着随着塑性相对运动，屈服力不发生变化。

输入文件用法：　使用下面的选项定义完美塑性：

　　　　　　　　　＊CONNECTOR HARDENING

　　　　　　　　　$F|_0$

Abaqus/CAE 用法：Interaction module：connector section editor：Add→Plasticity：Specify isotropic hardening，Isotropic Hardening，在数据表中输入 Yield Force/Moment

定义非线性各向同性硬化

各向同性硬化行为将屈服面大小 F^0 的演化定义成等效塑性相对运动 $\bar{u}^{pl}$ 的函数。此演化

可以通过表格的形式将 F^0 直接定义成 $\bar{u}^{pl}$ 的函数来建立，或者使用下面的简化指数规律

$$F^0 = F\big|_0 + Q_{inf}(1 - e^{-b\bar{u}^{pl}})$$

式中，$F\big|_0$ 是零塑性相对运动处的屈服值；Q_{inf} 和 b 是材料参数，Q_{inf} 是屈服面大小的最大变化，b 定义随着塑性变形的建立，屈服面大小变化的速度。当定义屈服面大小的等效力保持不变时（$F^0 = F\big|_0$），没有各向同性硬化。

通过指定表格数据来定义各向同性硬化分量

通过将定义屈服面大小的等效力 F^0 指定成等效塑性运动 $\bar{u}^{pl}$ 的表格函数；以及如果需要，定义成等效相对塑性运动速率 $\dot{\bar{u}}^{pl}$、温度和/或者预定义场的函数，来建立各向同性硬化。给定状态的屈服值是从此数据表内插得到的。

    输入文件用法：   ∗CONNECTOR HARDENING，TYPE = ISOTROPIC，
           DEFINITION = TABULAR（默认的）

    Abaqus/CAE 用法：Interaction module：connector section editor：Add→Plasticity：Specify
           isotropic hardening，Isotropic Hardening，Definition：Tabular

使用指数规律定义各向同性硬化分量

如果已经根据测试数据校正了材料参数（$F\big|_0$、Q_{inf} 和 b），则可以直接指定指数规律的材料参数。可以将这些参数指定成温度和/或者场变量的函数。

    输入文件用法：   ∗CONNECTOR HARDENING，TYPE = ISOTROPIC，
           DEFINITION = EXPONENTIAL LAW

    Abaqus/CAE 用法：Interaction module：connector section editor：Add→Plasticity：Specify
           isotropic hardening，Isotropic Hardening，Definition：Exponential law

定义非线性运动硬化

当指定了非线性运动硬化时，允许屈服面的中心在力空间中平动。反作用力 α 是屈服面的当前中心，并且解释成类似于在 "经典的金属塑性"（《Abaqus 分析用户手册——材料卷》的 3.2.1 节）中讨论的反作用应力 α。

通过下面的函数定义屈服面

$$\phi := P(f - \alpha) - F^0 \leqslant 0$$

式中，F^0 是屈服值；$P(f - \alpha)$ 是关于反作用力 α 的势。

将运动硬化分量定义成纯运动项（线性 Ziegler 硬化规律）的附加组合，以及引入非线性的松弛项（召回项）。忽略温度和场变量的相关性时，硬化规律是

$$\dot{\alpha} = C \frac{1}{F^0}(f - \alpha)\,\dot{\bar{u}}^{pl} - \gamma\alpha\dot{\bar{u}}^{pl}$$

式中，C 和 γ 是必须根据循环测试数据校正的材料参数；C 是初始运动硬化模量；γ 决定了随着塑性变形的增加，运动硬化模量下降的速度。当 C 和 γ 均为零时，模型降低成各向同性的硬化模型。当 γ 为零时，恢复成线性 Ziegler 硬化规律。有关校正材料参数的讨论见 "承受周期加载的金属模型"（《Abaqus 分析用户手册——材料卷》的 3.2.2 节）。

…

通过指定半循环测试数据来定义运动硬化分量

如果只能得到有限的测试数据，则可以从第一个半循环的单方向拉伸或者压缩试验中，得到基于力-本构运动数据的 C 和 γ。这类测试数据的例子如图5-58所示。当仿真只包括一些加载循环时，此方法通常足够精确。

对于每个数据点 (F_j, u_j^{pl})，根据测试数据得到 α_j 的值：

$$\alpha_j = F_j - F_j^0$$

式中，F_j^0 是对于各向同性硬化定义，相应塑性运动处屈服面的用户定义大小；如果没有定义各向异性的硬化分量，则 F_j^0 是初始屈服力。

背力演化规律在半循环上的积分产生表达式

$$\alpha = \frac{C}{\gamma}(1 - e^{-\gamma u^{pl}})$$

用它来校正 C 和 γ。

当测试数据是以温度和/或者场变量函数的形式给出时，建议首先运行数据检查。在数据检查过程中，Abaqus 将确定一些材料参数对 (C, γ)，这些参数对将

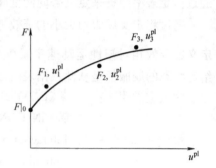

图5-58 力-运动数据的半循环

对应于温度和/或者场变量给出的组合。因为 Abaqus 要求参数 γ 是一个常数，如果 γ 不是常数，则数据检查分析将终止并发出一个错误信息。然而，在数据检查运行过程中，将根据数据文件中提供的信息确定 γ 的合适常数值。参数 C 和常数 γ 的值可以如下直接输入。

输入文件用法： * CONNECTOR HARDENING，TYPE = KINEMATIC，
DEFINITION = HALF CYCLE（默认的）

Abaqus/CAE 用法：Interaction module：connector section editor：Add→Plasticity：Specify
kinematic hardening，Kinematic Hardening，Definition：Half-cycle

通过指定稳定循环的测试数据来定义运动硬化分量

可以从经历对称循环的试样的稳定循环中得到力-本构运动数据。通过对试样进行固定运动范围 Δu 的循环，直到达到稳态条件（即力-运动曲线的形状从一个循环到下一个循环不再发生变化），来得到一个稳定的循环。图5-59所示为这样的一个循环。关于在连接器硬

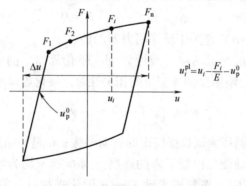

$$u_i^{pl} = u_i - \frac{F_i}{E} - u_p^0$$

图5-59 稳定循环的力-运动数据

化定义中指定数据之前如何处理数据的内容，见"承受循环加载的金属模型"（《Abaqus 分析用户手册——材料卷》的 3.2.2 节）。

输入文件用法： ∗CONNECTOR HARDENING，TYPE = KINEMATIC，
DEFINITION = STABILIZED

Abaqus/CAE 用户： Interaction module：connector section editor：Add→Plasticity：Specify kinematic hardening，Kinematic Hardening，Definition：Stabilized

通过直接指定材料参数来定义运动硬化分量

如果已经根据测试数据对 C 和 γ 进行了校正，则可以直接指定它们。可以将参数 C 提供成温度和/或者场变量的函数，但是不能使用 γ 的温度和场变量相关性。如果在一个增量中，由于温度和/或者场变量的相关性使得 γ 的值剧烈变化，则当前用来积分非线性各向同性/运动硬化模型的算法将不能提供精确的解。

输入文件用法： ∗CONNECTOR HARDENING，TYPE = KINEMATIC，
DEFINITION = PARAMETERS

Abaqus/CAE 用法： Interaction module：connector section editor：Add→Plasticity：Specify kinematic hardening，Kinematic Hardening，Definition：Parameters

定义非线性各向同性/运动硬化

组合的各向同性/运动模型的演化规律由两个分量组成：一个是各向同性硬化分量，描述将屈服场面的大小 F^0 定义成塑性相对运动函数的等效力变化；另一个是非线性运动硬化分量，通过背力 α 来描述力空间中屈服面的平动。

至多有两个与连接器塑性定义关联的连接器硬化定义，一个是各向同性的，另一个是运动的。如果仅指定了一个连接器硬化定义，则可以是各向同性的或者运动的。

输入文件用法： 使用下面的两个选项来定义非线性各向同性/运动硬化：
∗CONNECTOR HARDENING，TYPE = KINEMATIC
∗CONNECTOR HARDENING，TYPE = ISOTROPIC

Abaqus/CAE 用法： Interaction module：connector section editor：Add→Plasticity：Specify isotropic hardening and Specify kinematic hardening

使用多个塑性定义

同一个连接器行为定义可以使用多个连接器塑性定义。然而，对于每一个可用相对运动分量，仅可以使用一个连接器塑性定义来定义塑性。至多一个耦合的塑性定义可以与一个连接器行为定义进行关联。对于同一个连接器行为定义，允许附加连接器塑性定义，前提是两个空间不重合；例如，用户可以为分量 1、2 和 6 定义非耦合的连接器塑性，并且使一个耦合的连接器塑性定义包含分量 3、4 和 5。

每个连接器塑性定义必须具有自己的硬化定义。

例子

下面的例子说明了非耦合和耦合的塑性行为。

SLOT 型连接器中的非耦合塑性

例如，用来有效模拟物理装置的 SLOT 连接器。用户已经检查了在局部 2 方向和局部 3 方向上施加的 SLOT 约束反作用力；由于它们显得非常大，用户需要评估装置中是否可能发生塑性变形。一个选择是用户为装置中的槽和销创建详细的网格，定义它们之间的接触相互作用，并且为基底材料使用弹性-塑性材料定义。虽然这是最精确的模拟方法，但却是无法执行的，尤其是当模拟的装置是更大模型的一部分时。另外，可以如下操作：

- 使用 CARTESIAN 连接类型来替代 SLOT 连接，让第一个轴与槽方向对齐。
- 将分量 2 和 3 定义成刚性的。
- 在每个分量中定义刚性塑性分离。

可以使用下面的输入：

> * CONNECTOR SECTION, BEHAVIOR = slot
>
> CARTESIAN
>
> orientation at node a
>
> * CONNECTOR BEHAVIOR, NAME = slot
>
> * CONNECTOR ELASTICITY, RIGID
>
> 2,3
>
> * CONNECTOR PLASTICITY, COMPONENT = 2
>
> * CONNECTOR HARDENING, TYPE = ISOTROPIC
>
> 100,0.0
>
> 110,0.12
>
> * CONNECTOR PLASTICITY, COMPONENT = 3
>
> * CONNECTOR HARDENING, TYPE = ISOTROPIC
>
> 50,0.0
>
> 75,0.23

在连接器硬化定义中指定的屈服力来自试验结果，或者从下面的"虚拟试验"中评估得到：

- 使用上面所讨论的网格来划分的槽模型。
- 通过约束装置的槽零件，并使用一个边界条件将销驱动进槽壁，来运行两个简单的独立分析。
- 显示销节点处阻碍销运动的反作用力。
- 使用这些数据来创建在连接器硬化定义中指定的力-运动硬化曲线。

点焊中的耦合塑性

参考图 5-60 所示的点焊，并参考"耦合行为的连接器方程"中的"定义连接器势"（5.2.4 节）所描述的屈服函数，

$$\phi(f) = \left[\left(\frac{\max(F_n, 0)}{R_n} \right)^a + \left(\frac{|F_s|}{R_s} \right)^a \right]^{1/a}$$

例如，通过参数来指定表格化的各向同性硬化和运动硬化，用户可以完成塑性定义。

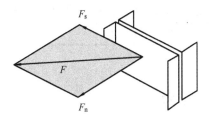

图 5-60　点焊连接

* PARAMETER

$R_n = 0.02$

$R_s = 0.05$

* CONNECTOR ELASTICITY, RIGID

* CONNECTOR PLASTICITY

* CONNECTOR POTENTIAL, EXPONENT = a

normal, R_n, , MACAULEY

shear, R_s, , ABS

* CONNECTOR HARDENING, TYPE = ISOTROPIC

$F_1^0, \overline{u}_1^{pl}$

$F_2^0, \overline{u}_2^{pl}$

* CONNECTOR HARDENING, TYPE = KINEMATIC, DEFINITION = PARAMETERS

C, γ

定义线性摄动过程中的塑性连接器行为

在线性摄动分析中不允许塑性相对运动。因此，连接器相对运动将是关于塑性变形基础状态的线弹性摄动，塑性变形基础状态类似于金属塑性。

输出

连接器可以使用的 Abaqus 输出变量列在 "Abaqus/Standard 输出变量标识符"（《Abaqus 分析用户手册——介绍、空间建模、执行与输出卷》的 4.2.1 节），以及 "Abaqus /Explicit 输出变量标识符"（《Abaqus 分析用户手册——介绍、空间建模、执行与输出卷》的 4.2.2 节）中。当在连接器中定义塑性时，表 5-67 中的输出变量具有特别的意义。

表 5-67　定义塑性时的输出变量

标　识	说　明
CUE	连接器弹性位移/转动
CUP	连接器塑性位移/转动

（续）

标　识	说　明
CUPEQ	连接器等效塑性相对位移/转动。除了通常的与连接器变量关联的六个分量外，CUPEQ还包含标量 CUPEQC，它是与耦合的塑性定义相关联的等效塑性相对运动
CALPHAF	连接器运动硬化移动力/力矩

5.2.7　连接器损伤行为

产品：Abaqus/Standard　　Abaqus/Explicit　　Abaqus/CAE

参考

- "连接器：概览"，5.1.1 节
- "连接器行为"，5.2.1 节
- ∗CONNECTOR BEHAVIOR
- ∗CONNECTOR DAMAGE EVOLUTION
- ∗CONNECTOR DAMAGE INITIATION
- ∗CONNECTOR ELASTICITY
- ∗CONNECTOR PLASTICITY
- ∗CONNECTOR POTENTIAL
- ∗SECTION CONTROLS
- "定义损伤"，《Abaqus/CAE 用户手册》的 15.17.7 节

概览

连接器损伤行为：
- 可用于任何具有相对运动可用分量的连接器。
- 可以用来降低连接器单元中的弹性、弹塑性或者刚性塑性响应。
- 可以使用基于力、基于运动或者基于塑性运动的损伤初始准则，通过这些准则可以触发退化响应。
- 可以使用（塑性的）基于运动或者基于能量的损伤演化法则来退化连接器中的力响应。
- 可以采用几种共同起作用的损伤机理来定义。
- 也可以仅用作接近损伤初始点的指示器，而不退化连接器的响应。

连接器中的损伤公式

如果连接器中相对力或者运动超越了临界值，则连接器开始承受无法恢复的损伤（退

化）。进一步加载将使损伤进一步演化，最后导致失效。如果已经发生了损伤，则连接器构件 i 中的力响应将根据下面的通用形式发生改变：

$$F_i = (1 - d_i)F_{\text{eff}_i}, \quad 0 \leq d_i \leq 1 \quad （不对 i 求和）$$

式中，d_i 是标量损伤变量；如果没有出现损伤，则 F_{eff_i} 是连接器可用相对运动分量 i 中的响应（有效响应）。

要定义连接器损伤机理，用户应指定以下内容：

● 损伤初始化准则。

● 指定损伤变量 d 如何演化的损伤演化法则（可选的）。

在损伤开始之前，d 的值为 0.0；因此，连接器中的力响应不变。一旦损伤开始，如果指定了损伤演化，则损伤变量将单调演化到最大值 1.0。当 $d = 1.0$ 时，发生完全失效。

Abaqus 允许用户指定最大退化值（默认值是 1.0）；当损伤达到此值时，损伤演化将停止，并且默认将单元从网格中删除。另外，用户可以指定将受损的连接器单元保留在分析中，而没有任何进一步的损伤演化。使用最大退化值来评估分析剩余部分中的受损刚度。在"截面控制"中的"控制具有损伤演化材料的单元删除和最大退化"（1.4 节）中对此功能进行了详细的讨论。

对于具有纯弹性行为的连接器，可以初始化损伤并且仅在一个方向上演化。如果在拉伸中初始了损伤，则损伤会在拉伸中演化；如果在压缩中初始了损伤，则损伤将在压缩中演化。一旦在拉伸中初始了损伤，则损伤不能在压缩中得到初始，反之亦然。

定义连接器损伤初始化

连接器中的退化过程，在连接器中的力或者相对位移满足特定准则时发生初始化。可以使用三种不同类型的准则来触发连接器中的损伤：基于力的准则、基于塑性运动的准则或者基于本构运动的准则。可以为每个分量独立（非耦合的）指定相对运动可用分量的连接器损伤初始准则。另外，还可以定义连接器中耦合所有或者部分可用相对运动分量的连接器损伤初始准则。

损伤初始准则可以取决于温度和场变量。有关将数据定义成温度和场变量函数的更多内容见"输入语法规则"（《Abaqus 分析用户手册——介绍、空间建模、执行与输出卷》的 1.2.1 节）。

基于力的损伤初始化准则

默认情况下，以连接器中力/力矩的形式来指定损伤初始化准则。必须为初始化中包含的分量定义弹性或者刚性连接器行为。用户为力/力矩损伤初始值提供较小的（压缩）极限值 f_{min} 和较大的（拉伸）极限值 f_{max}。如果力超过这两个极限值指定的范围，则初始化损伤。可以使用 CDIF 输出变量来监控损伤初始点的接近。

定义非耦合的基于力的损伤初始化

对于非耦合的基于力的损伤初始化准则，将指定分量中的连接器力与指定的极限值进行比较。当指定分量 i 中的力 f_i 第一次超出范围（$f_i \leq f_{\text{min}}$ 或者 $f_i \geq f_{\text{max}}$）时初始化损伤。

输入文件用法： ＊CONNECTOR DAMAGE INITIATION，COMPONENT = 分量编号，
CRITERION = FORCE（默认的），DEPENDENCIES = n

Abaqus/CAE 用法：Interaction module：connector section editor：Add→Damage：Coupling：
Uncoupled，Initiation criterion：Force

定义耦合的基于力的损伤初始化

对于耦合的基于力的损伤初始化准则，必须指定一个连接器势 $P(f)$ 来定义等效力的大小（标量）。将等效力的大小与指定的极限值进行比较来评估损伤初始化。当等效力的大小 $P(f)$ 第一次超出范围（$P(f) \leqslant f_{\min}$ 或者 $P(f) \geqslant f_{\max}$）时，对损伤进行初始化。

输入文件用法： 使用下面的选项：
＊CONNECTOR DAMAGE INITIATION，CRITERION = FORCE（默认的），DEPENDENCIES = n
＊CONNECTOR POTENTIAL

Abaqus/CAE 用法：Interaction module：connector section editor：Add→Damage：Coupling：
Coupled，Initiation criterion：Force，Initiation Potential

基于塑性运动的损伤初始化准则

可以采用连接器中等效相对塑性运动的形式来指定损伤初始化准则。用户将损伤初始化的相对等效塑性位移/转动提供成等效塑性率的函数。可以使用输出变量 CDIP 来监控损伤初始点的接近。

定义非耦合的塑性损伤初始化

对于非耦合的弹性-塑性或者刚性塑性损伤初始化准则，必须定义相对运动的指定分量中的非耦合连接器塑性（见"连接器塑性行为"，5.2.6 节）。当由相关的塑性定义所定义的等效相对塑性运动第一次大于指定的极限值时，对损伤进行初始化。

输入文件用法： 使用下面的选项：
＊CONNECTOR DAMAGE INITIATION，COMPONENT = 分量编号，
CRITERION = PLASTIC MOTION，DEPENDENCIES = n
＊CONNECTOR PLASTICITY，COMPONENT = 分量编号
或者
＊CONNECTOR PLASTICITY

Abaqus/CAE 用法：Interaction module：connector section editor：Add→Damage：Initiation
criterion：Plastic motion；Add→Plasticity

定义耦合的塑性损伤初始化

对于耦合的弹性-塑性或者刚性塑性损伤初始化准则，必须定义耦合的连接器塑性。使用耦合的连接器塑性方程中的连接器势定义一个等效相对塑性运动。将此等效相对塑性运动与指定的极限值进行比较，从而评估损伤初始化。发生损伤初始化的等效相对塑性运动可以是混合模式比 Ψ_m 的函数（见"连接器塑性行为"，5.2.6 节）。

输入文件用法：　　使用下面的选项：

　　　　　　　　　　＊CONNECTOR DAMAGE INITIATION，

CRITERION = PLASTIC MOTION，DEPENDENCIES = n

　　　　　　　　　　＊CONNECTOR PLASTICITY

　　　　　　　　　　＊CONNECTOR POTENTIAL

Abaqus/CAE 用法：Interaction module：connector section editor：Add→Damage：Coupling：

Coupled，Initiation criterion：Plastic motion；Add → Plasticity：Cou-

pling：Coupled，Force Potential

基于本构运动的损伤初始化准则

可以采用连接器的相对本构位移/损伤的形式来指定损伤初始化准则。用户为本构位移/转动损伤初始值提供较小的（压缩的）极限值 u_{min} 和较大的（拉伸的）极限值 u_{max}。如果运动超出此两个极限值指定的范围，则损伤初始。可以使用输出变量 CDIM 来监控损伤初始点的接近。

定义非耦合的基于本构运动的损伤初始化

对于非耦合的基于运动的损伤初始化准则，将指定分量中的连接器相对本构运动与指定的极限值进行对比。当指定分量 i 中的相对本构位移/转动 u_i 第一次超出范围（$u_i \leqslant u_{min}$ 或者 $u_i \geqslant u_{max}$）时，发生损伤初始化。

　　输入文件用法：　　＊CONNECTOR DAMAGE INITIATION，COMPONENT = 分量编号，CRI-

TERION = MOTION，DEPENDENCIES = n

　　Abaqus/CAE 用法：Interaction module：connector section editor：Add→Damage：Coupling：

Uncoupled，Initiation criterion：Motion

定义耦合的基于本构运动的损伤初始化

对于耦合的基于运动的损伤初始化准则，必须指定一个连接器势 $P(u)$ 来定义等效运动的大小（标量），其中 u 是连接器中所有可用相对运动分量的集合。将等效运动大小与指定极限值进行比较来评估损伤初始化。当等效运动大小 $P(u)$ 第一次超出损伤的范围（$P(u) \leqslant u_{min}$ 或者 $P(u) \geqslant u_{max}$）时，发生损伤初始化。

　　输入文件用法：　　使用下面的选项：

　　　　　　　　　　＊CONNECTOR DAMAGE INITIATION，CRITERION = MOTION，

DEPENDENCIES = n

　　　　　　　　　　＊CONNECTOR POTENTIAL

　　Abaqus/CAE 用法：Interaction module：connector section editor：Add→Damage：Coupling：

Coupled，Initiation criterion：Motion，Initiation Potential

定义连接器损伤演化

连接器损伤演化为损伤变量指定演化规律。演化过程中，连接器响应将退化。损伤演化

可以基于能量耗散准则或者基于相对（塑性的）运动。在基于运动的准则中，可以将损伤变量 d 定义成相对运动的线性、指数或者表格函数。

指定受影响的分量

默认情况下（即没有明确指定受影响的分量），受到损伤的只有连接器中的弹性/刚性或者弹性/刚性-塑性响应。由摩擦、阻尼和停止/锁住产生的响应将不会退化。对于非耦合的连接器损伤机理（非耦合的损伤初始化准则），只有相对运动的指定分量将承受损伤。对于耦合的连接器损伤初始化，默认发生退化的分量如下：

- 如果使用基于力或者基于本构运动的损伤初始化准则，则最终对损伤初始化的连接器势有贡献的内部可用分量（1~6）将受到影响。
- 如果使用了基于塑性运动的损伤初始化准则，则用于耦合的塑性定义、最终对连接器势有贡献的内部可用分量将受到影响。

另外，用户还可以直接指定将受到损伤演化影响的相对运动可用分量。在此情况中，受影响分量中的整体连接器响应（弹性/刚性-塑性、摩擦、阻尼、约束力和力矩等）将受损破坏。

输入文件用法：　　*CONNECTOR DAMAGE EVOLUTION，AFFECTED COMPONENTS
第一个数据行标识将受损的分量编号，从第二个数据行开始是连接器损伤演化定义的附加数据。

Abaqus/CAE 用法：Interaction module：connector section editor：Add→Damage：Specify damage evolution，Evolution，Specify affected components

定义基于运动的线性损伤演化规律

虽然可以在任何情形下使用线性损伤演化规律，这里仍在线弹性背景下对损伤演化规律的线形式进行了说明。假定连接器响应是线弹性的，并且期望在损伤初始化后是损伤演化线性的，如图 5-61 所示。

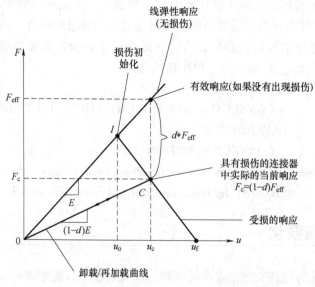

图 5-61　线弹性连接器行为的线性损伤演化规律

如果没有指定损伤，则响应将是线弹性的（通过原点的直线）。例如，假定由基于力或者基于运动的准则触发的损伤在点 I 处开始，此点处的对应本构运动是 u_0。如果对连接器进一步加载，本构运动将增加到 u_c，点 C 处的连接器力响应变成 F_c。当与有效响应 F_{eff}（没有损伤的弹性响应）进行比较时，通过 $d*F_{\text{eff}}$ 来降低响应。因此，$F_c = (1-d)F_{\text{eff}}$。如果在点 C 处发生卸载，则卸载曲线的斜率为 $(1-d)E$。只要本构运动没有超出 u_c，则在第一次达到点 C 时，损伤变量 d 在得到的值上保持不变。如果进一步加载，则发生进一步损伤，直到达到最终的失效运动 u_f，此时 $d=1$，并且连接器分量丧失了承载任何载荷的能力。因此，可能的加载/卸载顺序是 $O \rightarrow I \rightarrow C \rightarrow O \rightarrow C \rightarrow u_f$。

线性损伤演化规律仅在线弹性情况中，或者在具有可选完美塑性的刚性行为中，才能定义真正的线性损伤力响应。如果为损伤分量定义了非线弹性或者具有硬化的塑性，则可以观察到近似线性的损伤响应。

为基于力或者基于本构运动的损伤初始化准则定义线性演化规律

如果在分量 i 中使用了非耦合的损伤初始化准则，用户指定最终失效时的本构相对运动 u_{fi} 与损伤初始时的本构相对运动 u_{0i} 之间在指定分量（$u_{fi} - u_{0i}$）中的差异。

如果使用了耦合的损伤初始化准则，则必须定义等效的本构相对运动 $\bar{u}$。使用连接器势定义来定义 $\bar{u} = P(\boldsymbol{u})$。用户指定最终失效时的等效运动 $\bar{u}_f$ 与损伤初始时的等效运动 $\bar{u}_0$ 之间的差异（$\bar{u}_f - \bar{u}_0$）。

输入文件用法：　使用下面的选项为非耦合的初始化准则定义线性演化规律：

*CONNECTOR DAMAGE INITIATION，COMPONENT = 分量编号，CRITERION = FORCE 或者 MOTION

*CONNECTOR DAMAGE EVOLUTION，TYPE = MOTION，SOFTENING = LINEAR

使用下面的选项为耦合的初始化准则定义线性演化规律：

*CONNECTOR DAMAGE INITIATION，

CRITERION = FORCE 或者 MOTION

*CONNECTOR POTENTIAL

*CONNECTOR DAMAGE EVOLUTION，TYPE = MOTION，SOFTENING = LINEAR

*CONNECTOR POTENTIAL

第二个 *CONNECTOR POTENTIAL 选项定义 $\bar{u} = P(\boldsymbol{u})$。

Abaqus/CAE 用法：　使用下面的输入为非耦合的初始化准则定义线性演化规律：

Interaction module：connector section editor：Add→Damage：Coupling：Uncoupled，Initiation criterion：Force 或者 Motion；Specify damage evolution，Evolution type：Motion，Evolution softening：Linear

使用下面的输入为耦合的初始化准则定义线性演化规律：

Interaction module：connector section editor：Add→Damage：Coupling：Coupled，Initiation criterion：Force 或者 Motion；Specify damage evolution，Evolution type：Motion，Evolution softening：Linear；Initiation

Potential；Evolution Potential

为基于塑性运动的损伤初始化准则定义线性演化规律

用户可以指定最终失效时的等效塑性相对运动 $\bar{u}_f^{pl}$，与损伤初始时的等效塑性相对运动 $\bar{u}_0^{pl}$ 之间的差异（$\bar{u}_f^{pl} - \bar{u}_0^{pl}$）是模式混合率 Ψ_m 的函数（见"连接器塑性行为"，5.2.6节）。等效塑性相对运动是根据相关联的塑性定义（耦合的或者非耦合的）计算得到的。

输入文件用法： 使用下面的选项：

*CONNECTOR DAMAGE INITIATION，CRITERION = PLASTIC MOTION

*CONNECTOR DAMAGE EVOLUTION，TYPE = MOTION，SOFTENING = LINEAR

Abaqus/CAE 用法：Interaction module：connector section editor：Add→Damage：Initiation criterion：Plastic motion；Specify damage evolution，Evolution type：Motion，Evolution softening：Linear

定义基于运动的指数损伤演化规律

指数损伤演化规律在具有硬化的线弹性-塑性响应中得到了说明，尽管它们可以在任何情况下使用。特定连接器分量中的力响应如图5-62所示。

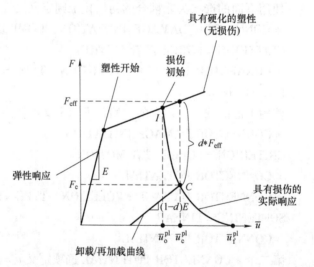

图 5-62　具有硬化的线弹性-塑性连接器行为的指数损伤演化规律

假定损伤在点 I 处初始化，由基于塑性运动的损伤初始化准则触发。如果进一步加载到点 C，则响应 $F_C = (1 - d) F_{eff}$。从点 C 开始的卸载沿着斜率为 $(1 - d) E$ 的损伤弹性线发生。进一步加载（超过点 C）将导致损伤响应增加，直到达到完全失效点 $\bar{u}_f^{pl}$，此时 $d = 1$。通过下面的方程给出损伤变量 d：

$$d = \frac{1 - e^{-\alpha \frac{\bar{u}^{pl} - \bar{u}_0^{pl}}{\bar{u}_f^{pl} - \bar{u}_0^{pl}}}}{1 - e^{-\alpha}}$$

仅当使用线弹性或者完美塑性时，损伤响应才表现出真正的指数型。如果是具有硬化的塑性，则得到近似的指数退化。

用户指定完全失效时的相对运动与损伤初始时的相对运动之间的差值，以及指数系数 α。相对运动之间的差值采用与下面的"定义基于运动的线性损伤演化规律"中描述的相同方法进行解释：

- 如果使用了非耦合的基于力或者基于本构运动的损伤初始化准则，则在分量 i 上指定完全失效时的相对运动与损伤初始时的相对运动之差 $u_{fi} - u_{0i}$。
- 如果使用耦合的基于力或者基于本构运动的损伤初始化准则，则使用连接器势 $[\bar{u} = P(u)]$ 定义一个等效相对运动。从而指定了完全失效时的相对运动与损伤初始时的相对运动之差 $\bar{u}_f - \bar{u}_0$。
- 如果使用了基于塑性运动的损伤初始化准则，则指定完全失效时的相对运动与损伤初始时的相对运动之差 $\bar{u}_f^{pl} - \bar{u}_0^{pl}$。根据相关的塑性定义计算等效塑性相对运动。该数据也可以是模式混合比 Ψ_m 的函数。

在前两种情况中，损伤变量的方程类似于上面给出的基于塑性运动的损伤初始化，除了使用（等效的）本构相对运动来替代等效相对塑性运动。

输入文件用法：　　∗CONNECTOR DAMAGE EVOLUTION，TYPE = MOTION，
　　　　　　　　　SOFTENING = EXPONENTIAL

Abaqus/CAE 用法：Interaction module：connector section editor：Add→Damage：Specify
　　　　　　　　　damage evolution，Evolution type：Motion，Evolution softening：Expo-
　　　　　　　　　nential

定义基于运动的表格化损伤演化规律

用户也可以直接指定表格化函数，描述完全失效时的相对运动与损伤初始化时的相对运动之差和损伤变量的关系。解释相对运动之差的方式与"定义基于运动的线性损伤演化规律"中讨论的方式相同，如下：

- 如果使用了非耦合的基于力或者基于本构运动的损伤初始化准则，则在分量 i 上指定完全失效时的相对运动与损伤初始时的相对运动之差 $u_i - u_{0i}$。
- 如果使用耦合的基于力或者基于本构运动的损伤初始化准则，则使用连接器势 $[\bar{u} = P(u)]$ 定义一个等效相对运动。从而指定了完全失效时的相对运动与损伤初始时的相对运动之差 $\bar{u} - \bar{u}_0$。
- 如果使用了基于塑性运动的损伤初始化准则，则指定了完全失效时的相对运动与损伤初始时的相对运动之差 $\bar{u}^{pl} - \bar{u}_0^{pl}$。根据相关的塑性定义计算等效塑性相对运动。该数据也可以是模式混合比 Ψ_m 的函数。

输入文件用法：　　∗CONNECTOR DAMAGE EVOLUTION，TYPE = MOTION，
　　　　　　　　　SOFTENING = TABULAR，DEPENDENCIES = n

Abaqus/CAE 用法：Interaction module：connector section editor：Add→Damage：Specify
　　　　　　　　　damage evolution，Evolution type：Motion，Evolution softening：Tabu-
　　　　　　　　　lar

使用后损伤初始耗散能量定义损伤演化规律

在非线弹性的背景下说明此损伤演化规律，如图 5-63 所示。

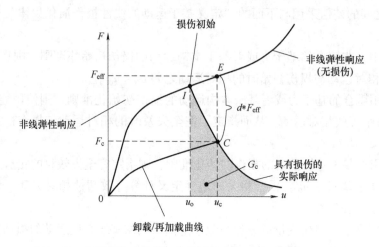

图 5-63　非线弹性连接器行为的后损伤初始耗散能量演化规律

假定当本构相对运动为 u_0 时，在 I 点处初始了损伤，而此本构相对运动是由一个基于力或者基于运动的损伤初始化准则触发的。点 C 处的响应将是 $F_C = (1 - d) F_{eff}$。从点 C 处发生的卸载沿着 CO 曲线，此曲线是将原始非线弹性响应曲线（OE）缩小了（$1-d$）因子。损伤在卸载/再加载曲线上（$C \rightarrow O \rightarrow C$）保持不变，并且仅当载荷超过点 C 后损伤才会增加。

如果将 G_C 指定成 0.0，则可以在初始时指定瞬时失效。在所有其他情况中，在无限运动时才发生（理论上）完全失效（$d = 1$），因为生成的指数型响应渐近于零。Abaqus 将在损伤耗散能量达到 $0.99 G_C$ 时设置 $d = 1$。

用户指定完全失效时的后损伤初始耗散能量 G_C。如果使用了基于塑性运动的初始化准则，则可以将 G_C 指定成模式混合比 Ψ_m 的函数。

输入文件用法：　　*CONNECTOR DAMAGE EVOLUTION，TYPE = ENERGY，
　　　　　　　　　　DEPENDENCIES = n

Abaqus/CAE 用法：Interaction module：connector section editor：Add→Damage：Specify
　　　　　　　　　　damage evolution，Evolution type：Energy

使用多种损伤机理

对于相对运动的每个可用分量，可以定义至多三种非耦合的损伤机理（成对的连接器损伤初始准则和连接器损伤演化规律），对于每一种初始化准则，只能定义一种损伤机理（力、运动和塑性运动）。此外，可以定义三种耦合的损伤机理（每种初始化准则对应一种损伤机理）。耦合的和非耦合的损伤定义可以组合；每个分量将仅使用一个整体损伤变量来描述相对运动的某个可用分量的响应。只输出整体损伤。

指定每种损伤机理的贡献

当为同一个连接器行为定义了几种损伤机理时，用户可以指定每种损伤机理对相对运动的某个分量的整体损伤作用所做的贡献。默认情况下，为连接器行为定义多种机理时，对与单个机理相关联的损伤值与来自其他损伤机理的损伤值进行比较，并且仅考虑整体损伤的最大值。另外，用户也可以指定与连接器行为相关联的损伤机理值应以相乘的方式组合来得到整体损伤。相关说明见下面的最后一个例子。

输入文件用法：　　使用下面的选项指定只有与单个连接器行为相关联的最大损伤值，才对整体损伤有贡献：

　　＊CONNECTOR DAMAGE EVOLUTION, DEGRADATION = MAXI-MUM

使用下面的选项指定与单个连接器行为相关联的所有损伤值，将以相乘的方式对整体损伤作用做出贡献：

　　＊CONNECTOR DAMAGE EVOLUTION,
DEGRADATION = MULTIPLICATIVE

Abaqus/CAE 用法：Interaction module：connector section editor：Add→Damage：Specify damage evolution，Evolution，Degradation：Maximum 或者 Multiplicative

例子

下面的例子说明了定义损伤机理的几种方法。

非耦合的损伤

可以使用下面的输入来定义简单的非耦合的损伤机理：

　　＊CONNECTOR ELASTICITY,COMPONENT = 1

　　＊CONNECTOR DAMAGE INITIATION,COMPONENT = 1,CRITERION = FORCE
压力,拉力

　　＊CONNECTOR DAMAGE EVOLUTION,TYPE = ENERGY
0.0

当分量1上的弹性力比压力小，或者比拉力大时，将初始化损伤。只有分量1上的弹性响应受到损伤。为损伤演化指定的耗散能量是0.0，损伤演化在损伤形成后瞬时快速发展。

使用基于塑性损伤的耦合刚性塑性

如图5-64所示的点焊，为其定义了"连接器塑性行为"（5.2.6节）中定义的耦合塑性，可以如下指定基于塑性运动的损伤演化和与模式混合比相关的损伤演化：

　　＊PARAMETER

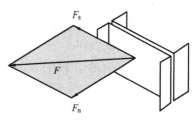

图5-64　点焊连接

$$\overline{u}^{\mathrm{pl}}_{\mathrm{init}_{0.0}} = 0.25$$

$$\overline{u}^{\mathrm{pl}}_{\mathrm{init}_{0.5}} = 0.35$$

$$\overline{u}^{\mathrm{pl}}_{\mathrm{init}_{1.0}} = 0.45$$

$$\overline{u}^{\mathrm{pl}}_{\mathrm{evol}_{0.0}} = 0.75$$

$$\overline{u}^{\mathrm{pl}}_{\mathrm{evol}_{0.3}} = 0.78$$

$$\overline{u}^{\mathrm{pl}}_{\mathrm{evol}_{0.5}} = 0.82$$

$$\overline{u}^{\mathrm{pl}}_{\mathrm{evol}_{1.0}} = 0.85$$

    * CONNECTOR DAMAGE INITIATION, CRITERION = PLASTIC MOTION

$\langle \overline{u}^{\mathrm{pl}}_{\mathrm{init}_{0.0}} \rangle, 0.0$

$\langle \overline{u}^{\mathrm{pl}}_{\mathrm{init}_{0.5}} \rangle, 0.5$

$\langle \overline{u}^{\mathrm{pl}}_{\mathrm{init}_{1.0}} \rangle, 1.0$

    * CONNECTOR DAMAGE EVOLUTION, TYPE = MOTION, SOFTENING = LINEAR

$\langle \overline{u}^{\mathrm{pl}}_{\mathrm{evol}_{0.0}} \rangle, 0.0$

$\langle \overline{u}^{\mathrm{pl}}_{\mathrm{evol}_{0.3}} \rangle, 0.3$

$\langle \overline{u}^{\mathrm{pl}}_{\mathrm{evol}_{0.5}} \rangle, 0.5$

$\langle \overline{u}^{\mathrm{pl}}_{\mathrm{evol}_{1.0}} \rangle, 1.0$

数据行中的等效塑性相对运动是通过相关联的耦合塑性定义来定义的（见"连接器塑性行为"，5.2.6节）。对于损伤演化，应当指定后损伤初始等效塑性相对运动。所有数据行的第二列代表模式混合比（见"连接器塑性行为"，5.2.6节）。在此特定情况中，模式混合比是$\left(\dfrac{2}{\pi}\right)\arctan$ $(F_{\mathrm{n}}/F_{\mathrm{s}})$。数据点0.0来自纯"剪切"试验，数据点1.0来自纯"法向"试验。0.0与1.0之间的数据来自组合的"剪切-法向"试验。

使用基于力的损伤初始化和基于运动的损伤演化的耦合刚性塑性

如图5-64所示的点焊，使用演化分量 normal 和 shear（见"耦合行为的连接器方程"中的"定义连接器单元的衍生分量"5.2.4节），另外一种定义点焊中损伤的方法是：

    * PARAMETER

exponents = 2

$u^{\mathrm{post}}_{\mathrm{fail}} = 0.85$

$R_{\mathrm{n}} = 120.0$

$R_{\mathrm{n}} = 115.0$

    * CONNECTOR DAMAGE INITIATION, CRITERION = FORCE

, 1.0

    * CONNECTOR POTENTIAL

normal, $\langle R_{\mathrm{n}} \rangle$

shear, $\langle R_{\mathrm{s}} \rangle$

    * * $\sqrt{(\dfrac{F_{\mathrm{n}}}{R_{\mathrm{n}}})^2 + (\dfrac{F_{\mathrm{s}}}{R_{\mathrm{s}}})^2}$

* CONNECTOR DAMAGE EVOLUTION,TYPE = MOTION,SOFTENING = EXPONENTIAL
$\langle u_{\mathrm{fail}}^{\mathrm{post}} \rangle$, $\langle exponent \rangle$
* CONNECTOR POTENTIAL
1
2
3
* * $\bar{u} = \sqrt{u_1^2 + u_2^2 + u_3^2}$

当由第一个连接器势定义的力大小超过指定值1.0时，将初始化损伤。在此情况中，使用第一个势定义中的比例因子 R_{n} 和 R_{s} 来定义力的大小，此力的大小在损伤初始时为1.0。选择基于运动的指数衰减损伤演化规律。第二个连接器势与连接器损伤演化定义相关联，并且在连接中定义一个等效运动 $\bar{u}$ 。当等效后初始运动 $\bar{u} - \bar{u}_0$ （其中 $\bar{u}_0$ 是损伤初始时的 $\bar{u}$ ）达到 $u_{\mathrm{fail}}^{\mathrm{post}}$ 时，发生完全失效。在此情况中，所有分量（1~6）受到影响，因为它们最终都对第一个连接器势定义有贡献（与 normal 和 shear 衍生分量相关联的具体定义见"耦合行为的连接器方程"中的"定义连接器单元的衍生分量"，5.2.4节）。

使用四种损伤机理的弹性-塑性

此例子说明了如何对整体损伤作用指定多种损伤机理的贡献，以及损伤演化规律影响的相对运动分量。为了简洁起见，大部分数据行输入或者参数没有给出。

* * first damage mechanism:force- based damage initiation
* * damage variable d^{F}
* CONNECTOR DAMAGE INITIATION,COMPONENT = 4,CRITERION = FORCE
* CONNECTOR DAMAGE EVOLUTION,TYPE = MOTION,SOFTENING = EXPONENTIAL,
DEGRADATION = MAXIMUM,AFFECTED COMPONENTS
4,6
* *
* * second damage mechanism:motion- based damage initiation
* * damage variable d^{M}
* CONNECTOR DAMAGE INITIATION,COMPONENT = 4,CRITERION = MOTION
* CONNECTOR DAMAGE EVOLUTION,TYPE = MOTION,SOFTENING = LINEAR,
DEGRADATION = MULTIPLICATIVE,AFFECTED COMPONENTS
1,2,6
* *
* * third damage mechanism:plastic motion- based damage initiation
* * damage variable d^{P}
* CONNECTOR DAMAGE INITIATION,COMPONENT = 4,
CRITERION = PLASTIC MOTION
* CONNECTOR DAMAGE EVOLUTION,TYPE = MOTION,SOFTENING = TABULAR,
DEGRADATION = MULTIPLICATIVE,AFFECTED COMPONENTS

1,2

* *

* * fourth damage mechanism：coupled force-based damage initiation

* * damage variable d^{CF}

* CONNECTOR DAMAGE INITIATION，CRITERION = FORCE

* CONNECTOR POTENTIAL

* * using components 1，2，3，4，5，6

* CONNECTOR DAMAGE EVOLUTION，TYPE = ENERGY，DEGRADATION = MAXIMUM，
AFFECTED COMPONENTS

1，3，4，6

指定了四种损伤机理（连接器损伤初始化/连接器损伤演化对）：三种非耦合的和一种耦合的。每个损伤演化定义的第一行建立了该机理将损伤的分量。特定分量中的整体损伤是由影响该分量的所有机理的贡献决定的。例如，分量1中的整体损伤 d_1 是由以下第二个、第三个和第四个损伤机理决定的：

$$1 - d_1 = \min[(1 - d^{M}) * (1 - d^{P}), (1 - d^{CF})]$$

d^{M} 和 d^{P} 使用乘法退化；因此，首先对它们相乘：$(1 - d^{M}) * (1 - d^{P})$。$d^{CF}$ 使用最大退化，对 $(1 - d^{CF})$ 与 $(1 - d^{M}) * (1 - d^{P})$ 进行比较，取最小值。

例如，假定在时间 t 处，$d^{M} = 0.5$，$d^{P} = 0.3$，$d^{CF} = 0.2$；在时间 $t + \Delta t$ 处，$d^{M} = 0.6$（唯一增加的），d^{P} 和 d^{CF} 保持不变。当使用了所有三种机理时，整体损伤变量比仅使用 d^{M} 机理更快地趋向完全损伤：

$$1 - d_1|_t = \min[(1 - 0.5) * (1 - 0.3), (1 - 0.2)] = 0.15$$

而

$$1 - d_1|_{t + \Delta t} = \min[(1 - 0.6) * (1 - 0.3), (1 - 0.2)] = 0.12$$

当 $1 - d_1$ 达到 0.0 时，发生完全失效。

$F_i = (1 - d_i) * F_{eff}$，其中 i 是相对运动的第 i 个可用分量。其他分量的整体损伤变量是如下确定的（对于每种损伤演化规律，以指定的受影响的分量为基础）：

$$1 - d_2 = (1 - d^{M}) * (1 - d^{P})$$

$$1 - d_3 = 1 - d^{CF}$$

$$1 - d_4 = \min[(1 - d^{F}), (1 - d^{CF})]$$

$$1 - d_5 = 1 (无损伤)$$

$$1 - d_6 = \min[(1 - d^{F}) * (1 - d^{M}), (1 - d^{CF})]$$

Abaqus/Standard 中的最大退化和单元删除选择

用户可以控制 Abaqus/Standard 如何处理具有严重损伤的连接器单元。默认情况下，材料点处整体损伤变量的上限值是 $D_{max} = 1.0$。用户可以像"截面控制"中的"控制具有损伤演化材料的单元删除和最大退化"（1.4 节）中讨论的那样降低此上限值。

默认情况下，一旦至少一个分量中的整体损伤变量达到 D_{max}，则移走（删除）连接器

单元（详细内容见"截面控制"中的"控制具有损伤演化材料的单元删除和最大退化"，1.4节）。一旦删除，连接器单元将不对后续变形提供阻抗。

另外，用户也可以指定即使整体损伤变量达到 D_{max}，连接器单元也应当保留在模型中。在此情况中，当整体损伤变量达到 D_{max} 时，单元的刚度在未损伤刚度乘以 $(1 - D_{max})$ 上保持不变。

Abaqus/Standard 中的黏性规范化

损伤在连接器单元中造成软化响应，常常造成 Abaqus/Standard 等隐式程序中的收敛困难。克服收敛困难的一种技术是通过引入黏性损伤变量 d_i^v 来对本构响应施加黏性规范化，如演化方程所定义的那样

$$\dot{d}_i^v = \frac{1}{\mu}(d_i - d_i^v)$$

式中，d_i 是非黏性骨架模型中的估计损伤变量；μ 是代表松弛时间的黏性参数。黏性材料的损伤响应为

$$F_i = (1 - d_i^v)F_{\text{eff}i}$$

由于黏性规范化，阻尼损伤变量不完全遵守指定的演化规律（只有骨架损伤变量完全遵守指定的演化规律）。

输入文件用法： ∗ SECTION CONTROLS，NAME = 名称，VISCOSITY = μ

  ∗ CONNECTOR SECTION，CONTROLS = 名称

Abaqus/CAE 用法：Abaqus/CAE 中不支持黏性规范化。

定义线性摄动过程中的连接器损伤行为

在线性摄动分析中不初始化损伤，也不包含损伤变量。因此，在线性摄动步过程中，损伤的状态是"冻结"在之前通用步结束时达到的状态。

输出

用于连接器的 Abaqus 输出变量列在"Abaqus/Standard 输出变量标识符"（《Abaqus 分析用户手册——介绍、空间建模、执行与输出卷》的 4.2.1 节），以及"Abaqus/Explicit 输出变量标识符"（《Abaqus 分析用户手册——介绍、空间建模、执行与输出卷》的 4.2.2 节）中。当在连接器中定义了损伤时，表 5-68 中的变量具有特别的意义。

表 5-68　定义损伤时的输出变量

标　　识	说　　明
CDMG	连接器整体损伤变量
CDIF	基于面的连接器损伤初始化变量。除了常用的与连接器输出变量相关联的六个分量外，CDIF 还包括标量 CDIFC，它是与耦合的基于力的损伤初始化准则相关联的损伤初始化准则值
CDIM	基于运动的连接器损伤初始化变量。CDIM 包括标量 CDIMC，它是与耦合的基于运动的损伤初始化准则相关联的损伤初始化准则值

（续）

标　识	说　明
CDIP	基于塑性运动的连接器损伤初始化变量。CDIP 包括标量 CDIPC，它是与耦合的基于塑性运动的损伤初始化准则相关联的损伤初始化准则值
ALLDMD	损伤产生的能量耗散
ALLCD	黏性规范化产生的能量耗散

5.2.8　连接器停止和锁住

产品：Abaqus/Standard　　　Abaqus/Explicit　　　Abaqus/CAE

参考

- "连接器：概览"，5.1.1 节
- "连接器行为"，5.2.1 节
- ∗ CONNECTOR BEHAVIOR
- ∗ CONNECTOR LOCK
- ∗ CONNECTOR STOP
- "定义停止"，《Abaqus/CAE 用户手册》的 15.17.9 节
- ∗ "定义锁住"，《Abaqus/CAE 用户手册》的 15.17.10 节

概览

连接器停止和锁住可以：
- 在具有相对运动可用分量的任何连接器中指定。
- 用来指定单个相对运动分量中施加了接触的停止。
- 当满足特定准则时，用来锁住相对运动可用分量的位置。

定义连接器停止

在大部分连接器物理构建中，一个物体相对于另一个物体的容许位置被限制在某个范围内。在 Abaqus 中，将这些限制模拟成内置的不等式约束。用户指定相对运动的可用分量，在其中定义连接器停止，以及在相对运动分量的方向上，连接器位置容许范围的上限值和下限值。

输入文件用法：　　使用下面的选项定义连接器停止：

　　　　　　　　　　∗ CONNECTOR BEHAVIOR, NAME = 名称

　　　　　　　　　　∗ CONNECTOR STOP, COMPONENT = 分量编号

　　　　　　　　　　下限值，上限值

Abaqus/CAE 用法：Interaction module：connector section editor：Add→Stop：

Components：分量或者多个分量，Lower bound：下限值，Upper bound：上限值

例子

因为图 5-65 中冲击杆的长度有限，所以与冲击杆底部的接触确定了节点 *b* 与节点 *a* 之间距离的上限值和下限值。

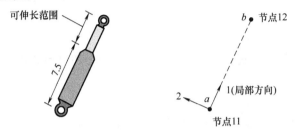

图 5-65　冲击吸收器的简化连接器模型

假定冲击杆的最大长度是 15.0 个单位，最小长度是 7.5 个单位。修改"连接器：概览"（5.1.1 节）中与图 5-65 所示例子相关联的输入文件，包含下面的数据行：

　　* CONNECTOR BEHAVIOR，NAME = sbehavior

　　...

　　* CONNECTOR STOP，COMPONENT = 1

　　7.5，15.0

定义连接器锁住

可以将连接器机构使用的装置设计成一旦达到期望的构型位置，就将连接器锁住。例如，转动连接器可以具有一个落销机构，在连接器达到所需角度时锁住转动运动。可以为包含相对运动可用分量的连接器单元定义一个用户定义的连接器锁住准则。用户可以选择相对运动分量，为其定义锁住准则。

可以使用连接器锁住为约束和相对运动的可用分量指定连接器行为。可以为所有包含在连接中的相对运动分量指定力或者力矩的极限值。用于评估准则的力/力矩的计算与输出变量 CTF 相同。此外，可以为对应于相对运动可用分量的相对位置指定极限值。如果没有为相对运动的可用分量指定其他行为，则力锁住准则将无效，因为 CTF 是零。

在 Abaqus/Explicit 中，用户也可以指定可用分量中的速度极限值作为锁住准则。在模拟汽车安全带系统时，与速度相关的锁住准则是有用的（见"简化碰撞人体模型的安全带分析"，《Abaqus 例题手册》的 3.3.1 节）。另外，限制值可以与温度和场变量相关。可以使用场变量相关性来模拟与时间相关的锁住。

如果满足了为选择的相对运动分量指定的锁住准则，则所有分量将锁住或者单个可用分量将锁住到位。默认情况下，相对运动的所有分量一旦满足锁住准则就锁住到位。在此情况中，连接器单元将从该点开始完全达到运动学锁住。在动力学分析中，此锁住可以产生较高

的加速度。用户可以指定是否只锁住选取的相对运动分量。

输入文件用法：　　　　使用下面的选项定义连接器锁住：

* CONNECTOR BEHAVIOR，NAME = 名称

* CONNECTOR LOCK，COMPONENT = 分量编号，

LOCK = ALL 或者分量编号

Abaqus/CAE 用法：Interaction module：connector section editor：Add → Lock：Compo-nents：分量或者多个分量，Lock：All 或者 Specify 分量

例子

如图 5-65 所示的例子，假定如果局部 3 方向上的力超过 500.0 个单位，则关于冲击轴的相对转动被锁住。

* CONNECTOR BEHAVIOR，NAME = sbehavior

* CONNECTOR LOCK，COMPONENT = 3，LOCK = 4

, , - 500.0,500.0

定义线性摄动过程中的连接器停止和锁住

连接器锁住或者停止状态在线性摄动分析中不能发生变化，即所有连接器停止定义和连接器锁住定义保持在基本状态上。

输出

可用于连接器的 Abaqus 输出变量列在 "Abaqus/Standard 输出变量标识符"（《Abaqus分析用户手册——介绍、空间建模、执行与输出卷》的 4.2.1 节），以及 "Abaqus/Explicit输出变量标识符"（《Abaqus 分析用户手册——介绍、空间建模、执行与输出卷的》4.2.2节）中。当在连接器中定义了停止和锁住时，表 5-69 中的输出变量具有特别的意义。

表 5-69　定义停止和锁住时的输出变量

标　　识	说　　明
CSLST	连接器停止和锁住的标识
CRF	连接器反作用力/力矩

在给定时间处，对于相对运动的某个分量 i，如果连接器实际上在该分量处是停止的或者锁住的（满足停止准则或者锁住准则），则输出变量 CSLSTi 是 1。在这种情况下，对应的 CRF 输出变量很可能是非零的，并且等于实施停止约束或者锁住约束所需的实际力/力矩。因为 CRF 包含在 CTF 的计算中，所以当锁住或者停止有效时，后者也将发生变化。

如果对于某个分量 i，在给定时间上不满足停止或者锁住准则，则输出变量 CSLSTi 是 0，并且在大部分情况中，对应的反作用力 CRF 是零（唯一的例外是当连接器运动也作用在该分量上时）。

5.2.9 连接器失效行为

产品：Abaqus/Standard　　Abaqus/Explicit　　Abaqus/CAE

参考

- "连接器：概览"，5.1.1 节
- "连接器行为"，5.2.1 节
- *CONNECTOR BEHAVIOR
- *CONNECTOR FAILURE
- "定义失效"，《Abaqus/CAE 用户手册》的 15.17.11 节

概览

连接器失效行为：

- 可以在 Abaqus/Standard 中具有可用相对运动分量的任何连接器中定义。
- 可以在 Abaqus/Explicit 中的任何连接器中定义。
- 在 Abaqus/Standard 中，当满足失效准则时，可使所有或者指定的相对运动分量失效。
- 在 Abaqus/Explicit 中，当满足失效准则时，可使所有或者指定的分量失效。
- 如果指定分量中的连接器相对运动或者连接器力超出指定范围，则会被触发。
- 大部分情况中，可以用更加复杂的连接器损伤初始/演化行为来替代（见"连接器损伤行为"，5.2.7 节）。

定义连接器失效行为

如果相对运动分量、力或者力矩变得太大，则典型的连接器可能具有断开的几段。Abaqus 提供一种方法来定义哪个相对运动分量将断裂，以及用来释放这些分量的准则。用户可以选择作为失效准则基础的相对运动分量。

在 Abaqus/Standard 连接器中，可以使用失效来指定基于相对运动可用分量的连接器行为。在 Abaqus/Explicit 中，可以使用连接器失效来指定基于约束的，以及基于相对运动可用分量的连接器行为。可以为所有连接包含的相对运动分量指定力或者力矩的极限值。此外，对于具有相对运动可用分量的连接器，可以为对应可用分量的相对位置指定极限值。

在 Abaqus/Standard 中，如果满足了为所选相对运动分量指定的失效准则，则所有相对运动分量或者单个可用分量将失效。默认情况下，一旦满足了失效准则，则释放所有相对运动分量。当满足失效准则时，在增量过程中，来自连接器单元的所有释放了分量的节点的力贡献会被删除。

在 Abaqus/Explicit 中，如果满足了为所选分量指定的失效准则，则所有分量或者一个单

独的可用分量将失效。默认情况下，一旦满足了失效准则，就释放所有分量。当满足失效准则时，在增量过程中，来自连接器单元的所有释放了分量的节点力贡献会被删除。

　　输入文件用法：　　使用下面的选项定义连接器失效：

　　　　　　　　　　　　＊CONNECTOR BEHAVIOR，NAME＝名称

　　　　　　　　　　　　＊CONNECTOR FAILURE，COMPONENT＝分量编号，RELEASE＝ALL 或者分量编号

　　Abaqus/CAE 用法：Interaction module：connector section editor：Add→Failure：Components：分量或者多个分量，Release：All 或者 Specify 分量

Abaqus/Standard 中的黏性阻尼

　　在 Abaqus/Standard 中，失效连接的突然释放可能导致收敛问题。要避免收敛问题，用户可以向分量添加黏性阻尼。将分量中的阻尼力计算成 $F_i = \mu v_i$，其中 μ 是用户定义的阻尼系数，v_i 是失效分量的速度。仅当所选相对运动的可用分量得到释放时，才施加黏性阻尼。

　　输入文件用法：　　在 Abaqus/Standard 中使用下面的选项将黏性阻尼添加到失效分量上：

　　　　　　　　　　　　＊SECTION CONTROLS，NAME＝名称，VISCOSITY＝μ

　　　　　　　　　　　　＊CONNECTOR SECTION，CONTROLS＝名称

　　Abaqus/CAE 用法：Abaqus/CAE 中不支持黏性规范化。

例子

　　假定图 5-66 所示例子中，当冲击轴上的拉力超过 800.0 的单位时，冲击吸收器会拉开。

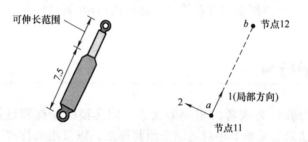

图 5-66　冲击吸收器的简化连接器模型

　　…

　　＊CONNECTOR BEHAVIOR，NAME＝sbehavior

　　＊CONNECTOR FAILURE，COMPONENT＝1，RELEASE＝ALL

　　,,,800.0

输出

　　可用于连接器的 Abaqus 输出变量列在 "Abaqus/Standard 输出变量标识符"（《Abaqus

分析用户手册——介绍、空间建模、执行与输出卷》的 4.2.1 节），以及 "Abaqus/Explicit 输出变量标识符"（《Abaqus 分析用户手册——介绍、空间建模、执行与输出卷的》的 4.2.2 节）中。定义连接器失效时，表 5-70 中的输出变量具有特别的意义。

表 5-70 定义失效时的输出变量

标 识	说 明
CFAILST	连接器失效状态标识
ALLVD	由添加到失效分量中的黏性阻尼所耗散的能量

对于相对运动的某个分量 i，在给定时间上，如果连接器在该相对运动分量中失效（满足失效准则），则输出变量 CFAILSTi 是 1。

对于某个分量 i，如果在给定的时间上不满足失效准则，则输出变量 CFAILSTi 是 0。

5.2.10 连接器单轴行为

产品：Abaqus/Explicit

参考

- "连接器：概览"，5.1.1 节
- "连接器行为"，5.2.1 节
- *CONNECTOR BEHAVIOR
- *LOADING DATA
- *UNLOADING DATA

概览

连接器单轴行为：
- 可在任何具有相对运动可用分量的连接器中，通过指定加载和卸载行为进行定义。
- 可以独立地为每个相对运动可用分量进行指定。
- 可以在拉伸方向和压缩方向上单独定义响应。
- 在完全卸载时会表现非线弹性行为、损伤弹性行为或者具有永久变形的弹性-塑性类行为。
- 可以指定卸载响应。
- 可以指定成在几个局部方向上取决于本构运动。

每种连接类型的局部方向（见 "连接类型库"，5.1.5 节）决定了力和力矩的作用方向，以及度量位移和转动的方向。

为相对运动的可用分量指定单轴行为

通过为相对运动的可用分量定义加载和卸载响应，可以为可用分量指定单轴行为。对于每一个分量，可以为拉伸和压缩方向上的响应定义单独的加载/卸载响应数据。可以根据三种可用行为类型对加载和卸载行为进行分类：

- 非线弹性行为。
- 损伤弹性行为。
- 具有永久变形的弹性-塑性行为。

要定义加载响应，用户将力或者力矩指定成相对运动分量的非线性函数。这些函数也可以取决于温度、场变量和其他分量方向上的本构位移/转动。关于将数据定义成温度和场变量的函数的更多内容见"输入语法规则"（《Abaqus 分析用户手册——介绍、空间建模、执行与输出卷》的 1.2.1 节）。

可以按照下面的方法定义卸载响应：

- 用户可以将表示力或者力矩的几条卸载曲线指定成相对运动分量的非线性函数；Abaqus 通过对这些曲线进行内插来创建一条通过分析中卸载点的卸载曲线。
- 用户可以指定一个能量耗散因子（以及具有永久变形的模型的永久变形因子），Abaqus 通过此因子来计算指数/二次卸载方程。
- 用户可以将力或者力矩指定成相对运动分量和过渡斜率的非线性函数；连接器沿着指定的过渡斜率卸载，直到与指定的卸载方程相交，在此交点处沿着方程卸载（此卸载定义称为复合卸载）。
- 用户可以将力或者力矩指定成相对运动分量的非线性函数；Abaqus 沿着应变轴平移指定的卸载函数，使得卸载函数通过分析中的卸载点。

为加载响应指定的行为类型决定了用户可以定义的卸载类型，见表 5-71。不同行为类型及其相关加载和卸载曲线，在后文中进行了更加详细的讨论。

表 5-71 单轴行为类型的可用卸载定义

材料行为类型	卸载定义				
	内插的	二次的	指数的	组合的	平移的
率相关弹性	√				
损伤弹性	√	√	√	√	
永久变形	√	√	√		√

输入文件用法： 使用下面的选项定义连接器单轴行为：

　　　　　　　　* CONNECTOR BEHAVIOR, NAME = 名称

　　　　　　　　* CONNECTOR UNIAXIAL BEHAVIOR, COMPONENT = 分量编号

　　　　　　　　* LOADING DATA, DIRECTION = 变形方向,

　　　　　　　　TYPE = 行为类型

　　　　　　　　定义加载数据的数据行

　　　　　　　　* UNLOADING DATA

　　　　　　　　定义卸载数据的数据行

定义变形方向

通过指定变形方向可以为拉伸和压缩分别定义加载/卸载数据。如果定义了变形方向

（拉伸或者压缩），则定义拉伸或者压缩行为的表格值，应当采用指定相对运动分量上的力/力矩和位移/转动的正值来指定，并且加载数据必须从原点开始。如果没有在加载方向上定义行为，则该方向的力响应将为零（在该方向上连接器没有阻抗）。

如果没有定义变形方向，则将数据同时应用到拉伸和压缩。然而，此时将行为考虑成非线弹性的，并且不能指定损伤或者永久变形。如果省略了拉伸数据或者压缩数据，则将响应数据考虑成关于原点对称。

输入文件用法：　　　使用下面的选项定义拉伸行为：

　　　*LOADING DATA, DIRECTION = TENSION

　　　　　　使用下面的选项定义压缩行为：

　　　*LOADING DATA, DIRECTION = COMPRESSION

　　　　　　使用下面的选项在单独的表中定义拉伸压缩行为：

　　　*LOADING DATA

与多个分量方向上的相对位置或者运动相关的行为

默认情况下，加载和卸载函数仅取决于为连接器单轴行为定义指定的相对运动分量方向上的位移或者转动（详细内容见"连接器行为"，5.2.1 节）。然而，也可以定义取决于多个分量方向上的本构位移和转动的加载和卸载函数。

输入文件用法：　　　使用下面的选项定义取决于多个分量方向上的相对位移和/或者转动的连接器单轴行为：

　　　*LOADING DATA, INDEPENDENT COMPONENTS = CONSTITUTIVE
MOTION

定义率无关的非线弹性行为

当加载响应是率无关的时，卸载响应也是率无关的，并且沿着同一个用户指定的加载曲线发生，如图 5-67 所示，不需要指定卸载曲线。

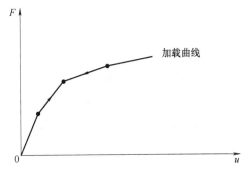

图 5-67　非线弹性加载

输入文件用法：　　　*LOADING DATA, TYPE = ELASTIC

定义率相关的行为

率相关的模型要求指定不同变形率上的力-位移曲线，以同时描述加载和卸载行为。如果没有指定卸载行为，则卸载沿着具有最小变形率的加载曲线发生。随着变形率的变化，通过插值指定的加载/卸载数据来得到响应。通过使用基于黏塑性规范化的技术来防止由于变形率突然变化而产生的无物理意义的力跳变。此技术也有助于以非常简单的方式模拟松弛效应，松弛时间 $\tau = \mu_0 + \mu_1 |\lambda - 1|^{\alpha}$，其中 μ_0、μ_1 和 α 是材料参数，λ 是延展。μ_0 是线性黏性参数，用于控制 $\lambda \approx 1$ 时的松弛。应当使用此参数的小值。μ_1 是非线性黏性参数，用来控制 λ 高值时的松弛时间。μ_1 值越小，松弛时间越短。α 控制松弛速度对相对运动分量中拉伸的敏感性。这些参数值的建议值是 $\mu_0 = 0.0001$，$\mu_1 = 0.005$，$\alpha = 2$。图 5-68 所示为连接器在速率 $\dot{u}_2^{l}$ 上加载，然后在速率 $\dot{u}_2^{u}$ 上卸载的加载/卸载行为。

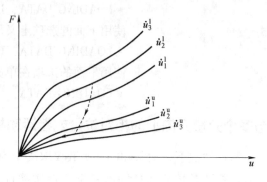

图 5-68　率相关的加载/卸载

图 5-69 所示为连接器单元对于两个不同的松弛时间 τ_1 和 τ_2（$\tau_2 > \tau_1$）的加载/卸载响应。松弛时间的值越大，达到指定变形率的加载/卸载响应所需时间越长。

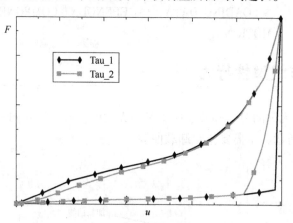

图 5-69　率相关的加载/卸载

输入文件用法：　　当卸载也是率相关的时，使用下面的选项：

　　　　　　　　* LOADING DATA, TYPE = ELASTIC, RATE DEPENDENT

　　　　　　　　* UNLOADING DATA, DEFINITION = INTERPOLATED CURVE, RATE DEPENDENT

　　　　　　　　当卸载是率无关的时，使用下面的选项：

　　　　　　　　* LOADING DATA, TYPE = ELASTIC, RATE DEPENDENT

　　　　　　　　* UNLOADING DATA, DEFINITION = INTERPOLATED CURVE

定义具有损伤的模型

损伤模型在卸载时耗散能量，并且在完全卸载后没有永久变形。卸载行为控制由损伤机理引起的能量耗散大小，并且可以采用下面的一种方式来指定：

- 分析型卸载曲线（指数的/二次的）。
- 从多个用户指定的卸载曲线插值得到的卸载曲线。
- 沿着过渡卸载曲线（由用户指定的恒定斜率）到用户指定的卸载曲线（组合卸载）进行卸载。

不同可用行为概览见上面的"为相对运动的可用分量指定单轴行为"。在其后的部分中讨论了不同的卸载类型。

定义损伤开始

用户可以通过定位位移来指定损伤开始，在此位移之下，卸载沿着加载曲线发生。

输入文件用法：　　*LOADING DATA，TYPE = DAMAGE，DAMAGE ONSET = 值

指定指数/二次卸载

图 5-70 中的损伤模型是以由能量耗散因子 H（在任何位移水平上耗散的能量分数）推导出的分析型曲线为基础的。随着连接器的加载，力遵循由加载曲线给出的路径。如果连接器卸载（如在点 B 处），则力遵循卸载曲线 BCO。卸载后再加载遵循卸载曲线 OCB，直到位移大于 u_B^{max}，达到此位移后，加载路径遵循加载曲线。图 5-70 中的箭头说明了此模型的加载/卸载路径。

当计算得到的卸载曲线在加载曲线之上时，卸载响应遵循加载曲线，以防止生成能量，并且当卸载曲线产生负的响应时，遵循零力响应。在这样的情况中，耗散的能量将小于由能量耗散因子指定的值。

输入文件用法：　　使用下面的选项定义二次卸载行为：

　　　　　　　　　*UNLOADING DATA，DEFINITION = QUADRATIC

　　　　　　　　使用下面的选项定义指数卸载行为：

　　　　　　　　　*UNLOADING DATA，DEFINITION = EXPONENTIAL

指定内插卸载曲线

图 5-71 中的损伤模型说明了基于多条卸载曲线的卸载内插响应，这些卸载曲线与主加载曲线在持续增加的力/位移值上相交。用户可以依据需求指定需要的卸载曲线来定义卸载响应。每条卸载曲线总是从原点开始（零力和零位移的点），因为损伤模型不允许任何永久变形。以标准形式存储卸载曲线，这样对于一个单位位移，卸载曲线与加载曲线在单位力处相交，并且在这些标准曲线之间进行内插。如果卸载发生在没有指定卸载曲线的最大位移处，则从相邻的卸载曲线插值卸载。随着连接器加载，力遵循由加载曲线给出的路径。如果连接器卸载（如在点 B 处），则力遵循卸载曲线 BCO。卸载后再加载遵循卸载路径 OCB，直到位移大于 u_B^{max}，达到此位移后，加载路径遵循加载曲线。

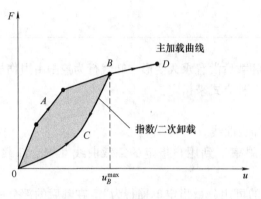

图 5-70　指数/二次卸载

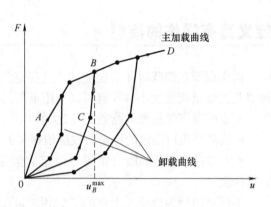

图 5-71　内插卸载曲线

如果加载曲线取决于几个分量方向上的本构位移/转动，则卸载曲线也取决于相同的多个分量方向。与加载曲线一样，卸载曲线也具有相同的温度和场变量相关性。

输入文件用法：　　* UNLOADING DATA，DEFINITION = INTERPOLATED CURVE

指定组合卸载

如图 5-72 所示，用户可以在加载曲线 *OABD* 之外指定一条卸载曲线 *OCE*，以及连接加载曲线与卸载曲线的恒定斜率。随着连接器加载，力遵循加载曲线给出的路径。如果卸载了连接器（如在点 *B* 处），则力遵循卸载曲线 *BCO*。路径 *BC* 是通过恒定过渡斜率来定义的，并且 *CO* 位于指定的卸载曲线上。卸载后再加载遵循卸载路径 *OCB*，直到加载产生的位移大于 u_B^{max}，在此之后加载路径遵循加载曲线。

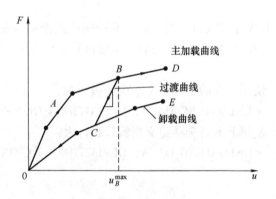

图 5-72　组合卸载

如果加载曲线取决于几个分量方向上的本构位移/转动，则卸载曲线也取决于相同的分量方向。与加载曲线一样，卸载曲线也具有相同的温度和场变量相关性。

输入文件用法：　　* UNLOADING DATA，DEFINITION = COMBINED

定义具有永久变形的模型

这些模型在卸载时耗散能量，并且在完成卸载时表现出永久变形。卸载行为控制能量耗散的量以及永久变形的量。可以采用下面的一种方法指定卸载行为：

- 分析型卸载曲线（指数的/二次的）。
- 从多条用户定义的卸载曲线内插卸载曲线。
- 通过将用户指定的卸载曲线平移到卸载点来得到卸载曲线。

不同可用行为的概览见上面的"为相对运动的可用分量指定单轴行为"。在其后的部分中讨论了不同的卸载类型。

定义永久变形开始

默认情况下，在沿着加载曲线变形时，当加载曲线的斜率比之前点上的最大斜率下降10%的时候，就开始屈服。要取代决定屈服开始的默认方法，用户可以指定加载曲线的斜率下降不是默认值10%（斜率下降 = 0.1），或者定义在其下卸载沿着加载曲线的位移。如果指定了斜率下降，则一旦某点处的斜率比此点之前的最大斜率下降了指定因子时，就发生屈服。

输入文件用法：　　使用下面的选项，通过定义在其下卸载沿着加载曲线发生的位移，来指定屈服开始：

*LOADING DATA, TYPE = PERMANENT DEFORMATION, YIELD ONSET = 值

使用下面的选项，通过定义加载曲线的斜率下降来指定屈服开始：

*LOADING DATA, TYPE = PERMANENT DEFORMATION, SLOPE DROP = 值

指定指数/二次卸载

图 5-73 中的模型说明了根据能量耗散因子 H（在任何位移水平上耗散的能量分数）和永久变形因子 D_p 来推导出的分析型卸载曲线。随着连接器加载，力遵循由加载曲线给出的路径。如果连接器卸载（如在点 B 处），则力遵循卸载曲线 BCD。点 D 对应于永久变形 $D_p u_B^{max}$。卸载后再加载遵循卸载曲线 DCB，直到加载产生的位移大于 u_B^{max}，在此之后加载路径遵循加载曲线。图 5-73 中的箭头说明了模型的加载/卸载路径。

当计算得到的卸载曲线在加载曲线之上时，卸载响应遵循加载曲线，以防止生成能量，并且当卸载曲线产生负的响应时，遵循零力响应。在这样的情况中，耗散的能量将小于由能量耗散因子指定的值。

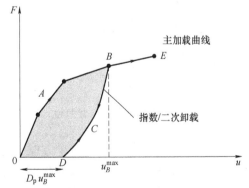

图 5-73　指数/二次卸载

输入文件用法：　　使用下面的选项定义二次卸载行为：

*UNLOADING DATA, DEFINITION = QUADRATIC

使用下面的选项定义指数卸载行为：

*UNLOADING DATA, DEFINITION = EXPONENTIAL

指定内插卸载曲线

图 5-74 中的模型说明了基于多条卸载曲线的内插卸载响应，这些卸载曲线在力/位移的持续增加值处与主加载曲线相交。用户依据需要指定多条卸载曲线来定义卸载响应。如果连接器是完全卸载的，则由每条卸载曲线的第一个点定义永久变形。以标准方式存储卸载曲线，这样这些卸载曲线在单位位移的单位力处与加载曲线相交，并且在这些标准曲线之间进行插值。如果从没有指定卸载曲线的最大位移处开始卸载，则从相邻卸载曲线插值卸载曲线。随着连接器加载，力遵循卸载曲线给出的路径。如果连接器卸载（如在点 B 处），则力遵循卸载曲线 BCD。卸载后再加载遵循卸载路径 DCB，直到加载产生的位移大于 u_B^{max}，其后的加载路径遵循加载曲线。

如果加载曲线取决于几个分量方向上的本构位移/转动，则卸载曲线也取决于相同的分量方向。与加载曲线一样，卸载曲线也具有相同的温度和场变量相关性。

输入文件用法：　　* UNLOADING DATA, DEFINITION = INTERPOLATED CURVE

指定平移卸载曲线

除了加载曲线，用户还可以指定通过原点的卸载曲线。通过水平地平移用户指定的卸载曲线，使其通过图 5-75 中的卸载点来得到实际的卸载曲线。完全卸载时的永久变形是施加在卸载曲线上的水平平移量。

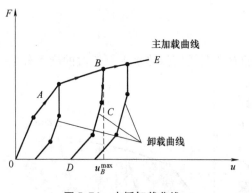

图 5-74　内插卸载曲线

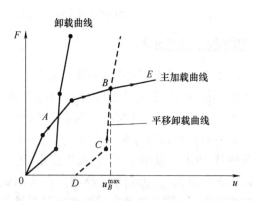

图 5-75　平移卸载曲线

如果加载曲线取决于几个分量方向上的本构位移/转动，则卸载曲线也取决于相同的分量方向。与加载曲线一样，卸载曲线也具有同样的温度和场变量相关性。

输入文件用法：　　* UNLOADING DATA, DEFINITION = SHIFTED CURVE

在拉伸和压缩中使用不同的单轴模型

适当时，可以在拉伸和压缩中使用不同的单轴行为模型。例如，在拉伸中具有永久变形和指数卸载的模型可以与在压缩中具有非线弹性的模型组合（图 5-76）。

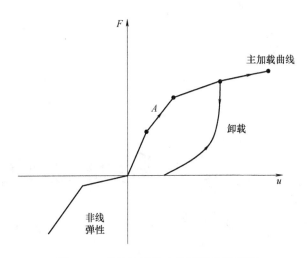

图 5-76 拉伸和压缩中的不同单轴模型

输出

可用于连接器的 Abaqus 输出变量列在 "Abaqus/Standard 输出变量标识符" (《Abaqus 分析用户手册——介绍、空间建模、执行与输出卷》的 4.2.1 节)，以及 "Abaqus/Explicit 输出变量标识符" (《Abaqus 分析用户手册——介绍、空间建模、执行与输出卷的》的 4.2.2 节) 中。定义连接器中的单轴行为时，表 5-72 中的输出变量具有特别的意义。

表 5-72 定义单轴行为的输出变量

标 识	说 明
CU	连接器相对位移/转动
CUF	连接器单轴力/力矩

6   特殊用途单元

6.1 弹簧单元和弹簧单元库

6.1.1 弹簧

产品：Abaqus/Standard   Abaqus/Explicit   Abaqus/CAE

参考

- "弹簧单元库"，6.1.2 节
- *SPRING
- "定义弹簧和阻尼器"，《Abaqus/CAE 用户手册》的 37.1 节

概览

弹簧单元：
- 可以将力与相对位移耦合起来。
- 在 Abaqus/Standard 中，可以将力矩与相对转动耦合起来。
- 可以是线性的或者非线性的。
- 如果是线性的，则在直接求解的稳态动力学分析中可以与频率相关。
- 可以取决于温度和场变量。
- 可以用来赋予结构阻尼因子来形成弹簧刚度的虚部。

在弹簧单元的描述中始终会用到"力"和"位移"。当弹簧与位移自由度相关联时，这些变量是弹簧中的力和相对位移。如果弹簧与转动自由度相关联时，则是扭簧，这些变量是弹簧传递的力矩和弹簧上的相对转动。

在 Abaqus/Standard 中，可以将与频率相关的弹簧和阻尼器组合使用来模拟黏弹性弹簧行为。

典型应用

使用弹簧单元来模拟实际的物理弹簧，以及理想化轴或者扭转部件。弹簧也可以模拟约束来防止刚体运动。

也可以通过指定结构阻尼因子来形成弹簧刚度的虚部，以便使用弹簧表示结构阻尼器。

选择合适的单元

SPRING1 和 SPRING2 单元仅用于 Abaqus/Standard。SPRING1 是节点与地之间的弹簧，作用方向固定。SPRING2 是两个节点之间的弹簧，作用方向固定。

SPRINGA 单元在 Abaqus/Standard 和 Abaqus/Explicit 中都可以使用。SPRINGA 在两个节点之间起作用，作用线是两个节点之间的连线，此作用线在大位移分析中可以转动。

Abaqus 中任何弹簧单元的弹性行为可以是线性的或者非线性的。

单元类型 SPRING1 和 SPRING2 可以与位移或者转动自由度相关联（在转动自由度情况下是扭簧）。然而，在大位移分析中使用扭簧时须谨慎考虑节点处的总转动定义；因此，对于大位移情况，连接器单元（"连接器：概览"，5.1.1 节）通常是提供扭簧的更好方法。

输入文件用法： 使用下面的选项在节点与地之间指定弹簧单元，作用方向
固定：

　＊ELEMENT，TYPE＝SPRING1

使用下面的选项指定两个节点之间的弹簧单元，作用方向固定：

　＊ELEMENT，TYPE＝SPRING2

使用下面的选项指定两个节点之间的弹簧单元，作用线是两个节点
之间的连线：

　＊ELEMENT，TYPE＝SPRINGA

Abaqus/CAE 用法：Property 或者 Interaction module：Special→Springs/Dashpots→Create，
然后选择下面选项中的一个：

Connect points to ground：选择点：切换选中 Spring

stiffness

（等效于 *SPRING*1）

Connect two points：选择点：Axis：Specify fixed

direction：切换选中 Spring stiffness

（等效于 *SPRING*2）

Connect two points：选择点：Axis：Follow line of action：

切换选中 Spring stiffness

（等效于 *SPRINGA*）

Abaqus/Explicit 中的稳定性考虑

SPRINGA 单元在两个自由度之间引入刚度，但不引入相关联的质量。在显式动力学过程中，这代表无条件不稳定的单元。弹簧所连接的节点必须具有来自相邻单元的质量分布；如果不满足此条件，则 Abaqus/Explicit 会发出一个错误信息。如果弹簧不是太刚硬（与相邻单元的刚度相比），则由显式动力学过程确定的稳定时间增量（"显式动力学分析"，《Abaqus 分析用户手册——分析卷》的 1.3.3 节）将足以确保计算的稳定性。

Abaqus/Explicit 在确定稳定时间增量时不使用弹簧。在分析的数据检查阶段，Abaqus/Explicit 为网格中除弹簧单元以外的所有单元计算最小稳定时间增量。程序然后使用此最小稳定时间增量和每个弹簧的刚度来确定每个弹簧所需的质量，以给出相同的稳定时间增量。如果与模型的质量相比，该质量过大，则 Abaqus/Explicit 将发出一个错误信息，说明此弹簧与模型定义相比过于刚硬。

相对位移定义

相对位移定义取决于单元类型。

SPRING1 单元

SPRING1 单元的相对位移是弹簧节点位移的第 i 个分量：

$$\Delta u = u_i$$

式中，i 定义见下文，并且可位于局部方向上（见"定义 SPRING1 和 SPRING2 单元的作动方向"）。

SPRING2 单元

SPRING2 单元的相对位移是弹簧第一个节点的第 i 个位移分量与弹簧第二个节点的第 j 个位移分量之差：

$$\Delta u = u_i^1 - u_j^2$$

式中，i 和 j 的定义见下文，并且可以位于局部方向上（见"定义 SPRING1 和 SPRING2 单元的作动方向"）。

理解 SPRING2 单元如何依据上面的相对位移方程进行运动是重要的，因为该单元会产生与直觉不符的结果。例如，按图 6-1a 所示方法设置的 SPRING2 单元将是"压缩"弹簧：

如果节点移动使得 $u_i^1 = 1$，$u_j^2 = 0$，则弹簧表现出压缩，而 SPRING2 单元中的力是正的。要得到"拉伸"弹簧，则应按图 6-1b 所示方式设置 SPRING2 单元。

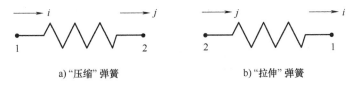

a)"压缩"弹簧　　　　b)"拉伸"弹簧

图 6-1　SPRING2 单元

SPRINGA 单元

对于几何线性分析，沿着参考构型中 SPRINGA 单元的方向度量相对位移：

$$\Delta u = \frac{(X^1 - X^2)}{\sqrt{(X^1 - X^2) \cdot (X^1 - X^2)}} \cdot (u^1 - u^2)$$

式中，X^1 是弹簧第一个节点的参考位置；X^2 是弹簧第二个节点的参考位置。

对于几何非线性分析，SPRINGA 单元上的相对位移是弹簧初始构型与当前构型之间在长度上的变化：

$$\Delta u = l - l_0$$

式中，$l = \sqrt{(\boldsymbol{x}^1 - \boldsymbol{x}^2) \cdot (\boldsymbol{x}^1 - \boldsymbol{x}^2)}$ 是弹簧的当前长度，$\boldsymbol{x}^1$ 和 $\boldsymbol{x}^2$ 是弹簧节点的当前位置；l_0 是 l 在初始构型中的值。

在任何一种情况中，SPRINGA 单元中的力均以拉伸为正。

定义弹簧行为

弹性行为可以是线性的或者非线性的。在任何一种情况中，用户都必须将单元行为与模型的区域进行关联。

输入文件用法： * SPRING，ELSET = 名称

其中，ELSET 参数表示弹簧单元集合。

Abaqus/CAE 用法：Property 或 Interaction module：Special→Springs/Dashpots→Create：
选择连接类型：选择点

定义线性弹簧行为

用户通过指定一个恒定的弹簧刚度（单位相对位移上的力）来定义线性弹簧行为。

弹簧刚度可以取决于温度和场变量。关于将数据定义成温度和独立场变量的函数的更多内容见"输入语法规则"（《Abaqus 分析用户手册——介绍、空间建模、执行与输出卷》的 1.2.1 节）。

对于直接求解的稳态动力学分析，弹簧刚度除了取决于温度和场变量外，也可以取决于频率。如果为 Abaqus/Standard 中的任何其他分析过程指定了频率相关的弹簧刚度，则使用最低频率给出的数据。

输入文件用法： * SPRING，DEPENDENCIES = n
第一个数据行
弹簧刚度，频率，温度，场变量 1 等
…

Abaqus/CAE 用法：Property 或 Interaction module：Special→
Springs/Dashpots→Create：选择连接类型：选择点：Property：
Spring stiffness：弹簧刚度
当用户将弹簧定义成工程特征时，Abaqus/CAE 不支持将弹簧刚度定义成频率、温度和场变量的函数；代之于，用户可以定义具有弹簧型弹性行为（见"连接器弹性行为"，5.2.2 节）的连接器。

定义非线性弹簧行为

通过给出力值与相对位移值的成对组合来定义非线性弹簧。必须以相对位移的升序给出这些值，并且应当在足够大的相对位移值范围内提供这些值，以确保可以正确定义非线性弹簧行为。Abaqus 假定在所给范围之外力保持不变，这将导致零刚度（图 6-2）。

应通过给出零相对位移处的非零力 $F(0)$，将非线性弹簧中的初始力定义成 $F(u)$ 关系的一部分。

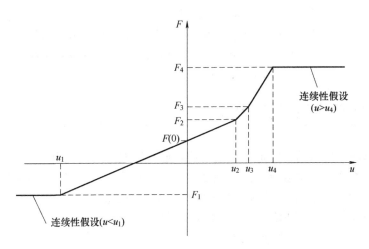

图 6-2 非线性弹簧力与相对位移之间的关系

弹簧刚度可以与温度和场变量相关。关于将数据定义成温度和独立场变量的函数的更多内容见"输入语法规则"（《Abaqus 分析用户手册——介绍、空间建模、执行与输出卷》的1.2.1 节）。

Abaqus/Explicit 将把数据规范到以等间隔独立变量的方式定义的表中。在某些情况中，力是在非等间隔的独立变量（相对位移）上定义的，当独立变量的范围与最小间隔相比非常大时，Abaqus/Explicit 可能无法在合理数量的间隔上完成数据的精确规范。在此情况中，程序将在处理完所有数据后停止并发出一个错误信息，提示用户必须重新定义材料数据。关于数据规范化的详细讨论见"材料数据定义"（《Abaqus 分析用户手册——材料卷》的1.1.2 节）。

输入文件用法：　　*SPRING，NONLINEAR，DEPENDENCIES = n
　　　　　　　　　　第一个数据行
　　　　　　　　　　力，相对位移，温度，场变量 1 等
　　　　　　　　　　...

Abaqus/CAE 用法：当用户将弹簧定义成工程特征时，Abaqus/CAE 中不支持定义非线性弹簧行为；代之于，用户可以定义具有弹簧型弹性行为的连接器（见"连接器弹性行为"，5.2.2 节）。

定义 SPRING1 和 SPRING2 单元的作动方向

通过给出单元每个节点处的自由度来定义 SPRING1 单元和 SPRING2 单元的作动方向。此自由度可能在局部坐标系上（见"方向"，《Abaqus 分析用户手册——介绍、空间建模、执行与输出卷》的 2.2.5 节）。假定局部坐标系是固定的：即使在大位移分析中，SPRING1 单元和 SPRING2 单元在整个分析过程中都作用在固定方向上。

输入文件用法：　　*SPRING，ORIENTATION = 名称
　　　　　　　　　　节点 1 处的自由度，节点 2 处的自由度

Abaqus/CAE 用法：Property 或 Interaction module：Special→Springs/Dashpots→Create，

然后选择下面选项中的一个：

Connect points to ground：选择点：Orientation：Edit：选择方向

Connect two points：选择点：Axis：Specify fixed direction；Orientation：Edit：选择方向

使用复刚度定义线性弹簧行为

可以使用弹簧来仿真结构阻尼器，该结构阻尼对形成单元结构阻尼矩阵的单元刚度的虚部有贡献。用户为某个自由度指定弹簧刚度的实部和结构阻尼因子 s。将弹簧刚度的虚部计算成 isK，并且代表结构阻尼。这些数据可以是频率相关的。

输入文件用法：　　* SPRING, COMPLEX STIFFNESS

第一个数据行

实数弹簧刚度，结构阻尼因子，频率

Abaqus/CAE 用法：Abaqus/CAE 中不支持使用复刚度的线性弹簧行为。

6.1.2　弹簧单元库

产品：Abaqus/Standard　　Abaqus/Explicit　　Abaqus/CAE

参考

- "弹簧"，6.1.1 节
- * SPRING

概览

本节提供 Abaqus/Standard 和 Abaqus/Explicit 中可用的弹簧单元的参考。

单元类型（表6-1）

表6-1　单元类型

标　　识	说　　明
SPRINGA	两个节点之间的轴向弹簧，作用线是两个节点之间的连线。在大位移分析中，此作用线可以转动
SPRING1[(S)]	节点与地之间的弹簧，作用在固定方向上
SPRING2[(S)]	两个节点之间的弹簧，作用在固定方向上

有效自由度

SPRINGA：1、2、3。在 Abaqus/Standard 分析中，如果弹簧单元的两个节点都与二维物体，如二维分析型刚性面、二维梁单元等相连，则不激活 3 方向上的平动自由度。

SPRING1 或 SPRING2：1、2、3、4、5 或 6。如果为弹簧指定了局部方向，则这些自由度是局部自由度。否则，这些自由度是整体自由度。

附加解变量

无。

所需节点坐标

SPRINGA：X，Y，Z。在单元作动计算中使用这些坐标。

SPRING1 或者 SPRING2：无。因为通过指定所涉及的自由度来定义与这些单元相关联的作动，所以单元节点不需要坐标定义。

单元属性定义

输入文件用法：　　＊SPRING

Abaqus/CAE 用法：Property 或 Interaction module：Special→Springs/Dashpots→Create

基于单元的载荷

无。

单元输出（表 6-2）

表 6-2　单元输出

标　　识	说　　　明
S11	弹簧中的力
E11	弹簧上的相对位移

单元中的节点顺序（表 6-3）

a) SPRINGA和
SPRING2

b) SPRING1

图 6-3　弹簧单元中的节点顺序

6.2 阻尼器单元和阻尼器单元库

6.2.1 阻尼器

产品：Abaqus/Standard　　　Abaqus/Explicit　　　Abaqus/CAE

参考

- "阻尼器单元库"，6.2.2 节
- ＊DASHPOT
- "定义弹簧和阻尼器"，《Abaqus/CAE 用户手册》的 37.1 节

概览

阻尼器单元：
- 可以将力与相对速度进行耦合。
- 在 Abaqus/Standard 中，可以将力矩与相对角速度进行耦合。
- 可以是线性的或者非线性的。
- 如果是线性的，则在直接求解的稳态动力学分析中可与频率相关。
- 可以与温度和场变量相关。
- 可以在任何应力分析过程中使用。

阻尼器单元的描述中都会用到"力"和"速度"。当阻尼器与位移自由度相关时，这些变量是阻尼器中的力和相对速度。如果阻尼器与转动自由度相关，则是扭转阻尼器，这些变量是阻尼器传递的力和阻尼器上的相对角速度。

在动力学分析中，速度是作为积分算子的一部分得到的；在 Abaqus/Standard 的准静态分析中，速度等于位移增量除以时间增量。

典型应用

使用阻尼器来模拟与相对速度相关的力或者扭转阻力。也可以使用阻尼器来提供黏性能量耗散机制。

在改进的 Riks 算法不适用，以及由于构型的突然改变可由阻尼器产生的力来控制，而使用自动时间步算法的非稳态非线性静态分析中，阻尼通常是有用的。在这样的情况中，必须结合时间周期选择阻尼的大小，以便有足够的阻尼来控制这样的困难，但是当得到稳态静响应时，可以忽略阻尼力。另见 Abaqus /Standard 中接触单元的可用接触阻尼（见"接触阻尼"，《Abaqus 分析用户手册——指定条件、约束与相互作用卷》的 4.1.3 节）。

选择合适的单元

DASHPOT1 和 DASHPOT2 仅用于 Abaqus/Standard。DASHPOT1 在指定的自由度与地之间。DASHPOT2 在两个指定自由度之间。

DASHPOTA 单元在 Abaqus/Standard 和 Abaqus/Explicit 中都可以使用。DASHPOTA 在两个节点之间，作用线在两个节点的连线上。

在任何这些单元中，阻尼器行为可以是线性的或者非线性的。

输入文件用法：　使用下面的选项指定自由度和地之间指定的阻尼器单元：

　　　　　　　* ELEMENT，TYPE = DASHPOT1

　　　　　　　使用下面的选项指定两个自由度之间的阻尼器单元：

　　　　　　　* ELEMENT，TYPE = DASHPOT2

　　　　　　　使用下面的选项指定两个节点之间的阻尼器单元，作用线在两个节点的连线上：

　　　　　　　* ELEMENT，TYPE = DASHPOTA

Abaqus/CAE 用法：Property 或 Interaction module：Special→Springs/Dashpots→Create，

　　　　　　　然后选择下面选项中的一个：

　　　　　　　Connect points to ground：选择点：切换选中 Dashpot Coefficient（等效于 *DASHPOT*1）

　　　　　　　Connect two points：选择点：Axis：Specify fixed direction：切换选中 Dashpot coefficient

　　　　　　　（等效于 *DASHPOT*2）

　　　　　　　Connect two points：选择点：Axis：Follow line of action：切换选中 Dashpot coefficient

　　　　　　　（等效于 *DASHPOTA*）

Abaqus/Explicit 中的稳定性考虑

确定稳定时间步时，Abaqus/Explicit 不考虑阻尼；因此，在网格中引入阻尼器时要小心。

DASHPOTA 单元在两个自由度之间引入阻尼力，而没有在这些自由度之间引入任何刚度，也没有在节点上引入任何质量。这会造成稳定时间增量增加。例如，图 6-4 所示为由杆单元和阻尼器单元组成的简单系统。

此系统的动力学方程是

$$m\ddot{x} + c\dot{x} + kx = 0$$

或者

$$\ddot{x} + 2\xi\omega\dot{x} + \omega^2 x = 0$$

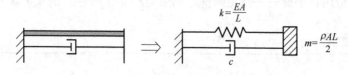

图 6-4   简单的杆和阻尼器系统

其中

$$\omega^2 = \frac{k}{m}$$

$$\xi = \frac{c}{2\sqrt{mk}}$$

此弹簧-阻尼器系统的稳定时间增量是

$$\Delta t_{\text{stable}} = \frac{2}{\omega}(\sqrt{1+\xi^2} - \xi)$$

随着阻尼器系数 c 增加，稳定时间增量 Δt_{stable} 将减小。

为避免稳定时间增量减小，应当与弹簧或者杆单元并联使用阻尼器，选择弹簧或者杆单元的刚度，使得阻尼器与弹簧或者杆的稳定时间增量大于由 Abaqus/Explicit 计算得到的临界稳定时间增量。如果这要求弹簧或者杆具有不可接受的力，则为步直接指定时间增量大小（见 "显式动力学分析"，《Abaqus 分析用户手册——分析卷》的 1.3.3 节）。

相对速度定义

相对速度定义取决于单元类型。

DASHPOT1 单元

DASHPOT1 单元的相对速度是阻尼器节点速度的第 i 个分量：

$$\Delta v = v_i$$

式中，i 如下文描述的那样定义，并且可以在局部方向上（见 "定义 DASHPOT1 和 DASH-POT2 单元的作用方向"）。

DASHPOT2 单元

DASHPOT2 单元的相对速度是阻尼器第一个节点处第 i 个速度分量与阻尼器第二个节点处第 j 个速度分量之差：

$$\Delta v = v_i^1 - v_j^2$$

式中，i 和 j 如下定义，并且可以在局部方向上（见 "定义 DASHPOT1 和 DASHPOT2 单元的作用方向"）。

理解 DASHPOT2 单元如何依据上面的相对位移方程进行工作是重要的，因为该单元会产生与直觉不符的结果。例如，按图 6-5a 所示方法设置的 DASHPOT2 单元将是"压缩"阻尼器。

如果节点速度为 $v_i^1 = 1$，$v_j^2 = 1$，则当阻尼器中的力为正时，阻尼器将被压缩。要得到"拉伸"阻尼器，则应按图 6-5b 所示方式设置 DASHPOT2 单元。

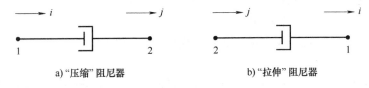

a)"压缩"阻尼器　　　　b)"拉伸"阻尼器

图 6-5　DASHPOT2 单元

DASHPOTA 单元

DASHPOTA 单元的相对速度是阻尼器第二个节点的速度与第一个节点速度之差，采用阻尼器当前轴的方向。

对于几何线性分析

$$\Delta v = (\boldsymbol{v}^2 - \boldsymbol{v}^1) \cdot \frac{\boldsymbol{X}^2 - \boldsymbol{X}^1}{l_0}$$

式中，$\boldsymbol{X}^1$ 是阻尼器第一个节点的参考位置；$\boldsymbol{X}^2$ 是阻尼器第二个节点的参考位置；l_0 是阻尼器的参考长度。

对于几何非线性分析

$$\Delta v = (\boldsymbol{v}^2 - \boldsymbol{v}^1) \cdot \frac{\boldsymbol{x}^2 - \boldsymbol{x}^1}{l}$$

式中，$\boldsymbol{x}^1$ 是阻尼器第一个节点的当前位置；$\boldsymbol{x}^2$ 是阻尼器第二个节点的当前位置；l 是阻尼器的当前长度。

在任何情况中，如果阻尼器伸长，则 DASHPOTA 单元中的力都是正的。

定义黏性行为

黏性行为可以是线性的或者非线性的。在任何情况中，用户必须将阻尼器行为与模型的区域相关联。

　　输入文件用法：　　　* DASHPOT，ELSET = 名称

　　　　　　　　　　　其中，ELSET 参数表示阻尼器单元集合。

　　Abaqus/CAE 用法：Property or Interaction module：Special→ Springs/Dashpots→Create：

　　　　　　　　　　　选择连接类型：选择点

线性阻尼器行为

用户可以通过指定一个恒定的阻尼器系数（力/相对速度）来定义线性阻尼器行为。

阻尼器系数可以取决于温度和场变量。关于将数据定义成温度和独立场变量的函数的更

多内容见"输入语法规则"(《Abaqus 分析用户手册——介绍、空间建模、执行与输出卷》的 1. 2. 1 节)。

对于直接求解的稳态分析,阻尼器系数可以取决于频率、温度和场变量。如果为 Abaqus /Standard 的任何其他分析过程指定了频率相关的阻尼器系数,则使用最低频率给出的数据。

输入文件用法: * DASHPOT, DEPENDENCIES = n
第一个数据行
阻尼器系数,频率,温度,场变量 1 等
...

Abaqus/CAE 用法: Property or Interaction module: Special→Springs/Dashpots→Create: 选择连接类型: 选择点: Property: Dashpot coefficient: 阻尼器系数
当用户将阻尼器定义成工程特征时,Abaqus/CAE 中不支持将阻尼系数定义成频率、温度和场变量的函数; 代之于, 用户可以定义具有阻尼器型阻尼行为的连接器 (见 "连接器阻尼行为", 5. 2. 3 节)。

非线性阻尼器行为

用户可以通过给出力-相对速度数据对的值来定义非线性阻尼器。这些值应当以相对速度的升序给出,并且相对速度值的范围应足够大,以正确地定义行为。Abaqus 假定在给定范围之外力保持不变 (图 6-6)。此外,曲线应当通过原点,即在零相对速度下,力应当是零。

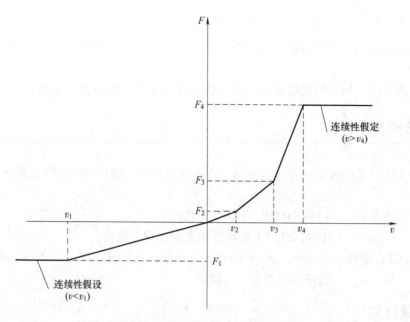

图 6-6 非线性阻尼器的力与相对速度之间的关系

阻尼器系数可以与温度和场变量相关。有关将数据定义成温度和独立场变量的函数的更多内容见"输入语法规则"(《Abaqus 分析用户手册——介绍、空间建模、执行与输出卷》的 1.2.1 节)。

Abaqus/Explicit 将把数据规范到以等间隔独立变量的方式定义的表中。在某些情况中，力是在非等间隔的独立变量（相对速度）上定义的，当独立变量的范围与最小间隔相比非常大时，Abaqus/Explicit 可能无法在合理数量的间隔上完成数据的精确规范。在此情况中，程序将在处理完所有数据后停止并发出一个错误信息，提示用户必须重新定义材料数据。关于数据规范化的详细讨论见"材料数据定义"(《Abaqus 分析用户手册——材料卷》的 1.1.2 节)。

输入文件用法：　　*DASHPOT, NONLINEAR, DEPENDENCIES = n
　　　　　　　　　第一个数据行
　　　　　　　　　力，相对速度，温度，场变量 1 等
　　　　　　　　　...

Abaqus/CAE 用法：当用户将阻尼器定义成工程特征时，Abaqus/CAE 中不支持定义非线性阻尼器行为；代之于，用户可以定义具有阻尼器型阻尼行为的连接器（见"连接器阻尼行为"，5.2.3 节）。

定义 DASHPOT1 和 DASHPOT2 单元的作用方向

通过给出单元每个节点处的自由度来定义 DASHPOT1 和 DASHPOT2 单元的作用方向。此自由度可能在局部坐标系上（见"方向"，《Abaqus 分析用户手册——介绍、空间建模、执行与输出卷》的 2.2.5 节）。假定此局部坐标系是固定的：即使在大位移分析中，DASHPOT1 和 DASHPOT2 单元在整个分析过程中都作用在固定方向上。

输入文件用法：　　*DASHPOT, ORIENTATION = 名称
　　　　　　　　　节点 1 处的自由度，节点 2 处的自由度

Abaqus/CAE 用法：Property or Interaction module：Special→Springs/Dashpots→Create，
　　　　　　　　　然后选择下面选项中的一个：
　　　　　　　　　Connect points to ground：选择点：Orientation：Edit：选择方向
　　　　　　　　　Connect two points：选择点：Axis：Specify fixed direction：Orientation：Edit：选择方向

子结构中的阻尼器

子结构中不能使用阻尼器。用户可以在子结构定义中定义瑞利阻尼，或者在使用层级上创建阻尼（更多内容见"使用子结构"中的"定义子结构阻尼"，《Abaqus 分析用户手册——分析卷》的 5.1.1 节）。

6.2.2　阻尼器单元库

产品：Abaqus/Standard　　　　Abaqus/Explicit　　　　Abaqus/CAE

参考

- "阻尼器"，6.2.1节
- *DASHPOT

概览

本节提供 Abaqus/Standard 和 Abaqus/Explicit 中可用阻尼器单元的参考。

单元类型（表6-3）

表6-3　阻尼器单元类型

标　　识	说　　明
DASHPOTA	两个节点之间的轴向阻尼器，作用线是两个节点的连线
DASHPOT1 [(S)]	节点与地之间的阻尼器，作用在固定方向上
DASHPOT2 [(S)]	两个节点之间的阻尼器，作用在固定方向上

有效自由度

DASHPOTA：1、2、3。在 Abaqus/Standard 分析中，如果单元的两个节点都连接到二维分析型刚性面、二维梁单元等二维物体上，则抑制3方向上的平动自由度。

DASHPOT1 或 DASHPOT2：1、2、3、4、5、6。如果用户为阻尼器指定了局部方向，则这些自由度是局部自由度。否则，这些自由度是整体自由度。

附加解变量

无。

所需节点坐标

DASHPOTA：X，Y，Z。在单元作动计算中使用这些坐标。

DASHPOT1 或者 DASHPOT2：无。这些单元节点不需要坐标定义，因为与这些单元相关联的作动是通过指定所涉及的自由度来定义的。

单元属性定义

输入文件用法：　　*DASHPOT

Abaqus/CAE 用法：Property or Interaction module：Special→Springs/Dashpots→Create

基于单元的载荷

无。

单元输出（表6-4）

表6-4　阻尼器单元输出

标　识	说　明
S11	阻尼器中的力
E11	阻尼器中的相对位移
ER11	阻尼器中的相对速度（仅用于 Abaqus/Standard）

单元中的节点顺序（图6-7）

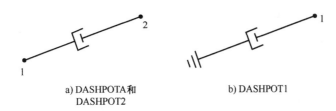

a) DASHPOTA和
DASHPOT2

b) DASHPOT1

图6-7　阻尼器单元中的节点顺序

6.3 柔性连接单元和柔性连接单元库

6.3.1 柔性连接单元

产品：Abaqus/Standard

参考

- "柔性连接单元库"，6.3.2 节
- *JOINT
- *DASHPOT
- *SPRING

概览

JOINTC 单元：

- 用来模拟连接相互作用。
- 在局部旋转坐标系中，由平动和转动弹簧以及平行阻尼器组成。

有关单元方程的详细内容见"柔性连接单元"（《Abaqus 理论手册》的 3.9.6 节）。

典型应用

JOINTC 单元用来模拟两个节点之间的相互作用，这两个节点在几何上重合（或者近乎重合），表示具有内部刚度和/或者阻尼的连接（如汽车悬架系统中的橡胶衬套），使连接的第二个节点可以关于第一个节点稍许平动和转动。

可以使用 REVOLUTE 或者 UNIVERSAL 类型的 MPC 更好地模拟仅具有一个或者两个转动轴且没有相对位移的连接（见"通用多点约束"《Abaqus 分析用户手册——指定条件、约束与相互作用卷》的 2.2.2 节）。

使用连接器也可以得到类似的功能（见"连接器：概览"，5.1.1 节）。

定义连接行为

连接行为包括并联的线性或者非线性弹簧和阻尼器，耦合了连接中相对位移和相对转动的相应分量。可以如"弹簧"（6.1.1 节）和"阻尼器"（6.2.1 节）所描述的那样定义弹簧和阻尼器行为。

每个弹簧或者阻尼器定义六个局部方向中的一个方向的行为；至多可以包含六个弹簧和六个阻尼器定义。如果没有对连接中的某个局部相对运动进行指定，则假定连接关于该分量没有刚度。

可以在随单元的第一节点运动一起转动的局部坐标系中定义连接行为（见"方向"，《Abaqus 分析用户手册——介绍、空间建模、执行与输出卷》的 2.2.5 节）。如果没有定义局部坐标系，则使用整体坐标系。

用户必须将连接行为与 JOINTC 单元集合关联起来。

关于 JOINTC 单元运动行为的详细内容见"柔性连接单元"（《Abaqus 理论手册》的 3.9.6 节）。

输入文件用法：　使用下面的选项定义连接行为：

*JOINT，ELSET = 名称，ORIENTATION = 名称

*DASHPOT

*SPRING

至多可以有六个 *SPRING 和 *DASHPOT 选项

在大位移分析中使用 JOINTC 单元

在大位移分析中，力矩和转动之间的关系方程将这些单元限制成用于小的相对转动。JOINTC 单元上的相对转动大小应为小转动。

6.3.2　柔性连接单元库

产品：Abaqus/Standard

参考

● "柔性连接单元"，6.3.1 节

● *JOINT

概览

本节提供 Abaqus/Standard 中可用的柔性连接单元的参考。

单元类型

JOINTC：连接相互作用单元。

有效自由度
1、2、3、4、5、6。

附加解变量
无。

所需节点坐标

无。因为通过指定所涉及的自由度来定义与这些单元相关联的作动，所以单元节点不需要坐标定义。

单元属性定义

输入文件用法：　　＊JOINT

基于单元的载荷

无。

单元输出（表6-5）

表6-5　连接单元输出

标　识	说　明
S11	第一个局部方向上的总正应力
S22	第二个局部方向上的总正应力
S33	第三个局部方向上的总正应力
S12	关于第一个局部方向的总力矩
S13	关于第二个局部方向的总力矩
S23	关于第三个局部方向的总力矩

对应于以上力和力矩的相对位移和转动通过请求响应"应变"来选择。

与单元相关联的节点（图6-8）

两个节点。单元第一个节点处的转动定义局部轴坐标系的转动。

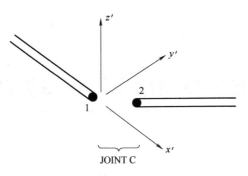

(局部坐标系，由局部方向定义，连接到节点1)

图 6-8　与单元相关联的节点

6.4 分布耦合单元和分布耦合单元库

6.4.1 分布耦合单元

产品：Abaqus/Standard

参考

- "分布耦合单元库"，6.4.2 节
- *DISTRIBUTING COUPLING

概览

分布耦合单元：
- 可以用来将参考节点上的力和力矩分布到节点集合上。
- 可以用来为节点集合指定平均位移和转动。
- 可以通过为每个耦合节点指定的权重因子来控制力分布。
- 可以创建结构与实体单元之间的柔性耦合。
- 可以与二维或者三维应力/位移单元一起使用。

定义分布约束的优先方法见"耦合约束"（《Abaqus 分析用户手册——指定条件、约束与相互作用卷》的 2.3.2 节）。

典型应用

分布耦合单元将耦合节点的运动约束成单元节点的平动和转动。平均地施加此约束，并且可以控制载荷的传递。这些特征使分布耦合在许多应用中都很有用。

- 在边界上的节点之间要求具有相对运动的情况中，可以使用该单元指定边界上的位移和转动条件。此情况的一个例子是指定端部面中会有弯曲和/或者变形的结构端部上的扭曲（图 6-9）。
- 可以使用该单元，通过参考节点的运动，来提供耦合的多个节点运动的加权平均。
- 可以使用该单元分布载荷，使用转动惯量表达式来描述载荷分布。此情况的例子包括经典的螺栓型和焊接型载荷分布表达式。

● 可以将该单元用作两个零件之间（结构-固体）的耦合来传递力和力矩。与多个 MPC 和运动耦合约束相比，可以将分布耦合单元考虑成更加"柔性"的连接。

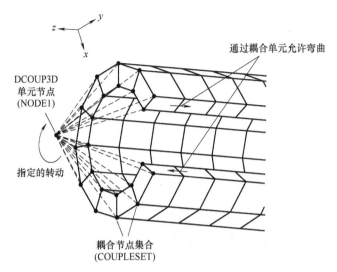

图 6-9　使用 DCOUP3D 单元传递结构面上的转动（不需要约束面中的运动）

选择合适的单元

可以使用二维和三维分布耦合单元。单元 DCOUP2D 仅描述整体 X-Y 平面中的行为。可以在轴对称分析中使用 DCOUP2D 单元，但必须谨慎地选取载荷分布权重因子。例如，一个结构的均匀轴载荷分布可能要求指定的载荷分布权重因子与耦合的多个节点的半径成比例。由于这些节点的半径将随着变形而变化，在大位移分析中，使用 DCOUP2D 单元仅是对正确载荷分布的近似。

定义分布耦合

要定义分布耦合，用户应指定要分布载荷的耦合节点，以及对应的分布权重。最少需要两个耦合节点。

输入文件用法：　　* DISTRIBUTING COUPLING，ELSET = 名称
　　　　　　　　节点编号或者节点集合，权重因子 1
　　　　　　　　节点编号或者节点集合，权重因子 2
　　　　　　　　…

例子

此例子（图 6-9）是使用 DCOUP3D 单元将转动传递到预期以一般的方式发生变形的结构面上。在此情况中，预期端面上将发生平面内的扭曲和运动。

　　　　* ELEMENT，TYPE = DCOUP3D，ELSET = ROTATEELEMENT

```
1001,1
 *DISTRIBUTING COUPLING,ELSET=ROTATEELEMENT
COUPLESET,1.0
...
 *STEP,NLGEOM
...
 *BOUNDARY
1,6,6,1.0
...
 *END STEP
```

定义载荷分布

单元分布载荷，使得耦合节点上力的结果等于单元节点上的力和力矩。对于耦合节点较多的情况，力的分布不仅仅取决于平衡，使用用户指定的权重因子来定义分布。权重因子是无因次的，并且在每个单元内部对其进行规范化，以使所有因子之和为1。因此，规范化的权重因子描述了通过具体耦合节点传递的总单元力和力矩比例。在仅传递力的情况中，通过节点传递的力比例就是规范化的权重因子。在传递力和力矩的一般情况中，力分布遵循经典的螺栓型分析，将权重因子考虑成具体螺栓的横截面面积。有关载荷分布的详细内容见"分布耦合约束"（《Abaqus 理论手册》的3.9.8节）。

在图 6-9 所示的例子中，所选的权重因子分布是均匀的，其值是1.0。对于所描绘的转动，更加精确的载荷分布将反映出槽边附近节点上的剪切力将逐渐减小到零的事实，可以为槽边附近的节点单独选择权重因子进行描述。如果单元上的载荷沿着结构的轴，则显示的均匀分布是合适的。对于不同载荷模式需要不同权重因子分布的情况，可以使用具有不同单元节点和不同权重因子的多分布耦合单元。

共线耦合节点布置

分布耦合单元将单元节点处的力矩传递成耦合节点中的力分布，即使这些节点具有转动自由度。因此，当耦合节点共线时，单元将不能传递所有单元节点处的力矩分量。明确地说，将不能传递与共线的耦合节点布置平行的力矩分量。出现此情况时，Abaqus 将发出一个警告信息来说明单元将不会围绕哪个轴传递力矩。

使用非均匀网格

当分布耦合单元与连接到单元尺寸会变化的耦合节点一起使用时，应谨慎地选择权重因子。为节点选择的权重因子通常应当与连接到此节点的单元大小成比例。

输出

通过单元变量 NFORC 来得到单元节点力（单元对单元和耦合节点施加的力）。在动力学过程中，通过整体单元变量 ELKE 来得到单元运动能量。

6.4.2 分布耦合单元库

产品：Abaqus/Standard

参考

- "分布耦合单元"，6.4.1 节
- *DISTRIBUTING COUPLING

概览

本节提供 Abaqus/Standard 中可以使用的分布耦合单元的参考。

单元类型（表6-6）

表6-6 分布耦合单元类型

标　　识	说　　明
DCOUP2D	二维分布耦合单元
DCOUP3D	三维分布耦合单元

有效自由度

DCOUP2D：1、2、6。

DCOUP3D：1、2、3、4、5、6。

附加解变量

无。

要求的节点坐标

DCOUP2D：X，Y。

DCOUP3D：X、Y、Z。

单元属性定义

用户必须至少指定两个节点，用来让分布耦合单元进行载荷分布和质量分布；此外，用户可以指定单元质量。

输入文件用法：　　＊DISTRIBUTING COUPLING

基于单元的载荷

无。

单元输出（表6-7）

表6-7　分布耦合单元输出

标　　识	说　　明
ELKE	单元运动能量
NFORC	单元节点力

与单元相关联的节点

一个节点与单元一起定义。组成耦合的其他节点在单元属性定义中进行定义。

6.5　胶粘单元和胶粘单元库

6.5.1　胶粘单元：概览

Abaqus 提供胶粘单元库来模拟胶粘连接、复合材料中的界面，以及可能对界面完整性和强度感兴趣的其他情况的行为。

概览

使用胶粘单元模拟的步骤包括：
- 选择合适的胶粘单元类型（"选择胶粘单元"，6.5.2 节）。
- 在有限元模型中包含胶粘单元，将它们与其他构件相连接，并且理解使用胶粘单元进行模拟的过程中产生的典型模拟问题（"使用胶粘单元模拟"，6.5.3 节）。
- 定义胶粘单元的初始几何形体（"定义胶粘单元的初始几何形体"，6.5.4 节）。
- 定义胶粘单元的机械、流体（可选的）本构行为。

可以采用以下方法对胶粘单元的机械本构行为进行定义：
- 使用基于连续体的本构模型（"使用连续体方法定义胶粘单元的本构响应"，6.5.5 节）。
- 使用单轴的基于应力的本构模型在模拟垫片和（或）单个胶粘片中很有用（"使用连续体方法定义胶粘单元的本构响应"中的"垫片和（或）小胶粘片的模拟"，6.5.5 节）。
- 通过使用以牵引-分离方式直接指定的本构模型（"使用牵引-分离描述定义胶粘单元的本构响应"，6.5.6 节）。

当在 Abaqus/Standard 中的土壤分析过程中使用孔隙压力胶粘单元时，可以通过下面的方法来定义胶粘单元的流体本构行为（"定义胶粘单元间隙中的流体本构响应"，6.5.7 节）。
- 定义切向流体流动关系。
- 定义考虑岩体裂纹中的结块或者结垢的流体泄漏系数。

典型应用

胶粘单元可用于模拟胶粘剂、粘接界面、垫片和岩石裂纹。这些单元的本构响应取决于具体的应用，并且是以适用于每个应用领域的变形和应力状态的某些假设为基础的。机械本构响应的性质大致分为以下几类：

- 材料的连续体描述。
- 界面的牵引-分离描述。
- 适合模拟垫片和（或）横向无约束胶粘片的单轴应力状态。

下面对每种本构响应类型进行简要的讨论。

基于连续体的模拟

胶粘连接的模拟包含使用胶状材料将两个实体连接到一起的情况（图6-10）。当胶具有有限的厚度时，胶的基于连续体的模拟是合适的。可以通过试验测量宏观属性，如胶粘材料的刚度和强度，并直接用于模拟（详细内容见"使用连续体方法定义胶粘单元的本构响应"，6.5.5节）。胶粘材料通常具有比周围的材料更大的柔性。胶粘单元可以模拟初始加载、损伤初始，以及导致材料最终失效的损伤扩展。

在三维问题中，基于连续体的本构模型假定一个直接（厚度上的）应变、两个横向剪切应变，以及所有（六个）应力分量在材料点上是有效的。在二维问题中，基于连续体的本构模型假定一个方向（厚度上的）应变、一个横向剪切应变，以及所有（四个）应力分量在材料点上是有效的。

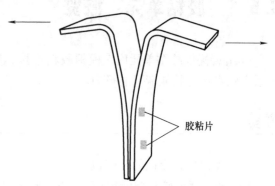

胶粘片

图 6-10　使用胶粘单元模拟有限
厚度的胶粘剂的典型剥离测试

基于牵引-分离的模拟

复合材料中粘接界面的模拟通常会涉及中间胶状材料非常薄的情况，出于所有实践目的，可以考虑成零厚度（图6-11）。在此情况中，宏观材料属性不是直接有关的，必须借助于从断裂力学中推导出的概念，如创建新面所需的能量（详细内容见"使用牵引-分离描述定义胶粘单元的本构响应"，6.5.6节）。胶粘单元可以模拟初始加载、损伤初始，以及导致粘接界面最终失效的损伤扩展。通常将损伤初始前的界面行为描述成在拉伸和（或）剪切载荷下发生退化，但不受纯压缩影响的罚刚度形式的线弹性。

用户可以在期望裂纹发展的模型区域中使用胶粘单元。然而，模型不需要以任何裂纹开始。实际上，裂纹初始的精确位置（使用胶粘单元模拟的所有区域中），以及这种裂纹的扩展特征是由计算确定的。限制裂纹沿着胶粘单元层扩展，不会偏移到周围材料中。

在三维问题中，基于牵引-分离的模型假定分离的三个分量——一个与界面垂直，另外两个与界面平行；并假定相应的应力分量在材料点上是有效的。在二维问题中，基于牵引-分离的模型假定分离的两个分量——一个与界面垂直，另一个与界面平行；并假定相应的应力分量在材料点上是有效的。

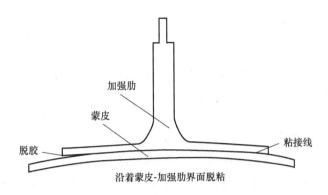

图 6-11　沿着蒙皮-加强肋界面脱胶：基于牵引-分离模拟的典型情况

垫片和（或）横向无约束胶粘片的模拟

　　胶粘单元也提供模拟垫片的一些有限功能（图6-12）。只能使用刚度和强度等宏观属性来定义使用胶粘单元模拟的垫片的本构响应（详细内容见"使用连续体方法定义胶粘单元的本构响应"，6.5.5节）。没有可用的专用垫片行为（通常以压力与闭合关系的方式来定义）。与 Abaqus/Standard 中可用的垫片单元类型（"垫片单元：概览"，6.6.1节）对比，胶粘单元：

- 是完全非线性的（可用于有限应变和转动）。
- 可以在动力学分析中具有质量。
- 在 Abaqus/Standard 和 Abaqus/Explicit 中都是可以使用的。

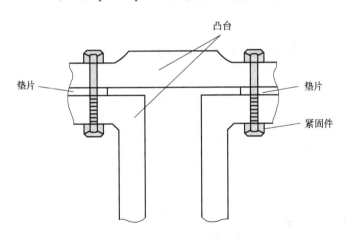

图 6-12　包含垫片的典型应用

　　假定垫片承受单轴应力状态。单轴应力状态也适合模拟在水平方向上无约束的小胶粘片。

　　所有可用于一维单元（梁、杆或者钢筋）的 Abaqus 材料模型，包括超弹性和弹性泡沫材料模型（用于模拟垫片、密封剂或者由多孔材料制成的冲击吸收器）等，可以使用这种方法。

胶粘单元的空间表述

图 6-13 所示为用来定义胶粘单元的关键几何形体特征。胶粘单元的连接性与连续单元相似，但是，将胶粘单元看作是由厚度分开的两个面组成的是有帮助的。沿着厚度方向测量的底面和顶面的相对运动（三维单元的局部 3 方向，二维单元的局部 2 方向，关于局部方向的详细内容见"定义胶粘单元的初始几何形体"，6.5.4 节）表示界面的打开或者闭合。在与厚度方向垂直的平面中度量的底面和顶面位置的相对变化，量化了胶粘单元的横向剪切行为。单元中面的拉伸和剪切（底面和顶面中间的面）与胶粘单元中的膜应变相关联；然而，假定胶粘单元在纯膜响应中不生成任何应力。图 6-14 所示为一个胶粘单元的不同变形模式。

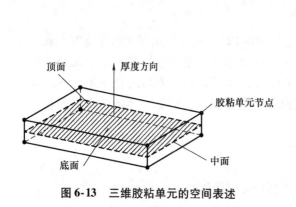

图 6-13　三维胶粘单元的空间表述

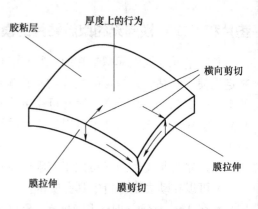

图 6-14　胶粘单元的变形模式

与使用胶粘单元模拟相关的常见问题

使用胶粘单元时，用户应当注意这些单元特有的重要问题。这些问题包括与组合使用胶粘单元和接触相互作用有关的特别考虑，Abaqus/Explicit 中稳定时间增量的可能退化，以及Abaqus/Standard 中潜在的收敛问题（见"使用胶粘单元模拟"，6.5.3 节）。胶粘单元通常用来将构件绑定在一起。"使用胶粘单元模拟"（6.5.3 节）中也讨论了将胶粘层连接到附近构件上的方法。

允许胶粘单元的过程

没有孔隙压力自由度的胶粘单元可以用在所有应力/分析类型中。虽然它们具有的自由度都是位移，但可以将它们用在耦合过程中，来将耦合的温度-位移单元制成的构件粘结到一起，在 Abaqus/Standard 中，把耦合的孔隙压力-位移单元和/或压电单元粘结到一起，来仿真界面的机械失效。这种耦合过程中的胶粘单元响应仅是机械的（例如，在耦合的温度-位移问题中，没有发生穿过界面的热传导）。

具有孔隙压力自由度的胶粘单元可以用于耦合的孔隙流体扩散/应力分析中（"耦合的

孔隙流体扩散和应力分析"，《Abaqus 分析用户手册——分析卷》的 1.8.1 节）。耦合的孔隙压力-位移单元的机械响应与等效位移单元相同，除了将间隙流体压力考虑成开放面上的牵引力。

6.5.2 选择胶粘单元

产品： Abaqus/Standard   Abaqus/Explicit

参考

- "胶粘单元：概览"，6.5.1 节
- "二维胶粘单元库"，6.5.9 节
- "三维胶粘单元库"，6.5.10 节
- "轴对称胶粘单元库"，6.5.11 节

概览

Abaqus 胶粘单元库包括：
- 用于二维分析的单元。
- 用于三维分析的单元。
- 用于轴对称分析的单元。

命名约定

Abaqus 中使用的胶粘单元命名如下：

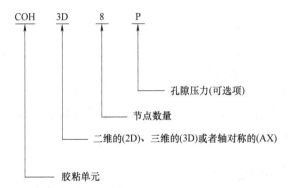

例如，COH2D4 是 4 节点二维胶粘单元。对于模拟从达西（Darcy）流动转换到伯肃叶（Poiseuille）流动的孔隙压力胶粘单元，单元名称的前三个字母变成 COD。例如，COD2D4P 是 4 节点二维孔隙压力胶粘单元，模拟从达西流动到伯肃叶流动的转变。

6.5.3　使用胶粘单元模拟

产品：Abaqus/Standard　　Abaqus/Explicit　　Abaqus/CAE

参考

- "胶粘单元：概览"，6.5.1 节
- "选择胶粘单元"，6.5.2 节
- ＊COHESIVE SECTION
- "胶粘连接和粘接界面"，《Abaqus/CAE 用户手册》的第 21 章

概览

胶粘单元：
- 用来模拟两个构件之间的胶粘剂，每个构件可以是可变形的或者刚性的。
- 用来模拟使用胶粘区域构型的界面脱胶。
- 用来模拟垫片和（或）较小的胶粘剂片。
- 可以通过共享节点、使用网格绑定约束，或者使用 MPCs 类型的 TIE 或 PIN 与相邻构件连接。
- 可以通过垫片应用中的接触与其他构件相互作用。

本节讨论了可用来离散胶粘区域，并将其装配到表示几个相互粘接构件的模型中的技术。还讨论与胶粘单元有关的常见模拟问题。

使用胶粘单元离散胶粘区域

必须在厚度上使用单层胶粘单元来离散胶粘区域。如果胶粘区域代表具有有限厚度的胶粘材料，则可以直接使用此材料的连续体宏观属性来模拟胶粘区域的本构响应。另外，如果胶粘区域代表粘接界面处的无限薄胶粘层，则直接根据界面上的牵引力与界面上的相对运动之间的关系来定义界面的响应可能更加合适。最后，如果胶粘区域代表小的胶粘剂片或者没有水平约束的垫片，则单轴应力状态可提供这些单元状态的良好近似。Abaqus 提供上述情况的模拟功能。在本节后面对此进行了详细的讨论。

将胶粘单元连接到其他构件

胶粘单元的顶面或者底面至少有一个必须约束到其他构件上。在大部分应用中，使胶粘单元的两个面都绑定到相邻构件上是合适的。如果只约束了胶粘单元的一个面，而另一个面是自由的，则由于缺乏膜刚度，胶粘单元将表现出一种或者（对于三维单元）多种奇异模

式的变形。此奇异模式可以从一个胶粘单元传递到相邻的胶粘单元，但是可以通过约束一系列胶粘单元端部侧面上的节点进行抑制。

在一些情况中，胶粘单元与相邻构件面上的单元共享节点可能是方便且合适的。更一般地，当胶粘区域中的网格与相邻构件的网格不匹配时，胶粘单元可以与其他构件绑定。使用胶粘单元模拟垫片时，像下面讨论的那样在一侧绑定或者共享节点，并且在另一侧定义接触更加合适。这样可以防止垫片承受拉伸应力。

使胶粘单元与其他单元共享节点

当胶粘单元与其相邻零件具有匹配的网格时，可以直接通过共享节点将胶粘单元连接到模型中的其他构件上（图6-15）。

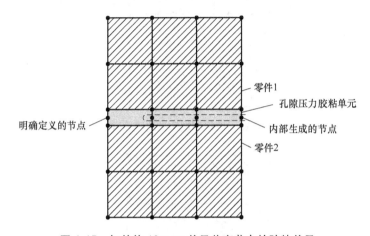

图 6-15 与其他 Abaqus 单元共享节点的胶粘单元

当将这些单元用作胶粘剂或者用来模拟脱胶时，可以使用此方法从一个模型得到初始结果——更加精确的局部结果（在脱胶区域）通常是在胶粘区域比周围构件的单元更加细密的情况下得到的。使用这些单元模拟垫片时，如果垫片和周围构件之间未发生摩擦滑动，则此方法是合适的。垫片应用中共享节点的方法，将在使连接到垫片上的零件拉伸分开时导致垫片中的拉伸应力。在胶粘单元的一侧上定义接触可避免这种拉伸应力。

使用基于面的绑定约束将胶粘单元连接到其他构件上

如果两个相邻零件没有相匹配的网格，例如，当胶粘层中的离散化水平（通常更加细密）与周围结构中的离散化水平不同时，可以使用绑定约束将胶粘层的顶面和（或）底面与周围的结构绑定（"网格绑定约束"，《Abaqus 分析用户手册——指定条件、约束与相互作用卷》的 2.3.1 节）。在图 6-16 所示的例子中，为胶粘层使用了比相邻零件更加细密的离散化。

胶粘单元与其他构件之间的接触相互作用

对于一些涉及垫片的应用，在胶粘单元的一侧定义接触是合理的（图 6-17）。可以使用 Abaqus/Explicit 中的通用接触算法（"在 Abaqus/Explicit 中定义通用接触相互作用"，《Abaqus

分析用户手册——指定条件、约束与相互作用卷》的3.4.1节），或者 Abaqus/Standard 中的接触对算法（"在 Abaqus/Standard 中定义接触对"，《Abaqus 分析用户手册——指定条件、约束与相互作用卷》的3.3.1节），或者 Abaqus/Explicit 中的接触对算法（"在 Abaqus/Explicit 中定义接触对"，《Abaqus 分析用户手册——指定条件、约束与相互作用卷》的3.5.1节）来定义接触。如果使用了纯主-从接触，通常胶粘单元的面应当是从面，而相邻零件的面应当是主面。

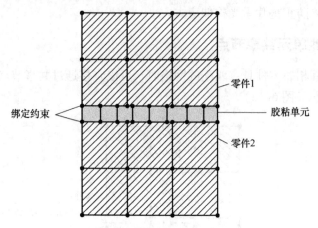

图 6-16   使用绑定约束的独立网格

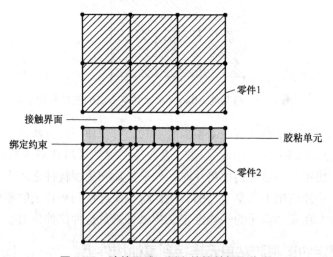

图 6-17   胶粘区域一侧上的接触相互作用

这样选择主面和从面是因为胶粘区域通常由较软的材料构成，因而具有更加细密的离散化。第二个考虑也说明在涉及胶粘单元的分析中通常会使用不匹配的网格。如果使用了不匹配的网格，则可能无法精确地预测胶粘单元上的压力分布；可以请求子模型（"子模型：概览"，《Abaqus 分析用户手册——分析卷》的5.2.1节）来得到精确的局部结果。

在大位移分析中使用胶粘单元

胶粘单元可以用于大位移分析中。包含胶粘单元的装配可以承受有限的滑动以及有限的旋转。

选择胶粘单元本构响应的通用类型

如前面讨论的那样，可以使用胶粘单元来模拟可忽略有限厚度的胶粘剂、脱胶的薄胶层应用，以及垫片和（或）较小的胶粘剂片。定义胶粘单元的截面属性时，用户必须选择应用的这些通用类型中的一种。每种选择的详细含义在"使用连续体方法定义胶粘单元的本构响应"（6.5.5 节）和"使用牵引-分离描述定义胶粘单元的本构响应"（6.5.6 节）中进行了讨论。

输入文件用法：　　　使用下面的选项模拟使用基于连续体本构响应的有限厚度胶粘剂层：

*COHESIVE SECTION, RESPONSE = CONTINUUM

使用下面的选项模拟使用基于牵引-分离响应的，可忽略的（几何上）胶粘剂薄层：

*COHESIVE SECTION, RESPONSE = TRACTION SEPARATION

使用下面的选项将胶粘单元用作垫片和（或）较小的胶粘剂片：*COHESIVE SECTION, RESPONSE = GASKET

Abaqus/CAE 用法：Property module：Create Section：截面 Category 选择 Other，截面 Type 选择 Cohesive：Response：Continuum，Traction Separation，或者 Gasket

为胶粘单元赋予材料行为

用户将材料定义名称赋予特定单元集合。此单元集合的本构行为是通过胶粘层的本构厚度（见"定义胶粘单元的初始几何形体"中的"指定本构厚度"，6.5.4 节）和参考相同名称的材料属性来完全定义的。

可以采用 Abaqus 提供的材料模型，或者用户定义的材料模型（见"用户定义的机械材料行为"，《Abaqus 分析用户手册——材料卷》的 6.7.1 节）的方式来定义胶粘单元的本构行为。当胶粘单元用于包含有限厚度的胶粘剂应用中时，可以使用 Abaqus 中任何可用的材料模型，包括渐进损伤材料模型。对于包含垫片和（或）较小的有限厚度胶粘剂片的应用，可以使用任何可与一维单元（如梁、杆和钢筋）一起使用的材料模型，包括渐进性损伤材料模型（详细内容见"使用连续体方法定义胶粘单元的本构响应"，6.5.5 节）。对于直接以牵引与分离关系的方式定义胶粘单元行为的应用，只能以线弹性关系（牵引与分离之间）和渐进损伤的方式（见"使用牵引-分离描述定义胶粘单元的本构响应"，6.5.6 节）来定义响应。

要定义胶粘单元的本构行为，用户通过截面定义将材料模型的名称赋予某个单元集合。用户定义的材料模型是在 Abaqus/Standard 中的用户子程序 UMAT，或者 Abaqus/Explicit 中的 VUMAT 中定义的。

输入文件用法：　　　*COHESIVE SECTION, ELSET = 名称, MATERIAL = 名称

Abaqus/CAE 用法：Property module：cohesive section editor：Material：名称

在耦合的孔隙流体扩散/应力分析中使用胶粘单元

耦合的孔隙流体扩散/应力分析中可以使用具有或者没有孔隙压力自由度的胶粘单元。

没有孔隙压力自由度的胶粘单元只会产生机械作用，并且当胶粘单元打开时暴露的面对于流体流动是不可渗透的。

具有孔隙压力自由度的胶粘单元提供更加通用的响应，包括模拟切向流动和从间隙流入相邻材料的泄漏流动能力。这些单元在间隙内部具有附加孔隙压力节点，用户可以选择明确地定义这些节点，或者让 Abaqus/Standard 自动生成这些节点。

在典型应用中，可以为模型中的绝大部分胶粘单元生成这些间隙内部节点。如"定义胶粘单元的初始几何形体"中的"定义底面的单元连接性和整数偏移"（6.5.4 节）所讨论的那样，用户调用自动节点生成。

定义周围构件之间的接触

可以使用胶粘单元粘接两个不同的构件。通常，由于变形，胶粘单元在拉伸和（或）剪切中完全退化。随后，最初通过胶粘单元粘接在一起的构件间可能发生彼此接触。模拟此种接触的方法如下：

● 在某些情况中，可以通过胶粘单元自身来处理此种接触。默认情况下，胶粘单元保持其对压缩的阻抗，即使它们对其他变形模式的阻抗是完全退化的。因此，即使已经在拉伸和（或）剪切中完全退化了，胶粘单元依然能够抵抗周围构件的穿透。当胶粘单元的顶面和底面在变形过程中彼此之间没有显著的切向位移时，此方法最有效。换言之，要模拟上述情形，胶粘单元的变形应当限制成"小滑动"。

● 另一种可能的方法是在可能接触的周围构件的面之间定义接触，并且一旦胶粘单元完全损伤就将其删除。如果模型中胶粘单元的几何厚度非常小或者为零（胶粘单元的几何厚度可能与定义胶粘单元的截面属性时用户所指定的本构厚度不同，见"定义胶粘单元的初始几何形体"中的"指定本构厚度"，6.5.4 节），则不推荐此方法，因为当胶粘单元仍然有效时，接触将造成对胶粘层压缩的非物理阻抗。如果模拟了摩擦接触，则也可能存在非物理剪切力。

使用 Abaqus/Explicit 通用接触算法将默认发生此行为。图 6-18 ~ 图 6-20 所示为通用接触的默认面。此面：

● 对于胶粘单元和相邻单元是否共享节点，是否绑定在一起，还是没有连接并不敏感。

● 不包括胶粘单元的面。

图 6-21 所示为将胶粘单元的面也添加到默认面时的情形。Abaqus/Explicit 自动生成接

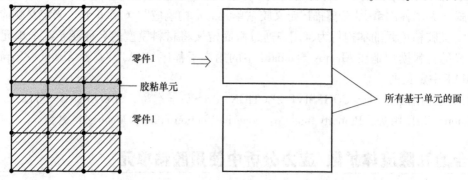

图 6-18　胶粘单元与周围单元共享节点时的默认面

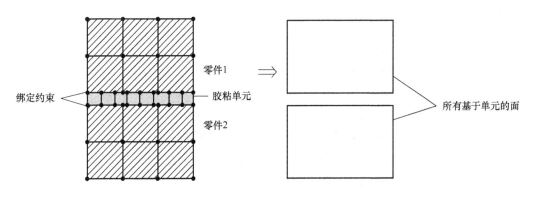

图 6-19　胶粘单元绑定在周围单元上时的默认面

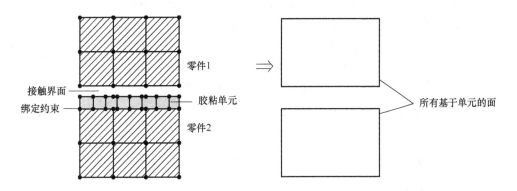

图 6-20　胶粘单元在一侧上绑定，在另一侧通过接触相互作用时的默认面

触排除，使得通用接触算法避免考虑胶粘单元的底面与零件 2 的顶面之间的接触，因为这些面是绑定在一起的。

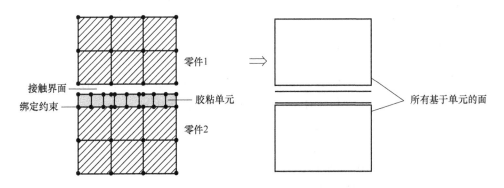

图 6-21　当胶粘单元在一侧绑定，并且通过接触在另外一侧相互作用时，
胶粘单元的顶面和底面以及默认的面

输入文件用法：　　使用下面的选项将胶粘单元的顶面和底面添加到默认的通用接触面
　　　　　　　　　中（胶粘单元包含在单元集合 COH_ELEMS 中）：
　　　　　　　　　* SURFACE，NAME = DEFAULT_PLUS_COH

，

COH_ELEMS,

∗CONTACT

∗CONTACT INCLUSIONS

DEFAULT_PLUS_COH,

Abaqus/CAE 用法：任何模块，除了 Sketch、Job 以及 Visualization：

Tools→Surface→Create：Name：default_plus_coh：

在视图中选取面

Interaction module：Create Interaction：General contact（Explicit）：Included surface pairs：Selected surface pairs：Edit，在左边的列中选取面，并且单击中间的箭头来将它们传递到所包括的对列表中

• 对于 Abaqus/Explicit 中的通用接触，还有另一种模拟周围结构之间的接触方法，即只有在胶粘单元完全退化并从模型中将其删除时（见"使用牵引-分离描述定义胶粘单元的本构响应"中的"最大退化和单元删除的选择"，6.5.6 节），才包含有效的接触。对于此方法，胶粘单元必须与相邻单元共享节点，并且通用接触的定义必须包含胶粘单元的顶面和底面，如图 6-22 所示。因为胶粘单元的每个面直接与相邻单元的面相对，当两个父单元都有效时，通用接触算法不考虑这些面是有效的。然而，如果胶粘单元失效，则相对的面将变成有效的。

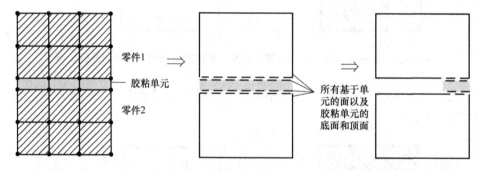

图 6-22　当面定义中包含胶粘单元时并使用了磨损时，通用接触中包含的面

输入文件用法：　　使用下面的选项在通用接触定义中包含胶粘单元的顶面和底面（胶粘单元包含在单元集合 COH_ELEMS 中）：

∗SURFACE，NAME = gc_ surf

，

COH_ELEMS,

∗CONTACT

∗CONTACT INCLUSIONS

gc_surf,

Abaqus/CAE 用法：任何模块，除了 Sketch、Job 以及 Visualization：

Tools→Surface→Create：Name：gc_ surf：在视图中选取面

Interaction module：Create Interaction：General contact（Explicit）：Included surface pairs：Selected surface pairs：Edit，在左面的列中选择面，并且单击中间的箭头来将它们传递到所包括的对列表中

Abaqus/Explicit 中的稳定时间增量

Abaqus/Explicit 中的胶粘单元的稳定时间增量等于应力波穿透胶粘层的本构厚度 T_c 所需要的时间 Δt：

$$\Delta t = \frac{T_c}{c}$$

式中，$c = \sqrt{\dfrac{E_c}{\rho_c}}$ 是波速，E_c 和 ρ_c 分别是胶粘材料的刚度和密度。以波速表达式的形式，稳定时间增量可以写成

$$\Delta t = T_c \sqrt{\frac{\rho_c}{E_c}}$$

对于以牵引与分离关系的形式定义本构响应的情况，牵引与分离关系的斜率是 $K_c = E_c / T_c$，并且将密度指定成单位面积的质量，而不是单位体积的质量：$\bar{\rho}_c = \rho_c T_c$（关于此问题的详细情况见"使用拉伸-分离描述定义胶粘单元的本构响应"，6.5.6 节）。因此，对于牵引与分离的关系，时间增量的表达式变成

$$\Delta t = \sqrt{\frac{\rho_c}{K_c}}$$

胶粘单元的时间增量明显小于模型中其他单元的时间增量是非常正常的，除非用户采取行动来改变一个或者多个影响时间增量的因子，这需要用户来判断。下面推荐一些定义材料响应的不同方法所使用的时间增量。然而，在需要精确地模拟刚硬的薄胶粘层的应用中，可能优先使用 Abaqus/Standard。

以连续体或者单轴应力状态方法的形式定义的本构响应

对于以连续体或者单轴应力状态方法的形式定义的本构响应，胶粘单元的稳定时间增量与其他单元稳定时间增量之比为

$$\frac{\Delta t_c}{\Delta t_e} = \frac{T_c}{T_e} \sqrt{\frac{\rho_c E_e}{\rho_e E_c}}$$

式中，下标"c"和"e"分别代表胶粘单元和周围单元。胶粘层的厚度通常小于模型中其他单元的特征长度，因此，T_c/T_e 的值通常较小。根号下的量取决于所涉及的材料。对于钢构件之间的环氧胶，此根号值是同一个数量级。可以人为地提高胶粘单元的稳定时间增量：

- 增加本构厚度 T_c。
- 增加密度 ρ_c。
- 降低刚度 E_c。
- 上述方法的组合。

在许多情况中，最有吸引力的选项是增加密度，也称质量缩放（"质量缩放"，《Abaqus分析用户手册——分析卷》的 6.6 节）。然而，如果胶粘区域的厚度非常小，则达到合理时间增量所需的质量缩放可能会明显影响结果。在这样的情况中，除了质量缩放外，可能需要人为地降低胶粘剂刚度。此方法包括使用与所测截面刚度不同的刚度；然而，如果峰值强度和断裂能保持不变，则在许多情况中，整体响应将不会受到显著的影响。

以牵引与分离关系的方式定义的本构响应

对于以牵引与分离关系的方式定义的本构响应，胶粘单元的稳定时间增量与其他单元之比为

$$\frac{\Delta t_c}{\Delta t_e} = \sqrt{\frac{\bar{\rho}_c K_e}{\bar{\rho}_e K_c}}$$

式中，下标 "c" 和 "e" 分别代表胶粘单元和周围单元。

确保胶粘单元对稳定时间增量没有负面影响的方法是选择材料属性，使得 $\Delta t_c = \Delta t_e$，这表明

$$\frac{\bar{\rho}_c}{\bar{\rho}_e} = \frac{K_c}{K_e}$$

例如，如果胶粘单元的刚度和单位面积的密度如下面那样选取，则可满足上式

$$K_c = \frac{E_c}{T_c} = \frac{1}{10}\frac{E_e}{T_e} = 0.1 K_e$$

$$\bar{\rho}_c = \rho_c T_c = \frac{1}{10}\rho_e T_e = 0.1\bar{\rho}_e$$

式中，T_e 是相邻非胶粘单元的特征长度。通过选择 $K_c = 0.1 K_e$，胶粘层相对于周围单元的刚度将类似于 Abaqus/Explicit 中的罚接触所使用的默认刚度（相对于周围单元的等效一维刚度）。此方法所使用的刚度一般不同于界面的被测刚度；然而，如果峰尖强度和断裂能保持不变，则在许多情况中，整体响应将不会受到显著的影响。

Abaqus/Standard 中的收敛问题

在许多问题中，将胶粘单元模拟成承受导致失效的渐进损伤。渐进损伤的模拟涉及材料响应中的软化，在 Abaqus/Standard 等隐式求解过程中会导致收敛困难。当获得的能量高于材料的断裂韧性时，在不稳定的开裂过程中也会发生收敛困难。以下方法有助于避免这些收敛问题。

使用黏性正则化

Abaqus/Standard 提供了有助于改善这类问题收敛性的黏性正则化功能。在 "截面控制" 中的 "在 Abaqus/Standard 中，胶粘单元、连接器单元，以及用于韧性金属和纤维增强复合材料的损伤演化模型的单元的黏度正则化"（1.4 节），以及 "使用牵引-分离描述定义胶粘单元的本构响应" 中的 "Abaqus/Standard 中的黏度正则化"（6.5.6 节）中详细讨论了该

功能。

使用自动稳定

帮助收敛行为的另一种方法是使用自动稳定（更多内容见"静态应力分析"，《Abaqus 分析用户手册——分析卷》的 1.2.2 节；以及"求解非线性问题"，《Abaqus 分析用户手册——分析卷》的 2.1.1 节），当由于局部不稳定性而使问题不稳定时，此方法是有用的。通常，如果使用了足够的黏性正则化（由黏度系数来度量，详细内容见"使用牵引-分离描述定义胶粘单元的本构响应"中的"Abaqus/Standard 中的黏度正则化"，6.5.6 节），则不需要使用自动稳定技术。在使用少量或者没有使用黏性正则化的问题中，自动稳定将改善收敛特征。

使用非默认的求解控制

使用非默认的求解控制（详细内容见"常用的控制参数"，《Abaqus 分析用户手册——分析卷》的 2.2.2 节；以及"非线性问题的收敛准则"，《Abaqus 分析用户手册——分析卷》的 2.2.3 节）和激活线性搜索技术（"非线性问题的收敛准则"中的"通过使用线性搜索算法来改善求解效率"，《Abaqus 分析用户手册——分析卷》的 2.2.3 节），有助于改善收敛效率。

6.5.4 定义胶粘单元的初始几何形体

产品：Abaqus/Standard　　　Abaqus/Explicit　　　Abaqus/CAE

参考

- "胶粘单元：概览"，6.5.1 节
- "胶粘接头和粘接界面"，《Abaqus/CAE 用户手册》的第 21 章

概览

通过以下几项定义胶粘单元的初始几何形体：
- 单元的节点连接性和这些节点的位置。
- 堆叠方向，可以使用此方向来指定独立于节点连接性的胶粘单元顶面和底面。
- 初始本构厚度的大小，可以对应于由节点位置和堆叠方向指定的几何厚度或者直接指定的几何厚度。

定义单元连接性

胶粘单元的连接性类似于连续单元的连接性；然而，将胶粘单元设想成由胶粘区域厚度

分开的两个面（一个底面和一个顶面）组成的是有帮助的。单元在其底面上具有节点，并且在其顶面上具有对应的节点。孔隙压力胶粘单元包括名为中面的第三个面，用来模拟单元内部的流体流动。

定义单元连接性的方法有三种。

直接定义单元的完全连续性

可以直接给出胶粘单元的完全连接性（见"单元定义"中的"定义胶粘单元"，《Abaqus 分析用户手册——介绍、空间建模、执行与输出卷》的 2.2.1 节）。

定义底面的单元连接性和整数偏移

另外，用户可以指定底面的连接性，以及用来确定剩余胶粘单元节点的正整数偏移（见"单元定义"中的"定义胶粘单元"，《Abaqus 分析用户手册——介绍、空间建模、执行与输出卷》的 2.2.1 节）。

输入文件用法：　　* ELEMENT，OFFSET $= n$

Abaqus/CAE 用法：Abaqus/CAE 中不支持单元偏移。

与位移胶粘单元一起使用

使用整数偏移定义胶粘单元顶面的节点编号。Abaqus 将自动定位顶面的节点与底面的那些节点重合，除非已经使用节点定义直接为顶面节点赋予了坐标（见"节点定义"，《Abaqus 分析用户手册——介绍、空间建模、执行与输出卷》的 2.1.1 节）。

与孔隙压力-位移胶粘单元一起使用

当用户仅定义了底面节点时，首先使用整数偏移定义胶粘单元顶面的节点编号，顶面节点编号是从底面节点编号偏移而来的。然后使用整数偏移定义中面节点编号，中面节点编号是从顶面节点编号偏移而来的。Abaqus 将自动定位顶面和中面的节点，使其与底面上的相应节点重合，除非已经使用节点定义直接为顶面节点赋予了坐标（见"节点定义"，《Abaqus 分析用户手册——介绍、空间建模、执行与输出卷》的 2.1.1 节）。

定义底面的和顶面的单元连接性以及整数偏移

对于孔隙压力胶粘单元，用户也可以指定底面和顶面的连接性，以及用来确定中面胶粘单元节点的正整数偏移（见"单元定义"中的"定义胶粘单元"，《Abaqus 分析用户手册——介绍、空间建模、执行与输出卷》的 2.2.1 节）。

定义底面节点和顶面节点时，将使用整数偏移来定义中面节点编号，从底面节点编号偏移中面节点编号。Abaqus 将自动定位中面节点，使其处于底面节点与顶面节点的中间位置，除非已经使用节点定义直接为中面节点赋予了坐标（"节点定义"，《Abaqus 分析用户手册——介绍、空间建模、执行与输出卷》的 2.1.1 节）。

输入文件用法：　　* ELEMENT，OFFSET $= n$

Abaqus/CAE 用法：Abaqus/CAE 中不支持单元偏移。

指定二维单元的面外厚度

对于二维胶粘单元，需要面外厚度。用户在胶粘截面定义中指定此附加信息，默认值是1.0。

输入文件用法：　　* COHESIVE SECTION
第一个数据行
面外厚度

Abaqus/CAE 用法：Property module：cohesive section editor：切换选中 Out- of- plane thickness：指定面外厚度

指定本构厚度

用户可以直接指定胶粘单元的本构厚度，或者允许 Abaqus 基于节点坐标来计算它，使得本构厚度与几何厚度相等。默认行为取决于应用的性质。

如果胶粘单元的几何厚度与其面的尺寸相比非常小，则根据节点坐标计算得到的厚度可能是不精确的。在此情况中，当定义这些单元的截面属性时，用户可以直接指定一个不变的厚度。

胶粘单元的特征单元长度等于它的本构厚度。特征单元长度通常用于定义材料的损伤扩展（见"渐进性损伤和失效"中的"网格相关性"，《Abaqus 分析用户手册——材料卷》的4.1节）。

当胶粘单元响应是基于连续体方法时

当胶粘单元的响应是基于连续体方法时，默认情况下，单元的本构厚度是 Abaqus 基于节点坐标来计算的。用户可以直接指定本构厚度来覆盖此默认值。

输入文件用法：　　使用下面的选项让 Abaqus 基于节点坐标来计算厚度：
* COHESIVE SECTION, RESPONSE = CONTINUUM,
THICKNESS = GEOMETRY （默认的）
使用下面的选项直接指定厚度：
* COHESIVE SECTION, RESPONSE = CONTINUUM,
THICKNESS = SPECIFIED
厚度（默认为1.0）

Abaqus/CAE 用法：Property module：cohesive section editor：Response：Continuum：Initial thickness：Use nodal coordinates，Specify：厚度，或者 Use analysis default

当胶粘单元响应是基于牵引- 分离方法时

当胶粘单元的响应是基于牵引-分离方法时，默认情况下，Abaqus 假定胶粘厚度等于1。这是因为对于适合使用基于牵引-分离的本构响应的应用类型，胶粘单元的几何厚度通常等于（或者非常接近于）零。此默认的选择可确保法向应变等于相对的分离位移（更多内容见"使用牵引-分离描述定义胶粘单元的本构响应"，6.5.6 节）。用户可以通过指定另一个值或者指定本构厚度等于几何厚度来覆盖此选项。

> 输入文件用法：　使用下面的选项直接指定厚度：
>
> * COHESIVE SECTION，RESPONSE = TRACTION SEPARATION，
>
> THICKNESS = SPECIFIED（默认的）
>
> 厚度（默认为 1.0）
>
> 使用下面的选项让 Abaqus 基于节点坐标计算厚度：
>
> * COHESIVE SECTION，RESPONSE = TRACTION SEPARATION，
>
> THICKNESS = GEOMETRY

> Abaqus/CAE 用法：Property module：cohesive section editor：Response：Traction Separation：Initial thickness：Specify：厚度，Use analysis default，或者 Use nodal coordinates

当胶粘单元响应是基于单轴应力状态时

当胶粘单元的响应是基于单轴应力状态时，对于本构厚度计算没有默认的方法。用户必须说明所选择的确定本构厚度的方法。

> 输入文件用法：　使用下面的选项指定厚度：
>
> * COHESIVE SECTION，RESPONSE = GASKET，
>
> THICKNESS = SPECIFIED
>
> 厚度（默认为 1.0）
>
> 使用下面的选项让 Abaqus 基于节点坐标计算厚度：
>
> * COHESIVE SECTION，RESPONSE = GASKET，
>
> THICKNESS = GEOMETRY

> Abaqus/CAE 用法：Property module：cohesive section editor：Response：Gasket：Initial thickness：Specify：厚度 或者 Use nodal coordinates

单元厚度方向定义

正确定义胶粘单元的方向是重要的，因为单元的行为在厚度和平面内方向上是不同的。默认情况下，三维胶粘单元的顶面和底面如图 6-23 所示，二维和轴对称胶粘单元的顶面和底面如图 6-24 所示。下面将讨论覆盖胶粘单元默认方向的选项，并讨论如何建立局部厚度方向和平面内的方向向量。

设置堆叠方向等于等参方向

"堆叠方向"是指等参方向，沿着此等参方向，对胶粘单元的顶面和底面进行堆叠。默认情况下，顶面和底面是沿着三维胶粘单元中的第三个等参方向堆叠的；在二维和轴对称胶粘单元中，沿着第二个等参方向对其进行堆叠。对于大部分单元类型（COH3D6 单元仅使用第三个等参方向作为堆叠方向），用户可以选择沿着一个交替的等参方向来堆叠顶面和底

面。等参方向的选择取决于单元的连接性。对于一个网格无关的指定，使用下述基于方向的方法。三维胶粘单元等参方向的选择如图 6-25 所示。

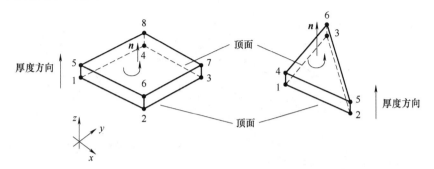

图 6-23 三维胶粘单元的默认厚度方向

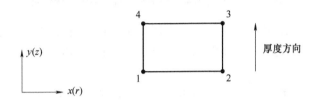

图 6-24 二维和轴对称胶粘单元的默认厚度方向

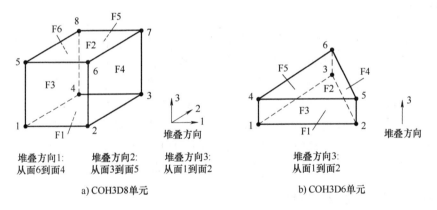

图 6-25 COH3D8 和 COH3D6 单元的堆叠方向

输入文件用法： 使用下面的选项基于单元的等参方向定义单元的顶面和底面：
* COHESIVE SECTION, STACK DIRECTION = n

Abaqus/CAE 用法： 在 Abaqus/CAE 中不允许基于等参方向定义堆叠方向。堆叠方向将对应于上面讨论的默认方向。

基于用户定义的方向设置堆叠方向

用户也可以通过用户定义的局部方向（见"方向"，《Abaqus 分析用户手册——介绍、空间建模、执行与输出卷》的 2.2.5 节）来控制堆叠方向。当用户定义胶粘单元的一个方向时，也指定了一个轴，局部 1 和 2 材料方向可以关于此轴旋转。此轴也定义了近似的法向方向。堆叠方向是最接近此近似法向的单元等参方向（图 6-26）。

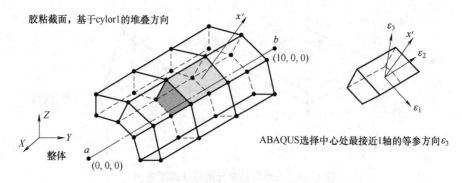

图6-26 使用圆柱坐标系定义堆叠方向的实例说明

输入文件用法： 使用下面的选项基于用户定义的方向来定义单元厚度方向：* CO-HESIVE SECTION，STACK DIRECTION = ORIENTATION，ORIENTATION = 名称

Abaqus/CAE 用法：在 Abaqus/CAE 中不允许基于方向来定义堆叠方向。堆叠方向将对应于上面讨论的默认方向。

检验堆叠方向

通过使用堆叠方向查询工具（见"了解 Query 工具集的作用"，《Abaqus/CAE 用户手册》的 71.1 节），可以在 Abaqus/CAE 中可视化地检验堆叠方向。对于三维单元，Abaqus/CAE 将顶面着色成紫色，将底面着色成棕色。对于二维和轴对称单元，箭头显示了单元的方向。此外，Abaqus/CAE 高亮显示方向不一致的任何单元面和边。

另外，在 Abaqus/CAE 中的 Visualization 模块中，可以显示材料轴来检验三维单元所需法向方向中 3 轴上的点；如果单元定向不正确，则平面内的轴（1 轴或者 2 轴）之一将指向法向方向。对于二维和轴对称单元，堆叠方向与 2 轴上的材料方向是一致的。

二维和轴对称单元厚度方向计算

要计算二维和轴对称单元的厚度方向，Abaqus 通过对形成单元底面和顶面的节点对坐标取平均值来形成中面。此中面通过单元的积分点，图 6-27 所示为底面和顶面的默认选择。对于每一个积分点，Abaqus 计算一个切向，它的方向是通过底面和顶面上的节点序列来定义的。厚度方向等于面外方向和切向方向的叉积。

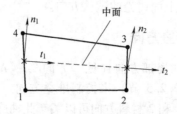

图6-27 二维或者轴对称单元的厚度方向

三维单元厚度方向计算

要计算三维单元的厚度方向，Abaqus 通过对形成单元的底面和顶面的节点对坐标取平均值来形成中面。此中面通过单元的积分点，图 6-28 所示为底面和顶面的默认选择。Abaqus 将厚度方向计算成每个积分点处的中面法向；通过底面和顶面上单元节点的右手法则来得到正方向。

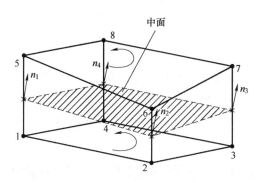

图 6-28　三维单元的厚度方向

积分点处的局部方向

Abaqus 在每个积分点处计算默认的局部方向。局部方向用于输出描述胶粘单元当前变形状态的所有量。下面分别对具有两个和三个局部方向的胶粘单元的局部方向细节进行了讨论。

二维和轴对称胶粘单元的局部方向

二维和轴对称胶粘单元的局部 2 方向对应于厚度方向，如上面的"单元厚度方向定义"中所讨论的那样计算它们。将局部 1 方向定义成由局部 1 方向和 2 方向的叉积给出面外方向（图 6-29）。对于给定的堆叠方向，不能更改这些单元的任何局部方向。在这些单元的 1-2 平面内定义横向剪切行为。

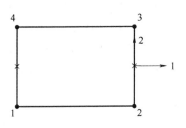

图 6-29　二维和轴对称
胶粘单元的局部方向

三维胶粘单元的局部方向

三维胶粘单元的局部 3 方向对应于厚度方向，如上面的"单元厚度方向定义"中讨论的那样计算此方向，并且对于给定的堆叠方向，不能更改此方向。局部 1 方向和 2 方向垂直于厚度方向，并且默认是通过面上局部方向的标准 Abaqus 约定来定义的（见"约定"，《Abaqus 分析用户手册——介绍、空间建模、执行与输出卷》的 1.2.2 节）。三维胶粘单元的默认局部方向如图 6-30 所示。

横向剪切行为是在这些单元的 1-3 面和 2-3 面中定义的。用户可以使用局部方向定义（见"方向"，《Abaqus 分析用户手册——介绍、空间建模、执行与输出卷》的 2.2.5 节），

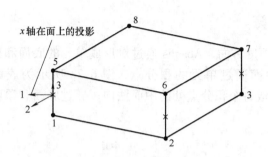

图 6-30 三维胶粘单元的局部方向

在与厚度方向垂直的平面中更改三维胶粘单元的局部 1 方向和 2 方向。

输入文件用法： ＊COHESIVE SECTION，ELSET = 名称，ORIENTATION = 名称

Abaqus/CAE 用法：Property module：Assign→Material Orientation：选择区域：选择方向

6.5.5 使用连续体方法定义胶粘单元的本构响应

产品：Abaqus/Standard Abaqus/Explicit Abaqus/CAE

参考

- "胶粘单元：概览"，6.5.1 节
- "使用牵引-分离描述定义胶粘单元的本构响应"，6.5.6 节
- "渐进性损伤和失效"，《Abaqus 分析用户手册——材料卷》的 4.1 节
- ＊COHESIVE SECTION
- ＊TRANSVERSE SHEAR STIFFNESS
- "胶粘连接和粘接界面"，《Abaqus/CAE 用户手册》的第 21 章

概览

本节描述的功能用于使用连续体方法模拟胶粘单元，此功能假定可以使用 Abaqus 中的传统材料模型来模拟胶粘区域包含的有限厚度材料。如果胶粘区域非常薄，并且对于所有使用目的可以考虑成零厚度，则通常是以牵引-分离规律的方式来描述本构响应（见"使用牵引-分离描述定义胶粘单元的本构响应"，6.5.6 节）。

模拟成连续体的胶粘单元的本构响应：

- 可以采用传统材料模型的刚度和强度等宏观材料属性的方式来定义。
- 可以采用内置材料模型或者用户定义的材料模型的方式来指定。
- 可以包含 Abaqus/Explicit 中的材料损伤和失效作用。
- 可以包含 Abaqus/Standard 低周疲劳分析中的材料损伤和失效作用。

使用传统材料模型的胶粘单元的行为

Abaqus 中胶粘单元的传统材料模型（包括用户定义的模型）是以胶粘层的特定变形状态假设为基础的。考虑两类不同的问题：有限厚度胶粘剂层的模拟和垫片的模拟。

在 Abaqus/Standard 和 Abaqus/Explicit 中都可以执行使用胶粘单元模拟的这类问题（关于损伤模型的详细内容见"渐进性损伤和失效"，《Abaqus 分析用户手册——材料卷》的4.1 节）。用户可能需要改变胶粘材料的损伤模型，以说明失效可能发生在胶粘剂和被粘物之间的界面上，而不是在胶粘材料内部。

使用 Abaqus 中的传统材料模型时，胶粘单元使用真应力和真应变度量。当使用基于牵引-分离描述的材料模型时（更多内容见"使用牵引-分离描述定义胶粘单元的本构响应"，6.5.6 节），胶粘单元使用名义应力和名义应变度量。

在 Abaqus/Explicit 中，由算法自动选择时间增量来考虑胶粘单元的频率特性（"显式动力学分析"，《Abaqus 分析用户手册——分析卷》的 1.3.3 节）。在许多包含胶粘剂和垫片的应用中，与其他单元相比，胶粘单元非常薄，这会导致稳定时间增量减小。对此问题的进一步讨论，包括使用胶粘单元时应如何避免稳定时间增量的显著减小，见"使用胶粘单元模拟"中的"Abaqus/Explicit 中的稳定时间增量"（6.5.3 节）。

有限厚度胶粘剂层的模拟

对于具有有限厚度的胶粘剂层，假定胶粘剂层仅承受一个应变主分量（厚度上的应变）和两个横向剪切应变（对于二维问题为一个横向剪切应变分量）。对于本构计算，假定应变的其他两个主分量（主膜应变）和平面内的（膜）剪切应变是零。更特别地，厚度上的和横向剪切应变是根据单元运动学计算得到的。然而，膜应变不是基于单元运动学计算得到的；对于本构计算，简单地假定它们为零。这些假设适用于使用相对薄和柔性的胶粘剂层来黏接两个相对刚硬（与胶粘剂对比）的零件的场合。以上运动假设在胶粘剂层内部几乎都是正确的，除了在其外部边缘处。

可以定义附加线弹性横向剪切行为，以使胶粘单元具有更大的稳定性，特别是在发生了损伤之后。假定横向剪切行为独立于规则的材料响应，并且不经历任何损伤。

输入文件用法：　使用下面的选项（第二个选项只用于定义非耦合的横向剪切响应）：
　　　　　　　　＊COHESIVE SECTION，RESPONSE = CONTINUUM
　　　　　　　　＊TRANSVERSE SHEAR STIFFNESS

Abaqus/CAE 用法：Property module：Create Section：截面 Category 选择 Other，截面 Type 选择 Cohesive：Response：Continuum
　　　　　　　　　Abaqus/CAE 中不支持胶粘截面的横向剪切行为。

垫片和（或）小胶粘剂片的模拟

垫片和（或）小胶粘剂片的模拟涉及胶粘剂层上没有水平约束的情况。因此，胶粘剂层在水平方向上是以无应力的方式自由扩展的。应用领域包括单个焊点和垫片。本构计算假定只有一个主应力分量，此应力分量是厚度上的名义应力。假定所有其他应力分量，包括横向剪切应力分量为零。

此选项提供的垫片模拟功能，与 Abaqus/Standard 中的垫片单元族相比具有一些优势。胶粘单元是完全非线性的（单元运动适当地考虑了有限应变和有限转动），能够在动态分析中贡献质量和阻尼，并且可用于 Abaqus/Explicit。采用以上方式模拟的垫片响应类似于使用 Abaqus/Standard 中仅具有厚度方向行为的特殊用途垫片单元进行模拟的响应（见"在模型中包含垫片单元"，6.6.3 节）。

如果需要，可以定义非耦合的线弹性横向剪切行为。横向剪切行为可以定义垫片和（或）胶粘剂片的响应，或者提供厚度方向的响应中发生了损伤之后的稳定性。没有与横向剪切响应相关联的损伤。

输入文件用法： 使用下面的选项（第二个选项仅用于定义非耦合的横向剪切响应）：
  *COHESIVE SECTION，RESPONSE = GASKET
  *TRANSVERSE SHEAR STIFFNESS
Abaqus/CAE 用法：Property module：Create Section：截面 Category 选择 Other，截面 Type 选择 Cohesive：Response：Gasket

输出

与传统材料模型一起使用的胶粘单元可以使用 Abaqus 中的所有标准输出变量（"Abaqus/Standard 输出变量标识符"，《Abaqus 分析用户手册——介绍、空间建模、执行与输出卷》的 4.2.1 节；以及 "Abaqus/Explicit 输出变量标识符"，《Abaqus 分析用户手册——介绍、空间建模、执行与输出卷》的 4.2.2 节）。由附加横向剪切响应产生的应力是使用输出变量 TSHR13 和（三维中）TSHR23 分别汇报的。这些应力并不添加到使用输出变量 S 汇报的常规材料点应力中。

6.5.6 使用牵引-分离描述定义胶粘单元的本构响应

产品：Abaqus/Standard Abaqus/Explicit Abaqus/CAE

参考

- "胶粘单元：概览"，6.5.1 节
- "使用连续体方法定义胶粘单元的本构响应"，6.5.5 节
- *COHESIVE SECTION
- *DAMAGE EVOLUTION
- *DAMAGE INITIATION
- "定义损伤"，《Abaqus/CAE 用户手册》（HTML 版本）的 12.9.3 节
- "胶粘连接和绑定界面"，《Abaqus/CAE 用户手册》的第 21 章

概览

本节描述的功能主要适用于界面厚度小到可以忽略的粘接界面。在这样的情况中，以牵引与分离关系的方式直接定义胶粘剂层的本构响应比较简单。如果界面胶粘剂层具有有限的厚度，并且胶粘剂材料的宏观属性（如刚性和强度）可用，则使用传统的材料模型模拟响应更加合适。本节讨论了前一种方法，在"使用连续体方法定义胶粘单元的本构响应"（6.5.5 节）中讨论了后一种方法。

以牵引-分离规律的方式直接定义的胶粘行为：

● 可用来以牵引与分离关系的方式直接模拟复合材料中界面处的分层。

● 允许将材料数据，如断裂能指定成界面处的法向变形与剪切变形之比的函数（混合模式）。

● 假定损伤之前的线弹性拉伸-分离规律。

● 在 Abaqus/Explicit 中可以与线性黏弹性组合（"时域黏弹性"中的"在 Abaqus/Explicit 中为牵引-分离的弹性定义黏弹性行为"，《Abaqus 分析用户手册——材料卷》的 2.7.1 节）来描述率相关的分层行为。

● 假定单元的失效是以材料刚度的渐进性退化为特征的，这是由损伤过程来驱动的。

● 允许多种损伤机理。

● 在 Abaqus/Standard 中可以与用户子程序 UMAT，或者在 Abaqus/Explicit 中可以与 VUMAT 一起使用来指定用户定义的牵引-分离规律。

以牵引-分离规律的形式定义本构响应

要以牵引-分离的方式直接定义胶粘单元的本构响应，在定义胶粘单元的截面行为时，用户应选择牵引-分离响应。

输入文件用法：　　＊COHESIVE SECTION, RESPONSE = TRACTION SEPARATION

Abaqus/CAE 用法：Property module：Create Section：截面 Category 选择 Other，截面 Type 选择 Cohesive：Response：Traction Separation

线弹性牵引-分离行为

Abaqus 中可以使用的牵引-分离模型假定最初是线弹性行为（见"线弹性行为"中的"以胶粘单元的牵引-分离方式定义弹性"，《Abaqus 分析用户手册——材料卷》的 2.2.1 节），然后是损伤开始和演化。弹性行为是以弹性本构矩阵的形式书写的，此弹性本构矩阵将界面的名义应力与名义应变进行关联。名义应力等于每个积分点处的力分量除以原始面积，而名义应变等于每个积分点处的分离除以原始厚度。如果指定了牵引-分离响应，则默认的原始本构厚度是 1.0，以确保名义应变等于分离（即顶面和底面的相对位移）。牵引-分离响应所用的本构厚度通常与几何厚度不同（几何厚度通常接近或者等于零）。如何更改本构厚度见"定义胶粘单元的初始几何形体"中的"指定本构厚度"（6.5.4 节）。

名义牵引应力向量 t 由三个分量组成（在二维问题中是两个分量）：t_n、t_s 和（在三维问题中）t_t，分别代表法向（在三维问题中沿着局部 3 方向，在二维问题中沿着局部 2 方向）和两个剪切牵引（在三维问题中沿着 1 方向和 2 方向，在二维问题中沿着局部 1 方向）。相应分离记作 δ_n、δ_s 和 δ_t。根据胶粘单元原始厚度 T_o，名义应变可以定义成

$$\varepsilon_n = \frac{\delta_n}{T_o}, \varepsilon_s = \frac{\delta_s}{T_o}, \varepsilon_t = \frac{\delta_t}{T_o}$$

弹性行为可以写成

$$t = \begin{Bmatrix} t_n \\ t_s \\ t_t \end{Bmatrix} = \begin{bmatrix} E_{nn} & E_{ns} & E_{nt} \\ E_{ns} & E_{ss} & E_{st} \\ E_{nt} & E_{st} & E_{tt} \end{bmatrix} \begin{Bmatrix} \varepsilon_n \\ \varepsilon_s \\ \varepsilon_t \end{Bmatrix} = \boldsymbol{E}\boldsymbol{\varepsilon}$$

弹性矩阵提供牵引向量与分离向量的所有分量之间的完全耦合行为，并且可以与温度和（或）场变量相关。如果希望得到法向和剪切分量之间的非耦合行为，则将弹性矩阵中的非对角项设置成零。

另外，对于非耦合行为，可以指定一个压缩因子，来确保压缩刚度等于指定的因子乘以拉伸刚度 E_{nn}。此因子仅影响法向上分离的拉伸响应，而不影响剪切行为。

输入文件用法：　　使用下面的选项定义非耦合的牵引-分离行为：

　　　　　　　　　　* ELASTIC，TYPE = TRACTION

　　　　　　　　　使用下面的选项，通过压缩因子来定义非耦合的牵引-分离行为：

　　　　　　　　　　* ELASTIC，TYPE = TRACTION，COMPRESSION FACTOR = f

　　　　　　　　　使用下面的选项定义耦合的牵引-分离行为：

　　　　　　　　　　* ELASTIC，TYPE = COUPLED TRACTION

Abaqus/CAE 用法：使用下面的选项定义非耦合的牵引-分离行为：

　　　　　　　　　Property module：material editor：Mechanical → Elasticity → Elastic：Type：Traction

　　　　　　　　　使用下面的选项定义耦合的牵引-分离行为：

　　　　　　　　　Property module：material editor：Mechanical → Elasticity → Elastic：Type：Coupled Traction

　　　　　　　　　Abaqus/CAE 中不支持为非耦合的牵引-分离行为指定压缩因子。

说明材料属性

通过研究表示由轴向载荷 P 产生的杆（长度为 L、弹性刚度为 E、原始横截面面积为 A）位移的方程，可以更好地理解牵引-分离模型的材料参数，如界面弹性刚度：

$$\delta = \frac{PL}{AE}$$

此方程可以写成

$$\delta = \frac{S}{K}$$

式中，S 是名义应力，$S = P/A$；K 是将名义应力与位移关联起来的刚度，$K = E/L$。同样地，假定密度为 ρ，则杆的总质量是

$$M = \rho A L = \bar{\rho} A$$

上式表明，如果适当地重新解释刚度和密度，则可将实际长度 L 替换成 1.0（以确保应变与位移相同）。特别地，刚度 $K = E/L$，密度是 $\bar{\rho} = \rho L$，在这些方程中使用了杆的真实长度。其中，密度为单位面积的质量，而不是单位体积的质量。

这种思路可用于具有初始厚度 T_c 的胶粘层，如果胶粘剂材料具有刚度 E_a 和密度 ρ_c，则界面刚度（将名义牵引与名义应变相关联）由 $E_c = (E_a/T_c) T_o$ 给出，并且界面密度由 $\bar{\rho}_c = \rho_c T_c$ 给出。如前面讨论的那样，对于以牵引与分离关系的方式模拟的响应，本构厚度 T_o 的默认选择是 1.0，忽略胶粘层的实际厚度。使用此选择，名义应变将等于相应的分离。当人为地将胶粘层的本构厚度设置成 1.0 时，理想情况下，用户应当分别将 E_c 和 $\bar{\rho}_c$（如果需要）设置为使用胶粘层真实厚度计算得到的刚度和密度。

上述公式提供了一种根据块状胶粘剂材料的材料属性估算模拟界面的牵引-拉伸行为所需参数的方法。由于界面层厚度趋近于零，上述方程说明刚度 E_c 趋向无穷大，密度 $\bar{\rho}_c$ 趋近于零。通常将此刚度选取成罚参数。在 Abaqus/Explicit 中，非常大的罚刚度对于稳定时间增量具有决定性的作用，并且在 Abaqus/Standard 中可能导致病态的单元算子。在"使用胶粘单元模拟"中的"Abaqus/Explicit 中的稳定时间增量"（6.5.3 节）中给出了为使稳定时间增量不受负面影响，应如何选取 Abaqus/Explicit 分析的界面刚度和密度的建议。

模拟 Abaqus/Explicit 中的率-相关的牵引-分离行为

在 Abaqus/Explicit 中可以使用时域黏弹性，来模拟具有牵引-分离弹性的胶粘单元所具有的率相关的行为。法向和两个剪切名义牵引的演化方程采用以下形式：

$$t_n(t) = t_n^0(t) + \int_0^t \dot{k}_R(s) t_n^0(t-s)\,\mathrm{d}s$$

$$t_s(t) = t_s^0(t) + \int_0^t \dot{g}_R(s) t_s^0(t-s)\,\mathrm{d}s$$

$$t_t(t) = t_t^0(t) + \int_0^t \dot{g}_R(s) t_t^0(t-s)\,\mathrm{d}s$$

式中，$t_n^0(t)$、$t_s^0(t)$ 和 $t_t^0(t)$ 分别是法向和两个局部剪切方向上，在 t 时刻的瞬时名义牵引；方程 $g_R(t)$ 和 $k_R(t)$ 分别代表无因次剪切和法向松弛模量（更多内容见"时域黏弹性"中的"在 Abaqus/Explicit 中为牵引-分离弹性定义黏弹性行为"，《Abaqus 分析用户手册——材料卷》的 2.7.1 节）。

用户也可以将时域黏弹性与下一节中的渐进性损伤和失效模型组合起来。此组合可以在初始弹性响应（在损伤开始之前）和损伤扩展过程中模拟率相关的行为。

损伤模拟

Abaqus/Standard 和 Abaqus/Explicit 都允许以牵引-分离的形式定义胶粘层中的渐进性损伤和失效。通过对比，只有 Abaqus/Explicit 允许模拟使用传统材料（"使用连续体方法定义胶粘单元的本构响应"，6.5.5 节）模拟的胶粘单元的渐进性损伤和失效。牵引-分离响应的损伤是在传统材料使用的同一个通用构架中定义的（见"渐进性损伤和失效"，《Abaqus 分析用户手册——材料卷》的 4.1 节）。此通用构架允许对同一种材料同时作用几种损伤机理的组合。每种失效机理由三部分组成：损伤初始准则、损伤演化规律，以及达到完全损伤状态时的单元移除（或者删除）选择。虽然这一通用框架对于牵引-分离响应和传统材料是相同的，但是不同组成部分的定义细节是不同的。因此，下面将详细阐述使用牵引-分离响应的损伤模拟情况。

如上文所述，将胶粘单元的初始响应假定成线性的。然而，一旦满足某一损伤初始准则，就根据用户定义的损伤演化规律发生材料损伤。图 6-31 所示为一个典型的使用失效机理的牵引-分离响应。如果指定的损伤初始准则没有相应的损伤演化模型，则 Abaqus 仅出于输出的目的来评估损伤初始准则；对胶粘单元的响应没有影响（即没有损伤发生）。胶粘面在纯压缩下不受损伤。

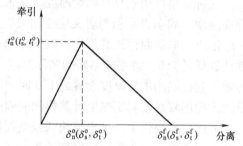

图 6-31　典型的牵引-分离响应

损伤初始

顾名思义，损伤初始指的是材料点的响应开始退化。当接触应力和（或）接触应变满足用户指定的特定损伤初始准则时，退化过程开始。可以使用下面讨论的一些损伤初始准则。每种损伤初始准则也具有一个与其相关的输出变量，来说明是否满足该准则。大于或者等于 1 的值说明满足了初始准则（详细内容见"输出"）。没有相关演化规律的损伤初始准则仅影响输出。因此，用户可以使用这些准则来评估材料遭受损伤的倾向，而不需要实际模拟损伤过程（即不需要实际地指定损伤演化）。

在下面的讨论中，当变形仅与界面垂直，或者仅在第一个或第二个剪切方向上时，t_n^o、t_s^o 和 t_t^o 分别代表名义应力的峰值；同样地，ε_n^o、ε_s^o 和 ε_t^o 分别代表这三种情况下名义应变的峰值。使用初始本构厚度 $T_o = 1$，名义应变分量等于相对位移的相应分量——δ_n^o、δ_s^o 和 δ_t^o——在胶粘层的顶面和底面之间。下面的讨论中使用的符号 $\langle \rangle$ 代表通常解释中的 Macaulay 括号。Macaulay 括号用来表示纯压缩位移（即接触穿透）或者应力状态不会引发损伤。

最大名义应力准则

假定当最大名义应力比（如下式所定义的）达到 1 时，损伤开始。此准则可以表示成

$$\max\left\{\frac{\langle t_n \rangle}{t_n^o}, \quad \frac{t_s}{t_s^o}, \quad \frac{t_t}{t_t^o}\right\} = 1$$

输入文件用法：　＊DAMAGE INITIATION，CRITERION = MAXS

Abaqus/CAE 用法：Property module：material editor：Mechanical → Damage for Traction-Separation Laws→Maxs Damage

最大名义应变准则

假定当最大名义应变比（如下页式所定义的）达到 1 时，损伤开始。此准则可以表达成

$$\max\left\{\frac{\langle\varepsilon_n\rangle}{\varepsilon_n^o},\quad\frac{\varepsilon_s}{\varepsilon_s^o},\quad\frac{\varepsilon_t}{\varepsilon_t^o}\right\}=1$$

输入文件用法：　　*DAMAGE INITIATION，CRITERION = MAXE

Abaqus/CAE 用法：Property module：material editor：Mechanical→Damage for Traction-Separation Laws→Maxe Damage

二次名义应力准则

假定当包含名义应力比的二次相互作用方程（如下式所定义的）达到 1 时，损伤开始

$$\left\{\frac{\langle t_n\rangle}{t_n^o}\right\}^2+\left\{\frac{t_s}{t_s^o}\right\}^2+\left\{\frac{t_t}{t_t^o}\right\}^2=1$$

输入文件用法：　　*DAMAGE INITIATION，CRITERION = QUADS

Abaqus/CAE 用法：Property module：material editor：Mechanical→Damage for Traction-Separation Laws→Quads Damage

二次名义应变准则

假定当包含名义应变比的二次相互作用方程（如下式所定义的）达到 1 时，损伤初始

$$\left\{\frac{\langle\varepsilon_n\rangle}{\varepsilon_n^o}\right\}^2+\left\{\frac{\varepsilon_s}{\varepsilon_s^o}\right\}^2+\left\{\frac{\varepsilon_t}{\varepsilon_t^o}\right\}^2=1$$

输入文件用法：　　*DAMAGE INITIATION，CRITERION = QUADE

Abaqus/CAE 用法：Property module：material editor：Mechanical→Damage for Traction-Separation Laws→Quade Damage

损伤演化

损伤演化规律描述了一旦达到相应的初始准则，材料刚度退化的速度。描述块状材料损伤演化的一般框架（相对于使用胶粘面模拟的界面）见"韧性材料的损伤演化和单元删除"（《Abaqus 分析用户手册——材料卷》的 4.2.3 节）。从概念上讲，类似的思路可用于描述具有以牵引-分离方式描述本构响应的胶粘单元的损伤演化；然而，许多细节是不同的。

标量损伤变量 D 代表材料中的整体损伤，并捕获所有有效机制的组合作用。它最初的值为 0.1。如果模拟了损伤演化，则在损伤初始后的进一步加载过程中，D 单调地从 0 变化到 1。牵引-分离模型的应力分量根据下式受到损伤的影响

$$t_n=\begin{cases}(1-D)\bar{t}_n,&\bar{t}_n\geqslant 0\\\bar{t}_n,&\bar{t}_n<0(\text{对压缩刚度没有损伤})\end{cases}$$

$$t_s=(1-D)\bar{t}_s$$

$$t_t=(1-D)\bar{t}_t$$

式中，$\bar{t}_n$、$\bar{t}_s$ 和 $\bar{t}_t$ 是根据无损伤当前应变的弹性牵引-分离行为预测的应力分量。

为了描述界面上的法向和剪切变形共同作用下的损伤演化，引入下式定义的有效位移（Camanho 和 Davila，2002）是有用的

$$\delta_m = \sqrt{\langle \delta_n \rangle^2 + \delta_s^2 + \delta_t^2}$$

混合模式定义

胶粘区域中变形场的模式混合，量化了法向与剪切变形的相对比例。Abaqus 使用三种模式混合的度量，两种基于能量，另外一种基于牵引。指定损伤演化过程的模式相关性时，可以选择三种度量中的一种。由牵引力及其在法向、第一个剪切方向和第二个剪切方向上的共轭相对位移所做的功，分别用 G_n、G_s 和 G_t 表示，并且定义 $G_T = G_n + G_s + G_t$，则基于能量的混合模式如下：

$$m_1 = \frac{G_n}{G_T}$$

$$m_2 = \frac{G_S}{G_T}$$

$$m_3 = \frac{G_t}{G_T}$$

很明显，上面定义的三个量中只有两个是独立的。定义量 $G_S = G_s + G_t$ 来表示由剪切牵引和相应的相对位移分量所做的总功部分也是有用的。如后面所讨论的，Abaqus 需要用户指定与损伤演化相关联的材料属性是 $m_2 + m_3$（$= G_S / G_T$）（或者等价的，$1 - m_1$）和 $m_3 / (m_2 + m_3)$（$= G_t / G_S$）的函数。

Abaqus 以积分点处变形的当前状态（能量的非累计度量）或者基于积分点处的变量历史（能量的累积度量）来计算上述能量。在主要的能量耗散机理与胶粘区域中的失效所引起的新创建面有关的混合模式的仿真中，前面的方法是有用的。这样的问题利用线弹性断裂力学就可以充分描述。而后面的方法提供定义模式混合的另一种方法，并且可用于其他耗散机理也显著控制整个结构响应的情况。

基于牵引分量的相应模式混合定义为

$$\phi_1 = \frac{2}{\pi} \arctan \frac{\tau}{\langle t_n \rangle}$$

$$\phi_2 = \frac{2}{\pi} \arctan \frac{t_t}{t_s}$$

式中，τ 是有效剪切牵引的度量，$\tau = \sqrt{t_s^2 + t_t^2}$。上述定义中所使用的角度度量（使用因子 $2/\pi$ 对其进行规范化之前）如图 6-32 所示。

输入文件用法：　　使用下面的选项来使用基于非累积能量的模式混合定义：

　　　　　　　　　　* DAMAGE EVOLUTION, MODE MIX RATIO = ENERGY

　　　　　　　　　　使用下面的选项来使用基于累积能量的模式混合定义：

　　　　　　　　　　* DAMAGE EVOLUTION, MODE MIX RATIO = ACCUMULATED ENERGY

　　　　　　　　　　使用下面的选项来使用基于牵引力的模式混合定义：

　　　　　　　　　　* DAMAGE EVOLUTION, MODE MIX RATIO = TRACTION

Abaqus/CAE 用法：Property module：material editor：Mechanical→Damage for Traction-Separation Laws→Quade Damage，Maxe Damage，Quads Damage，或者 Maxs Damage：Suboptions→Damage Evolution：Mode mix ratio：Energy 或者 Traction

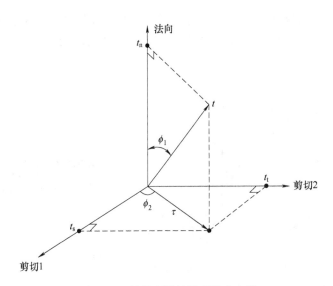

图 6-32　基于牵引的模式混合度量

混合模式定义对比

　　以能量方式和牵引方式定义的混合模式比通常有很大的不同。下面的例子说明了这一点。以能量的方式定义时，对于 $G_n \neq 0$ 和 $G_s = G_t = 0$，纯法向上的变形为 1，不考虑法向和剪切牵引的值。特别地，对于具有耦合的牵引-分离行为的材料，对于纯法向变形，法向牵引和剪切牵引都可能不为零。对于此种情况，基于能量的模式混合定义将表示纯法向变形，而基于牵引的定义则表示法向和剪切变形的混合。

损伤演化定义

　　损伤演化的定义由两部分组成。第一部分包括相对于损伤初始时的有效位移 δ_m^o，来指定完全失效时的有效位移 δ_m^f；或者指定由失效产生的能量耗散 G^C（图 6-33）。损伤演化定义的第二个组成部分是指定损伤初始和最终失效之间的损伤变量 D 的演化性质。可以通过定义线性的或指数的软化规律，或者直接将 D 指定为有效位移（相对于损伤初始时的有效位移）的表格函数来达到以上目的。上述材料数据通常是模式混合、温度和（或）场变量的函数。

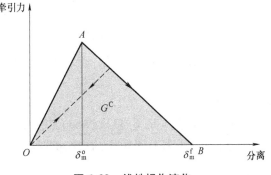

图 6-33　线性损伤演化

　　图 6-34 所示为具有各向同性剪切行为的牵引-分离响应的损伤初始与演化与模式混合相关性的示意图。此图显示了纵轴上的牵引力以及横轴上的法向分离和剪切分离的大小。两个垂直坐标平面中的无阴影三角形分别代表纯法向和纯剪切变形下的响应。所有中间垂直平面（包含垂向轴）代表混合模式条件下具有不同模式混合的损伤响应。损伤演化数据与模式混

合的相关性可以定义成表格形式，或者在基于能量的定义情况中，以解析的形式定义。将损伤演化数据指定成模式混合函数的方法将在此节的后面加以讨论。

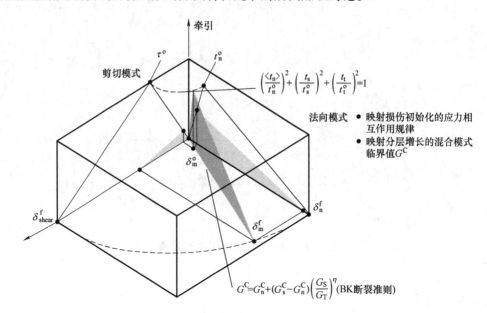

图 6-34　胶粘单元混合模式响应示意图

总是将损伤初始后的卸载假定成朝着牵引-分离平面的原点线性地发生，如图 6-33 所示。卸载后重新加载也沿着相同的线性路径发生，直到达到软化包络线（线 *AB*）。一旦达到软化包络线，进一步的重新加载将遵循图 6-33 中由箭头表示的包络线。

基于有效位移的演化

用户将量 $\delta_m^f - \delta_m^o$（即完全失效时的有效分离 δ_m^f 与损伤初始时的有效分离 δ_m^o 之差，如图 6-33 所示）指定成模式混合、温度和（或）场变量的表格函数。此外，用户也将定义损伤变量 D 详细演化（初始和完全失效之间）的线性或者指数软化规律选择成损伤初始后有效位移的函数。另外，除了使用线性或者指数软化，用户还可以直接将损伤变量 D 指定成损伤初始后的有效分离 $\delta_m - \delta_m^o$、模式混合、温度和（或）场变量的表格函数。

线性损伤演化

对于线性软化（图 6-33），Abaqus 使用由 Camanho 和 Davila（2002）提出的简化（在模式混合、温度和场变量恒定的损伤扩展情况中）成以下表达式的损伤变量 D 的演化，即

$$D = \frac{\delta_m^f (\delta_m^{max} - \delta_m^o)}{\delta_m^{max} (\delta_m^f - \delta_m^o)}$$

在前面的表达式中和所有后面提及时，δ_m^{max} 指的是加载历史过程中有效分离的最大值。对于涉及单调损伤（或者单调断裂）的问题，通常假设在初始损伤和最终失效之间的材料点处存在恒定的模式混合。

输入文件用法：　　使用下面的选项指定线性损伤演化：

        ∗DAMAGE EVOLUTION，TYPE = DISPLACEMENT，
SOFTENING = LINEAR

Abaqus/CAE 用法：Property module：material editor：Mechanical→Damage for Traction-
Separation Laws→Quade Damage，Maxe Damage，Quads Damage，或
者 Maxs Damage：Suboptions→Damage Evolution：Type：Displace-
ment：Softening：Linear

指数损伤演化

对于指数软化（图 6-35），Abaqus 使用简化为以下表达式的损伤变量 D（在模式混合、温度和场变量恒定的损伤演化情况中）

$$D = 1 - \left\{ \frac{\delta_m^o}{\delta_m^{max}} \right\} \left\{ 1 - \frac{1 - \exp\left[-\alpha \left(\frac{\delta_m^{max} - \delta_m^o}{\delta_m^f - \delta_m^o} \right) \right]}{1 - \exp(-\alpha)} \right\}$$

式中，α 是定义损伤演化率的无因次参数；$\exp(x)$ 是指数函数。

输入文件用法：   使用下面的选项指定指数软化：
        ∗DAMAGE EVOLUTION，TYPE = DISPLACEMENT，
SOFTENING = EXPONENTIAL

Abaqus/CAE 用法：Property module：material editor：Mechanical→Damage for Traction-
Separation Laws→Quade Damage，Maxe Damage，Quads Damage，或
者 Maxs Damage：Suboptions→Damage Evolution：
Type：Displacement：Softening：Exponential

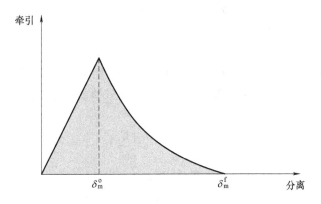

图 6-35　指数损伤演化

表格化损伤演化

对于表格化软化，用户直接以表格的形式定义 D 的演化。必须将 D 指定为有效分离相对于损伤初始时的有效分离、模式混合、温度和（或）场变量的函数。

输入文件用法：   使用下面的选项直接以表格的形式定义损伤变量：
        ∗DAMAGE EVOLUTION，TYPE = DISPLACEMENT，
SOFTENING = TABULAR

Abaqus/CAE 用法：Property module：material editor：Mechanical→Damage for Traction-Separation Laws→Quade Damage，Maxe Damage，Quads Damage，或者 Maxs Damage：Suboptions → Damage Evolution：Type：Displacement：Softening：Tabular

基于能量的演化

可以将损伤演化定义成基于损伤过程中的能量耗散，也称为断裂能。断裂能等于牵引-分离曲线（图6-33）下的面积。用户将断裂能指定为一个材料属性，并且选择线性或者指数软化行为。Abaqus确保线性或者指数损伤响应下的面积等于断裂能。

断裂能与模式混合的相关性可以直接以表格形式指定，或者使用下述解析形式指定。使用解析形式时，假定模式混合比是以能量形式定义的。

表格形式

最简单的定义断裂能相关性的途径，是直接以表格的形式将其指定成模式混合的函数。

输入文件用法：   使用下面的选项以表格的形式将断裂能指定成模式混合的函数：

* DAMAGE EVOLUTION，TYPE = ENERGY，

MIXED MODE BEHAVIOR = TABULAR

Abaqus/CAE 用法：Property module：material editor：Mechanical→Damage for Traction-Separation Laws→Quade Damage，Maxe Damage，Quads Damage，或者 Maxs Damage：Suboptions → Damage Evolution：Type：Energy：Mixed mode behavior：Tabular

幂律形式

可以基于幂律断裂准则来定义断裂能与模式混合的相关性。幂律准则指出，混合模式条件下的失效是由导致单个（法向和两个剪切）模式失效所需能量的幂律相互作用来控制的。通过下式给出

$$\left\{ \frac{G_n}{G_n^C} \right\}^{\alpha} + \left\{ \frac{G_s}{G_s^C} \right\}^{\alpha} + \left\{ \frac{G_t}{G_t^C} \right\}^{\alpha} = 1$$

当满足上述条件时，混合模式的断裂能 $G^C = G_T$。换言之

$$G^C = \left(\left\{ \frac{m_1}{G_n^C} \right\}^{\alpha} + \left\{ \frac{m_2}{G_s^C} \right\}^{\alpha} + \left\{ \frac{m_3}{G_t^C} \right\}^{\alpha} \right)^{1/a}$$

用户指定量 G_n^C、G_s^C 和 G_t^C，它们分别表示导致法向、第一剪切方向和第二剪切方向失效所需的临界断裂能。

输入文件用法：   使用下面的选项将断裂能定义成使用解析幂律断裂准则的模式混合的函数：

* DAMAGE EVOLUTION，TYPE = ENERGY，

MIXED MODE BEHAVIOR = POWER LAW，POWER = α

Abaqus/CAE 用法：Property module：material editor：Mechanical→Damage for Traction-

Separation Laws→Quade Damage, Maxe Damage, Quads Damage, or Maxs Damage: Suboptions→Damage Evolution: Type: Energy: Mixed mode behavior: Power Law: 切换选中 Power 并输入指数值

Benzeggagh-Kenane（BK）形式

当变形过程中，完全沿着第一个剪切方向和第二个剪切方向的临界断裂能相等时，即 $G_{\mathrm{s}}^{\mathrm{C}} = G_{\mathrm{t}}^{\mathrm{C}}$，Benzeggagh-Kenane 断裂准则（Benzeggagh 和 Kenane，1996）特别有用。它由下式给出

$$G_{\mathrm{n}}^{\mathrm{C}} + (G_{\mathrm{s}}^{\mathrm{C}} - G_{\mathrm{n}}^{\mathrm{C}})\left\{\frac{G_{\mathrm{S}}}{G_{\mathrm{T}}}\right\}^{\eta} = G^{\mathrm{C}}$$

式中，$G_{\mathrm{S}} = G_{\mathrm{s}} + G_{\mathrm{t}}$；$G_{\mathrm{T}} = G_{\mathrm{n}} + G_{\mathrm{S}}$；$\eta$ 是材料参数。用户指定 $G_{\mathrm{n}}^{\mathrm{C}}$、$G_{\mathrm{s}}^{\mathrm{C}}$ 和 η。

输入文件用法：　　使用下面的选项，根据解析 BK 断裂准则，将断裂能定义成模式混合的函数：

　　　　　　　　＊DAMAGE EVOLUTION, TYPE = ENERGY,
　　　　　　　　MIXED MODE BEHAVIOR = BK, POWER = η

Abaqus/CAE 用法：Property module：material editor：Mechanical→Damage for Traction-Separation Laws→Quade Damage, Maxe Damage, Quads Damage, 或者 Maxs Damage：Suboptions → Damage Evolution：Type：Energy：Mixed mode behavior：Bk：切换选中 Power 并输入指数值

线性损伤演化

对于线性软化（图 6-33），Abaqus 使用简化成以下形式的损伤变量 D 的演化

$$D = \frac{\delta_{\mathrm{m}}^{\mathrm{f}}(\delta_{\mathrm{m}}^{\mathrm{max}} - \delta_{\mathrm{m}}^{\mathrm{o}})}{\delta_{\mathrm{m}}^{\mathrm{max}}(\delta_{\mathrm{m}}^{\mathrm{f}} - \delta_{\mathrm{m}}^{\mathrm{o}})}$$

式中，$\delta_{\mathrm{m}}^{\mathrm{f}} = 2G^{\mathrm{C}}/T_{\mathrm{eff}}^{\mathrm{o}}$，$T_{\mathrm{eff}}^{\mathrm{o}}$ 是损伤初始时的有效牵引；$\delta_{\mathrm{m}}^{\mathrm{max}}$ 是加载历史过程中可达到的最大有效位移值。

输入文件用法：　　使用下面的选项指定线性损伤演化：

　　　　　　　　＊DAMAGE EVOLUTION, TYPE = ENERGY, SOFTENING = LINEAR

Abaqus/CAE 用法：Property module：material editor：Mechanical→Damage for Traction-Separation Laws→Quade Damage, Maxe Damage, Quads Damage, 或者 Maxs Damage：Suboptions → Damage Evolution：Type：Energy：Softening：Linear

指数损伤演化

对于指数软化，Abaqus 使用简化成如下形式的损伤变量 D 的演化

$$D = \int_{\delta_{\mathrm{m}}^{\mathrm{o}}}^{\delta_{\mathrm{m}}^{\mathrm{f}}} \frac{T_{\mathrm{eff}}\mathrm{d}\delta}{G^{\mathrm{C}} - G_{\mathrm{o}}}$$

式中，T_{eff} 和 δ 分别是有效牵引和位移；G_{o} 是损伤初始时的弹性能。在此情况中，在损伤初始后，牵引力可能不立即降低，这与图 6-35 所示情况不同。

输入文件用法：　　使用下面的选项指定指数软化：

$$* \text{DAMAGE EVOLUTION}, \text{ TYPE} = \text{ENERGY},$$
$$\text{SOFTENING} = \text{EXPONENTIAL}$$

Abaqus/CAE 用法：Property module：material editor：Mechanical→Damage for Traction-Separation Laws→Quade Damage，Maxe Damage，Quads Damage，或者 Maxs Damage：Suboptions → Damage Evolution：Type：Energy：Softening：Exponential

将损伤演化数据定义成模式混合的表格函数

如前文所述，定义损伤演化的数据可以是模式混合的表格函数。在 Abaqus 中定义这一相关性的方法如下所述，分别用于基于能量和牵引的模式混合定义。在下面的讨论中，假定演化是以能量的形式定义的。也可以为基于有效位移的演化定义做出类似的观察。

基于能量的模式混合

对于基于能量的模式混合定义，在具有各向异性剪切行为的最一般的三维变形状态情况中，必须将断裂能 G^c 定义成 $(m_2 + m_3)$ 和 $[m_3/(m_2 + m_3)]$ 的函数。量 $(m_2 + m_3) = G_S/G_T$ 是剪切变形占总变形的分数度量，而 $[m_3/(m_2 + m_3)] = G_t/G_S$ 是第二个剪切方向上的剪切变形占总剪切变形的分数度量。图 6-36 所示为断裂能与模式混合行为关系示意图。第一个方向和第二个方向上的纯法向和纯剪切变形的极限情况，在图 6-36 中分别以 G_n^c、G_s^c 和 G_t^c 进行标注。标有"模式 n-s""模式 n-t"和"模式 s-t"的线显示了纯法向与第一个方向上的纯剪切，纯法向与第二方向上的纯剪切，以及第一方向与第二方向上的纯剪切之间的行为转换。一般来说，必须将 G^c 指定成不同固定值 $[m_3/(m_2 + m_3)]$ 下的 $(m_2 + m_3)$ 的函数。在随后的讨论中，将对应于固定的 $[m_3/(m_2 + m_3)]$ 的一组 G^c 与 $(m_2 + m_3)$ 关系的数组称为"数据块"。在将断裂能定义为模式混合的函数时，下列要点是有用的：

● 对于二维问题，需要将 G^c 定义成仅是 m_2（在此情况中，$m_3 = 0$）的函数。对应于 $[m_3/(m_2 + m_3)]$ 的数据列必须置空白。因此，基本上只需要一个"数据块"。

● 对于具有各向同性剪切响应的三维问题，剪切行为是通过 $(m_2 + m_3)$ 的和来定义的，而不是通过单个 m_2 的值和 m_3 的值来定义的。因此，在此情况中，一个单独的"数据块"（$[m_3/(m_2 + m_3)] = 0$ 的"数据块"）足以将断裂能定义成模式混合的函数。

● 在具有各向异性剪切行为的最一般的三维问题中，需要几个"数据块"。如前文所述，每个"数据块"将包含 $[m_3/(m_2 + m_3)]$ 固定值下的 G^c 与 $(m_2 + m_3)$ 的关系。在每个"数据块"中，$(m_2 + m_3)$ 可以在 0 ~ 0.1 之间变动。$(m_2 + m_3) = 0$ 的情况（任何"数据块"中的第一个数据点），对应于纯法向模式，当 $[m_3/(m_2 + m_3)] \neq 0$ 时（即图 6-36 中线 OB 上的唯一有效点是点 O，对应于纯法向变形），无法达到这种情况。然而，在断裂能作为模式混合函数的表格定义中，此点只用来设置一个极限，以确保从不同的法向和剪切变形的组合形式，断裂能的连续变化逼近纯粹的法向状态。因此，每个"数据块"中第一个数据点的断裂能必须总是设置成等于纯法向变形（G_n^c）模式下的断裂能。

作为各向异性剪切情况的例子，考虑用户想要输入分别对应于固定值 $[m_3/(m_2 + m_3)] = 0$、0.2 和 1.0 的三个"数据块"。对于三个"数据块"中的每一个，由于上面所讨论的原因，第一个数据点必须是 $(G_n^c, 0)$。每个"数据块"中的其余数据点定义了随剪切变形比

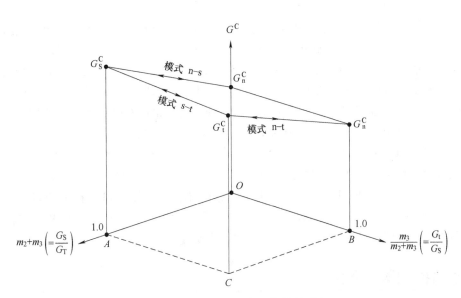

图 6-36 作为模式混合函数的断裂能

例增加的断裂能变化。

基于牵引力的模式混合

在 G^c 与 ϕ_1 和 ϕ_2 关系的表格形式中，需要指定断裂能。因此，需要将 G^c 指定成不同的 ϕ_2 固定值下 ϕ_1 的函数。此情况中的"数据块"对应于在 ϕ_2 的固定值下，G^c 与 ϕ_1 关系的一组数据。在每个"数据块"中，ϕ_1 可以从 0（纯法向变形）变化到 1（纯剪切变形）。一个重要的限制是，每个数据块必须为 $\phi_1 = 0$ 指定相同的断裂能值。此限制可确保当牵引力向量接近法向方向时，断裂所需的能量不依赖于牵引力向量在剪切平面上的投射方向（图 6-32）。

当多个准则有效时评估损伤

当同一材料使用多个损伤初始准则和相关演化定义时，每个演化定义都有自己的损伤变量 d_i，其中下标 i 表示第 i 个损伤系统。对于块材料中的损伤，整体的损伤变量 D 是基于单个 d_i 来计算的，如"韧性金属的损伤演化和单元删除"中的"当多个准则有效时评估整体损伤"（《Abaqus 分析用户手册——材料卷》的 4.2.3 节）所解释的那样。

最大退化和单元删除的选择

用户可以控制 Abaqus 如何处理具有严重损伤的胶粘单元。默认情况下，材料点上的整体损伤变量的上限值 $D_{max} = 1.0$。用户可以如"截面控制"中的"为具有损伤演化的材料控制单元删除和最大退化"（《Abaqus 分析用户手册——介绍、空间建模、执行与输出卷》的 1.1.4 节）所讨论的那样降低此上限值。如下文所述，用户可以控制当损伤达到此限值时，胶粘单元将发生什么。

默认情况下，一旦胶粘单元所有材料点上的整体损伤变量均达到 D_{max}，并且所有材料点都没有压缩，就删除该胶粘单元，孔隙压力胶粘单元除外。详细内容见"截面控制"中的"控制具有损伤演化的材料的单元删除和最大退化"(《Abaqus 分析用户手册——介绍、空间建模、执行与输出卷》的 1.1.4 节)。此单元删除方法通常适合模拟粘接的完全开裂和构件的分离。一旦删除,胶粘单元就不会对后续构件的穿透产生阻力,因此,可能需要如"使用胶粘单元模拟"中的"定义周围构件之间的接触"(6.5.3 节)中讨论的那样在构件之间模拟接触。

另外,用户也可以指定即使总体损伤变量达到 D_{max},也应在模型中保留胶粘单元。在此情况中,单元在牵引和(或)剪切中的刚度保持不变(将初始未损伤刚度退化一个因子 $1-D_{max}$)。如果胶粘单元必须抵抗周围构件的穿透,即使单元在牵引和(或)剪切(见"使用胶粘单元模拟"中的"定义周围构件之间的接触",6.5.3 节)中已经完全退化,此选项依然是合适的。在 Abaqus/Explicit 中,建议用户通过使用截面控制(见"截面控制",《Abaqus 用户分析手册——介绍、空间建模、执行与输出卷》的 1.1.4 节)将线性和二次体积黏度参数的缩放因子设置为零来抑制胶粘单元中的体积黏度。

非耦合的横向剪切响应

可以定义可选的线弹性横向剪切行为,为胶粘单元提供额外的稳定性,特别是在发生了损伤之后。假定横向剪切行为独立于常规的材料响应,并且不承受任何损伤。

输入文件用法:　　使用下面的选项:

　　　　　　　　* COHESIVE SECTION,RESPONSE = TRACTION SEPARATION
　　　　　　　　* TRANSVERSE SHEAR STIFFNESS

Abaqus/CAE 用法:Abaqus/CAE 中不支持胶粘截面的横向剪切行为。

Abaqus/Standard 中的黏度正则化

具有软化行为和刚度退化的材料模型,经常会导致 Abaqus/Standard 等隐式分析程序中的严重收敛困难。对本构方程进行黏度正则化是克服这些收敛困难的一种常用技术,这使得软化材料的切向刚度矩阵在足够小的时间增量上是正的。

在 Abaqus/Standard 中,通过允许应力超出由牵引-分离规律设置的限制,可以使用黏度对牵引-分离规律进行正则化。正则化过程包括使用黏性刚度退化变量 D_v,此变量是通过演化方程来定义的:

$$\dot{D}_v = \frac{1}{\mu}(D - D_v)$$

式中,μ 是代表黏度方程组松弛时间的黏度参数;D 是在无黏骨架模型中估算的退化变量。黏性材料的损伤响应是

$$t = (1 - D_v)\bar{t}$$

使用具有较小黏度参数值的黏度正则化(与特征时间增量相比较小),通常有助于改善软化状态下的模型收敛性,而对结果没有影响。基本思想是黏度方程组的解随着 $t/\mu \to \infty$ 松弛到无黏性,其中 t 表示时间。用户可以指定黏度参数的值为截面控制定义的一部分(见"截面控制"中的"在 Abaqus/Standard 中,与胶粘单元、连接器单元以及可以与韧性金属和纤维增强复合材料一起使用的具有损伤扩展模型的单元,一起使用的黏度正则化",

《Abaqus 分析用户手册——介绍、空间建模、执行与输出卷》的 1.1.4 节）。如果黏度参数不为零，则刚性退化的输出结果称为黏度值 D_v。黏度参数的默认值是零，因此不执行黏度正则化。为了改善分层行为和脱胶问题的收敛性而使用黏度正则化，在"层合复合材料的分层分析"（《Abaqus 基准手册》的 2.7.1 节）和"拉伸条件下蒙皮-加强件的脱胶分析"（《Abaqus 例题手册》的 1.4.5 节）中对此进行了讨论。

与整个模型或者一个单元集中的黏度正则化相关联的能量近似值，可以使用输出变量 ALLCD 得到。

输出

除了 Abaqus 中可以使用的标准输出标识符外（"Abaqus/Standard 输出变量标识符"，《Abaqus 分析用户手册——介绍、空间建模、执行与输出卷》4.2.1 节；"Abaqus/Explicit 输出变量标识符"，《Abaqus 分析用户手册——介绍、空间建模、执行与输出卷》4.2.2 节），表 6-8 中的变量对于具有牵引-分离行为的胶粘单元具有特殊的意义。

表 6-8　具有牵引-分离行为的胶粘单元的输出变量

标　识	说　明
STATUS	单元的状态（如果单元是有效的，则此单元的状态是 1.0；如果单元是无效的，则此单元的状态是 0.0）
SDEG	标量损伤变量 D 的整体值
DMICRT	所有的损伤初始准则分量
MAXSCRT	分析中材料点上的名义应力损伤初始准则的最大值。它的估计值为 $\max\left\{\dfrac{\langle t_n \rangle}{t_n^o},\ \dfrac{t_s}{t_s^o},\ \dfrac{t_t}{t_t^o}\right\}$
MAXECRT	分析中材料点上的名义应变损伤初始准则的最大值。它的估计值为 $\max\left\{\dfrac{\langle \varepsilon_n \rangle}{\varepsilon_n^o},\ \dfrac{\varepsilon_s}{\varepsilon_s^o},\ \dfrac{\varepsilon_t}{\varepsilon_t^o}\right\}$
MMIXDME	损伤演化中的混合模式比，赋值成 $1 - m_1$。通常，该值在给定的积分点处随时间变化。此变量在损伤初始化之前设置成 -1.0
MMIXDMI	损伤初始时的莫斯混合。在一个积分点处的第一次损伤初始时刻幅值为 $1 - m_1$。在给定积分点处，不随时间变化。在损伤初始化之前，将此变量设置成 1.0
QUADSCRT	分析中材料点上的二次名义应力损伤初始准则的最大值。它的估计值为 $\left(\dfrac{\langle t_n \rangle}{t_n^o}\right)^2 + \left(\dfrac{t_s}{t_s^o}\right)^2 + \left(\dfrac{t_t}{t_t^o}\right)^2$
QUADECRT	分析中材料点上的二次名义应变损伤初始准则的最大值。它的估计值为 $\left(\dfrac{\langle \varepsilon_n \rangle}{\varepsilon_n^o}\right)^2 + \left(\dfrac{\varepsilon_s}{\varepsilon_s^o}\right)^2 + \left(\dfrac{\varepsilon_t}{\varepsilon_t^o}\right)^2$
ALLCD	在 Abaqus/Standard 中，整个模型或者一个单元集中与黏度正则化相关联的能量近似值。对应的输出变量（如 CENER、ELCD 和 ECDDEN）分别代表与积分点层级和单元层级的（最后一个变量代表单元中单位体积中的能量）黏度正则化相关联的能量

对于以上用于说明某个损伤初始准则是否得到满足的变量，小于1.0的值表明准则没有得到满足，等于1.0的值则表明准则得到了满足。如果为此准则指定了损伤演化，则此变量的最大值不能超过1.0。然而，如果没有为此初始准则指定损伤演化，则此变量可以大于1.0。变量超过1.0的程度可说明违反此准则的程度。

附加参考文献

- Benzeggagh, M. L., and M. Kenane, "Measurement of Mixed-Mode Delamination Fracture Toughness of Unidirectional Glass/Epoxy Composites with Mixed-Mode Bending Apparatus," Composites Science and Technology, vol. 56, pp. 439-449, 1996.
- Camanho, P. P., and C. G. Davila, "Mixed-Mode Decohesion Finite Elements for the Simulation of Delamination in Composite Materials," NASA/TM-2002-211737, pp. 1-37, 2002.

6.5.7 定义胶粘单元间隙中的流体本构响应

产品：Abaqus/Standard　　Abaqus/CAE

参考

- "胶粘单元：概览"，6.5.1节
- "使用牵引-分离描述定义胶粘单元的本构响应"，6.5.6节
- *FLUID LEAKOFF
- *GAP FLOW
- "胶粘连接和绑定界面"，《Abaqus/CAE 用户手册》的第21章

概览

胶粘单元流体流动模型：
- 通常用于岩土工程应用，其中必须保持间隙中和通过界面的流体流动连续性。
- 支持胶粘单元面上的流体压力对胶粘单元力学行为的贡献，从而可以模拟液压驱动开裂。
- 使得模拟胶粘单元表面上的附加阻抗成为可能。
- 仅能够与牵引-分离行为一起使用。

本节描述的功能可用于模拟孔隙压力胶粘单元面内和穿过单元面的流体流动。

定义孔隙流体流动属性

流体本构响应包括：

- 间隙内的切向流动，此流动可以使用 Newtonian 或者幂率模型来模拟。
- 穿过间隙的法向流动，此流动可以反映由沉积物或者水垢引起的阻抗。

单元中孔隙流体的流动形式如图 6-37 所示。假定流体是不可压缩的，并且方程是以考虑了切向和法向流体流动的连续性以及胶粘单元打开的情况为基础的。

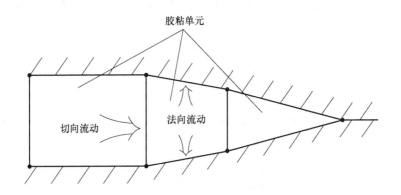

图 6-37　胶粘单元中的流动

指定流体流动属性

用户可以分别指定切向流动属性和法向流动属性。

切向流动

默认情况下，胶粘单元中的孔隙流体没有切向流动。要允许切向流动，应定义与孔隙流体材料定义一起使用的间隙流动属性。

Newtonian 流体

在 Newtonian 流体情况中，体积流动速率密度向量通过下面的表达式给出

$$\boldsymbol{q}d = -k_t \nabla p$$

式中，k_t 是切向渗透率（流体流动的阻力）；∇p 是沿着胶粘单元的压力梯度；d 是间隙开度。

在 Abaqus 中，将间隙开度 d 定义成

$$d = t_{curr} - t_{orig} + g_{init}$$

式中，t_{curr} 和 t_{orig} 分别是当前的和初始的胶粘单元几何厚度；g_{init} 是初始间隙开度，默认值为 0.002。

Abaqus 根据雷诺方程定义切向渗透率或者流动阻力：

$$k_t = \frac{d^3}{12\mu}$$

式中，μ 是流体的黏度；d 是间隙开度。用户也可以指定 k_t 值的上限。

输入文件用法：　　使用下面的选项直接定义初始间隙开度：

　　　　　　　　*SECTION CONTROLS, INITIAL GAP OPENING

使用下面的选项定义 Newtonian 流体中的切向流动：

* GAP FLOW，TYPE = NEWTONIAN，KMAX

Abaqus/CAE 用法：Abaqus/CAE 中不支持初始间隙开度。

Property module：material editor：Other → Pore Fluid → Gap Flow；

Type：Newtonian；切换选中 Maximum Permeability 并输入 k_{max} 的值

幂律流体

在幂律流体情况中，将本构关系式定义成

$$\tau = K\dot{\gamma}^{\alpha}$$

式中，τ 是切应力；$\dot{\gamma}$ 是切应变率；K 是流体浓度；α 是幂律系数。Abaqus 将切向体积流动速率密度定义成

$$qd = -\left(\frac{2\alpha}{1+2\alpha}\right)\left(\frac{1}{K}\right)^{\frac{1}{\alpha}}\left(\frac{d}{2}\right)^{\frac{1+2\alpha}{\alpha}}\parallel \nabla p\parallel^{\frac{1-\alpha}{\alpha}}\nabla p$$

式中，d 是间隙开度。

输入文件用法：　　* GAP FLOW，TYPE = POWER LAW

Abaqus/CAE 用法：Property module：material editor：Other → Pore Fluid → Gap Flow；

Type：Power law

穿过间隙面的法向流动

通过定义孔隙流体材料的流体泄漏系数来允许法向流动。此系数定义了胶粘单元的中节点与它们的相邻面节点之间的压力-流动关系。可以将流体泄漏系数解释成胶粘单元表面上有限材料层的渗透性，如图 6-38 所示。将法向流动定义成

$$q_t = c_t(p_i - p_t)$$
$$q_b = c_b(p_i - p_b)$$

式中，q_t 和 q_b 分别是流入顶面和底面的流动率；p_i 是中面压力；p_t 和 p_b 分别是顶面和底面上的孔隙压力。

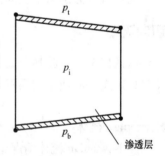

图 6-38　将泄漏系数
解释为渗透层

输入文件用法：　　* FLUID LEAKOFF

Abaqus/CAE 用法：Property module：material editor：Other→Pore Fluid→Fluid Leakoff；

Type：Coefficients

将泄漏系数定义成温度和场变量的函数

用户可以选择将泄漏系数定义成温度和场变量的函数。

输入文件用法：　　* FLUID LEAKOFF，DEPENDENCIES

Abaqus/CAE 用法：Property module：material editor：Other→Pore Fluid→Fluid Leakoff；

Type：Coefficients；切换选中 Use temperature-dependent data 并选择
场变量的数量

在用户子程序中定义泄漏系数

也可以使用用户子程序 UFLUIDLEAKOFF 来定义更加复杂的泄漏行为，包括使用解相关的状态变量定义时间累积阻力或者水垢的功能。

输入文件用法：　　* FLUID LEAKOFF，USER

Abaqus/CAE 用法：Property module：material editor：Other→Pore Fluid→Fluid Leakoff：Type：User

切向和法向流动组合

表 6-9 列出了切向和法向流动的允许组合，以及每种组合的作用。

表 6-9　流动属性定义组合的作用

	定义了法向流动	未定义法向流动
定义了切向流动	模拟切向和法向流动	模拟切向流动。仅当单元闭合的时候，才在胶粘单元中的对面节点之间施加孔隙压力连续性。否则，面在法向上是不可渗透的
未定义切向流动	模拟法向流动	不模拟切向流动。孔隙压力总是施加在胶粘单元中的对面节点之间

初始打开单元

当胶粘单元的打开主要由流体进入间隙驱动时，用户必须将一个或者多个单元定义成初始打开的，因为只有在打开的单元中才可能出现切向流动。确定初始打开单元为初始条件。

输入文件用法：　　* INITIAL CONDITIONS，TYPE = INITIAL GAP

Abaqus/CAE 用法：Abaqus/CAE 中不支持初始间隙定义。

非对称矩阵存储和求解的使用

孔隙压力胶粘单元矩阵是非对称的；因此，可能需要使用非对称矩阵存储和求解策略来改善收敛（见"定义一个分析"中的"Abaqus/Standard 中的矩阵存储和求解策略"，《Abaqus 分析用户手册——分析卷》的 1.1.2 节）。

额外的考虑

用户使用的胶粘单元流体属性和属性值在一些情况可能对解产生影响。

大系数值

用户必须确保切向渗透率或者流体泄漏系数不过大。如果任何一个系数比相邻连续单元的渗透率高几个数量级，则可能出现矩阵调节问题，导致求解器奇异和不可靠的结果。

在总孔隙压力仿真中的应用

如果使用了总孔隙压力方程，并且静水压力梯度对间隙中的切向流动具有极大的贡献，则切向流动属性定义可能会导致不精确的结果。如果用户对模型中的所有单元应用重力分布载荷，则调用总孔隙压力方程。如果静水压力梯度（即重力向量）与胶粘单元垂直，则压力将是精确的。

输出

当在孔隙压力胶粘单元中激活流动时，表 6-10 中的输出变量是可以使用的。

表 6-10 孔隙压力胶粘单元的输出变量

标　识	说　明
GFVR	间隙流体体积率
PFOPEN	断裂开度
LEAKVRT	单元顶部的泄漏流速
ALEAKVRT	单元顶部的累积泄漏流体体积
LEAKVRB	单元底部的泄漏流速
ALEAKVRB	单元底部的累积泄漏流体体积

6.5.8　定义从达西流动转换到泊肃叶流动的流体本构响应

产品：Abaqus/Standard　　Abaqus/CAE

参考

- "胶粘单元：概览"，6.5.1 节
- "使用牵引-分离描述定义胶粘单元的本构响应"，6.5.6 节
- "定义胶粘单元间隙中的流体本构响应"，6.5.7 节
- ＊FLUID LEAKOFF
- ＊GAP FLOW
- ＊PERMEABILITY
- "胶粘连接和粘接界面"，《Abaqus/CAE 用户手册》的第 21 章
- "单元类型赋予"，《Abaqus/CAE 用户手册》的 17.5.3 节

概览

胶粘单元流体流动模型：

- 通常用于岩土工程应用中，其中必须保持胶粘单元中和流过界面的流体流动连续性。
- 随着单元中的损伤初始和演化，支持从达西流动转换到泊肃叶流动（间隙流动）。
- 支持在胶粘单元面上建立附加阻力层来模拟流体泄漏到地基中。
- 支持胶粘单元面上的流体压力对胶粘单元力学行为的贡献，从而能够模拟液压驱动开裂。
- 仅可以与牵引-分离行为一起使用。
- 支持胶粘孔隙压力单元感兴趣层之间的流体流动连续性。
- 支持由重力产生的流通量模拟。

定义孔隙流体流动属性

流体本构响应由以下构成：
- 沿着胶粘单元中面的切向流动，可以模拟成达西流动或者泊肃叶流动。
- 穿过胶粘单元的法向流动（也称为渗漏），可以反映结块或者结垢作用产生的阻力。

用户分别指定切向和法向流动属性。

单元中孔隙流体的流动形式如图 6-39 所示。假定流体是不可压缩的，并且方程是以考虑了切向流动和法向流动，以及胶粘单元的开口率的流动连续性为基础的。

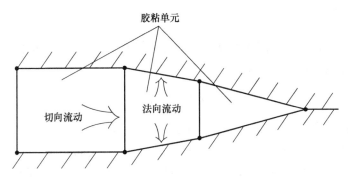

图 6-39　胶粘单元中的流动

切向流动

随着胶粘单元中的损伤初始和演化，单元中的切向流动从达西流动过渡到泊肃叶流动。将过渡设计成近似随着材料受损，流体流动的属性从初始流动通过未受损多孔材料（达西流动）过渡到在裂纹中流动（泊肃叶流动）。用户必须为这两种流动类型指定流体连续性响应。

间隙开度

胶粘单元的切向流动方程是在沿着单元长度的间隙中求解的。将间隙开度 d 定义成

$$d = t_{curr} - t_{orig} + g_{init} = \hat{d} + g_{init}$$

式中，t_{curr}和t_{orig}分别是胶粘单元的当前和初始几何厚度；g_{init}是初始间隙，默认值为0.002；$\hat{d}$代表单元受损后用于泊肃叶流动的物理裂缝开度，如图6-40所示；g_{init}不是物理量，Abaqus/Standard通过它来保证当物理间隙闭合时（即$\hat{d}=0$），可以可靠地求解流动方程。随着$\hat{d}$增加，g_{init}对流动方程的影响逐渐消失，如"达西流动到泊肃叶流动的过渡"中描述的那样。

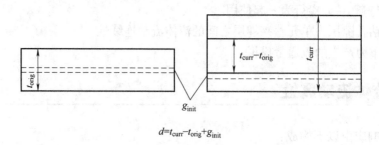

$$d=t_{curr}-t_{orig}+g_{init}$$

图6-40 胶粘单元间隙开度

输入文件用法：　　　使用下面的选项直接定义初始间隙开度：
　　　　　　　　　　＊SECTION CONTROLS，INITIAL GAP OPENING
Abaqus/CAE用法：Abaqus/CAE中不支持初始间隙开度。

达西流动

达西流动定义多孔材料中流体的体积流动速率与流体压力梯度之间的简单关系。通过下面的表达式来定义该关系

$$qd = \frac{kd}{\gamma_\omega}\nabla p$$

式中，k是渗透率，∇p是沿着胶粘单元的压力梯度；d是间隙开度；γ_ω是流体比重。

输入文件用法：　　　使用下面的选项定义完全饱和的各向同性渗透率：
　　　　　　　　　　＊PERMEABILITY，TYPE = ISOTROPIC，SPECIFIC = γ_ω
Abaqus/CAE用法：Property module：material editor：Other→Pore Fluid→Permeability：
　　　　　　　　　　Type：Isotropic，Specific weight of wetting liquid：γ_ω

泊肃叶流动

在Abaqus/Standard中，胶粘单元中的泊肃叶流动是指两个平行板之间的稳态黏性流动。对于此流动，用户可以指定Newtonian流体或者幂律流体。

Newtonian 流体

在Newtonian流体情况中，通过下面的表达式给出体积流动速率密度向量

$$qd = -k_t\nabla p$$

式中，k_t是切向渗透率（流体流动的阻力）；∇p是沿着胶粘单元的压力梯度；d是间隙开度。

Abaqus依据雷诺方程定义切向渗透率或者流动阻力

$$k_t = \frac{d^3}{12\mu}$$

式中，μ 是流体黏度；d 是间隙开度。用户也可以指定 k_t 的上限值。

输入文件用法：   使用下面的选项定义 Newtonian 流体中的切向流动：

                    * GAP FLOW，TYPE = NEWTONIAN，KMAX

Abaqus/CAE 用法：Property module：material editor：Other → Pore Fluid → Gap Flow：

                    Type：Newtonian：切换选中 Maximum Permeability 并输入 k_{max} 的值

幂律流体

在幂律流体情况中，通过下面的公式定义本构关系

$$\tau = K\dot{\gamma}^\alpha$$

式中，τ 是切应力；$\dot{\gamma}$ 是切应变速率；K 是流体阻力；α 是幂律系数。Abaqus 将切向体积流动速率密度定义成

$$qd = -\left(\frac{2\alpha}{1+2\alpha}\right)\left(\frac{1}{K}\right)^{\frac{1}{\alpha}}\left(\frac{d}{2}\right)^{\frac{1+2\alpha}{\alpha}}\|\nabla p\|^{\frac{1-\alpha}{\alpha}}\nabla p$$

式中，d 是间隙开度。

输入文件用法：   * GAP FLOW，TYPE = POWER LAW

Abaqus/CAE 用法：Property module：material editor：Other→Pore Fluid→Gap

                    Flow：Type：Power law

穿过间隙面的法向流动

通过定义孔隙流体材料的流体泄漏系数来允许法向流动。该系数定义了胶粘单元的中节点与相邻单元面节点之间的压力-流动关系。可以将流体泄漏系数解释成胶粘单元面上有限材料层的渗透性，如图 6-41 所示。将法向流动定义成

$$q_t = c_t(p_i - p_t)$$
$$q_b = c_b(p_i - p_b)$$

式中，q_t 和 q_b 分别是流入顶面和底面的流率；c_t 和 c_b 分别是单元顶面和底面上的流体泄漏系数；p_i 是中面压力；p_t 和 p_b 分别是顶面和底面上的孔隙压力。

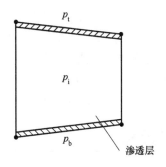

图 6-41　将泄漏系数解释为渗透层

输入文件用法：　　　＊FLUID LEAKOFF

Abaqus/CAE 用法：Property module：material editor：Other→Pore Fluid→Fluid

Leakoff：Type：Coefficients

将泄漏系数定义成温度和场变量的函数

用户也可以将泄漏系数定义成温度和场变量的函数。

输入文件用法：　　　＊FLUID LEAKOFF，DEPENDENCIES

Abaqus/CAE 用法：Property module：material editor：Other→Pore Fluid→Fluid Leakoff：

Type：Coefficients：切换选中 Use temperature-dependent data 并选中

场变量的数量。

在用户子程序中定义泄漏系数

也可以使用用户子程序 UFLUIDLEAKOFF 来定义更加复杂的泄漏行为，包括使用解相关的状态变量定义时间累积阻力或者水垢的功能。

输入文件用法：　　　＊FLUID LEAKOFF，USER

Abaqus/CAE 用法：Property module：material editor：Other→Pore Fluid→Fluid Leakoff：

Type：User

由重力产生的流动通量

在分布重力载荷中，通过下面的表达式给出切向流动速率密度向量

$$q_d = -k_t(-\rho g_t)$$

式中，k_t 是上面定义的切向渗透率；g_t 是胶粘单元中面上的重力向量投影；ρ 是孔隙流体密度。

对于达西流动

$$k_t = \frac{kd}{\gamma_\omega}$$

对于泊肃叶流动，在 Newtonian 流体情况中

$$k_t = \frac{d^3}{12\mu}$$

在幂律流体情况中

$$k_t = \left(\frac{2\alpha}{1+2\alpha}\right)\left(\frac{1}{K}\right)^{\frac{1}{\alpha}}\left(\frac{d}{2}\right)^{\frac{1+2\alpha}{\alpha}}\|\nabla p\|^{\frac{1-\alpha}{\alpha}}$$

输入文件用法：　　　使用下面的选项指定孔隙流体的密度：

＊DENSITY，PORE FLUID

Abaqus/CAE 用法：Property module：material editor：General→Density

从达西流动过渡到泊肃叶流动

对于牛顿流体，从达西流动到泊肃叶流动的过渡是损伤变量 D 的函数，表达式如下

$$qd = -\left\{\left[1 - D\hat{F}(\hat{d})\right]\frac{k}{\gamma_{\omega}}g_{\text{init}} + D\hat{F}(\hat{d})\left[\frac{(\hat{d})^{3}}{12\mu}\right]\right\}(\nabla p - \rho g_{1})$$

$$\hat{F}(\hat{d}) = \begin{cases} 0 & \hat{d} < 0 \\ \dfrac{\hat{d}}{g_{\text{init}}} & 0 \leq \hat{d} \leq g_{\text{init}} \\ 1 & g_{\text{init}} < \hat{d} \end{cases}$$

当受损单元中的物理间隙 $\hat{d}$ 闭合时，上式也适用于从泊肃叶流动过渡回达西流动。同样可以得到幂律流体流动过渡方程。

初始打开单元

用户可以定义一个初始间隙来标识完全受损的单元，即单元积分点处的 $D = 1.0$。

输入文件用法：　　使用下面的选项直接定义初始间隙：

　　　　　　　　　　＊INITIAL CONDITIONS，TYPE = INITIAL GAP

　　　　　　　　　　单元编号或者单元集合，省略 D 的值

Abaqus/CAE 用法：Abaqus/CAE 中不支持初始间隙定义。

赋予初始损伤值

用户可以定义一个初始间隙来标识单元，并且直接将 D 赋予积分点。如果用户将初始损伤变量赋予部分积分点而非全部积分点，则为没有赋予值的积分点赋予 $D = 0.0$ 的值。

如果使用了单元集合，则必须确保单元集合中的所有单元具有合适的统一的积分点阶次。

输入文件用法：　　使用下面的选项赋予初始损伤值：

　　　　　　　　　　＊INITIAL CONDITIONS，TYPE = INITIAL GAP

　　　　　　　　　　单元编号或者单元集合，每个积分点处的 D

Abaqus/CAE 用法：Abaqus/CAE 中不支持初始间隙定义。

额外的考虑

用户使用的胶粘单元流体属性和属性值在一些情况下可能对解产生影响。

非对称矩阵存储和求解

孔隙压力胶粘单元的矩阵是非对称的；因此，可能需要使用非对称矩阵存储和求解策略来改善收敛（见"定义一个分析"中的"Abaqus/Standard 中的矩阵存储和求解策略"，《Abaqus 分析用户手册——分析卷》的 1.1.2 节）。

大系数值

用户必须确保切向渗透率或者流体渗漏系数不过大。如果任何一个系数比相邻连续单元的渗透率高几个数量级，则可能出现矩阵调节问题，导致求解器奇异和不可靠的结果。

胶粘单元相交处的网格划分要求

当胶粘孔隙压力单元的不同层相交时，所有单元必须共享一个中面节点来支持流体流动连续性。图6-42所示为二维相交胶粘单元的网格划分例子。单元10、20、30和40共享交点处的同一个中节点100。

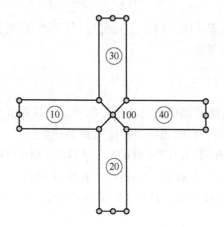

图 6-42   二维相交胶粘单元的网格划分例子

输出

当孔隙压力胶粘单元中可以实施流动时，可以使用表6-11中的输出变量。

表 6-11   可用输出变量

标　　识	说　　明
GFVR	间隙流动体积速率
PFOPEN	断裂开度
LEAKVRT	单元顶部的泄漏流速
ALEAKVRT	单元顶部的累积泄漏流体体积
LEAKVRB	单元底部的泄漏流速
ALEAKVRB	单元底部的累积泄漏流体体积

6.5.9   二维胶粘单元库

产品：Abaqus/Standard   Abaqus/Explicit   Abaqus/CAE

参考

● "胶粘单元：概览"，6.5.1 节

- "选择胶粘单元"，6.5.2 节
- ＊COHESIVE SECTION
- "胶粘连接和黏接界面"，《Abaqus/CAE 用户手册》的第 21 章

概览

本节提供 Abaqus/Standard 和 Abaqus/Explicit 中可用二维胶粘单元的参考。

单元类型

通用单元

COH2D4：4 节点二维胶粘单元。

有效自由度

1、2。

附加解变量

无。

孔隙压力单元（表 6-12）

表 6-12　孔隙压力单元

标　识	说　明
COH2D4P[(S)]	6 节点位移和孔隙压力二维胶粘单元
COD2D4P[(S)]	6 节点位移和孔隙压力，具有从达西流动到泊肃叶流动过渡的二维胶粘单元

有效自由度

顶面和底面节点上的 1、2、8。
中面节点上的 8。

附加解变量

无。

要求的节点坐标

X，Y。

单元属性定义

用户可以定义单元的初始本构厚度和面外宽度。胶粘单元的默认初始本构厚度取决于这些单元的响应。对于连续响应，默认初始本构厚度是基于节点坐标计算得到的。对于牵引-分离响应，默认初始本构厚度为1.0。对于基于单轴应力状态的响应，没有默认值，用户必须说明为计算初始本构厚度所选择的方法。详细内容见"定义胶粘单元的初始几何形体"中的"指定本构厚度"（6.5.4节）。

Abaqus 基于单元的中面自动计算厚度方向。

输入文件用法：   * COHESIVE SECTION

Abaqus/CAE 用法：Property module：Create Section：截面 Category 选择 Other，截面
Type 选择 Cohesive

基于单元的载荷

分布载荷（表6-13）

如"分布载荷"（《Abaqus 分析用户手册——指定条件、约束与相互作用卷》的 1.4.3 节）所描述的那样指定基于单元的分布载荷。

表 6-13   基于单元的分布载荷

载荷标识 （* DSLOAD）	Abaqus/CAE Load/Interaction	量 纲 式	说 明
BX	Body force	FL^{-3}	整体 X 方向上的体力
BY	Body force	FL^{-3}	整体 Y 方向上的体力
BXNU	Body force	FL^{-3}	整体 X 方向上的非均匀体力（在 Abaqus/Standard 中，通过用户子程序 DLOAD 提供大小；在 Abaqus/Explicit 中，通过用户子程序 VDLOAD 提供大小）
BYNU	Body force	FL^{-3}	整体 Y 方向上的非均匀体力（在 Abaqus/Standard 中，通过用户子程序 DLOAD 提供大小；在 Abaqus/Explicit 中，通过用户子程序 VDLOAD 提供大小）
CENT[(S)]	不支持	FL^{-4}（$ML^{-3}T^{-2}$）	离心载荷（大小输入成 $\rho\omega^2$，其中 ρ 是单位体积的质量密度，ω 是角速度）
CENTRIF[(S)]	Rotational Body force	T^{-2}	离心力（大小输入成 ω^2，ω 是角速度）
CORIO[(S)]	Coriolis force	$FL^{-4}T$（$ML^{-3}T^{-1}$）	科氏力（大小输入成 $\rho\omega$，其中 ρ 是单位体积的质量密度，ω 是角速度）

（续）

载荷标识 （＊DSLOAD）	Abaqus/CAE Load/Interaction	量 纲 式	说 明
GRAV	Gravity	LT^{-2}	指定方向上的重力载荷（大小输入成加速度）
Pn	Pressure	FL^{-2}	面 n 上的压力
PnNU	不支持	FL^{-2}	面 n 上的非均匀压力（在 Abaqus/Standard 中，通过用户子程序 DLOAD 提供大小；在 Abaqus/Explicit 中，通过用户子程序 VDLOAD 提供大小）
ROTA[S]	Rotational Body force	T^{-2}	转动加速度载荷（大小输入成 α，α 是转动加速度）
SBF[E]	不支持	$FL^{-5}T^2$	整体 X 方向和 Y 方向上的滞止体力
SPn[E]	不支持	$FL^{-4}T^2$	面 n 上的滞止压力
VBF[E]	不支持	$FL^{-4}T$	整体 X 方向和 Y 方向上的黏性体力
VPn[E]	不支持	$FL^{-3}T$	面 n 上的黏性压力，该压力与面法向上的速度成比例，其方向与运动方向相反

基于面的载荷

分布载荷

如 "分布载荷"（《Abaqus 分析用户手册——指定条件、约束与相互作用卷》的 1.4.3 节）所描述的那样指定基于面的分布载荷。

表 6-14　基于面的分布载荷

载荷标识 （＊DSLOAD）	Abaqus/CAE Load/Interaction	量 纲 式	说 明
P	Pressure	FL^{-2}	单元面上的压力
PNU	Pressure	FL^{-2}	单元面上的非均匀压力（在 Abaqus/Standard 中，通过用户子程序 DLOAD 提供大小；在 Abaqus/Explicit 中，通过用户子程序 VDLOAD 提供大小）
SP[E]	Pressure	$FL^{-4}T^2$	单元面上的滞止压力
VP[E]	Pressure	$FL^{-4}T$	施加在单元面上的黏性压力。该压力是与面法向上的速度成比例，其方向与运动方向相反

单元输出

可用于输出的应力、应变和其他张量分量，取决于是否使用胶粘单元来模拟胶粘连接、垫片或者分层问题。定义这些单元的截面属性时，通过选择合适的响应类型来说明胶粘单元的预期用途。可用的响应类型在"使用连续体方法定义胶粘单元的本构响应"（6.5.5 节），以及"使用牵引-分离描述定义胶粘单元的本构响应"（6.5.6 节）中进行了描述。

使用连续响应的胶粘单元

应力和其他张量（包括应变张量）可用于使用连续响应的单元。应力张量和应变张量都包含真值。对于使用连续响应的本构计算，只假定主厚度方向上的应变和横向切应变是非零的。假定所有其他应变分量（如膜应变）为零（详细内容见"使用连续体方法定义胶粘单元的本构响应"中的"有限厚度胶粘剂层的模拟"，6.5.5 节）。所有张量具有相同数量的分量。例如，应力分量见表 6-15。

表 6-15　应力分量

标　识	说　明
S11	主膜应力
S22	主厚度方向上的应力
S33	主膜应力
S12	横向切应力

使用单轴应力状态的胶粘单元

应力和其他张量（包括应变张量）可用于具有单轴应力响应的胶粘单元。应力张量和应变张量都包含真值。对于使用单轴应力响应的本构计算，只假定厚度上的应力是非零的。假定所有其他应力分量（如膜应力和横向切应力）为零（详细内容见"使用连续体方法定义胶粘单元的本构响应"中的"垫片和（或）小胶粘剂片的模拟"，6.5.5 节）。所有张量具有相同数量的分量。例如，应力分量如下：

S22：主厚度方向上的应力。

使用牵引-分离响应的胶粘单元

应力和其他张量（包括应变张量）可用于使用牵引-分离响应的单元。应力张量和应变张量都包含名义值。当胶粘单元的响应是以牵引与分离关系的方式定义时，输出变量 E、LE 和 NE 都包含名义应变。所有张量具有相同数量的分量。例如，应力分量见表 6-16。

表 6-16　应力分量

标　识	说　明
S22	主厚度方向上的应力
S12	横向切应力

单元中的节点排序和面编号（图 6-43）

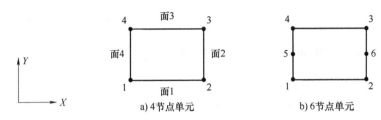

图 6-43 单元中的节点排序

单元面（表 6-17）

表 6-17 单元面

面 1	1-2 面
面 2	2-3 面
面 3	3-4 面
面 4	4-1 面

输出积分点编号（图 6-44）

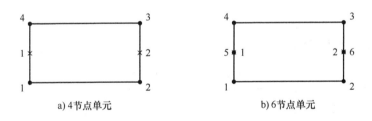

图 6-44 输出积分点编号

6.5.10 三维胶粘单元库

产品：Abaqus/Standard　　Abaqus/Explicit　　Abaqus/CAE

参考

- "胶粘单元：概览"，6.5.1 节
- "选择胶粘单元"，6.5.2 节

- ＊COHESIVE SECTION
- "胶粘连接和粘接界面",《Abaqus/CAE 用户手册》的第 21 章

概览

本节提供 Abaqus/Standard 和 Abaqus/Explicit 中可用三维胶粘单元的参考。

单元类型

通用单元（表 6-18）

表 6-18　通用单元

标　　识	说　　明
COH3D6	6 节点三维胶粘单元
COH3D8	8 节点三维胶粘单元

有效自由度

1、2、3。

附加解变量

无。

孔隙压力单元（表 6-19）

表 6-19　孔隙压力单元

标　　识	说　　明
COH3D6P[(S)]	9 节点位移和孔隙压力三维胶粘单元
COD3D6P[(S)]	9 节点位移和孔隙压力,具有从达西流动到泊肃叶流动过渡的三维胶粘单元
COH3D8P[(S)]	12 节点位移和孔隙压力三维胶粘单元
COD3D8P[(S)]	12 节点位移和孔隙压力、具有从达西流动到泊肃叶流动过渡的三维胶粘单元

有效自由度

顶面和底面节点处的 1、2、3、8。

中面节点处的 8。

附加解变量

无。

要求的节点坐标

X，Y，Z。

单元属性定义

用户可以定义单元的初始本构厚度。胶粘单元的默认初始本构厚度取决于这些单元的响应。对于连续响应，默认初始本构厚度是基于节点坐标计算的。对于牵引-分离响应，假定默认初始本构厚度是 1.0。对于基于单轴应力状态的响应，没有默认值，用户必须说明计算初始本构厚度所选择的方法（详细内容见"定义胶粘单元的初始几何形体"中的"指定本构厚度"，6.5.4 节）。

Abaqus 基于单元的中面自动计算厚度方向。

输入文件用法：   * COHESIVE SECTION

Abaqus/CAE 用法：Property module：Create Section：截面 Category 选择 Other，截面 Type 选择 Cohesive

基于单元的载荷

分布载荷（表 6-20）

如"分布载荷"（《Abaqus 分析用户手册——指定条件、约束与相互作用卷》的 1.4.3 节）所描述的那样指定分布载荷。

表 6-20　基于单元的分布载荷

载荷标识 （ * DSLOAD）	Abaqus/CAE Load/Interaction	量 纲 式	说 明
BX	Body force	FL^{-3}	整体 X 方向上的体力
BY	Body force	FL^{-3}	整体 Y 方向上的体力
BZ	Body force	FL^{-3}	整体 Z 方向上的体力
BXNU	Body force	FL^{-3}	整体 X 方向上的非均匀体力（在 Abaqus/Standard 中，通过用户子程序 DLOAD 提供大小；在 Abaqus/Explicit 中，通过用户子程序 VDLOAD 提供大小）
BYNU	Body force	FL^{-3}	整体 Y 方向上的非均匀体力（在 Abaqus/Standard 中，通过用户子程序 DLOAD 提供大小；在 Abaqus/Explicit 中，通过用户子程序 VDLOAD 提供大小）

（续）

载荷标识 （＊DSLOAD）	Abaqus/CAE Load/Interaction	量 纲 式	说　明
BZNU	Body force	FL^{-3}	整体 Z 方向上的非均匀体力（在 Abaqus/Standard 中，通过用户子程序 DLOAD 提供大小；在 Abaqus/Explicit 中，通过用户子程序 VDLOAD 提供大小）
CENT[S]	不支持	FL^{-4}（$ML^{-3}T^{-2}$）	离心载荷（大小输入成 $\rho\omega^2$，其中 ρ 是单位体积的质量密度，ω 是角速度）
CENTRIF[S]	Rotational body force	T^{-2}	离心力（大小输入成 ω^2，ω 是角速度）
CORIO[S]	Coriolis force	$FL^{-4}T$（$ML^{-3}T^{-1}$）	科氏力（大小输入成 $\rho\omega$，其中 ρ 是单位体积的质量密度，ω 是角速度）
GRAV	Gravity	LT^{-2}	指定方向上的重力载荷（大小输入成加速度）
Pn	Pressure	FL^{-2}	面 n 上的压力
PnNU	不支持	FL^{-2}	面 n 上的非均匀压力（在 Abaqus/Standard 中，通过用户子程序 DLOAD 提供大小；在 Abaqus/Explicit 中，通过用户子程序 VDLOAD 提供大小）
ROTA[S]	Rotational body force	T^{-2}	转动加速度载荷（大小输入成 α，α 是转动加速度）
SBF[E]	不支持	$FL^{-5}T^2$	整体 X 方向和 Y 方向上的滞止体力
SPn[E]	不支持	$FL^{-4}T^2$	面 n 上的滞止压力
VBF[E]	不支持	$FL^{-4}T$	整体 X 方向和 Y 方向上的黏性体力
VPn[E]	不支持	$FL^{-3}T$	面 n 上的黏性压力，该压力与面法向上的速度成比例，其大小与运动方向相反

基于面的载荷

分布载荷

如"分布载荷"（《Abaqus 分析用户手册——指定条件、约束与相互作用卷》的 1.4.3 节）所描述的那样指定基于面的分布载荷。

表6-21　基于面的分布载荷

载荷标识 （＊DSLOAD）	Abaqus/CAE Load/Interaction	量 纲 式	说　明
P	Pressure	FL^{-2}	单元面上的压力
PNU	Pressure	FL^{-2}	单元面上的非均匀压力（在 Abaqus/Standard 中，通过用户子程序 DLOAD 提供大小；在 Abaqus/Explicit 中，通过用户子程序 VDLOAD 提供大小）

（续）

载荷标识 （*DSLOAD）	Abaqus/CAE Load/Interaction	量 纲 式	说 明
SP[(E)]	Pressure	$FL^{-4}T^2$	单元面上的滞止压力
VP[(E)]	Pressure	$FL^{-4}T$	施加在单元面上的黏性压力。该压力与单元面的法向速度成比例，其方向与运动方向相反

单元输出

可用于输出的应力、应变和其他张量分量取决于是否使用胶粘单元模拟胶粘连接、垫片或者分层问题。定义这些单元的截面属性时，通过选择合适的响应类型来说明胶粘单元预期用法。可用响应类型在"使用连续体方法定义胶粘单元的本构响应"（6.5.5 节），以及"使用牵引-分离描述定义胶粘单元的本构响应"（6.5.6 节）中进行了描述。

使用连续响应的胶粘单元

应力和其他张量（包括应变张量）可用于具有连续响应的单元。应力张量和应变张量都包含真值。对于使用连续响应的本构计算，只假定厚度方向上的应变和横向切应变是非零的。假定所有其他应变分量（如膜应变）为零（详细内容见"使用连续体方法定义胶粘单元的本构响应"中的"有限厚度胶粘剂层的模拟"，6.5.5 节）。所有张量具有相同数量的分量。例如，应力分量见表 6-22。

表 6-22 应力分量

标 识	说 明
S11	主膜应力
S22	主膜应力
S33	主厚度方向上的应力
S12	平面内膜切应力
S13	横向切应力
S23	横向切应力

使用单轴应力状态的胶粘单元

应力和其他张量（包括应变张量）可用于具有单轴应力响应的胶粘单元。应力张量和应变张量都包含真值。对于使用单轴应力响应的本构计算，只假定厚度方向上的应力是非零的。假定所有其他应力分量（如膜应力和横向切应力）是零（详细内容见"使用连续方法定义胶粘单元的本构响应"中的"垫片和（或）小胶粘剂片的模拟"，6.5.5 节）。所有张量具有相同数量的分量。例如，应力分量如下：

S33：主厚度方向上的应力。

使用牵引-分离响应的胶粘单元

应力和其他张量（包括应变张量）可用于使用牵引-分离响应的单元。应力张量和应变张量都包含名义值。当胶粘单元的响应是以牵引-分离的方式定义时，输出变量 E、LE 和 NE 都包含名义应变。所有张量具有相同数量的分量。例如，应力分量见表6-23。

表6-23 应力分量

标　识	说　明
S33	主厚度方向上的应力
S13	横向切应力
S23	横向切应力

单元中的节点排序和面编号（图6-45）

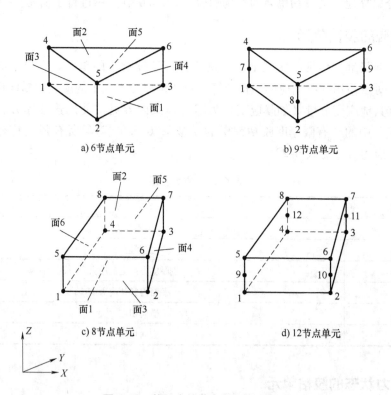

图6-45 单元中的节点排序和面编号

COH3D6 单元面（表6-24）

表6-24 COH3D6 单元面

面 1	1-2-3 面
面 2	4-6-5 面

（续）

面 3	1-4-5-2 面
面 4	2-5-6-3 面
面 5	3-6-4-1 面

COH3D8 单元面（表6-25）

表 6-25　COH3D8 单元面

面 1	1-2-3-4 面
面 2	5-8-7-6 面
面 3	1-5-6-2 面
面 4	2-6-7-3 面
面 5	3-7-8-4 面
面 6	4-8-5-1 面

输出积分点编号（图6-46）

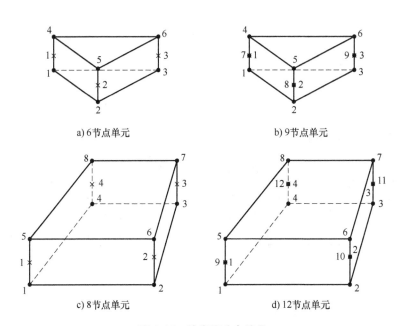

a) 6节点单元　　　　　　　　　b) 9节点单元

c) 8节点单元　　　　　　　　　d) 12节点单元

图 6-46　输出积分点编号

6.5.11　轴对称胶粘单元库

产品：Abaqus/Standard　　　Abaqus/Explicit　　　Abaqus/CAE

参考

- "胶粘单元：概览"，6.5.1 节
- "选择胶粘单元"，6.5.2 节
- ＊COHESIVE SECTION
- "胶粘连接和黏接界面"，《Abaqus/CAE 用户手册》的第 21 章

概览

本节提供 Abaqus/Standard 和 Abaqus/Explicit 中可用的轴对称胶粘单元的参考。

单元类型

通用单元

COHAX4：4 节点轴对称胶粘单元。

有效自由度

1、2（u_r，u_z）。

附加解变量

无。

孔隙压力单元（表 6-26）

表 6-26　孔隙压力单元

标　识	说　明
COHAX4P[(S)]	6 节点位移和孔隙压力轴对称胶粘单元
CODAX4P[(S)]	6 节点位移和孔隙压力、具有从达西流动到泊肃叶流动过渡的轴对称胶粘单元

有效自由度

1、2、8。

附加解变量

无。

要求的节点坐标

X，Y。

单元属性定义

用户可以定义单元的初始本构厚度。胶粘单元的默认初始本构厚度取决于这些单元的响应。对于连续响应，默认的初始本构厚度是基于节点坐标计算的。对于牵引-分离响应，假定默认的初始本构厚度是1.0。对于基于单轴应力状态的响应，没有默认值，用户必须说明计算初始本构厚度所选择的方法。详细内容见"定义胶粘单元的初始几何形体"中的"指定本构厚度"（6.5.4节）。

Abaqus基于单元的中面自动计算厚度方向。

输入文件用法： ∗COHESIVE SECTION

Abaqus/CAE用法：Property module：Create Section：截面 Category 选择 Other，截面 Type 选择 Cohesive

基于单元的载荷

分布载荷（表6-27）

如"分布载荷"（《Abaqus分析用户手册——指定条件、约束与相互作用卷》的1.4.3节）所描述的那样指定基于单元的分布载荷。

表6-27　基于单元的分布载荷

载荷标识 （∗DSLOAD）	Abaqus/CAE Load/Interaction	量纲式	说明
BR	Body force	FL^{-3}	径向方向上的体力
BY	Body force	FL^{-3}	轴向方向上的体力
BRNU	Body force	FL^{-3}	径向方向上的非均匀体力（在Absqus/Standard中，通过用户子程序DLOAD提供大小；在Abaqus/Explicit中，通过用户子程序VDLOAD提供大小）
BZNU	Body force	FL^{-3}	轴向方向上的非均匀体力（在Absqus/Standard中，通过用户子程序DLOAD提供大小；在Abaqus/Explicit中，通过用户子程序VDLOAD提供大小）
CENT[(S)]	不支持	FL^{-4}（$ML^{-3}T^{-2}$）	离心载荷（大小输出成$\rho\omega^2$，其中ρ是单位体积的质量密度，ω是角速度）
CENTRIF[(S)]	Rotational body force	T^{-2}	离心力（大小输入成ω^2，ω是角速度）
GRAV	Gravity	LT^{-2}	指定方向上的重力载荷（大小输入成加速度）
Pn	Pressure	FL^{-2}	面n上的压力

（续）

载荷标识 （＊DSLOAD）	Abaqus/CAE Load/Interaction	量 纲 式	说 明
PnNU	不支持	FL^{-2}	面 n 上的非均匀压力（在 Absqus/Standard 中，通过用户子程序 DLOAD 提供大小；在 Abaqus/Explicit 中，通过用户子程序 VDLOAD 提供大小）
SBF$^{(E)}$	不支持	FL^{-5}T^2	整体 X 方向和 Y 方向上的滞止体力
SP$n$$^{(E)}$	不支持	FL^{-4}T^2	面 n 上的滞止压力
VBF$^{(E)}$	不支持	FL^{-4}T	整体 X 方向和 Y 方向上的黏性体力
VP$n$$^{(E)}$	不支持	FL^{-3}T	面 n 上的黏性压力，该压力与面法向上的速度成比例，其方向与运动方向相反

基于面的载荷

分布载荷（表6-28）

如"分布载荷"（《Abaqus 分析用户手册——指定条件、约束与相互作用卷》的 1.4.3 节）所描述的那样指定基于面的分布载荷。

表 6-28　基于面的分布载荷

载荷标识 （＊DSLOAD）	Abaqus/CAE Load/Interaction	量 纲 式	说 明
P	Pressure	FL^{-2}	单元面上的压力
PNU	Pressure	FL^{-2}	单元面上的非均匀压力（在 Abaqus/Standard 中通过用户子程序 DLOAD 提供大小，在 Abaqus/Explicit 中通过用户子程序 VDLOAD 提供大小）
SP$^{(E)}$	Pressure	FL^{-4}T^2	单元面上的滞止压力
VP$^{(E)}$	Pressure	FL^{-4}T	单元面上的该黏性压力。黏性压力与单元面法向速度成比例，其方向与运动方向相反

单元输出

输出可用的应力、应变和其他张量分量，取决于是否使用胶粘单元来模拟胶粘连接、垫片或者分层问题。定义这些单元的截面属性时，通过选择合适的响应类型来说明胶粘单元的预期用法。可用的响应类型在"使用连续体方法定义胶粘单元的本构响应"（6.5.5 节），以及"使用牵引-分离描述定义胶粘单元的本构响应"（6.5.6 节）中进行了描述。

使用连续响应的胶粘单元

应力和其他张量（包括应变张量）可用于具有连续响应的单元。应力张量和应变张量都包含真值。对于使用连续响应的本构计算，只假定厚度方向上的应变和横向切应变是非零的。假定所有其他应变分量（如膜应变）是零（详细内容见"使用连续体方法定义胶粘单元的本构响应"中的"有限厚度胶粘剂层的模拟"，6.5.5节）。所有张量具有相同数量的分量。例如，应力分量见表6-29。

表 6-29 应力分量

标　识	说　明
S11	主膜应力
S22	厚度方向上的应力
S33	主膜应力
S12	横向切应力

使用单轴应力状态的胶粘单元

对于具有单轴应力响应的胶粘单元，应力和其他张量（包括应变张量）是可以使用的。应力张量和应变张量都包含真值。对于使用单轴应力响应的本构计算，只假定厚度方向上的应力是非零的。假定所有其他应力分量（如膜应力和横向切应力）是零（详细内容见"使用连续体方法定义胶粘单元的本构响应"中的"垫片和（或）小胶粘剂片的模拟"，6.5.5节）。所有张量具有相同数量的分量。例如，应力分量如下：

S22：厚度方向上的正应力。

使用牵引-分离响应的胶粘单元

应力和其他张量（包括应变张量）可用于使用牵引-分离响应的单元。应力张量和应变张量都包含名义值。当胶粘单元的响应是以牵引-分离的方式定义的时，输出变量 E、LE 和 NE 都包含名义应变。所有张量具有相同数量的分量。例如，应力分量见表6-30。

表 6-30 应力分量

标　识	说　明
S22	厚度方向上的正应力
S12	横向切应力

单元中的节点排序和面编号 （图6-47）

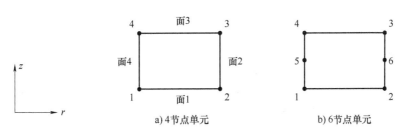

a) 4节点单元　　　　b) 6节点单元

图 6-47　单元中的节点排序和面编号

单元面（表6-31）

表 6-31　单元面

面1	1-2 面
面2	2-3 面
面3	3-4 面
面4	4-1 面

输出积分点编号（图6-48）

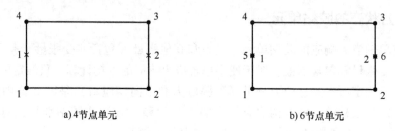

图 6-48　输出积分点编号

6.6 垫片单元和垫片单元库

6.6.1 垫片单元：概览

Abaqus/Standard 提供垫片单元库来模拟垫片的行为。

概览

垫片模拟的步骤如下：
- 选择合适的垫片单元类型（"选择垫片单元"，6.6.2 节）。
- 在有限元模型中包括垫片单元（"在模型中包括垫片单元"，6.6.3 节）。
- 定义垫片的初始几何形体（"定义垫片单元的初始几何形体"，6.6.4 节）。
- 使用材料模型（"使用材料模型定义垫片行为"，6.6.5 节）或者垫片行为模型（"使用垫片行为模型直接定义垫片行为"，6.6.6 节）定义垫片的行为。

垫片单元的用途

垫片由许多材料采用许多方法构成。一些类型的垫片由一些预制金属层构成，有可能具有薄的弹性体涂层或者弹性体嵌件（图 6-49）。其他垫片则使用塑料和弹性体嵌件。

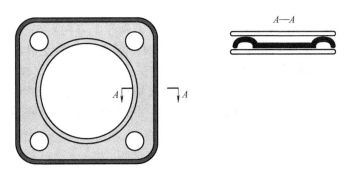

图 6-49　由预制金属层组成的典型垫片

垫片通常非常薄，用作结构件之间的密封件。它们经过精心设计，在其厚度上（垫片的薄方向）提供合适的压力闭合行为，以便在构件由于热载荷和机械载荷而变形时依然能够保持密封作用。很难使用实体连续单元和可用材料库来模拟垫片上的厚度行为。因此，Abaqus/Standard 提供了不同的垫片单元，这些单元具有特别设计的厚度上的行为。

垫片行为模型与材料库中的模型是分开的，并且假设在厚度方向上，横向剪切行为和膜行为是不耦合的（详细内容见"使用垫片行为模型直接定义垫片行为"，6.6.6 节）。对于不能通过这些特殊的行为模型得到良好处理的垫片行为，例如必须考虑耦合行为或者厚度上的牵引行为时，Abaqus/Standard 通过允许垫片单元使用内置的或者用户定义的材料模型来提供多种选择（详细内容见"使用材料模型定义垫片行为"，6.6.5 节）。

垫片单元的空间表达

图 6-50 所示为用来定义垫片单元的关键几何特征。垫片单元包含由厚度分开的两个面。沿着垫片厚度方向定义的底面和顶面上的相对运动，对垫片单元厚度方向（局部 1 方向）上的行为进行了量化。在垂直于厚度方向的平面上度量的底面和顶面的位置相对变化，量化了垫片单元的横向剪切行为。单元中面的拉伸和剪切（底面和顶面中间的面）量化了垫片单元的膜行为。

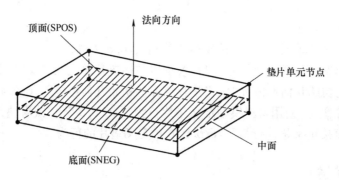

图 6-50　垫片单元的空间表达

在积分点处定义的局部行为方向

在垫片单元的积分点处定义的厚度方向构成了局部 1 方向。在局部 1-2 平面和 1-3 平面中定义横向剪切行为。膜行为是在 2-3 平面中定义的。对于具有只有一个自由度的节点的单元，不定义局部 2 方向和局部 3 方向，因为这些单元仅考虑垫片厚度方向上的行为。使用局部方向来指定垫片行为，并用来描述垫片当前变形状态的所有输出量。默认情况下，Abaqus/Standard 将计算局部方向。用户也可以为一些单元类型定义局部方向。

默认的局部方向

Abaqus/Standard 如"定义垫片单元的初始几何形体"（6.6.4 节）所解释的那样计算局部 1 方向。

对于二维和轴对称垫片单元，应定义局部 2 方向，使得局部 1 方向和局部 2 方向的叉积给出平面外方向（图 6-51）。

对于三维面和三维连接单元，局部 2 方向和局部 3 方向与局部 1 方向垂直（图 6-52），并遵循空间面上的局部方向的标准 Abaqus 约定（见"约定"，《Abaqus 分析用户手册——介绍、空间建模、执行与输出卷》的 1.2.2 节）。

对于三维线单元，通过将单元中面切向投射到与局部 1 方向正交的平面上来得到局部 2 方向（图 6-53）。局部 3 方向是局部 1 方向和局部 2 方向的叉积。

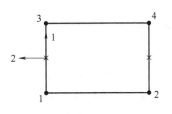

图 6-51　二维和轴对称垫片单元的局部方向

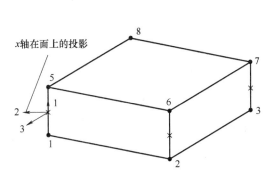

图 6-52　三维面和三维连接垫片单元的局部方向

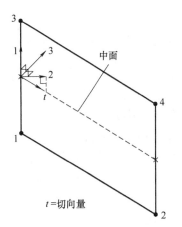

图 6-53　三维线垫片单元的局部方向

指定局部方向

用户可以如"定义垫片单元的初始几何形体"（6.6.4 节）所解释的那样定义局部 1 方向。对于考虑横向剪切和膜变形的三维面和三维链接单元，可以使用局部方向（见"方向"，《Abaqus 分析用户手册——介绍、空间建模、执行与输出卷》的 2.2.5 节）定义局部 2 方向和局部 3 方向。

输入文件用法：　　使用下面的选项将局部方向与具体的垫片单元集合相关联：

　　　　　　　　　　* GASKET SECTION，ELSET = 名称，ORIENTATION = 名称

Abaqus/CAE 用法：Property module：Assign→Material Orientation

允许使用垫片单元的过程

可以在静态、静态摄动、准静态、动力学和频率分析中使用垫片单元。然而，假定垫片单元是没有质量的；因此，不能为垫片单元定义密度。

6.6.2　选择垫片单元

产品：Abaqus/Standard　　　　Abaqus/CAE

参考

- "垫片单元：概览"，6.6.1 节
- "二维垫片单元库"，6.6.7 节
- "三维垫片单元库"，6.6.8 节
- "轴对称垫片单元库"，6.6.9 节
- "垫片"，《Abaqus/CAE 用户手册》的第 32 章

概览

Abaqus/Standard 垫片单元库包括：

- 用于二维分析的单元。
- 用于三维分析的单元。
- 用于轴对称分析的单元。
- 仅考虑垫片厚度方向行为的单元。
- 考虑垫片的厚度方向、膜和横向剪切行为的单元。

命名约定

Abaqus/Standard 中使用的垫片单元命名如下：

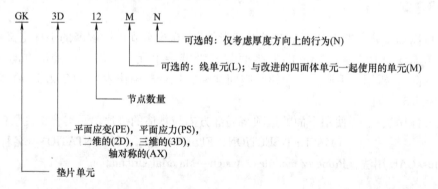

例如，GKPE4 是 4 节点平面应变垫片单元，考虑厚度方向、膜和横向剪切行为。

通用单元与仅具有厚度方向行为单元的对比

Abaqus/Standard 提供两类垫片单元。可以通过指定特殊垫片行为模型或者内置材料模型来指定这两类垫片单元的材料属性（见"使用垫片行为模型直接定义垫片行为"，6.6.6 节；"使用材料模型定义垫片行为"，6.6.5 节）。第一类是在单元的节点上所有位移自由度都有效的垫片单元集合。当垫片的膜行为和（或）横向剪切行为很重要时，这些单元是必要的（图 6-54）。当垫片单元与特殊垫片行为模型相关联时，只能将厚度方向上的行为、横

向剪切行为和膜行为定义成非耦合的。在一些情况中，膜效应仅是次要的，则有可能仅模拟厚度方向上的行为和横向剪切行为。这些单元适用于厚度方向上的行为和摩擦作用都很重要的分析。

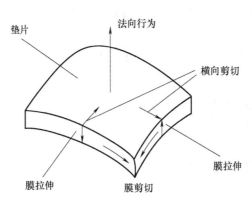

图 6-54　垫片的不同变形模式

第二类垫片单元中，仅在厚度方向上度量变形。忽略其他变形模式的垫片响应。这些单元的节点仅具有一个位移自由度，位于垫片的厚度方向上。当垫片厚度方向上的行为是唯一重要的行为时，适合使用此类单元来降低分析的计算成本。可以简单地根据垫片中的压力与垫片闭合之间的关系来指定此行为。这类单元不考虑平面中垫片的热膨胀或者拉伸。

二维、三维和轴对称分析中使用的单元

Abaqus/Standard 为两种类型的垫片单元提供了二维单元、三维单元和轴对称单元的选择。为二维分析提供平面应力单元和平面应变单元，分别代表平面外方向的薄垫片或者厚垫片。为结构的几何形体和载荷是轴对称的情况提供轴对称垫片单元。

Abaqus/Standard 提供用于二维、三维和轴对称分析的 2 节点单元或者链接单元；三维线单元；与改进的四面体单元一起使用的三维 12 节点单元。这些单元具有有助于模拟垫片的特殊特征。

链接单元

由于链接垫片单元具有两个节点，它们的几何形体仅定义垫片的一个尺寸——整体厚度尺寸。当螺栓本身使用杆单元模拟时，通常可以使用链接垫片单元模拟螺栓下面的垫片。对于二维和三维链接单元，垫片的横截面是不确定的。对于轴对称链接单元，单元的宽度是不确定的。这些单元维度的降低提供了指定垫片行为的灵活性，并且可以证明在一些情况中是非常有效的（详细内容见"使用垫片行为模型直接定义垫片行为"，6.6.6 节）。

三维线单元

通常使用三维线垫片单元来模拟垫片中的窄的、较厚的特征，如插入孔周围的弹性体。由于是用于三维分析，不能根据单元的几何形体确定它们的宽度。维度的降低提供了指定垫片行为的灵活性，并且可以证明在一些情况中是非常有效的（详细内容见"使用垫片行为

模型直接定义垫片行为", 6.6.6 节)。

与改进的四面体单元一起使用的 12 节点单元

12 节点垫片单元具有的接触属性与改进的 10 节点四面体单元相同；这些单元的角节点和中节点处具有一致的节点力。它们主要适合与改进的四面体单元一起使用，但是也可以通过使用接触对来与其他实体单元相连接。在后一种情况中，网格的严重不匹配可能导致噪声解。

6.6.3　在模型中包括垫片单元

产品：Abaqus/Standard　　Abaqus/CAE

参考

- "垫片单元：概览"，6.6.1 节
- "选择垫片单元"，6.6.2 节
- "接触相互作用分析：概览"，《Abaqus 分析用户手册——指定条件、约束与相互作用卷》的 3.1 节
- "通用多点约束"，《Abaqus 分析用户手册——指定条件、约束与相互作用卷》的 2.2.2 节
- "垫片"，《Abaqus/CAE 用户手册》的第 32 章

概览

垫片单元：
- 用来模拟两个构件之间的垫片和其他密封件，任何构件可以是变形体或者刚体。
- 可以通过共享节点、使用基于面的绑定约束、使用 MPC 类型的 TIE 或者 PIN，或者通过使用接触对来连接到相邻构件上。

本节讨论了可用于离散垫片并将其装配到代表几个构件的模型（如内燃机）中的技术。节点处所有位移自由度均有效的垫片单元可以使用所有讨论的方法。仅具有厚度方向行为的垫片单元可以使用大部分方法，本节后面讨论了例外情况。

使用垫片单元离散垫片

通常将垫片制造成独立构件。垫片行为通常是通过垫片的压缩试验来度量的。在此情况中，可以将垫片离散化成一个单层的垫片单元。

垫片有时是由几层材料制成的。如果垫片的行为是通过整个垫片的压缩试验得到的，则依然可以将垫片离散成一个单层的垫片单元。然而，如果通过组成垫片的每一层的压缩试验来得到垫片的行为，则可以使用相应的垫片单元层的集合来离散垫片。

使用多个层离散垫片

如果在厚度方向上使用了多个垫片单元层，并且这些层在垫片的平面中具有不同的单元分布，则使用基于面的绑定、网格细化 MPC 或者绑定接触对来连接垫片的不同层。如果使用了绑定接触，则为接触对的调整区域深度 a 赋予一个正值（见"在 Abaqus/Standard 接触对中调整初始面位置并指定初始间隙"，《Abaqus 分析用户手册——指定条件、约束与相互作用卷》的 3.3.5 节），以便在分析的开始时正确地绑定所有从节点。

将垫片装配到模型的其他构件上

将在单元的节点上使用所有位移分量的垫片单元，连接到模型中的其他构件的最简单方法是定义网格，使得垫片单元与相邻构件表面上的单元共享节点。更一般地，当垫片的网格与相邻构件面的网格不匹配时，或者当所使用的垫片单元仅考虑厚度方向上的行为时，可以使用接触对将垫片单元连接到其他构件。

使用接触对或者基于面的约束将垫片连接到其他构件

垫片的材料通常比相邻构件的材料软。此外，垫片的离散化通常比相邻零件的离散要更加细化。这两个事实表明垫片的接触面应当是从面，而相邻零件的接触面应当是主面。第二个考虑也表明在涉及垫片的分析中通常使用不匹配的网格。如果使用了不匹配的网格，可能无法精确地预测受压垫片上的压力分布；可以请求子模型（"子模型：概览"，《Abaqus 分析用户手册——分析卷》的 5.2.1 节）来得到精确的局部结果。使用基于面的约束时，可以使用两种技术将垫片单元连接到模型中的其他零件。

使用常规接触对和绑定接触对或者基于面的约束

当没有定义垫片单元膜行为时，需要使用此技术。在垫片的一侧使用绑定接触对（"在 Abaqus/Standard 中定义绑定接触"，《Abaqus 分析用户手册——指定条件、约束与相互作用卷》的 3.3.7 节）或者绑定约束（"网格绑定约束"，《Abaqus 分析用户手册——指定条件、约束与相互作用卷》的 2.3.1 节），并在另一侧使用常规接触对，如图 6-55 所示。由于在垫片的一侧使用了常规接触对，当垫片周围的构件被拉开时，垫片厚度方向上不会产生拉应力。

为绑定接触的调整区域深度 a 赋予一个正值（见"在 Abaqus/Standard 接触对中调整初始面位置并指定初始间隙"，《Abaqus 分析用户手册——指定条件、约束与相互作用卷》的 3.3.5 节），或者如果需要，为绑定约束指定一个正的位置公差（见"网格绑定约束"，《Abaqus 分析用户手册——指定条件、约束与相互作用卷》的 2.3.1 节），以保证在分析开始时正确地绑定了所有从节点。此技术仅允许垫片一侧上的摩擦滑动。

使用常规接触对和不允许分离的接触对

此技术允许在垫片的两侧上传递摩擦滑动。当为垫片定义膜行为时需要使用此技术，因为此技术允许考虑垫片两侧上由摩擦作用产生的垫片膜拉伸或者收缩。在垫片的一侧使用不

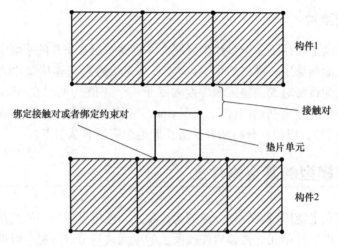

图 6-55　使用接触对将垫片连接到其他零件

允许面分离的接触对或者约束对（"接触压力与闭合的关系"，《Abaqus 分析用户手册——指定条件、约束与相互作用卷》的 4.1.2 节），并在另一侧使用常规接触对，如图 6-56 所示。

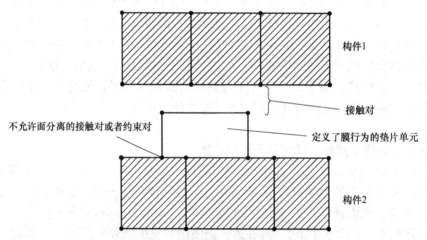

图 6-56　将定义了膜行为的垫片连接到其他零件

为节点对的调整区域深度 a 赋予一个正值（见"在 Abaqus/Standard 接触对中调整初始面位置并指定初始间隙"，《Abaqus 分析用户手册——指定条件、约束与相互作用卷》的 3.3.5 节），以保证在分析开始时面是接触的。使用无分离接触压力与闭合关系（见"接触压力与闭合的关系"，《Abaqus 分析用户手册——指定条件、约束与相互作用卷》的 4.1.2 节），以保证在分析过程中面不会分离。此技术将防止垫片厚度方向上的刚体模式。用户可能仍然需要防止垫片平面中的刚体模式，直到在垫片与相邻构件之间建立了摩擦力。

使垫片单元与其他单元共享节点

当垫片及其相邻零件具有匹配的网格时，可以通过共享节点直接将垫片连接到其他构件（图 6-57）。

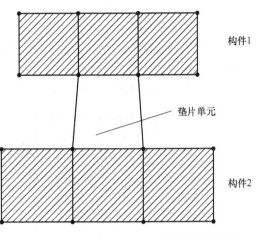

垫片与其他构件之间不发生摩擦滑动的情况适合采用将垫片连接到其他构件的方法。无论是否定义了垫片单元的膜行为，都可以使用此技术；然而，如果定义了垫片膜行为，则使用接触对方法将产生更加真实的结果，因为垫片及其相邻构件之间的膜刚度之差可能会导致摩擦滑动。添加到垫片厚度方向行为中的数值稳定技术（见"使用垫片行为模型直接定义垫片行为"，6.6.6 节），使得一旦拉开了与垫片相连接的零件，共享节点的方法也会导致在垫片中产生小的拉应力。接触对方法可避免这种拉应力。仅考虑厚度方向行为的垫片单元不能使用这种节点共享方法。

图 6-57　与其他 Abaqus 单元共享节点的垫片单元

使用仅模拟厚度方向行为的垫片单元

通常，前面讨论的模拟技术可以与仅模拟厚度方向行为的垫片单元一起使用。然而，这些单元的每个节点仅具有一个位移自由度，并且不能与节点处具有所有有效位移自由度的单元共享节点。然而，这些单元可以与仅模拟厚度方向行为的垫片单元共享节点。

使用仅模拟厚度方向行为的垫片单元离散一个垫片

当在垫片厚度方向上使用几层垫片单元来离散一个垫片时，建议属于垫片横截面的所有节点具有相同的厚度方向（图6-58）。如果厚度方向变化，将产生近似的解，因为在整个垫片厚度上，只将力的大小从一个垫片单元传递到了下一个垫片单元。

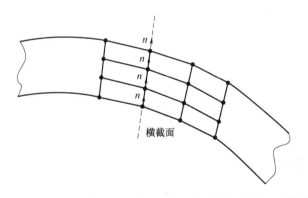

图 6-58　使用仅有厚度方向行为的几层垫片单元离散一个垫片

当选择了仅具有厚度方向行为的垫片单元时，将垫片连接到其他构件

如上文所述，可以使用接触对将垫片单元连接到相邻构件，但是仅能使用无摩擦小滑动

接触。

也可以使用 MPC 类型的 PIN 或者 TIE 将垫片单元的单自由度节点与另外一个具有所有有效位移自由度的重合节点相连接（图6-59）。Abaqus/Standard 自动将单位移自由度节点约束到另外一个节点的整体位移。

不能使用基于面的绑定约束来连接仅模拟厚度方向行为的垫片单元。

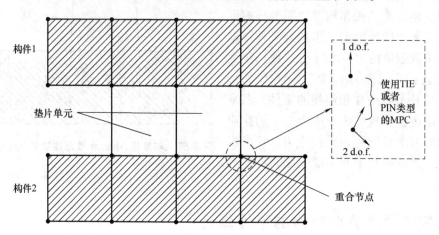

图 6-59　使用 MPC 将仅具有厚度方向行为的垫片单元连接到其他构件

使用垫片单元时的额外考虑

当使用垫片单元时，一些情况需要特别考虑。

在大位移分析中使用垫片单元

垫片单元是小应变小位移的单元。可以在大位移分析中使用垫片单元。然而，垫片单元的局部方向不随着求解而更新，如果包含垫片单元的装配承受任何大的转动，将产生不正确的结果。

使用12节点垫片单元

当相邻单元使用改进的10节点四面体单元（单元类型 C3D10M）模拟时，优先使用12节点垫片单元。当使用接触对方法时，12节点垫片单元也可与其他三维实体连续单元相邻；然而，如果网格严重不匹配，则可能产生噪声解。

使用18节点垫片单元

18节点垫片单元适合与21～27节点六面体单元共享节点。当使用接触对方法时，18节点垫片单元也可以连接到由21～27节点六面体单元构成的网格，或者由20节点六面体单元构成的网格。

如果面是接触面的一部分，则 Abaqus/Standard 允许自动生成18节点垫片单元的节点编号和中面节点坐标，类似于在定义了接触面的20节点六面体单元面上生成中面节点的方法。

通过将单元连接中节点 17 和节点 18 的输入留空来调用此特征。

使用三维线垫片单元

通常使用三维线垫片单元模拟垫片中窄的、较厚的特征，如孔周围的弹性嵌件。此情况的典型网格如图 6-60 所示。主要使用三维面单元离散化此垫片。使用连接到或者没有连接到面单元的三维线单元模拟嵌件。这些垫片单元使用两组接触对连接到周围的构件，并且面单元通常将具有在垫片属性定义中指定的初始间隙，这样，在面单元在接触面上建立压力之前，较厚的嵌件先在接触面上建立了压力。

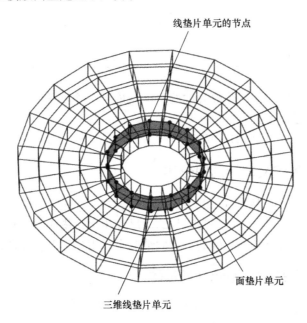

图 6-60　三维线垫片单元模拟垫片中嵌件的典型用法

如果使用在单元节点处所有位移自由度都有效的三维线垫片单元来离散一个垫片，并且这些单元的所有节点处的局部 3 方向是相同的（当所有单元都位于一个平面上时的情况），则这些单元的节点可以在局部 3 方向上移动，而没有在单元中产生任何应变（有关三维线单元局部方向的详细内容，见"使用垫片行为模型直接定义垫片行为"，6.6.6 节）。在这样的情况中，用户应当确保这些单元在局部 3 方向上受到适当的约束。

6.6.4　定义垫片单元的初始几何形体

产品：Abaqus/Standard　　　Abaqus/CAE

参考

- "垫片单元：概览"，6.6.1 节

- * GASKET SECTION
- "创建垫片截面"，《Abaqus/CAE 用户手册》的 12. 13. 15 节

概览

初始垫片几何形体：
- 根据单元的节点坐标来定义。
- 根据厚度方向和初始厚度来定义，可以通过 Abaqus/Standard 或者用户定义对它们进行计算。

定义单元几何形体

垫片单元基本上由被垫片厚度隔开的两个面组成（一个底面和一个顶面）。单元在底面上具有节点，并且在顶面上具有对应的节点。

可以使用两种方法定义单元几何形体。

通过定义单元节点来定义单元几何形体

用户可以通过定义所有单元节点的坐标来定义垫片单元的几何形体。可以使用不变的厚度或者可变的厚度来定义单元。如果与垫片的面尺寸相比，垫片单元非常薄，则根据节点坐标计算得到的单元厚度可能是不准确的。在此情况中，用户可以直接指定固定不变的厚度。

通过定义单元的底面来定义单元几何形体

用户可以指定垫片单元底面上的节点列表，以及用来定义顶面上对应节点的正偏移数值。Abaqus/Standard 将创建与底面上的节点重合的顶面节点，除非已经为顶面节点赋予了坐标。如果底面节点与顶面节点重合，则用户必须指定垫片单元的厚度。

指定单元厚度

用户可以将垫片单元厚度指定成截面属性定义的一部分。

输入文件用法：　　* GASKET SECTION
　　　　　　　　　厚度

Abaqus/CAE 用法：Property module：Create Section：Category 选择 Other，截面 Type 选
　　　　　　　　　择 Gasket：Initial thickness：Specify：厚度

指定单元几何形体所需的附加量

对于三维面单元，根据顶面和底面的位置以及单元厚度来完全地定义单元几何形体。对于二维和三维链接单元（具有两个节点的单元，每个面上有一个节点），用户应当指定单元的横截面面积。对于轴对称链接单元，用户应当指定单元的宽度。对于一般的二维单元，需要平面外厚度。对于三维线单元，用户也应当指定单元的宽度。将此附加信息指定成垫片截面属性定义的一部分；如果需要此信息但没有指定，则假定其值为 1.0。

输入文件用法： ＊GASKET SECTION

,,, 附加几何信息（横截面面积、宽度或者平面外厚度）

Abaqus/CAE 用法：Property module：Create Section：截面 Category 选择

Other，截面 Type 选择 Gasket：Cross- sectional area，

width，or out- of- plane thickness：附加几何数据

默认的单元厚度方向定义

通常将垫片制成在厚度方向上具有预期行为。因此，精确地定义垫片单元的厚度方向是非常重要的。默认情况下，由 Abaqus/Standard 计算这些方向。Abaqus/Standard 计算方向时所采用的方法取决于垫片单元的类型。

链接单元

Abaqus/Standard 通过用节点 2 的坐标减去节点 1 的坐标来计算二维、三维或者轴对称链接单元的厚度方向，如图 6-61 所示。将计算得到的厚度方向赋予每个节点。如果垫片单元非常薄，则可能无法精确地预测厚度方向。用户可以覆盖此方向，如下面的"明确指定厚度方向"所解释的那样。

二维和轴对称单元

为了计算二维和轴对称单元的厚度方向，Abaqus/Standard 通过对形成单元的顶面和底面的节点对坐标进行平均来形成中面。此中面通过单元的积分点，如图 6-62 所示。对于每个积分点，Abaqus/Standard 计算一个切向，该切向是通过在底面和顶面上给出的节点顺序来定义的。然后计算平面外方向和切向方向的叉积，即得到了厚度方向。接着将在每个积分点处计算得到的厚度方向赋予积分点每一侧上的节点。

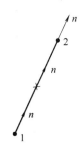

图 6-61 链接单元的厚度方向

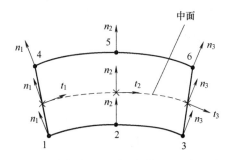

图 6-62 二维单元或者轴对称单元的厚度方向

三维面单元

为了计算三维面单元的厚度方向，Abaqus/Standard 通过对形成单元的底面和顶面的节点对坐标进行平均来形成中面。此中面通过单元的积分点，如图 6-63 所示。Abaqus/Standard 计算每个积分点处的中面厚度方向；通过围绕底面或者顶面上单元节点的右手法则来得

到正方向。将在每个积分点处计算得到的厚度赋予积分点任何一侧上的节点。

三维线单元

为了计算三维线单元的厚度方向，Abaqus/Standard 通过差分与积分点相关的单元面节点坐标来计算线单元每个积分点处的厚度方向。厚度方向是从单元底面上的节点指向单元顶面上的节点。然后将在每个积分点处计算得到的厚度方向赋予积分点任何一侧上的节点（图 6-64）。

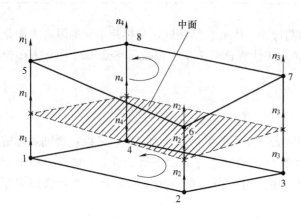

图 6-63　三维面单元的厚度方向

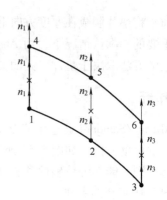

图 6-64　三维线单元的厚度方向

如果垫片单元非常薄，则厚度方向的计算可能不精确。用户可以如下面"明确指定厚度方向"所解释的那样覆盖此定义。

创建光滑的垫片

垫片单元可以单层使用，也可以多层堆叠使用（详细内容见"在模型中包括垫片单元"，6.6.3 节）。在两个或者更多垫片单元的共享节点处，对在垫片单元节点处基于一个单元一个单元地计算得到的厚度方向进行平均。此平均过程可以确保：如果垫片不是平面的，即使通过单元对垫片进行了离散化，厚度方向仍可光滑地变化。为了保证此过程的正确实施，用户必须确保单元的连接性，以使厚度方向不会从单元到单元地发生逆转。一旦完成了平均过程，给定单元节点处的厚度方向可能会沿着垫片中面以及在垫片厚度上剧烈变化，如图 6-65 所示。单

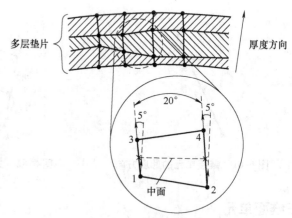

图 6-65　平均过程的结果

元任何节点处的厚度方向变化不得大于 $20°$。此外，厚度方向上两个相关联节点的厚度方向变化不应超过 $5°$。当不满足这些条件时，Abaqus/Standard 将要求重新对垫片进行网格划分。

明确地指定厚度方向

当对上面的平均过程不满意时，Abaqus 提供两种方法来指定垫片单元的厚度方向。

将厚度方向指定成垫片截面定义的一部分

用户可以将厚度方向的分量指定成垫片截面定义的一部分。在此情况中，使用此截面定义的垫片单元的所有节点都被赋予了相同的厚度方向。将在两个或者更多单元的共享节点处对在单元节点处指定的厚度方向进行平均。

输入文件用法：　　＊GASKET SECTION

,,,, 分量 1，分量 2，分量 3

Abaqus/CAE 用法：用户不能在 Abaqus/CAE 中指定垫片厚度方向。

通过指定节点处的法向方向来指定厚度方向

用户可以通过为与积分点相关联的单元底面上的节点指定一个法向方向，来定义垫片单元特定积分点处的厚度方向（见"节点处的法向方向"，《Abaqus 分析用户手册——介绍、空间建模、执行与输出卷》的 2.1.4 节）。如果此节点属于多个单元，则不对厚度方向进行平均。在底节点上指定的厚度方向也赋予与相同积分点相关联的顶节点。如果顶节点属于多个单元，则不对厚度方向进行平均；然而，如果顶节点是另一个单元的底节点，则用户可以通过指定此节点处的法向来覆盖此厚度方向。沿垫片厚度方向堆叠垫片单元时，才会出现最后的情况。如果使用此方法来指定同一节点处的冲突厚度方向，则 Abaqus/Standard 发出一个错误信息。使用此方法指定的厚度方向将覆盖作为垫片截面定义的一部分在垫片节点处指定的任何厚度方向。

输入文件用法：　　＊NORMAL

Abaqus/CAE 用法：Abaqus/CAE 中不支持用户指定的节点法向。

创建折线

通过创建具有重合节点的垫片，并且使用 MPC 型 TIE 或者 PIN（"通用多点约束"，《Abaqus 分析用户手册——指定条件、约束与相互作用卷》的 2.2.2 节）约束这些节点的位移，可以在垫片中引入折线。然而，在垫片分析中很少需要折线，因为几乎所有的垫片都是使用光滑变化的面来制造的。

验证厚度方向

可以通过检查分析输入文件处理器的输出来检查厚度方向的定义。在垫片单元的节点处得到的厚度方向的方向余弦列在数据（.dat）文件的 GASKET THICKNESS DIRECTIONS 下。

在垫片单元的厚度方向上指定初始间隙和初始空隙

垫片在其整个厚度上的构造可能是非常复杂的。例如，某些汽车用垫片通常是由多个金属和（或）弹性体嵌件层构成的，在垫片被压缩之前，这些层并不全部接触。在 Abaqus

中，将垫片各层之间的空间称为初始空隙。仅在计算热应变和蠕变应变时才使用初始空隙。垫片几何形体也有可能使在垫片被压缩一定程度后，才在垫片面上建立压力。生成压力所需的垫片闭合在 Abaqus 中称为初始间隙。图 6-66 所示为典型垫片中初始间隙和初始空隙的示意图。用户可以将初始间隙和初始空隙指定成垫片截面属性定义的一部分。单元的初始厚度应当包含初始间隙和初始空隙。

> 输入文件用法： ＊GASKET SECTION
> ，初始间隙，初始空隙
>
> Abaqus/CAE 用法：Property module：Create Section：截面 Category 选择
> Other，截面 Type 选择 Gasket：Initial gap：初始间隙，
> Initial void：初始空隙

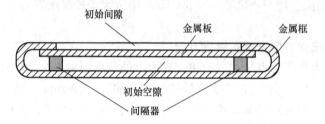

图 6-66　典型垫片中的初始间隙和初始空隙示意图

无支撑垫片单元的稳定性

伸出相邻构件的垫片单元（无支撑垫片单元）可能很麻烦，应当避免此类情况。如果垫片单元完全或者部分无支撑，则不正确的区域可能具有不正确的刚度，并且方程求解器中可能出现数值奇异问题。因为 Abaqus/Standard 自动将主面扩展出模型边界一部分，所以较小的扩展（由网格生成中的数值圆整引起）通常不会引起问题。数值问题可能出现在垫片切向方向上（如果使用了通用垫片单元并且没有指定膜刚度）以及垫片法向方向上。通过使用一个小的人工刚度来稳定单元，可以处理垂直于垫片的数值奇异问题。默认情况下，Abaqus/Standard 自动对除链接单元之外的所有类型的垫片单元施加一个小的稳定性刚度（数量级是厚度方向上的初始压缩刚度乘以 10^{-9}）。对于无支撑垫片单元中反复出现的数值奇异问题，可以考虑下面的处理方法。首先，确保指定了足够的膜弹性。第二，为垫片截面的人工刚度指定一个更大的值。如果问题依然存在，则考虑进行修剪、"蒙皮"和使用 MPC（见"生成多点约束"，《Abaqus 分析用户手册——指定条件、约束与相互作用卷》的 2.2.2 节）。

> 输入文件用法： 使用下面的选项改变垫片截面的人工刚度：
> ＊GASKET SECTION，STABILIZATION STIFFNESS = 刚度值
>
> Abaqus/CAE 用法：使用下面的选项改变垫片截面的人工刚度：
> Property module：Create Section：截面 Category 选择 Other，
> 截面 Type 选择 Gasket：Stabilization stiffness：
> Specify：刚度值

6.6.5　使用材料模型定义垫片行为

产品：Abaqus/Standard　　　Abaqus/CAE

参考

- "垫片单元：概览"，6.6.1 节
- "UMAT,"《Abaqus 用户子程序参考手册》的 1.1.44 节
- "创建和编辑材料"，《Abaqus/CAE 用户手册》的 12.7 节

概览

由材料模型定义的垫片行为：
- 可以采用内置材料模型或者用户定义的小应变材料模型的方式来指定。
- 仅考虑厚度行为，并且假定仅模拟厚度方向行为的垫片单元的单轴应力状态。
- 允许厚度方向上的压缩应力和拉应力。
- 是以小应变变量的形式定义的，因此，不能使用超弹性和超泡沫等有限应变材料模型。
- 仅限于使用内置材料模型的线垫片单元的小应变弹性模型。
- 让 Abaqus/Standard 使用参考厚度将垫片顶面和底面的相对位移转换成应变，并结合本构法则使用这些应变来得到应力。
- 使得厚度方向上的"初始间隙"和"初始空隙"概念不相关（因此，Abaqus/Standard 将忽略指定成垫片截面属性定义一部分的这类数据）。

为垫片单元赋予垫片行为

通过材料模型定义垫片行为，用户必须为模型赋予垫片截面定义，并且为垫片截面定义赋予材料定义名称。此区域的垫片行为是完全通过垫片厚度和材料属性来定义的，而材料属性是通过参考相同名称的材料定义来指定的。

可以采用内置的或者用户定义的材料模型的方式来定义垫片行为。在后一种情况中，实际材料模型是在用户子程序 UMAT 中定义的。

输入文件用法：　　　使用下面的选项采用内置材料模型的方式定义垫片行为：

　　　　　　　　　　*GASKET SECTION, ELSET = 名称, MATERIAL = 名称

　　　　　　　　　　*MATERIAL, NAME = 名称

　　　　　　　　　使用下面的选项采用用户定义的材料模型的方式定义垫片行为：

　　　　　　　　　　*GASKET SECTION, ELSET = 名称, MATERIAL = 名称

　　　　　　　　　　*MATERIAL, NAME = 名称

　　　　　　　　　　*USER MATERIAL, CONSTANTS = n

Abaqus/CAE 用法：Property module：

Create Material：Name：名称，输入适用于垫片截面的任何材料数据，除了在 Other→Gasket 下的材料

Create Section：截面 Category 选择 Other，截面 Type

选择 Gasket：Material：名称

模拟拉伸行为

当垫片承受（有限的）拉应力时，可能需要模拟拉伸行为，存在胶粘剂时会出现这种情况。通过使用合适的接触对和（或）在用户子程序 UMAT 中实现用户定义的无拉伸材料模型来避免不期望的拉伸行为。

垫片行为材料定义的特有输出

应力和应变的输出变量与实体单元所使用的相同：拉伸和压缩应力/应变分别表示成正值和负值。然而，对于所有应力/应变输出变量，11 分量指整体厚度方向；22、33 和 23 分量分别指两个主分量和一个剪切膜分量；剩下的 12 和 13 分量指横向剪切分量。关于这些定义的详细内容见"垫片单元：概览"（6.6.1 节）。可以使用输出变量 NE 来输出垫片单元的名义（有效）应变，这里的垫片单元是使用材料模型定义的；然而，在此情况中 NE 与 E 相同。

6.6.6 使用垫片行为模型直接定义垫片行为

产品：Abaqus/Standard　　　Abaqus/CAE

参考

- "垫片单元：概览"，6.6.1 节
- "定义垫片单元的初始几何形体"，6.6.4 节
- "定义垫片行为"，《Abaqus/CAE 用户手册》的 12.12.4 节

概览

由垫片行为模型定义的垫片行为：
- 仅可以采用非耦合的厚度方向、膜和横向剪切行为的方式来指定。
- 可以是非线弹性的，在厚度方向上具有损伤或者非线弹塑性。
- 当使用率相关的弹塑性模拟时，可以考虑厚度方向的蠕变效应。
- 当使用弹性损伤模拟时，可以考虑厚度方向上的动态刚度和阻尼特征。
- 在膜和横向剪切方向是线弹性的。

- 可以在厚度和膜方向上考虑热作用。

为垫片单元赋予垫片行为

使用垫片行为模型定义垫片行为时，用户必须为模型的一个区域赋予垫片截面定义，并为垫片截面定义赋予垫片行为定义的名称。通过参考在相同名称的垫片行为定义中指定的属性来完全定义此区域的垫片行为。

输入文件用法：　　使用下面的两个选项以垫片行为模型的方式定义垫片行为：

∗ GASKET SECTION，ELSET = 名称，BEHAVIOR = 名称

∗ GASKET BEHAVIOR，NAME = 名称

Abaqus/CAE 用法：Property module：

Material editor：Name：名称，输入在 Other→Gasket 下找到的任何材料数据

Create Section：截面 Category 选择 Other，截面 Type 选择

Gasket：Material：名称

指定垫片行为

将厚度方向、横向剪切和膜行为定义成非耦合的。每个行为都是独立指定的。

用户必须指定厚度方向行为。可以指定多个厚度方向行为来定义加载和卸载特征。当将厚度方向的行为定义成力或者单位长度上的力与闭合的关系时，可以得到平均接触压力输出。

对于在单元的节点处激活了所有位移自由度的垫片单元，横向剪切和膜行为是可选的。用户可以定义其中一个行为或者两个行为。

当热相关和率相关作用比较重要时，用户可以为垫片定义热膨胀和蠕变行为；可以使用用户子程序 UEXPAN 和 CREEP 定义这些行为。

用户不能为垫片单元指定密度，因为垫片单元没有质量矩阵。

输入文件用法：　　使用下面的前两个选项和其后的任何选项来指定垫片行为：

∗ GASKET BEHAVIOR，NAME = 名称

∗ GASKET THICKNESS BEHAVIOR

∗ GASKET ELASTICITY

∗ GASKET CONTACT AREA

∗ EXPANSION

∗ CREEP

∗ DEPVAR

∗ USER OUTPUT VARIABLES

可以重复 ∗ GASKET THICKNESS BEHAVIOR 选项来定义厚度方向行为的加载和卸载特征。可以重复 ∗ GASKET ELASTICITY 选项来定义两个横向剪切行为和膜行为。在单独的行为定义中不能重复其他选

项。指定这些选项的顺序并不重要，但必须紧随 * GASKET BEHAV-
IOR 选项出现。

Abaqus/CAE 用法：使用第一个选项和其后的任何选项来指定垫片行为：

Property module：material editor：

Other→Gasket→Gasket Thickness Behavior

Other→Gasket→Gasket Transverse Shear Elasticity 和（或）

Gasket

Membrane Elasticity

Mechanical→Expansion

Mechanical→Plasticity→Creep

General→Depvar

General→User Output Variables

定义垫片厚度方向的行为

要定义垫片厚度方向的行为，Abaqus/Standard 提供具有损伤的非线弹性模型以及考虑了蠕变作用可能性的非线弹塑性模型。也可以考虑厚度方向上的热作用。

Abaqus/Standard 将厚度方向上的变形度量成垫片单元底面与顶面之间的闭合；因此，厚度方向的行为必须总是以闭合的形式进行定义的。闭合是弹性闭合、塑性闭合、蠕变闭合、热闭合与厚度方向上的任何初始间隙的总和。如下文所述，可以将该行为定义成压力和闭合的关系、力与闭合的关系，或者单位长度上的力与闭合的关系。在所有情况中，可以将厚度方向行为定义成温度和（或）场变量的函数。

输入文件用法：　　* GASKET THICKNESS BEHAVIOR，DEPENDENCIES

Abaqus/CAE 用法：Property module：material editor：Other→Gasket→Gasket
Thickness Behavior

选择用来定义厚度方向行为的单位系统

可以将厚度方向行为定义成压力与闭合的关系、力与闭合的关系，或者单位长度上的力与闭合的关系。

将厚度方向行为指定成压力与闭合的关系

用户可以将所有垫片单元类型的厚度方向行为定义成压力与闭合的关系。可以输出或者显示压力。

输入文件用法：　　* GASKET THICKNESS BEHAVIOR，VARIABLE = STRESS

Abaqus/CAE 用法：Property module：material editor：Other→Gasket→Gasket
Thickness Behavior：Units：Stress

将厚度方向行为指定成力或者单位长度上的力与闭合的关系

用户仅可以将链接单元和三维线单元的厚度方向行为定义成力或者单位长度上的力与闭

合的关系的形式。此方法仅适用于 1-2 或者 1-3 平面中的垫片横截面随变形剧烈变化的情况，因为使用完全二维或者三维的模型来模拟这样的变形过于昂贵而无法实行。在此情况中，只要变形是以力或者单位长度上的力的形式量化的（图 6-67），则使用链接单元或者三维线单元的模型可以给出有意义的结果。

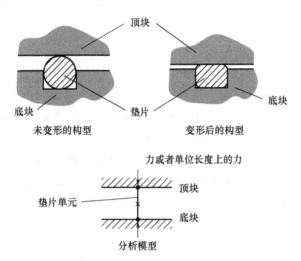

图 6-67   使用链接或者三维线单元模拟复杂的变形

当使用二维或者三维链接单元时，用户必须将厚度方向行为指定成力与闭合的关系。当使用轴对称链接单元或者三维线单元时，用户必须将厚度方向行为指定成单位长度上的力与闭合的关系。

输入文件用法：   ∗GASKET THICKNESS BEHAVIOR，VARIABLE = FORCE

Abaqus/CAE 用法：Property module：material editor：Other→Gasket→Gasket
Thickness Behavior：Units：Force

定义具有损伤的非线弹性模型

具有损伤的非线弹性模型如图 6-68 所示。

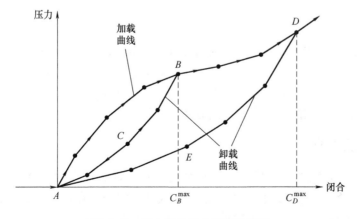

图 6-68   具有损伤的非线弹性模型

当垫片受压时，压力（或者力、单位长度上的力）遵循加载曲线给出的路径。如果卸载垫片，如在点 B 处，则压力遵循卸载曲线 BCA。卸载后再加载遵循卸载曲线 ACB，直到加载到闭合大于 C_B^{max}。此点后的加载路径遵循加载曲线 BD。图中的箭头说明了此模型的加载/卸载路径。

定义加载曲线

要以分段线性形式定义加载曲线，用户应提供从点 A 开始的压力与弹性闭合关系的数据点。对于负的弹性闭合，模型给出零压力（或者力）。对于比用户最后指定的闭合更大的闭合，根据用户指定的数据计算得到的最后斜率对压力-闭合关系进行外插。

输入文件用法：　　 ∗ GASKET THICKNESS BEHAVIOR，TYPE = DAMAGE，
　　　　　　　　　　DIRECTION = LOADING

Abaqus/CAE 用法：Property module：material editor：Other→Gasket→Gasket
　　　　　　　　　　Thickness Behavior：Type：Damage，Loading

定义卸载曲线

要定义卸载曲线（ACB、AED 等），用户应提供压力（或者力）与弹性闭合关系点，直到达到最大闭合（C_B^{max} 或者 C_D^{max} 等）。用户可以根据需求指定卸载曲线。每条卸载曲线都从点 A 开始，该点处的弹性闭合和压力均为零，因为损伤弹性模型不允许存在任何永久变形。如果卸载从没有指定卸载曲线的最大闭合处发生，则从相邻的卸载曲线插值卸载。以标准形式存储卸载曲线，使卸载曲线与加载曲线在单位弹性闭合的单位应力（或者单位力）处相交，并在这些标准曲线之间进行插值。如果没有指定卸载曲线，则加载/卸载将遵循加载曲线。

输入文件用法：　　 ∗ GASKET THICKNESS BEHAVIOR，TYPE = DAMAGE，
　　　　　　　　　　DIRECTION = UNLOADING

Abaqus/CAE 用法：Property module：material editor：Other→Gasket→Gasket
　　　　　　　　　　Thickness Behavior：Type：Damage，Unloading，切换选中
　　　　　　　　　　Include user- specified unloading curves

定义具有初始间隙的单元行为

对于垫片受压后其中的载荷不增加的情况（图 6-69），用户可以指定作为垫片截面属性定义一部分的初始间隙（见"定义垫片单元的初始几何形体"，6.6.4 节），并且定义类似于不存在初始间隙的加载/卸载曲线（图 6-68 所示的情况）。当许多垫片单元参考相同的垫片行为，并且只有初始间隙不相同时，此方法很方便。

定义非线弹塑性模型

图 6-70 所示为非线弹塑性模型。当垫片受到压缩时，压力（或者力）遵循加载曲线 $ABCEM$ 给出的路径。加载曲线在点 B 之前是非线弹性曲线。在点 B 处，加载曲线的斜率降低了 10% 以上，假定发生了对应的塑性变形。选择 10% 的值作为预期发生屈服时的最小合理值。如果在斜率没有下降的点处开始屈服，则可能出现数值困难。如果加载曲线的弹性部

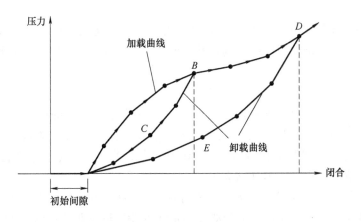

图 6-69　具有损伤和初始间隙的弹性模型

分具有变化的斜率，则应当将曲线定义成在任何给定点处，斜率的下降不大于 10%。在点 B 之后，开始发生塑性变形。如果在点 B 之前发生卸载，则卸载将沿着初始加载曲线发生。一旦加载超出了点 B，卸载将沿着曲线 CD 那样的卸载曲线发生。假定卸载是完全弹性的。点 D 处的闭合大小代表卸载曲线 CD 的塑性闭合。卸载后再次加载沿着相同的曲线 DC，直到垫片屈服，在屈服后沿着加载曲线 CEM 继续加载。发生塑性变形，直到达到加载曲线上的最后点 M。超出点 M 继续加载时，加载和卸载都沿着曲线 NP；此行为代表压溃的垫片行为，即使超出点 M，也假定成完全弹性的，并且也可以指定成分段线性的形式。图中的箭头说明了弹塑性模型的加载/卸载路径。

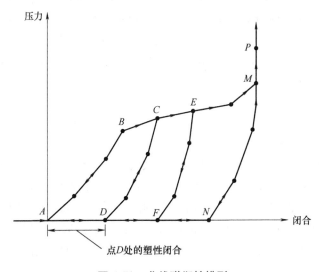

图 6-70　非线弹塑性模型

Abaqus/Standard 将自动转换曲线，使得对于给定的塑性闭合，卸载曲线成为压力（或力）曲线与弹性闭合的关系。加载曲线将转换成在零塑性闭合（曲线的 AB 部分）处定义的一条弹性加载/卸载曲线和一条屈服曲线（曲线的 BM 部分）。默认情况下，沿着从点 A 到点 M 的加载曲线，将在加载曲线的斜率比过程中记录的最大斜率降低 10% 的时候发生屈服

（点 B）。

Abaqus/Standard 提供其他两种方法来允许用户取代确定发生屈服的默认方法，如下文所述。如果仅提供了一条加载曲线，则将基于曲线 AB 发生卸载，与塑性水平无关。

定义加载曲线

要以分段线性的方式定义加载曲线，用户应提供从点 A 开始的压力（或者力，或者单位长度上的力）与闭合（其中闭合代表弹性闭合加塑性闭合）关系的数据点。给出的最后闭合值表示假定垫片压溃时的闭合（图 6-70 中的点 M），在此点处达到最大的永久变形。对于负的闭合，模型给出零压力（或者力）。

要取代确定发生屈服的默认方法，用户可以指定不同于默认值 10% 的斜率下降值，或者开始发生屈服的闭合值。所指定的值必须对应于曲率下降的加载曲线上的点。

输入文件用法：　　使用下面的选项定义加载曲线，并且使用确定发生屈服的默认方法：

* GASKET THICKNESS BEHAVIOR，TYPE = ELASTIC – PLASTIC，DIRECTION = LOADING

使用下面的选项定义加载曲线，并且为发生屈服的斜率下降定义指定一个非默认的值：

* GASKET THICKNESS BEHAVIOR，TYPE = ELASTIC – PLASTIC，DIRECTION = LOADING，SLOPE DROP = 下降

使用下面的选项定义加载曲线，并且指定发生屈服的闭合值：

* GASKET THICKNESS BEHAVIOR，TYPE = ELASTIC – PLASTIC，DIRECTION = LOADING，YIELD ONSET = 闭合值

Abaqus/CAE 用法：Property module：material editor：Other→Gasket→Gasket Thickness Behavior：Type：Elastic- Plastic，Loading，Yield onset method：Relative slope drop 下降 或 Yield onset method：Closure value 闭合值

定义卸载曲线

要定义卸载曲线（CD、EF 等），用户为以闭合值的升序给出的每个塑性闭合（点 D、F 等处的闭合）提供压力（或者力，或者单位长度上的力）与闭合（弹性加塑性）关系的数据点。用户可以根据需要指定卸载曲线。如果在没有指定卸载曲线的塑性闭合上发生卸载，则卸载曲线从相邻的卸载曲线插值得到。如果没有指定卸载曲线，则假定卸载沿着类似于加载曲线的初始非线弹性段的曲线。以标准形式存储卸载曲线，使得卸载曲线与屈服曲线在单位弹性闭合的单位应力（或者单位力）处相交，并且相交发生在这些标准曲线之间。

如果加载曲线包含屈服发生后的高度非线性行为，则内插卸载可能给出不合理的行为（例如，与用户定义的加载曲线交叉的内插卸载路径）。用户应当指定足够多的用户定义的卸载曲线来创建内插卸载响应合适的区域。例如，图 6-71 所示为包含硬化斜率急剧下降的加载曲线。在此情况中，在垫片压溃点处（加载曲线的末端）仅指定一条卸载曲线是不够的。如果从点 C 处发生卸载，则卸载路径将与加载路径交叉。在硬化斜率急剧下降之后至

少需要一条额外的卸载曲线，来防止内插后的卸载曲线与加载曲线交叉。

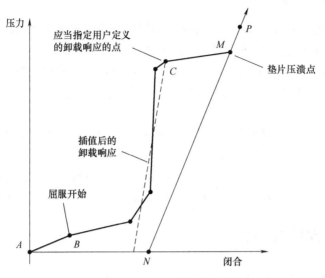

图6-71 具有复杂加载曲线的弹塑性行为

输入文件用法： ＊GASKET THICKNESS BEHAVIOR，TYPE = ELASTIC - PLASTIC，
DIRECTION = UNLOADING

Abaqus/CAE 用法：Property module：material editor：Other→Gasket→Gasket Thickness
Behavior：Type：Elastic- Plastic，Unloading，切换选中 Include
user- specified unloading curves

定义具有初始间隙的单元的行为

对于受压后垫片上的载荷不增加的情况（图6-72），用户可以将初始间隙指定成垫片截面属性定义的一部分（见"定义垫片单元的初始几何形体"，6.6.4 节），并且将过程定义成好像没有出现初始间隙的加载/卸载曲线（图6-70 所示的情况）。当许多垫片单元参考相同的垫片行为，并且只有初始间隙不同时，此方法比较方便。

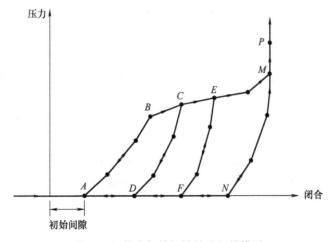

图6-72 具有初始间隙的弹塑性模型

厚度方向行为的数值稳定性

上述损伤和弹塑性模型在零压力处具有零刚度。当从指定的垫片厚度行为得到的压力为零时，Abaqus/Standard 自动在垫片厚度方向上添加一个小刚度（默认等于初始压缩刚度乘以 10^{-3}），来克服由此零刚度产生的数值问题。此数值稳定性确保了当垫片完全卸载时，总是能够恢复其无应力厚度。因此，如果拉开垫片面，将从稳定过程产生一个小的力。用户可以改变默认的刚度。

输入文件用法： *GASKET THICKNESS BEHAVIOR，DIRECTION = LOADING，
TENSILE STIFFNESS FACTOR = 因子

Abaqus/CAE 用法：Property module：material editor：Other→Gasket→Gasket
Thickness Behavior：Loading，Tensile stiffness factor：因子

定义垫片的横向剪切行为

用户可以定义垫片的弹性横向剪切刚度。Abaqus/Standard 沿着局部 2 方向和局部 3 方向度量垫片单元的底面和顶面之间的相对位移来定义垫片中的横向剪切。因此，用户应当始终将弹性横向刚度定义成单位位移上的应力（或者力，或者单位长度上的力）。用户可以将刚度指定成温度和场变量的函数。为 1-2 平面和 1-3 平面中的剪切使用相同的刚度。如果没有明确地定义横向剪切行为，则对于每一组温度和（或）场变量，将使用垫片厚度方向行为的初始加载曲线的第一个斜率来计算横向剪切刚度。

输入文件用法： *GASKET ELASTICITY，COMPONENT = TRANSVERSE
SHEAR，DEPENDENCIES

Abaqus/CAE 用法：Property module：material editor：Other→Gasket→Gasket
Transverse Shear Elasticity

选择一个单位系统来定义横向剪切行为

横向剪切刚度的单位是单位位移上的应力、单位位移上力或者单位位移的单位长度上的力。定义横向剪切行为的单位系统必须与定义厚度方向行为的单位系统一致。

以单位位移上的应力为单位提供刚度

对于所有垫片单元类型，可以以单位位移上的应力为单位来定义横向剪切刚度。将使用此刚度来计算横向剪切应力，此应力可用于输出或者显示。

输入文件用法： *GASKET ELASTICITY，COMPONENT = TRANSVERSE
SHEAR，VARIABLE = STRESS

Abaqus/CAE 用法：Property module：material editor：Other→Gasket→Gasket
Transverse Shear Elasticity：Units：Stress

使用其他单位提供刚度

对于链接单元和三维线单元，用户仅能够以单位位移上的力（或者单位长度上的力）为

单位来定义横向剪切刚度。此方法适用于1-2平面或者1-3平面中的垫片横截面随变形变化很大的情况，因为如前文所述，使用完全的二维模型或者三维模型来模拟这样的变形过于昂贵。

当使用二维链接单元或者三维链接单元时，用户必须以单位位移上的力为单位来指定刚度。Abaqus/Standard将使用此刚度来计算横向剪切力，可用于输出或者显示。当使用轴对称链接单元和三维线单元时，用户必须以单位位移的单位长度上的力为单位来指定刚度。Abaqus/Standard将使用此刚度来计算单位长度上的横向剪切力，可用于输出或者显示。

  输入文件用法： * GASKET ELASTICITY，COMPONENT = TRANSVERSE
           SHEAR，VARIABLE = FORCE

  Abaqus/CAE 用法：Property module：material editor：Other→Gasket→Gasket
           Transverse Shear Elasticity：Units：Force

定义垫片的膜行为

通过给出弹性模量和泊松比，用户可以定义垫片的线弹性行为。可以将这些数据提供成温度和（或）场变量的函数。如果用户不指定垫片的线弹性行为，则垫片将没有膜刚度。在此情况中，用户必须确保单元的节点在垂直于垫片厚度的方向上得到足够的约束。

  输入文件用法： * GASKET ELASTICITY，COMPONENT = MEMBRANE，DEPENDEN-
           CIES

  Abaqus/CAE 用法：Property module：material editor：Other→Gasket→Gasket
           Membrane Elasticity

为膜行为和厚度方向行为定义热膨胀

用户可以定义各向同性的热膨胀，以便为膜行为和厚度方向行为指定相同的热膨胀系数。

此外，用户可以定义正交异性的热膨胀来指定三个不同的热膨胀系数。将第一个系数施加给垫片厚度方向上的热膨胀；另外两个系数将分别施加给垫片局部2方向和局部3方向上的膨胀。

如"热膨胀"（《Abaqus 分析用户手册——材料卷》的 6.1.2 节）所解释的那样得到膜热应变 ε^{th}。Abaqus/Standard 将厚度方向的热闭合计算成

$$C^{th} = \varepsilon^{th} \times (初始间隙 + 初始空隙 - 初始厚度)$$

使得"机械"闭合由下式得出

$$C^{mesh} = C^{total} - C^{th}$$

用户可以将初始间隙和初始空隙指定成垫片截面定义的一部分；可以根据垫片单元的节点坐标直接得到初始厚度，或者将垫片厚度指定成垫片截面定义的一部分（见"定义垫片单元的初始几何形体"，6.6.4 节）。

如果使用用户子程序 UEXPAN 定义垫片的热膨胀，则在子程序中必须提供热应变增量。根据厚度方向上的热应变得到热闭合，如上文所述。

  输入文件用法： 使用下面的一个选项直接定义热膨胀：
          * EXPANSION，TYPE = ISO
          * EXPANSION，TYPE = ORTHO

使用下面的一个选项在用户子程序 UEXPAN 中定义热膨胀：

* EXPANSION，TYPE = ISO，USER

* EXPANSION，TYPE = ORTHO，USER

Abaqus/CAE 用法：Property module：material editor：Mechanical→Expansion：Use user subroutine UEXPAN（可选的）

为厚度方向行为定义蠕变

仅当使用了弹塑性模型（见"定义非线弹塑性模型"）时，才能在垫片的厚度方向上定义蠕变行为。蠕变闭合率为

$$\dot{C}^{cr} = \dot{\varepsilon}^{cr} \times (\text{初始厚度} - \text{初始间隙} - \text{初始空隙})$$

其中，如"率相关的塑性：蠕变和溶胀"（《Abaqus 分析用户手册——材料卷》的 3.2.4 节）所解释的那样得到 $\dot{\varepsilon}^{cr}$。用户可以将初始间隙和初始空隙指定成垫片截面定义的一部分；根据垫片单元的节点坐标直接得到初始厚度，或者将垫片初始厚度指定成垫片截面定义的一部分（见"定义垫片单元的初始几何形体"，6.6.4 节）。

如果使用用户子程序 CREEP 来定义垫片的率相关的厚度方向响应，则在子程序中必须提供压缩蠕变应变增量。如上文所述，将根据蠕变应变得到蠕变闭合。

输入文件用法：　使用下面的选项直接定义蠕变行为：

　　　　　　　　* CREEP

　　　　　　　　使用下面的选项在用户子程序 CREEP 中定义蠕变行为：

　　　　　　　　* CREEP，LAW = USER

Abaqus/CAE 用法：Property module：material editor：Mechanical→Plasticity→Creep：Law：User-defined（可选的）

为厚度方向行为定义黏弹性行为

仅当使用了弹性损伤模型时（见"定义具有损伤的非线弹性模型"），用户才可以在垫片的厚度方向上定义黏弹性行为。仅支持频域黏弹性行为。此行为有助于模拟使用预加载基本状态（例如，在非线性密封分析结束时获得的状态）垫片的汽车构件的稳态动力学响应，以确定系统的噪声-振动-粗糙度（noise-vibration-harshness，NVH）特征。

在非线性密封分析步中，忽略频域黏弹性行为，并且材料响应是由材料的长期弹性属性决定的。一般接受（Zubeck 和 Marlow，2002）汽车构件（如垫片和垫圈）的动力学刚度和阻尼特征随着激励频率和预加载水平发生变化。这些结构属性也取决于几何形体和垫片的约束程度。此功能允许将动力属性直接指定成厚度方向上的有效储能模量和耗能模量，将它们量化成激励频率和预加载水平的表格函数。由稳态动力学响应所需的基本状态下的闭合来量化预加载。

在确定垫片的动力学响应时，假定通过具有损伤的非线弹性模型来定义长期弹性响应。假定稳态动力学响应是关于基本状态的一个摄动，由此弹性损伤行为在特定闭合值处定义基本状态。可以使用下述两种方法来指定黏弹性响应。

直接指定属性

第一种方法包括将厚度方向上的耗能模量和储能模量直接（表格）定义成不同闭合水平上的激励频率的函数。

输入文件用法：　　　*VISCOELASTIC，TYPE = TRACTION，PRELOAD = UNIAXIAL

Abaqus/CAE 用法：Property module：material editor：Mechanical→Elasticity→

Viscoelastic：Domain：Frequency 和 Frequency：Tabular

指定比率形式的属性

第二种方法允许指定厚度方向上的储能模量和耗能模量与长期厚度方向上的弹性模量之比。可以将这些比率指定成激励频率的表格函数，但是假定两个比率独立于闭合量。通过用合适的比率乘以当前闭合值处（基本状态）的长期弹性模量来计算任何给定闭合水平上的实际储能模量或者耗能模量。第二种方法在连续材料黏弹性属性背景中的总结见"频域黏弹性"（《Abaqus 分析用户手册——材料卷》的 2.7.2 节，这里使用的方法只是该节中提到的更加通用方法的一维特例）。

输入文件用法：　　　*VISCOELASTIC，TYPE = TRACTION

Abaqus/CAE 用法：Property module：material editor：Mechanical→Elasticity→

Viscoelastic：Domain：Frequency 和 Frequency：Tabular

定义平均接触压力输出的接触面积

当以力或者单位长度上的力与闭合的关系的方式来定义垫片厚度方向行为时，Abaqus/Standard 将把厚度方向的力或者单位长度上的力提供成输出变量 S11。在此情况中，用户可以定义接触宽度或者接触面积与闭合曲线的关系，使用此关系来得到每个积分点处的平均"接触"压力作为输出变量 CS11。此平均压力考虑了由垫片变形引起的接触面积变化，如图 6-67 所示。用于此曲线输入的闭合对应于定义成弹性、塑性和蠕变闭合总和的总机械闭合。

使用二维和三维链接垫片单元时，用户应当以表格的形式指定接触面积与机械闭合的关系。使用轴对称链接和三维线单元时，用户应当以表格的形式指定接触宽度与机械闭合的关系。图 6-73 所示为一条典型的曲线。

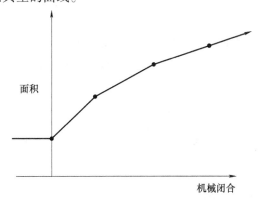

图 6-73　为平均压力输出指定的接触面积与机械闭合的关系

用户必须指定零闭合处的面积，然后指定闭合增加处的面积。当机械闭合为负时，面积是不变的，如果闭合达到比最后用户指定闭合更大的值，则从根据最后两个用户指定的数据点计算得到的斜率外插面积。面积与闭合的关系曲线可以给成温度和场变量的函数。

输入文件用法：   * GASKET CONTACT AREA，DEPENDENCIES

Abaqus/CAE 用法：Property module：material editor：Other→Gasket→Gasket Thickness
Behavior：Units：Force，Suboptions→Contact Area

直接定义的垫片行为的特别输出

通常在 Abaqus/Standard 中使用输出变量 E 来输出应变。对于行为由垫片行为模型定义的垫片单元，此输出变量具有厚度方向分量和横向剪切分量，使用位移和膜应变的单位。使用输出变量 NE 来输出有效应变。有效应变分量的计算如下：

$$NE11 = E11/(初始厚度 - 初始间隙)，对于摄动步$$
$$NE11 = max[0,(E11 - 初始间隙)/(初始厚度 - 初始间隙)]，除摄动步以外的其他情况$$
$$NE22 = E22$$
$$NE33 = E33$$
$$NE12 = E12/(初始厚度)$$
$$NE13 = E13/(初始厚度)$$
$$NE23 = E23$$

输出变量 THE、PE 或者 CE 也可用于垫片单元，分别输出广义热应变、塑性应变或者蠕应变。

对于所有应力/应变输出变量，11 分量指厚度方向；22 分量、33 分量和 23 分量分别指两个主方向和一个剪切膜分量；剩下的 12 分量和 13 分量指横向剪切分量。关于这些定义的详细内容见 "垫片单元：概览"（6.6.1 节）。

弹性应变能的输出（输出变量 ALLSE）也包含由损伤产生的能量，或者由作为塑性函数的弹性变化产生的能量。因此，能量通常是不能完全恢复的。

参考文献

● Zubeck, M. W., and R. S. Marlow, "Local-Global Finite Element Analysis for Cam Cover NoiseReduction," Society of Automotive Engineering, Inc., no. SAE 2003-01-1725, 2003.

6.6.7　二维垫片单元库

产品：Abaqus/Standard　　Abaqus/CAE

参考

- "垫片单元：概览"，6.6.1 节
- "选择垫片单元"，6.6.2 节
- * GASKET SECTION

概览

本节提供 Abaqus/Standard 中可以使用的二维垫片单元的参考。

单元类型

链接单元（表 6-32）

表 6-32　链接单元

标　　识	说　　明
GK2D2	2 节点二维垫片单元
GK2D2N	仅具有厚度方向行为的 2 节点二维垫片单元

有效自由度

仅具有厚度方向行为的垫片单元：1。

其他垫片单元：1、2。

附加解变量

无。

通用单元（表 6-33）

表 6-33　通用单元

标　　识	说　　明
GKPS4	4 节点平面应力垫片单元
GKPE4	4 节点平面应变垫片单元
GKPS4N	仅具有厚度方向行为的 4 节点二维垫片单元
GKPS6	6 节点平面应力垫片单元
GKPE6	6 节点平面应变垫片单元
GKPS6N	仅具有厚度方向行为的 6 节点二维垫片单元

有效自由度

仅具有厚度方向行为的垫片单元：1。

其他垫片单元：1、2。

附加自由度

无。

要求的节点坐标

X, Y。

单元属性定义

用户必须定义单元的横截面面积（对于链接单元）或者平面外宽度（对于通用单元），以及初始间隙和初始空隙。

用户可以将厚度方向指定成垫片截面定义的一部分，或者通过在节点处指定法向来指定厚度方向；可以将单元厚度指定成垫片截面定义的一部分。否则，Abaqus/Standard 将计算厚度方向。对于链接单元，厚度方向是从第一个节点到第二个节点的方向，并且厚度是两个节点之间的距离。对于通用单元，厚度方向是以单元中面为基础的，并且积分点处的厚度是以节点位置为基础的。更多内容见"定义垫片单元的初始几何形体"（6.6.4 节）。

输入文件用法：　　＊GASKET SECTION

Abaqus/CAE 用法：Property module：Create Section：截面 Category 选择 Other，

截面 Type 选择 Gasket

基于单元的载荷

无。

单元输出

GK2D2 单元（表6-34）

表 6-34　GK2D2 单元

标　识	说　明
S11	垫片中的压力或者厚度方向上的力
CS11	垫片单元中的接触压力（仅用于 S11 是垫片单元中的力，并且不是使用材料模型来定义垫片响应的情况）

（续）

标　识	说　明
S12	剪切应力或者剪切力
E11	如果垫片响应是直接使用垫片行为模型定义的，则是垫片闭合；如果垫片响应是使用材料模型定义的，则是应变
E12	如果垫片响应是直接使用垫片行为模型定义的，则是剪切运动；如果垫片响应是使用材料模型定义的，则是应变
NE11	垫片单元中的有效厚度方向应变
NE12	垫片单元中的有效剪切应变

GK2D2N 单元（表6-35）

表6-35　GK2D2N 单元

标　识	说　明
S11	垫片单元中的压力或者厚度方向上的力
CS11	垫片单元中的接触压力（仅用于 S11 是垫片单元中的力，并且垫片响应不是使用材料模型定义的情况）
E11	如果垫片响应是直接使用垫片行为模型定义的，则是垫片闭合；如果垫片响应是使用材料模型定义的，则是应变
NE11	垫片单元中有效厚度方向上的应变

仅具有厚度方向行为的通用单元（表6-36）

表6-36　仅具有厚度方向行为的通用单元

标　识	说　明
S11	垫片单元中的压力
E11	如果垫片响应是直接使用垫片行为模型定义的，则是垫片闭合；如果垫片响应是使用材料模型定义的，则是应变
NE11	垫片单元中有效厚度方向上的应变

其他通用单元（表6-37）

表6-37　其他通用单元

标　识	说　明
S11	垫片单元中的压力
S22	主膜应力
S33	主膜应力（仅用于平面应变单元）
S12	剪切应力

（续）

标　识	说　明
E11	如果垫片响应是直接使用垫片行为模型定义的，则是垫片闭合；如果垫片响应是使用材料模型定义的，则是应变
E22	主膜应变
E33	主膜应变（仅用于平面应变单元）
E12	如果垫片响应是直接使用垫片行为模型定义的，则是剪切运动；如果垫片响应是使用材料模型定义的，则是应变
NE11	垫片单元中有效厚度方向上的应变
NE22	主膜应变
NE33	主膜应变（仅用于平面应变单元）
NE12	有效剪切应变

节点排序和积分点编号

链接单元（图6-74）

图6-74　2节点链接单元节点、排序和积分点编号

通用单元（图6-75）

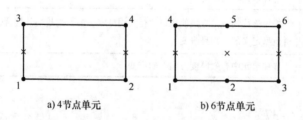

a) 4节点单元　　　　b) 6节点单元

图6-75　通用单元节点排序和积分点编号

6.6.8　三维垫片单元库

产品：Abaqus/Standard　　　Abaqus/CAE

参考

- "垫片单元：概览"，6.6.1 节
- "选择垫片单元"，6.6.2 节
- * GASKET SECTION

概览

本节提供 Abaqus/Standard 中可以使用的三维垫片单元的参考。

单元类型

链接单元（表 6-38）

表 6-38　链接单元

标　　识	说　　明
GK3D2	2 节点三维垫片单元
GK3D2N	仅具有厚度方向行为的 2 节点三维垫片单元

有效自由度

仅具有厚度方向行为的单元：1。

其他垫片单元：1、2、3。

附加解变量

无。

线单元（表 6-39）

表 6-39　线单元

标　　识	说　　明
GK3D4L	4 节点三维线垫片单元
GK3D4LN	仅具有厚度方向行为的 4 节点三维线垫片单元
GK3D6L	6 节点三维线垫片单元
GK3D6LN	仅具有厚度方向行为的 6 节点三维线垫片单元

有效自由度

仅具有厚度方向行为的垫片单元：1。

其他垫片单元：1、2、3。

附加解变量

无。

面单元（表6-40）

表6-40 面单元

标　识	说　明
GK3D6	6节点三维垫片单元
GK3D6N	仅具有厚度方向行为的6节点三维垫片单元
GK3D8	8节点三维垫片单元
GK3D8N	仅具有厚度方向行为的8节点三维垫片单元
GK3D12M	12节点三维垫片单元
GK3D12MN	仅具有厚度方向行为的12节点三维垫片单元
GK3D18	18节点三维垫片单元
GK3D18N	仅具有厚度方向行为的18节点三维垫片单元

有效自由度

仅具有厚度方向行为的垫片单元：1。

其他垫片单元：1、2、3。

附加解变量

无。

要求的节点自由度

X，Y，Z。

单元属性定义

用户必须定义单元的初始间隙和初始空隙，以及横截面面积（对于链接单元）或者宽度（对于线单元）。

用户可以将厚度方向指定成垫片截面定义的一部分，或者通过指定节点处的法向方向来指定厚度方向；可以将单元厚度指定成垫片截面定义的一部分。否则，Abaqus/Standard将计算厚度方向和厚度。对于链接单元，厚度方向是从第一个节点到第二个节点的方向，并且厚度是节点之间的距离。对于线单元，厚度方向是与积分点相关联的，从底节点到顶节点的方向，并且厚度是相同底节点与顶节点之间的距离。对于面单元，厚度方向是以单元中面为基础的，并且积分点处的厚度是以节点位置为基础的（更多内容见"定义垫片单元的初始几何形体"，6.6.4 节）。

输入文件用法： ＊GASKET SECTION

Abaqus/CAE 用法：Property module：Create Section：截面 Category 选择 Other，

截面 Type 选择 Gasket

基于单元的载荷

无。

单元输出

GK3D2 单元（表 6-41）

表 6-41　GK3D2 单元

标　识	说　明
S11	垫片单元中的压力或者厚度方向上的力
CS11	垫片单元中的接触压力（仅用于 S11 是力，并且垫片响应不是使用材料模型来定义的情况）
S12	剪切应力或者剪切力
S13	剪切应力或者剪切力
E11	如果垫片响应是直接使用垫片行为模型定义的，则是垫片闭合；如果垫片响应是使用材料模型定义的，则是应变
E12	如果垫片响应是直接使用垫片行为模型定义的，则是剪切运动；如果垫片行为是使用材料模型定义的，则是应变
E13	如果垫片响应是直接使用垫片行为模型定义的，则是剪切运动；如果垫片行为是使用材料模型定义的，则是应变
NE11	垫片单元中的有效厚度方向应变
NE12	有效剪切应变
NE13	有效剪切应变

GK3D2N 单元（表 6-42）

表 6-42　GK3D2N 单元

标　识	说　明
S11	垫片单元中的压力或者厚度方向上的力
CS11	垫片单元中的接触压力（仅用于 S11 是力，并且垫片响应不是使用材料模型来定义的情况）
E11	如果垫片响应是直接使用垫片行为模型定义的，则是垫片闭合；如果垫片响应是使用材料模型定义的，则是应变
NE11	垫片单元中有效厚度方向上的应变

仅具有厚度方向行为的线单元（表 6-43）

表 6-43　仅具有厚度方向行为的线单元

标　识	说　明
S11	垫片单元中单位长度上的压力或者厚度方向上的力
CS11	垫片单元中的接触压力（仅用于 S11 是单位长度上的力，并且垫片响应不是使用材料模型来定义的情况）
E11	如果垫片响应是直接使用垫片行为模型定义的，则是垫片闭合；如果垫片响应是使用材料模型定义的，则是应变
NE11	垫片单元中有效厚度方向上的应变

其他线单元（表 6-44）

表 6-44　其他线单元

标　识	说　明
S11	垫片单元中单位长度上的压力或者厚度方向上的力
CS11	垫片单元中的接触压力（仅用于 S11 是单位长度上的力，并且垫片响应不是使用材料模型来定义的情况）
S22	主膜应力
S12	单位长度上的剪切应力或者剪切力
S13	单位长度上的剪切应力或者剪切力
E11	如果垫片响应是直接使用垫片行为模型定义的，则是垫片闭合；如果垫片响应是使用材料模型定义的，则是应变
E22	主膜应变
E12	如果垫片响应是直接使用垫片行为模型定义的，则是剪切运动；如果垫片行为是使用材料模型定义的，则是应变
E13	如果垫片响应是直接使用垫片行为模型定义的，则是剪切运动；如果垫片行为是使用材料模型定义的，则是应变
NE11	垫片单元中有效厚度方向上的应变
NE22	主膜应变
NE12	有效剪切应变
NE13	有效剪切应变

仅具有厚度方向行为的面单元（表 6-45）

表 6-45　仅具有厚度方向行为的面单元

标　识	说　明
S11	垫片单元中的压力
E11	如果垫片响应是直接使用垫片行为模型定义的，则是垫片闭合；如果垫片响应是使用材料模型定义的，则是应变
NE11	垫片单元中有效厚度方向上的应变

其他面单元（表6-46）

表6-46 其他面单元

标 识	说 明
S11	垫片单元中的压力
S22	主膜应力
S33	主膜应力
S12	横向剪切应力
S13	横向剪切应力
S23	膜剪切应力
E11	如果垫片响应是直接使用垫片行为模型定义的，则是垫片闭合；如果垫片响应是使用材料模型定义的，则是应变
E22	主膜应变
E33	主膜应变
E12	如果垫片响应是直接使用垫片行为模型定义的，则是横向剪切运动；如果垫片响应是使用材料模型定义的，则是应变
E13	如果垫片响应是直接使用垫片行为模型定义的，则是横向剪切运动；如果垫片响应是使用材料模型定义的，则是应变
E23	膜剪切应变
NE11	垫片单元中厚度方向上的有效应变
NE22	主膜应变
NE33	主膜应变
NE12	有效剪切应变
NE13	有效剪切应变
NE12	膜剪切应变

单元节点排序和面编号

链接单元（图6-76）

图6-76 2节点链接单元节点排序

线单元（图 6-77）

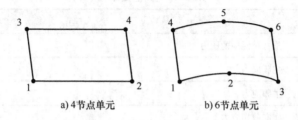

a) 4节点单元　　　　b) 6节点单元

图 6-77　线单元节点排线

面单元（图 6-78）

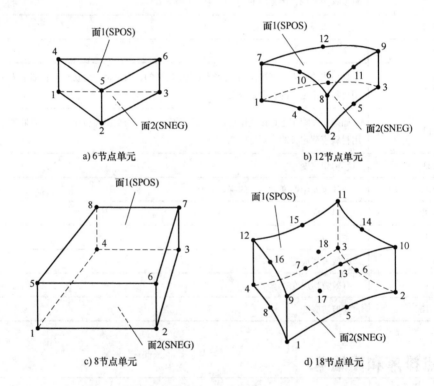

a) 6节点单元　　　　　　b) 12节点单元

c) 8节点单元　　　　　　d) 18节点单元

图 6-78　面单元节点排序

6 节点单元（表 6-47）

表 6-47　6 节点单元面编号

面 1（SPOS）	4-6-5 面
面 2（SNEG）	1-2-3 面

8 节点单元（表 6-48）

表 6-48   8 节点单元面编号

面 1（SPOS）	5-8-7-6 面
面 2（SNEG）	1-2-3-4 面

12 节点单元（表 6-49）

表 6-49   12 节点单元面编号

面 1（SPOS）	7-12-9-11-8-10 面
面 2（SNEG）	1-4-2-5-3-6 面

18 节点单元（表 6-50）

表 6-50   18 节点单元面编号

面 1（SPOS）	9-16-12-15-11-14-10-13 面
面 2（SNEG）	1-5-2-6-3-7-4-8 面

输出积分点编号

链接单元（图 6-79）

图 6-79   2 节点链接单元积分点编号

线单元（图 6-80）

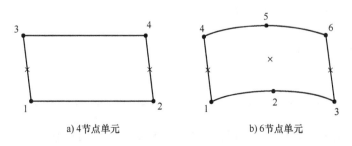

a) 4 节点单元   b) 6 节点单元

图 6-80   线单元积分点编号

面单元（图6-81）

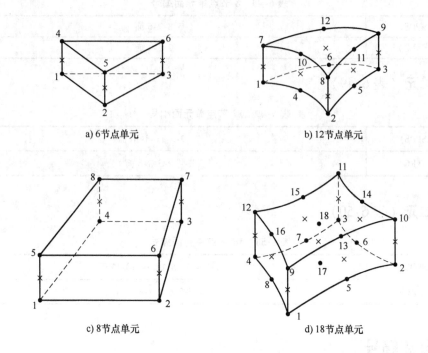

a) 6节点单元   b) 12节点单元

c) 8节点单元   d) 18节点单元

图6-81 面单元积分点编号

用×表示积分点，并且具有与底面节点相同的编号，除了18节点垫片单元中的节点17与节点18之间的积分点，其编号为9。

6.6.9 轴对称垫片单元库

产品：Abaqus/Standard   Abaqus/CAE

参考

- "垫片单元：概览"，6.6.1节
- "选择垫片单元"，6.6.2节
- *GASKET SECTION

概览

本节提供 Abaqus/Standard 中可以使用的轴对称垫片单元的参考。

单元类型

链接单元（表6-51）

表6-51 链接单元

标　　识	说　　明
GKAX2	2 节点轴对称垫片单元
GKAX2N	仅具有厚度方向行为的 2 节点轴对称垫片单元

有效自由度

仅具有厚度方向行为的垫片单元：1。

其他垫片单元：1、2。

附加解变量

无。

通用单元（表6-52）

表6-52 通用单元

标　　识	说　　明
GKAX4	4 节点轴对称垫片单元
GKAX4N	仅具有厚度方向行为的 4 节点轴对称垫片单元
GKAX6	6 节点轴对称垫片单元
GKAX6N	仅具有厚度方向行为的 6 节点轴对称垫片单元

有效自由度

仅具有厚度方向行为的垫片单元：1.

其他垫片单元：1、2。

附加解变量

无。

要求的节点自由度

X, Y。

单元属性定义

用户必须定义单元的初始间隙和初始空隙。此外，对于链接单元，还必须定义单元的宽度。

用户可以将厚度方向指定成垫片截面定义的一部分，或者通过在节点处指定法向方向来指定厚度方向；用户可以将单元厚度指定成垫片截面定义的一部分。否则，Abaqus/Standard 将计算厚度方向和厚度。对于链接单元，厚度方向是从第一个节点到第二个节点的方向，并且厚度是两个节点之间的距离。对于通用单元，厚度方向是以单元的中面为基础的，并且积分点处的厚度是以节点位置为基础的（更多内容见"定义垫片单元的初始几何形体"，6.6.4 节）。

输入文件用法： *GASKET SECTION

Abaqus/CAE 用法：Property module：Create Section：截面 Category 选择 Other，截面 Type 选择 Gasket

基于单元的载荷

无。

单元输出

GKAX2 单元（表 6-53）

表 6-53　GKAX2 单元

标　识	说　明
S11	垫片单元中单位长度上的压力或者厚度方向上的力
CS11	垫片单元中的接触压力（仅用于 S11 是单位长度上的力，并且垫片响应不是使用材料模型来定义的情况）
S22	周向应力
S12	单位长度上的剪切应力或者剪切力
E11	如果垫片响应是直接使用垫片行为模型定义的，则是垫片闭合；如果垫片响应是使用材料模型定义的，则是应变
E22	周向应变
E12	如果垫片响应是直接使用垫片行为模型定义的，则是剪切运动；如果垫片行为是使用材料模型定义的，则是应变
NE11	厚度方向上的有效应变
NE22	周向应变
NE12	有效剪切应变

GKAX2N 单元（表 6-54）

表 6-54　GKAX2N 单元

标　识	说　明
S11	垫片单元中单位长度上的压力或者厚度方向上的力
CS11	垫片单元中的接触压力（仅用于 S11 是单位长度上的力，并且垫片响应不是使用材料模型定义的情况）

（续）

标　识	说　明
E11	如果垫片响应是直接使用垫片行为模型定义的，则是垫片闭合；如果垫片响应是使用材料模型定义的，则是应变
NE11	有效厚度方向上的应变

仅具有厚度方向行为的通用单元（表6-55）

表6-55　仅具有厚度方向行为的通用单元

标　识	说　明
S11	垫片单元中的压力
E11	如果垫片响应是直接使用垫片行为模型定义的，则是垫片闭合；如果垫片响应是使用材料模型定义的，则是应变
NE11	有效厚度方向上的应变

其他通用单元（表6-56）

表6-56　其他通用单元

标　识	说　明
S11	垫片单元中的压力
S22	主膜应力
S33	周向应力
S12	剪切应力
E11	如果垫片响应是直接使用垫片行为模型定义的，则是垫片闭合；如果垫片响应是使用材料模型定义的，则是应变
E22	主膜应变
E33	周向应变
E12	如果垫片响应是直接使用垫片行为模型定义的，则是剪切运动；如果垫片响应是使用材料模型定义的，则是应变
NE11	有效厚度方向上的应变
NE22	主膜应变
NE33	主膜应变
NE12	有效剪切应变

节点排序和积分点编号

链接单元 （图 6-82）

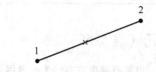

图 6-82　2 节点链接单元节点排序

通用单元 （图 6-83）

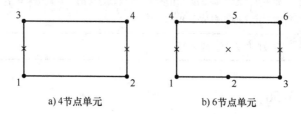

a) 4 节点单元　　　　　　　　b) 6 节点单元

图 6-83　通用单元积分点编号

6.7　面单元和面单元库

6.7.1　面单元

产品：Abaqus/Standard　　Abaqus/Explicit　　Abaqus/CAE　　Abaqus/Aqua

参考

- "通用面单元库"，6.7.2 节
- "圆柱面单元库"，6.7.3 节
- "轴对称面单元库"，6.7.4 节
- ＊SURFACE SECTION
- "创建面截面"，《Abaqus/CAE 用户手册》的 12.13.9 节

概览

面单元：

- 是定义成像膜单元那样的空间中的面。
- 没有固有刚度。
- 可能具有单位面积上的质量。
- 可以用来定义刚体。
- 可以用在面定义和基于面的绑定约束定义中。
- 行为类似于零厚度的膜单元。
- 可以与加强筋层一起使用。
- 可以嵌入实体单元中。
- 仅可以传递平面中的力。
- 没有弯曲刚度或者横向剪切刚度。

典型应用

面单元在以下几种特殊模拟情况中非常有用：

- 使用它们承载加强筋层来表示实体结构中的薄加强物。将加强筋层的刚度和质量添加到面单元中（见"定义加强筋"，《Abaqus 分析用户手册——介绍、空间建模、执行与输出卷》的 2.2.3 节）。也可以将加强面单元嵌入"宿主"实体单元中（见"嵌入单元"，《Abaqus 分析用户手册——指定条件、约束与相互作用卷》的 2.4 节）。

- 使用它们为模型添加单位面积质量形式的附加质量。例如，在油箱表面上添加油的质量，特别是在使用实体单元模拟油箱时。

- 用于指定约束中没有结构属性的面。

- 当与基于面的绑定约束一起使用时，用于指定梁单元上的分布面载荷，如入射波载荷。

- 在 Abaqus/Explicit 中（当与基于面的绑定约束一起使用时），可用于指定通用接触中的梁单元上的复杂面。用来施加接触约束的罚弹簧的刚度，与面节点的质量大体成比例关系。如果面节点没有质量，则不施加接触。

- 在 Abaqus/Explicit 中，可用于定义基于面的流体腔的所有或者部分边界（例如，见"静水流体单元：模拟一个气弹簧"，《Abaqus 例题手册》的 1.1.9 节）。

- 在 Abaqus/Aqua 分析中，可用于显示重力波。

选择合适的单元

通用面单元可用于 Abaqus/Standard 和 Abaqus/Explicit，圆柱面单元和轴对称面单元仅用于 Abaqus/Standard。

通用面单元

在三维结构的变形可以在其中演化的三维模型中，应使用通用面单元。

圆柱面单元

在 Abaqus/Standard 中，圆柱面单元可用来精确模拟具有圆形几何形体的结构区域，如轮胎。单元利用三角方程沿着圆周方向插值位移，并且在平面内方向上使用常规的等参插值。圆柱面单元使用沿着圆周方向的三个节点，并且单元跨度可以在 0°~180° 之间。可以使用在平面内方向上同时具有一阶插值和二阶插值的单元。

通过指定整体笛卡儿坐标系中节点的坐标来定义单元的几何形体。

这些单元可以与常规面单元在同一网格中使用。也可以将其嵌入通用实体单元和圆柱单元中。

轴对称面单元

Abaqus/Standard 中可以使用的轴对称面单元分为两类：不允许关于对称抽扭转的单元和可以关于对称轴扭转的单元。分别将这两种单元称为规则轴对称面单元和广义轴对称面单元。

广义轴对称面单元（具有扭转的轴对称面单元）允许载荷的周向分量，此分量可能会造成关于对称轴的扭转。周向载荷分量独立于周向坐标 θ。因为在周向坐标上没有载荷的相关性，所以变形是轴对称的。

动力学或者特征频率提取过程中不能使用广义轴对称面单元。

命名约定

面单元的命名约定取决于单元维度。

通用面单元

Abaqus 中的通用面单元命名如下：

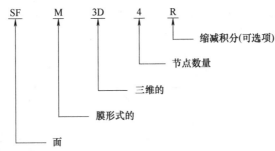

例如，SFM3D4R 是 4 节点三维缩减积分面单元。

圆柱面单元

Abaqus/Standard 中圆柱面单元的命名如下：

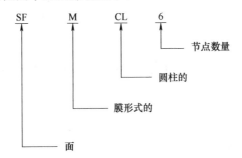

例如，SFMCL6 是使用圆周插值的 6 节点圆柱面单元。

轴对称面单元

Abaqus/Standard 中轴对称面单元的命名如下：

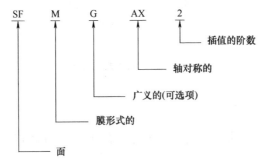

例如，SFMAX2 是二次插值的规则轴对称面单元。

单元法向定义

面单元的"顶"面是正法向方向（定义如下）上的面，在接触定义中称为 SPOS 面。沿着负法向方向的面是"底"面，在接触定义中称为 SNEG 面。

通用面单元

对于通用面单元，通过以单元定义中指定的节点顺序，围绕这些单元节点的右手法则来定义正法向方向，如图 6-84 所示。

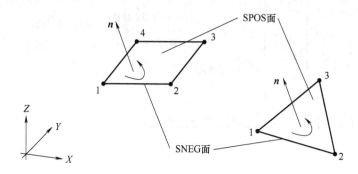

图 6-84　通用面单元的正法向

圆柱面单元

以单元定义中指定的节点顺序，由围绕这些单元节点的右手法则来定义正法向方向，如图 6-85 所示。

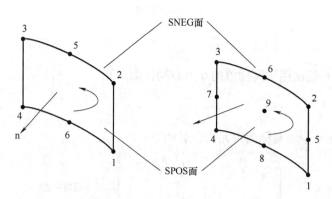

图 6-85　圆柱面单元的正法向

轴对称面单元

对于轴对称面单元，通过将节点 1 到节点 2 的方向逆时针转动 90° 来定义正法向，如图 6-86 所示。

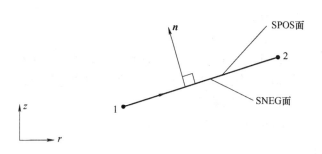

图 6-86　轴对称面单元的正法向

定义单元的截面属性

用户必须将面截面属性与模型的一个区域进行关联。

输入文件用法：　　＊SURFACE SECTION，ELSET＝名称

其中，ELSET 参数表示面单元集合。

Abaqus/CAE 用法：Property module：

Create Section：截面 Category 选择 Shell，截面 Type 选择 Surface

Assign→Section：选择区域

使用面单元承载加强筋层

用户可以定义由面单元承载的加强筋层。为面单元添加由加强筋层产生的刚度和质量。

输入文件用法：　　使用下面的两个选项：

＊SURFACE SECTION，ELSET＝名称

＊REBAR LAYER

Abaqus/CAE 用法：Property module：Create Section：截面 Category 选择 Shell，

截面 Type 选择 Surface，Rebar Layers

使用面单元为模型引入附加质量

用户可以定义由面单元承载的单位面积的质量。

输入文件用法：　　＊SURFACE SECTION，ELSET＝名称，DENSITY＝名称

Abaqus/CAE 用法：Property module：Create Section：截面 Category 选择 Shell，

截面 Type　选择 Surface，切换选中 Density：数值

在约束中使用面单元

在 Abaqus 中，可以使用面单元来定义一个面，并且可以在基于面的绑定约束中使用此面（见"网格绑定约束"，《Abaqus 分析用户手册——指定条件、约束与相互作用卷》的2.3.1 节）。

输入文件用法：　　使用下面的选项：

＊SURFACE，NAME＝面名称

* TIE，NAME = 名称

面名称，主面名称

Abaqus/CAE 用法：在 Abaqus/CAE 中，当提示用户选择一个面时，可以在视口中直接
选择一个面或者多个面。此外，用户还可以使用面工具箱将面定义
成面和边的集合。

Interaction module：Create Constraint：Tie

使用面单元显示重力波

用户可以在静水高度上定义面单元集合来显示 Abaqus/Aqua 分析中的重力波。

输入文件用法：　　* SURFACE SECTION，ELSET = 名称，AQUAVISUALIZATION = YES

Abaqus/CAE 用法：Abaqus/CAE 中不支持为显示指定波面。

6.7.2　通用面单元库

产品：Abaqus/Standard　　　Abaqus/Explicit　　　Abaqus/CAE　　　Abaqus/Aqua

参考

- "面单元"，6.7.1 节
- * SURFACE SECTION
- * REBAR LAYER

概览

本节提供 Abaqus/Standard、Abaqus/Explicit 和 Abaqus/Aqua 中可以使用的面单元的
参考。

单元类型（表 6-57）

表 6-57　通用面单元类型

标　　识	说　　明
SFM3D3	3 节点三角形单元
SFM3D4[(S)]	4 节点四边形单元
SFM3D4R	4 节点四边形缩减积分单元
SFM3D6[(S)]	6 节点三角形单元
SFM3D8[(S)]	8 节点四边形单元
SFM3D8R[(S)]	8 节点四边形缩减积分单元

有效自由度

1、2、3。

附加解变量

无。

要求的节点坐标

X, Y, Z。

输入文件用法：　使用下面的选项定义面单元属性：

　　　　　　　　*SURFACE SECTION

　　　　　　　如果要定义加强筋，则将下面的选项与 *SURFACE SECTION 选项

　　　　　　　一起使用：

　　　　　　　　*REBAR LAYER

　　　　　　　使用下面的选项定义单位面积上的质量密度：

　　　　　　　　*SURFACE SECTION，DENSITY = 数值

　　　　　　　使用下面的选项在 Abaqus/Aqua 分析中定义水的自由面：

　　　　　　　　*SURFACE SECTION，AQUAVISUALIZATION = YES

Abaqus/CAE 用法：Property module：Create Section：截面 Category 选择 Shell，截面 Type

　　　　　　　选择成 Surface，Rebar Layers（可选的）

　　　　　　　在 Abaqus/CAE 中，用户不能为面截面定义单位面积的质量或者为

　　　　　　　水的自由面。

基于单元的载荷

分布载荷（表6-58）

如"分布载荷"（《Abaqus 分析用户手册——指定条件、约束与相互作用卷》的 1.4.3
节）所描述的那样指定分布载荷。仅当面单元定义有加强筋或者密度时，才施加重力、离
心力、转动加速度和科氏力载荷。

表 6-58　基于单元的分布载荷

载荷标识 （*DLOAD）	Abaqus/CAE Load/Interaction	量　纲　式	说　　明
BX	Body force	FL^{-2}	整体 X 方向上的体力
BY	Body force	FL^{-2}	整体 Y 方向上的体力
BZ	Body force	FL^{-2}	整体 Z 方向上的体力

（续）

载荷标识 （＊DLOAD）	Abaqus/CAE Load/Interaction	量 纲 式	说 明
BXNU	Body force	FL^{-2}	整体 X 方向上的非均匀体力（在 Abaqus/Standard 中，通过用户子程序 DLOAD 提供大小；在 Abaqus/Explicit 中，通过用户子程序 VDLOAD 提供大小）
BYNU	Body force	FL^{-2}	整体 Y 方向上的非均匀体力（在 Abaqus/Standard 中，通过用户子程序 DLOAD 提供大小；在 Abaqus/Explicit 中，通过用户子程序 VDLOAD 提供大小）
BZNU	Body force	FL^{-2}	整体 Z 方向上的非均匀体力（在 Abaqus/Standard 中，通过用户子程序 DLOAD 提供大小；在 Abaqus/Explicit 中，通过用户子程序 VDLOAD 提供大小）
CENT[(S)]	不支持	FL^{-3} （$ML^{-2}T^{-2}$）	离心载荷（大小输出成 $\rho\omega^2$，其中 ρ 是单位面积上的质量密度，ω 是角速度）
CENTRIF[(S)]	Rotational body force	T^{-2}	离心载荷（大小输出成 ω^2，ω 是角速度）
CORIO[(S)]	Coriolis force	FL^{-3} （$ML^{-2}T^{-1}$）	科氏力（大小输出成 $\rho\omega$，其中 ρ 是单位面积上的质量密度，ω 是角速度）。在直接稳态动力学分析中，不考虑由科氏载荷引起的载荷刚度
GRAV	Gravity	LT^{-2}	指定方向上的重力载荷（大小输入成加速度）
HP[(S)]	不支持	FL^{-2}	施加在单元参考面上的静水压力，在整体 Z 方向上是线性的。该压力在单元正法向上是正的
P	Pressure	FL^{-2}	施加在参考面上的压力。该压力在单元正法向上是正的
PNU	不支持	FL^{-2}	施加在单元参考面上的非均匀压力（在 Abaqus/Standard 中，通过用户子程序 DLOAD 提供大小；在 Abaqus/Explicit 中，通过用户子程序 VDLOAD 提供大小）。该压力在单元正法向上是正的
ROTA[(S)]	Rotational body force	T^{-2}	转动加速度载荷（大小输入成 α，α 是转动加速度）
SBF[(E)]	不支持	$FL^{-5}T^2$	整体 X 方向、Y 方向和 Z 方向上的滞止体力
SP[(E)]	不支持	$FL^{-4}T^2$	施加在单元参考面上的滞止压力
TRSHR	Surface traction	FL^{-2}	单元参考面上的剪切牵引力
TRSHRNU[(S)]	不支持	FL^{-2}	单元参考面上的非均匀剪切牵引力，通过用户子程序 UTRACLOAD 提供大小和方向

（续）

载荷标识 （＊DLOAD）	Abaqus/CAE Load/Interaction	量 纲 式	说 明
TRVEC	Surface traction	FL^{-2}	单元参考面上的一般牵引力
TRVECNU[S]	不支持	FL^{-2}	单元参考面上的非均匀一般牵引力，通过用户子程序 UTRACLOAD 提供大小和方向
VBF[E]	不支持	$FL^{-4}T$	整体 X 方向、Y 方向和 Z 方向上的黏性体力
VP[E]	不支持	$FL^{-3}T$	施加在单元参考面上的黏性面压力。该压力与垂直于单元面的速度成比例，其方向与运动方向相反

基础（表6-59）

仅在 Abaqus/Standard 中可以使用基础，并且如"单元基础"（《Abaqus 分析用户手册——介绍、空间建模、执行与输出卷》的 2.2.2 节）所描述的那样指定基础。

表 6-59 基础

载荷标识 （＊FOUNDATION）	Abaqus/CAE Load/Interaction	量 纲 式	说 明
F	Elastic foundation	FL^{-2}	弹性基础

基于面的载荷

分布载荷（表6-60）

如"分布载荷"（《Abaqus 分析用户手册——指定条件、约束与相互作用卷》的 1.4.3 节）所描述的那样指定基于面的分布载荷。

表 6-60 基于面的分布载荷

载荷标识 （＊DSLOAD）	Abaqus/CAE Load/Interaction	量 纲 式	说 明
HP[S]	Pressure	FL^{-2}	单元参考面上的静水压力，在整体 Z 方向上是线性的。该压力在面法向的反方向上是正的
P	Pressure	FL^{-2}	单元参考面上的压力，该压力在面法向的反方向上是正的
PNU	Pressure	FL^{-2}	单元参考面上的非均匀压力（在 Abaqus/Standard 中，通过用户子程序 DLOAD 提供大小；在 Abaqus/Explicit 中，通过用户子程序 VDLOAD 提供大小）。该压力在面法向的反向上是正的

（续）

载荷标识 （* DSLOAD）	Abaqus/CAE Load/Interaction	量 纲 式	说 明
SP[E]	Pressure	$FL^{-4}T^2$	施加在单元参考面上的滞止压力
TRSHR	Surface traction	FL^{-2}	单元参考面上的剪切牵引力
TRSHRNU[S]	Surface traction	FL^{-2}	单元参考面上的非均匀剪切牵引力，通过用户子程序 UTRACLOAD 提供大小和方向
TRVEC	Surface traction	FL^{-2}	单元参考面上的一般牵引力
TRVECNU[S]	Surface traction	FL^{-2}	单元参考面上的非均匀一般牵引力，通过用户子程序 UTRACLOAD 提供大小和方向
VP[E]	Pressure	$FL^{-3}T$	施加在单元参考面上的黏性面压力。该压力与垂直于单元面的速度成比例，其方向与运动方向相反

入射波载荷

这些单元也可以使用基于面的入射波载荷（见"声学和冲击载荷"，《Abaqus 分析用户手册——指定条件、约束与相互作用卷》的 1.4.6 节）。

单元输出

当前，仅当使用面单元承载加强筋层时，才可以使用输出（详细内容见"定义加强筋"，《Abaqus 分析用户手册——介绍、空间建模、执行与输出卷》的 2.2.3 节）。

单元中的节点排序（图 6-87）

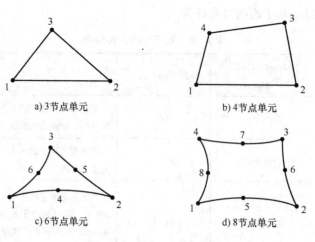

a) 3 节点单元   b) 4 节点单元

c) 6 节点单元   d) 8 节点单元

图 6-87　单元中的节点排序

输出积分点编号（图6-88）

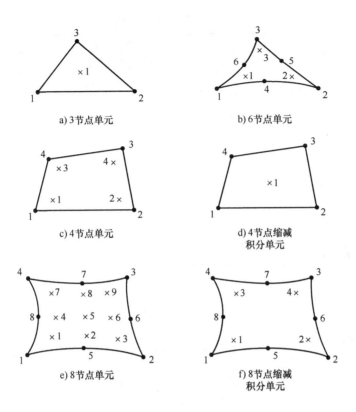

图 6-88　输出积分点编号

6.7.3　圆柱面单元库

产品：Abaqus/Standard

参考

- "面单元"，6.7.1 节
- ＊SURFACE SECTION
- ＊REBAR LAYER

概览

本节提供 Abaqus/Standard 中可以使用的圆柱面单元的参考。

单元类型（表6-61）

表 6-61　圆柱面单元类型

标　识	说　明
SFMCL6	6 节点圆柱面单元
SFMCL9	9 节点圆柱面单元

有效自由度

1、2、3。

附加解变量

无。

要求的节点坐标

X，Y，Z。

单元属性定义

输入文件用法：　使用下面的选项定义面单元属性：

* SURFACE SECTION

如果要定义加强筋，则将下面的选项与 * SURFACE SECTION 选项一起使用：

* REBAR LAYER

使用下面的选项定义单位面积上的质量密度：

* SURFACE SECTION，DENSITY = 名称

基于单元的载荷

分布载荷（表6-62）

表 6-62　基于单元的分布载荷

载荷标识 （ * DLOAD）	量 纲 式	说　明
BX	FL^{-2}	整体 X 方向上的体力
BY	FL^{-2}	整体 Y 方向上的体力
BZ	FL^{-2}	整体 Z 方向上的体力
BXNU	FL^{-2}	整体 X 方向上的非均匀体力，通过用户子程序 DLOAD 提供大小

（续）

载荷标识 （＊DLOAD）	量　纲　式	说　明
BYNU	FL^{-2}	整体 Y 方向上的非均匀体力，通过用户子程序 DLOAD 提供大小
BZNU	FL^{-2}	整体 Z 方向上的非均匀体力，通过用户子程序 DLOAD 提供大小
CENT	FL^{-3}（$ML^{-2}T^{-2}$）	离心载荷（大小输入成 $\rho\omega^2$，其中 ρ 是单位面积上的质量密度，ω 是角速度）
CENTRIF	T^{-2}	离心载荷（大小输入成 ω^2，ω 是角速度）
CORIO	FL^{-3}（$ML^{-2}T^{-1}$）	科氏力（大小输入成 $\rho\omega$，其中 ρ 是单位面积上的质量密度，ω 是角速度）。在直接稳态动力学分析中，不考虑由科氏载荷产生的载荷刚度
GRAV	LT^{-2}	指定方向上的重力载荷（大小输入成加速度）
HP	FL^{-2}	施加在单元参考面上的静水压力，在整体 Z 方向上是线性的。该压力在单元正法向上是正的
P	FL^{-2}	施加在单元参考面上的压力。该压力在单元正法向上是正的
PNU	FL^{-2}	施加在单元参考面上的非均匀压力，通过用户子程序 DLOAD 提供大小
ROTA	T^{-2}	转动加速度载荷（大小输入成 α，α 是转动加速度）
TRSHR	FL^{-2}	单元参考面上的剪切牵引力
TRSHRNU[(S)]	FL^{-2}	单元参考面上的非均匀剪切牵引力，通过用户子程序 UTRACLOAD 提供大小和方向
TRVEC	FL^{-2}	单元参考面上的一般牵引力
TRVECNU[(S)]	FL^{-2}	单元参考面上的非均匀一般牵引力，通过用户子程序 UTRACLOAD 提供大小和方向

　　如"分布载荷"（《Abaqus 分析用户手册——指定条件、约束与相互作用卷》的 1.4.3 节）所描述的那样指定分布载荷。仅当面单元定义有加强筋或者密度时，才能施加重力、离心力、转动加速度和科氏力载荷。

基础（表 6-63）

　　如"单元基础"（《Abaqus 分析用户手册——介绍、空间建模、执行与输出卷》的 2.2.2 节）所描述的那样指定基础。

表 6-63　基础

载荷标识 （＊FOUNDATION）	量　纲　式	说　明
F	FL^{-2}	弹性基础

基于面的载荷

分布载荷（表 6-64）

　　如"分布载荷"（《Abaqus 分析用户手册——指定条件、约束与相互作用卷》的 1.4.3

节）所描述的那样指定基于面的分布载荷。

表6-64　基于面的分布载荷

载荷标识 （＊DSLOAD）	量　纲　式	说　　明
HP	FL^{-2}	单元参考面上的静水压力，在整体 Z 方向上是线性的。该压力在面法向的反方向上是正的
P	FL^{-2}	单元参考面上的压力。该压力在面法向的反方向上是正的
PNU	FL^{-2}	单元参考面上的非均匀压力，通过用户子程序 DLOAD 提供大小。该压力在面法向的反方向上是正的
TRSHR	FL^{-2}	单元参考面上的剪切牵引力
TRSHRNU[(S)]	FL^{-2}	单元参考面上的非均匀剪切牵引力，通过用户子程序 UTRACLOAD 提供大小和方向
TRVEC	FL^{-2}	单元参考面上的一般牵引力
TRVECNU[(S)]	FL^{-2}	单元参考面上的非均匀一般牵引力，通过用户子程序 UTRACLOAD 提供大小和方向

入射波载荷

这些单元也可以使用基于面的入射波载荷（见"声学和冲击载荷"，《Abaqus 分析用户手册——指定条件、约束与相互作用卷》的 1.4.6 节）。

单元输出

当前，仅当使用面单元来承载加强筋层时才可以使用输出（详细内容见"定义加强筋"，《Abaqus 分析用户手册——介绍、空间建模、执行与输出卷》的 2.2.3 节）。

单元中的节点排序（图 6-89）

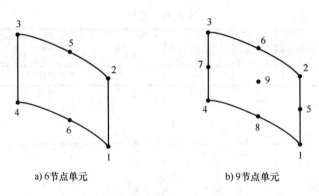

a）6节点单元　　　　　b）9节点单元

图 6-89　单元中的节点排序

输出积分点编号 （图 6-90）

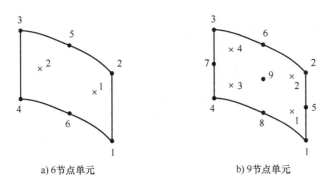

a) 6节点单元   b) 9节点单元

图 6-90   输出积分点编号

6.7.4   轴对称面单元库

产品：Abaqus/Standard   Abaqus/CAE

参考

- "面单元"，6.7.1 节
- *SURFACE SECTION
- *REBAR LAYER

概览

本节提供 Abaqus/Standard 中可以使用的轴对称面单元的参考。

约定

坐标 1 是 r，坐标 2 是 z。在 $\theta = 0$ 处，r 方向对应于整体 X 方向，z 方向对应于整体 Y 方向。必须在整体方向上给出数据时，这是重要的。坐标 1 应当大于或者等于零。

自由度 1 是 u_r，自由度 2 是 u_z。具有扭转的广义对称轴单元具有附加自由度 5，对应于扭转角度 ϕ（单位为弧度）。

Abaqus/Standard 并不对沿着对称轴放置的节点自动施加任何边界条件。如果需要，用户必须在这些节点上施加径向或者对称边界条件。

应当将点载荷和力矩给成在圆周上积分的值，即圆周上的总值。

单元类型

规则轴对称面单元（表6-65）

表 6-65　规则轴对称面单元

标　识	说　明
SFMAX1	没有扭转的 2 节点线性单元
SFMAX2	没有扭转的 2 节点二次单元

有效自由度

　　1、2。

附加解变量

　　无。

广义轴对称面单元（表6-66）

表 6-66　广义轴对称面单元

标　识	说　明
SFMGAX1	具有扭转的 2 节点线性单元
SFMGAX2	具有扭转的 2 节点二次单元

有效自由度

　　1、2、5。

附加解变量

　　无。

要求的节点坐标

　　R，Z。

单元属性定义

　　输入文件用法：　使用下面的选项定义面单元：

　　　　　　　　　　＊SURFACE SECTION

　　　　　　　　　　如果要定义加强筋，则将下面的选项与 ＊SURFACE SECTION 选项
　　　　　　　　　　一起使用：

* REBAR LAYER

使用下面的选项定义单位面积上的质量密度：

* SURFACE SECTION，DENSITY = 数值

Abaqus/CAE 用法：Property module：Create Section：截面 Category 选择 Shell，截面 Type 选择 Surface，Rebar Layers（可选的）

在 Abaqus/CAE 中，用户不能定义面单元中单位面积上的质量。

基于单元的载荷

分布载荷（表6-67）

如"分布载荷"（《Abaqus 分析用户手册——指定条件、约束与相互作用卷》的 1.4.3 节）所描述的那样指定分布载荷。仅当面单元定义有加强筋或者密度时，才能施加重力载荷和离心载荷。

表6-67　基于单元的分布载荷

载荷标识 （* DLOAD）	Abaqus/CAE Load/Interaction	量 纲 式	说 明
BR	Body force	FL^{-2}	径向方向上的体力（1 或者 r）
BZ	Body force	FL^{-2}	轴向方向的体力（2 或者 z）
BRNU	Body force	FL^{-2}	径向方向上的非均匀体力，通过用户子程序 DLOAD 提供大小
BZNU	Body force	FL^{-2}	轴向方向上的非均匀体力，通过用户子程序 DLOAD 提供大小
CENT	不支持	FL^{-3} （$ML^{-2}T^{-2}$）	离心载荷（大小输入成 $\rho\omega^2$，其中 ρ 是单位面积上的质量密度，ω 是角速度）。因为只允许轴对称变形，所以转轴必须是 z 轴
CENTRIF	Rotational body force	T^{-2}	离心载荷（大小输入成 ω^2，ω 是角速度）。因为只允许轴对称变形，所以转轴必须是 z 轴
GRAV	Gravity	LT^{-2}	指定方向上的重力载荷（大小输入成加速度）
HP	不支持	FL^{-2}	施加在单元参考面上的静水压力，在整体 Z 方向上是线性的。该压力在单元正法向方向上是正的
P	Pressure	FL^{-2}	施加在单元参考面上的压力。该压力在单元正法向方向上是正的
PNU	不支持	FL^{-2}	施加在单元参考面上的非均匀压力，通过用户子程序 DLOAD 提供大小。该压力在单元正法向方向上是正的
TRSHR	Surface traction	FL^{-2}	单元参考面上的剪切牵引力

（续）

载荷标识 （*DLOAD）	Abaqus/CAE Load/Interaction	量 纲 式	说 明
TRSHRNU[(S)]	不支持	FL^{-2}	单元参考面上的非均匀剪切牵引力，通过用户子程序 UTRACLOAD 提供大小和方向
TRVEC	Surface traction	FL^{-2}	单元参考面上的一般牵引力
TRVECNU[(S)]	不支持	FL^{-2}	单元参考面上的非均匀一般牵引力，通过用户子程序 UTRACLOAD 提供大小和方向

基础（表6-68）

如"单元基础"（《Abaqus 分析用户手册——介绍、空间建模、执行与输出卷》的 2.2.2 节）所描述的那样指定基础。

表 6-68　基础

载荷标识 （*FOUNDATION）	Abaqus/CAE Load/Interaction	量 纲 式	说 明
F	Elastic foundation	FL^{-2}	弹性基础。对于 SFMGAX1 和 SFMGAX2 单元，仅对自由度 u_r 和 u_z 施加弹性基础

基于面的载荷

分布载荷（表6-69）

如"分布载荷"（《Abaqus 分析用户手册——指定条件、约束与相互作用卷》的 1.4.3 节）所描述的那样指定基于面的分布载荷。

表 6-69　基于面的分布载荷

载荷标识 （*DSLOAD）	Abaqus/CAE Load/Interaction	量 纲 式	说 明
HP	Pressure	FL^{-2}	单元参考面上的静水压力，在整体 Z 方向上是线性的。该压力在面法向的反方向上是正的
P	Pressure	FL^{-2}	单元参考面上的压力。该压力在面法向的反方向上是正的
PNU	Pressure	FL^{-2}	单元参考面上的非均匀压力，通过用户子程序 DLOAD 提供大小。该压力在面法向的反方向上是正的
TRSHR	Surface traction	FL^{-2}	单元参考面上的剪切牵引力

（续）

载荷标识 （*DSLOAD）	Abaqus/CAE Load/Interaction	量 纲 式	说 明
TRSHRNU(S)	Surface traction	FL^{-2}	单元参考面上的非均匀剪切牵引力，通过用户子程序 UTRACLOAD 提供大小和方向
TRVEC	Surface traction	FL^{-2}	单元参考面上的一般牵引力
TRVECNU(S)	Surface traction	FL^{-2}	单元参考面上的非均匀一般牵引力，通过用户子程序 UTRACLOAD 提供大小和方向

入射波载荷

这些单元也可以使用基于面的入射波载荷（见"声学和冲击载荷"，《Abaqus 分析用户手册——指定条件、约束与相互作用卷》的 1.4.6 节）。

单元输出

当前，仅当使用面单元承载加强筋层时才可以使用输出（详细内容见"定义加强筋"，《Abaqus 分析用户手册——介绍、空间建模，执行与输出卷》的 2.2.3 节）。

单元中的节点排序（图 6-91）

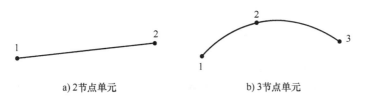

a）2 节点单元　　　　b）3 节点单元

图 6-91　单元中的节点排序

输出积分点编号（图 6-92）

a）2 节点单元　　　　b）3 节点单元

图 6-92　输出积分点编号

6.8 管座单元和管座单元库

6.8.1 管座单元

产品：Abaqus/Standard

参考

- "管座单元库"，6.8.2 节
- *ITS
- *DASHPOT
- *FRICTION
- *SPRING

概览

管座单元：

- 用于模拟具有紧密相邻管座的管相互作用，管与座之间可能发生间歇接触的情况。
- 由弹簧/摩擦链接（模拟管和座之间的直接接触）和一个平行阻尼器（模拟管和座之间环面中的流体作用）组成，如图 6-93 所示。

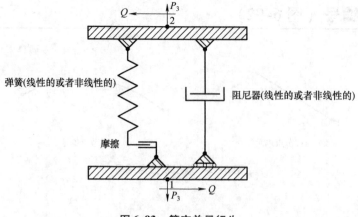

图 6-93 管座单元行为

单元方程的详细内容见"管座单元"(《Abaqus 理论手册》的 3.9.4 节)。

典型应用

可以使用 ITSCYL 单元来模拟钻孔支座（图 6-94）。

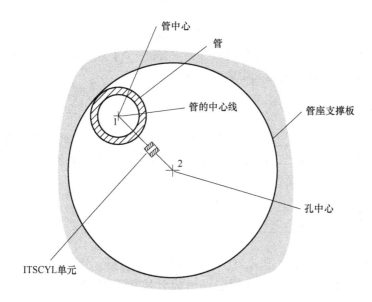

图 6-94 使用 ITSCYL 单元模拟钻孔支座

可以在表示管的梁单元的同一节点处连接几个 ITSUNI 单元，来模拟由一系列直线段组成的管座，如"蛋格"的设计（图 6-95）。

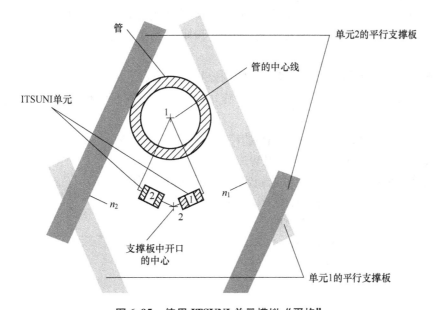

图 6-95 使用 ITSUNI 单元模拟"蛋格"

选择合适的单元

Abaqus 提供两种管座单元。

ITSUNI 单元

ITSUNI 是"单方向"的单元，总是作用在空间中的固定方向上。单元的一个节点必须位于管的中心线上，管是使用梁单元来模拟的；另外一个节点必须位于两个平行支撑板之间的等距位置处。在 ITSUNI 单元定义中建立支撑板。

ITSCYL 单元

ITSCYL 是一个"圆柱形"单元，可以用来模拟圆管与圆孔之间的相互作用。单元的一个节点必须位于管的中心线上，管是使用梁单元模拟的；另外一个节点必须位于管座支撑板中孔的圆心处。在 ITSCYL 单元定义中建立圆孔。

定义 ITS 单元的行为

用户定义管的直径和用来定义 ITS 单元的其他几何量。用户必须将这些量与 ITS 单元集合关联起来。此外，用户还必须定义组成管座单元的弹簧、摩擦链接和阻尼器的行为。

ITS 单元的弹簧行为如图 6-96 所示。从管和支撑板上的孔精确对齐（单元节点处于同一位置）的位置测量管单元中的相对位移。如图 6-96 所示，根据指定弹簧定义中的弹簧行为对 ITS 单元的弹性行为进行更改，以考虑当单元的节点位置相同时在管和座之间存在的任何间隙。当管与座之间没有接触时，弹簧不传递力；当管与座接触时，力随着管壁的变形而变大。可以将此力模拟成管中心线和座上孔中心之间相对位移的线性或者非线性函数。

如果管的直径大于零，则管与座之间的摩擦将在管节点上生成一个力矩；如果孔的尺寸大于零，则在孔节点处生成一个力矩。对于作用有一个力矩的 ITS 单元的任何节点，至少应满足以下条件之一：

- 此节点必须与可以承受力矩的梁或者其他单元相关联。
- 必须使用边界条件将节点转动设置成零。

输入文件用法：　　使用下面的选项定义 ITS 单元的行为：

　　　　　　　　　　*ITS，ELSET = 名称

　　　　　　　　　　*DASHPOT

　　　　　　　　　　*SPRING

　　　　　　　　　　*FRICTION

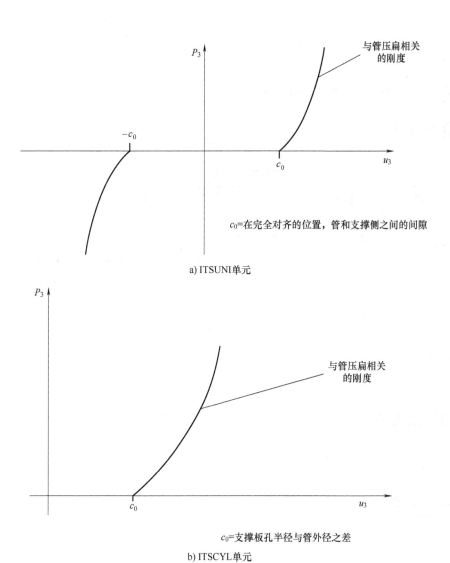

a) ITSUNI单元

b) ITSCYL单元

图 6-96 用 ITS 单元中的非线性弹簧行为来模拟间隙和管的压扁

6.8.2 管座单元库

产品：Abaqus/Standard

参考

- "管座单元库", 6.8.2 节
- ＊ITS

概览

本节提供 Abaqus/Standard 中可以使用的管座单元的参考。

单元类型（表 6-70）

表 6-70　管座单元类型

标　识	说　明
ITSUNI	单方向管座单元
ITSCYL	圆柱几何体管座单元

有效自由度

1、2、3、4、5、6。

附加解变量

无。

要求的节点坐标

X, Y, Z。

单元属性定义

输入文件用法：　　* ITS

基于单元的载荷

无。

单元输出（表 6-71）

表 6-71　管座单元输出

标　识	说　明
S11	单元中总法向力
S12	切向（剪切）力分量，由摩擦产生，在管的横截面平面中
S13	切向（剪切）力分量，由摩擦产生，平行于管的中心线

将弹簧链接中的力和阻尼器中的力定义成广义子应力，可用作输出选项中的子应力选项，见表6-72。

表6-72 子应力

标 识	说 明
SS1	弹簧链接中的力
SS2	阻尼器中的力

通过请求相应的"应变"来选择对应于上述力的相对轴向位移和切向位移，除了在单元类型 ITSCYL 中没有定义的"应变"分量13。

滑动中的相对切向（剪切）位移分量可用作"塑性应变"分量 PE12 和 PE13。将这些单元中的"等效塑性应变"定义成

$$\Delta \overline{u}^{\,\mathrm{sl}} = \sum_{\text{增量}} \sqrt{\left(\Delta u_1^{\mathrm{sl}}\right)^2 + \left(\Delta u_2^{\mathrm{sl}}\right)^2}$$

式中，Δu_1^{sl} 和 Δu_2^{sl} 是两个相对切向位移分量。

与单元相关联的节点

ITSUNI：两个节点。一个在管的中心线上，另外一个在两个平行支撑板之间等距位置处。

ITSCYL：两个节点。一个在管的中心线上，另外一个在支撑板上孔的中心处。

6.9 线弹簧单元和线弹簧单元库

6.9.1 模拟壳中部分穿过裂纹的线弹簧单元

产品：Abaqus/Standard

参考

- "线弹簧单元库"，6.9.2 节
- ∗SHELL SECTION
- ∗SURFACE FLAW

概览

线弹簧单元：
- 用来以低成本评估壳中部分穿过的裂纹（裂缝）。
- 与壳单元一起使用。
- 可以与弹性或者弹塑性（各向同性硬化，Mises 屈服）材料行为一起使用。
- 不包含热应变作用。
- 仅用于小位移分析（不包含大转动作用）。
- 不能用于线性摄动步。
- 使用非常显著的近似（尤其是在弹塑性情况中），因此应该谨慎使用。
- 对于裂纹深度小于 2% 或者大于 95% 壳厚度的情况，不能提供有用的结果。
- 由于求解的三维属性，在裂缝的端部或者裂缝深度随着位置快速变化的区域，将无法得到有用的结果。

典型应用

线性弹簧单元可以低成本评估壳中部分穿过的裂纹。基本概念是这些单元将以裂纹尖端奇异性为主的局部解引入了无开裂几何形体的壳模型中。这是通过允许模型中沿着裂纹线的附加自由度来实现的，由线弹簧单元提供此自由度，如图 6-97 所示。

关于这些附加自由度的线弹簧柔性将局部解嵌入整体响应中。Abaqus 根据柔性共轭的相对位移和转动计算并打印出 J 积分，以及在线性情况中，计算并打印线弹簧单元中积分点处的应力密度因子。因为单元是简单的，分析并不比无开裂几何形体的壳分析昂贵许多。对于许多常见的应用，结果具有可接受的精度。

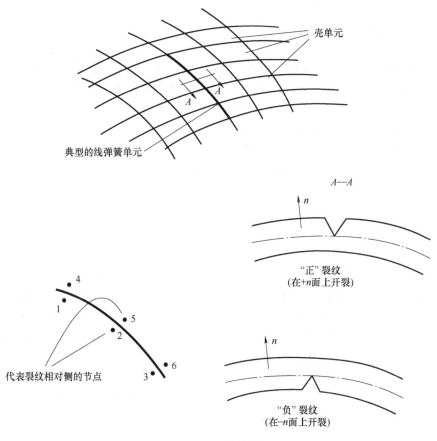

图 6-97　线弹簧模型

关于这些单元的理论基础见"线弹簧单元"（《Abaqus 理论手册》的 3.9.5 节）。

选择合适的单元

Abaqus 提供两种线弹簧单元，它们都适合与二阶壳单元（S8R、S8R5、S9R5）一起使用。一般情况下使用线弹簧单元 LS6；当裂缝位于对称平面上，并且仅模拟了对称平面的一侧时，使用线弹簧单元 LS3S。

定义单元的截面属性

用户必须将壳截面属性与一组线弹簧单元进行关联。

输入文件用法：　　　＊SHELL SECTION，ELSET = 名称

定义不变的截面厚度

用户可以将线弹簧单元的不变截面厚度定义成壳截面定义的一部分。

  输入文件用法： ＊SHELL SECTION
          壳厚度

定义变化的截面厚度

  另外，用户也可以定义具有连续变化厚度的线弹簧单元，并在节点处指定线弹簧单元的厚度。在此情况中，将忽略用户指定的任何不变的截面厚度，并且将从节点插值来得到线弹簧厚度（见"节点厚度"，《Abaqus 分析用户手册——介绍、空间建模、执行与输出卷》的2.1.3节）。必须在连接到单元的所有节点处定义厚度。

  输入文件用法： 同时使用下面的选项：
          ＊SHELL SECTION，NODAL THICKNESS
          ＊NODAL THICKNESS

给一组线弹簧单元赋予材料定义

  用户必须将材料定义与每个壳截面定义相关联。

  线弹簧单元可以与各向同性弹性或者弹塑性（各向同性硬化、Mises 屈服）材料行为（见"线弹性行为"，《Abaqus 分析用户手册——材料卷》的2.2.1节；"经典的金属塑性"，《Abaqus 分析用户手册——材料卷》的3.2.1节）一起使用；只有这些材料行为定义可与线弹簧单元相关联。弹性行为必须是各向同性的。模式 I （开裂）响应仅包含塑性；仅当以模式 I 行为为主导时，弹塑性分析才准确。

  必须在整个截面上使用相同的材料：不能使用线弹簧定义分层的截面。线弹簧单元中不包含热应变作用，但由于大部分热应变发生在壳中，因此在许多情况下这并不重要。

  输入文件用法： ＊SHELL SECTION，ELSET ＝ 名称，MATERIAL ＝ 名称

定义裂缝

  通过在每个节点处沿着裂纹前缘指定其深度来定义裂缝。用户必须确定裂纹是源于壳的正面或者负面（正面是从壳的中面沿着面法向位于一个正的距离上，如图 6-97 所示）。

  在面裂缝深度非常小或者为零的点上，线弹簧单元的柔度也非常小。为了避免小柔度的倒数形成刚度时的数值问题，即使用户指定了一个更小的面裂缝深度，Abaqus/Standard 依然使用为线弹簧单元指定的最小面裂缝深度（厚度的2%）。如果用户想要约束面裂缝深度是零的两个节点，以使其具有相同的位移，则必须使用线性约束方程或者多点约束将节点绑定在一起（"运动约束：概览"，《Abaqus 分析用户手册——指定条件、约束与相互作用卷》的2.1节）。正常情况下不需要这样。

  输入文件用法： ＊SURFACE FLAW，SIDE ＝ POSITIVE 或 NEGATIVE
          节点编号或者节点集标签，裂纹深度
           …

定义包含裂缝的壳模型

用户必须在截面定义中指定无开裂的壳厚度。以通常的方式给出裂纹处的壳几何形体（坐标和面法向）。

在裂纹面上包含压力载荷的影响

承受压力的面经常会发生开裂；要在裂纹面上包含这种压力影响，需要提供合适的分布载荷。这些载荷类型不适用于弹塑性线弹簧，因为为压力计算得到的节点等效力是以叠加方法为基础的，而此方法仅在线弹性情况中有效。

J 积分输出

如果材料仅是线弹性的，则输出 J 积分值和应力密度因子；对于弹塑性情况，提供 J^{el} 和 J^{pl} 的局部值，以及它们的总和，即 J 值。在此情况中，仅当 J^{pl} 远大于 J^{el} 时，J 才具有可接受的精度（更多内容见"线弹簧单元"，《Abaqus 理论手册》的 3.9.5 节）。

6.9.2　线弹簧单元库

产品：Abaqus/Standard

参考

- "模拟壳中部分穿过裂纹的线弹簧单元"，6.9.1 节
- *SHELL SECTION
- *SURFACE FLAW

概览

本节提供 Abaqus/Standard 中可以使用的线弹簧单元的参考。

单元类型（表 6-73）

表 6-73　线弹簧单元类型

标　　识	说　　明
LS6	6 节点二阶通用线弹簧单元
LS3S	在对称平面上使用的 3 节点二阶线弹簧

有效自由度

1、2、3、4、5、6。

附加解变量

无。

要求的节点坐标

每个节点需要 X、Y、Z，每个节点也可以选择 N_x、N_y、N_z（壳法向的方向余弦）。

也可以使用用户定义的法向定义（见"节点处的法向定义"，《Abaqus 分析用户手册——介绍、空间建模、执行与输出卷》的 2.1.4 节）来指定 N_x、N_y、N_z。如果没有指定这些，则为所有其他壳单元构建它们——通过对连接到每个节点的壳单元进行平均。

单元属性定义

唯一可以使用的单元属性是厚度；忽略积分点的数量，因为单元是基于截面属性工作的。

输入文件用法：　　使用下面的选项定义线弹簧单元属性：

　　　　　　　　*SHELL SECTION

　　　　　　　　使用下面的选项将裂缝深度定义成位置的函数：

　　　　　　　　*SURFACE FLAW

基于单元的载荷

分布载荷（表6-74）

如"分布载荷"（《Abaqus 分析用户手册——指定条件、约束与相互作用卷》的 1.4.3 节）所描述的那样指定分布载荷。

为开裂面压力载荷使用三个高斯点。

表 6-74　基于单元的分布载荷

载荷标识 （*DLOAD）	量　纲式	说　　明
HP	FL^{-2}	裂纹面上的静水面压力，其大小在整体 Z 方向上是线性变化的
P	FL^{-2}	裂纹面上的面压力

单元输出

单元上的节点 1、2 和 3 定义 B 侧，节点 4、5 和 6 定义 A 侧（图6-98）。裂纹的正负号通过产生裂纹的壳面进行定义，在用户定义裂纹的深度时确定（见"模拟壳中部分穿过裂纹的线弹簧单元"，6.9.1 节）。如果裂纹从壳的正面上产生，则符号（裂纹）= 1.0；如果裂纹从壳面的负面上产生，则符号（裂纹）= -1.0。

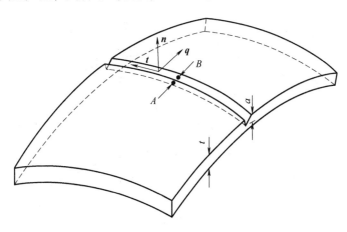

图 6-98　线弹簧应变的符号

向量 q 是通过叉乘切向量 t（从单元的节点 1 到节 3 的方向为正）和法向量 n（在给出坐标时定义，或者通过用户定义的法向定义来定义）的右手法则来定义的。对于单元类型 LS3S，向量 q 必须指向模型（远离对称平面）；对于单元类型 LS6，向量 q 必须从 A 侧指向 B 侧。

"应变"（表 6-75）

表 6-75　"应变"

标　识	说　明
E11	模式 I 的打开位移，$(u_B - u_A) \cdot q$
E22	模式 I 的打开转动，$(\phi_B - \phi_A) \cdot t \times$ 符号（裂纹）

表 6-76 中的应变仅存在于 LS6 中。

表 6-76　仅存在于 LS6 中的应变

标　识	说　明
E33	厚度上的模式 II 的剪切，$(u_B - u_A) \cdot n$
E12	模式 II 的转动，$(\phi_B - \phi_A) \cdot n$（此应变不起作用）
E13	模式 III 的反面剪切，$(u_B - u_A) \cdot t \times$ 符号（裂纹）
E23	模式 III 的开放转动，$(\phi_B - \phi_A) \cdot q$

通过请求"应力"输出可以得到共轭力和力矩。

在每个积分点上提供 J 积分。如果定义了弹塑性材料行为，则提供了 J 的弹性和塑性部分。也提供了对应于 J 的弹性部分的应力强度因子 K。

与单元相关联的节点（图 6-99）

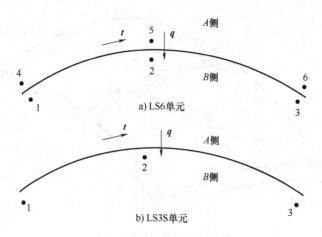

图 6-99　与单元相关联的节点

输出积分点编号

用于积分和单元输出的三个点（这些输出点在节点上）如图 6-100 所示。

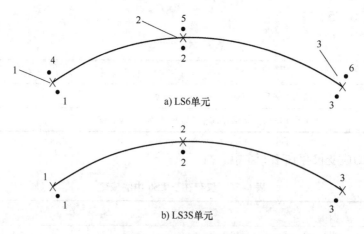

图 6-100　输出积分点

6.10　弹塑性连接单元和弹塑性连接单元库

6.10.1　弹塑性连接单元

产品：Abaqus/Aqua

参考

- * EPJOINT
- "弹塑性连接单元库"，6.10.2 节

概览

JOINT2D 和 JOINT3D 单元：

- 仅用于与 Abaqus/Standard 一起使用的 Abaqus/Aqua（见 "Abaqus/Aqua 分析"，《Abaqus 分析用户手册——分析卷》的 1.11 节）。
- 可以用来模拟结构构件之间的柔性连接，或者桩脚与海底之间的相互作用。
- 适用于小位移和小转动。
- 可以是纯弹性的或者弹塑性的。

弹塑性连接单元

Abaqus/Standard 提供 JOINT2D 和 JOINT3D 单元，用来模拟结构构件之间的连接，或者结构构件与柔性支撑之间的连接。在 Abaqus/Aqua 分析中，可以模拟海上应用中自升式平台分析里的 "桩脚" 与海底之间的相互作用。

该连接具有两个节点。如果连接在结构构件与固定支撑之间，则应当对其中一个节点进行完全的约束（通过使用边界条件）。

运动和局部坐标系

通过连接 "应变" 来表征连接的变形，包括连接节点之间的位移和转动。连接必须与一个用户定义的局部方向坐标系相关联（见 "方向"，《Abaqus 分析用户手册——介绍、空

间建模、执行与输出卷》的 2.2.5 节），通过三个正交方向 $\mathbf{e}_1$、$\mathbf{e}_2$ 和 $\mathbf{e}_3$ 来定义该局部坐标系。

当连接因为受到节点之间的相对拉伸或者转动而产生应变的时候，通过给节点施加大小相等、方向相反的力和（或）力矩来做出响应。这些力或者力矩，或者连接"应力"可以是"应变"的线性函数（弹性的）或者非线性（弹塑性）函数，取决于连接中使用的本构类型。

应力和应变的命名如图 6-101 所示。正应力表示拉伸，正应变表示外延。

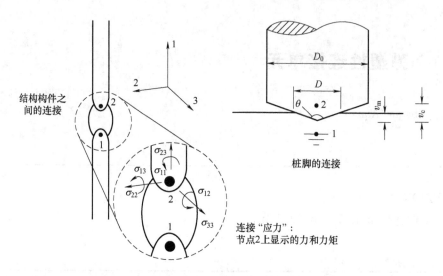

图 6-101　连接单元的局部轴定义

即使请求了几何非线性分析（"通用和线性摄动过程"，《Abaqus 分析用户手册——分析卷》的 1.1.3 节），依然使用小相对位移和小转动假设来定义单元的运动规律；因此，当违反假设时不应当使用这些单元。如果需要大转动且没有塑性，则可以使用 JOINTC 单元（见"柔性连接单元"，6.3.1 节）。

将"外延"应变定义为

$$\varepsilon_{ii} = \Delta \mathbf{u} \cdot \mathbf{e}_i \quad （不求和）$$

将"弯曲"应变定义为

$$\varepsilon_{ij} = \Delta \boldsymbol{\phi} \cdot \mathbf{e}_k \quad (i < j \text{ 且 } k \neq i, j)$$

式中，$\Delta \mathbf{u}$ 和 $\Delta \boldsymbol{\phi}$ 分别是连接的两个节点之间的相对位移和转动

$$\Delta \mathbf{u} = \mathbf{u}^2 - \mathbf{u}^1, \quad \Delta \boldsymbol{\phi} = \boldsymbol{\phi}^2 - \boldsymbol{\phi}^1$$

对于二维单元，只存在轴向应变 ε_{11}、ε_{22} 和弯曲应变 ε_{12}。对于三维单元，所有六个分量都存在。

输入文件用法：　　使用下面的选项将局部方向坐标系与弹塑性连接单元进行关联：

　　　　　　　　*EPJOINT, ORIENTATION = 名称

连接的本构模型

可以采用两种方式输入连接弹性的弹性模量。用户可以指定力（力矩）和弹性外延之

间的通用各向异性关系。另外，用户可以输入桩脚的模量比；弹性刚度矩阵是对角的，取决于土壤表面处的桩脚直径 D，如果定义了桩脚塑性且桩脚是圆锥形的，则矩阵会发生变化（详细内容见下面的"连接塑性模型"）。

Abaqus 提供了三种连接塑性模型。其中两种是桩脚专用的。第三种是结构连接或者构件的抛物线模型（详细内容见下面的"连接塑性"）。

如果包含了塑性，则假定在局部 1-2 平面中发生塑性应变，这样，非零的塑性应变是 $\varepsilon_{11}^{\mathrm{pl}}$、$\varepsilon_{22}^{\mathrm{pl}}$、$\varepsilon_{12}^{\mathrm{pl}}$。假定可以忽略 3 方向上的塑性。在三维模型中，1-2 平面外的应变将产生纯弹性响应。

如果使用了结构连接或者结构构件的二次塑性模型，则沿着构件的轴方向是 1 方向，而 2 方向是横向方向（图 6-101）。在桩脚塑性模型中，1 方向是竖直方向，2 方向是可以发生塑性外延的水平方向。在三维模型中，3 方向是仅可以发生弹性拉伸的水平方向。

可以使用弹性和塑性模型的任意组合。例如，通常桩脚弹性模量可以与桩脚塑性一起使用，也允许通用模量与桩脚塑性一起使用。

如果在三维模型中使用了塑性，则不允许通过弹性模量对 1-2 平面内的应变或者应力（ε_{11}、ε_{22}、ε_{12}），与剩下的面外应变（ε_{33}、ε_{13}、ε_{23}）进行耦合。因此，在此情况中，必须将很多的通用弹性模量设置成零。

输入文件用法：　　在 * EPJOINT 选项后面立即使用下面的一个选项或者两个选项来定义连接本构模型：
* JOINT ELASTICITY
* JOINT PLASTICITY

方向

在定义局部方向和节点编号时必须小心，应使得在局部轴的正 1 方向上，节点 2 相对于节点 1 的运动对应于拉伸。局部方向或者单元节点编号的不正确指定，可能会导致塑性分析中的错误结果，因为将把压缩解释成拉伸。

如果必须将一个节点固定来代表地，则最方便的是将单元的第一个节点指定成固定节点；然后由单元节点 2 在局部 1 方向上的正向运动表示拉伸。如果以此方式模拟桩脚，则局部 1 方向应当是海底的外法向。对于使用 Abaqus/Aqua 结构载荷的二维分析，此方向必须是整体 y 方向。

对于使用 Abaqus/Aqua 结构载荷的三维分析，局部 1 方向应当指向整体 z 方向。如果使用了塑性，则应当设置局部 2 方向使得 1-2 平面是最大的变形平面。

输入文件用法：　　使用下面的方向定义来模拟第一个节点固定的桩脚：
* ORIENTATION，NAME = 名称，TYPE = RECTANGULAR
0，1，0，-1，0，0
为具有塑性的三维 Abaqus/Aqua 分析使用下面的方向定义：
* ORIENTATION，NAME = 名称，TYPE = RECTANGULAR
0，0，1，x，y，0
其中，（x，y，0）定义局部 2 方向。

桩脚几何形体

如果使用了桩脚弹性或者桩脚塑性，用户必须指定定义桩脚几何形体的常数。如果没有桩脚弹性或者桩脚塑性，则整个桩脚截面定义将不起作用。

图6-101中的桩脚可以是圆锥形底的也可以是平底的。通过使用圆柱部分的直径 D_o、圆锥部分的平面角 θ（$0° < \theta \leq 180°$）来定义桩脚几何形体。可以通过省略 θ 的指定，或者通过指定 $0°$ 或 $180°$ 的 θ 来指定平底的桩脚。

输入文件用法：　　＊EPJOINT，SECTION = SPUD CAN
$$D_o，\theta$$

桩脚初始埋入量

如果定义了桩脚塑性，或者如果存在桩脚弹性且桩脚是圆锥形的，则用户必须指定桩脚的初始埋入量 ν_i。

可以直接指定埋入量或者指定一个产生埋入量的"预载荷"，如下文所述。不允许同时指定埋入量和预载荷。如果给出了埋入量或者预载荷，则可以在分析开始时在数据文件中检查埋入量和等效预载荷（塑性情况中）。

在分析的任何时候，桩脚都具有总（塑性的）埋入量 $\nu_m = \nu_i - \varepsilon_{11}^{pl}(t)$，其中 $\varepsilon_{11}^{pl}(t)$ 是从分析开始到时间 t 之间的塑性埋入量。此方程中的负号反映了 Abaqus 中将应变的符号约定成拉伸应变为正的事实。大部分桩脚塑性 $\varepsilon_{11}^{pl}(t)$ 是压缩的，即为负的。连接可以是完全弹性的，在此情况中，$\varepsilon_{11}^{pl} = 0$，因此总有 $\nu_m = \nu_i$。

桩脚圆锥部分的高度由 $\nu_c = D_o / [2\tan(\theta/2)]$ 给出。将桩脚在土壤表面处的有效直径 D 定义成：

1）对于平底的桩脚：
$$D = D_o$$

2）对于圆锥形底的桩脚：

当圆锥部分部分穿透（$\nu_m < \nu_c$）时，有
$$D = 2\nu_m \tan\frac{\theta}{2}$$

超出圆锥-圆柱过渡段的穿透（$\nu_m \geq \nu_c$）时，有
$$D = D_o$$

当前土壤表面处的桩脚面积 A 是通过 $A = \pi D^2 / 4$ 来定义的。仅当圆锥形桩脚具有塑性时，有效直径在分析中才能发生变化。

如果桩脚是圆柱形的且没有定义桩脚塑性，则埋入量没有影响且不进行要求。

直接指定埋入

可以使用初始条件直接指定埋入量（见"Abaqus/Standard 和 Abaqus/Explicit 中的初始条件"，《Abaqus 分析用户手册——指定条件、约束与相互作用卷》的 1.2.1 节）。

输入文件用法： *INITIAL CONDITIONS, TYPE = SPUD EMBEDMENT

指定桩脚预载荷

如果定义了桩脚塑性，则用户可以指定初始压缩能力（"预载荷"）$V_c^{(i)}$，以替代埋入量。在此情况中，当竖直地施加预载荷时，Abaqus/Aqua 将使用硬化规律来计算随后的塑性埋入量。

仅使用预载荷初始条件来计算初始塑性埋入量；在此初始塑性埋入量处，桩脚在零应变和零应力状态开始分析，并且假定去除了预载荷。用户必须在历史定义中通过加载来施加任何可操作的竖直载荷。

输入文件用法： *INITIAL CONDITIONS, TYPE = SPUD PRELOAD

弹性桩脚分析中的埋入量

如果桩脚是纯弹性的，则只有在计算桩脚的埋入直径（用于计算桩脚弹性模量）时，才需要桩脚几何形体。仅当桩脚是圆锥形的时候，此计算才需要埋入量。

输入

通过"应力"输出变量 S，可以获取单元局部坐标系中的力和力矩输出。通过"应变"输出变量 E，可以获取拉伸和相对转动。通过输出变量 EE 和 PE，可以获取弹性应变和塑性应变。通过塑性应变的竖直分量 PE11，可以获取自分析开始时的桩脚塑性埋入量，PE11 通常是负的，表示压缩；通过输出变量 PEEQ，可以获取总竖直埋入量 ν_m。通过单元变量 NFORC，可以获取单元节点力（在整体坐标系中，单元施加在其节点上的力）。

连接弹性模型

通过弹性弹簧刚度来表征 JOINT2D 单元和 JOINT3D 单元的弹性载荷-位移行为，对弹性弹簧刚度进行组合来形成弹性单元刚度矩阵。可以指定桩脚的特殊对角模量，或者指定完全填充的（通用）弹性模量。

桩脚模量

可以为二维单元或者三维单元指定桩脚模量。

二维桩脚模量

二维桩脚的弹性刚度是

$$\left\{\begin{array}{c} \sigma_{11} \\ \sigma_{22} \\ \sigma_{12} \end{array}\right\} = \left[\begin{array}{ccc} k_{1111} & 0 & 0 \\ 0 & k_{2222} & 0 \\ 0 & 0 & k_{1212} \end{array}\right] \left\{\begin{array}{c} \varepsilon_{11} \\ \varepsilon_{22} \\ \varepsilon_{12} \end{array}\right\}$$

式中，k_{1111}是竖直弹性弹簧刚度，$k_{1111} = 2DG_{vv}/(1-\nu)$；$k_{2222}$是水平弹性弹簧刚度，$k_{2222} =$ 16$(1-\nu)DG_{hh}/(7-8\nu)$；k_{1212}是弯曲中的弹性弹簧刚度，$k_{1212} = D^3G_{rr}/3(1-\nu)$。

在这些刚度中，G_{vv}、G_{hh}和G_{rr}分别是竖直、水平和转动位移的等效弹性剪切模量；ν是土壤的泊松比（建议值：沙子 0.2，黏土 0.5）。

输入文件用法：　　　* JOINT ELASTICITY，MODULI = SPUD CAN，NDIM = 2

三维桩脚模量

三维桩脚模量是

$$
\begin{Bmatrix} \sigma_{11} \\ \sigma_{22} \\ \sigma_{33} \\ \sigma_{12} \\ \sigma_{13} \\ \sigma_{23} \end{Bmatrix} = \begin{bmatrix} k_{1111} & 0 & 0 & 0 & 0 & 0 \\ 0 & k_{2222} & 0 & 0 & 0 & 0 \\ 0 & 0 & k_{3333} & 0 & 0 & 0 \\ 0 & 0 & 0 & k_{1212} & 0 & 0 \\ 0 & 0 & 0 & 0 & k_{1313} & 0 \\ 0 & 0 & 0 & 0 & 0 & k_{2323} \end{bmatrix} \begin{Bmatrix} \varepsilon_{11} \\ \varepsilon_{22} \\ \varepsilon_{33} \\ \varepsilon_{12} \\ \varepsilon_{13} \\ \varepsilon_{23} \end{Bmatrix}
$$

式中，k_{1111}是竖直弹性弹簧刚度，$k_{1111} = 2DG_{vv}/(1-\nu)$；$k_{2222}$是水平弹性弹簧刚度 $16(1-\nu)DG_{hh}/(7-8\nu)$；$k_{3333}$是水平弹性弹簧刚度 $16(1-\nu)DG_{hh}/(7-8\nu)$；$k_{1212}$是弯曲中的弹性弹簧刚度 $D^3G_{rr}/3(1-\nu)$；k_{1313}是弯曲中的弹性弹簧刚度 $D^3G_{rr}/3(1-\nu)$；k_{2323}是扭转弹性弹簧刚度 k_t。

在这些刚度中，G_{vv}、G_{hh}和G_{rr}分别是竖直、水平和转动位移的等效弹性剪切模量；k_t是用户指定的扭转刚度值。

由应变 ε_{33}、ε_{13}和ε_{23}产生的 1-2 平面外的应变在三维模型中产生纯弹性响应，而不考虑塑性。假定与这些应变相关的模量不受塑性的影响，因此，k_{3333}、k_{1313}和k_{2323}是以初始埋入直径为基础的，而其他模量取决于当前埋入直径。

输入文件用法：　　　* JOINT ELASTICITY，MODULI = SPUD CAN，NDIM = 3

通用模量

可以为二维单元或者三维单元设置通用模量。

二维通用模量

对于二维情况，需要六个独立的弹性模量。应力-应变关系如下：

$$
\begin{Bmatrix} \sigma_{11} \\ \sigma_{22} \\ \sigma_{12} \end{Bmatrix} = \begin{bmatrix} k_{1111} & k_{1122} & k_{1112} \\ & k_{2222} & k_{2212} \\ \text{对称} & & k_{1212} \end{bmatrix} \begin{Bmatrix} \varepsilon_{11} \\ \varepsilon_{22} \\ \varepsilon_{12} \end{Bmatrix}
$$

输入文件用法：　　　* JOINT ELASTICITY，MODULI = GENERAL，NDIM = 2

三维通用模量

对于三维情况，需要 21 个独立的弹性模量。应力-应变关系如下：

$$\begin{Bmatrix} \sigma_{11} \\ \sigma_{22} \\ \sigma_{33} \\ \sigma_{12} \\ \sigma_{13} \\ \sigma_{23} \end{Bmatrix} = \begin{bmatrix} k_{1111} & k_{1122} & k_{1133} & k_{1112} & k_{1113} & k_{1123} \\ & k_{2222} & k_{2233} & k_{2212} & k_{2213} & k_{2223} \\ & & k_{3333} & k_{3312} & k_{3313} & k_{3323} \\ & & & k_{1212} & k_{1213} & k_{1223} \\ & \text{对称} & & & k_{1313} & k_{1323} \\ & & & & & k_{2323} \end{bmatrix} \begin{Bmatrix} \varepsilon_{11} \\ \varepsilon_{22} \\ \varepsilon_{33} \\ \varepsilon_{12} \\ \varepsilon_{13} \\ \varepsilon_{23} \end{Bmatrix} = \begin{bmatrix} D^{el} \end{bmatrix} \begin{Bmatrix} \varepsilon_{11} \\ \varepsilon_{22} \\ \varepsilon_{33} \\ \varepsilon_{12} \\ \varepsilon_{13} \\ \varepsilon_{23} \end{Bmatrix}$$

输入文件用法：   *JOINT ELASTICITY，MODULI = GENERAL，NDIM = 3

连接塑性

在下文中，$V = -\sigma_{11}$、$H = \sigma_{22}$ 和 $M = \sigma_{12}$ 分别代表竖直压缩载荷、1-2 平面中的水平载荷和局部 1-2 平面中的弯曲力矩。

如果定义了塑性，则连接器可以发生轴向、水平或者转动屈服。应力与弹性应变线性相关。在圆锥桩脚的情况中，弹性模量可以通过表面处的直径 D 与塑性相关。

模型是率相关的，具有屈服方程的形式

$$f(\sigma, H) \leq 0$$

式中，f 是屈服函数；H 是一组硬化参数，在这些模型中取决于总的竖直塑性埋入量 v_m。H 的定义和 f 的形式定义了塑性模型的类型。

流动法则要求塑性流动方向与流动势 g 的轮廓垂直。在所有这些模型中假定了相关的流动（除了屈服面中的角点处，如下文所述）。

屈服面

三种可以使用的塑性模型都使用抛物线形的屈服面。每个模型在 1 方向上都具有一个压缩应力极限和一个拉伸应力极限，分别称为 V_c 和 V_t；对于黏土模型，V_t = 零。V_c 和 V_t 的符号约定使得它们总是正的；因此，$V = -\sigma_{11}$ 总是遵守

$$-V_t \leq V \leq V_c$$

在 $(\bar{V}, \bar{R})$ 空间中最方便画出屈服面，其中 $\bar{V}$ 是归一化的竖直压缩载荷，并且定义成

$$\bar{V} = \frac{V - V_o}{V_u}$$

式中，V_o 是 V 的极限弹性范围的中值，$V_o = \frac{1}{2}(V_c - V_t)$；$V_u$ 是 V 的极限范围的长度，$V_u = \frac{1}{2}(V_c + V_t)$。因此，归一化的载荷总是在下面的范围中

$$-1 \leq \bar{V} \leq 1$$

$\bar{V} = -1$ 代表拉伸极限 $V = -V_t$，$\bar{V} = 1$ 代表压缩极限 $V = V_c$。$\bar{R}$ 是归一化的等效水平载荷，并且定义成

$$\bar{R} = \sqrt{\left(\frac{M}{M_m}\right)^2 + \left(\frac{H}{H_m}\right)^2}$$

式中，M_m 和 H_m 是力矩和水平屈服应力。通过 $\bar{M} = M/M_m$ 和 $\bar{H} = H/H_m$ 来定义归一化的力矩和

归一化的水平力。

通过下式定义每个模型在 $(\overline{V}, \overline{R})$ 空间中的归一化屈服函数

$$f = \overline{R} + \overline{V}^2 - 1$$

如图 6-102 所示，它是一条抛物线。三个归一化应力 $(\overline{V}, \overline{M}, \overline{H})$ 在空间中的屈服面是此抛物线的回转面。

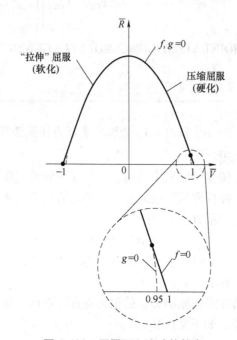

图 6-102　屈服面和流动势轮廓

流动势

流动势与屈服函数（与流动相关联）相同，除了流动势在屈服函数具有拐角的位置进行了一下光顺。

屈服面具有拐角，因此在其与 $\overline{V}$ 轴相交的点处具有多个法向。

要避免在这些拐角处具有不确定的流动方向，Abaqus/Standard 使用的流动势在顶点区域中对轮廓进行了圆角处理，如图 6-102 中顶点的放大图所示。通过将椭圆段拟合到 $|\overline{V}| \geqslant 0.95$ 的流动势轮廓来达到圆角化。

塑性方程的积分

Abaqus/Aqua 对塑性方程使用完全隐式的积分。与这些塑性模型对应的切向刚度是非对称的。默认情况下，在整体牛顿循环中使用对称化的切向。如果收敛速度较差，用户可以通过为此步使用非对称矩阵存储和求解策略来得到一些改善（见"定义一个分析"，《Abaqus 分析用户手册——分析卷》的 1.1.2 节）。

连接塑性模型

三种模型仅在 V_c、V_t、M_m 和 H_m 的定义和硬化定义上存在差异。我们为每个模型提出与

文献中相同的屈服函数，而不是归一化的形式。通过指定 M_m 和 H_m 可以得到等效的归一化形式，此等效归一化形式在为黏土和构件塑性给出的屈服函数中是显式的；对于沙粒模型，提供它们作为参考。

沙粒模型

1. 屈服函数

$$f = \sqrt{\left(\frac{M}{DV_c}\right)^2 + \Lambda_1 \left(\frac{H}{V_c}\right)^2} + \Lambda_2 \left[\left(\frac{V}{V_c}\right)^2 - \left(1 - \frac{V_t}{V_c}\right)\frac{V}{V_c} - \frac{V_t}{V_c}\right] = 0$$

式中，Λ_1 和 Λ_2 是确定屈服函数几何形状的常数系数。$\Lambda_1 = 1.0$、$\Lambda_2 = 0.5$ 和 $V_t = 0.0$ 的特别情况给出了由 Osborne 和其他人提出的屈服函数。

2. 加工硬化函数

（1）平底桩脚

$$\frac{V_c}{AD_o\gamma} = 0.3N_\gamma(1 - e^{-\alpha v_m/D_o}) + N_q v_m/D_o$$

式中，γ 是土壤的单位重量；α 是经验常数；N_γ 和 N_q 是经典的承载能力因子，可以计算成：

$$N_q = e^{\pi\tan\phi}\tan^2\left(45 + \frac{\phi}{2}\right)$$

$$N_\gamma = 2(N_q + 1)\tan\phi$$

式中，ϕ 是土壤摩擦角。

（2）圆锥形底桩脚

圆锥部分的穿透：

$$\frac{V_c}{AD\gamma} = 0.3N_\gamma(1 - e^{-\alpha\beta v_m/D}) + N_q\beta v_m/D$$

超出圆锥-圆柱过渡部分的穿透：

$$\frac{V_c}{AD_o\gamma} = 0.3N_\gamma(1 - e^{-\alpha(v_m - v_c + \beta v_c)/D_o}) + N_q(v_m - v_c + \beta v_c)/D_o$$

式中，β 是"圆锥等效系数"。

常数 α 和 β 是以由离心数据推导出的试验关系为基础的：

$$\alpha = 1.954 \times 10^{-9}\phi^{6.129}$$

$$\beta = 0.71 - 0.014\phi$$

在这些常数中，土壤摩擦角 ϕ 的单位是度（°）。

通过使用 $M_m = \kappa DV_c$ 和 $H_m = \kappa V_c \Lambda_1^{-0.5}$，可将沙粒模型屈服函数转换成归一化形式，其中 $\kappa = \Lambda_2(1 + V_t/V_c)^2/4$。对于 Osborne 等他人的模型，$\kappa = 1/8$。

此模型要求非零的初始埋入量或者等效预载荷。

输入文件用法：　　* JOINT PLASTICITY，TYPE = SAND

黏土模型

1. 屈服函数

$$f = \sqrt{\left(\frac{M}{8M_m}\right)^2 + \left(\frac{H}{8H_m}\right)^2} - 0.5\frac{V}{V_c}\left(1 - \frac{V}{V_c}\right) = 0$$

其中

$$M_{\mathrm{m}} = \frac{V_{\mathrm{c}} D}{3\pi}$$

$$H_{\mathrm{m}} = s_{\mathrm{u}}(A + 2A_{\mathrm{h}})$$

式中，s_{u} 是黏土的不排水抗剪强度；A_{h} 是桩脚埋入部分的面积，通过下面的公式来定义：

（1）平底的桩脚

$$A_{\mathrm{h}} = D_{\mathrm{o}} \nu_{\mathrm{m}}$$

（2）圆锥形底的桩脚

圆锥部分的穿透：

$$A_{\mathrm{h}} = 0.5 D \nu_{\mathrm{m}} = \nu_{\mathrm{m}}^2 \tan\frac{\theta}{2}$$

超出圆锥-圆柱过渡部分的穿透

$$A_{\mathrm{h}} = D_{\mathrm{o}} \left(\nu_{\mathrm{m}} - \frac{0.25 D_{\mathrm{o}}}{\tan\dfrac{\theta}{2}} \right)$$

2. 加工硬化方程

（1）平底的桩脚

$$V_{\mathrm{c}} = a + b\nu_{\mathrm{m}}$$

（2）圆锥形底的桩脚

$$V_{\mathrm{c}} = \frac{\nu_{\mathrm{m}} - c}{a + b\nu_{\mathrm{m}}}$$

式中，a、b 和 c 是用户定义的经验系数。

此模型在拉伸情况中具有零屈服强度（$V_{\mathrm{t}} = 0$），并且需要一个非零的初始埋入量或者等效预载荷。

输入文件用法：　　　* JOINT PLASTICITY，TYPE = CLAY

结构连接/构件的抛物线模型

1. 屈服函数

$$f = \sqrt{\left(\frac{M}{M_{\mathrm{m}}}\right)^2 + \left(\frac{H}{H_{\mathrm{m}}}\right)^2 + \left(\frac{V - V_{\mathrm{o}}}{V_{\mathrm{u}}}\right)^2} - 1 = 0$$

式中，M_{m}、H_{m} 分别是水平和力矩屈服力。

2. 加工硬化

假定没有加工硬化（模型是完美塑性的）。

输入文件用法：　　　* JOINT PLASTICITY，TYPE = MEMBER

塑性分析问题

因为在桩脚塑性模型中假定了相关的流动，只要屈服面出现 $\overline{V} < 0$，就会发生拉伸竖直塑性应变。拉伸塑性屈服的发生不要求竖直力自身是拉伸的；拉伸塑性屈服可以发生在屈服面上任何 $V < V_{\mathrm{o}}$ 的部位。桩脚模拟拉伸塑性屈服中的软化；如果没有来自模型剩余部分的足

够支撑，则可能发生不稳定，并且分析可能不收敛。出现上述情况时，桩脚有可能抬升离开海床。

要简单地诊断由这些问题产生的分析问题，在下面的情况中向信息文件打印一条信息：如果桩脚发生了拉伸塑性屈服，如果在抛物线屈服面顶部的附近（$\overline{V}<0.1$，几乎没有硬化）发生了屈服，或者如果桩脚的埋入量变成小于初始埋入量的 10%。在给定的步中至多打印一次这些信息。

如果应变增量过大，则在迭代中塑性算法会失效。可以通过请求使用塑性算法的问题详细打印信息文件来得到一些有助于诊断连接单元失效的细节（见"输出"中的"Abaqus/Standard 信息文件"，《Abaqus 分析用户手册——介绍、空间建模、执行与输出卷》的 4.1 节）。

6.10.2　弹塑性连接单元库

产品：Abaqus/Aqua

参考

- "弹塑性连接单元"，6.10.1 节
- *EPJOINT

概览

本节提供 Abaqus/Aqua 中可以使用的弹塑性单元的参考。

单元类型（表 6-77）

表 6-77　弹塑性连接单元类型

标　　识	说　　　明
JOINT2D	二维弹塑性连接单元
JOINT3D	三维弹线性连接单元

有效自由度
JOINT2D：1、2、3。
JOINT3D：1、2、3、4、5、6。

附加解变量
无。

要求的节点坐标

无。

单元属性定义

输入文件用法：＊EPJOINT

基于单元的载荷

无。

单元输出

通过请求相应的"应变"来选取对应于表6-78和表6-79中的力和力矩的相对位移和转动。可以使用弹性和塑性应变。对于桩脚，分析开始后的竖直（塑性的）埋入量由PE11给出；通过PEEQ来得到总的竖直埋入量。

JOINT2D（表6-78）

表 6-78　JOINT2D 单元输出

标　识	说　明
S11	第一个局部方向上的总法向力
S22	第二个局部方向上的总法向力
S33	关于第三个局部方向的总力矩

JOINT3D（表6-79）

表 6-79　JOINT3D 单元输出

标　识	说　明
S11	第一个局部方向上的总法向力
S22	第二个局部方向上的总法向力
S33	第三个局部方向上的总法向力
S12	关于第三个局部方向的总力矩
S13	关于第二个局部方向的总力矩
S23	关于第一个局部方向的总力矩

与单元相关联的节点

有两个与单元相关联的节点。

6.11　拖链单元和拖链单元库

6.11.1　拖链

产品：Abaqus/Standard

参考

- "拖链单元库"，6.11.2 节
- ∗DRAG CHAIN
- ∗RIGID SURFACE

概览

拖链单元：
- 对靠近底部的拖链弯曲进行仿真模拟，仿真海床上的拖链作用。
- 可以用于二维或者三维问题中。

典型应用

将拖链模拟成海床上的集中重量，以及集中重量与管线上的连接点之间的一根链子（图6-103）。

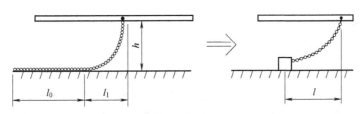

图6-103　拖链模型

给出一条总长度为 l_c 的均匀拖链，单位长度的重量是 w，拖链与海床之间的摩擦系数为 μ，连接到海床上方高度为 h 的管线上，则在海床上滑动的链长度为

$$l_0 = l_c \left\{ 1 + \frac{\mu h}{l_c} - \left[\left(1 + \frac{\mu h}{l_c} \right)^2 - 1 + \left(\frac{h}{l_c} \right)^2 \right]^{1/2} \right\}$$

悬挂长度的水平投影 l_1 是

$$l_1 = \sqrt{2\mu h l_0}$$

因此，等效模型应当具有 $\mu \omega l_0$ 的摩擦极限。滑动部分的水平长度 l 可以取 l_1 与 $l_1 + l_0$ 之间的任何值。与试验对比可知，将此长度取成 $l = l_1 + l_0/2$ 比较合理。

当管线连接点在重量的正上方时，拖链单元将不提供水平力或者水平刚度；将此位置假定成初始条件。当管线相对于海床移动时，由悬链产生的管线上的水平力与相对运动方向相反，并且逐渐增加（使用近似悬链方程将力与偏移 l 进行关联），直到当力达到摩擦上限时拖链开始滑动。假定高度 h 与 μl_0 相比很小。

选择合适的单元

可以使用二维或者三维拖链单元。

单元 DRAG2D 假定海床是平坦的，并且与管的移动平面平行；因此，不需要精确地模拟海床。

单元 DRAG3D 要求将海床定义成分析型刚性面，该刚性面必须是平坦的，并且与整体 (X, Y) 平面平行，在整个分析中将其考虑成固定的。

为三维拖链定义海床

将海床定义成一个分析型刚性面。使用此面定义来确定链是否与海床接触，这取决于管节点和海床面位置之间的分离。更多内容见"分析型刚性面定义"（《Abaqus 分析用户手册——介绍、空间建模、执行与输出卷》的 2.3.4 节）。

因为将海床看成是固定的，所以必须对海床面的刚性参考节点施加边界条件，此参考节点通常是 DRAG3D 单元的第二个节点。

输入文件用法：　　使用下面的选项为 DRAG3D 单元定义海床面：

　　　　　　　　　* RIGID SURFACE

　　　　　　　　　在以零件实例的装配形式定义的模型中，定义海床的刚性面与拖链单元必须出现在同一个零件定义中

定义拖链行为

对于 DRAG2D 单元，用户指定连接点与集中重量之间的最大水平长度 l。在此长度上，重量开始在海床上滑动。此外，用户指定滑动时重量与海床之间的水平力（即摩擦极限）。

对于 DRAG3D 单元，用户指定链的总长度、摩擦系数和单位长度链的重量。

用户必须将拖链行为与一组拖链单元相关联。

输入文件用法：　　　* DRAG CHAIN, ELSET = 名称

　　　　　　　　　拖链数据

6.11.2　拖链单元库

产品：Abaqus/Standard

参考

- "拖链"，6.11.1 节
- *DRAG CHAIN
- *RIGID SURFACE

概览

本节提供 Abaqus/Standard 中可以使用的拖链单元的参考。

单元类型（表 6-80）

表 6-80　拖链单元类型

标　　识	说　　明
DRAG2D	二维拖链单元，用于仅研究水平运动的情况中
DRAG3D	三维拖链单元

有效自由度

DRAG2D：1、2。

DRAG3D：第一个节点处的 1、2、3；第二个节点处的 1、2、3、4、5、6。

附加解变量

无。

要求的节点坐标

DRAG2D：水平面中管线连接节点的 (X, Y) 坐标。

DRAG3D：两个节点的 (X, Y, Z)。

单元属性定义

输入文件用法：　使用下面的选项定义滑动处的水平长度和摩擦极限：

* DRAG CHAIN
  使用下面的选项为 DRAG3D 单元定义海床：
  * RIGID SURFACE
  刚性面必须是平的，并且与整体 (X, Y) 平面平行。

基于单元的载荷

  无。

单元输出（表6-81）

表 6-81　拖链单元输出

标　识	说　明
S11	在与海床平行的平面中，拖链支撑力的水平分量
S12	使用 DRAG3D 单元的拖链中的竖直力分量
E11	使用 DRAG2D 单元的拖链中的水平长度。DRAG3D 单元在海床（非悬垂的）上的链长度
E12	拖链的方向（与整体 X 轴的夹角）

与单元相关联的节点

  DRAG2D：拖链连接到管线上的一个节点。
  DRAG3D：两个节点。第一个节点是拖链连接到管线上的节点；第二个节点是刚体的"参考节点"，此刚体包含定义海床的刚性面。

6.12　管-土壤相互作用单元和管-土壤相互作用单元库

6.12.1　管-土壤相互作用单元

产品：Abaqus/Standard

参考

- "管-土壤相互作用单元库"，6.12.2 节
- ∗ PIPE-SOIL INTERACTION
- ∗ PIPE-SOIL STIFFNESS

概览

Abaqus/Standard 中的管-土壤相互作用单元：

- 可以用来模拟埋设的管线与周围土壤之间的相互作用。
- 必须与梁单元、管单元或者弯头单元（见"梁模拟：概览"，3.3.1 节；"具有变形横截面的管和管弯：弯头单元"，3.5.1 节）一起使用。
- 可以具有线性或者非线性的本构行为。

管基础单元

Abaqus/Standard 为模拟埋设的管线与周围土壤的相互作用提供二维（PSI24 和 PSI26）和三维（PSI34 和 PSI36）管-土壤相互作用单元。

管线自身使用 Abaqus/Standard 单元库中的任何梁、管单元或者弯头单元来模拟（见"梁模拟：概览"，3.3.1 节；"具有变形横截面的管和管弯：弯头单元"，3.5.1 节）。使用管-土壤相互作用（PSI）单元来模拟地行为和土壤-管的相互作用。这些单元在它们的节点处只有位移自由度。单元的一侧或者一边与模拟管线的基底梁、管单元或者弯头单元共享节点（图 6-104）。另外一边上的节点代表一个远场面，如地面，并且通过边界条件与所需幅值参考一起来规定远场的地运动。

远场侧和与管线共享节点的一侧是通过单元连接性来定义的。将基底单元连接到 PSI 单元的正确边时要谨慎，因为管-土壤单元的连接性决定了下面定义的局部坐标系，以及管线在地面以下的深度 H。地面下的深度是沿着 PSI 单元的边度量的，如图 6-104 所示，并且在几何非线性分析中进行更新。

注意到 PSI 单元并不离散周围土壤的实际区域是重要的。通过单元的刚度来反映土壤区域的延伸，通过后面描述的本构模型来定义单元的刚度。

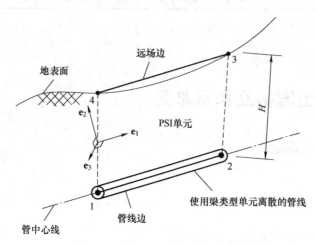

图 6-104　管-土壤相互作用模型

管-土壤相互作用模型不包含周围土壤介质的密度。如果需要，可通过在管-土壤相互作用单元节点处施加集中 MASS 单元（见"点质量"，4.1.1 节）来将质量与模型相关联。

为 PSI 单元赋予管-土壤相互作用行为

用户必须将管-土壤相互作用行为赋予管-土壤相互作用单元集合。

输入文件用法：　　使用下面的选项将管-土壤相互作用行为赋予特定的单元集合：

　　*PIPE-SOIL INTERACTION, ELSET = 名称

在 *PIPE-SOIL INTERACTION 选项后面立即使用下面的选项来定义单元集的刚度行为：

　　*PIPE-SOIL STIFFNESS

运动和局部坐标系

通过单元两边之间的相对位移来表征管-土壤单元的变形。当单元由于相对位移"受到应变"时，对管线节点施加了力。这些力可以是"应变"的线性（弹性的）或者非线性（弹塑性的）函数，取决于为单元使用的本构模型。正的"应变"定义为

$$\varepsilon_{ii} = \Delta \boldsymbol{u} \cdot \boldsymbol{e}_i \qquad (\text{不求和})$$

式中，$\Delta \boldsymbol{u}$ 是两边之间的相对位移，$\Delta \boldsymbol{u} = \boldsymbol{u}^f - \boldsymbol{u}^p$（$\boldsymbol{u}^f$ 是远场位移，$\boldsymbol{u}^p$ 是管线位移）；$\boldsymbol{e}_i$ 是局部方向，下标 i（$i=1, 2, 3$）代表三个局部方向。对于二维单元，仅存在应变的平面内分量

ε_{11}、ε_{22}。对于三维单元，所有三个应变分量 ε_{11}、ε_{22} 和 ε_{33} 都存在。

通过三个正交方向 $\mathbf{e}_1$、$\mathbf{e}_2$ 和 $\mathbf{e}_3$ 来定义局部方向坐标系。默认的局部方向中，$\mathbf{e}_1$ 沿着管线方向（轴方向），$\mathbf{e}_3$ 是与单元的平面垂直的方向（横向水平方向），$\mathbf{e}_2$（$\mathbf{e}_2 = \mathbf{e}_3 \times \mathbf{e}_1$）是单元平面上定义横向竖直行为的方向。定义默认的正方向，使得 $\mathbf{e}_1$ 指向第二个管线节点，并且 $\mathbf{e}_2$ 从管线边指向远场边，如图 6-104 所示。用户也可以通过为管-土壤相互作用指定一个局部方向（见"方向"，《Abaqus 分析用户手册——介绍、空间建模、执行与输出卷》的 2.2.5 节）来定义这些局部方向。

在大位移分析中，局部坐标系随着基底管线的刚体转动而转动。在小位移分析中，根据 PSI 单元的初始几何形体来定义局部坐标系，并且在分析中，局部坐标系在空间中保持固定。

输入文件用法：　　使用下面的选项将局部方向与管-土壤相互作用行为进行关联：
　　　　　　　　　　 * PIPE- SOIL INTERACTION，ORIENTATION = 名称

本构模型

通过管线上单位长度上的力，或者管线上每个节点上的"应力" q_i 来定义管-土壤相互作用的本构行为，其中"应力"是由该点与远场面上的点之间的相对位移或者"应变" ε_{ij} 产生的：

$$q_i = q_i(\varepsilon_{jj}, s_\alpha, f_\beta)$$

式中，s_α 是状态变量（如塑性应变）；f_β 是温度和（或）场变量。

通常可以通过在用户子程序 UMAT 中编程来定义这些 q_i 关系。另外，用户也可以通过直接指定数据来定义关系。在此情况中，假定基础行为是可分离的：

$$q_i = q_i(\varepsilon_{ii}, s_\alpha, f_\beta)$$

在此情况中，必须分别对每个独立关系进行定义。默认情况下，Abaqus/Standard 假定这些关系是关于原点对称的（通常适用于轴向和横向水平运动）。然而，用户可以为三个相对运动中的任何一个给出非对称行为（当管线埋得不太深时，在竖直方向上通常是这样的情况）。这些模型假定正"应变"会产生管上的力，这些力沿着局部坐标系的正方向作用。

使用用户子程序指定本构行为

要非常通用地定义 q_i 关系，可以在用户子程序 UMAT 中对它们进行编程。

输入文件用法：　　 * PIPE- SOIL STIFFNESS，TYPE = USER

直接指定本构行为

Abaqus 为直接指定本构行为数据提供了两种方法。一种方法是以表格形式（分段线性）直接定义 q_i 关系。另一种方法是使用 ASCE 方程。这些关系形式适合与油气管道系统抗震设计的 ASCE 准则中的沙子和黏土一起使用。

使用表格输入直接指定本构行为

用户可以使用表格输入来定义在拉伸和压缩中表现出不同行为的线性或者非线性的本构模型。

线性模型

要定义一个线性本构模型，用户将刚度指定成温度和场变量的函数（图6-105）。用户可以为正的和负的"应变"输入不同的值。默认情况下，Abaqus/Standard假定关系是关于原点对称的。

输入文件用法：　　　*PIPE-SOIL STIFFNESS，TYPE = LINEAR

非线性模型

要定义一个非线性本构模型，用户将 q_i 关系指定成正的和负的相对位移（"应变"）、温度和场变量的函数（图6-106）。如果仅提供了正的或者负的数据，则假定行为是关于原点对称的。

用户必须以相对位移的升序形式提供数据，并且应当在足够宽的相对位移值范围上提供数据，以确保正确地定义行为。在数据点的范围外，力保持不变。用户必须通过在力-相对位移表格的原点处指定的数据点将正的数据和负的数据分开。在原点数据点前后的两个数据点处定义弹性刚度 K_n 和 K_p，以及初始弹性极限 $\bar{q}_p$ 和 $\bar{q}_n$，如图6-106所示。

如果符合以下关系，则模型提供线弹性行为

$$F_n = q - \bar{q}_n(\bar{\varepsilon}_n^{pl}) \geqslant 0 \text{ 和 } F_p = q - \bar{q}_p(\bar{\varepsilon}_p^{pl}) \leqslant 0$$

式中，$\bar{\varepsilon}_n^{pl}$ 和 $\bar{\varepsilon}_p^{pl}$ 是等效塑性应变，分别与负的和正的变形相关联。当相对力超过这些弹性极限时，发生非弹性变形。

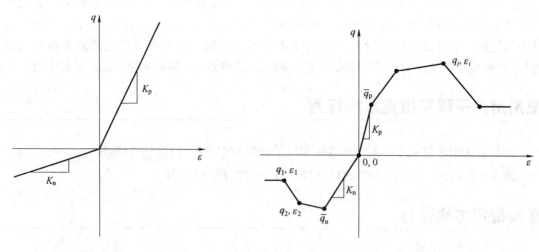

图6-105　线性本构模型　　　　　　　　　　图6-106　非线性本构关系

由 $\bar{q}_n(\bar{\varepsilon}_n^{pl})$ 和 $\bar{q}_p(\bar{\varepsilon}_p^{pl})$ 的独立演化控制模型的硬化。当相对位移增量为负时，假定 $\bar{\varepsilon}_p^{pl}$

保持不变；当相对位移增量为正时，$\bar{\varepsilon}_n^{pl}$ 保持不变。由此模型预测的完全加载循环中的响应如图 6-107 所示，所用的简单本构法则使用与正的力和负的力相关联的不同双线性行为。由图 6-107 可见，与正力相关的屈服应力更新到 $\bar{q}_p$，而与负力相关的初始屈服应力 $\bar{q}_n^0$ 在初始加载期间保持不变。类似地，在后续的反向加载中，与负力相关的屈服应力更新到 $\bar{q}_n$，而与正力相关的屈服应力保持不变。因此，下一个载荷反转过程中在 $\bar{q}_n$ 上发生屈服。这样的行为适用于管线横向方向，在此方向上，预计管与土壤之间的相对正运动独立于管与土壤之间的相对负运动。

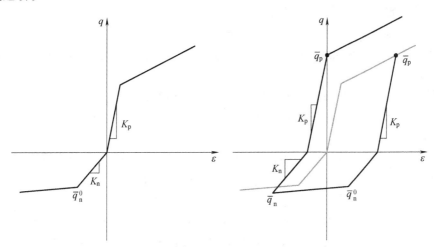

图 6-107　双线性的循环加载

如果行为是关于原点（当仅提供正的或者负的数据时）对称的，则使用各向同性硬化模型。在此情况中，只使用一个等效塑性应变变量 $\bar{\varepsilon}^{pl}$，当发生负的或者正的非弹性变形时，对此等效塑性应变变量进行更新。在预期正的非弹性变形将影响后续负的非弹性变形的场合，这样的演化模型沿着轴向方向更为合适。

输入文件用法：　　　* PIPE- SOIL STIFFNESS，TYPE = NONLINEAR

使用 ASCE 方程直接指定本构行为

Abaqus/Standard 也提供多种解析型模型来描述管- 土壤相互作用。这些模型定义了可以施加在管线上的恒定极限力。换句话说，这些模型描述了弹性的、完美的塑性行为。这些方程的形式适合与沙子和黏土一起使用，在油气管道抗震系统的 ASCE 手册中进行了详细的描述。

通过将一个方向定义与单元相关联，ASCE 方程可以应用于任意局部坐标系中。然而，这些方程适用于默认的局部坐标系，以使轴向行为的方程是沿着管线轴线（1 方向）施加的，竖直行为的方程是沿着 2 方向施加的，水平行为的方程是沿着 3 方向施加的。当通过 ASCE 方程指定行为时，用户必须指定行为所在的方向。

用户指定下面表达式中的所有参数，除了面以下的深度 H，此深度是沿着 PSI 单元的边来度量的，如图 6-104 所示，并在几何非线性分析中对其进行更新。其余参数值可以在标准土力学书籍中找到。在油气管道抗震系统的 ASCE 手册中也提供了典型值。

轴向行为

沙的最大轴向载荷 $\overline{q}_a$ 通过下式给出

$$\overline{q}_a = \frac{1}{2}\pi D \,\overline{\gamma} H (1 + K_0)\tan\delta$$

式中，K_0 是静止土压力系数；H 是从地面到管线中心的深度；D 是管线外径；$\overline{\gamma}$ 是土壤的有效单位重量；δ 是摩擦界面角。

黏土的最大轴向载荷通过下式给出

$$\overline{q}_a = \pi D \alpha S$$

式中，S 是不排水土抗剪强度；α 是将不排水土抗剪强度与内聚力（$c = \alpha S$）关联起来的经验黏性因子。

对于沙，在 2.5~5.0mm（0.1~0.2in）的最大相对位移 $\overline{\varepsilon}_\alpha$ 处达到最大载荷；对于黏土，则在 2.5~10.0mm（0.2~0.4in）的最大相对位移处达到最大载荷。当 $\varepsilon < \overline{\varepsilon}_\alpha$ 时，假定为线弹性响应。

假定轴向行为是关于原点对称的。因此，只有一个等效塑性应变变量 $\overline{\varepsilon}_a^{pl}$ 描述模型的演化。等效塑性应变在发生负的或者正的非弹性变形时进行更新。

输入文件用法：　　使用下面选项中的一个来定义轴向行为：

　　　　　　　　　　*PIPE-SOIL STIFFNESS, DIRECTION = AXIAL, TYPE = SAND

　　　　　　　　　　*PIPE-SOIL STIFFNESS, DIRECTION = AXIAL, TYPE = CLAY

横向竖直行为

竖直行为是通过"向上"运动（当管线从地面升起时）和"向下"运动的不同关系来描述的。向下运动产生正的相对位移，从而对管线施加正的力。类似地，向上运动产生负的相对位移和负的管线力。

沙子中，管的向下运动产生的最大力通过下式给出

$$\overline{q}_{vp} = \overline{\gamma} H N_q D + \frac{1}{2}\gamma D^2 N_\gamma$$

式中，N_q 和 N_γ 是向下方向上竖直加载的条形基础的承载力因子；γ 是土壤单元的总重量。其他参数在前文中进行了定义。黏土中，管的向下运动的最大力通过下式给出

$$\overline{q}_{vp} = S N_c D$$

式中，N_c 是承载因子。对于沙和黏土，在近似 $\overline{\varepsilon}_{vp} = 0.1D$ 到 $\overline{\varepsilon}_{vp} = 0.15D$ 的相对位移处达到最大力。

沙中管线向上运动产生的最大力通过下式给出

$$\overline{q}_{vn} = \overline{\gamma} H N_{qv} D$$

对于黏土

$$\overline{q}_{vn} = S N_{cv} D$$

式中，N_{qv} 和 N_{cv} 是竖直上升因子。

对于沙，在近似 $\overline{\varepsilon}_{vn} = 0.01H$ 到 $\overline{\varepsilon}_{vn} = 0.02H$ 的相对位移处达到最大力；对于黏土，在近似 $\overline{\varepsilon}_{vn} = 0.1H$ 到 $\overline{\varepsilon}_{vn} = 0.2H$ 的相对位移处达到最大力。

横向竖直行为关于原点是非对称的。因此，使用两个等效塑性应变变量（一个是与负相对位移相关联的 $\overline{\varepsilon}_{vn}^{pl}$，另一个是与正相对位移相关联的 $\overline{\varepsilon}_{vp}^{pl}$）来描述模型的演化。模型假定当相对位移增量为负时，$\overline{\varepsilon}_{vp}^{pl}$ 保持不变；当相对位移增量为正时，$\overline{\varepsilon}_{vn}^{pl}$ 保持不变。

输入文件用法：　使用下面选项中的一个来定义竖直行为：

　　*PIPE-SOIL STIFFNESS, DIRECTION = VERTICAL, TYPE = SAND

　　*PIPE-SOIL STIFFNESS, DIRECTION = VERTICAL, TYPE = CLAY

横向水平行为

沙的水平力与相对位移关系通过下式给出

$$\overline{q}_h = \gamma H N_{qh} D$$

对于黏土

$$\overline{q}_h = S N_{ch} D$$

式中，N_{qh} 和 N_{ch} 是水平承载因子。其他变量在之前的部分进行了定义。在近似 $\overline{\varepsilon}_h = C_h (H + D/2)$ 的相对位移处达到最大力，对于松散的沙子，C_h 为 $0.07 \sim 0.1$；对于中等稠密的沙和黏土，C_h 为 $0.03 \sim 0.05$；对于高密度的沙，C_h 为 $0.02 \sim 0.03$。

假定横向水平行为是关于原点对称的。因此，只有一个等效塑性应变变量 $\overline{\varepsilon}_h^{pl}$ 描述模型的演化。在发生负的或者正的非弹性变形时更新等效塑性应变。

输入文件用法：　使用下面选项中的一个来定义水平行为：

　　*PIPE-SOIL STIFFNESS, DIRECTION = HORIZONTAL, TYPE = SAND

　　*PIPE-SOIL STIFFNESS, DIRECTION = HORIZONTAL, TYPE = CLAY

指定定义本构行为的方向

如果用户通过直接指定数据来定义本构行为，则默认假定为各向同性的模型。如果模型不是各向同性的，则用户可以在不同的方向上指定不同的本构关系。对于二维非各向同性模型，用户必须指定两个方向上的行为；对于三维非各向同性模型，用户必须指定三个方向上的行为。用户必须说明指定有行为的方向。用户可以指定 1 方向、2 方向、3 方向、轴向方向、竖直方向或者水平方向。Abaqus/Standard 假定轴向方向等效于 1 方向，竖直方向等效于 2 方向，水平方向等效于 3 方向。

输入文件用法：　使用下面的选项定义各向同性的本构模型：

　　*PIPE-SOIL STIFFNESS

使用下面的选项定义具体方向上的本构模型：

　　*PIPE-SOIL STIFFNESS, DIRECTION = 方向

其中，方向可以是 1、2、3、AXIAL、VERTICAL 或者 HORIZON-TAL。重复使用 DIRECTION 参数的 *PIPE-SOIL STIFFNESS 选项所需的次数来定义每个方向上的行为。

输出

通过"应力"输出变量 S 来得到单元局部坐标系中单位长度上的力。通过"应变"输

出变量 E 来得到相对变形。通过输出变量 EE 和 PE 可以得到弹性和塑性"应变"。

通过单元变量 NFORC 可以得到单元节点力（在整体坐标系中，单元作用在管线节点上的力）。

参考文献

● Audibert, J. M. E., D. J. Nyman, and T. D. O'Rourke, "Differential Ground Movement Effects on Buried Pipelines," Guidelines for the Seismic Design of Oil and Gas Pipeline Systems, ASCE publication, pp. 151-180, 1984.

6.12.2 管-土壤相互作用单元库

产品：Abaqus/Standard

参考

● "管-土壤相互作用单元"，6.12.1 节
● *PIPE-SOIL INTERACTION

概览

本节提供在 Abaqus/Standard 中可以使用的管-土壤相互作用单元的参考。

单元类型

二维单元（表6-82）

表6-82 二维单元

标 识	说 明
PSI24	二维 4 节点管-土壤相互作用单元
PSI26	二维 6 节点管-土壤相互作用单元

有效自由度

1、2。

附加解变量

无。

三维单元（表6-83）

表 6-83 三维单元

标 识	说 明
PSI34	三维 4 节点管-土壤相互作用单元
PSI36	三维 6 节点管-土壤相互作用单元

有效自由度

1、2、3。

附加解变量

无。

要求的节点坐标

二维：X，Y。

三维：X，Y，Z。

单元的属性定义

输入文件用法： * PIPE-SOIL INTERACTION

基于单元的加载

无。

单元输出

通过请求相应的"应变"，来选择对应于表6-84中的力的相对位移。可以使用弹性和塑性应变。

二维单元（表6-84）

表 6-84 二维单元输出

标 识	说 明
S11	第一个局部方向上的单位长度上的力
S22	第二个局部方向上的单位长度上的力

三维单元（表6-85）

表6-85 三维单元输出

标　　识	说　　明
S11	第一个局部方向上的单位长度上的力
S22	第二个局部方向上的单位长度上的力
S33	第三个局部方向上的单位长度上的力

节点排序和积分点编号（图6-108）

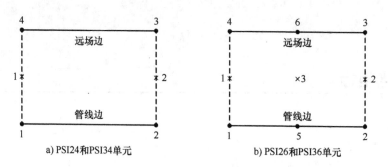

图6-108 节点排序和积分点编号

6.13 声学界面单元和声学界面单元库

6.13.1 声学界面单元

产品：Abaqus/Standard　　　Abaqus/CAE

参考

- "声学界面单元库"，6.13.2 节
- "声学、冲击和耦合的声学-结构分析"，《Abaqus 分析用户手册——分析卷》的 1.10 节
- "创建声学界面截面"，《Abaqus/CAE 用户手册》的 12.13.18 节

概览

声学界面单元：
- 可以将声学流体模型耦合到包含连续或者结构单元的结构模型上。
- 将结构模型的面加速度与声学介质中的压力相耦合。
- 可以在动力学和稳态动力学过程中使用。
- 必须使用由声学单元和结构（或者实体）单元共享的节点来定义。
- 仅能在小位移仿真中使用，并且不适用于非线性分析或者流体-结构相互作用分析。
- 如果使用了子空间迭代特征值求解器，则在频率提取分析中将被忽略。
- 如果需要，可以退化成三角形单元。

对于绝大部分问题，基于面的结构-声学功能（见"网格绑定约束"，《Abaqus 分析用户手册——指定条件、约束与相互作用卷》的 2.3.1 节；"在 Abaqus/Standard 中定义绑定接触"，《Abaqus 分析用户手册——指定条件、约束与相互作用卷》的 3.3.7 节）提供了更加通用和易于使用的方法来模拟声学流体与结构之间的相互作用。用户指定的声学界面单元对耦合指定提供了更强的控制，代价是降低了基于面的过程的便利性。

典型应用

在实体结构的运动影响了声学流体中的压力的仿真中使用声学介质单元，例如，当车架

的振动使乘客区域产生噪声时；或者流体中的压力影响了相邻结构时，如当容器内流体的小幅度晃动影响了容器的响应时。

用户指定的声学界面单元在仅涉及声学介质的问题中也是有用的，因为它们允许用户在声学界面单元的节点上直接指定位移、速度或者加速度边界条件。然而在此应用中，用户必须意识到切向位移没有与流体耦合。因此，如果这些节点在切向上没有得到约束，则会产生具有位移自由度的零能量模式。当使用声学界面单元来耦合流体和实体单元时，由于实体的刚度和惯量而不会出现此问题。

选择合适的单元

基底声学单元和结构单元的次序通常可以说明应当使用哪一个声学界面单元。通用声学界面单元 ASI1 可用于任何耦合的声学-结构仿真中；然而，通常它仅与声学链接单元（AC1D2 和 AC1D3）一起使用。

定义声学-结构界面的法向方向

声学界面单元的连接性和右手法则定义了声学-结构界面的法向方向（见"声学界面单元库"，6.13.2 节）。此法向指向声学流体是非常重要的，如图 6-109 和图 6-110 所示。唯一的例外是 ASII 声学界面单元，在其中用户必须定义法向方向。

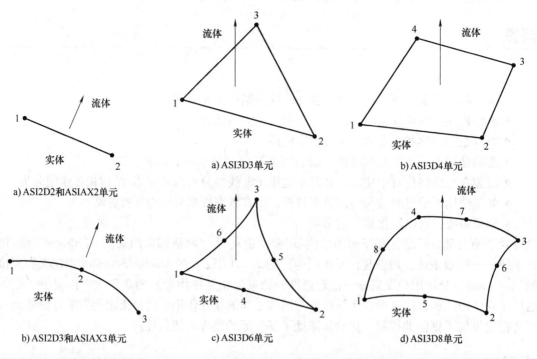

图 6-109　二维和轴对称声学-结构界面单元的法向方向

图 6-110　三维声学-结构界面单元的法向方向

定义声学界面单元的截面属性

用户必须将声学界面的截面定义与声学界面单元集合关联起来。此截面定义必须与三维和轴对称声学界面单元一起使用，即使这些单元没有用户定义的几何形体属性。

输入文件用法： ＊INTERFACE，ELSET＝单元集合名称

Abaqus/CAE 用法：Property module：

Create Section：截面 Category 选择 Other，截面 Type 选择 Acoustic interface

Assign→Section：选择区域

定义与 ASI1 单元相关联的几何形体属性

ASI1 单元由一个节点组成。Abaqus/Standard 不能计算与此单元相关联的表面面积，因此，用户必须提供此信息。如果没有给出准确的表面面积，Abaqus/Standard 可能会在声学-结构界面上计算出不正确的加速度或者声学流体压力。

此外，Abaqus/Standard 不能计算与这些单元相关联的界面法向方向。用户必须提供这些单元的界面法向在整体笛卡儿坐标系中的方向余弦。

输入文件用法： ＊INTERFACE

表面面积，X 方向余弦，Y 方向余弦，Z 方向余弦

Abaqus/CAE 用法：Abaqus/CAE 中不支持通用声学界面截面。

定义平面声学界面单元的厚度

用户可以指定平面声学界面单元的厚度。默认值是单位厚度。

输入文件用法： ＊INTERFACE

厚度

Abaqus/CAE 用法：Property module：Create Section：截面 Category 选择 Other，截面 Type 选择 Acoustic interface：Plane stress/strain thickness：厚度

当形成声学- 结构界面的单元具有不同的插值阶次时，使用声学界面单元

通常假定声学流体网格和结构网格（至少在界面表面处）使用相同的插值阶次。如果不是这样，则必须沿着声学-结构界面对节点施加合适的 MPC，来保持压力（P LINEAR 类型的 MPC）或者位移场（LINEAR 类型的 MPC）中的兼容性。

6.13.2 声学界面单元库

产品：Abaqus/Standard　　Abaqus/CAE

参考

- "声学界面单元"，6.13.1 节
- *INTERFACE

概览

本节提供 Abaqus/Standard 中可以使用的声学界面单元的参考。

单元类型

通用单元

ASI1：1 节点单元。

有效自由度

1、2、3、8。

附加解变量

无。

用于平面模型的单元（表 6-86）

表 6-86　用于平面模型的单元

标　识	说　明
ASI2D2	2 节点线性单元
ASI2D3	3 节点线性单元

有效自由度

1、2、8。

附加解变量

无。

用于三维模型的单元（表 6-87）

表 6-87　用于三维模型的单元

标　识	说　明
ASI3D3	3 节点线性单元
ASI3D4	4 节点线性单元
ASI3D6	6 节点二次单元

（续）

标　识	说　明
ASI3D8	8 节点二次单元

有效自由度

1、2、3、8。

附加解变量

无。

用于轴对称模型的单元（表 6-88）

表 6-88　用于轴对称模型的单元

标　识	说　明
ASIAX2	2 节点线性单元
ASIAX3	3 节点二次单元

有效自由度

1、2、8。

附加解变量

无。

要求的节点坐标

通用单元：无。

平面单元：X，Y。

三维单元：X、Y、Z。

轴对称单元：r，z。

单元属性定义

对于通用单元，用户必须定义单元的表面面积和指向流体的声学流体-结构界面法向的方向余弦。

对于用于平面模型的单元，用户必须指定单元的厚度（平面外的）。如果没有指定厚度，则默认为单位厚度。

对于用于三维和轴对称模型的单元，不需要额外的数据。

输入文件用法：　＊INTERFACE

Abaqus/CAE 用法：Property module：Create Section：截面 Category 选择 Other，截面 Type 选择 Acoustic interface

Abaqus/CAE 中不支持通用声学界面截面。

基于单元的载荷

不能施加分布阻抗。

单元输出

无。

单元中的节点排序

平面单元（图 6-111）

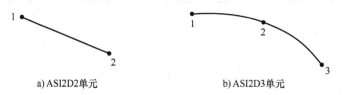

a) ASI2D2单元   b) ASI2D3单元

图 6-111　平面单元节点排序

三维单元（图 6-112）

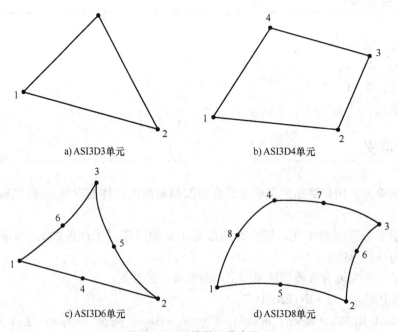

a) ASI3D3单元   b) ASI3D4单元

c) ASI3D6单元   d) ASI3D8单元

图 6-112　三维单元节点排序

轴对称单元（图 6-113）

a) ASIAX2单元   b) ASIAX3单元

图 6-113 轴对称单元节点排序

6.14   欧拉单元和欧拉单元库

6.14.1   欧拉单元

产品：Abaqus/Explicit   Abaqus/CAE

参考

- "欧拉分析：概览"，《Abaqus 分析用户手册——分析卷》的 9.1 节
- "欧拉单元库"，6.14.2 节
- * EULERIAN SECTION
- "创建欧拉截面"，《Abaqus/CAE 用户手册》的 12.13.3 节

概览

欧拉单元：
- 仅用于显式动力学分析中。
- 必须具有八个唯一的节点。
- 默认填充空的材料。
- 可以使用非空材料进行初始化。
- 可以同时包含多种材料。
- 可以部分填充材料。

典型应用

欧拉单元适用于所涉及材料承受极端变形的仿真，包括流体流动。即使欧拉网格保持固定，欧拉方程也允许材料从一个单元流动到另一个单元。使用欧拉单元的应用在"坍塌水柱的欧拉分析"（《Abaqus 基准手册》的 1.7.1 节）和"铆钉成形"（《Abaqus 例题手册》的 2.3.1 节）中进行了讨论。

有关欧拉分析的更多信息见"欧拉分析：概览"（《Abaqus 分析用户手册——分析卷》的 9.1 节）。

选择合适的单元

可以使用的欧拉单元是三维 8 节点单元 EC3D8R 和三维 8 节点热耦合单元 EC3D8RT。可以使用具有合适边界条件的一个单元厚度的网格或者楔形网格来近似二维仿真。欧拉网格通常是简单的矩形网格单元，与欧拉材料的形状不一致。对于复杂的材料形状，可以在网格内部使用完全填充的单元，而在材料的边界处使用部分填充的单元，周围由空区域包围来模拟。

定义欧拉单元的截面属性

用户必须将欧拉截面定义与欧拉单元集合相关联。此单元集合不能与其他类型的单元共享节点。截面定义提供可能占据欧拉单元的材料列表。

输入文件用法：　　*EULERIAN SECTION，ELSET = 单元集合名称
　　　　　　　　　给出材料列表的数据行

Abaqus/CAE 用法：Property module：Create Section：截面 Category 选择 Solid，截面
　　　　　　　　　Type 选择 Eulerian
　　　　　　　　　Assign→Section：选择零件

6.14.2　欧拉单元库

产品：Abaqus/Explicit　　　Abaqus/CAE

参考

● "欧拉分析：概览"，《Abaqus 分析用户手册——分析卷》的 9.1 节
● *EULERIAN SECTION

概览

本节提供了 Abaqus/Explicit 中可以使用的欧拉单元的参考。

单元类型

欧拉应力/位移单元

EC3D8R：8 节点线性六面体、多种材料、使用沙漏控制的缩减积分单元。

有效自由度

1、2、3。

附加解变量

无。

欧拉热耦合单元

EC3D8RT：8节点热耦合线性六面体、多种材料、使用沙漏控制的缩减积分单元。

有效自由度

1、2、3、11。

附加解变量

无。

要求的节点坐标

X，Y，Z。

单元属性定义

用户必须指定可能出现在欧拉单元中的材料列表。用户也可以将材料实例名称赋予每种材料（见"欧拉分析：概览"中的"欧拉截面定义"，《Abaqus分析用户手册——分析卷》的9.1节）。

输入文件用法：　　＊EULERIAN SECTION

Abaqus/CAE用法：Property module：Create Section：截面Category选择Solid，截面Type选择Eulerian

基于单元的载荷

分布载荷（表6-89）

分布载荷仅适用于欧拉单元。如"分布载荷"（《Abaqus分析用户手册——指定条件、约束与相互作用卷》的1.4.3节）所描绘的那样指定分布载荷。

表 6-89　基于单元的分布载荷

载荷标识 （＊DLOAD）	Abaqus/CAE Load/Interaction	量　纲　式	说　　明
BX	Body force	FL^{-3}	整体 X 方向上的体力
BY	Body force	FL^{-3}	整体 Y 方向上的体力
BZ	Body force	FL^{-3}	整体 Z 方向上的体力

（续）

载荷标识 （＊DLOAD）	Abaqus/CAE Load/Interaction	量 纲 式	说 明
BXNU	Body force	FL^{-3}	整体 X 方向上的非均匀体力（在 Abaqus/Standard 中，通过用户子程序 DLOAD 提供大小；在 Abaqus/Explicit 中，通过用户子程序 VDLOAD 提供大小）
BYNU	Body force	FL^{-3}	整体 Y 方向上的非均匀体力（在 Abaqus/Standard 中，通过用户子程序 DLOAD 提供大小；在 Abaqus/Explicit 中，通过用户子程序 VDLOAD 提供大小）
BZNU	Body force	FL^{-3}	整体 Z 方向上的非均匀体力（在 Abaqus/Standard 中，通过用户子程序 DLOAD 提供大小；在 Abaqus/Explicit 中，通过用户子程序 VDLOAD 提供大小）
GRAV	Gravity	LT^{-2}	指定方向上的重力载荷（大小输入成加速度）
Pn	Pressure	FL^{-2}	面 n 上的压力
PnNU	不支持	FL^{-2}	面 n 上的非均匀压力（在 Abaqus/Standard 中，通过用户子程序 DLOAD 提供大小；在 Abaqus/Explicit 中，通过用户子程序 VDLOAD 提供大小）
SBF	不支持	$FL^{-5}T^{-2}$	整体 X、Y 和 Z 方向上的滞止体力
SPn	不支持	$FL^{-4}T^{-2}$	面 n 上的滞止压力
TRSHRn	Surface traction	FL^{-2}	面 n 上的剪切牵引力
TRVECn	Surface traction	FL^{-2}	面 n 上的一般牵引力
VBF	不支持	$FL^{-4}T$	整体 X、Y 和 Z 方向上的黏性体力
VPn	不支持	$FL^{-3}T$	面 n 上的黏性压力，该压力与面法向上的速度成比例，其方向与运动方向相反

分布热通量（表6-90）

分布热通量仅适用于 EC3D8RT 单元。如"热载荷"（《Abaqus 分析用户手册——指定条件、约束与相互作用卷》的 1.4.4 节）所描述的那样指定分布热流量。

表6-90 基于单元的分布热通量

载荷标识 （＊DFLUX）	Abaqus/CAE Load/Interaction	量 纲 式	说 明
BF	Body heat flux	$JL^{-3}T^{-1}$	单位体积上的热体通量
Sn	Surface heat flux	$JL^{-2}T^{-1}$	流入面 n 的单位面积上的热面通量

膜条件（表 6-91）

膜条件仅适用于 EC3D8RT 单元。如"热载荷"（《Abaqus 分析用户手册——指定条件、约束与相互作用卷》的 1.4.4 节）所描述的那样指定膜条件。

表 6-91　基于单元的膜条件

载荷标识 （＊FILM）	Abaqus/CAE Load/Interaction	量 纲 式	说　明
Fn	Surface film condition	$JL^{-2}T^{-1}\theta^{-1}$	在面 n 上提供的膜系数和热沉温度（量纲式 θ）

辐射类型（表 6-92）

辐射类型仅适用于 EC3D8RT 单元。如"热载荷"（《Abaqus 分析用户手册——指定条件、约束与相互作用卷》的 1.4.4 节）所描述的那样指定辐射类型。

表 6-92　基于单元的辐射类型

载荷标识 （＊RADIATE）	Abaqus/CAE Load/Interaction	量 纲 式	说　明
Rn	Surface radiation	无量纲	在面 n 上提供的辐射率和热沉温度（量纲式 θ）

基于面的载荷

分布载荷（表 6-93）

基于面的分布载荷适用于欧拉单元。如"分布载荷"（《Abaqus 分析用户手册——指定条件、约束与相互作用卷》的 1.4.3 节）所描述的那样指定基于面的分布载荷。

表 6-93　基于面的分布载荷

载荷标识 （＊DSLOAD）	Abaqus/CAE Load/Interaction	量 纲 式	说　明
P	Pressure	FL^{-2}	单元面上的压力
PNU	Pressure	FL^{-2}	单元面上的非均匀压力（在 Abaqus/Standard 中，通过用户子程序 DLOAD 提供大小；在 Abaqus/Explicit 中，通过用户子程序 VDLOAD 提供大小）
SP	Pressure	$FL^{-4}T^{-2}$	单元面上的滞止压力
TRSHR	Surface traction	FL^{-2}	单元面上的剪切牵引力
TRVEC	Surface traction	FL^{-2}	单元面上的一般牵引力

（续）

载荷标识 （＊DSLOAD）	Abaqus/CAE Load/Interaction	量 纲 式	说 明
VP	Pressure	$FL^{-3}T$	单元面上施加的黏性压力。黏性压力与面法向上的速度成比例，其方向与运动方向相反

分布热通量（表6-94）

基于面的热通量仅适用于 EC3D8RT 单元。如"热载荷"（《Abaqus 分析用户手册——指定条件、约束与相互作用卷》的1.4.4节）所描述的那样指定基于面的热通量。

表6-94 基于面的分布热通量

载荷标识 （＊DSFLUX）	Abaqus/CAE Load/Interaction	量 纲 式	说 明
S	Surface heat flux	$JL^{-2}T^{-1}$	流入单元面的单位面积上的热面通量

膜条件（表6-95）

基于面的膜条件仅适用于 EC3D8RT 单元。如"热载荷"（《Abaqus 分析用户手册——指定条件、约束与相互作用卷》的1.4.4节）所描述的那样指定基于面的膜条件。

表6-95 基于面的膜条件

载荷标识 （＊SFILM）	Abaqus/CAE Load/Interaction	量 纲 式	说 明
F	Surface film condition	$JL^{-2}T^{-1}\theta^{-1}$	在单元面上提供的膜系数和热沉温度（量纲式 θ）

辐射类型（表6-96）

基于面的辐射条件仅适用于 EC3D8RT 单元。如"热载荷"（《Abaqus 分析用户手册——指定条件、约束与相互作用卷》的1.4.4节）所描述的那样指定基于面的辐射条件。

表6-96 基于面的辐射类型

载荷标识 （＊SRADIATE）	Abaqus/CAE Load/Interaction	量 纲 式	说 明
R	Surface radiation	无量纲	在单元面上提供的辐射率和热沉温度（量纲式 θ）

单元输出

为欧拉截面定义中列出的每一种欧拉材料实例写出一组输出变量。Abaqus 将输出变量名称自动附加到材料名称中。例如，如果用户定义了名为"steel"和"tin"的材料实例，并且请求了应力输出，则第一个应力分量将被写入名为"S11_ steel"和"S11_ tin"的单独输出变量中。

所有输出都是在整体坐标中给出的。

应力和其他张量分量

可以使用应力和其他张量（不包括总应变张量）。所有张量具有相同的分量。例如，应力分量见表6-97。

表6-97　应力分量

标　　识	说　　明
S11	XX 正应力
S22	YY 正应力
S33	ZZ 正应力
S12	XY 剪切应力
S13	XZ 剪切应力
S23	YZ 剪切应力

单元平均量

一些输出变量也可用作单元平均量。将这些变量计算成单元中存在的所有材料的体积分数加权平均。这些变量的使用极大地降低了具有多种欧拉材料的模型输出数据库的大小。例如：

SVAVG：体积分数平均应力。

单元中的节点排序和面编号

所有单元必须具有八个节点，如图6-114所示。不支持退化的单元。

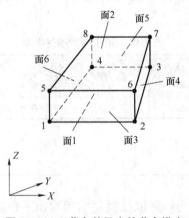

图6-114　8节点单元中的节点排序

单元面（表6-98）

表6-98 单元面编号

面1	1-2-3-4 面
面2	5-8-7-6 面
面3	1-5-6-2 面
面4	2-6-7-3 面
面5	3-7-8-4 面
面6	4-8-5-1 面

输出积分点编号

唯一的积分点位于单元的中心处。单元内的所有材料在此积分点上进行评估。

6.15　流管单元和流管单元库

6.15.1　流管单元

产品：Abaqus/Standard

参考

- "流管单元库"，6.15.2 节
- * FLUID PIPE SECTION
- * FLUID PIPE FLOW LOSS

概览

Abaqus/Standard 中的流管单元允许用户仿真流管网中的黏性和重力压力损失项。管单元使用纯压力方程，并且基于伯努利方程，用于单相不可压缩流体通过具有固定横截面面积的完全填充管的稳态流动情况。

典型应用

使用流管单元来仿真通过一个管或者管网的液体流动，来确定在地压或者耦合的孔隙流体扩散/应力分析中的压力降和流速（见"地压应力状态"，《Abaqus 分析用户手册——分析卷》的 1.8.2 节；"耦合的孔隙流体扩散和应力分析"，《Abaqus 分析用户手册——分析卷》的 1.8.1 节）。也可以使用流管单元模拟地质力学中的一维井筒。

选择合适的单元

Abaqus 提供两种类型的流管单元：用于二维和轴对称分析的单元类型 FP2D2，用于三维分析的单元类型 FP3D2。

给流管单元集合赋予材料定义

用户必须将材料定义与每个管单元截面属性相关联。

为流管截面定义的材料指的是流过管的流体。必须为流体定义的属性是孔隙流体密度和黏度。对于黏度定义，流管单元仅支持牛顿流体（见"黏度"，《Abaqus 分析用户手册——材料卷》的 6.1.4 节）。

输入文件用法：　　使用下面所有的选项：

     * FLUID PIPE SECTION，MATERIAL = 材料名称

     * MATERIAL，NAME = 材料名称

     * DENSITY，PORE FLUID

     * VISCOSITY，DEFINITION = NEWTONIAN

流管方程

管单元的几何形体是用水力面积和水力直径来表达的。水力直径用管或者通道的横截面面积（A）和湿周（P）形式表达成 $D_h = \dfrac{4A}{P}$。通过两个不重合的节点来定义管单元。使用 Darcy-Weisbach 方法，空间中两点之间的伯努利方程（包括黏度损失）可以写成

$$\Delta P - \rho g \Delta Z = (C_L + K_i)\frac{\rho V^2}{2}$$

式中，$\Delta P = P_1 - P_2$，P_1、P_2 是节点处的压力；$\Delta Z = Z_1 - Z_2$，Z_1、Z_2 是节点处的海拔高度；V 是管中的流速；ρ 是流体密度；g 是重力加速度；C_L 是损失系数，$C_L = \dfrac{fL}{D_h}$，f 是管的摩擦因子，L 是管长度；K_i 是方向损失项。

单个单元横截面面积恒定的假设使得管单元中具有恒定的流速。通过管的质量流率 Q 可以与流体和管参数相关联，关系式为 $Q = \rho A V$。

流管单元中的附加损失项

损失系数 C_L 也可以包含增加的管长度 L_a 和管长缩放因子 α。将损失系数的通用形式写成

$$C_L = \frac{f\left[L(1+\alpha)+L_a\right]}{D_h}$$

此外，用户也可以指定方向连接损失项 K_1 和 K_2。如果流动方向是从局部节点 1 到局部节点 2，则总压力损失是

$$\Delta P - \rho g \Delta Z = (C_L + K_1)\frac{\rho V^2}{2}$$

如果流动方向是从局部节点 2 到局部节点 1，则动力学压力损失是

$$\Delta P - \rho g \Delta Z = (C_L + K_2)\frac{\rho V^2}{2}$$

指定摩擦损失行为

Abaqus/Standard 支持四种定义摩擦因子（f）的方法：

- Blasius 摩擦损失。
- Churchill 摩擦损失。
- 表格选项。
- 用户子程序。

指定流管单元的 Blasius 摩擦损失行为

Blasius 摩擦损失方法使用基于雷诺数（Re）的经验关系来确定摩擦因子。此方法具有两种不同的规则，取决于流动是层流的或者是湍流的。当流动在 $Re = 2500$ 处从层流过渡到湍流时，摩擦因子存在一个不连续的跳跃。摩擦因子的经验公式为

$$f = \frac{64}{Re} : Re < 2500$$

$$f = \frac{0.3164}{Re^{0.25}} : Re \geq 2500$$

输入文件用法：   * FLUID PIPE FLOW LOSS，TYPE = BLASIUS

指定流管单元的 Churchill 摩擦损失

Churchill 方程是考虑了管粗糙度 K_S 并精确地捕捉了 Moody 数据的更为全面的方程。此方程可以从层流平顺地过渡到湍流流动。将摩擦因子确定成

$$f = \left[\left(\frac{8}{Re} \right)^{12} + \frac{1}{(A+B)^{1.5}} \right]^{\frac{1}{12}}$$

$$A = \left\{ -2.457\ln\left[\left(\frac{7}{Re} \right)^{0.9} + 0.27\left(\frac{K_s}{D_h} \right) \right] \right\}^{16}$$

$$B = \left(\frac{37350}{Re} \right)^{16}$$

输入文件用法：   * FLUID PIPE FLOW LOSS，TYPE = CHURCHILL

将摩擦损失行为指定成雷诺数与摩擦因子关系的表格

用户可以输入 Re 与摩擦的关系表。Abaqus 在表中的指定值之间进行线性插值。如果其中一个独立变量在指定值范围之外，则 Abaqus 使用表格中与其最接近的值。

输入文件用法：   * FLUID PIPE FLOW LOSS，TYPE = TABULAR

使用用户子程序指定摩擦因子

用户可以通过用户子程序 UFLUIDPIPEFRICTION 来指定单元的摩擦因子。通过每个流管单元调用用户子程序来确定基于流体流动速度的摩擦因子。

输入文件用法：   * FLUID PIPE FLOW LOSS，TYPE = USER

为低雷诺数流动指定层流过渡

用户可以指定层流过渡参数，使流动计算从纯层流的线性方程转换到非线性迭代方程。当计算得到的雷诺数等于或者小于指定的层流过渡参数时，纯层流方程使用 Blasius 摩擦因

子。当管中的流动是零或者接近零时，此 Blasius 摩擦因子保证了更好的收敛性。默认的层流过渡流动雷诺数是 1.0。当计算得到的 *Re* 小于默认值或者指定的值时，不调用用户子程序 UFLUIDPIPEFRICTION。

输入文件用法： ＊FLUID PIPE FLOW LOSS，

LAMINAR FLOW TRANSITION = 雷诺数的值

指定初始条件和规定条件

用户可以在流管单元的节点上定义一个初始温度或者场分布。

输入文件用法： 使用下面的一个或者两个选项：

＊INITIAL CONDITIONS，TYPE = TEMPERATURE

＊INITIAL CONDITIONS，TYPE = FIELD

指定载荷和边界条件

流管单元允许指定节点上的压力边界条件和体积流速。在某个节点上，可以指定压力或者流速之一，但不能同时指定。用户也可以指定流管单元上的重力载荷以确定节点上的水头。

输入文件用法： 使用下面的选项指定进口处或者出口处的压力：

＊BOUNDARY

节点或者节点集合，8，8，大小

使用下面的选项指定进口处或者出口处的流速：

＊CFLOW

节点或者节点集，，大小

使用下面的选项在流管连接器单元上指定重力载荷：

＊DLOAD

单元或者单元集，*GRAV*，重力常数，分量 1，分量 2，分量 3

6.15.2 流管单元库

产品：Abaqus/Standard

参考

- ＊FLUID PIPE SECTION
- ＊FLUID PIPE FLOW LOSS

概览

本节提供 Abaqus/Standard 中可以使用的流管单元的参考。

单元类型

在二维模型中使用的单元

FP2D2：2节点线性单元。

有效自由度

8。

附加解变量

无。

在三维模型中使用的单元

FP3D2：2节点线性单元。

有效自由度

8。

附加解变量

无。

要求的节点坐标

二维：X，Y。

三维：X，Y，Z。

单元属性定义

两种可以使用的管单元（FP2D2和FP3D2）都是通过两个节点来定义的，这两个节点不能重合（不允许零长度的管）。用户必须将流管截面与管单元集合相关联。

输入文件用法：   *FLUID PIPE SECTION, ELSET = 名称

基于单元的载荷

分布载荷（表6-99）

如"分布载荷"（《Abaqus分析用户手册——指定条件、约束与相互作用卷》的1.4.3节）所描述的那样指定分布载荷。

表 6-99　基于单元的分布载荷

载荷标识 （＊DLOAD）	量　纲　式	说　　明
GRAV	LT^{-2}	指定方向上的重力载荷（大小输入成加速度）

单元输出（表 6-100）

表 6-100　流管单元输出

标　　识	说　　明
FPDPRESS	单元上的压力降
FPMFL	通过单元的质量流速
FPFLVEL	流体流过单元的速度

单元中的节点排序（图 6-115）

二维和三维单元

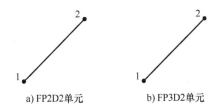

a) FP2D2单元　　　　b) FP3D2单元

图 6-115　单元中的节点排序

6.16 流管连接器单元和流管连接器单元库

6.16.1 流管连接器单元

产品：Abaqus/Standard

参考

- "流管连接器单元库"，6.16.2 节
- ∗FLUID PIPE CONNECTOR SECTION
- ∗FLUID PIPE CONNECTOR LOSS

概览

流管连接器单元：
- 允许用户仿真流管网中的离散黏性压力损失项。
- 可以用来仿真控制阀，允许用户降低和（或）增加流阻或者关闭流动。

Abaqus/Standard 中的流体连接器使用一个纯压力方程来模拟单相不可压缩流体通过管网中完全填充的连接处的稳态流动。

典型应用

通常使用流管连接器单元来仿真两个或者多个流管单元之间的连接（见"流管单元"，6.15.1 节），如阀门、T 形接头、扩散器等。

选择合适的单元

Abaqus 提供两种流管连接器单元。对于二维和轴对称分析，使用单元类型 FPC2D2；对于三维分析，使用单元类型 FPC3D2。

给流管连接器单元集合赋予材料定义

用户必须将一个材料定义与每个连接器单元截面属性进行关联。

为流管连接器截面定义的材料是指流过连接器的流体。必须为流体定义的属性是孔隙流体密度和黏度。对于黏度定义，流管连接器单元仅支持牛顿流体（见"黏度"，《Abaqus 分析用户手册——材料卷》的 6.1.4 节）。

输入文件用法：　　使用下面的全部选项：

*FLUID PIPE CONNECTOR SECTION, MATERIAL = 材料名称

*MATERIAL, NAME = 材料名称

*DENSITY, PORE FLUID

*VISCOSITY, DEFINITION = NEWTONIAN

流管连接器方程

采用水力面积和水力直径的形式来表达流管连接器单元的几何形体。水力直径使用横截面面积（A）和湿周（P）的形式表达成 $D_h = \dfrac{4A}{P}$。通过两个节点来定义流管连接器单元。与流管单元不同，流管连接器单元的几何长度在流体平衡方程中没有任何作用，因此，通常将两个节点模拟成重合的。在 Abaqus/Standard 中，将穿过流管连接器的黏性压力损失给成

$$\Delta P = K \frac{\rho V^2}{2}$$

式中，$\Delta P = (P_1 - P_2)$，P_1、P_2 是节点处的压力；V 是管中的流速；ρ 是流体的密度；K 是一个损失项。

通过连接器的质量的流动速度 Q 可以与流体和管直径相关联，关系式为 $Q = \rho A V$。

指定流管连接器的几何形体和连接器损失

Abaqus/Standard 支持四种不同类型的流管连接器损失项：

- 具有双向损失项的标准连接器类型。
- Hooper2K 连接器。
- Darby3K 连接器。
- 可用来定义双向损失项的用户子程序。

指定标准连接器损失项

标准流管连接器使用用户定义的恒定双向损失项 K_1 和 K_2。如果流动方向是从局部节点 1 到局部节点 2，则总压力损失是

$$\Delta P = K_1 \frac{\rho V^2}{2}$$

如果流动方向是从局部节点 2 到局部节点 1，则动力学压力损失是

$$\Delta P = K_2 \frac{\rho V^2}{2}$$

输入文件用法：　　*FLUID PIPE CONNECTOR LOSS, TYPE = CONNECTION

基于雷诺数来指定连接器损失

此方法利用 Hooper 2K 参数或者 Darby 3K 参数。可以在相关文献中找到不同种类连接器和阀的 K 值。2K 参数或者 3K 参数方法有时优先于双向损失项方法，因为它们包含雷诺数相关性。无论流动方向如何，流量相关的损失值是在分析中计算得到的，其公式为

$$\Delta P = K \frac{\rho V^2}{2}$$

Hooper 2K 损失项定义成

$$K = \frac{K_1}{Re} + K_\infty \left(1 + \frac{1}{D_n} \right)$$

式中，K_1 和 K_∞ 是恒定损失项。

Darby 3K 损失项定义成

$$K = \frac{K_1}{Re} + K_\infty \left(1 + \frac{K_d}{D_h^{0.3}} \right)$$

式中，K_1、K_∞ 和 K_d 是恒定损失项。

输入文件用法：　　　* FLUID PIPE CONNECTOR LOSS，TYPE = HOOPER2K
　　　　　　　　　　* FLUID PIPE CONNECTOR LOSS，TYPE = DARBY3K

使用用户子程序指定连接器损失

用户可以使用用户子程序 UFLUIDCONNECTORLOSS 为流管连接器单元指定双向连接器损失项（K_1 和 K_2）。与标准连接器相同，如果流动方向是从局部节点 1 到局部节点 2，则总压力损失是

$$\Delta P = K_1 \frac{\rho V^2}{2}$$

如果流动方向是从局部节点 2 到局部节点 1，则动力学压力损失是

$$\Delta P = K_2 \frac{\rho V^2}{2}$$

输入文件用法：　　　* FLUID PIPE CONNECTOR LOSS，TYPE = USER

为低雷诺数流动指定层流过渡

用户可以指定层流过渡参数，使流动计算从纯层流的，线性方程过渡到非线性迭代方程。Hooper 2K 和 Darby 3K 方法包含雷诺数相关性。因此，仅当通过这两种方法中的一种来定义连接器损失时，才能使用层流过渡。当连接器中的流量为零或者接近零时，该方法可确保更好的收敛。默认的层流过渡流动雷诺数是 1.0。当计算得到的 Re 小于默认值或者指定值时，不调用用户子程序 UFLUIDCONNECTORLOSS。

输入文件用法：　　　* FLUID PIPE CONNECTOR LOSS，
　　　　　　　LAMINAR FLOW TRANSITION = 雷诺数的值

指定控制阀行为

用户可以通过仿真存在的控制阀来控制连接器中的流动。默认情况下，不定义阀行为，

并且流体是充分流动的。激活阀行为后，调用用户子程序 UFLUIDCONNECTORLOSS 来确定阀开度，此开度值必须在 0.0 ~ 1.0 之间。仅当使用 Hooper 2K 和 Darby 3K 连接器损失方法时，阀控制选项才有效。这是因为连接器中的流量可以设置到零，并且在这些条件下使用层流过渡具有更好的收敛行为。

输入文件用法：　　∗FLUID PIPE CONNECTOR LOSS，VALVE CONTROL = USER

指定初始条件和指定条件

用户可以定义连接器单元节点上的初始温度或者场分布。

输入文件用法：　　使用下面的一个或者两个选项：
∗INITIAL CONDITIONS，TYPE = TEMPERATURE
∗INITIAL CONDITIONS，TYPE = FIELD

指定载荷和边界条件

流管连接器单元允许指定节点处的压力边界条件和体积流动速率。流动速率必须是非零的值。在某个节点处，可以指定一个压力或者流动速率，但是不能同时指定两个。因为流管连接器在流体平衡方程中不使用几何长度，所以这些单元不支持重力载荷。

输入文件用法：　　使用下面的选项指定进口处或者出口处的压力：
∗BOUNDARY
节点或者节点集合，8，8，大小
使用下面的选项指定进口处或者出口处的流动速率：
∗CFLOW
节点或者节点集合，大小

6.16.2　流管连接器单元库

产品：Abaqus/Standard

参考

- ∗FLUID PIPE CONNECTOR SECTION
- ∗FLUID PIPE CONNECTOR LOSS

概览

本节提供 Abaqus/Standard 中可以使用的流管连接器单元的参考。

单元类型

在二维模型中使用的单元

FPC2D2：2 节点线性单元。

有效自由度
8。

附加解变量
无。

在三维模型中使用的单元

FPC3D2：2 节点线性单元。

有效自由度
8。

附加解变量
无。

要求的节点坐标

二维：X, Y。
三维：X, Y, Z。

单元属性定义

这两种可以使用的流管连接器单元（FPC2D2 和 FPC3D2）都是通过两个节点来定义的，这两个节点可以重合。如果节点不重合，则在黏性损失计算中忽略流管连接器单元的长度。用户必须将流管连接器截面与流管连接器单元集合进行关联。

输入文件用法：　　＊FLUID PIPE CONNECTOR SECTION，ELSET＝名称

基于单元的载荷

无。

单元输出

FPMFL：单元上的压力降。

单元中的节点排序（图 6-116）

二维或者三维单元

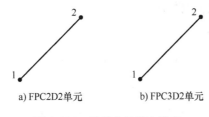

a) FPC2D2单元   b) FPC3D2单元

图 6-116 单元中的节点排序

6.17 用户定义的单元和用户定义的单元库

6.17.1 用户定义的单元

产品：Abaqus/Standard　　Abaqus/Explicit

参考

- "用户定义的单元库"，6.17.2 节
- "UEL"，《Abaqus 用户子程序参考手册》的 1.1.28 节
- "UELMAT"，《Abaqus 用户子程序参考手册》的 1.1.29 节
- "VUEL"，《Abaqus 用户子程序参考手册》的 1.2.14 节
- "获取 Abaqus 热材料"，《Abaqus 用户子程序参考手册》的 2.1.18 节
- "获取 Abaqus 材料"，《Abaqus 用户子程序参考手册》的 2.1.17 节
- *MATRIX
- *UEL PROPERTY
- *USER ELEMENT

概览

用户定义的单元：
- 可以是表达模型几何零件的通常意义上的有限单元。
- 可以是一些点上的反馈链接，在这些点上提供力，而这些力是模型中其他点上的位移值、速度值等的函数。
- 可以用来以非标准自由度的形式求解方程。
- 可以是线性的或者非线性的。
- 可以从 Abaqus 材料库中获取所选的材料。

给用户定义的单元赋予单元类型关键字

用户必须给用户定义的单元赋予单元类型关键字。单元类型关键字在 Abaqus/Standard

中必须是 Un 形式，在 Abaqus/Explicit 中必须是 VUn 形式，其中 n 是一个正整数，用来唯一地确定单元类型。例如，用户可以定义单元类型 U1、U2、U3、VU1、VU7 等。在 Abaqus/Standard 中，n 必须小于 10000；而在 Abaqus/Explicit 中，n 必须小于 9000。

使用单元类型关键字来确定单元定义中的单元。对于通用用户单元，在用户子程序 UEL、UELMAT 和 VUEL 中提供标识符的整数部分，以便对不同单元类型进行区分。

输入文件用法：   * USER ELEMENT，TYPE = 单元类型

调用用户定义的单元

用户定义的单元的调用方式与 Abaqus 中固有的单元相同：用户指定单元类型 Un 或者 VUn，并且定义与每个单元相关联的编号和节点（见"Abaqus 模型定义"，《Abaqus 分析用户手册——介绍、空间建模、执行与输出卷》的 1.3 节）。可以用常用的方式给单元集合赋予用户单元、单元属性定义的横截面参考、输出要求、分布载荷指定等。

材料定义（"材料数据定义"，《Abaqus 分析用户手册——材料卷》的 1.1.2 节）仅与 Abaqus/Standard 中用户定义的单元相关。如果给用户定义的单元赋予了一种材料（"给用户单元赋予 Abaqus 材料"），则将使用用户子程序 UELMAT 来定义单元响应。用户子程序 UELMAT 允许获取选择的 Abaqus 材料。如果没有指定材料定义，则必须在用户子程序 UEL 和 VUEL 中定义所有材料行为，以用户定义的材料常数和与单元相关联的解相关的状态变量为基础，在同一子程序中计算材料常数和状态变量。对于线性用户单元，所有材料行为必须通过用户定义的刚度矩阵来定义。

输入文件用法：   使用下面的选项调用用户定义的单元：
                  * USER ELEMENT，TYPE = 单元类型
                  * ELEMENT，TYPE = 单元类型

定义节点处的有效自由度

可以定义任何数量的单元类型，并在模型中使用这些单元定义。每个用户单元可以具有任何数量的节点，在每个节点处指定由单元使用的一组自由度。激活自由度应当遵循 Abaqus 约定（见"约定"，《Abaqus 分析用户手册——介绍、空间建模、执行与输出卷》的 1.2.2 节）。在 Abaqus/Standard 中，这是非常重要的，因为收敛准则是以自由度的数量为基础的。在 Abaqus/Explicit 中，激活自由度必须遵循 Abaqus 约定，因为这些自由度是唯一可以进行更新的自由度。

将信息传递给用户单元或者从用户单元获取信息时，Abaqus 总是在整体坐标系中工作。因此，应当始终在节点处关于整体方向定义用户单元刚度、质量等，即使在一些节点上应用了局部坐标转换（"坐标系转换"，《Abaqus 分析用户手册——介绍、空间建模，执行与输出卷》的 2.1.5 节）。

用户定义用户单元上的变量次序。标准和推荐的次序使得首先出现第一个节点处的自由度，然后是第二个节点上的自由度。例如，假定用户定义的单元类型是 3 节点平面梁，单元在第一个节点和第三个节点上使用自由度 1、2 和 6（u_x、u_y 和 ϕ_z），并且在第二个节点上

（中间的）使用自由度1和2。在此情况中，单元上变量的次序见表6-101。

表6-101　3节点平面梁节点自由度

单元变量编号	节　　点	自　由　度
1	1	1
2	1	2
3	1	6
4	2	1
5	2	2
6	3	1
7	3	2
8	3	6

　　将在大部分情况中使用此次序。然而，如果用户定义的单元矩阵的自由度不是这样的次序，则用户可以按照下面的方法改变自由度的次序。

　　用户指定单元每个节点上的有效自由度。如果所有单元节点的自由度是一样的，则用户仅需要指定一次自由度列表。否则，每当一个节点上的自由度与先前的自由度不同时，就需要指定一个新的自由度列表。因此，单元的不同节点可以使用不同的自由度；在耦合场问题中使用单元时，这是非常有用的，例如，单元的一些节点仅具有位移自由度，而其他节点具有位移自由度和温度自由度。此方法将产生单元变量的一种次序，使得第一个节点处的所有自由度最先出现，然后是第二个节点处的自由度，依此类推。

　　在 Abaqus/Standard 中，有两种定义单元变量编号的方法，对单元上的自由度进行不同的排序。

　　为单元定义节点连接性时，因为用户单元可以接受重复的节点编号，所以可以声明单元上的每个自由度具有一个节点。例如，如果单元是用于应力分析的平面3节点三角形单元，它具有三个节点，每个节点具有自由度1和2。如果所有自由度1首先出现在单元变量中，则可以将单元定义成具有6个节点，最初的三个节点具有自由度1，而节点4~6具有自由度2，见表6-102。

表6-102　3节点三角形单元的节点自由度

单元变量编号	节　　点	自　由　度
1	1	1
2	2	1
3	3	1
4	4	2
5	5	2
6	6	2

　　另外，可以将用户单元变量定义成便于以任意方式对单元上的自由度进行排序。用户为单元上的第一个节点指定自由度列表。节点连接编号小于下一个连接编号且指定了自由度列

表的所有节点将具有第一个自由度列表。将对所有节点使用第二个自由度列表，直到定义了新的列表，依此类推。如果新的自由度列表出现了节点连接编号小于或者等于之前列表给出的节点连接编号的情况，则将通过单元的最后节点来赋予之前列表的自由度。通过使用空的（空白的）自由度列表来指定节点连接性编号，可以在单元最后的节点之前停止此自由度生成。

例子

上面的过程连续使用此新列表来定义与新节点和新自由度相符的附加自由度。例如，一个3节点的梁，在节点1和3上具有自由度1、2和6，在节点2（中节点）上具有自由度1和2。要将自由度排序成首先是1，然后是2，最后是6，可以使用下面的输入：

```
*USER ELEMENT
1
1,2
1,6
2,
3,6
```

在此情况中，单元上的变量排序见表6-103。

表6-103　3节点梁单元变量排序

单元变量编号	节　点	自　由　度
1	1	1
2	2	1
3	3	1
4	1	2
5	2	2
6	3	2
7	1	6
8	3	6

Abaqus/Explicit 中激活自由度的要求

对于 VUn 类型用户单元的激活自由度，有以下附加要求：

● 仅可以激活自由度 1~6、8~11，因为在 Abaqus/Explicit 中只能更新这些自由度。（在 Abaqus/Standard 中，可以使用自由度 1~30）。

● 如果在一个节点上激活了一个平动自由度，则必须激活该节点上指定的最大坐标个数的所有平动自由度，并且该节点处的平动自由度必须是连续排序的。

● 在三维分析中，如果在节点上激活了一个转动自由度，则必须依次激活所有三个转动自由度。

例如，如果用户定义了一个 4 节点三维用户单元，在第一个节点和第四个节点上激活了平动和转动自由度，在第二个节点上仅激活温度自由度，在第三个节点上激活平动和温度自由度，则可以使用下面的输入：

```
*USER ELEMENT
1,2,3,4,5,6
2,11
3,1,2,3,11
4,1,2,3,4,5,6
```

几何非线性分析中的转动更新

在几何非线性分析中，如果在一个节点上使用了所有三个转动自由度（4、5 和 6），Abaqus 将假定转动自由度是有限转动。在此情况中，不是简单地将这些自由度的增量值添加到总值上：使用四元数更新方程来替代简单地添加到总值上的方式。类似地，不是将校正简单地添加到增量值上。更新过程见"转动变量"（《Abaqus 理论手册》的 1.3.1 节）和"约定"（《Abaqus 分析用户手册——介绍、空间建模、执行与输出卷》的 1.2.2 节）。

要避免 Abaqus/Standard 中通用非线性分析中的转动更新，用户可以在单元的节点连续性中定义重复的节点编号，使得在每个节点上，自由度列表中至少缺少自由度 4、5 或者 6 中的一个。

在 Abaqus/CAE 中可视化用户定义的单元

Abaqus/CAE 不支持显示用户单元。然而，如果用户单元包含位移自由度，则可以使用标准单元来替代它们，并且可以显示这些标准单元的模型，允许用户看到用户单元的形状。如果请求了用户单元变形后的网格显示，则必须选择用于覆盖的标准单元的材料属性，以保证不会因为包含了材料属性而改变解。如果使用此技术，则用户单元的节点将与标准单元的节点绑定。因此，用户单元中的自由度 1、2 和 3 必须对应于标准单元节点处的位移自由度。

定义 Abaqus/Standard 中的线性用户单元

仅能在 Abaqus/Standard 中定义线性用户单元。在最简单的情况中，可以将线性用户单元定义成一个刚度矩阵，如果需要，也可以定义成一个质量矩阵。可以从结果文件中读取这些矩阵，或者直接进行定义。

从 Abaqus/Standard 结果文件中读取单元矩阵

要从 Abaqus/Standard 结果文件中读取单元矩阵，必须已将之前分析中的刚度矩阵和（或）质量矩阵，作为单元矩阵输出（见"输出"中的"Abaqus/Standard 中的单元矩阵输出"）或者子结构矩阵输出（"定义子结构"中的"将恢复矩阵、缩减刚度矩阵、质量矩阵、载荷工况向量和重力向量写入文件中"，《Abaqus 分析用户手册——分析卷》的 5.1.2

节）写入结果文件中。

用户必须指定矩阵对应的单元编号 n 或者子程序标识符 Zn。对于以零件实例装配的形式定义的模型（"装配定义"，《Abaqus 分析用户手册——介绍、空间建模、执行与输出卷》的 2.10.1 节），写入结果文件的单元编号是由 Abaqus/Standard 生成的内部编号（见"输出"，《Abaqus 分析用户手册——介绍、空间建模、执行与输出卷》的 4.1.1 节）。在分析的数据文件中提供这些内部编号与原始单元编号和零件实例名称之间的映射，单元矩阵输出也写入此数据文件。

此外，对于单元矩阵输出，用户必须指定写出单元矩阵的步编号和增量编号。如果所使用子结构的矩阵在生成过程中就已输出，则不需要这些步编号和增量编号。

输入文件用法：　　* USER ELEMENT, FILE = 名称, OLD ELEMENT = n 或者 Zn, STEP = n, INCREMENT = n

通过直接指定矩阵来定义线性用户单元

如果用户直接定义了刚度和（或）质量矩阵，则必须指定与单元相关联的节点数量。

输入文件用法：　　* USER ELEMENT, LINEAR, NODES = n

定义单元矩阵是否是对称的

如果单元矩阵是不对称的，则用户可以要求 Abaqus/Standard 使用其非对称方程求解功能（见"定义一个分析"，《Abaqus 分析用户手册——分析卷》的 1.1.2 节）。

输入文件用法：　　* USER ELEMENT, LINEAR, NODES = n, UNSYMM

定义质量矩阵或者刚度矩阵

用户分别定义单元质量矩阵和单元刚度矩阵。如果单元是一个热传导单元，则"刚度矩阵"是热导率矩阵，"质量矩阵"是比热容矩阵。

用户可以定义单元的一个矩阵（质量矩阵或者刚度矩阵），或者定义两个矩阵。

用户可以从文件中读取质量和（或）刚度矩阵，或者直接对它们进行定义。在任何一种情况中，Abaqus/Standard 使用 F20 格式，每行读取四个值。此格式可确保以足够的精度读取数据。以 E20.14 格式书写的数据可以采用此种格式读取。

从矩阵的第一列开始，为每一列开始一个新的行。如果用户没有指定单元矩阵是不对称的，则仅给出从每一列的顶部到对角线项的矩阵输入：不给出对角线下面的项。如果用户指定的单元矩阵是不对称的，则从列的顶部开始给出每一列的所有项。

输入文件用法：　　使用下面的选项定义单元质量矩阵：
　　　　　　　　　* MATRIX, TYPE = MASS
　　　　　　　　使用下面的选项来定义单元刚度矩阵：
　　　　　　　　　* MATRIX, TYPE = STIFFNESS
　　　　　　　　使用下面的选项从文件中读取单元质量或者刚度矩阵：
　　　　　　　　　* MATRIX, TYPE = MASS 或者 STIFFNESS, INPUT = 文件名
　　　　　　　　例如，如果矩阵是对称的，则应当使用下面的数据行：

$$A_{11}$$

$$A_{12}, \quad A_{22}$$

$$A_{13}, \quad A_{23}, \quad A_{33}$$

$$A_{14}, \quad A_{24}, \quad A_{34}, \quad A_{44}$$

$$A_{15}, \quad A_{25}, \quad A_{35}, \quad A_{45}$$

$$A_{55}$$

$$A_{16}, \quad A_{26}, \quad A_{36}, \quad A_{46}$$

$$A_{56}, \quad A_{66}$$

$$\vdots$$

如果矩阵是非对称的，则应当使用下面的数据行：

$$A_{11}, \quad A_{21}, \quad A_{31}, \quad A_{41}$$

$$A_{51}, \quad A_{61}, \quad A_{71}, \quad A_{81}$$

$$\cdots$$

$$\cdots, \quad A_{m1}$$

$$A_{12}, \quad A_{22}, \quad A_{32}, \quad A_{42}$$

$$\vdots$$

其中，m 是矩阵的大小，A_{ij} 是第 i 行第 j 列的输入。

几何非线性分析

当在几何非线性分析中使用线性用户单元时，不对所提供的刚度矩阵进行更新来考虑诸如有限转动等的任何非线性效应。

定义单元属性

用户必须将属性定义与每个用户单元进行关联，即使没有与线性用户单元相关联的属性值（除了瑞利阻尼因子）。

输入文件用法：　　使用下面的选项将属性定义与用户单元集合进行关联：

　　　　　　　　*UEL PROPERTY，ELSET = 名称

为直接积分的动力学分析定义瑞利阻尼

用户可以为直接积分的动力学分析（"使用直接积分的隐式动力学分析"，《Abaqus 分析用户手册——分析卷》的 1.3.2 节）的线性用户单元定义瑞利阻尼因子。将瑞利阻尼因子定义成

$$[C] = \alpha[M] + \beta[K]$$

式中，$[C]$ 是阻尼矩阵；$[M]$ 是质量矩阵；$[K]$ 是刚度矩阵；α 和 β 是用户指定的阻尼因子。关于瑞利阻尼的更多内容见"材料阻尼"（《Abaqus 分析用户手册——材料卷》的 6.1.1 节）。

输入文件用法：　　　　*UEL PROPERTY，ELSET = 名称，ALPHA = α，BETA = β

定义载荷

用户可以采用常用的方法使用集中载荷和集中通量（见"集中载荷"，《Abaqus 分析用户手册——指定条件、约束与相互作用卷》的 1.4.3 节；"热载荷"，《Abaqus 分析用户手册——指定条件、约束与相互作用卷》的 1.4.4 节）对线性用户定义单元的节点施加点载荷、力矩和通量。

不能为线性用户单元定义分布载荷和通量。

定义通用用户单元

在 Abaqus/Standard 中，在用户子程序 UEL 和 UELMAT 中定义通用用户单元；在 Abaqus/Explicit 中，在用户子程序 VUEL 中定义通用用户单元。仅建议高级用户使用用户子程序中的用户单元。

定义与单元相关联的节点数量

用户必须指定与通用用户单元相关联的节点数量。用户可以定义不与其他单元连接的"内部"节点。

输入文件用法：　　* USER ELEMENT, NODES = n

定义 Abaqus/Standard 中的单元矩阵是否是对称的

如果单元对整体牛顿方法的雅可比算子矩阵的贡献不是对称的（即单元矩阵是不对称的），则用户可以要求 Abaqus/Standard 使用其非对称方程求解功能（见"定义一个分析"，《Abaqus 分析用户手册——分析卷》的 1.1.2 节）。

输入文件用法：　　* USER ELEMENT, NODES = n, UNSYMM

定义任何节点所需的最大坐标数量

用户可以在单元的任何节点上定义用户子程序 UEL、UELMAT 或者 VUEL 所需的最大坐标数量。Abaqus 为与此类型单元相关联的所有节点的坐标值赋予存储空间。每个节点处的默认最大坐标数量是 1。

Abaqus 将坐标的最大数量改变成用户指定的最大值，或者在用户单元有效自由度个数小于或者等于 3 的情况下，采用用户单元有效自由度个数的最大值。例如，如果用户指定坐标的最大数量是 1，并且用户单元的有效自由度是 2、3 和 6，则坐标的最大数量将变成 3。如果用户指定坐标的最大数量为 2，并且用户单元的有效自由度是 11 和 12，则最大坐标数量仍然是 2。

输入文件用法：　　* USER ELEMENT, COORDINATES = n

定义单元属性

用户可以定义与具体用户单元相关联的属性的数量，然后指定它们的数字值。

指定所需属性值的数量

可以定义任何数量的属性来形成一个通用用户单元。用户可以指定所需整数属性值的数量 n，以及所需实数（浮点）属性值的数量 m；所需值的总数量是这两个数的和。所需整数属性值的默认数量是 0，所需实数属性值的默认数量是 0。

整数属性值可以作为标识、指数、计数等在用户子程序 UEL、UELMAT 和 VUEL 内部使用。实数（浮点）属性值的例子是梁或者杆的横截面面积、壳的厚度以及定义单元材料行为的材料属性。

输入文件用法：   *USER ELEMENT, I PROPERTIES = n, PROPERTIES = m

指定单元属性的数字值

用户必须将用户单元属性定义与每个用户定义单元关联起来，即使没有要求属性值。每次为指定单元集中的用户单元调用子程序时，都把在属性定义中指定的属性值传递到用户子程序 UEL、UELMST 和 VUEL 中。

输入文件用法：   使用下面的选项将属性定义与用户单元集合关联起来：

        *UEL PROPERTY, ELSET = 名称

        要定义属性值，首先在数据行中输入所有浮点值，接着立即输入整数值。应当在除了最后一行的所有数据行中输入八个值，最后一行可以少于八个值。

给用户单元赋予一种 Abaqus 材料

如果一个用户单元可以使用 Abaqus 材料库，则必须定义材料并将其赋予用户单元。

输入文件用法：   使用下面的选项将材料赋予用户单元：

        *UEL PROPERTY, MATERIAL = 名称

        如果使用了此选项，则必须使用用户子程序 UELMAT 来定义单元在模型上的分布。否则，必须使用用户子程序 UEL。

赋予一个方向定义

如果一个用户单元可以使用 Abaqus 材料库，则用户可以将材料方向定义（见"方向"，《Abaqus 分析用户手册——介绍、空间建模、执行与输出卷》的 2.2.5 节）与用户单元相关联。方向定义为单元中的材料计算指定一个局部坐标系。假定局部坐标系在给定的单元中是统一的，并且以单元中心处的坐标为基础。

输入文件用法：   使用下面的选项将方向定义与用户单元关联起来：

        *UEL PROPERTY, ORIENTATION = 名称

指定单元类型

如果一个用户单元可以使用 Abaqus 材料库，则必须指定单元类型。

输入文件用法：   使用下面的选项定义应力/位移分析或者热传导分析中的三维单元：

        *USER ELEMENT, TENSOR = THREED

使用下面的选项定义热传导分析中的二维单元：

*USER ELEMENT, TENSOR = TWOD

使用下面的选项定义应力/位移分析中的平面应变单元：

*USER ELEMENT, TENSOR = PSTRAIN

使用下面的选项定义应力/位移分析中的平面应力单元：

*USER ELEMENT, TENSOR = PSTRESS

指定积分点的数量

如果用户单元可以使用 Abaqus 材料库，则必须指定积分点的数量。

输入文件用法：　　使用下面的选项指定积分点的数量：

*USER ELEMENT, INTEGRATION = n

定义必须存储在单元内的解相关变量的数量

必须定义必须存储在通用用户单元内部的解相关状态变量数量。默认的变量数量是1。

这种变量例子是用于单元内部计算的应变、应力、截面力和其他状态变量（如塑性模型中的硬化度量）。这些变量允许模拟非常通用的非线性运动和材料行为。必须计算这些解相关的状态变量，并在用户子程序 UEL、UELMAT 和 VUEL 中进行更新。

例如，假设单元具有四个数值积分点，在每个积分点处，用户希望存储应变、应力、非弹性应变和一个标量硬化变量来定义材料状态。假定是三维实体单元，则在每个积分点处具有六个应力和应变分量。因此，与每一个这样的单元相关的解变量数量是 $4 \times (6 \times 3 + 1) = 76$。

输入文件用法：　　*USER ELEMENT, VARIABLES = n

在用户子程序 UEL 中定义单元对模型的贡献

对于 Abaqus/Standard 中的通用用户单元，可以对用户子程序 UEL 进行编程来定义单元对模型的贡献。一旦需要关于用户定义单元的任何信息，Abaqus/Standard 就调用此程序。每次调用时，Abaqus/Standard 提供节点坐标值、与单元相关联的所有自由度处的所有解相关的节点变量（位移、增量位移、速度、加速度等），以及与单元相关联的解相关的状态变量在当前增量开始时的值。Abaqus/Standard 也提供与此单元相关联的所有用户定义的属性值，以及说明用户子程序必须执行何种功能的控制标识数组。依据此控制标识数组，子程序必须定义单元对剩余向量的贡献，定义单元对雅可比（刚度）矩阵的贡献，更新与单元相关联的解相关的状态变量，形成质量矩阵等。通常，在程序的一次单独调用中必须执行这些函数中的几个。

使用用户子程序 UEL 的单元方程

在通用分析步中，单元对模型的主要贡献是提供取决于节点变量 u^M 值的节点力 F^N，以及单元中解相关的状态变量 H^α：

$$F^N = F^N \left(u^M、H^\alpha、几何形体、属性、预定义场变量、分布载荷 \right)$$

这里用"力"一词来表示语句中与基本节点变量共轭的量：相关自由度是物理位移时的物理力，相关自由度是转动时的力矩，相关自由度是温度时的热流量等。F^N 中力的符号是外部力提供正的节点力值，而由单元中的应力、内部热通量等产生的"内"力提供负的节点力值。例如，在有限单元的机械平衡情况中，单元承受面牵引力 t 和体力 f 产生的 σ，插值 $\delta u = N^N \delta u^N$，$\delta \varepsilon = \beta^N \delta u^N$：

$$F^N = \int_S N^N \cdot t \mathrm{d}S + \int_V N^N \cdot f \mathrm{d}V - \int_V \beta^N : \sigma \mathrm{d}V$$

在通用程序中，Abaqus/Standard 通过牛顿方法求解整个方程组：

求解　　$\tilde{K}^{NM} c^M = R^N$

设置　　$u^N = u^N + c^N$

迭代

式中，R^N 是自由度 N 处的残余；$\tilde{K}^{NM}$ 是雅可比矩阵：

$$\tilde{K}^{NM} = -\frac{\mathrm{d}R^N}{\mathrm{d}u^M}$$

在这样的迭代中，用户必须定义 F^N，它是残余 R^N 的单元贡献，并且 $-\dfrac{\mathrm{d}F^N}{\mathrm{d}u^M}$ 是雅可比矩阵 $\tilde{K}^{NM}$ 的单元贡献。通过写出总微分 $-\mathrm{d}F^N / \mathrm{d}u^M$，可以说明对 $\tilde{K}^{NM}$ 的单元贡献应当包含所有直接的和间接的 F^N 与 u^M 的相关性。例如，H^α 一般取决于 u^M；因此，$-\mathrm{d}F^N / \mathrm{d}u^M$ 包含的项可能有

$$-\frac{\partial F^N}{\partial H^\alpha} \frac{\partial H^\alpha}{\partial u^M}$$

在瞬态分析过程中的使用

在瞬态热传导和动力学分析过程中，该问题也包括节点自由度变化率的时间积分。Abaqus/Standard 对不同过程采用的时间积分方法在《Abaqus 理论手册》中进行了详细的描述。例如，在瞬态热传导分析中，使用向后差分法：

$$\dot{u}_{t+\Delta t} = \frac{1}{\Delta t}(u_{t+\Delta t} - u_t)$$

因此，如果 F^N 取决于 u^M 和 $\dot{u}^M$（如用户单元包含热力存储的情况），则雅可比贡献应当包含项

$$-\frac{\partial F^N}{\partial \dot{u}^M} \left(\frac{\mathrm{d}\dot{u}}{\mathrm{d}u}\right)_{t+\Delta t}$$

式中，$(\mathrm{d}\dot{u} / \mathrm{d}u)_{t+\Delta t}$ 是从 $1/\Delta t$ 的时间积分过程得到的。

在 Abaqus/Standard 以时间积分一阶问题的所有情况中，始终不存储 $\dot{u}^M$，因为很容易通过 $\Delta u^M / \Delta t$ 得到，其中 $\Delta u^M = u_{t+\Delta t}^M - u_t^M$。然而，对于动力学系统的直接隐式积分（见"隐式动力学分析"，《Abaqus 理论手册》的 2.4.1 节），Abaqus/Standard 要求存储 $\dot{u}^M$ 和 $\ddot{u}^M$。因此，将这些值传递到子程序 UEL 中。如果用户单元包含取决于这些时间导数的作用（阻尼和惯性作用），则将包含雅可比贡献

$$-\frac{\partial F^N}{\partial u^M}-\frac{\partial F^N}{\partial \dot{u}^M}\left(\frac{\mathrm{d}\,\dot{u}}{\mathrm{d}u}\right)_{t+\Delta t}-\frac{\partial F^N}{\partial \ddot{u}^M}\left(\frac{\mathrm{d}\,\ddot{u}}{\mathrm{d}u}\right)_{t+\Delta t}$$

对于 Hilber-Hughes-Taylor 方法

$$\left(\frac{\mathrm{d}\,\dot{u}}{\mathrm{d}u}\right)_{t+\Delta t}=\frac{\gamma}{\beta\Delta t}$$

$$\left(\frac{\mathrm{d}\,\ddot{u}}{\mathrm{d}u}\right)_{t+\Delta t}=\frac{1}{\beta\Delta t^2}$$

式中，β 和 γ 是积分方法的（Newmark）参数。对于向后的欧拉时间积分，相同表达式中的 β 和 γ 等于一。项 $-\partial F^N/\partial \dot{u}^M$ 是单元的阻尼矩阵，$-\partial F^N/\partial \ddot{u}^M$ 是质量矩阵。

Hilber-Hughes-Taylor 方法将整体动力学平衡方程写成

$$-M^{NM}\ddot{u}_{t+\Delta t}+(1+\alpha)G^N_{t+\Delta t}-\alpha G^N_t=0$$

式中，G^N 是自由度 N 上的总力，不包括达朗贝尔（惯性）力。G^N 通常称为"静残差"。因此，如果用户单元与 Hilber-Hughes-Taylor 时间积分一起使用，则单元对整体残余的贡献 F^N 必须以相同的方式表达。因为 Abaqus/Standard 仅提供调用 UEL 的时间点上的信息，所以每次调用 UEL 时，必须使用 H_α 数组来恢复 G^N_t（以及 $G^N_{t^-}$，如果需要进行半增量残差计算，其中 t^- 表示 G^N 是之前增量开始时的值），并且必须使用 H_α 数组来存储 $G_{t+\Delta t}$（以及 G^N_t，如果需要进行半增量残差计算），以便用于下一个增量。如果将动力学步的数值阻尼控制参数 α 设置成零，则可以避免这样的复杂性；即动力学方程的积分使用梯形法则（详细内容见"使用直接积分的隐式动力学分析"，《Abaqus 分析用户手册——分析卷》的 1.3.2 节）。也可以使用向后欧拉时间积分算子来避免此复杂性，因为在步的结束处强行施加了动力学平衡。

如果在单元中使用了解相关的状态变量（H^α），则必须在子程序 UEL 中为这些变量编制合适的时间积分方法。任何与单元相关联的 u^N，如果没有与标准的 Abaqus/Standard 单元共享，则可以采用任何合适的技术在时间上积分。在此情况中，如果需要在某个时间点上存储 u^N、$\dot{u}^N$ 等的值，则可以使用解相关的状态变量数组 H_α。Abaqus/Standard 将使用任何与其使用的时间积分相关联的方程来计算并存储 $\dot{u}^N$ 和 $\ddot{u}^N$，但不需要使用这些值。为了保证精确、稳定的时间积分，用户可以控制 Abaqus/Standard 使用的时间增量大小。

使用拉格朗日乘子定义的约束

应当避免使用拉格朗日乘子的约束，因为 Abaqus/Standard 不能检测到这样的变量，并且不能通过合适的方程排序来避免奇异问题。

在用户子程序 UELMAT 中定义单元对模型的贡献

另外，对于 Abaqus/Standard 中的通用用户单元，可以在用户子程序 UELMAT 中编程来定义单元对模型的贡献。用户子程序 UELMAT 是用户子程序 UEL 的升级版本；因此，为用户子程序 UEL 提供的所有信息也适用于子程序 UELMAT。改进后允许用户从 UELMAT 中获取来自 Abaqus 材料库的一些材料模型。UELMAT 仅与可以使用 UEL 的过程子集一起使用：

- 静态的。
- 直接积分动力学的。
- 频率提取的。
- 稳态非耦合热传导。
- 瞬态非耦合热传导。

如果给用户单元赋予了一个 Abaqus 材料模型，则将调用用户子程序 UELMAT（见上面的"给用户单元赋予一种 Abaqus 材料"）；否则，将调用用户子程序 UEL。

从用户子程序 UELMAT 中获取 Abaqus 材料

Abaqus 允许用户从用户子程序 UELMAT 中获取来自 Abaqus 材料库的一些材料模型。可以通过工具程序 MATERIAL_LIB_MECH 和 MATERIAL_LIB_HT 访问材料模型（见"访问 Abaqus 热材料"，《Abaqus 用户子程序参考手册》的 2.1.18 节；"获取 Abaqus 材料"，《Abaqus 用户子程序参考手册》的 2.1.17 节）。每次调用用户子程序 UELMAT 时，都将标识设置成需要右侧向量和单元雅可比计算的值，必须为每个积分点调用材料库，在单元定义中设置积分点的数量（见"用户定义的单元"中的"指定积分点的数量"，6.17.1 节）。从用户子程序 UELMAT 中可以访问的材料模型是：

- 线弹性模型。
- 超弹性模型。
- Ramberg-Osgood 模型。
- 经典的金属塑性模型（Mises 和 Hill）。
- 扩展的 Drucker-Prager 模型。
- 改进的 Drucker-Prager/Cap 塑性模型。
- 多孔金属塑性模型。
- 弹性泡沫材料模型。
- 可压碎泡沫塑性模型。

在用户子程序 VUEL 中定义单元对模型的贡献

对于 Abaqus/Explicit 中的通用用户单元，必须对用户子程序 VUEL 进行编程来定义单元对模型的贡献。一旦需要关于用户定义单元的任何信息，Abaqus/Explicit 就调用此程序。每次调用，Abaqus/Explicit 将提供与单元相关联的所有自由度处的节点坐标值和所有解相关的节点变量（位移、速度、加速度等），以及在当前增量开始时与单元相关联的解相关的状态变量。增量位移是从之前的增量中得到的。Abaqus/Explicit 也提供与此单元相关联的所有用户定义属性的值，以及说明用户子程序必须执行何种功能的控制标识数组。根据此控制标识数组，子程序必须定义单元对内部或者外部力/通量向量的贡献，形成质量/容量矩阵，更新与单元相关联的解相关的状态变量等。

单元对模型的主要贡献是提供节点力 F^J，此节点力取决于节点变量 u^M 的值、节点变量 $\dot{u}^M$ 的速度，以及单元中解相关的状态变量 H^α：

$$F^J = F^J\,(u^M \,、\,\dot{u}^M \,、\,H^\alpha \,、\,几何形体、属性、预定义场变量、分布载荷)$$

此外，还可以定义单元质量矩阵 M^{NJ}。可选地，用户也可以定义由指定的分布载荷产生的来自单元的外部载荷贡献。在每个增量中，Abaqus/Explicit 使用下面的公式求解增量结束时的加速度

$$\ddot{u}^{N}_{(i)} = (M^{NJ})^{-1} (P^{J}_{(i)} - F^{J}_{(i)})$$

式中，P^J 是施加的载荷向量。使用质心差分方法对解（速度、位移）在时间上进行积分

$$\dot{u}^{N}_{(i+\frac{1}{2})} = \dot{u}^{N}_{(i-\frac{1}{2})} + \frac{\Delta t_{(i+1)} + \Delta t_{(i)}}{2} \ddot{u}^{N}_{(i)}$$

$$u^{N}_{(i+1)} = u^{N}_{(i)} + \Delta t_{(i+1)} \dot{u}^{N}_{(i+\frac{1}{2})}$$

对于耦合的温度/位移单元，在增量开始时使用以下公式计算温度

$$\dot{\theta}^{N}_{(i)} = (C^{NJ})^{-1} (P^{J}_{(i)} - F^{J}_{(i)})$$

式中，C^{NJ} 是集总容量矩阵；P^J 是施加的节点源；F^J 是内部通量向量。使用显式向前差分积分法则在时间上对温度进行积分

$$\theta^{N}_{(i+1)} = \theta^{N}_{(i)} + \Delta t_{(i+1)} \cdot \dot{\theta}^{N}_{(i)}$$

更多内容见"显式动力学分析"（《Abaqus 分析用户手册——分析卷》的 1.3.3 节），以及"完全耦合的热-应力分析"（《Abaqus 分析用户手册——分析卷》的 1.5.3 节）。在 F^J 中定义的力符号是外部力提供正的节点力值，单元中由应力、阻尼作、内部热通量等产生的"内部"力提供负的节点力值。由体积黏度产生的内部力取决于单元的缩放质量。为此，将必要的信息（体积黏度常数和质量缩放因子）传递到用户子程序中。

定义质量矩阵的要求

正如"显式动力学分析"（《Abaqus 分析用户手册——分析卷》的 1.3.3 节）所解释的那样，使得显式时间积分方法有效的是极其有效的质量反转过程。这是由于质量矩阵中的大部分非零输入是位于对角线的位置。唯一的例外是三维分析中的转动自由度，在此情况中，可以在每个节点处定义各向异性的转动惯量（对称的 3×3 张量）。在这些情况中，质量矩阵中的一些非零输入可以不在对角线上；但是反转过程是局部的，因此非常有效。在用户子程序 VUEL 中定义的质量矩阵必须遵循这些要求，如"VUEL"（《Abaqus 用户子程序参考手册》的 1.2.14 节）所说明的那样。如果用户指定了一个零质量矩阵或者跳过了所有质量矩阵定义，则 Abaqus/Explicit 将发出一个错误信息。

真实质量矩阵的定义不是必需的，但强烈建议对其进行定义。如果用户选择不使用用户子程序定义真实质量矩阵，则必须提供所有节点处的真实质量、转动惯量、热容等，以及与用户单元相关联的所有自由度。可以采用多种方法完成这些工作，例如，通过在节点处定义质量单元和转动惯量单元，或者通过将用户单元连接到指定有密度、热容等的其他单元。

仅在分析开始的时候计算质量一次。因此，在分析中不能任意改变用户单元的质量。如果需要，可以施加相应的质量缩放来确保所需时间增量。

定义稳定时间增量

因为质心差分算子是有条件稳定的，所以 Abaqus/Explicit 中的时间增量必须比稳定时间

增量小一些。用户必须为与用户单元相关联的稳定时间增量提供一个精确估值。此标量值主要取决于单元方程，并且可能需要对用户子程序进行复杂的编程以得到可靠的估值。保守的估值会降低整个分析的时间增量大小，从而导致较长的分析时间。

定义载荷

用户可以使用集中载荷和集中通量，采用常规的方法对通用用户定义的单元施加点载荷、力矩、通量等（见"集中载荷"，《Abaqus 分析用户手册——指定条件、约束与相互作用卷》的 1.4.2 节；"热载荷"，《Abaqus 分析用户手册——指定条件、约束与相互作用卷》的 1.4.4 节）。

用户也可以为通用的用户定义单元定义分布载荷和通量（见"分布载荷"，《Abaqus 分析用户手册——指定条件、约束与相互作用卷》的 1.4.3 节；"热载荷"，《Abaqus 分析用户手册——指定条件、约束与相互作用卷》的 1.4.4 节）。这些载荷需要载荷类型关键字。对于用户定义的单元，用户可以定义 Un 形式的载荷类型关键字，在 Abaqus/Standard 中为 UnNU 形式，其中 n 是任意正整数。

如果载荷类型关键字是 Un 形式，则载荷大小是直接定义的，并且遵循大小变化作为时间的函数的标准 Abaqus 约定。在 Abaqus/Standard 中，如果载荷关键字是 UnNU 形式，则所有载荷定义将在子程序 UEL 和 UELMAT 中完成。每次 Abaqus/Standard 调用子程序 UEL 或者 UELMAT 时，将告诉子程序当前激活了多少分布载荷/流量。对于每一种 Un 类型的有效载荷或者通量，Abaqus/Standard 给出了载荷的当前大小和当前大小中的增量。子程序 UEL 或者 UELMAT 的编程必须将载荷分布成一致的等效节点力，并且如果需要，应提供它们的雅可比矩阵贡献——"载荷刚度矩阵"。

在 Abaqus/Explicit 中，仅可以使用 Un 形式的载荷关键字，并且仅能用于分布载荷（然而，可以在子程序 VUEL 的编程中定义热通量）。每次 Abaqus/Explicit 调用子程序 VUEL 时，将告诉子程序当前激活的是哪一个载荷编号，以及载荷的大小。子程序 VUEL 的编程必须将载荷分布成一致的等效节点力。

定义输出

输出的所有量必须存储成解相关的状态变量。在 Abaqus/Standard 中，可以使用输出变量标识符 SDV 将解相关的状态变量打印或者写到结果文件中（见"Abaqus/Standard 输出变量标识符"，《Abaqus 分析用户手册——介绍、空间建模、执行与输出卷》的 4.2.1 节）。

在 Abaqus/CAE 中不能使用属于用户单元的解相关的状态变量的分量。用户可以采用表格的形式将输出写入单独的文件中，Abaqus/CAE 可以使用此文件生成历史输出。

定义波运动数据

在用户子程序 UEL 中提供了工具程序 GETWAVE 来获取为 Abaqus/Aqua 分析定义的波运动数据（见"Abaqus/Aqua 分析"，《Abaqus 分析用户手册——分析卷》的 1.11 节）。在"在 Abaqus/Aqua 分析中得到波运动数据"（《Abaqus 用户子程序参考手册》的 2.1.13 节）中讨论了此工具，其中定义了 GETWAVE 的参数及其使用的语法。

在接触中使用

在用户定义的单元上只能创建基于节点的面（见"基于节点的面定义"，《Abaqus 分析用户手册——介绍、指定条件、执行与输出卷》的 2.3.3 节）。因此，在接触分析中只能使用这些单元定义从面。在 Abaqus/Explicit 中，通用接触算法中不会自动包含用户单元。可以使用这些节点来定义基于节点的面，然后在通用接触定义中包含它们。

导入用户单元

不能从 Abaqus/Standard 分析中将用户单元导入 Abaqus/Explicit 分析中，反之亦然。可以在两种产品中同时定义等效的用户单元来克服此局限。然而，与这些单元相关联的状态变量不能进行通信。

6.17.2　用户定义的单元库

产品：Abaqus/Standard　　　Abaqus/Explicit

参考

- "用户定义的单元"，6.17.1 节
- "UEL"，《Abaqus 用户子程序参考手册》的 1.1.28 节
- "UELMAT"，《Abaqus 用户子程序参考手册》的 1.1.28 节
- "VUEL"，《Abaqus 用户子程序参考手册》的 1.2.14 节
- * MATRIX
- * UEL PROPERTY
- * USER ELEMENT

概览

本节提供 Abaqus/Standard 中和 Abaqus/Explicit 中可以使用的用户定义单元的参考。

单元类型（表 6-104）

表 6-104　用户定义的单元类型

标　识	说　　明
Un	n 必须是正整数（$0 < n < 10000$），在 Abaqus/Standard 中唯一地定义单元类型
VUn	n 必须是正整数（$0 < n < 10000$），在 Abaqus/Explicit 中唯一地定义单元类型

有效自由度

如用户单元定义中定义的那样。

附加解变量

用户可以定义与节点相关联的解变量，而这里的节点不与其他单元连接。然而，在Abaqus/Standard中，因为潜在的方程求解器问题，在用户单元中应当避免使用拉格朗日乘子的约束定义。

在Abaqus/Explicit中，不能使用拉格朗日乘子的约束定义，因为稳定时间增量将降低到无限小的值。

要求的节点坐标

线性用户单元不要求任何节点坐标。

对于通用用户单元，用户子程序UEL、UELMAT或者VUEL根据需要来要求节点坐标。在用户单元定义中指定了每个节点坐标的最大数量（见"用户定义的单元"中的"定义任何节点所需的最大坐标数量"，6.17.1节）。每个节点处的第一个坐标输入应当对应于标准Abaqus约定（X，Y，Z 或者轴对称单元的 r，z）。

单元属性定义

对于线性用户单元，属性是刚度和质量，通过用户定义的矩阵来定义，或者从Abaqus/Standard结果文件中读取。如果需要，用户可以为线性用户单元在单元属性定义中指定瑞利阻尼值。

对于通过用户子程序UEL、UELMAT或者VUEL定义的通用用户单元，在用户单元定义中定义单元属性的编号并提供单元属性定义中的数值。这些属性的定义取决于子程序UEL、UELMAT或者VUEL的编程。

输入文件用法：　　* UEL PROPERTY

基于单元的载荷

线性用户单元没有基于单元的载荷。

Un：对于通用用户单元，分布载荷或者通量的大小是通过分布载荷或者分布通量载荷的定义来给出的（见"分布载荷"，《Abaqus分析用户手册——指定条件、约束与相互作用卷》的1.4.3节；或者"热载荷"，《Abaqus分析用户手册——指定条件、约束与相互作用卷》的1.4.4节）。n 必须是正整数，传递到用户子程序UEL、UELMAT或者VUEL中来确定具体的载荷类型。

UnNU：仅用于Abaqus/Standard。对于通用用户单元，将分布载荷或者通量完全地定义成用户子程序UEL或者UELMAT内部的等效节点值。n 必须是正整数；当该载荷被激活时，将-n 传递到子程序 UEL 或者 UELMAT 中来确定载荷类型。n 前面的减号说明载荷是 NU 类型。

单元输出

对于线性用户单元，因为单元仅表现出刚度和质量，所有没有应力或者应变分量。

对于通用用户单元，必须通过子程序 UEL、UELMAT 或者 VUEL 的编程，将单元中的任何应力、应变或者其他解相关变量定义成解相关的状态变量。在 Abaqus/Standard 中，可以使用输出变量 SDV 来输出它们。

当前，用户定义的单元不支持单元输出到输出数据库。

单元中的节点排序

在用户单元定义中进行定义。

7　粒子单元

7.1 离散粒子单元和离散粒子单元库

7.1.1 离散粒子单元

产品：Abaqus/Explicit

参考

- "离散单元方法"，《Abaqus 分析用户手册——分析卷》的 10.1 节
- "离散粒子单元库"，7.1.2 节
- *DISCRETE SECTION

概览

离散粒子单元：

- 表示刚性、球状的单个粒子。
- 通常用于大量离散粒子单元彼此相互作用，并与其他物体相互作用的分析中。
- 仅用于显式动力学分析。
- 必须仅具有一个节点。

典型应用

离散粒子单元（PD3D）适用于包含沙砾等不连续介质的仿真。不连续单元方法（DEM）及其典型应用见"离散单元方法"（《Abaqus 分析用户手册——分析卷》的 10.1 节）。

定义单元的截面属性

用户必须将离散截面定义与离散粒子单元集合相关联。截面定义提供与 PD3D 单元相关联的密度和粒子半径。

输入文件用法： *DISCRETE SECTION，ELSET = 单元集合名称

粒子几何形体、质量和转动惯量

PD3D 单元是球形的，并且每个粒子具有均匀的密度。在离散截面定义中指定粒子半径和密度。Abaqus 使用这些量来计算 PD3D 单元的质量和转动惯量。每个离散粒子单元都很简单，但是由这些粒子组成的大系统和有限单元的相互作用可以仿真复杂的现象，如"离散单元方法"（《Abaqus 分析用户手册——分析卷》的 10.1 节）所描述的那样。

赋予单个离散截面定义的所有粒子通常具有相同的粒子大小和密度。但是通过为半径和（或）密度赋予分布名称，而不是标量数，也可以对赋予单个离散截面定义的粒子之间的半径和（或）密度指定变化。分布定义见"分布定义"（《Abaqus 分析用户手册——介绍、空间建模、执行与输出卷》的 2.8 节）。例如，如果考虑两种粒子大小，则简单地使用两个离散截面定义（每个截面定义中有一个粒子大小）可能是最方便的。

输入文件用法：　使用下面的选项定义粒子形状、密度和半径：

　　*DISCRETE SECTION, SHAPE = SPHERE, DENSITY = 粒子密度或者粒子密度分布表名称

　　粒子半径或者粒子半径分布表名称

Alpha 阻尼

用户可以像给点质量和转动惯量单元定义质量和惯量比例阻尼那样（见"点质量"，4.1.1 节；"转动惯量"，4.2.1 节），为 PD3D 单元定义质量和惯量比例阻尼。这些阻尼作用在单个粒子的平动速度和转动速度上（相对于"地"），并且独立于接触阻尼（作用在相邻粒子对的相对速度上）。与 Abaqus/Explicit 中其他类型的变形有限单元不同，PD3D 单元上没有整体黏性阻尼。小的质量比例阻尼有助于降低由接触条件的数值打开和数值关闭所产生的求解中的噪声。

输入文件用法：　使用下面的选项指定质量和转动惯量比例阻尼：

　　*DISCRETE SECTION, ALPHA = 阻尼因子，α

7.1.2　离散粒子单元库

产品：Abaqus/Explicit

参考

- "离散单元方法"，《Abaqus 分析用户手册——分析卷》的 10.1 节
- "离散粒子单元"，7.1.1 节
- *DISCRETE SECTION

概览

本节提供 Abaqus/Explicit 中可以使用的粒子单元的参考。

单元类型

力/位移单元

PD3D：1 节点离散粒子单元。

有效自由度

1、2、3、4、5、6。

要求的节点坐标

X, Y, Z。

单元属性定义

输入文件用法：　　∗ DISCRETE SECTION

基于单元的载荷

分布载荷

"分布载荷"（《Abaqus 分析用户手册——指定条件、约束与相互作用卷》的 1.4.3 节）
中描述的重力载荷是施加在离散单元上的最常见的分布载荷。用户在指定方向上定义重力载
荷，并将大小输入成加速度。

单元输出

离散粒子单元没有与其相关联的单元输出。当前，此单元可以使用的输出变量是作用在
离散粒子单元上的所有接触法向力 CNORMF 的结果，以及所有剪切力 CSHEARF 的结果
（详细内容见 "Abaqus/Explicit 输出变量标识符"，《Abaqus 分析用户手册——介绍、空间建
模、执行与输出卷》的 4.2.2 节）。

与单元相关联的节点

1 个节点。

7.2　连续粒子单元和连续粒子单元库

7.2.1　连续粒子单元

产品：Abaqus/Explicit

参考

- "光顺粒子流体动力学",《Abaqus 分析用户手册——分析卷》10.2.1 节
- "连续粒子单元库", 7.2.2 节
- ＊SOLID SECTION

概览

连续粒子单元：
- 仅用于显式动力学分析中。
- 只有一个节点。
- 具有一个积分点。
- 可以类似于连续单元那样进行初始化。
- 是完全材料充满的。

典型应用

连续粒子单元（PC3D）适合模拟发生极端变形的材料，如开放面流体流动或者实体结构去除/破碎。仅使用一个节点来定义此单元；然而，以给定节点（粒子）为中心的单元受到一个球形影响边界中所有粒子的影响，通常将此球形影响边界的半径称为光顺长度。光顺粒子流体动力（SPH）方程确定分析的每一个增量上，与给定粒子相关联的连接性。因为节点连接是不固定的，所以避免了严重的单元扭曲，因此，该方程允许非常高的应变梯度。

使用 1 节点的 PC3D 单元来定义所模拟体的面上和体内的点。像定义质量单元那样定义这些点，并且可以在空间中将节点布置成与规则的六面体网格的节点一样。光顺粒子流体动力网格通常是空间中的等距单元格，此单元格与要模拟的物体形状一致。

更多内容见"光顺粒子流体动力学"(《Abaqus 分析用户手册——分析卷》的 10.2.1 节)。

定义单元的截面属性

用户必须将实体截面定义与连续粒子单元集合相关联。截面定义提供与 PC3D 单元相关联的材料。

作为实体截面定义的一部分,用户可以定义特征长度。此特征长度不能与光顺长度混淆,它是用来计算粒子体积的。假定体积是边长等于指定特征长度两倍的立方体。

输入文件用法: * SOLID SECTION, ELSET = 单元集合名称

与粒子体积相关联的特征长度

其中,ELSET 参数表示粒子单元集合。

7.2.2 连续粒子单元库

产品:Abaqus/Explicit

参考

- "光顺粒子流体动力学",《Abaqus 分析用户手册——分析卷》的 10.2.1 节
- "连续粒子单元",7.2.1 节
- * SOLID SECTION

概览

本节提供 Abaqus/Explicit 中可以使用的粒子单元的参考。

单元类型

应力/位移单元

PC3D:1 节点连续粒子单元。

有效自由度

1、2、3。

要求的节点坐标

X,Y,Z。

单元属性定义

输入文件用法： ＊SOLID SECTION

基于单元的载荷

分布载荷

"分布载荷"（《Abaqus 分析用户手册——指定条件、约束与相互作用卷》的 1.4.3 节）所描述的重力载荷是粒子单元可以使用的唯一分布载荷。用户在指定方向上定义重力载荷，并将其大小输入成加速度。

单元输出

输出是在整体方向上的，除非通过截面定义给单元赋予了局部坐标系（见"方向"，《Abaqus 分析用户手册——介绍、空间建模、执行与输出卷》的 2.2.5 节），在此情况中，输出是在局部坐标系中的（此局部坐标系在大位移分析中随着运动而转动）。更多内容见"状态存储"（《Abaqus 理论手册》的 1.5.4 节）。

应力、应变和其他张量分量

可以使用应力、应变和其他张量。所有张量具有相同的分量。例如，应力分量见表 7-1。

表 7-1　应力分量

标　识	说　明
S11	XX，主应力
S22	YY，主应力
S33	ZZ，主应力
S12	XY，剪切应力
S13	XZ，剪切应力
S23	YZ，剪切应力

注：表中的次序与用户子程序 VUMAT 中使用的次序不同。

与单元相关联的节点

1 个节点。

附录

附录 A　Abaqus/Standard 单元索引

此索引（表 A-1）提供 Abaqus/Standard 中可以使用的所有单元类型的参考。以字母顺序列出单元，其中数字字符位于字母"A"之前，两位数字按数字顺序排列，而不是按"字母"顺序排列。即 AC1D2 在 ACAX4 的前面，AC3D20 在 AC3D8 的后面。

对于特定的选项，如接触和基于面的分布耦合，Abaqus 将生成内部单元（例如，为基于面的分布耦合生成 IDCOUP3D）。这些内部单元名称没有包含在附表 1 中，但是可以出现在输出数据库（.odb）或者数据（.dat）文件中。

表 A-1　Abaqus Standard 单元索引

标　识	说　明	章 节 号
AC1D2	2 节点声学链接单元	2.1.2
AC1D3	3 节点声学链接单元	2.1.2
AC2D3	3 节点线性二维声学三角形单元	2.1.3
AC2D4	4 节点线性二维声学四边形单元	2.1.3
AC2D6	6 节点二次二维声学三棱柱单元	2.1.3
AC2D8	8 节点二次二维声学四边形单元	2.1.3
AC3D4	4 节点线性声学四面体单元	2.1.4
AC3D5	5 节点线性声学金字塔单元	2.1.4
AC3D6	6 节点线性声学三棱柱单元	2.1.4
AC3D8	8 节点线性声学六面体单元	2.1.4
AC3D10	10 节点二次声学四面体单元	2.1.4
AC3D15	15 节点二次声学三棱柱单元	2.1.4
AC3D20	20 节点二次声学六面体单元	2.1.4
ACAX3	3 节点线性轴对称声学三角形单元	2.1.6
ACAX4	4 节点线性轴对称声学四面体单元	2.1.6
ACAX6	6 节点二次轴对称声学三角形单元	2.1.6
ACAX8	8 节点二次轴对称声学四边形单元	2.1.6
ACIN2D2	2 节点线性二维声学无限单元	2.3.2
ACIN2D3	3 节点二次二维声学无限单元	2.3.2
ACIN3D3	3 节点线性三维声学无限单元	2.3.2
ACIN3D4	4 节点线性三维声学无限单元	2.3.2
ACIN3D6	6 节点二次三维声学无限单元	2.3.2

（续）

标　识	说　明	章　节　号
ACIN3D8	8 节点二次三维声学无限单元	2.3.2
ACINAX2	2 节点线性轴对称声学无限单元	2.3.2
ACINAX3	3 节点二次轴对称声学无限单元	2.3.2
ASI1	1 节点声学界面单元	6.13.2
ASI2	2 节点线性二维声学界面单元（此单元名称已经改成 ASI2D2）	6.13.2
ASI2A	2 节点线性轴对称声学界面单元（此单元名称已经改成 ASIAX2）	6.13.2
ASI2D2	2 节点线性二维声学界面单元	6.13.2
ASI2D3	3 节点二次二维声学界面单元	6.13.2
ASI3	3 节点二次二维声学界面单元（此单元名称已经改成 ASI2D3）	6.13.2
ASI3A	3 节点二次轴对称声学界面单元（此单元名称已经改成 ASIAX3）	6.13.2
ASI3D3	3 节点线性三维声学界面单元	6.13.2
ASI3D4	4 节点线性三维声学界面单元	6.13.2
ASI3D6	6 节点二次三维声学界面单元	6.13.2
ASI3D8	8 节点二次三维声学界面单元	6.13.2
ASI4	4 节点线性三维声学界面单元（此单元名称已经改成 ASI3D4）	6.13.2
ASI8	8 节点二次三维声学界面单元（此单元名称已经改成 ASI3D8）	6.13.2
ASIAX2	2 节点线性轴对称声学界面单元	6.13.2
ASIAX3	3 节点二次轴对称声学界面单元	6.13.2
B21	平面中的 2 节点线性梁	3.3.8
B21H	平面中的 2 节点线性梁，杂交方程	3.3.8
B22	平面中的 3 节点二次梁	3.3.8
B22H	平面中的 3 节点二次梁，杂交方程	3.3.8
B23	平面中的 2 节点三次梁	3.3.8
B23H	平面中的 2 节点三次梁，杂交方程	3.3.8
B31	空间中的 2 节点线性梁	3.3.8
B31H	空间中的 2 节点线性梁，杂交方程	3.3.8
B31OS	空间中的 2 节点线性开放截面梁	3.3.8
B31OSH	空间中的 2 节点线性开放截面梁，杂交方程	3.3.8
B32	空间中的 3 节点二次梁	3.3.8
B32H	空间中的 3 节点二次梁，杂交方程	3.3.8
B32OS	空间中的 3 节点二次开放截面梁	3.3.8
B32OSH	空间中的 3 节点二次开放截面梁，杂交方程	3.3.8
B33	空间中的 2 节点三次梁	3.3.8

（续）

标　识	说　　明	章　节　号
B33H	空间中的2节点三次梁，杂交方程	3.3.8
C3D4	4节点线性四面体单元	2.1.4
C3D4E	4节点线性压电四面体单元	2.1.4
C3D4H	4节点线性四面体，线性压力杂交单元	2.1.4
C3D4P	4节点线性耦合的孔隙压力单元	2.1.4
C3D4PH	4节点线性耦合的孔隙压力，恒定压力杂交单元	2.1.4
C3D4PHT	4节点线性耦合的孔隙压力和温度，恒定压力杂交单元	2.1.4
C3D4PT	4节点线性耦合的孔隙压力和温度单元	2.1.4
C3D4T	4节点热耦合的四面体，线性位移和温度单元	2.1.4
C3D5	5节点线性金字塔单元	2.1.4
C3D5H	5节点线性金字塔恒定压力单元	2.1.4
C3D6	6节点线性三棱柱单元	2.1.4
C3D6E	6节点线性压电三棱柱单元	2.1.4
C3D6H	6节点线性三棱柱恒定压力单元	2.1.4
C3D6HT	6节点线性耦合的温度，恒定压力杂交单元	2.1.4
C3D6P	6节点线性耦合的孔隙压力单元	2.1.4
C3D6PH	6节点线性耦合的孔隙压力，恒定压力杂交单元	2.1.4
C3D6PHT	6节点线性耦合的孔隙压力和温度，恒定压力杂交单元	2.1.4
C3D6PT	6节点线性耦合的孔隙压力和温度单元	2.1.4
C3D6T	6节点热耦合的三棱柱，线性位移和温度单元	2.1.4
C3D8	8节点线性六面体单元	2.1.4
C3D8E	8节点线性压电六面体单元	2.1.4
C3D8H	8节点线性六面体恒定压力杂交单元	2.1.4
C3D8HT	8节点热耦合的六面体，三段线性位移和温度，恒定压力杂交单元	2.1.4
C3D8I	8节点线性六面体非协调模式单元	2.1.4
C3D8IH	8节点线性六面体，线性压力，非协调模式杂交单元	2.1.4
C3D8P	8节点六面体，三段线性位移，三段线性孔隙压力单元	2.1.4
C3D8PH	8节点六面体，三段线性位移，三段线性孔隙压力，恒定压力杂交单元	2.1.4
C3D8PHT	8节点六面体，三段线性位移，三段线性孔隙压力，三段线性温度、恒定压力杂交单元	2.1.4
C3D8PT	8节点六面体，三段线性位移，三段线性孔隙压力，三段线性温度单元	2.1.4
C3D8R	8节点线性六面体，具有沙漏控制的缩减积分单元	2.1.4

（续）

标　识	说　明	章 节 号
C3D8RH	8节点线性六面体，恒定压力，具有沙漏控制的缩减积分杂交单元	2.1.4
C3D8RHT	8节点热耦合的六面体，三段线性位移和温度，恒定压力，具有沙漏控制的缩减积分杂交单元	2.1.4
C3D8RP	8节点六面体，三段线性位移，三段线性孔隙压力的缩减积分单元	2.1.4
C3D8RPH	8节点六面体，三段线性位移，三段线性孔隙压力，恒定压力的缩减积分杂交单元	2.1.4
C3D8RPHT	8节点六面体，三段线性位移，三段线性孔隙压力，三段线性温度，恒定压力的缩减积分杂交单元	2.1.4
C3D8RPT	8节点六面体，三段线性位移，三段线性孔隙压力，三段线性温度的缩减积分单元	2.1.4
C3D8RT	8节点热耦合的六面体，三段线性位移和温度，具有沙漏控制的缩减积分单元	2.1.4
C3D8S	8节点线性六面体，改善面应力显示的单元	2.1.4
C3D8HS	8节点线性六面体，恒定压力，改善面应力显示的杂交单元	2.1.4
C3D8T	8节点热耦合的六面体，三段线性位移和温度单元	2.1.4
C3D10	10节点二次四面体单元	2.1.4
C3D10E	10节点二次压电四面体单元	2.1.4
C3D10H	10节点二次四面体恒定压力杂交单元	2.1.4
C3D10HT	10节点三次位移，三段线性温度，恒定压力杂交单元	2.1.4
C3D10HS	10节点通用二次四面体，改善面应力显示的单元	2.1.4
C3D10M	10节点改进的四面体，具有沙漏控制的单元	2.1.4
C3D10MH	10节点改进的二次四面体，线性压力，具有沙漏控制的杂交单元	2.1.4
C3D10MHT	10节点热耦合的改进二次四面体，线性压力，具有沙漏控制的杂交单元	2.1.4
C3D10MP	10节点改进的位移和孔隙压力四面体，具有沙漏控制的单元	2.1.4
C3D10MPH	10节点改进的位移和孔隙压力四面体，线性压力，具有沙漏控制的杂交单元	2.1.4
C3D10MPT	10节点改进的位移、孔隙压力和温度四面体，线性压力，具有沙漏控制的单元	2.1.4
C3D10MT	10节点热耦合的改进二次四面体，具有沙漏控制的单元	2.1.4
C3D10P	10节点三次位移，三段线性孔隙压力单元	2.1.4
C3D10PH	10节点三次位移，三段线性孔隙压力的恒定压力杂交单元	2.1.4

（续）

标　　识	说　　明	章　节　号
C3D10PHT	10 节点三次位移，三段线性孔隙压力，三段线性温度的恒定压力杂交单元	2.1.4
C3D10PT	10 节点三段二次位移，三段线性孔隙压力，三段线性温度单元	2.1.4
C3D10T	10 节点三段二次位移，三段线性温度单元	2.1.4
C3D15	15 节点二次三棱柱单元	2.1.4
C3D15E	15 节点二次压电三棱柱单元	2.1.4
C3D15H	15 节点二次三棱柱，线性压力杂交单元	2.1.4
C3D15V	15~18 节点三棱柱单元	2.1.4
C3D15VH	15~18 节点三棱柱，线性压力杂交单元	2.1.4
C3D20	20 节点二次六面体单元	2.1.4
C3D20E	20 节点二次压电六面体单元	2.1.4
C3D20H	20 节点二次六面体，线性压力杂交单元	2.1.4
C3D20HT	20 节点热耦合的六面体，三段二次位移，三段线性温度的线性压力杂交单元	2.1.4
C3D20P	20 节点六面体，三段二次位移，三段线性孔隙压力单元	2.1.4
C3D20PH	20 节点六面体，三段二次位移，三段线性孔隙压力的线性压力杂交单元	2.1.4
C3D20R	20 节点二次六面体缩减积分单元	2.1.4
C3D20RE	20 节点二次压电六面体缩减积分单元	2.1.4
C3D20RH	20 节点二次六面体，线性压力的缩减积分杂交单元	2.1.4
C3D20RHT	20 节点热耦合六面体，三段二次位移，三线性温度，线性压力的缩减积分杂交单元	2.1.4
C3D20RP	20 节点六面体，三段二次位移，三段线性孔隙压力的缩减积分单元	2.1.4
C3D20RPH	20 节点六面体，三段二次位移，三段线性孔隙压力，线性压力的缩减积分杂交单元	2.1.4
C3D20RT	20 节点热耦合的六面体，三段二次位移，三段线性温度的缩减积分单元	2.1.4
C3D20T	20 节点热耦合的六面体，三段二次位移，三段线性温度单元	2.1.4
C3D27	21~27 节点六面体单元	2.1.4
C3D27H	21~27 节点六面体线性压力杂交单元	2.1.4
C3D27R	21~27 节点六面体缩减积分单元	2.1.4
C3D27RH	21~27 节点六面体，线性压力的缩减积分杂交单元	2.1.4
CAX3	3 节点线性轴对称三角形单元	2.1.6

（续）

标　识	说　明	章 节 号
CAX3E	3 节点线性轴对称压电三角形单元	2.1.6
CAX3H	3 节点线性轴对称三角形，恒定压力的杂交单元	2.1.6
CAX3T	3 节点轴对称热耦合三角形，线性位移和温度单元	2.1.6
CAX4	4 节点双线性轴对称四边形单元	2.1.6
CAX4E	4 节点双线性轴对称压电四边形单元	2.1.6
CAX4H	4 节点双线性轴对称四边形，恒定压力杂交单元	2.1.6
CAX4HT	4 节点轴对称热耦合的四边形，双线性位移和温度的恒定压力杂交单元	2.1.6
CAX4I	4 节点双线性轴对称四边形非协调模式单元	2.1.6
CAX4IH	4 节点双线性轴对称四边形，线性压力，非协调模式杂交单元	2.1.6
CAX4P	4 节点轴对称四边形，双线性位移，双线性孔隙压力单元	2.1.6
CAX4PH	4 节点轴对称四边形，双线性位移，双线性孔隙压力的恒定压力杂交单元	2.1.6
CAX4PT	4 节点轴对称四边形，双线性位移，双线性孔隙压力，双线性温度单元	2.1.6
CAX4R	4 节点双线性轴对称四边形，具有沙漏控制的缩减积分单元	2.1.6
CAX4RH	4 节点双线性轴对称四边形，恒定压力，具有沙漏控制的缩减积分杂交单元	2.1.6
CAX4RHT	4 节点热耦合的轴对称四边形，双线性位移和温度，具有沙漏控制的缩减积分单元	2.1.6
CAX4RP	4 节点轴对称四边形，双线性位移，双线性孔隙压力的缩减积分单元	2.1.6
CAX4RPH	4 节点轴对称四边形，双线性位移，双线性孔隙压力，恒定压力的缩减积分杂交单元	2.1.6
CAX4RPHT	4 节点轴对称四边形，双线性位移，双线性孔隙压力，双线性温度，恒定压力的缩减积分杂交单元	2.1.6
CAX4RPT	4 节点轴对称四边形，双线性位移，双线性孔隙压力，双线性温度的缩减积分单元	2.1.6
CAX4RT	4 节点热耦合的轴对称四边形，双线性位移和温度，恒定压力，具有沙漏控制的缩减积分杂交单元	2.1.6
CAX4T	4 节点轴对称热耦合的四边形，双线性位移和温度单元	2.1.6
CAX6	6 节点二次轴对称三角形单元	2.1.6
CAX6E	6 节点二次轴对称压电三角形单元	2.1.6

（续）

标　识	说　明	章　节　号
CAX6H	6节点二次轴对称三角形，具有沙漏控制的单元	2.1.6
CAX6M	6节点改进的轴对称三角形，具有沙漏控制的单元	2.1.6
CAX6MH	6节点改进的二次轴对称三角形，线性压力，具有沙漏控制的杂交单元	2.1.6
CAX6MHT	6节点改进的轴对称热耦合三角形，线性压力，具有沙漏控制的杂交单元	2.1.6
CAX6MP	6节点改进的位移和孔隙压力轴对称三角形，具有沙漏控制的单元	2.1.6
CAX6MPH	6节点改进的位移和孔隙压力轴对称三角形，线性压力，具有沙漏控制的杂交单元	2.1.6
CAX6MT	6节点改进的轴对称热耦合三角形，线性压力，具有沙漏控制的单元	2.1.6
CAX8	8节点双二次轴对称四边形单元	2.1.6
CAX8E	8节点双二次轴对称压电四边形单元	2.1.6
CAX8H	8节点双二次轴对称四边形，线性压力杂交单元	2.1.6
CAX8HT	8节点轴对称热耦合的四边形，双二次位移，双线性温度的线性压力杂交单元	2.1.6
CAX8P	8节点轴对称四边形，双二次位移，双线性孔隙压力单元	2.1.6
CAX8PH	8节点轴对称四边形，双二次位移，双线性孔隙压力的线性压力杂交单元	2.1.6
CAX8R	8节点双二次轴对称四边形缩减积分单元	2.1.6
CAX8RE	8节点双二次轴对称压电四边形缩减积分单元	2.1.6
CAX8RH	8节点双二次轴对称四边形，线性压力的缩减积分杂交单元	2.1.6
CAX8RHT	8节点轴对称的热耦合四边形，双二次位移，双线性温度，线性压力的缩减积分杂交单元	2.1.6
CAX8RP	8节点轴对称四边形，双二次位移，双线性孔隙压力的缩减积分单元	2.1.6
CAX8RPH	8节点轴对称四边形，双二次位移，双线性孔隙压力，线性压力的缩减积分杂交单元	2.1.6
CAX8RT	8节点轴对称热耦合的四边形，双二次位移，双线性温度的缩减积分单元	2.1.6
CAX8T	8节点轴对称热耦合的四边形，双二次位移，双线性温度单元	2.1.6
CAXA4N	双线性非对称-轴对称，每个 r-z 平面具有 4 个节点的傅里叶四边形单元	2.1.7

（续）

标　识	说　明	章　节　号
CAXA4H*N*	双线性非对称-轴对称，每个 r-z 平面具有 4 个节点的傅里叶四边形，傅里叶压力恒定的杂交单元	2.1.7
CAXA4R*N*	双线性非对称-轴对称，每个 r-z 平面具有 4 个节点的傅里叶四边形，在 r-z 平面中缩减积分，具有沙漏控制的单元	2.1.7
CAXA4RH*N*	双线性非对称-轴对称，每个 r-z 平面具有 4 个节点的傅里叶四边形，傅里叶压力恒定，在 r-z 平面中缩减积分的杂交单元	2.1.7
CAXA8*N*	双二次非对称-轴对称，每个 r-z 平面具有 8 个节点的傅里叶四边形单元	2.1.7
CAXA8H*N*	双二次非对称-轴对称，每个 r-z 平面具有 8 个节点的傅里叶四边形，线性傅里叶压力杂交单元	2.1.7
CAXA8P*N*	双二次非对称-轴对称，每个 r-z 平面具有 8 个节点的傅里叶四边形，双线性傅里叶孔隙压力单元	2.1.7
CAXA8R*N*	双二次非对称-轴对称，每个 r-z 平面具有 8 个节点的傅里叶四边形，在 r-z 平面中缩减积分的单元	2.1.7
CAXA8RH*N*	双二次非对称-轴对称，每个 r-z 平面具有 8 个节点的傅里叶四边形，线性傅里叶压力，在 r-z 平面中缩减积分的杂交单元	2.1.7
CAXA8RP*N*	双二次非对称-轴对称，每个 r-z 平面具有 8 个节点的傅里叶四边形，双线性傅里叶孔隙压力，在 r-z 平面中缩减积分的单元	2.1.7
CCL9	9 节点圆柱楔形单元	2.1.5
CCL9H	9 节点圆柱杂交楔形单元	2.1.5
CCL12	12 节点圆柱六面体单元	2.1.5
CCL12H	12 节点圆柱杂交六面体单元	2.1.5
CCL18	18 节点圆柱楔形单元	2.1.5
CCL18H	18 节点圆柱杂交楔形单元	2.1.5
CCL24	24 节点圆柱六面体单元	2.1.5
CCL24H	24 节点圆柱杂交六面体单元	2.1.5
CCL24R	24 节点圆柱六面体缩减积分单元	2.1.5
CCL24RH	24 节点圆柱杂交六面体缩减积分单元	2.1.5
CGAX3	3 节点广义线性轴对称三角形翘曲单元	2.1.6
CGAX3H	3 节点广义线性轴对称三角形，恒定压力的翘曲杂交单元	2.1.6
CGAX3HT	3 节点广义轴对称热耦合的三角形，恒定压力不变，线性位移和温度的翘曲杂交单元	2.1.6
CGAX3T	3 节点广义轴对称热耦合的三角形，线性位移和温度的翘曲单元	2.1.6
CGAX4	4 节点广义双线性轴对称四边形翘曲单元	2.1.6
CGAX4H	4 节点广义双线性轴对称四边形，恒定压力的翘曲杂交单元	2.1.6

（续）

标　识	说　　明	章　节　号
CGAX4HT	4 节点广义轴对称热耦合四边形，恒定压力，双线性位移和温度的翘曲杂交单元	2.1.6
CGAX4R	4 节点广义双线性轴对称四边形，具有沙漏控制的缩减积分翘曲单元	2.1.6
CGAX4RH	4 节点广义双线性轴对称四边形，恒定压力，具有沙漏控制的缩减积分翘曲单元	2.1.6
CGAX4RHT	4 节点广义轴对称热耦合四边形，双线性位移和温度，恒定压力，具有沙漏控制的缩减积分翘曲单元	2.1.6
CGAX4RT	4 节点广义轴对称热耦合四边形，双线性位移和温度，具有沙漏控制的缩减积分翘曲单元	2.1.6
CGAX4T	4 节点广义轴对称热耦合四边形，双线性位移和温度翘曲单元	2.1.6
CGAX6	6 节点广义四边形轴对称三角形翘曲单元	2.1.6
CGAX6H	6 节点广义四边形轴对称三角形，线性压力的翘曲杂交单元	2.1.6
CGAX6M	6 节点广义的改进轴对称三角形，具有沙漏控制的翘曲单元	2.1.6
CGAX6MH	6 节点广义改进轴对称三角形，线性压力，具有沙漏控制的翘曲杂交单元	2.1.6
CGAX6MHT	6 节点广义改进热耦合轴对称三角形，二次位移，线性温度，线性压力，具有沙漏控制的翘曲杂交单元	2.1.6
CGAX6MT	6 节点广义改进热耦合轴对称三角形，二次位移，线性温度，具有沙漏控制的翘曲单元	2.1.6
CGAX8	8 节点广义双二次轴对称四边形翘曲单元	2.1.6
CGAX8H	8 节点广义双线性轴对称四边形，线性压力的翘曲杂交单元	2.1.6
CGAX8HT	8 节点广义轴对称热耦合四边形，双二次位移，双线性温度，线性压力的翘曲杂交单元	2.1.6
CGAX8R	8 节点广义的双二次轴对称四边形，缩减积分的翘曲单元	2.1.6
CGAX8RH	8 节点广义双二次轴对称四边形，线性压力的缩减积分翘曲杂交单元	2.1.6
CGAX8RHT	8 节点广义轴对称热耦合四边形，双二次位移，双线性温度，线性压力的缩减积分翘曲杂交单元	2.1.6
CGAX8RT	8 节点广义轴对称热耦合四边形，双二次位移，双线性温度的缩减积分翘曲单元	2.1.6
CGAX8T	8 节点广义轴对称热耦合四边形，双二次位移，双线性温度翘曲单元	2.1.6
CIN3D8	8 节点线性单向无限六面体单元	2.3.2
CIN3D12R	12 节点四边形单向无限六面体单元	2.3.2

（续）

标　识	说　明	章　节　号
CIN3D18R	18 节点四边形单向无限六面体单元	2.3.2
CINAX4	4 节点线性轴对称单向无限四边形单元	2.3.2
CINAX5R	5 节点二次轴对称单向无限四边形单元	2.3.2
CINPE4	4 节点线性平面应变单向无限四边形单元	2.3.2
CINPE5R	5 节点二次平面应变单向无限四边形单元	2.3.2
CINPS4	4 节点线性平面应力单向无限四边形单元	2.3.2
CINPS5R	5 节点二次平面应力单向无限四边形单元	2.3.2
COD2D4P	6 节点二维孔隙压力，具有从 Darcy 流动到 Poiseuille 流动过渡的胶粘单元	6.5.9
COD3D6P	9 节点三维孔隙压力，具有从 Darcy 流动到 Poiseuille 流动过渡的胶粘单元	6.5.10
COD3D8P	12 节点三维孔隙压力，具有从 Darcy 流动到 Poiseuille 流动过渡的胶粘单元	6.5.10
CODAX4P	6 节点轴对称孔隙压力，具有从 Darcy 流动到 Poiseuille 流动过渡的胶粘单元	6.5.11
COH2D4	4 节点二维胶粘单元	6.5.9
COH2D4P	6 节点二维孔隙压力胶粘单元	6.5.9
COH3D6	6 节点三维胶粘单元	6.5.10
COH3D6P	9 节点三维孔隙压力胶粘单元	6.5.10
COH3D8	8 节点三维胶粘单元	6.5.10
COH3D8P	12 节点三维孔隙压力胶粘单元	6.5.10
COHAX4	4 节点轴对称胶粘单元	6.5.11
COHAX4P	6 节点轴对称孔隙压力胶粘单元	6.5.11
CONN2D2	平面中两个节点之间或者地与节点之间的连接器单元	5.1.4
CONN3D2	空间中两个节点之间或者地与节点之间的连接器单元	5.1.4
CPE3	3 节点线性平面应变三角形单元	2.1.3
CPE3E	3 节点线性平面应变压电三角形单元	2.1.3
CPE3H	3 节点线性平面应变三角形，恒定压力杂交单元	2.1.3
CPE3T	3 节点平面应变热耦合的三角形，线性位移和温度单元	2.1.3
CPE4	4 节点双线性平面应变四边形单元	2.1.3
CPE4E	4 节点双线性平面应变压电四边形单元	2.1.3
CPE4H	4 节点双线性平面应变四边形，恒定压力杂交单元	2.1.3
CPE4HT	4 节点平面应变热耦合的四边形，双线性位移和温度，恒定压力杂交单元	2.1.3
CPE4I	4 节点双线性平面应变四边形，非协调模式单元	2.1.3

标　识	说　明	章　节　号
CPE4IH	4节点双线性平面应变四边形，线性压力的非协调模式杂交单元	2.1.3
CPE4P	4节点平面应变四边形，双线性位移，双线性孔隙压力单元	2.1.3
CPE4PH	4节点平面应变四边形，双线性位移，双线性孔隙压力，恒定压力杂交单元	2.1.3
CPE4R	4节点双线性平面应变四边形，具有沙漏控制的缩减积分单元	2.1.3
CPE4RH	4节点双线性平面应变四边形，恒定压力，具有漏控制的缩减积分杂交单元	2.1.3
CPE4RHT	4节点双线性平面应变热耦合的四边形，恒定压力，具有沙漏控制的缩减积分杂交单元	2.1.3
CPE4RP	4节点平面应变四边形，双线性位移，双线性孔隙压力，具有沙漏控制的缩减积分单元	2.1.3
CPE4RPH	4节点平面应变四边形，双线性位移，双线性孔隙压力，恒定压力，具有沙漏控制的缩减积分杂交单元	2.1.3
CPE4RT	4节点双线性平面应变热耦合的四边形，双线性位移和温度，具有沙漏控制的缩减积分单元	2.1.3
CPE4T	4节点平面应变热耦合的四边形，双线性位移和温度单元	2.1.3
CPE6	6节点二次平面应变三角形单元	2.1.3
CPE6E	6节点二次平面应变压电三角形单元	2.1.3
CPE6H	6节点二次平面应变三角形，线性压力杂交单元	2.1.3
CPE6M	6节点改进的二次平面应变三角形，具有沙漏控制的单元	2.1.3
CPE6MH	6节点改进的二次平面应变三角形，线性压力，具有沙漏控制的杂交单元	2.1.3
CPE6MHT	6节点改进的二次平面应变热耦合的三角形，线性压力，具有沙漏控制的杂交单元	2.1.3
CPE6MP	6节点改进的位移和孔隙压力平面应变三角形，具有沙漏控制的单元	2.1.3
CPE6MPH	6节点改进的位移和孔隙压力平面应变三角形，线性压力，具有沙漏控制的杂交单元	2.1.3
CPE6MT	6节点改进的二次平面应变热耦合的三角形，具有沙漏控制的单元	2.1.3
CPE8	8节点双二次平面应变四边形单元	2.1.3
CPE8E	8节点双二次平面应变压电四边形单元	2.1.3
CPE8H	8节点双二次平面应变四边形，线性压力杂交单元	2.1.3

（续）

标　识	说　　明	章节号
CPE8HT	8节点平面应变热耦合的四边形，双二次位移，双线性温度，线性压力杂交单元	2.1.3
CPE8P	8节点平面应变四边形，双二次位移，双线性孔隙压力单元	2.1.3
CPE8PH	8节点平面应变四边形，双二次位移，双线性孔隙压力，线性压应力杂交单元	2.1.3
CPE8R	8节点双二次平面应变四边形缩减积分单元	2.1.3
CPE8RE	8节点双二次平面应变压电四边形缩减积分单元	2.1.3
CPE8RH	8节点双二次平面应变四边形，线性压力的缩减积分杂交单元	2.1.3
CPE8RHT	8节点平面应变热耦合的四边形，双二次位移，双线性温度，线性压力的缩减积分杂交单元	2.1.3
CPE8RP	8节点平面应变四边形，双二次位移，双线性孔隙压力的缩减积分单元	2.1.3
CPE8RPH	8节点双二次位移，双线性孔隙压力，线性压力的缩减积分杂交单元	2.1.3
CPE8RT	8节点平面应变热耦合的四边形，双二次位移，双线性温度的缩减积分单元	2.1.3
CPE8T	8节点平面应变热耦合的四边形，双二次位移，双线性温度单元	2.1.3
CPEG3	3节点线性广义平面应变三角形单元	2.1.3
CPEG3H	3节点线性广义平面应变三角形，恒定压力杂交单元	2.1.3
CPEG3HT	3节点广义平面应变热耦合的三角形，线性位移和温度，恒定压力杂交单元	2.1.3
CPEG3T	3节点广义平面应变热耦合的三角形，线性位移和温度单元	2.1.3
CPEG4	4节点双线性广义平面应变四边形单元	2.1.3
CPEG4H	4节点双线性广义平面应变四边形，恒定压力杂交单元	2.1.3
CPEG4HT	4节点广义平面应变热耦合的四边形，双线性位移和温度，恒定压力杂交单元	2.1.3
CPEG4I	4节点双线性广义平面应变四边形，非协调模式单元	2.1.3
CPEG4IH	4节点双线性广义平面应变四边形，线性压力，非协调模式杂交单元	2.1.3
CPEG4R	4节点双线性广义平面应变四边形，具有沙漏控制的缩减积分单元	2.1.3
CPEG4RH	4节点双线性广义平面应变四边形，恒定压力，具有沙漏控制的缩减积分杂交单元	2.1.3

（续）

标　识	说　　明	章　节　号
CPEG4RHT	4节点广义平面应变热耦合四边形，双线性位移和温度，恒定压力，具有沙漏控制的缩减积分杂交单元	2.1.3
CPEG4RT	4节点广义平面应变热耦合四边形，双线性位移和温度，具有沙漏控制的缩减积分单元	2.1.3
CPEG4T	4节点广义平面应变热耦合四边形，双线性位移和温度单元	2.1.3
CPEG6	6节点二次广义平面应变三角形单元	2.1.3
CPEG6H	6节点二次广义平面应变三角形，线性压力杂交单元	2.1.3
CPEG6M	6节点改进的广义平面应变三角形，具有沙漏控制的单元	2.1.3
CPEG6MH	6节点改进的广义平面应变三角形，线性压力，具有沙漏控制的杂交单元	2.1.3
CPEG6MHT	6节点改进的广义平面应变热耦合三角形，二次位移，线性温度，恒定压力，具有沙漏控制的杂交单元	2.1.3
CPEG6MT	6节点改进的广义平面应变热耦合三角形，二次位移，线性温度，具有沙漏控制的单元	2.1.3
CPEG8	8节点双二次广义平面应变四边形单元	2.1.3
CPEG8H	8节点双二次广义平面应变四边形，线性压力杂交单元	2.1.3
CPEG8HT	8节点广义平面应变热耦合的四边形，双二次位移，双线性温度，线性压力杂交单元	2.1.3
CPEG8R	8节点双二次广义平面应变四边形缩减积分单元	2.1.3
CPEG8RH	8节点双二次广义平面应变四边形，线性压力的缩减积分杂交单元	2.1.3
CPEG8RHT	8节点广义平面应变热耦合四边形，双二次位移，双线性温度，线性压力的缩减积分杂交单元	2.1.3
CPEG8T	8节点广义平面应变热耦合四边形，双二次位移，双线性温度单元	2.1.3
CPS3	3节点线性平面应力三角形单元	2.1.3
CPS3E	3节点线性平面应力压电三角形单元	2.1.3
CPS3T	3节点平面应力热耦合三角形线性位移和温度单元	2.1.3
CPS4	4节点双线性平面应力四边形单元	2.1.3
CPS4E	4节点双线性平面压力压电四边形单元	2.1.3
CPS4I	4节点双线性平面应力四边形非协调模式单元	2.1.3
CPS4R	4节点双线性平面应力四边形，具有沙漏控制的缩减积分单元	2.1.3
CPS4RT	4节点平面应力热耦合四边形，双线性位移和温度，具有沙漏控制的缩减积分单元	2.1.3
CPS4T	4节点平面应力热耦合四边形双线性位移和温度单元	2.1.3

（续）

标　识	说　明	章 节 号
CPS6	6 节点二次平面应力三角形单元	2.1.3
CPS6E	6 节点二次平面应力压电三角形单元	2.1.3
CPS6M	6 节点改进的二阶平面应力三角形，具有沙漏控制的单元	2.1.3
CPS6MT	6 节点改进的二阶平面应力热耦合三角形，具有沙漏控制的单元	2.1.3
CPS8	8 节点双二次平面应力四边形单元	2.1.3
CPS8E	8 节点双二次平面应力压电四边形单元	2.1.3
CPS8R	8 节点双二次平面应力四边形缩减积分单元	2.1.3
CPS8RE	8 节点双二次平面应力压电四边形缩减积分单元	2.1.3
CPS8RT	8 节点平面应力热耦合四边形，双二次位移，双线性温度的缩减积分单元	2.1.3
CPS8T	8 节点平面应力热耦合四边形，双二次位移，双线性温度单元	2.1.3
DASHPOT1	节点与地之间的阻尼，作用在固定方向上的单元	6.2.2
DASHPOT2	两个节点之间的阻尼，作用在固定方向上的单元	6.2.2
DASHPOTA	两个节点之间的轴向阻尼，作用线是两个节点之间连线的单元	6.2.2
DC1D2	2 节点热传导链接单元	2.1.2
DC1D2E	2 节点热-电耦合链接单元	2.1.2
DC1D3	3 节点热传导链接单元	2.1.2
DC1D3E	3 节点热-电耦合链接单元	2.1.2
DC2D3	3 节点线性热传导三角形单元	2.1.3
DC2D3E	3 节点线性热-电耦合三角形单元	2.1.3
DC2D4	4 节点线性热传导四边形单元	2.1.3
DC2D4E	4 节点线性热-电耦合四边形单元	2.1.3
DC2D6	6 节点二次热传导三角形单元	2.1.3
DC2D6E	6 节点二次热-电耦合三角形单元	2.1.3
DC2D8	8 节点二次热传导四边形单元	2.1.3
DC2D8E	8 节点二次热-电耦合四边形单元	2.1.3
DC3D4	4 节点线性热传导四面体单元	2.1.4
DC3D4E	4 节点线性热-电耦合四面体单元	2.1.4
DC3D6	6 节点线性热传导三棱柱单元	2.1.4
DC3D6E	6 节点线性热-电耦合三棱柱单元	2.1.4
DC3D8	8 节点线性热传导六面体单元	2.1.4
DC3D8E	8 节点线性热-电耦合六面体单元	2.1.4
DC3D10	10 节点二次热传导四面体单元	2.1.4

（续）

标　识	说　明	章 节 号
DC3D10E	10 节点二次热-电耦合四面体单元	2.1.4
DC3D15	15 节点二次热传导三棱柱单元	2.1.4
DC3D15E	15 节点二次热-电耦合三棱柱单元	2.1.4
DC3D20	20 节点二次热传导六面体单元	2.1.4
DC3D20E	20 节点二次热-电耦合六面体单元	2.1.4
DCAX3	3 节点线性轴对称热传导三角形单元	2.1.6
DCAX3E	3 节点线性轴对称热-电耦合三角形单元	2.1.6
DCAX4	4 节点线性轴对称热传导四边形单元	2.1.6
DCAX4E	4 节点线性轴对称热-电耦合四边形单元	2.1.6
DCAX6	6 节点二次轴对称热传导三角形单元	2.1.6
DCAX6E	6 节点二次轴对称热-电耦合三角形单元	2.1.6
DCAX8	8 节点二次轴对称热传导四边形单元	2.1.6
DCAX8E	8 节点二次轴对称热-电耦合四边形单元	2.1.6
DCC1D2	2 节点对流/扩散链接单元	2.1.2
DCC1D2D	2 节点对流/扩散链接，扩散控制单元	2.1.2
DCC2D4	4 节点对流/扩散四边形单元	2.1.3
DCC2D4D	4 节点对流/扩散四边形，扩散控制单元	2.1.3
DCC3D8	8 节点对流/扩散六面体单元	2.1.4
DCC3D8D	8 节点对流/扩散六面体，扩散控制单元	2.1.4
DCCAX2	2 节点轴对称对流/扩散链接单元	2.1.6
DCCAX2D	2 节点轴对称对流/扩散链接，扩散控制单元	2.1.6
DCCAX4	4 节点轴对称对流/扩散四边形单元	2.1.6
DCCAX4D	4 节点轴对称对流/扩散四边形，扩散控制单元	2.1.6
DCOUP2D	二维分布耦合单元	6.4.2
DCOUP3D	三维分布耦合单元	6.4.2
DGAP	两个节点之间的单方向热相互作用单元	14.2.2
DRAG2D	二维拖链单元，仅用于研究水平运动的情况中	6.11.2
DRAG3D	三维拖链单元	6.11.2
DS3	3 节点热传导三角形壳单元	3.6.7
DS4	4 节点热传导四边形壳单元	3.6.7
DS6	6 节点热传导三角形壳单元	3.6.7
DS8	8 节点热传导四边形壳单元	3.6.7
DSAX1	2 节点轴对称热传导壳单元	3.6.9
DSAX2	3 节点轴对称热传导壳单元	3.6.9
ELBOW31	具有变形截面，并沿着管线性插值的 2 节点空间管单元	3.5.2
ELBOW31B	仅具有椭圆，并忽略椭圆的轴向梯度的 2 节点空间管单元	3.5.2

（续）

标　识	说　明	章 节 号
ELBOW31C	仅具有椭圆，并忽略椭圆的轴向梯度的 2 节点管单元。与单元类型 ELBOW31B 相同，除了忽略围绕管的傅里叶插值中的奇数项（第一项除外）	3.5.2
ELBOW32	具有变形截面，并沿着管二次插值的 3 节点空间管单元	3.5.2
EMC2D3	3 节点三角形零阶电磁单元	2.1.3
EMC2D4	4 节点四边形零阶电磁单元	2.1.3
EMC3D4	4 节点四面体零阶电磁单元	2.1.4
EMC3D6	6 节点棱柱零阶电磁单元	2.1.4
EMC3D8	8 节点六面体零阶电磁单元	2.1.4
FP2D2	2 节点二维线性流管单元	6.15.2
FP3D2	2 节点三维线性流管单元	6.15.2
FPC2D2	2 节点二维线性流体连机器单元	6.16.2
FPC3D2	2 节点三维线性流体连接器单元	6.16.2
FRAME2D	2 节点三维直框单元	3.4.3
FRAME3D	2 节点三维直框单元	3.4.3
GAPCYL	两个节点之间的圆柱间隙	《Abaqus 分析用户手册——指定条件、约束与相互作用卷》的 7.2.2
GAPSPHER	两个节点之间的球间隙	《Abaqus 分析用户手册——指定条件、约束与相互作用卷》的 7.2.2
GAPUNI	两个节点之间的单向间隙	《Abaqus 分析用户手册——指定条件、约束与相互作用卷》的 7.2.2
GAPUNIT	两个节点之间的单向间歇和热相互作用	《Abaqus 分析用户手册——指定条件、约束与相互作用卷》的 7.2.2
GK2D2	2 节点二维垫片单元	6.6.7
GK2D2N	仅具有厚度方向行为的 2 节点二维垫片单元	6.6.7
GK3D2	2 节点三维垫片单元	6.6.8
GK3D2N	仅具有厚度方向行为的 2 节点三维垫片单元	6.6.8
GK3D4L	4 节点三维线垫片单元	6.6.8
GK3D4LN	仅具有厚度方向行为的 4 节点三维线垫片单元	6.6.8
GK3D6L	6 节点三维线垫片单元	6.6.8
GK3D6LN	仅具有厚度方向行为的 6 节点三维线垫片单元	6.6.8
GK3D6	6 节点三维垫片单元	6.6.8

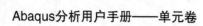（续）

标　识	说　明	章　节　号
GK3D6N	仅具有厚度方向行为的 6 节点三维垫片单元	6.6.8
GK3D8	8 节点三维垫片单元	6.6.8
GK3D8N	仅具有厚度方向行为的 8 节点三维垫片单元	6.6.8
GK3D12M	12 节点三维垫片单元	6.6.8
GK3D12MN	仅具有厚度方向行为的 12 节点三维垫片单元	6.6.8
GK3D18	18 节点三维垫片单元	6.6.8
GK3D18N	仅具有厚度方向行为的 18 节点三维垫片单元	6.6.8
GKAX2	2 节点轴对称垫片单元	6.6.9
GKAX2N	仅具有厚度方向行为的 2 节点轴对称垫片单元	6.6.9
GKAX4	4 节点轴对称垫片单元	6.6.9
GKAX4N	仅具有厚度方向行为的 4 节点轴对称垫片单元	6.6.9
GKAX6	6 节点轴对称垫片单元	6.6.9
GKAX6N	仅具有厚度方向行为的 6 节点轴对称垫片单元	6.6.9
GKPE4	4 节点平面应变垫片单元	6.6.7
GKPE6	6 节点平面应变垫片单元	6.6.7
GKPS4	4 节点平面应力垫片单元	6.6.7
GKPS4N	仅具有厚度方向行为的 4 节点二维垫片单元	6.6.7
GKPS6	6 节点平面应力垫片单元	6.6.7
GKPS6N	仅具有厚度方向行为的 6 节点二维垫片单元	6.6.7
HEATCAP	点热容单元	4.4.2
IRS21A	轴对称刚性面单元（与一阶轴对称单元一起使用）	14.5.2
IRS22A	轴对称刚性面单元（与二阶轴对称单元一起使用）	14.5.2
ISL21A	2 节点轴对称滑动线单元（与一阶轴对称单元一起使用）	14.4.2
ISL22A	3 节点轴对称滑动线单元（与二阶轴对称单元一起使用）	14.4.2
ITSCYL	圆柱形管座相互作用单元	6.8.2
ITSUNI	单向管座相互作用单元	6.8.2
ITT21	与一阶二维梁和管单元一起使用的管-管单元	14.3.2
ITT31	与一阶三维梁和管单元一起使用的管-管单元	14.3.2
JOINT2D	二维弹塑性连接相互作用单元（仅用于 Abaqus/Aqua）	6.10.2
JOINT3D	三维弹塑性连接相互作用单元（仅用于 Abaqus/Aqua）	6.10.2
JOINTC	三维连接相互作用单元	6.3.2
LS3S	用于对称平面的 3 节点二阶线弹簧单元	6.9.2
LS6	6 节点通用二阶线弹簧单元。此单元仅能与线弹性材料行为一起使用	6.9.2
M3D3	3 节点三角形膜单元	3.1.2
M3D4	4 节点四边形膜单元	3.1.2

（续）

标　识	说　　明	章 节 号
M3D4R	4 节点四边形，具有沙漏控制的缩减积分膜单元	3.1.2
M3D6	6 节点三角形膜单元	3.1.2
M3D8	8 节点四边形膜单元	3.1.2
M3D8R	8 节点四边形，缩减积分膜单元	3.1.2
M3D9	9 节点四边形膜单元	3.1.2
M3D9R	9 节点的四边形，具有沙漏控制的缩减积分膜单元	3.1.2
MASS	点质量单元	4.1.2
MAX1	2 节点线性轴对称膜单元	3.1.4
MAX2	3 节点二次轴对称膜单元	3.1.4
MCL6	6 节点圆柱膜单元	3.1.3
MCL9	9 节点圆柱膜单元	3.1.3
MGAX1	2 节点线性轴对称翘曲膜单元	3.1.4
MGAX2	3 节点二次轴对称翘曲膜单元	3.1.4
PIPE21	平面中的 2 节点线性管单元	3.3.8
PIPE21H	平面中使用杂交方程的 2 节点线性管单元	3.3.8
PIPE22	平面中的 3 节点二次管单元	3.3.8
PIPE22H	平面中使用杂交方程的 3 节点二次管单元	3.3.8
PIPE31	空间中的 2 节点线性管单元	3.3.8
PIPE31H	空间中使用杂交方程的 2 节点管单元	3.3.8
PIPE32	空间中的 3 节点二次管单元	3.3.8
PIPE32H	空间中使用杂交方程的 3 节点二次管单元	3.3.8
PSI24	4 节点二维管-土壤相互作用单元	6.12.2
PSI26	6 节点二维管-土壤相互作用单元	6.12.2
PSI34	4 节点三维管-土壤相互作用单元	6.12.2
PSI36	6 节点三维管-土壤相互作用单元	6.12.2
Q3D4	4 节点四面体，线性位移，线性电势和线性温度单元	2.1.4
Q3D6	6 节点线性三棱柱，线性位移，线性电势和线性温度单元	2.1.4
Q3D8	8 节点六面体，三线性位移，三线性电势和三线性温度单元	2.1.4
Q3D8H	8 节点六面体，三线性位移，三线性电势，三线性温度，恒定压力杂交单元	2.1.4
Q3D8R	8 节点六面体，三线性位移，三线性电势，三线性温度，具有沙漏控制的缩减积分单元	2.1.4
Q3D8RH	8 节点六面体，三线性位移，三线性电势，三线性温度，恒定压力，具有沙漏控制的缩减积分杂交单元	2.1.4
Q3D10M	10 节点改进的位移、电势、温度二次四面体，具有沙漏控制的单元	2.1.4

（续）

标　识	说　明	章　节　号
Q3D10MH	10节点改进的位移、电势、温度二次四面体，线性压力，具有沙漏控制的杂交单元	2.1.4
Q3D20	20节点二次六面体，三段二次位移，三线性电势，三线性温度单元	2.1.4
Q3D20H	20节点二次六面体，三段二次位移，三线性电势，三线性温度的线性压力杂交单元	2.1.4
Q3D20R	20节点二次六面体，三段二次位移，三线性电势，三线性温度的缩减积分单元	2.1.4
Q3D20RH	20节点二次六面体，三段二次位移，三线性电势，三线性温度，线性压力的缩减积分杂交单元	2.1.4
R2D2	2节点二维线性刚性连接单元（在平面应变或者平面应力中使用）	4.3.2
R3D3	3节点三维刚性三角形面片单元	4.3.2
R3D4	4节点三维双线性刚性四边形单元	4.3.2
RAX2	2节点线性轴对称刚性连接单元（在轴对称平面几何形体中使用）	4.3.2
RB2D2	2节点二维刚性梁单元	4.3.2
RB3D2	2节点三维刚性梁单元	4.3.2
ROTARYI	点处的转动惯量	4.2.2
S3	3节点三角形，有限膜应变通用壳单元（与S3R单元相同）	3.6.7
S3T	3节点热耦合的三角形，有限膜应变通用壳单元（与S3RT单元相同）	3.6.7
S3R	3节点三角形，有限膜应变通用壳单元（与S3单元相同）	3.6.7
S3RT	3节点热耦合的三角形，有限膜应变通用壳单元（与S3T单元相同）	3.6.7
S4	4节点有限膜应变通用壳单元	3.6.7
S4T	4节点热耦合的，有限膜应变通用壳单元	3.6.7
S4R	4节点，有限膜应变，具有沙漏控制的缩减积分通用壳单元	3.6.7
S4RT	4节点热耦合，有限膜应变，具有沙漏控制的缩减积分通用壳单元	3.6.7
S4R5	4节点，每个节点使用五个自由度，具有沙漏控制的缩减积分薄壳单元	3.6.7
S8R	8节点双曲缩减积分厚壳单元	3.6.7
S8R5	8节点双曲，每个节点使用五个自由度的缩减积分薄壳单元	3.6.7
S8RT	8节点热耦合的四边形，壳面中双二次位移、双线性温度的通用厚壳单元	3.6.7

（续）

标　识	说　明	章 节 号
S9R5	9 节点双曲，每个节点使用五个自由度的缩减积分薄壳单元	3.6.7
SAX1	2 节点线性轴对称薄壳或者厚壳单元	3.6.9
SAX2	3 节点二次轴对称薄壳或者厚壳单元	3.6.9
SAX2T	3 节点轴对称热耦合薄壳或者厚壳，壳面中二次位移、线性温度单元	3.6.9
SAXA1N	线性非对称-轴对称，在生成方向上使用 2 个节点并具有 N 个傅里叶模式的傅里叶壳单元	3.6.10
SAXA2N	二次非对称-轴对称，在生成方向上使用 3 个节点并具有 N 个傅里叶模式的傅里叶壳单元	3.6.10
SC6R	6 节点三角形平面连续楔形，有限膜应变的通用连续壳单元	3.6.8
SC8R	平面中的 8 节点四边形，有限膜应变，具有沙漏控制的缩减积分通用壳单元	3.6.8
SC6RT	6 节点线性位移和温度，平面中的三角形连续楔形，有限膜应变通用壳单元	3.6.8
SC8RT	8 节点线性位移和温度，平面中四边形通用目的的连续的，具有沙漏控制的缩减积分的，有限膜应变的壳单元	3.6.8
SFM3D3	3 节点三角形面单元	6.7.2
SFM3D4	4 节点四边形面单元	6.7.2
SFM3D4R	4 节点四边形缩减积分面单元	6.7.2
SFM3D6	6 节点三角形面单元	6.7.2
SFM3D8	8 节点四边形面单元	6.7.2
SFM3D8R	8 节点四边形缩减积分面单元	6.7.2
SFMAX1	2 节点线性轴对称面单元	6.7.4
SFMAX2	3 节点二次轴对称面单元	6.7.4
SFMCL6	6 节点圆柱面单元	6.7.3
SFMCL9	9 节点圆柱面单元	6.7.3
SFMGAX1	2 节点线性轴对称翘曲面单元	6.7.4
SFMGAX2	3 节点二次轴对称翘曲面单元	6.7.4
SPRING1	节点与地之间的弹簧单元，作用在固定的方向上	6.1.2
SPRING2	两个节点之间的弹簧单元，作用在固定的方向上	6.1.2
SPRINGA	两个节点之间的轴向弹簧单元，作用线是两个节点的连线，此作用线在大位移分析中可以转动	6.1.2
STRI3	3 节点三角形面片薄壳单元	3.6.7
STRI65	6 节点三角形每个节点使用五个自由度的薄壳单元	3.6.7
T2D2	2 节点线性二维杆单元	3.2.2
T2D2E	2 节点二维压电杆单元	3.2.2

（续）

标　识	说　明	章　节　号
T2D2H	2 节点线性二维杂交杆单元	3.2.2
T2D2T	2 节点二维热耦合杆单元	3.2.2
T2D3	3 节点二次二维杆单元	3.2.2
T2D3E	3 节点二维压电杆单元	3.2.2
T2D3H	3 节点二次二维杂交杆单元	3.2.2
T2D3T	3 节点二维热耦合杆单元	3.2.2
T3D2	2 节点线性三维杆单元	3.2.2
T3D2E	2 节点三维压电杆单元	3.2.2
T3D2H	2 节点线性三维杂交杆单元	3.2.2
T3D2T	2 节点三维热耦合杆单元	3.2.2
T3D3	3 节点二次三维杆单元	3.2.2
T3D3E	3 节点三维压电杆单元	3.2.2
T3D3H	3 节点二次三维杂交杆单元	3.2.2
T3D3T	3 节点三维热耦合杆单元	3.2.2
WARP2D3	3 节点线性二维翘曲单元	2.4.2
WARP2D4	4 节点双线性二维翘曲单元	2.4.2

附录 B Abaqus/Explicit 单元索引

此索引（表 B-1）提供 Abaqus/Explicit 中可以使用的所有单元类型的参考。以字母顺序列出单元，其中数字字符位于字母"A"之前，两位数字按数字顺序排列，而不是按"字母"顺序排列。例如，C3D8R 在 CAX3 之前。

对于特定的选项，如接触和基于面的分布耦合，Abaqus 将生成内部单元（如基于面的分布耦合 IDCOUP3D）。这些内部单元名称没有包含在附表 2 中，但是可以出现在输出数据库（.odb）或者数据（.dat）文件中。

表 B-1 Abaqus/Explicit 单元索引

标 识	说 明	章 节 号
AC2D3	3 节点线性二维三角形声学单元	2.1.3
AC2D4R	4 节点线性二维四边形，具有沙漏控制的缩减积分声学单元	2.1.3
AC3D4	4 节点线性四面体声学单元	2.1.4
AC3D6	6 节点线性三棱柱声学单元	2.1.4
AC3D8R	8 节点线性六面体，具有沙漏控制的缩减积分声学单元	2.1.4
ACAX3	3 节点线性轴对称三角形声学单元	2.1.6
ACAX4R	4 节点线性轴对称四边形，具有沙漏控制的缩减积分声学单元	2.1.6
ACIN2D2	2 节点线性二维声学无限单元	2.3.2
ACIN3D3	3 节点线性三维声学无限单元	2.3.2
ACIN3D4	4 节点线性三维声学无限单元	2.3.2
ACINAX2	2 节点线性轴对称声学无限单元	2.3.2
B21	平面中的 2 节点线性梁单元	3.3.8
B22	平面中的 3 节点二次梁单元	3.3.8
B31	空间中的 2 节点线性梁单元	3.3.8
B32	空间中的 3 节点二次梁单元	3.3.8
C3D4	4 节点线性四面体单元	2.1.4
C3D4T	4 节点热耦合四面体，线性位移和温度单元	2.1.4
C3D6	6 节点线性三棱柱，具有沙漏控制的缩减积分单元	2.1.4
C3D6T	6 节点热耦合三棱柱，线性位移和温度，具有沙漏控制的缩减积分单元	2.1.4
C3D8	8 节点线性六面体单元	2.1.4

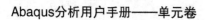

（续）

标　识	说　明	章　节　号
C3D8I	8节点线性六面体，非协调模式单元	2.1.4
C3D8R	8节点线性六面体，具有沙漏控制的缩减积分单元	2.1.4
C3D8T	8节点热耦合六面体，三线性位移和温度单元	2.1.4
C3D8RT	8节点热耦合六面体，三线性位移和温度，具有沙漏控制的缩减积分单元	2.1.4
C3D10M	10节点改进的二阶四面体单元	2.1.4
C3D10MT	10节点改进的热耦合二阶四面体单元	2.1.4
CAX3	3节点线性轴对称三角形单元	2.1.6
CAX3T	3节点热耦合轴对称三角形，线性位移和温度单元	2.1.6
CAX4R	4节点双线性轴对称四边形，具有沙漏控制的缩减积分单元	2.1.6
CAX4RT	4节点热耦合轴对称四边形，双线性位移和温度，恒定压力，具有沙漏控制的缩减积分杂交单元	2.1.6
CAX6M	6节点改进的二阶轴对称三角形单元	2.1.6
CAX6MT	6节点改进的二阶轴对称热耦合三角形单元	2.1.6
CIN3D8	8节点线性单向无限六面体单元	2.3.2
CINAX4	4节点线性轴对称单向无限四边形单元	2.3.2
CINPE4	4节点线性平面应变单向无限四边形单元	2.3.2
CINPS4	4节点线性平面应力单向无限四边形单元	2.3.2
COHAX4	4节点轴对称胶粘单元	6.5.11
COH2D4	4节点二维胶粘单元	6.5.9
COH3D6	6节点三维胶粘单元	6.5.10
COH3D8	8节点三维胶粘单元	6.5.10
CONN2D2	平面中两个节点之间或者一个节点与地之间的连接器单元	5.1.4
CONN3D2	空间中两个节点之间或者一个节点与地之间的连接器单元	5.1.4
CPE3	3节点线性平面应变三角形单元	2.1.3
CPE3T	3节点平面应变热耦合的三角形，线性位移和温度单元	2.1.3
CPE4R	4节点双线性平面应变四边形，具有沙漏控制的缩减积分单元	2.1.3
CPE4RT	4节点双线性平面应变热耦合的四边形，双线性位移和温度，具有沙漏控制的缩减积分单元	2.1.3
CPE6M	6节点改进的二阶平面应变三角形单元	2.1.3
CPE6MT	6节点改进的二阶平面应变热耦合三角形单元	2.1.3
CPS3	3节点线性平面应力三角形单元	2.1.3
CPS3T	3节点平面应力热耦合的三角形，线性位移和温度单元	2.1.3
CPS4R	4节点双线性平面应力四边形，具有沙漏控制的缩减积分单元	2.1.3

（续）

标　识	说　明	章　节　号
CPS4RT	4 节点平面应力热耦合四边形，双线性位移和温度，具有沙漏控制的缩减积分单元	2.1.3
CPS6M	6 节点改进的二阶平面应力三角形单元	2.1.3
CPS6MT	6 节点改进的二阶平面应力热耦合的三角形单元	2.1.3
DASHPOTA	两个节点之间的轴向阻尼单元	6.2.2
EC3D8R	8 节点线性多材料欧拉六面体，具有沙漏控制的缩减积分单元	6.14.1
EC3D8RT	8 节点热耦合的线性多材料欧拉六面体，具有沙漏控制的缩减积分单元	6.14.1
HEATCAP	点热容单元	4.4.2
M3D3	3 节点三角形膜单元	3.1.2
M3D4	4 节点四边形膜单元	3.1.2
M3D4R	4 节点四边形，具有沙漏控制的缩减积分膜单元	3.1.2
MASS	点质量单元	4.1.2
PC3D	1 节点连续粒子单元	7.2.2
PD3D	1 节点离散粒子单元	7.1.2
PIPE21	平面中的 2 节点线性管单元	3.3.8
PIPE31	空间中的 2 节点线性管单元	3.3.8
R2D2	2 节点二维线性刚性连接单元（用于平面应变或者平面应力中）	4.3.2
R3D3	3 节点三维刚性三角形面单元	4.3.2
R3D4	4 节点三维双线性刚性四边形单元	4.3.2
RAX2	2 节点线性轴对称刚性连接单元（用于轴对称几何形体中）	4.3.2
ROTARYI	点处的转动惯量	4.2.2
S3R	3 节点三角形，有限膜应变壳单元	3.6.7
S3RS	3 节点三角形，微小膜应变壳单元	3.6.7
S3RT	3 节点热耦合的三角形，有限膜应变壳单元	3.6.7
S4	4 节点有限膜应变通用壳单元	3.6.7
S4R	4 节点有限膜应变，具有沙漏控制的缩减积分壳单元	3.6.7
S4RS	4 节点微小膜应变，具有沙漏控制的缩减积分壳单元	3.6.7
S4RSW	4 节点微小膜应变，在小应变方程中考虑扭转，具有沙漏控制的缩减积分壳单元	3.6.7
S4RT	4 节点热耦合，有限膜应变，具有沙漏控制的缩减积分壳单元	3.6.7
SAX1	2 节点线性轴对称壳单元	3.6.9
SC6R	6 节点三角形平面连续壳楔形、通用限膜应变单元	3.6.8
SC8R	8 节点六面体通用有限膜应变单元	3.6.8

（续）

标　识	说　明	章　节　号
SC6RT	6 节点线性位移和温度、三角形平面连续壳楔形、通用有限膜应变单元	3.6.8
SC8RT	8 节点线性位移和温度、六面体通用有限膜应变单元	3.6.8
SFM3D3	3 节点三角形面单元	6.7.2
SFM3D4R	4 节点四边形缩减积分面单元	6.7.2
SPRINGA	两个节点之间的轴向弹簧单元	6.1.2
T2D2	2 节点线性二维杆单元	3.2.2
T3D2	2 节点线性三维杆单元	3.2.2

附录 C　　Abaqus/CFD 单元索引

　　此索引（表 C-1）提供 Abaqus/CFD 中可使用的所有单元类型的参考。单元是以字母顺序列出的。

表 C-1　　Abaqus/CFD 单元索引

标　识	说　明	章 节 号
FC3D4	4 节点四面体单元	2.2.2
FC3D5	5 节点金字塔形单元	2.2.2
T3D2	6 节点棱柱单元	2.2.2
FC3D8	8 节点六面体单元	2.2.2